国家卫生健康委员会"十三五"规划教材
全国高等学校教材
供本科应用心理学及相关专业用

西方心理学史
The History of Western Psychology

第 3 版

主　编　郭本禹

副主编　崔光辉　郑文清　曲海英

编　委　（以姓氏笔画为序）

于婷婷（黑龙江中医药大学）　　范　琪（南京晓庄学院）

马方圆（吉林医药学院）　　　　郑文清（湖北中医药大学）

方必基（赣南医学院）　　　　　郭本禹（南京师范大学）

曲海英（滨州医学院）　　　　　崔光辉（南京师范大学）

李妍妍（河南中医药大学）　　　鹿凤山（齐齐哈尔医学院）

人民卫生出版社

图书在版编目（CIP）数据

西方心理学史 / 郭本禹主编 . — 3 版 . — 北京：
人民卫生出版社，2019
全国高等学校应用心理学专业第三轮规划教材
ISBN 978-7-117-29015-9

Ⅰ. ①西…　Ⅱ. ①郭…　Ⅲ. ①心理学史 – 西方国家 –
医学院校 – 教材　Ⅳ. ①B84-095

中国版本图书馆 CIP 数据核字（2019）第 219437 号

人卫智网　www.ipmph.com	医学教育、学术、考试、健康， 购书智慧智能综合服务平台	
人卫官网　www.pmph.com	人卫官方资讯发布平台	

西方心理学史
第 3 版

主　　编：郭本禹
出版发行：人民卫生出版社（中继线 010-59780011）
地　　址：北京市朝阳区潘家园南里 19 号
邮　　编：100021
E - mail：pmph @ pmph.com
购书热线：010-59787592　010-59787584　010-65264830
印　　刷：北京盛通数码印刷有限公司
经　　销：新华书店
开　　本：850×1168　1/16　印张：22　插页：8
字　　数：590 千字
版　　次：2007 年 7 月第 1 版　2019 年 12 月第 3 版
　　　　　2025 年 5 月第 3 版第 10 次印刷（总第 17 次印刷）
标准书号：ISBN 978-7-117-29015-9
定　　价：59.00 元
打击盗版举报电话：010-59787491　E-mail：WQ @ pmph.com
质量问题联系电话：010-59787234　E-mail：zhiliang @ pmph.com

全国高等学校应用心理学专业第三轮规划教材
修订说明

全国高等学校本科应用心理学专业第一轮规划教材于 2007 年出版,共 19 个品种,经过几年的教学实践,得到广大师生的普遍好评,填补了应用心理学专业教材出版的空白。2013 年修订出版第二轮教材共 25 种。这两套教材的出版标志着我国应用心理学专业教学开始规范化和系统化,对我国应用心理学专业学科体系逐渐形成和发展起到促进作用,推动了我国高等院校应用心理学教育的发展。2016 年经过两次教材评审委员会研讨,并委托齐齐哈尔医学院对全国应用心理学专业教学情况及教材使用情况做了深入调研,启动第三轮教材修订工作。根据本专业培养目标和教育部对本专业必修课的要求及调研结果,本轮教材将心理学实验教程和认知心理学去掉,增加情绪心理学共 24 种。

为了适应新的教学目标及与国际心理学发展接轨,教材建设应不断推陈出新,及时更新教学理念,进一步完善教学内容和课程体系建设。本轮教材的编写原则与特色如下:

1. 坚持本科教材的编写原则 教材编写遵循"三基""五性""三特定"的编写要求。

2. 坚持必须够用的原则 满足培养能够掌握扎实的心理学基本理论和心理技术,能够具有较强的技术应用能力和实践动手能力,能够具有技术创新和独立解决实际问题的能力,能够不断成长为某一领域的高级应用心理学专门人才的需要。

3. 坚持整体优化的原则 对各门课程内容的边界进行清晰界定,避免遗落和不必要的重复,如果必须重复的内容应注意知识点的一致性,尤其对同一定义尽量使用标准的释义,力争做到统一。同时要注意编写风格接近,体现整套教材的系统性。

4. 坚持教材数字化发展方向 在纸质教材的基础上,编写制作融合教材,其中具有丰富数字化教学内容,帮助学生提高自主学习能力。学生扫描教材二维码即可随时学习数字内容,提升学习兴趣和学习效果。

第三轮规划教材全套共 24 种,适用于本科应用心理学专业及其他相关专业使用,也可作为心理咨询师及心理治疗师培训教材,将于 2018 年秋季出版使用。希望全国广大院校在使用过程中提供宝贵意见,为完善教材体系、提高教材质量及第四轮规划教材的修订工作建言献策。

第三届全国高等学校应用心理学专业教材评审委员会

教材目录

序号	书名	主编	副主编			
1	心理学基础(第3版)	杜文东	吕 航	杨世昌	李 秀	
2	生理心理学(第3版)	杨艳杰	朱熊兆	汪萌芽	廖美玲	
3	西方心理学史(第3版)	郭本禹	崔光辉	郑文清	曲海英	
4	实验心理学(第3版)	郭秀艳	周 楚	申寻兵	孙红梅	
5	心理统计学(第3版)	姚应水	隋 虹	林爱华	宿 庄	
6	心理评估(第3版)	姚树桥	刘 畅	李晓敏	邓 伟	许明智
7	心理科学研究方法(第3版)	李功迎	关晓光	唐 宏	赵行宇	
8	发展心理学(第3版)	马 莹	刘爱书	杨美荣	吴寒斌	
9	变态心理学(第3版)	刘新民 杨甫德	朱金富	张 宁	赵静波	
10	行为医学(第3版)	白 波	张作记	唐峰华	杨秀贤	
11	心身医学(第3版)	潘 芳 吉 峰	方力群	张 俐	田旭升	
12	心理治疗(第3版)	胡佩诚 赵旭东	郭 丽	李 英	李占江	
13	咨询心理学(第3版)	杨凤池	张曼华	刘传新	王绍礼	
14	健康心理学(第3版)	钱 明	张 颖	赵阿勐	蒋春雷	
15	心理健康教育学(第3版)	孙宏伟 冯正直	齐金玲	张丽芳	杜玉凤	
16	人格心理学(第3版)	王 伟	方建群	阴山燕	杭荣华	
17	社会心理学(第3版)	苑 杰	杨小丽	梁立夫	曹建琴	
18	中医心理学(第3版)	庄田畋 王玉花	张丽萍	安春平	席 斌	
19	神经心理学(第2版)	何金彩 朱雨岚	谢 鹏	刘破资	吴大兴	
20	管理心理学(第2版)	崔光成	庞 宇	张殿君	许传志	付 伟
21	教育心理学(第2版)	乔建中		魏 玲		
22	性心理学(第2版)	李荐中		许华山	曾 勇	
23	心理援助教程(第2版)	洪 炜	傅文青	牛振海	林贤浩	
24	情绪心理学	王福顺	张艳萍	成 敬	姜长青	

配套教材目录

序号	书名	主编
1	心理学基础学习指导与习题集（第2版）	杨世昌　吕　航
2	生理心理学学习指导与习题集（第2版）	杨艳杰
3	心理评估学习指导与习题集（第2版）	刘　畅
4	心理学研究方法实践指导与习题集（第2版）	赵静波　李功迎
5	发展心理学学习指导与习题集（第2版）	马　莹
6	变态心理学学习指导与习题集（第2版）	刘新民
7	行为医学学习指导与习题集（第2版）	张作记
8	心身医学学习指导与习题集（第2版）	吉　峰　潘　芳
9	心理治疗学习指导与习题集（第2版）	郭　丽
10	咨询心理学学习指导与习题集（第2版）	高新义　刘传新
11	管理心理学学习指导与习题集（第2版）	付　伟
12	性心理学学习指导与习题集（第2版）	许华山
13	西方心理学史学习指导与习题集	郭本禹

主编简介

郭本禹，1993 年毕业于南京师范大学并获得博士学位，现任该校心理学院教授、博士生导师。兼任中国心理学会理事、理论心理学与心理学史专业委员会主任，《心理学报》《心理科学》《心理学探新》编委。

先后主持省部级课题"道德认知发展理论与我国完整德育模式的构建""现代西方心理学的哲学基础研究""当代精神分析心理学研究的新进展"等 10 多项。在《心理学报》《心理科学》等刊物发表论文 200 余篇，其中有 50 多篇次论文被《新华文摘》《高等学校文科学报文摘》和"人大复印报刊资料"《心理学》《伦理学》《教育学》等二次转载。出版专著主编《道德认知发展与道德教育》《当代心理学的新进展》《外国心理学经典人物及其理论》《中国心理学经典人物及其研究》等 30 余部。主编"外国心理学流派大系""中国精神分析研究丛书""心理学名著译丛""心理学专业经典教材译丛"等近 20 套大型丛书。独立翻译、主译《心理学史导论》《当代心理学体系》《心理学史：观念与背景》《心理学的历史与体系》《心理学史》等 30 余部，先后获得省部级科研、教学奖励 12 项，其中一等奖 5 项。2002 年获"江苏省优秀硕士生导师"称号，同年被列入江苏省"333 新世纪科学技术带头人培养工程"第二层次培养对象，2007 年被列为江苏省"333 高层次人才培养工程"首批中青年科技领军人才。

副主编简介

崔光辉，博士，硕士生导师。研究领域为理论心理学与心理学史，主讲西方心理学史、心理学原著选读课程 10 多年。2016—2017 年赴美国访学一年。先后承担江苏省哲学社会科学基金项目"日常生活的身体现象学分析"、江苏高校人文社会科学基金项目"个体化的人格评估方法在中小学心理健康中的应用研究"等课题。在《心理科学》《华东师范大学学报（教育科学版）》等学术刊物发表论文近 20 篇。撰写《现象的沉思——现象学心理学》，参编《经验的描述——意动心理学》《外国心理学经典人物及其理论》等，参译《学习理论导论》等。先后获得江苏省哲学社会科学优秀成果奖一等奖、江苏省高校人文社会科学研究优秀成果奖一等奖。

郑文清，湖南长沙人，现为湖北中医药大学马克思主义学院副院长，教授。多年从事心理学、伦理学教学与科研工作。在《中国教育报》《中国中医药报》《长江日报》《医学与哲学》等报刊、杂志公开发表论文 50 余篇。主编《现代医学伦理学导论》《心理学》《大学生心理健康教育》《中国传统文化立体化教程》等教材 8 部，参编教材 6 部。

曲海英，教授，硕士生导师。现任滨州医学院应用心理学系主任、医学心理学研究所所长。山东省神经科学学会健康与行为分会副主任委员，山东省心理卫生协会催眠治疗专业委员会副主任委员，山东省总工会职工心理健康服务专家，烟台市心理卫生协会副主席。多年从事心理学的教学、科研及临床工作。主要研究如何将心理学知识和技术应用到有关保持或促进人类健康、预防和治疗疾病方面。公开发表专业论文 40 余篇，主编和参编国家级教材多部，专著 2 部。主持省部级以上课题 8 项。荣获山东省省级优秀教学成果奖三等奖 2 项。

前　言

　　《西方心理学史》(第3版)是国家卫生健康委员会"十三五"规划教材,供本科应用心理学专业和心理学专业及相关专业使用。2006年,教育部高等学校心理学教学指导委员会经过多次讨论和修订,正式颁布了《心理学专业规范》和《应用心理学专业规范》,这两个"规范"均把心理学史作为本专业课程体系中的核心课程(共12门)之一。这是我国第一次明确地规定了心理学史在本专业课程体系中的核心地位。在之前一段时间,国内少数应用心理学或心理学本科专业,因为认识问题(如认为心理学史不重要或可有可无)或师资问题等诸种原因,而没有开设心理学史课程。根据这两个"规范",今后不管哪所高等院校开办何种心理学本科专业或方向,均应开设心理学史课程。其实,任何一门学科都离不开其历史知识,任何一门学科的学习者和研究者都要正视、尊重、深思其学科的历史,而不能轻视、阉割、曲解。正如美国著名心理学史学家波林指出:"一种心理学的理论若没有历史趋势的成分,似乎不配称为理论。""心理学家只有知道了心理学史,才算是功行完满。"心理学作为一门"舶来品"学科,学习者和研究者更需要搞清楚西方心理学从古代到今天的发展究竟是怎样走过来的,以把握西方心理学思想的演进过程,否则会陷入"只见树木,不见森林"的困境。

　　2006年,人民卫生出版社启动卫生部全国高等院校应用心理学专业"十一五"规划教材,同年4月在南京召开以陈力教授为主任的应用心理学专业教材评审委员会会议,我愉快地接受了《西方心理学史》第1版的编写任务,该教材于2007年出版。

　　经过5年的使用之后,人民卫生出版社开始启动卫生部全国高等院校应用心理学专业"十二五"规划教材的编写工作。2012年4月在南京召开以杜文东教授为主任的应用心理学专业教材评审委员会会议上,人民卫生出版社向与会代表反馈了对第一轮教材使用情况调查的汇总意见与建议。对这本《西方心理学史》的反馈结果总体上是好的,无论是在教材结构方面还是在教材知识点方面都没有提出什么大的意见。这从某种程度上说明,这本教材得到了一些教学单位的教师和学生的认可。当然同时也对这本教材提出了一些修改建议,这些宝贵的建议都一一反映在第2版修订之中。《西方心理学史》第2版于2013年出版。

　　又过了5年之后,人民卫生出版社于2016年底启动国家卫生健康委员会"十三五"规划教材第三轮的编写工作。2017年2月开始主编、副主编和编委申报、遴选;同年4月在哈尔滨召开主编会议,讨论修订指导思想和编写大纲;5月在杭州召开会议,讨论并进一步完善编写提纲,落实各章的编写分工,统一编写格式,并确定写作进度。

　　我们这次修订工作的总原则是,沿袭第2版原有的基本框架体系,保持其篇章结构不变,对全书的具体内容进行更新和修订。具体修订体现在如下几个方面:第一,吸收近年来西方心理学史研究的新成果和新观点,更新第2版教材的相关内容,使读者了解西方心理学史学科的最新发展动态;第二,对第2版中部分不太好理解的内容做了更加深入浅出的表述,以便于读者更好地领会和掌握;第三,依据多年来的教学经验和学生的反馈,对第2版教材中的少部分文字进行修改,使之更加简洁、规范和流畅,也使全书更为完善;第四,依据出版社要求,修订或重新制作课件,增加同步练习题等,以建成全新的数字融合教材。

本书的内容可以概括为两条主线、三个小节、四个方面、五点内容、三维评价。本书贯穿西方心理学发展过程中的科学主义与人文主义两条主线，并据此将全书（除绪论和结语）分为上下两篇，上篇为自然科学心理学，包括八章内容；下篇为人文科学心理学，包括十章内容。每章论述一个学派，每个学派包括概述、主要理论和评价共三节。每章的概述主要包括学派的产生背景、代表人物、发展、特征等四个方面，每章的主要理论包括该学派的科学观、对象论、方法学、心身关系说、具体理论等五点内容；每章的评价包括该学派的贡献、局限和影响三个维度。但具体内容因每个学派的不同而有所侧重和区别。

本书的编写贯彻典、显、浅三字原则。"典"是要抓住重点，突出典型，内容经典；"显"是要线索明显，观点鲜明，表述清晰；"浅"是要深入浅出，浅显易懂，通俗明了。本书的编写采用"前瞻后看""左顾右盼"两种方法。前者是纵向比较法，即把每位心理学家、每个心理学流派放在特定的历史背景下进行前后比较；后者是横向比较法，即把每位心理学家、每个心理学流派与其同时代的其他心理学家或心理学流派进行左右比较。

与同类教科书相比，本书具有两个显著的特点：①整体性。首先，本书以西方心理学历史发展中的科学主义与人文主义为两条基本主线，对西方心理学的历史进行合理性重建，从整体上把握西方心理学演进的基本特征和规律。其次，对每个心理学流派的呈现也是采用整体性的叙述方式。对每个学派分别从概述（产生背景、代表人物、发展和特征）、主要理论（科学观、对象论、方法学、心身关系说和具体理论）、评价（贡献、局限和影响）三个方面进行论述。这样可以把握每个学派的整体面貌，以体现西方心理学思想发展的整体特征。而以往同类教科书多是介绍每个学派主要代表人物的理论内容。②特色性。本书主要是为应用心理学专业编写的，强调专业的特色性。我们在介绍每个心理学流派的主要理论时突出其应用领域特别是心理咨询与心理治疗的内容，尤其是人文主义心理学取向的心理学流派，几乎每章都包括了心理咨询和心理治疗的内容。究其原因，科学主义心理学取向的心理学流派以实验研究为主，主要探讨人的心理的共同规律，在心理咨询与治疗方面应用相对较少；而人文主义心理学取向的心理学流派，主要探究人的心理的个体特征，从而进一步讨论个体心理成长与异常心理矫治方法，所以，它们的心理咨询与治疗内容较为丰富。

这版教材仍由我担任主编，新增崔光辉、郑文清和曲海英为副主编，于婷婷、马方圆、方必基、曲海英、李妍妍、范琪和鹿凤山为编委。本次教材修订工作先由我提出修订方案，再由各位编委承担各章的修订任务。具体任务分工如下：马方圆：绪论、第七章；郑文清：第一章、第八章；于婷婷：第二章、第三章；李妍妍：第四章、第五章、第六章；郭本禹、崔光辉：第九章、第十一章、第十二章、结语；曲海英：第十章、第十三章；范琪：第十四章；鹿凤山：第十五章、第十六章；方必基：第十七章、第十八章。此外，闫宇辉、程春雪、陈路捷制作了以下章节的课件：第一章、第四章、第八章、第九章、第十章、第十一章、第十二章、第十三章、第十四章、第十五章、第十六章、结语。全书由崔光辉统稿，最后由我定稿。为了尊重本书第1版、第2版作者（副主编为方双虎、严由伟）的辛勤劳动，特将两版作者（相同）编写或修订分工列出如下：方双虎、郭本禹：绪论、结语；郭本禹：第一章、第二章、第九章、第十一章；王金奎：第三章、第十三章、第十七章、第十八章；修巧艳：第四章、第五章、第六章、第十四章；王云强：第七章、第八章；郗浩丽：第十章、第十二章；崔光辉：第十五章、第十六章。

本次修订工作得到以杨艳杰教授为主任委员的应用心理学专业教材评审委员会的指导，在此致谢！

郭本禹

2019 年 7 月 20 日

目　录

下篇　人文科学心理学

绪　论

第一节　西方心理学史的基本问题

一、西方心理学史的研究对象

西方心理学史（the history of western psychology）是研究西方心理学的产生、发展和演变的一门历史学科。著名心理学家艾宾浩斯曾说过："心理学虽有一长期的过去，但仅有一短期的历史。"德国心理学家冯特1879年在莱比锡大学创建了世界上第一个心理学实验室，标志着科学心理学（scientific psychology）的诞生。心理学作为一门独立的学科，虽然历史不长，但是孕育于哲学中的心理学思想却有一长期的过去。西方心理学史可以追溯到古代希腊、古罗马时期的心理学思想，大约从公元前6世纪到公元19世纪中叶，这段时间在心理学史上被称为前科学心理学时期（the period of pre-scientific psychology），亦被称为哲学心理学时期（the period of philosophical psychology）。1879年实验心理学建立以后为科学心理学时期（the period of scientific psychology）。西方心理学的形成有三个故乡：古希腊是心理学起源的遥远故乡，德国是心理学诞生的故乡，而美国是心理学发展的故乡。

在前科学心理学漫长的历史长河中，心理学曾一度是灵魂的奴仆、神学的婢女和哲学的附庸。西方心理学的历史源头可以追溯到遥远的古希腊，甚至更早的所谓古希腊前哲学时期。人怎样能有知觉、记忆、想象和欲望等活动呢？睡眠时又怎样有梦呢？古代人们以为人体内有某种东西主宰人的活动，他们称之为"灵魂"（psyche）。"灵魂"一词指生命的气息，它在一个人死亡时离去。"心理学"（psychology）就是从这个词演变而来的。古希腊时期的哲学家对灵魂提出了各种不同的学说，这些学说涉及古希腊人对心理现象的解释，因此古希腊是心理学起源的遥远故乡，那时心理学是灵魂的奴仆。在公元5—14世纪的欧洲中世纪，基督教神学是占统治地位的意识形态。5世纪出现的教父哲学和12世纪出现的经院哲学都是系统化和理论化的基督教神学，它们企图用哲学的形式为宗教神学作论证，为封建教会的统治作辩护，那时哲学成为神学的婢女。因此，这个时期的心理学思想也免不了要染上宗教神学的色彩，心理学也成了神学的婢女。17世纪40年代爆发的英国资产阶级革命，标志着欧洲从古代社会进入近代社会，从封建制度进入资本主义制度。相应地，从17世纪到19世纪上半叶的西方近代哲学心理学思想，也从古代讨论世界本原是什么的本体论问题转变到近代讨论知识经验是怎样产生的认识论问题。这个时期心理学附属在哲学之下，是哲学的附庸。

到了19世纪下半叶，哲学和科学的发展已经为科学心理学的独立准备好了条件，科学心理学最初诞生于德国，两次世界大战期间发展繁荣于美国。在科学心理学的发展和演变过程中，形成了各种不同和各具特点的心理学理论流派。这些不同的心理学流派可划分为两大阵营或两条路线，即自然科学心理学（natural science psychology）和人文科学心理学

1

(human science psychology)。自然科学心理学亦称科学主义心理学(scientism psychology)，是指以自然科学为价值定向的心理学研究取向，它坚持心理学的自然科学观和客观实验范式的科学主义(实证主义)研究取向，力图建构以自然科学为模板的心理学理论模式。自然科学心理学是主流的心理学取向，包括内容心理学、构造心理学、机能心理学、古典行为主义、新行为主义、新的新行为主义、皮亚杰学派、认知心理学等流派。人文科学心理学是指以人文科学为价值定向的心理学研究取向，它坚持心理学的人文科学观和主观经验范式的人文主义(现象学、存在主义、解释学)研究取向，力图建构以人文科学为模板的心理学理论模式。人文科学心理学是非主流的心理学取向，包括意动心理学、古典精神分析学、精神分析自我心理学、精神分析客体关系学派、精神分析社会文化学派、格式塔心理学、现象学心理学、存在心理学、人本主义心理学、超个人心理学等流派。本书的上篇论述自然科学心理学的各个流派，下篇论述人文科学心理学的各个流派，它们共同构成了西方心理学史的主体内容。

内容心理学(content psychology)是指冯特于19世纪下半叶创立的实验心理学，因冯特强调用实验内省法研究意识或心理元素即内容而得名，这是西方心理学史上第一个科学主义心理学流派。构造心理学(structural psychology)以铁钦纳为代表，他继承了老师冯特的内容心理学，并将之推向了极端。构造心理学强调通过实验条件下的内省方法研究意识的结构，即研究构成意识经验的最基本的心理元素。机能心理学(functional psychology)强调意识在有机体适应环境中的作用，詹姆斯、霍尔和闵斯特伯格等都是美国机能心理学的先驱人物。狭义的机能心理学又称芝加哥学派，代表人物有杜威、安吉尔和卡尔。广义的机能心理学又称哥伦比亚学派，代表人物有卡特尔、桑代克和武德沃斯。行为主义心理学(behavioristic psychology)是西方心理学的"第一大势力"(the first force)，大致可分为三代。第一代是古典行为主义(classical behaviorism)，产生于20世纪初的美国，由华生创立，其他代表人物还有魏斯、霍尔特、亨特和拉施里等人，强调客观主义和环境决定论，以刺激和反应的术语解释行为。第二代是新行为主义(neo-behaviorism)，开始于20世纪30年代，主要代表人物有赫尔、托尔曼和斯金纳等人，强调刺激与反应之间的中介变量，以操作主义观点解释中介变量。第三代是新的新行为主义(neo-neobehaviorism)，开始于20世纪60年代，主要代表人物有班杜拉、罗特、米契尔、斯塔茨等人，强调认知、思维等心理因素在行为调节中的作用。皮亚杰学派(Piagetian school)是由瑞士心理学家皮亚杰所创立，又称日内瓦学派，其特色在于把心理学与认识论结合起来创立了发生认识论，在心理学史上第一次系统地描绘了儿童的心理发生和发展过程，促进了儿童心理学的发展。本书中的认知心理学(cognitive psychology)主要是指狭义的认知心理学，又称现代认知心理学，其特点在于用信息加工的观点来看待人的认知过程。

意动心理学(act psychology)是布伦塔诺于19世纪后期开创的，因强调意识的活动而得名，这是西方心理学史上第一个人文主义心理学流派。它以意动为研究对象，与冯特的内容心理学不同，形成了心理学史上两条路线的第一次对立。广义的意动心理学包括布伦塔诺的意动心理学(狭义的意动心理学)、斯顿夫的机能心理学、形质学派、符茨堡学派等。精神分析心理学(psychoanalytic psychology)是西方心理学的"第二大势力"(the second force)，自弗洛伊德创立古典精神分析理论以来，精神分析运动已经历了百年的发展历程。精神分析强调研究人的潜意识心理。弗洛伊德所倡导的驱力模式，经过荣格、阿德勒等人的转向之后，进一步演化为自我模式、关系模式和自体模式，分别对应于精神分析的自我心理学、客体关系学派和自体心理学等，它们从学科内部推动着精神分析运动向前发展。弗洛伊德之后的精神分析从外部学科中汲取养分，出现了精神分析的社会文化学派、存在精神分析学(即存在心理学的一部分)等，它们推动了精神分析运动继续向外发展。格式塔心理学

(Gestalt psychology)又称为完形心理学,是20世纪初由韦特海默、苛勒和考夫卡三位德国心理学家联袂创立的一个心理学派别,它反对元素分析而注重整体组织,主张以整体的动力结构观来研究心理现象。勒温转向团体动力学和拓扑心理学,是对格式塔心理学的继承和发展。现象学心理学(phenomenological psychology)、存在心理学(existential psychology)以及人本主义心理学(humanistic psychology)共同构成了西方心理学的"第三大势力"(the third force)。现象学心理学是产生于20世纪上半叶的一种心理学共同取向,而非一个严格流派。它上承人文科学心理学最初形态的意动心理学,并受到现象学哲学的直接影响。它反对自然主义,提倡心理的意向性本质,如实描述个体的意识经验。20世纪50年代后,其中心转移到美国并继续发展。存在心理学最初于20世纪30、40年代兴起于欧洲,50年代后主要发展于美国和英国。它与现象学心理学一样,也是心理学研究的一种共同取向,而非一个严格学派。存在心理学受到存在主义哲学和精神分析心理学的影响,采用现象学方法来理解人的全部的现实存在。人本主义心理学诞生于20世纪50、60年代,以研究人的本性、潜能、价值等为主要内容,马斯洛、罗杰斯等是其主要代表人物。人本主义心理学也不是一个思想完全统一、组织十分严密的学派,而是一个由许多观点相近的心理学家和学派组成的松散联盟。超个人心理学(transpersonal psychology)是20世纪60年代末、70年代初从人本主义心理学阵营中分化出来的一个流派,它超越了人本主义心理学以个人的自我实现为目标的狭隘认识,迈向了研究人类心灵与潜能的终极价值和真我完满实现的目标。因此,超个人心理学自诩为心理学的"第四势力"(the fourth force)。

二、西方心理学史的研究方法

(一)史论结合法(combination of history and theory)

史论结合法是历史研究的基本方法。所谓"史",是指史料(即历史史料)、史实(即历史事实);所谓"论"是指理论、论断,即观点、论点。在历史研究中必须正确处理好史与论的关系问题。在我国史学研究中曾出现过两种倾向:一种是"以论带史",甚至是"以论代史";另一种是"论从史出"甚至是"先史后论"。前者是"先讲理论,后讲史实,结果是论多史少,甚至是有论无史。"这是一种主观唯心论史观;后者是说研究历史应当从史料出发,结论或观点应当出自史料。其本意在于强调史料的第一性,结论的第二性。这当然是正确的,但是,历史研究不但需要有丰富的确凿的史料,而且需要有正确的理论指导。"论从史出"并没有表达出辩证唯物论和历史唯物论的指导意义,在实践中容易助长忽视马克思主义理论的倾向,所以它也有片面性。因此,史学研究不能专搞史料考据,应该有史有论,做到史论结合。

在西方心理学史研究中也应该采用史论结合方法,做到实事求是,坚持历史事实与理论观点的统一,切忌以论带史和堆砌史料两种倾向,更要切忌离开辩证唯物论和历史唯物论的指导,得出非实事求是的论断和结论。研究西方心理学史就必须阅读和钻研西方心理学家的原著,而且要忠实于这些原著的思想。但西方心理学史的研究不能仅仅停留在占有史料和史实这个层面上,还要在马克思主义理论指导下,对史料和史实进行分析、判断和评价。如果仅仅是罗列史实,那就正如黑格尔(G.W.F.Hegel)所说的:"全部哲学史这样就成了一个战场,堆满着死人的骨骼。它是一个死人的王国,这王国不仅充满着肉体死亡了的个人,而且充满着已经推翻了的和精神上死亡了的系统,在这里面,每一个杀死了另一个,并且埋葬了另一个。"也就是说,对西方心理学史的研究,不仅要占有原始史料,而且要对这些原始史料进行加工,做出合理的解释,以揭示心理学史上的历史事件的内在联系以及历史过程的本质和规律,从而更好地掌握西方心理学发展的基本观点、基本思想和发展趋势。

(二)纵横比较法(comparison in length and breadth)

西方心理学史的研究不仅要发掘心理学人物及其思想的原本面目,更要阐发它所蕴含的意义。这就要求把心理学家及其理论观点放在当时特定的历史背景下，通过"前瞻后看""左顾右盼"两种方法来揭示心理学流派和心理学家的心理学思想。前者是纵向比较法，即把每位心理学家、每个心理学流派放在一定的历史背景下进行前后比较；后者是横向比较法，即把每位心理学家、每个心理学流派与其同时代的其他心理学家或心理学流派进行左右比较。正如杨鑫辉教授指出："心理学思想史的比较研究法，既包括国内外前后心理学思想家的纵的比较，也包括与国内外同时期人物（或问题）的横的比较。这是一种纵横交错的比较方法。"这种方法有助于比较客观地评判心理学思想或心理学家的历史贡献与局限。

（三）具体抽象两步法（the two-step method of concrete and abstract）

历史研究的完整过程包括从具体到抽象、再从抽象到具体两步方法。第一步是从史料、史实中得出本质的、规律性的认识，这是一种抽象、概括的方法。第二步是将从史料、史实中得到的规律性认识，再放回到具体的历史现象中去，进一步对史料、史实加以分析和说明，按照历史的本来面目去说明历史。例如我们从西方心理学的诸多流派中得出西方心理学的发展历史可以分为科学主义和人文主义两条路线的认识，这是第一步；下一步则带着这个认识，进一步分析西方主要心理学流派代表人物的思想内容和特征，对纷繁复杂的心理学历史现象给予历史的唯物的辩证的阐释，还西方心理学历史的本来面目。

（四）四步说明法（four-step statement method）

西方心理学史研究要针对每个心理学流派或每位心理学家思想的产生原因、发展过程、形成结果、理论意义（或评价）一一作出说明。首先，在说明心理学流派或心理学家思想产生的原因时，我们一般需要从其社会背景（政治、经济条件）、文化背景、哲学背景、科学背景和心理学背景去加以说明。当然，要视具体心理学流派和心理学家而有所侧重，并非一概而论。其次，我们既要说明整个西方心理学的产生、发展和演变的过程，也要说明每个心理学流派或每位心理学家思想的产生、发展和演变过程。回答它们为什么产生、鼎盛和衰落。第三，我们需要说明每个心理学流派或每位心理学家形成的主要理论和研究，例如其心理学的科学观、心理学的对象论、心理学的方法学和主要具体理论等。一位心理学家如何看待心理学的性质，视心理学为自然科学还是人文（社会）科学，直接决定了他选择心理学的研究对象和方法，进而影响他形成的具体理论。最后，我们还要对每个心理学流派或每位心理学家的理论体系进行恰如其分地评价，评价其贡献、局限和影响。

三、西方心理学史的学习意义

（一）有助于掌握西方心理学的历史规律

学习西方心理学史，可以帮助我们对西方心理学的理论流派追本溯源，理解其前因后果，掌握其发展规律。心理学史学家迈克尔·韦特海默（Michael Wertheimer）认为，由于现代心理学的广博和复杂，学生在试图把各种概念、研究领域和研究方法彼此联系起来时容易混淆。理解心理学发展的历史能帮助我们把构成现代心理学的许多领域和分支综合起来，帮助我们认识各种事实和理论之间存在着各种相互关系。存在心理学家罗洛·梅指出，只有研究历史，我们才能知道文化与社会力量怎样铸成人们的态度，这些态度塑造了我们今天所知道的心理学。我们对心理学的历史起源研究越多，我们对当前心理学的理解就越多。美国心理学史学家波林指出："实验心理学家……需要掌握其专门领域内的历史知识。如果没有这样的知识，那么他会以歪曲的视角来看待当前问题，他就会把一些古老的事实和古老的观念误认为是新的，他还不能认识到新运动和新方法的重要性。就此而言，我怎么强调我的观点也不过分。一种不包含历史取向的心理学的成熟技巧，对我来说，似乎根本就不是什么成熟技巧。"他进一步明确指出："我相信心理学家只有知道了心理学史，才算是功行完满。"

（二）有助于培养理论思维能力和批判精神

恩格斯说过："一个民族想要站在科学的最高峰，就一刻也不能没有理论思维。"学习西方心理学史有助于提高我们的理论思维能力。西方心理学史作为研究心理学发展规律的科学，是从历史发展的角度记录了人们对心理学的对象、性质、任务和方法等一系列问题的认识。心理学对象的极端复杂性，西方心理学的理论流派、学说之多，是许多其他学科难以相比的。通过分析西方心理学史上的各种各样的理论观点，评价心理学家及其思想的贡献与局限，能够提高我们分析问题和解决问题的能力，提高鉴别能力和批判能力。西方心理学史的知识可以减少我们对某一种理论观点或方法论的盲目崇拜，使我们具有健康的怀疑和批判精神。学习西方心理学史，可以使我们认识到不存在一种能够解释一切的理论体系。在心理学发展进程中，往往出现一些理论观点被夸大的现象，如催眠术、颅相学等，心理学史的知识告诉我们要谨防夸大其辞，不能以单一的方法代替所有的方法。

（三）有助于学习心理学大师的创新精神和人格魅力

在西方心理学的发展进程中，出现了不同的心理学理论流派。每个理论流派都是对它之前的心理学流派的富有成效的发展，都坚持自己的理论和方法论取向，运用不同的方法探讨人类的本性。每个流派的出现都是心理学家在探索心理特性上的一次创新。因此，学习西方心理学史就可以了解心理学家是怎样创立新的心理学理论流派，从而学习心理学家的推陈出新和开拓创新的精神。譬如，美国心理学之父詹姆斯花了12年时间完成了他的成名代表作《心理学原理》后，并不满足于已经取得的成就，而转向了心理学的理论研究，创立了实用主义和彻底经验论，从而为心理学理论做出了更大的贡献。再如，在20世纪30年代末，弗洛伊德的精神分析疗法在当时的心理治疗领域占据支配地位，正是由于罗杰斯具有创新精神，才敢于向权威挑战，创立了来访者中心疗法。就连性格刚毅的铁钦纳也具备创新精神，在康奈尔大学期间，他是不容许别人对他的构造心理学体系提出反驳的。然而在铁钦纳的晚年，他却开始改造自己的构造心理学，并试图对他的体系进行一个全新的解释。大约在1918年，他在讲课时就放弃了心理元素的概念，认为心理学研究的不应该是基本元素，而是心理生活的更大维度和心理过程。他在给一位研究生的信中写道："你必须放弃根据感觉和感情进行思维的方式。10年之前那些都是正确的，但是现在……它已经完全过时了……你必须学会根据维度而不是根据诸如感觉那样的系统概念进行思考。"到1920年的时候，铁钦纳开始对"构造心理学"这一术语产生疑虑，开始重新思考他的内省法，赞成现象学的方法，考察自然发生的经验，而不是尝试把经验分解为它的元素。这些改变显示了铁钦纳的创新精神。但由于铁钦纳的去世使他没能实现自己的目标。

任何一个心理学家的思想，都必然与其人格，与其家庭和人生体验有着内在的联系。学习西方心理学史可以了解心理学家生平中的重大生活事件，了解其独特的个人经历对其人格成长的意义，进而就可以了解心理学家的人格形成与发展对他的心理学理论和实践的意义以及影响。譬如，詹姆斯的一生是探索不止、奋斗不息的一生。从18岁到他68岁去世，詹姆斯一直在与自己的心理问题作斗争，不止一次几乎到了自杀的边缘。然而即便在最黑暗的日子里，他也从未失去对周围世界的持久兴趣，凭着坚强的意志，他在48岁时出版了成名代表作《心理学原理》，65岁出版了《实用主义》，67岁出版了《多元的宇宙》。虽然他在神经方面的疾病使他忧郁而敏感，但詹姆斯给人的印象总是浑身充满活力、思维敏捷、谈吐诙谐。他风度翩翩的外表，不拘礼节、激情四射的讲课风格，还有在心理学和哲学上那清晰的、充满生气的著作都成功地激励着所有看他、听他或读他的人。再如，心理学家萨蒂奇12岁的时候，在一次棒球比赛的事故中受伤，导致风湿性关节炎，18岁以前就严重瘫痪，他的正式教育在九年级时被迫中断，在以后50年的生涯中，他被限制在轮椅和床上。但他凭借顽强的意志为创立超个人心理学做出了卓越的贡献。因此，学习心理学史实际上是与心理学大师们同行,与他们对话,领略他们的心路历程。

(四)有助于促进我国心理学的建设

学习西方心理学史是为了鉴古知今、继往开来,古为今用、洋为中用,以促进我国心理学的建设和发展。我国著名心理学家潘菽(1897—1988年)先生指出:"一切历史的研究都应该是为了要'鉴古知今','继往开来'。现代人要把历史继续推向前进,就必须'鉴古'、'继往'。'鉴古'是为了'知今','继往'是为了'开来'。……学习心理学史如若结果不能对心理学上怎样'鉴古知今'或'继往开来'有所懂得,那也就会等于白学。"我国著名心理学史学家高觉敷教授指出:"心理学虽仅在百余年前挤入自然科学之列,但几千年前的哲学家都已对人的心理现象和活动提出了种种看法和学说。所以我们不但要懂得心理学的今天,还要懂得心理学的昨天;懂得了心理学的昨天,才可以更深刻地懂得心理学的今天。"杨鑫辉教授也指出:"懂得了心理学的昨天和今天,才可以正确地预见和迈向心理学的明天。我们研究心理学史绝不是钻心理学的故纸堆,而是站在今天研究过去,展现未来,古为今用,洋为中用。"他还在其主编的《心理学通史》总论中进一步概括地说:"研究心理学史的真谛应当是:治史之意不在古,论古之旨却在今,通古变今,昭示明天。所以学习和运用心理学史绝不只是心理学史工作者的事,而是跟所有心理学工作者密切相关。"

学习西方心理学史可以使我们避免西方心理学史上所发生的错误,使我们少走弯路,从而使我国心理学能够健康地发展。美国心理学史学家黎黑曾说:"研究心理学史是为了理解心理学的现在和过去。"精神分析创始人弗洛伊德在《一个幻觉的未来》一书中指出:"我们对过去和现在了解得越少,我们对未来的判断就越不准确。"美国哲学家桑塔亚那(G.Santayana)说:"那些不懂历史的人注定要重蹈历史的覆辙。"了解心理学史就可以避免犯心理学史上的错误。如构造主义曾盛极一时,其成员试图利用内省法来研究意识的构成元素,尽管构造主义者的努力是徒劳无益的。然而,对于心理学来说,它所作出的努力还是很重要的,因为我们已知道这样的方法几乎不会产生什么有用的结果,就可以避免重犯构造主义的错误。如果由于缺乏历史知识而重复过去的错误,那么心理学史上的重要教训就会失去作用。正如亨利所指出的:"如果我们对历史无知,致命的错误将会重犯,而且我们将不得不一再地解决相同的老问题。"

四、西方心理学史的史学史

历史研究被称为史学,历史研究的历史就被称为史学史(history of historiography)。西方心理学史研究的历史,即为其史学史。

(一)西方的心理学史研究

在心理学诞生的年代,心理学家就表现出对心理学史的兴趣。例如冯特、布伦塔诺和詹姆斯等科学心理学的创立者们,就经常在其著作中提到一些哲学家、生理学家、物理学家对心理学早年历史的贡献。西方的心理学史研究可以分为两个时期:第一个时期是20世纪60年代之前的研究,西方对心理学史的研究在很大程度上是被忽视的,只有少数心理学家凭个人的兴趣研究心理学史,但也出版了一些经典的心理学史著作和教科书,心理学史还没有成为专门的学科。第二个时期是20世纪60年代之后的研究,心理学史开始成为一门独立的学科,创立了心理学史专业组织,创办了心理学史专门杂志,形成了一支专业的心理学史研究和教学队伍,出版了大量的心理学史研究成果。

1. 20世纪60年代之前的研究　就英文文献来看,西方的心理学史研究始于20世纪初。1912年,四本心理学史著作拉开了心理学史研究的序幕。其中兰德(B.Rand)出版了《经典心理学家》,选辑了从古希腊到19世纪后期的实验心理学之父冯特的心理学著作;美国著名心理学家霍尔(G.S.Hall)出版了《现代心理学的建立者》,介绍了六位杰出的德国心理学家的思想和理论；加拿大心理学家布雷特（G.S.Brett）出版了三卷本《心理学史》的第一卷（后两卷 1921 年出版），介绍了早期特别是哲学和基督教背景中的心理学思想；费希尔（D.Fisher）翻译了德国心理学家德索（M.Dessoir）《心理学史概观》一书。1913 年，鲍德温（J.M.Baldwin）编写了两小卷本通俗的《心理学史：概要》，书中除了讨论了一些重要心理学家的著作之外，还追溯了一些早期哲学家和生理学家提出的心理学思想。此后出版的著名的心理学史著作和教科书有：1929 年，波林出版了《实验心理学史》，这是一部标准的经典教科书。此书初版的问世使心理学史成为大学心理学系课程设置中较为普遍的科目。据南斯（R.D.Nance）1962 年调查，美国 75% 的大学心理学系用它作为心理学史课程的教材。1929 年，墨菲（G.Murphy）出版了《近代心理学历史导引》，这也是一部十分著名的心理学史教科书，该书包含了较多的应用心理学史的内容。1931 年，武德沃斯（R.S.Woodworth，又译吴伟士）出版了《现代心理学派别》，这也是影响较大的心理学史教科书。1933 年，海德布雷德（E.Heidbreder）、费格尔（J.C.Flugel）分别出版了《七种心理学》《心理学的一百年：1833—1933》。

2. 20 世纪 60 年代之后的研究　60 年代是心理学史的年代，这是西方心理学史建立的 10 年。1960 年，心理学史家华生发表了《心理学史：一个忽略的领域》一文，呼吁心理学家要从事心理学史研究。同一年，在美国心理学会芝加哥年会上，华生倡导组织了一个心理学史的专题会议，吸引了 15 位有志于心理学史研究的心理学家参加。在华生等人的努力下，美国心理学会成立了第 26 分会，即心理学史分会。这是心理学史的专业组织。同一年还创办了《行为科学史杂志》，这是心理学史的专门杂志。也是在同一年，在美国的阿克伦大学建立了美国心理学史档案馆。1966 年，芝加哥洛约拉大学的研究生院授予已故戴顿大学心理学教授安托斯·兰克莱洛（Antos Rancurello）哲学博士学位，因为他撰写了心理学领域里第一篇关于历史主题的博士学位论文——一项关于弗朗茨·布伦塔诺的研究。1967 年，华生在新罕布什尔大学开始招收心理学专业的博士研究生，培养心理学史研究的专门人才。1968 年成立了国际 Cheiron[①] 行为和社会科学史协会，这也是专门研究心理学史的学术组织。自 60 年代以来，西方出版了大量的心理学史研究著作，包括教科书、参考资料、阅读文选、心理学家传记、文献目录等。据麦圭尔（G.R.McGuire）1990 年统计，至 1988 年止，一共出版了 180 种英文版心理学史教科书，其中一半以上是 60 年代以后出版的。心理学史的研究队伍不断扩大。据《美国心理学会的会员登记》统计，心理学史分会即第 26 分会的会员，1981 年是 473 人，至 2000 年增加到 802 人。特别是 1979 年纪念冯特建立世界上第一个心理学实验室一百年，1990 年纪念詹姆斯《心理学原理》出版一百周年，1992 年纪念美国心理学会建立一百周年，更是激起了心理学史研究的热潮。同时，西方特别重视心理学史的教学。据美国心理学会于 1971 年对美国大学心理学系所做的调查表明，"心理学史是心理学系的一门主要课程。"，一些大学的心理学导论课程也从历史的视角进行教学。美国心理学会规定，所有申请心理学博士学位的学生都必须完成心理学的历史与体系课程的学习。

21 世纪伊始，心理学史依然是心理学研究中的一个重要领域。一项对美国 700 所大学和学院的心理学系进行的调查结果表明，80% 以上的学校的本科生课程中都包含了心理学史。这些课程通常开设在三、四年级，作为心理学专业的基础课程。而且，在咨询和临床心理学中，公认的研究生教学计划都包括心理学史的教学，心理学史是研究生教育的核心课程。大多数心理学系都明确规定在本科生和研究生教育阶段开设心理学史课程。由于心理学史研究的不断发展，美国心理学会在 1998 年批准创办了《心理学史》杂志，成为发表心理

---

① Cheiron 是古希腊神话中的半人半马的聪明怪物的名称，据说 Cheiron 精通人文和科学知识，故借用 Cheiron 作为该学会的名称。

学史研究成果的又一个重要阵地。

（二）中国的西方心理学史研究

在我国，"文化大革命"结束后，最早恢复的心理学研究领域就是心理学史。1979年中国心理学会成立心理学基本理论专业委员会（后来更名为理论心理学与心理学史专业委员会），潘菽先生任主任。1981年分别创刊的《外国心理学》（现更名为《应用心理学》）和《心理学探新》杂志，主要刊登外国心理学研究、心理学史与理论心理学方面的文章。心理学史教学也日益受到重视，多年来全国大多数高等学校的本科心理学专业、应用心理学专业和教育学专业都开设心理学史课程。2006年，教育部高等学校心理学教学指导委员会颁布的《心理学专业规范》和《应用心理学专业规范》，均把心理学史作为本专业本科课程体系中的核心课程（12门）之一。这是我国第一次正式明确规定了心理学史在本专业课程体系中的核心地位。我国西方心理学史的学科发展主要表现在两个方面：一是翻译西方心理学史的著作，二是编写西方心理学史著作。

1. **翻译西方心理学史著作**　早在20世纪30年代商务印书馆便出版了三本心理学史译著分别是：1931年陈德荣翻译皮尔斯伯里（W.B.Pillsbury）的《心理学史》，1934年谢循初翻译吴伟士（又译武德沃斯）的《西方现代心理学派别》，1935年高觉敷翻译波林的《实验心理学史》。其中《西方现代心理学派别》1948年修订版译本于1962年由人民教育出版社出版，《实验心理学史》1950年修订版译本于1981年仍由商务印书馆出版。20世纪80年代以来，除了《实验心理学史》修订版译本外，还有林方、王景和翻译墨菲、柯瓦奇的《近代心理学历史导引》，由商务印书馆1980年出版；杨立能等人翻译舒尔茨的《现代心理学史》，由人民教育出版社1981年出版，本书的2004年第8版由叶浩生翻译，由江苏教育出版社2005年出版；刘恩久等人翻译黎黑的《心理学史》，由上海译文出版社1990年出版，本书的1997年修订版译本由浙江教育出版社于1998年出版。进入21世纪，更有郭本禹等人翻译了一系列西方心理学史著作。

2. **编写西方心理学史的著作**　高觉敷主持编写的《西方近代心理学史》（人民教育出版社，1982）、《西方心理学的新发展》（人民教育出版社，1989）是新中国成立以来自编的最早的西方心理学史高等学校文科教材，具有填补西方心理学史学科建设空白的意义。在此前后，唐钺编了《西方心理学史大纲》（北京大学出版社，1981），杨清编了《现代西方心理学主要派别》（辽宁人民出版社，1980），李汉松编写了《西方心理学史》（北京师范大学出版社，1988），高觉敷主编了《西方心理学史论》（安徽教育出版社，1995），车文博编写了《西方心理学史》（浙江教育出版社，1998）。杨鑫辉总主编的《心理学通史》（山东教育出版社，2000）的第三卷（杨韶刚主编）、第四卷（郭本禹主编）、第五卷（龚浩然主编）属于外国心理学史部分。南京师范大学心理学史研究中心组织编写的《西方心理学的历史与体系》（叶浩生主编，人民教育出版社，1998），反映了西方心理学史研究的新成果，也标志着我国第三代心理学史工作者登上历史舞台。近年来，叶浩生、郭本禹等人组织编写了《西方心理学理论与流派》《心理学史》《心理学通史》《当代心理学新进展》《现代西方心理学史》等著作。此外，在郭本禹主编的"外国心理学流派大系"中，有13本著作论述了西方心理学12个主要派别。

第二节　西方心理学的哲学起源

一、西方古代心理学思想

公元前6世纪至1640年英国资产阶级革命是西方古代时期，包括古希腊罗马时期、中世纪时期和文艺复兴时期。在西方漫长的古代时期，积淀了人类思想史的基本思想，其中包括心理学思想。在此我们仅介绍古希腊时期的三位杰出思想家的心理学思想。

苏格拉底（Socrates，公元前 469 年—公元前 399 年）是古希腊思想史上一位关键人物，以至于在他之前的哲学常常被称为前苏格拉底哲学。苏格拉底完全献身于哲学，他酷爱哲学远胜于对家庭、物质享乐或者社会成就的关注。他善于用辩证方式追求道德法律的根据，善于探索善、正义和美的一般意义。他认为知识是人的理性中固有的，教育只是设法把人所固有的知识引出来，这也是他在与别人讨论问题时爱用层层追问的"产婆术"（maieutics）的依据。他的这个观点被他的学生柏拉图演变为理念先于个别事物而存在的思想。苏格拉底强调，在人类的认识中有比单纯感性认识更多的东西，并认为人具有纯理性认识的能力。他认为灵魂和肉体从根本上说是不同的东西。苏格拉底证明了灵魂是真实的，对于那些在灵魂看来是最宝贵和最相投的东西的认识也是真实的，即超越一切具体、个别的一般概念——代表永恒和终极真实的美、善、数学关系等。

柏拉图（Plato，公元前 427—公元前 347 年）是古希腊时代的哲学家、政治家和教育家，是哲学心理学思想中理念论和唯理论（或理性主义）思想的远祖。柏拉图受毕达哥拉斯学派的影响，扩展了苏格拉底的观点。他指出，原则、理念或概念如同毕达哥拉斯的数那样，是一种独立的存在。对柏拉图来说，理念或形式是最高的实在，唯有通过理性才能认识它们。他认为人性中有两个世界：一个是经由身体所处的现实世界，另一个是灵魂中存有的理性世界。身体感官所接触到的世界并不是真实的世界，而灵魂中的世界才是真实的。他认为灵魂有理性、意气和欲望三个部分，分别对应于人的三个等级，即哲学王、武士和劳动者。理性是最高级的灵魂，是永存的，其作用发挥在脑，相当于哲学王的灵魂；而意气和欲望两部分不是永存的，其作用发挥在胸部与腹部，分别对应于武士和劳动者的灵魂。在附入身体之前，灵魂寓居于纯粹而绝对的知识之中，如果人向内思维，并远离经验世界，便可以回忆起这种知识。对柏拉图来说，知识来源于对灵魂附入身体之前的经验的回忆。这被称为知识回忆说（reminiscence theory of knowledge）。柏拉图认为心灵的理性能力应该转向内部，以便重新发现与生俱来的理念。柏拉图的思想对此后两千多年心理学思想的发展，产生了极大的影响。近代哲学思想中服膺唯理论的哲学心理学家，几乎无一不受柏拉图思想的影响。

亚里士多德（Aristotle，公元前 384—公元前 322 年）是古希腊时代的哲学家和科学家，是哲学心理学思想中实在论和经验论思想的远祖。他对古希腊的学术思想作了全面总结，并有所发展。他也是欧洲历史上对心理现象作过全面系统描述的第一人。他的《论灵魂》是西方心理学史上第一部关于心理学的专门著作。在心身关系问题上，亚里士多德认为灵魂与身体是合一的，是彼此相辅相成的，他相信灵魂的功能必须靠身体活动来发挥，这是以后心身交感论的理论基础。亚里士多德反对柏拉图对灵魂的三分法（trichotomy），认为灵魂是整体的，不能分为部分，它以整体性发挥它的功能。他把生物界的灵魂分为三个等级：植物只有滋长的灵魂，动物还有感性的灵魂，人则还有理性的灵魂。高级灵魂包含所有低级灵魂，人为最高级，所以人同时具有三种灵魂，这三种灵魂在人体中统一而不可分割地起作用。但灵魂的功能可以分为两类，一类是认识功能，另一类是动求功能。前者包括感觉、记忆、想象和思维，后者包括欲望、动作、意志和情感。他的这种划分方法是西方心理学史上最早的知与意的二分法。同时他认为，感觉、记忆、想象都是整体性灵魂的非理性功能，它们的总管区域在心脏，是被动的，与肉体同生死；而思维则是整体性灵魂的理性功能，它无一定的器官，是主动的，肉体死亡后，它归于纯粹的形式。后者为中世纪的基督教神学所利用。在知识来源问题上，他认为人类的知识来自后天经验，由感官经验得到资料，再经理性处理，即得知识。亚里士多德的实在论演变到 17 世纪以后，就成了经验论。他不满于早期希腊哲学家们对知识来源问题的分析解释，创立了形而上学，他认为，要想对某一事物有所

笔记

认识，必先了解四个原因，即形式因、质料因、动力因和目的因，以此四个原因去认识世界，才会获得真正的知识。

二、西方近代心理学思想

1640 年爆发的资产阶级革命，标志着欧洲从古代社会进入近代社会，从封建制度进入资本主义制度。相应地，西方哲学也从古代主要讨论世界的本原是什么的本体论问题转变到近代主要讨论知识经验是怎样产生的认识论问题。但由于近代欧洲各国的政治、经济和文化的发展是不平衡的，围绕着知识经验如何产生的问题，反映在近代欧洲的哲学心理学思想上也具有不同的特点。在英国和法国表现为经验论心理学（empirical psychology）思想，在荷兰和德国表现为唯理论心理学（rationalistic psychology）。经验论心理学思想从英国的弗朗西斯·培根（Francis Bacon，1561—1626 年）开始。培根被马克思称为"英国唯物主义和整个近代实验科学的真正始祖"。他认为，科学必须追求自然界事物的原因和规律。要达到这个目的就必须以感官经验为依据。他提出了唯物主义经验论的原则，主张知识和观念起源于感性世界，感觉经验是一切知识的源泉。他还提出了经验归纳法，主张以实验和观察材料为基础，经过分析、比较、选择和排斥，最后得出正确的结论。唯理论心理学从法国的笛卡儿（R.Descartes，1596—1650 年）开始。他主张革新科学、发展科学。他提出唯理论原则，认为人的知识不是来源于感觉经验，而是来源于理性，理性的演绎是唯一的正确方法。作为理性表现的知识和能力是先天具有的，因此他主张天赋观念论。他还主张用理性来审查一切，提出了"普遍怀疑"的口号。他发现一件最可靠的事实是：他自己在怀疑。因此，心的存在是无可置疑的，而身的存在则须推论出来。他提出的"我思故我在"是西方哲学史上的一个重要命题。笛卡儿对心理学的另一个主要贡献是他提出了"反射"（reflex）思想，尽管这个术语不是他正式提出的。他从机械原理出发，把动物和人都看作是一部机器。他以为神经是一种空管，内有细线，一端连着感官，另一端连着脑内某些孔道的开口。等外物刺激感官时，便拉动细线，从而拉开孔道口的活塞，让脑室内的动物精气沿着神经管流到肌肉，于是肌肉膨胀而发生动作。这是西方生理学和心理学史上第一次按照严格的决定论所描述的反射论模式，对生理学和心理学的发展具有深远的影响。

（一）经验论心理学思想

从培根开始的经验论心理学思想，重视感官经验的作用，重在探讨人的心理如何获得知识，但通常忽视心理的主动性和理性思维的作用。经验论心理学思想有两种形式，在英国表现为联想论心理学（associationistic psychology）思想，在法国表现为感觉论心理学（sensationalism psychology）思想。

1. 英国联想论心理学思想　凡认为知识来源于经验的人，都可以算是一位经验论者。经验论者往往强调经验的重要性，而不强调独立于经验的天赋观念。英国的经验论者以经验为基础，以联想为工具，试图揭示观念的形成和发展的规律。联想论心理学思想为科学心理学的产生作出了重要的贡献。

霍布斯（T.Hobbes，1588—1679 年）继承了培根的传统，他通常被称为英国经验论的创始人，也是英国联想论心理学思想的先驱。霍布斯认为，一切人类行为最终能被还原为物理原则和机械原则；因此，他既是唯物主义者，也是机械主义者，还是经验论者。他坚持知识和观念来源于感觉经验，认为人是物质的肉体的存在物，心理现象不是非物质的灵魂的活动，而是脑的物质的细微运动。他认为联想是由于两种感觉的运动在时间上相继发生。他认为社会的功能在于满足个人的需求，而且在于防止人与人相争。他还认为人类的一切行为最终都受到趋乐避苦的推动。

洛克（J.Locke，1632—1704 年）是经验论的最著名代表。他认为，人类生来在心灵中一无所有，像未经涂抹的白板，以后在生活中靠经验的累积逐渐构成观念，观念即心之内容。他区分了物体第一性的质与第二性的质。前者产生观念，实际上代表了物体的属性；后者产生了心理经验，而这个心理经验在物质世界中没有对应物。洛克认为，一切观念都源自感觉经验，但是心灵能把现有的观念重新组织成多种形式。洛克在西方心理学史上第一个提出了"联想"（association）的概念，认为联想是观念的联合，为联想论心理学思想奠定了基础。他认为由感觉和反省得来的观念都是人心被动接受的简单观念，是基本的或不能分析的。人心中的很多复杂的观念则是人心使用自己的力量，经过综合、联系和分离作用，把简单观念联合而来的。他还认为观念的联想有"自然的联合"与"习惯的联合"两种。洛克不仅提出了联想概念，而且扩大了联想概念。所以洛克是联想论心理学思想的创立者。洛克设想了一个心灵，它能拥有许多心理能力，如信任、想象、推理和意志。洛克和大多数其他经验论者一样，认为一切人类情绪都源自快乐和痛苦这两种基本的情绪。洛克的教育观与其经验论哲学是一致的，洛克轻天性而重教养，特别强调教养对于人的重要性。

贝克莱（G.Berkeley，1685—1753 年）是英国近代有名的主观唯心主义的创始人。他同意洛克关于人的一切知识都是来源于经验的看法，但否定了物质世界的客观存在，认为现实世界是我们的感觉的总和，提出了"存在就是被感知"的著名唯心主义命题。贝克莱用联想来解释人们关于现实世界事物的知识，认为这种知识在本质上是简单观念（心理元素）的构造或复合，由人的联想把它们结合到一起。他还用联想的概念来解释深度知觉。他研究了人们在只有两个维度的视网膜上如何知觉到深处的第三维度的问题。在他看来，人们知觉到深处的第三维度是由于经验的结果，即视觉印象与触觉和运动觉联合起来的结果。也就是说，人走向物体或伸手拿物体的连续感觉与眼肌感觉形成联想，产生了深度知觉。这是第一次用感觉的联合解释纯粹的心理过程。

休谟（D.Hume，1711—1776 年）是英国哲学家和近代不可知论的著名代表。他赞同贝克莱的观点，认为我们唯一能直接经验到的是我们自己的主观经验，但他反对贝克莱这样的观点，即我们的知觉准确地反映着物质世界。对休谟而言，我们不可能知道物质世界的任何东西，因为我们所经验到的一切都是思想和思考的习惯。休谟和洛克一样，设想了一个主动的想象，它把观念组织成无数种形式。然而，与洛克有所不同的是，休谟把联想律作为其哲学的基础。他提出了三条联想规律：接近律（law of contiguity），即同时经历的事件在回忆时也一起出现；相似律（law of resemblance），即对一个事件的回忆往往能引起对相似事件的回忆；因果律（law of cause and effect），即我们往往认为不断出现在一个事件之前的情境是产生那一事件的原因。休谟把心灵和自我都还原为知觉经验。根据休谟的观点，控制行为的是情感或者说情绪，而且由于人们的情绪模式不同，每个人的行为也有所不同。一个人的情绪模式决定了他的性格。

哈特莱（D.Hartley，1705—1757 年）是英国唯物主义的联想论心理学思想体系的建立者。他试图用一个粗糙的生理学概念把经验论和联想论结合起来。哈特莱是最早证明了联想律如何可能用于解释学习行为的人之一。他认为联想就是两个事物同时或相继影响着神经系统，它们在脑内所产生的微振由于多次重复就联结起来，后来，其中之一再次发生，微振便从它的相应部位扩散到另一个部位，同时我们便有了关于另一个事物的观念。在哈特莱之前，联想只局限在观念的范围之内。而他则用联想去解释感知、记忆、想象、思维、推理、情感、随意动作与不随意动作以及人格等一切心理现象。哈特莱还对联想的法则进行了整理，把传统的三大联想律归结为一个接近律。由此，他又把联想分为同时联想（simultaneous association）和相继联想（successive association）。根据他的分析，不随意行为逐渐与环境刺激发生联系，例如孩子的抓握行为逐渐与他最喜爱的玩具相联系。一旦形成这种联系，每当孩子看到他的玩具时，就能自主地产生抓握行为。通过多次重复，自主行为

笔记

11

能变得几乎和随意行为一样地自动化。哈特莱认为支配行为的是快乐与痛苦，这一点与经验论传统相一致；而他的追随者普里斯特利（J.Priestley）从哈特莱的享乐主义内涵中看到了它对教育实践的意义。

培因（A.Bain，1818—1903年）是19世纪后期英国最著名的联想心理学家。他于1876年创办的《心灵》杂志是世界上最早的心理学杂志。培因提倡心身平行论，对建立生理心理学起了很大的作用。他应用当时流行的能量守恒定律解释身体和心理的关系，认为身体是一个自我封闭的物质系统，心身互相平行而不互为因果，按照能量守恒的原则自行运动着。他认为联想的法则不能归结为一个接近律，还应包括相似律在内。他还提出了复合联想（compound association）和构造联想（constructive association）。所谓复合联想就是把几个不能单独引起旧经验的线索合在一起，从而把那个旧经验引出来，复合的线索越多，联想越容易。构造联想则是通过相似联想造出与旧经验不同的新观念。他认为人的想象、创造和发明就是借助这种联想实现的。因为构造联想主要是由相似联想引起的，所以他认为相似联想比接近联想更重要。

2. 法国感觉论心理学思想　法国的感觉论心理学思想是近代经验心理学思想的另一种表现形式。法国资产阶级启蒙思想家都是感觉论心理学思想家，他们主要受到笛卡儿关于身体是机器的思想和洛克的唯物主义经验论的影响，强调感觉经验在认识中的作用。感觉论心理学思想具有典型的唯物主义和机械主义倾向。和英国的经验论者一样，法国的感觉论者也认为一切观念源自经验，并且否认了笛卡儿所提出的自主心灵的存在。感觉论者要么是唯物主义者，他们否定心理事件的存在；要么是机械主义者，他们认为所有的心理事件都能用感觉和联想规律来解释。他们还重视心理与脑的关系，认为心理是脑的属性，脑是思想的器官，这对科学心理学的产生起了积极的作用。

拉·美特利（J.de La Mettrie，1709—1751年）是法国的启蒙思想家和唯物主义的创始人。他在《人是机器》一书中提出，人与非人的动物只有复杂程度上的区别，而且两者都能被理解为机器。拉·美特利认为，如果我们把自己看作是自然的一部分，我们就不会像现在这样破坏环境，残害非人类的动物，伤害我们的同类。他的机械唯物主义思想倾向对后来行为主义心理学有重要的影响。特别需要指出的是，他还认识到意识是大脑运动的一种属性，人脑是意识的器官。他曾明确指出："脑部受重伤时，就没有知觉，没有分辨力，没有认识了。"把心理看作人脑运动的属性，而不把它简单归结为物质的运动，这是法国唯物主义者对心理学作出的一个最重大的贡献。拉·美特利是一位彻底的感觉论者，认为一切知识都来自感觉，没有感觉就没有思想，同时他也反对在感觉问题上的怀疑论和不可知论，指出感觉是完全可靠的。他说："真正说来，感觉是从来不欺骗我们的，除非是我们对各种关系下的判断太仓促。"

孔狄亚克（É.B.de Condillac，1715—1780年）是法国启蒙思想家，他把洛克的唯物主义经验论心理学思想发展为感觉论心理学思想。他认为心灵有自己发展的能力，知识是由感觉引起的观念形成的。一切心理过程都是由感觉转化来的，都是变相的感觉，并认为心理的复杂性不是因为感觉有多种，一种感觉也一样可以转变出一切高级的心理功能，如记忆、判断、抽象等作用。他认为感觉越新近，越容易回忆；感觉越生动，也越容易回忆。孔狄亚克还认为，感觉过程总是伴随愉快和不愉快。愉快的经验就延续和重复，不愉快的就可能停止。这样孔狄亚克就形成了感觉论心理学思想的体系。孔狄亚克以有嗅觉、能记忆、能感受快乐和痛苦的一尊雕塑为例，想要证明一切人类的认知经验和情绪经验都是能被解释的。因此，就没有必要设想一个自主的心灵。

霍尔巴哈（P.H.D.Holbach，1723—1789年）是法国启蒙思想家和百科全书学派的代表人物，也是感觉论心理学思想的集大成者。他认为，脑是心理的器官，是神经系统的中心，心理只是脑的物质运动的结果。外界事物作用于感官，通过振动在脑中产生感觉，被改变的脑神经产生的印象传递给神经运动，使肉体器官各司其职。他非常重视感觉在整个心理活动中的重要作用，认为感觉是在我们活人身上看到的第一种机能，也是派生出其他一切机能的机能。在他看来，一切心理活动都是在感觉基础上产生和发展起来的。

（二）唯理论心理学思想

唯理论心理学思想是近代哲学心理学思想的另一种理论形态。它虽最先产生于法国，但后来主要流行于荷兰和德国。德国是欧洲资本主义发展比较落后的国家。在 17—18 世纪还是一个封建割据的君主专制国家。这就决定了出世过迟的德国资产阶级具有软弱性和妥协性，他们既要求变革，又害怕革命，最后向封建统治者屈服。他们不敢采取实际的革命行动，只好专注于抽象原则的探索。正如恩格斯指出，"在法国发生政治革命的同时，德国发生了哲学革命""用抽象的思维活动伴随了现代各国的发展"。所以德国是近代唯理论哲学的大本营。反映在心理学上就表现为唯理论心理学思想这一理论形态。英国的经验论强调用感觉经验和联想规律来解释理智，而且如若真正假定心灵存在的话，它也是相对被动的心灵。法国的感觉论者往往走得更远，他们认为根本就没有必要提出一个自主的心灵，他们宣称感觉和联想规律足以解释所有的认知经验。而唯理论在赞同感觉知识的重要性的同时，提出了一个积极的心灵，它不但转换感觉提供的信息，而且还能发现并且理解感觉知识所没有的原理和概念。因而，对唯理论者而言，心灵不止于搜集源自感觉经验、由联想规律组合而成的观念。尽管在经验论与唯理论之间有许多相互重叠之处，但两者之间有一个重要的不同：前者提出了一个被动心灵，后者则提出了一个主动心灵。

斯宾诺莎（B.Spinoza，1632—1677 年）是近代荷兰伟大的唯物主义唯理论者和无神论者。他把上帝等同于自然，从而使自己同时被犹太教和基督教逐出教会。斯宾诺莎认为，如果人类按照自然规律而行动，那么其行为是被决定的；只有不受自然规律支配的行为才是自由的。人们向往前者而拒绝后者。对斯宾诺莎而言，只有一个唯一的实在（上帝），而且它既是物质的，又有意识；包括人类在内的宇宙万物都有这两个方面。因此，一个人就可以被看作是一个物质的实体，而意识或者说心灵与它不可分割。他提出的心身关系被叫作心身两相论（psychophysical double aspectism），或简单地称为两相论。斯宾诺莎认为，最大的快乐源自于对清晰的观念——也就是反映自然规律的观念——沉思。斯宾诺莎认为，情绪是有用的，因为它们并不妨碍我们思考清晰的观念；但是激情是无用的，因为它们妨碍我们进行清晰地思考。斯宾诺莎证明了快乐和痛苦这两种基本情绪是如何成为一系列不同的情绪的，他也是最早仔细分析人类情绪的人之一。斯宾诺莎对人类思想、行动和情绪提出了一个完全决定论的解释，并且为科学心理学的发展铺平了道路。

莱布尼茨（G.W.von Leibniz，1646—1716 年）是德国近代哲学的始祖、数学家和自然科学家。他尤其反对洛克的这一观点，即一切观念源自感觉经验；他提出心灵天生有一种产生观念的潜能，通过感觉经验可以实现其潜能。莱布尼茨认为，宇宙是由看不见的实体构成的，这些实体叫做单子（monad）。所有的单子都是自我包含的（self-contained），而且不与其他单子发生相互作用。此外，所有的单子都含有能量并且拥有意识。单子之间的和谐是上帝创造的，因此它们不能被改变。莱布尼茨认为，心灵的单子与身体的单子之间完美地协调着，这种观点称为前定和谐说（preestablished harmony）。对一个微小的单子的体验，或对一小部分微小单子的体验，则产生微觉（petites perceptions 或 little perceptions），微觉的产生在意识水平之下。然而，如果足够多的单子聚集在一起，那么它们结合起来的影响力将超过阈限（limen 或 threshold），它们就能被有意识地知觉或体验到。因此，对莱布尼茨而言，意识与无意识经验之间的差异取决于所涉及的单子数量。莱布尼茨和斯宾诺莎一样，认为一切物质拥有意识，但是有形的身体随着它思考的清晰度而拥有不同的意识。上帝清晰思

笔记

考的能力最强，其次是人类，然后是动物、植物，最后是惰性物质。由于人类拥有与前面所提到的实体同样的单子，因此他们的思考有时清晰，有时则不清晰。

康德（I.Kant，1724—1804 年）是德国古典唯心主义哲学的创始人。康德赞同休谟的观点，认为我们所能得出的任何有关物质界的结论，都是建立在主观经验的基础之上的。然而，康德问道，如果我们从未经历过因果关系，那么因果的概念从何而来呢？他答道，一些思维范畴是天赋的，它们修正着感觉知识。正是感觉知识和天赋思维范畴相结合而产生的影响，才使我们产生了意识经验。由于像整体、因果、时间和空间这样一些经验并非来自感觉知识，它们必定是心灵加给经验的。绝对命令是一种内在的道德原则，但人们可以选择是否遵从它；那些选择遵从它的人，根据道德原则而行动；那些选择不遵从的人，其行为则是不道德的。根据康德的绝对命令，指引一个人的行为准则的标准应该是能够成为普遍道德规律的基础。然而，由于个人拥有自由意志，他们可以接受这个标准，也可以不接受。对康德而言，如果没有选择的自由，接纳道德是没有意义的。康德认为人的认识能力有感性、悟性和理性三种形式。感性是通过感官而获得的一些零散的感觉表象，悟性是运用逻辑范畴对感性材料进行加工使之具有规律性的知识，理性则是建立最高原则的认识能力。他尤其重视人的理性能力在认识中的作用。他认为，理性有三种：纯粹理性、实践理性和判断力理性，它们分别对应着心理的三分法：认识、意志和情感。尽管前人也提过将心理活动分为知、情、意，但并没有引起人们的注意，真正使这种三分法流行起来的却是康德。康德也十分重视统觉（apperception）在认识过程中的作用，认为统觉是人的一种先天的综合统一的认识能力，是"整个人类认识范围内的最高原理"。康德对心理学的重要影响可见于格式塔心理学和现代认知心理学。但康德认为，心理学是对心灵的内省分析，而他认为如此界定心理学就是使它不可能成为一门科学。他宁愿把心理学称作人类学，因为它能提供必要的信息来预测和控制人类行为。

赫尔巴特（J.F.Herbart，1776—1841 年）是德国唯心主义的哲学家，也是近代著名的教育家和心理学家。赫尔巴特第一次明确宣称心理学是一门科学，在他的《建立在经验、形而上学（指哲学）和数学之上的科学心理学》一书中曾明确地对心理学作了界说。他认为任何科学都是建立在经验之上的，所以作为科学的心理学也应该是经验的科学，而不是实验的科学；其次，他认为心理学不能离开哲学（即形而上学），它仍属于哲学的科学；再次，他认为科学应有数量计算，所以心理学应为数学的科学，要用数学的方法对心理进行计算。因此，他在心理学研究中第一次作了运用数学法的尝试，虽然它脱离实验带有思辨的性质，但它对后来创立心理物理法不能说没有启示的作用。赫尔巴特反对经验论者把观念比作牛顿的微粒，其命运受到外力的影响。他把观念比作莱布尼茨的单子，也就是说，他认为观念具有能量并且本身拥有意识。而且，他认为观念在竭力寻求有意识的表达。我们在任何时间所意识到的一组类似的观念，形成了统觉团（apperceptive mass）；其他所有观念则是无意识的。如果一个观念与统觉团中的观念相似，就有可能跨过阈限，从无意识进入有意识；否则，它就遭到摈弃。赫尔巴特尝试用数学的方式来表达统觉团、阈限和观念冲突的性质，他是首次将数学运用于心理现象的人之一。他也被认为是第一位教育心理学家，因为他将其理论运用于教育实践。例如，他说，如果一个学生要学习新知识，新知识必须与这个学生的统觉团相一致。

总之，从前面介绍的唯理论心理学思想中，我们可以看到除了荷兰的斯宾诺莎是唯物主义唯理论者外，德国的心理学思想家都是唯心主义唯理论者。唯理论心理学的特点是，强调主体先天固有的能动性、心理活动的统一性、动力性和矛盾性，强调把人的意识看作是发展的过程，忽视感觉经验在认识中的作用，夸大理性思维的作用。这其中虽包含有辩证的因素，但由于受唯心主义的束缚，严重脱离实际、脱离经验，往往带有思辨的性质。

第三节　西方心理学的科学起源

西方心理学一方面起源于哲学,另一方面又起源于科学。特别是到了 19 世纪,各门学科的某些专业发展为科学心理学的建立创造了条件。

一、古代医学中的心理学思想

希波克拉底(Hippocrates,约公元前 460—前 377 年)通常被尊为西方的医学之父。他详尽地记录并精确地解释了麻疹、癫痫、歇斯底里、关节炎和肺气肿等疾病。从他的观察和治疗中,希波克拉底得出结论,所有的疾病,无论心理的还是身体的,都是由一些自然因素引起的,如对疾病的先天易感性、器官损伤、机体流质的失衡。希波克拉底学派秉承了恩培多克勒(Empedocles,约公元前 495—前 435 年)的观点,认为万物由四元素形成——土、气、火和水——而且人类也由这些元素构成。此外,希波克拉底学派还将身体的四元素和四体液联系起来。他们把土与黑胆汁、气和黄胆汁、火和多血质、水和黏液质相联系。体液分布平衡,个体则健康;体液失衡将导致疾病。

希波克拉底去世约 500 年后,加伦(Galen,约公元 130—200 年)把四种体液与四种气质相联系[temperament(气质)这个词来源于拉丁语 *temperare*,意为"混合"]。如果某种体液在体内占主导,这个人将表现出与那种体液相联系的气质(参见表 0-1)。加伦通过对希波克拉底学派观点的扩展,提出了初步的人格理论和诊断疾病的方法,这种方法在医学界主导了 14 个世纪。事实上,在人格理论领域,加伦的观点至今仍有影响。

表 0-1　加伦对希波克拉底的体液说的扩展

体液	气质	特征
黏液	黏液质	缓慢,冷静
血液	多血质	活泼
黄胆汁	胆汁质	易怒,暴躁
黑胆汁	抑郁质	忧郁

二、天文学与心理学

天文学的一个重要职能是精确测绘星体图。现代机械的照相方法出现以前,精确测定星体位置一直依赖于所谓的"眼耳法",即通过钟摆声而默记下星体通过望远镜视野内十字线交叉点的时间。准确注意星体通过交叉点的那一瞬间是关键的,因为当计算星体在银河中的位置时,微小误差会变成巨大的星际距离。1796 年,格林尼治观察站的马斯基林(N.Maskelyne)辞退了其助手金内布鲁克(D.Kinnebrook),因为他在观察星体通过交叉点的时间总是比马斯基林的观察记录慢 0.8s。当然,马斯基林肯定以为自己的观察时间是准确的,而他的助手则错了。此事引起德国天文学家贝塞尔(F.Bessel)的注意,他开始系统对比不同天文工作者的观察时间。贝塞尔发现,所有天文工作者报告星体通过的速度都有差异,而这种误差导源于个别差异。1823 年,贝塞尔根据人们观察时间上的个别差异计算出"人差方程式"(personal equations),以便天文工作者之间的差异能在天文计算中消去。例如,贝塞尔将自己与另一个天文学家阿革兰特尔共同观察的人差方程式定为:A−B=1.223s。人差方程式的发现刺激了人们对反应时间研究的兴趣,也给早期的实验心理学提供了直接的研究课题,如复合实验和反应实验。1861 年,冯特设计了一个简单的钟摆。此摆随刻度而摇

笔记

摆，使一弹簧在摆到某一点时发出咔哒之声。这是最早的复合实验，这个钟摆就被称为"冯特复合钟"。

天文学家对绝对人差方程式的测量实际上就是反应时间的观察。反应时研究是早期实验心理学的一项主要研究。但是，从天文学家那里获得反应实验的是荷兰生理学家唐德斯（F.C.Donders，1818—1889 年），他对视觉的研究是从简单反应开始的。简单反应实验就是被试者用一个预定的运动对一个预定的刺激做出反应。1862 年，唐德斯在简单反应的基础上增加了其他心理过程而使之复杂化。他认为如果反应时间加长，那么这个增加的数目就是任何加入的过程所花的时间。首先，唐德斯测量选择的时间反应。他不是使被试者用一种运动 a 反应刺激 A，而是加上了其他刺激，每一种刺激都各要引起不同的预定的反应：刺激 A 引起反应 a，刺激 B 引起反应 b，刺激 C 引起反应 c，依此类推。由于时间因这种变化而增加，他便以加长时间减去简单反应的时间而算出纯粹选择的时间。其次，唐德斯认为这些选择时间应当包括辨别和选择。因此，他随机采用许多刺激如 A、B、C、D，但只许用反应 a 对应刺激 A，借以测量辨别。因此，被试者必须在反应以前从其他所有刺激中识别出刺激 A，唐德斯借助于减除得到了选择、辨别和反应的时间，这就是"减除法"（subtractive method）。这种方法是现代认知心理学所用的一种重要的方法。

总之，天文学家的人差方程式的发现及其后来他们测量绝对人差方程式的成就，直接导致了新的实验心理学的复合实验和反应实验。

三、生理学与心理学

到 19 世纪 30 年代，生理学作为一门已独立的实验科学，继续取得丰硕的成果，同时生理学家们的研究兴趣也进一步扩展到心理学的领域。他们研究了心理过程的生理机制，创造了一些富有科学价值的实验方法，积累了大量的科学资料，形成了介乎生理学和心理学之间的生理心理学，从而为科学心理学的建立奠定了牢固的基础。

（一）关于脑机能的研究

1. 加尔的颅相学　加尔（F.J.Gall，1758—1828 年）是德国的解剖学家。他于 18 世纪末曾经对人的心理能力与头颅的形状之间的关系进行过观察研究，并根据个别例证提出了面相学（physiognomy）和头骨学，认为脑的各个区域是各种心理能力的特殊器官。后来他的学生施普茨海姆（J.G.Spurzheim，1776—1832 年）改称颅相学（phrenology），并广加宣传，使之流行起来。他们进一步详细地把颅骨划分为 37 个区域，标明各种不同的心能，例如感情的心能在头颅的后部，理智的心能在前额等。颅相学虽然在西方风行了一个世纪，但由于缺乏科学根据，为许多生理学家和心理学家所反对。然而，它以脑为心理之器官的观点以及关于脑的机能分区说，刺激了后人对脑的不同部位的机能之研究。

2. 弗卢龙的大脑统一机能说　弗卢龙（P.Flourens）是法国著名的生理学家，曾著《评颅相学》一书，驳斥了加尔，创建了科学的脑生理学。他在前人研究的基础上，以解剖为根据把神经系统分为大脑两半球、小脑、四叠体、延髓、脊髓和神经六个单元。他使用局部切除法（method of ablation）和刺激法的实验测定脑的各部分的机能。他发现延髓控制生命机能，小脑控制协调动作，中脑的各部分控制视听反射，大脑控制高级心理过程，而且感觉、知觉和意志都在大脑器官中占有相同的位置。为此他认为，尽管中枢神经系统可依照其性质和机能分为几个主要不同的部分，但仍然构成一个统一的整体，神经系统特别是大脑的机能是统一的。他用大脑机能统一说反对传统的大脑机能定位说。弗卢龙的大脑机能统一说对脑科学的研究有很大的影响，他所使用的切除法为后来的动物实验心理学提供了有效方法。

3. 布罗卡言语运动中枢的发现　布罗卡（P.Broca）是法国著名的外科医生，他首创临床法（clinical method）。这个方法是他对一个多年不能清楚地说话的人死后做尸体解剖时创立的。他在解剖时，发现此人的大脑皮质第三额回处出现损伤。他便把大脑的这一部分称为言语运动中枢，后亦称"布罗卡区"（Broca's area）。临床法作为一种死后解剖，为发现损伤区提供了机会，这个损伤区被认为是患者生前存在的某种行为条件引起的。布罗卡的发现对弗卢龙的大脑机能统一说是一个有力的挑战，又进一步激起了对大脑机能定位的研究。同时，由于切除法不能用于人类，所以布罗卡所采用的临床法成为对切除法研究的一种很重要的补充。

4. 运动和感觉中枢的发现　1870 年，法国医生弗里奇（G.Fritsch）给伤兵包扎头部创伤时发现，当偶然碰到了大脑皮质的某一部位时，对侧肢体会产生运动。同一时期，希齐格（E.Hitzig）用电流直接刺激兔子的皮质某一部位，发现引起了眼动。后来，他们合作采用电刺激法对狗的大脑皮质进行了系统的实验研究，终于发现了运动中枢位于中央前回。随着运动中枢的发现，又有人去寻找感觉中枢。早在约翰内斯·缪勒的神经特殊能说中已确信有五个感觉中枢的存在，后来其他人又陆续发现视觉中枢位于枕叶，听觉中枢位于颞叶，机体觉中枢位于中央后回等。

总之，从 19 世纪中叶开始的关于大脑机能究竟是定位还是统一的争论具有重要的意义：巩固了脑是心理的器官的信念；大脑研究中所使用的切除法、临床法和电刺激法等方法为实验心理学的研究提供了工具；推动了感觉生理心理学的发展。

（二）关于神经生理学的研究

关于神经活动在体内如何传导这一问题，早在 17—18 世纪有些哲学心理学思想家就已开始注意并进行了研究，例如笛卡儿提出的神经导管说和哈特莱主张的神经传导的振动说，只是限于当时生理科学发展的水平尚无法得到证实。自 19 世纪开始，随着神经生理学取得重大的进展，这个问题也得到不断的深入研究。

1. 贝尔-马戎第定律的发现　贝尔（C.Bell）是英国著名的生理学家和解剖学家。在贝尔之前，生理学家还以为凡属神经都具有传导感觉刺激和运动冲动的机能。贝尔于 1807 年发现脊髓神经的后根只传导感觉刺激，前根只传导运动冲动，证明了传导感觉刺激和运动冲动是由不同的神经纤维分担，这就是著名的感觉神经和运动神经的差异定律。1819 年，法国著名的生理学家马戎第（F.Magendie）也独立地发现了这个定律，所以这个定律也称"贝尔-马戎第定律"（Bell-Magendie law）。贝尔和马戎第的发现为神经的单向传导、感官神经的特殊能说和反射弧概念的理解奠定了科学基础。

2. 反射动作的研究　早在加伦的时代就已有现代所谓瞳孔反射的描述，17 世纪笛卡儿提出反射的思想，但直到 1736 年阿斯特律克（J.Astruc）才首次提出"反射"（reflex）这个词，他把反射分为感觉神经、中枢神经低级部位和运动三个部分，指出随意动作和反射动作的区别。到了 19 世纪，约翰内斯·缪勒把反射概念引入生理学体系，认为反射动作也通过大脑，只是在大脑里不起什么作用。关于反射动作的深入研究对探讨心理活动所赖以发生的生理机制有着十分重要的意义。

3. 赫尔姆霍茨对神经冲动传导速率的测定　赫尔姆霍茨（H.von Helmholtz, 1821—1894 年）是德国著名的物理学家和生理学家。关于神经冲动的传导速率，在 19 世纪上半叶，生理学家还以为跟光速差不多，不能测量。赫尔姆霍茨却大胆冲破了这个禁区，于 1850 年第一次对神经传导的速率进行了测量。他用自己发明的筋肉测量计，以电刺激蛙的神经，然后测量筋肉伸缩和神经长度的关系，测量结果发现蛙的神经传导速度每秒不到 50 米。后来他对人的神经传导速率进行了测量，他刺激一个人的脚趾和大腿，记录其反应时间的差异，结果发现人的神经传导速度为 50～100m/s（实际是 123m/s）。赫尔姆霍茨并未考虑对神经冲动的传导速率的测定对心理学的影响。但这后来被用于心理活动和反应时间的测量研究。1862 年唐德斯综合了天文学家和赫尔姆霍茨的工作，提出了测量复杂反应时间的方法，被以后的实验心理学家所广泛采用。因此，赫尔姆霍茨研究的重要意义是使心理学家认识到心理过程是可以进行实验和测量的，过去无法形容的"灵魂"居然可以时间化，从而打破了心理不能实验和测量的神话。

4. 约翰内斯·缪勒的神经特殊能学说　约翰内斯·缪勒（Johannes Müller，1801—1858年）是 19 世纪法国最有权威的生理学家。他积极提倡把实验方法应用于生理学，从而使之成为一门实验的科学，因此他被称为"实验生理学之父"。缪勒写了一部系统的生理学著作《人类生理学纲要》（1933—1840 年），这部书约 75 万字，全书共分八卷，概括了当时生理学各方面的知识，并介绍了自己大量的创造性观察。缪勒于 1826 年先以论文形式提出特殊神经能学说（doctrine of specific nerve energies），1838 年又在《纲要》第五卷中加以论述。其实他的这个学说所根据的一些事实，贝尔早在 1811 年就已提出，只是贝尔当时没有概括出神经特殊能这个概念，而缪勒又以新论据予以阐明，使之系统化，并且提出了十条通则，从而使它得到了广泛的传播。所以人们就把创立这个学说的荣誉归于缪勒了。缪勒认为每种感觉神经都有它自己的特殊性质或能，感觉所反映的不是外物的性质，而是关于感觉神经自身的性质或状态的知识。例如对声音的感觉只是关于听神经性质或状态的知识；对光色的感觉只是关于视神经的性质或状态的知识。其主要依据是：同一刺激作用于不同的感官引起不同的感觉，不同的刺激作用于同一感官引起同一的感觉。

应该说，缪勒的神经特殊能说是对感觉研究的一大进步。首先，他用"能"的概念代替动物精气、原动力、生命力或神经力等神秘的概念，并从整个神经的探讨进入个别神经纤维的研究。其次，他在生理学史上第一次提出了主观映像依赖于反映结构的问题，肯定了感官结构对形成一定感觉的作用，促使了生理心理学家对感官神经进行广泛深入的研究，如赫尔姆霍茨的色觉说和听觉说、海林的色觉说等研究显然都由此说所引起，可见它对后来实验心理学产生了很大的影响。同时，现代感官心理生理学有关不同的神经组织和细胞"专门化"现象的发现也进一步证实和丰富了这个学说。但是由于缪勒在哲学上受康德的影响，以为客观世界的现象是可知的，其本体是不可知的。因此他从其神经特殊能学说出发，认为感觉不是客观实在的映像，而只是作为神经自身固有的心理能力，从而陷入了主观唯心主义和不可知论。

（三）关于感觉生理学的研究

1. 几种主要感觉的研究　由于神经生理学和大脑机能研究的进展给感觉生理学提供了可借鉴的方法，因而 19 世纪的生理学家开始注意研究视觉和听觉等感觉现象。在视觉方面，发现了棒状细胞和锥状细胞，光的反映在网膜中心和边缘是不同的，还发现了盲点、色盲、色混合、视后像等各种视觉现象。在研究技术上创造了实体镜，在理论上提出了色觉学说等。在听觉方面，知道了耳的某些构造，测定了声波的频率，提出了听觉共鸣说。在皮肤感觉研究上作了分类，如压觉、温觉和冷觉等，在接触皮肤的感觉上作了测量，成为以后心理物理学的开端。当时还发现味蕾和鼻黏膜是味觉和嗅觉的器官，也对它们的刺激物做了分类的实验研究。

2. 几种主要的感觉学说　①关于视觉的"三色说"（trichromatic theory）与"四色说"（tetrachromatism）。在 1856 年出版的《生理光学纲要》中，赫尔姆霍茨进一步扩充并发展了英国生理学家托马斯·杨（Thomas Yang）的色觉学说。根据色光的混合规律，赫尔姆霍茨确定了三原色为红、绿、蓝。他指出，视网膜上有三种神经纤维末梢器官，它们分别具有能感受红色、绿色和蓝色的色素。当这些感光色素受到刺激起化学分解时，神经细胞就产生神经冲动，然后传到大脑皮质的视觉中枢就分别产生红色、绿色和蓝色的感觉。这就是赫尔姆霍茨的视觉"三色说"。与此同时，德国的另一位生理学家海林（E.Hering，1834—1918 年）则提出了红、绿、黄、蓝的"四色说"。他认为视网膜上有红绿质、黄蓝质和白黑质三种视质，

18

这三种视质受到刺激后即产生异化和同化的作用，例如红绿质受红光刺激因异化而产生红色感觉，受绿色刺激则因同化产生绿色感觉。海林的四原色中的红绿和黄蓝都是颉颃成对的，因此能较好地解释颜色对比、后像和红绿色盲等现象。"三色说"和"四色说"后来都得到了实验的证明，可见这两种学说是相互补充的。②关于听觉的"共鸣说"。1863 年，赫尔姆霍茨提出了他关于听觉的学说——共鸣说。他指出，听觉是由声音的不同频率与耳蜗内基底膜上相应的纤维发生共鸣而产生的。基底膜上横排的辐射纤维共有 2 万根左右，短的只有 4～5mm，最长的有 32mm，从底部到顶部纤维逐渐增长。短纤维感受高频率的声音，长纤维则感受低频率的声音。这个学说虽能解释听觉的机制，但由于声音的频率（20～20 000Hz）与纤维长短的比例并不适应，因此后人认为声音频率与纤维不是一一对应的关系，而是不同的频率与一组纤维发生共鸣。

生理学的发展表明，各种研究技术和发现都是支持心理学采用科学方法来研究心理现象的。哲学为关于心理的实质研究铺平了道路，而生理学正开始用实验方法来研究作为心理现象之基础的生理机制，然后就是把实验方法应用于心理学。

四、物理学与心理学——心理物理学

物理学对心理学的影响，一方面是物理学中的实验方法通过生理学研究这一中介而为实验心理学的产生创造了重要的条件；另一方面则是物理学与心理学直接结合而形成的心理物理学（psychophysics）对实验心理学的诞生产生了直接的影响。心理物理学先由韦伯奠定基础，后由费希纳正式建立。

（一）韦伯定律

恩斯特·海因里希·韦伯（Ernst Heinrich Weber，1795—1878 年）是德国莱比锡大学的解剖学和生理学教授，以研究触觉而著名。他的创造性工作是用实验证明了赫尔巴特的阈限概念。他以圆规的两点接触皮肤，看看有多大的距离才能被人察觉为两点。他把刚刚能感觉到两点的距离称为皮肤触觉的两点阈限或差别阈限，阈限这一概念从实验心理学的建立直到今天仍在沿用。后来韦伯在重测阈限的实验中，发现比较两个物体的重量时，我们所觉知的不是两个物体重量之间的绝对差数，而是其所增加的重量与原重量的相对的比例数，比如，刚能辨别 30 克与 31 克，其差数是 1，然而不能辨别 60 与 61 克，必须是 62 克才能辨别。这个所增加的重量与原来的重量的比是个常数，都是 1/30。以后他又对线段的长度做了实验，发现它们的比例也是个常数。于是他得出结论："观察彼此对象间的差异之时，我们所觉察到的不是绝对的差别，乃是相对的差别，这是在几种感官内都曾经得到证实的观察。"如果我们用 I 代表原来的刺激量，用 △I 代表刚能引起较强感觉的刺激增加量，用 K 代表一个常数，那么就可以用公式 $K=\triangle I / I$ 来表示。这就是后来费希纳所称的韦伯定律（Weber's law）。

这一定律表明物理刺激同它引起的知觉之间不存在直接的对应关系，但是韦伯的研究却显示出身体与心理之间、刺激与感觉之间有相互依存的关系，且这种关系可以通过实验用数学公式加以表示，从而实现了赫尔巴特曾经设想而未能做到的事。这对于心理学具有极其重要的意义，因为它是心理学史上第一个数量法则。不久，费希纳就在此基础上建立起他的心理物理学，促进了实验心理学的诞生。

（二）费希纳的心理物理学

古斯塔夫·特奥多尔·费希纳（Gustav Theodor Fechner，1801—1887 年）本是德国莱比锡大学一位年轻有为的物理学家，但由于身患疾病，长期卧床思考，研究兴趣便转向了宗教和灵学。他认为心与物是同一不可分的，不过心是主要的，物只是心的外观。他感到要使他所宣扬的泛灵论哲学观点有科学的根据，必须求得心与物关系的法则，要达到这个目的，则

需要对它们作精确的数学测量。受到韦伯定律的启发，费希纳想到可以用测量刺激量的变化来确定感觉量的大小。同时他也发现了刺激量按几何级数增加而感觉量则按算术级数增加。于是他在韦伯定律的基础上，经过多年的研究和推导，把感觉强度与刺激强度之间的关系，概括为 $S=k\log R$，其中 S 是感觉强度，R 是刺激强度，k 是常数。因为这个定律是在韦伯定律的基础上推演出来的，所以亦称韦伯 - 费希纳定律（Weber-Fechner law）。费希纳在1860年出版了他著名的《心理物理学纲要》一书，对心物关系作了详细的说明。他在心理物理学的研究中曾应用三种测量方法，即最小可觉差法（just noticeable difference）、恒定刺激法（method of constant stimuli）和均差法（method of average error）。通常把这些方法称为心理物理法，而把关于刺激量的变化和感觉量的变化之间的关系的研究称为心理物理学。

费希纳的重要贡献是他第一次把物理学的数量化测量方法带到心理学中来，提供了后来心理学实验研究的工具。而且费希纳的工作是实验心理学的直接前驱，他的心理物理学为冯特建立实验心理学起了奠基的作用。正如美国心理学史学家舒尔茨指出的："冯特能够设想出建立实验心理学的计划，这主要归功于费希纳的心理物理学的研究……费希纳为物理世界与精神世界的关系找到了一种数学的说明。他关于测量感觉以及把感觉与刺激变量联系起来的出色而独立的见解，对认识韦伯早期工作的含义与结果，以及应用这些含义和结果使心理学成为一门精确的科学，乃是不可或缺的。"

第四节　科学心理学的建立

从古希腊到19世纪中叶这两千多年的漫长岁月中，哲学为心理学的独立提供了观点和体系，19世纪自然科学（主要是天文学、生理学和物理学）的研究成果及方法更直接地促进了科学心理学的诞生。可以说，哲学是心理学的父亲，生理学是心理学的母亲，科学心理学的创立者，如冯特和布伦塔诺是助产士。德国的社会历史条件和哲学、自然科学发展的状况已经为科学心理学的诞生铺平了道路。为什么科学心理学是在德国而不是在英国或法国建立的呢（请见第一章）？德国人在非常广泛的意义上来理解和发展科学，他们研究一切可能研究的领域，正是由于德国多样化的思想氛围为科学心理学的诞生提供了环境。心理学从哲学母体中分化出来成为一门独立的学科以后，围绕着学科性质、研究对象和研究方法等基本理论问题展开了激烈的争论。科学心理学建立之初，就出现了两种不同的研究取向，一是冯特开创的自然科学心理学研究取向，二是布伦塔诺开创的人文科学心理学研究取向。内容心理学与意动心理学开启了心理学史上两条路线之间的第一次对立与纷争。自此，科学主义心理学与人文主义心理学各自相对独立发展，两者之间少有相互交流和彼此借鉴。

一、自然科学心理学的建立

自然科学心理学的研究取向由冯特所创立，但其他人如约翰内斯·缪勒、赫尔姆霍茨、韦伯和费希纳等人也为自然科学心理学的建立做出了重大的贡献（为什么自然科学心理学创立的荣誉最终归功于冯特呢？请见第一章）。1874年，冯特出版的《生理心理学原理》（下卷）标志着自然科学心理学的开始。1879年12月的某一天，在莱比锡大学一栋叫做孔维特（寄宿性的招待所）的破旧建筑物三楼的一间小屋子里，冯特与他的两位年轻学生马克斯·弗里德里奇（Max Friedrichs）和 G·斯坦利·霍尔正张罗着一些器具准备实验。他们在一张桌子上装了一台微时测定器、"发声器"（一个金属架子，上部有一长臂，实验时有球从这里落到下面的平台上）和报务员的发报键、电池及一台变阻器。然后，他们把这五件东西用线连接起来。随着那只球"砰"的一声落在平台上，随着发报键"喀"的一响，随着微时测定器记录下所耗费的时间，现代科学心理学的时代就到来了。正是在这里，冯特进行了自己的心理学研究，并以他的实验室方法和理论培训了许多研究生。冯特开创的实验心理学是自然科学心理学的研究取向，因为冯特在他实验室的前 20 年里，约进行了 100 种主要的实验性研究和无法计数的小型实验，许多实验都涉及感觉和感知。冯特实验室里收集到的那些数据符合这样的知识标准："当你能够测量你正在说的话，并且能够用数字表达出来时，你就了解了其中一些东西；可是，当你无法测量它，当你不能用数字表达它时，你的知识就是贫乏和不能令人满意的那种。"可见，冯特的实验心理学是想把心理学建设成为像物理学那样严密的一门自然科学。总之，当心理学离开哲学的母体而降临这个世界时，是天才而勤奋的冯特自觉地充当了"助产士"的角色，从而创立了自然科学心理学的研究取向。

二、人文科学心理学的建立

人文科学心理学的研究取向由布伦塔诺所创立，也是在 1874 年，布伦塔诺出版了《经验观点的心理学》一书，标志着人文科学心理学的开始。科学心理学的研究对象是人的心理现象，而人的心理现象既具有生物属性，又具有社会属性，这就决定了心理学兼具自然科学和人文科学两种性质，决定了心理学不可能完全套用自然科学的理论前提和方法。冯特所创立的自然科学心理学，用实验研究的方法限制了心理学的范围。冯特的某些同时代人，不同意冯特对心理学所施加的限定，他们对冯特所构想的心理学的范围和方法提出了不同的看法。布伦塔诺就是与冯特同时代的一位著名心理学家，他提出的意动心理学开创了人文科学心理学研究取向的先河。由于在心理学独立以后，以冯特为代表的自然科学心理学一直是心理学的主流，所以长期以来，冯特备受推崇，而布伦塔诺则备受冷落。按照布伦塔诺的观点，关于心理，重要的不是它里面有什么而是它做了什么。他认为心理学应该研究心理意动而不是心理元素，他使用"意向性"这个术语来描述事实，即心理意动常常指向外在于它自己的某物。布伦塔诺认为，过分强调实验会分散研究者对重要问题的注意力。冯特热衷于实验内省法，而布伦塔诺则运用现象学的内省。正如瓦伊尼所指出的："布伦塔诺之所以是心理学史上的一位大师，是因为他是这门学科的不同观点的倡导者，这种观点即是强调正确理论重要于实验工作。"布伦塔诺继承了传统的习惯势力，把心理学等同于哲学，认为心理学是最根本的哲学学科，其他哲学门类如伦理学、逻辑学、美学等都不过是其分支学科。所以，布伦塔诺强调心理学的人文价值和意义。

科学心理学有两个创始人或者说有两位父亲，一个是冯特，另一个是布伦塔诺。过去人们之所以只提冯特是科学心理学之父，是因为波林那本著名的《实验心理学史》教科书给我们造成的误解。波林是铁钦纳的学生，铁钦纳力图要把自己标榜为冯特的正统传人，要求波林按照他的实验心理学内容重新解读冯特的心理学体系[①]。因此，在《实验心理学史》中大量论述冯特等人的实验心理学内容，而对冯特的对立者布伦塔诺等人的贡献不予重视，以至于布伦塔诺被历史埋没了近半个世纪，成为学术史上的"隐身人"。这不能不说是一个历史的误会！我们今天需要澄清铁钦纳和波林所造成的误解，还布伦塔诺及其意动心理学的历史本来面目。

思考题

1. 西方心理学有哪三个故乡？
2. 研究西方心理学史的原则和方法有哪些？
3. 什么是历史编纂学？西方心理学史的编纂学通常研究哪些问题？
4. 学习西方心理学史的意义有哪些？

---

① 据说波林每写完《实验心理学史》的一章，都要交给铁钦纳审读。

笔记

5. 西方心理学史这门学科的发展历程是怎样的？
6. 西方心理学史的哲学起源有哪些？
7. 西方心理学史的科学起源有哪些？
8. 自然科学心理学是怎样建立的？
9. 人文科学心理学是怎样建立的？

参考文献

[1] 郭本禹，崔光辉，陈巍. 经验的描述——意动心理学. 济南：山东教育出版社，2010.

[2] 杨韶刚. 心理学通史·第三卷·外国心理学思想史. 济南：山东教育出版社，2000.

[3] 波林. 实验心理学史. 高觉敷，译. 北京：商务印书馆，1981.

[4] 赫根汉. 心理学史导论. 郭本禹，译. 上海：华东师范大学出版社，2004.

[5] 史密斯. 当代心理学体系. 郭本禹，译. 西安：陕西师范大学出版社，2005.

[6] 古德温. 现代心理学史. 郭本禹，译. 北京：中国人民大学出版社，2008.

[7] 韦恩，瓦伊尼，布雷特. 金. 心理学史：观念与背景. 郭本禹，译. 北京：世界图书出版公司北京分公司，2009.

[8] 霍瑟萨尔，郭本禹. 心理学史. 郭本禹，译. 北京：人民邮电出版社，2011.

[9] 布伦南. 心理学的历史与体系. 郭本禹，译. 上海：上海教育出版社，2011.

[10] 高觉敷. 西方心理学史论. 合肥：安徽教育出版社，1995.

[11] 高觉敷. 西方近代心理学史. 北京：人民教育出版社，1982.

[12] 吴晗. 如何学习历史：吴晗史学论著选集（第3卷）. 北京：人民出版社，1988.

[13] Blumenthal A.Retrospective review: Wihhelm Wundt—the founding father we never knew.Contemporary Psychology, 1979, 24: 547-550.

[14] Coan R.W.Toward a psychological interpretation of psychology.Journal of the History of the Behavioral Sciences, 1978, 9 (4): 313-327.

[15] Helson H.What can we learn from the history of psychology? Journal of the History of the Behavioral Sciences, 1972, 8 (1): 115-119.

[16] Hilgard E.R.Robert I.Watson and the founding of Division 26 of the American Psychological Association. Journal of the History of the Behavioral Sciences, 1982, 18 (4): 308-311.

[17] Ross B.Robert I.Watson and the founding of the Journal of the History of the Behavioral Sciences.Journal of the History of the Behavioral Sciences, 1982, 18 (4): 312-316.

[18] Stocking G.W.On the limits of "presentism" and "historicism" in the historiography of the behavioral sciences.Journal of the History of the Behavioral Sciences, 1965, 1 (3): 211-218.

[19] Sullivan J.J.Franz Brentano and the problems of intentionality.In：B.Wolman.Historical roots of contemporary psychology.New York: Harper & Row, 1968.

[20] Watson R.I.The history of psychology: A neglected area.American Psychologist, 1960, 15: 251-255.

笔记

　　自然科学心理学（又称科学主义心理学）的研究取向，是与人文科学心理学的研究取向相对的，坚守心理学的自然科学观和客观主义的研究范式，试图建立一门像自然科学那样的具有客观性和精密性的统一的心理学学科。这种研究取向侧重研究心理现象的自然属性，强调心理的元素性、客观性、静态性和精确性，认为心理学研究主要采用诸如实验、定量等客观实证的方法，并通常以方法为中心。自然科学心理学是主流的心理学取向，它从内容心理学开始，依次表现为构造心理学、机能心理学、古典行为主义、新行为主义、新的新行为主义、皮亚杰学派和认知心理学等派别。它们之间具有明显的连续性，要么是一种继承关系，如构造心理学对内容心理学的继承；要么具有对立关系，如认知心理学对行为主义心理学的反动。

第一章　　内容心理学

　　西方心理学有两个基本的思想起源，一个是哲学起源，另一个是科学起源。到了 19 世纪后期，这两个起源的结合便产生了实验心理学。实验心理学的诞生即标志着心理学成为一门独立科学。心理学的独立主要归功于德国心理学家冯特，但德国的其他心理学家如艾宾浩斯、缪勒等人对推动独立后的实验心理学的发展，也作出了积极的贡献。冯特的心理学体系有不同的称谓，本章称之为内容心理学（content psychology）。

第一节　　内容心理学概述

一、内容心理学产生的背景

　　我们在绪论中已经指出，一方面，从古希腊到 19 世纪中叶这两千多年的漫长岁月中，哲学为实验心理学的产生已准备了必要的条件，它确定了心理学的研究范围，为心理学提供了思想、观点以及方法论。另一方面，19 世纪的自然科学特别是生理学的研究成果及其方法更直接地为心理学提供了材料、理论和实验技术。生理学积极运用实验方法来研究作为心理现象之基础的生理机制，然后就自然而然地发展为应用实验方法于心理现象本身的研究。这样，作为一门独立科学的实验心理学也就呼之欲出了。

　　实验心理学（experimental psychology）建立于 19 世纪 70 年代的德国，而且首先将实验方法应用于心理学研究的四位著名学者——赫尔姆霍茨、韦伯、费希纳和冯特也都是德国人。我们就从当时德国的社会历史条件和科学发展的状况进行分析。德国的资本主义直到19世纪60年代以后才开始了较快的发展。出世过迟的德国资产阶级虽然由于先天的软弱性和妥协性而安于唯心主义的思辨，但为了进一步发展工商业以便与欧洲先进的资本主义国家进行竞争，又迫切要求发展科学和技术。德国资产阶级的这种立场和要求使哲学心理学再不能满足于用思辨的内省法和简单的观察法，时代已向心理学提出了新的挑战与机会。为什么只是德国才抓住了这样的机会呢？美国心理学史家舒尔茨（D.P.Schultz）对此作了饶有兴趣的分析。他认为，这里面有一个很重要的原因就是"德国人的气质比英国人和法国人更爱好细心的和精确的分类和描述工作。英国人和法国人喜欢用演绎和数学的方法研究科学，而德国人则重视对观察到的事实进行认真的、彻底的和谨慎的搜集，他们爱好分类或归类的方法。"因此，德国人很早就把生物学作为科学的一个学科来对待，而英法两国则由于生物学缺乏演绎的基础而很迟才把生物学纳入他们的科学领域。

这里面又涉及英国、法国与德国对于"科学"理解上的差异。英法两国民族的科学观把自己限制在能用定量方法研究的物理学与化学方面，对于无法进行定量研究的学科，如生物学等则拒之于科学的大门之外。而德国人则在更广泛的意义上来理解和发展科学，他们研究一切可能的领域，如语音学、语言学、历史、考古学、美学、逻辑学甚至文学批评等，都成为他们研究的科学对象。这里特别值得一提的是他们对生物科学的研究。德国学者创造性地将先进的科学方法应用于研究生命过程，使本国的生物科学研究后来居上，如他们对感觉生理学的研究，在19世纪中叶就达到了当时世界科学的最高水平。因此，当其他国家的人还在怀疑是否能用科学手段来研究像人的心理这样复杂的现象时，德国人就已经打破偏见，带头尝试，开始用科学的工具探索和测量心理世界了。从这里，我们或许能回答实验心理学为什么是在德国创立的这个问题。

实验心理学的创立主要得益于实验生理学（experimental physiology）和心理物理学（psychophysics）的帮助。我们知道，德国的许多学者都对实验生理学和心理物理学作出了重要的贡献，进而对实验心理学的创立也作出了直接的贡献。但是，我们为什么把实验心理学的创立主要归功于冯特，而不是赫尔姆霍茨、韦伯或费希纳等人呢？下面我们将作具体的分析。

赫尔姆霍茨对运用实验法研究心理学问题起了极大的推动作用，特别是他关于视觉、听觉和神经冲动速度的研究及测定，打破了心理不能测量的神话，第一次证明了可用实验和测量的方法来研究心理过程，从而使心理学从思辨到实验迈出了关键性的一步。韦伯对心理学的贡献主要有两个方面：第一是他关于两点阈限的研究，对阈限概念作了第一次系统的、实验的说明，这个概念从一开始到现在都被广泛地用在心理学中；第二是他关于最小视觉差的研究，第一次导致了在心理学中用数量法则来说明问题。费希纳在韦伯研究的基础上，进一步提出他的心理物理学，这是一门关于身心之间或外界刺激和心理现象之间的函数关系或依存关系的严密科学。尽管费希纳的心理物理法为心理学的实验研究提供了具体方法，但他的出发点是用它们为其唯心主义泛灵论作论证。应该说，这三位学者都对实验心理学的创立作出了直接的贡献，但他们都无意去创立一门新科学。而冯特却不同了，他在继承前人研究成就的基础上，宣称要创立一门新科学——生理心理学，即实验心理学。正如波林指出："当中心思想已全部产生，某一个提倡者便掌握它们，组织它们，补充那些在他看来是基本的东西，宣传和鼓吹它们，坚持它们，总而言之，就是'建立'一个学派。"冯特创建了世界上第一个心理学实验室，创办了世界上第一种刊登心理学实验报告的学术刊物，培养了大批心理学人才，建立了一支国际心理学队伍，最终使心理学脱离哲学母体而成为一门独立的实验科学。因此，实验心理学创立的荣誉应该归于冯特而不是别人。其他人最多只能作为实验心理学的创始人之一,而不是一个真正的创立者。同样,冯特是实验心理学的创立者,但他不是唯一的创始人,因为实验心理学是在许多人长期创造性的努力中出现的。

二、内容心理学的代表人物

(一)冯特

威廉·冯特(Wilhelm Wundt,1832—1920年)生于德国的巴登地区。1851年考入杜平根大学学医,第二年又转到海德堡大学继续学医。但年轻的冯特对医学并无多大兴趣,他最初进入医学系只是出于将来谋生的考虑,他的志向在生理学,他渴望成为一名生理学家。因为这个缘故,冯特于1855年毕业留校教了一年生理学之后,次年便前往柏林大学跟当时最负盛名的生理学家约翰内斯·缪勒研究生理学。同年又回到海德堡大学取得博士学位。从1857年到1864年,冯特一直担任海德堡大学生理学讲师。1858年他担任当时著名的生理学家赫尔姆霍茨的助手,协助他训练学生做肌肉收缩及神经冲动传导的测验。1864年冯特升任副教授并开设了"自然科学的心理学"讲座,1867年改为"生理心理学"讲座。在此期间,冯特开始产生以实验生理学的方法研究心理学问题的想法,试图把传统的哲学心理学改造成为独立的实验科学。由于冯特在海德堡大学未能接任赫尔姆霍茨的生理学讲座而获升教授,1874年他便应邀前往苏黎世大学任哲学教授,讲授心理学。此时,冯特的学术兴趣已经由生理学转向心理学。1875年又转任莱比锡大学的哲学教授,继续从事心理学的教学、研究和著述。1879年冯特在莱比锡大学建立了世界上第一个心理学实验室,这标志着心理学的正式独立。1881年他又创办《哲学研究》杂志,专门用于发表心理学的实验报告。世界上第一种心理学杂志是培因于1876年在英国所创办的《心灵》杂志,但该杂志主要刊登有关哲学问题的文章。所以《哲学研究》实际上是实验心理学的第一种杂志。随着心理学实验室的建立,莱比锡成了心理学的圣地,世界各地的许多青年学生都慕名前来学习。冯特的名气也日重一日。1889年他被任命为莱比锡大学校长,并曾担任过巴登邦议会下院议员和工会领导人。冯特还继承了赫尔巴特和费希纳的哲学讲座,直到1920年去世,享年88岁(图1-1)。

冯特学识渊博,著述丰富。其著作涉及心理学、生理学、物理学、医学、哲学、逻辑学、伦理学、语言学、民俗学、人类学、宗教、神话、艺术、法律、社会、文化、历史等诸多领域。据冯特的女儿统计,冯特一生的著作有五百余种,共计53 735页。从1853年到1920年即冯特刚20岁到他去世这68年中,以24 836天为计,他平均每天要写2.2页文章;而且是昼夜不停地写,每两分钟写1个字。如果一个人以每天阅读60页的速度,大约要花30个月的时间才能读完冯特的著作。正如舒尔茨感叹道:"几乎没有人能在这样短的时期内以这样高的水平完成这么浩繁的工作。"冯特的主要心理学著作有《对感官知觉理论的贡献》(2卷,1856—1862)、《关于人类和动物心理学讲演录》(1863,1892)、《生理心理学原理》(2卷,1873—1874)、《心理学大纲》(1896)、《心理学导论》(1911)和《民族心理学》(10卷,1900—1920)。此外,他还有许多关于自然科学、哲学和语言学著作。另有自传《经验与认识》(1920)。

图1-1　威廉·冯特

(二)艾宾浩斯和缪勒

1. **艾宾浩斯**　赫尔曼·艾宾浩斯(Hermann Ebbinghaus,1850—1909年)生于德国的巴门,17岁起在波恩大学攻读历史学和语言学。1867—1870 年期间曾转入哈雷大学与柏林大学,后对研究哲学发生兴趣。1873 年在波恩大学获博士学位。1875—1878 年他游历英法两国,在法国巴黎的旧书店,他购得费希纳的《心理物理学纲要》一书,并在该书启发下开始用实验方法研究记忆。1880 年艾宾浩斯任柏林大学讲师。1886 年升任柏林大学副教授。1890 年他与柯尼希共同创办了《心理学和感觉生理学杂志》,该杂志是冯特的《哲学研究》杂志以外的德国心理学家的主要论坛。他还担任过德国实验心理学协会的领导人。1894 年艾宾浩斯转赴布雷斯劳大学任教授,1905 年任哈雷大学教授。在上述大学他都分别建立或完善了心理学实验室。1909 年艾宾浩斯在应邀参加美国克拉克大学 20 周年校庆的时候,突然患肺炎逝世,终年 59 岁(图 1-2)。

1885 年艾宾浩斯发表实验心理学经典著作《记忆》一书,由此名声大振。1897 年出版了他的大学教科书《心理学概论》第 1 卷的上册,该书文笔优美,可与詹姆斯的《心理学原理》相媲美,该书出版后风行一时,他不久就忙于修订而无暇继续写第 2 卷,第 1 卷的下册也到 1902 年才完成。1907 年艾宾浩斯为《现代文化大全》撰写心理学部分,1908 年又以《心理学纲要》为题出版单行本,该书直到 1922 年还由彪勒修订刊行了第 8 版。艾宾浩斯的著作中常有对心理学的惊人名言,据波林考证:"他的《记忆》的副标题为'实验心理学研究',在标题上还有拉丁文引语如下:'我们要将一门极古旧的学科改造成一门极崭新的科学。' 20 多年后他的《心理学纲要》中复有一名言与此相应:'心理学虽有一长期的过去,但仅有一短期的历史。'"这后一句话是

图 1-2　赫尔曼·艾宾浩斯

《心理学纲要》的开卷语,后来经常被人用来说明心理学历史的特殊性。1894 年法国的狄尔泰发表《关于一种描述和分析的心理学的观念》一文,提倡描述的文化心理学运动,反对分析的实验心理学。两年后,艾宾浩斯针锋相对地发表《关于解释和描述的心理学》一文与狄尔泰进行论战。这是心理学史上一场著名的论战。他们分别代表心理学发展的两条路线,一条以人文科学为模板的心理学,另一条以自然科学为模板的心理学。

2. **缪勒**　格奥尔格·埃利亚斯·缪勒(Georg Elias Muller,1850—1934 年)生于德国萨克森的哥里马,早年曾在莱比锡大学和柏林大学学习哲学与历史。普法战争期间曾服兵役参战,1872 年又入哥廷根大学做陆宰的学生,两人遂成为好友。同年他提交《感觉的注意学说》论文而获得博士学位。1876 年任哥廷根大学讲师,1881 年继承陆宰的讲座,直到 1921 年因病退休。他在哥廷根大学任教 40 年,从 1881—1921 年他在哥廷很大学创建了一个设备完善的心理学实验室,仅次于冯特在莱比锡大学的心理学实验室,并且吸引了从欧洲和美国来的许多学生,取得了多方面的研究成果,还培养了不少有成就的学生(图 1-3)。缪勒没有像冯特那样提出一个心理学体系,他的著作都是关于心理学的专题。其中主要有《心理物理学基础》(1878)、《心理物理学方法的观点和事实》(1903)、《记忆与想象活动的分析》(3 卷,1911—1917 年)、《复合说与格式塔学说》(1923)、《心理学纲要》(1924)和《论色觉:心理物理学研究》(2 卷,1930)。

图 1-3　格奥尔格·埃利亚斯·缪勒

第二节　冯特内容心理学的主要理论

冯特在他去世前出版的自传《经验与认识》一书中指出，从他发表第一部心理学著作《对感官知觉理论的贡献》之初，他就设想把心理学分成实验的和社会的心理学，并计划把他的前半生贡献给前者的研究，而把后半生贡献于后者的研究。冯特的确恪守这一人生目标，从 30 岁起，他花了 38 年时间去研究实验心理学，而用生命的最后 20 年去研究民族心理学。因此，冯特的心理学体系实际上包括两大部分：一是研究个体意识过程的个体心理学（individual psychology），即实验心理学。由于冯特强调心理或意识的内容，人们通常把他的实验心理学体系称为"内容心理学"，这便鲜明地区别于与他同时代的另一位德国心理学家布伦塔诺所强调的"意动心理学"（act psychology）。二是研究人类共同生活方面的复杂精神过程的民族心理学（folk psychology），即社会心理学。

一、心理学的科学观

冯特之前的西方心理学是思辨的或形而上学的，属精神哲学的一个分支。1825 年德国的赫尔巴特出版了《科学心理学》一书，认为心理学是一门科学，但其基础是形而上学和数学。因为赫尔巴特否认实验，认为那是物理学的方法。费希纳把数学方法与实验方法相结合，创立了心理物理学，却又保留了形而上学。冯特继承了费希纳的心理物理学，但抛弃了他的形而上学，使心理学成为独立发展的实验科学。所以，冯特认为，心理学应该是一门自然科学。他早在海德堡大学时期就把自己开设的心理学讲座命名为"自然科学的心理学"。在冯特看来，心理学作为一门自然科学，它与生理学的关系最为密切。他后来将其心理学讲座更名为"生理心理学"讲座，把自己的第一部系统心理学著作也命名为《生理心理学原理》。该书想"勾画出一个新的科学领域"——就是他的实验心理学。冯特认为，从书名中就可以揭示两个学科的联系：生理学和心理学合起来就包括生命现象的全部，它们研究一般生命的事实，特别注重人类生命事实。生理学是关于生命的一切，是那些由我们感官知觉到的身体过程；心理学是研究我们意识过程的相互关系。冯特指出："'生理心理学'这个名称暗示两个问题：①方法问题，即利用实验；②心物学的补充（a psychophysical supplement）问题，含有对于心理生活的身体基础的知识。就心理学本身而言，第一个问题比较重要；第二个问题主要是与关于一般生命过程的统一性的哲学问题有关。"冯特特别重视实验方法在心理学中的应用，"实验的根本性质，在于我们能够随意地把一件事情的条件改变，并且假如要得到精密的结果，必须能把这些条件加以可在数量上测定的改变。"因此，在自然科学的范围内，观察、比较各种对象，分析各种现象，都少不了实验法。尤其是意识过程比物质现象具有更不稳定的特点，是稍纵即逝的事件，不断在流动、变化。所以，要研究意识过程，实验方法是基本的工具；只有利用这个方法，才能做到科学的内省。当然，冯特也指出，尽管心理学与生理学有密切的联系，心理学直接应用了生理学的实验方法，但是心理学与生理学还是有区别的，心理学不是生理学的一个分支，不能把心理现象还原为生理现象。心理现象有其自身的特性，我们不能从生理生活中发现对心理现象的解释。

冯特还把他的实验心理学看成一种纯科学，他不主张进行应用研究。虽然冯特间或提到儿童心理学、动物心理学等应用学科，但冯特从没有对这些学科给予足够的重视。他所要研究的是正常人的一般心理，即现在的普通心理学。尽管他并不反对把心理学的研究成果付诸实际应用，例如他赞成把语词联想技术应用于精神病诊断，但冯特认为那不是心理学家的工作。作为一名真正的心理学家，他只应该研究意识经验的自身，而不考虑意识经验的功用和意义。把心理学视为纯科学自然限制了冯特心理学的研究范围，使冯特只是局限于感知、联想、反应等课题的研究。这种研究思路使心理学从一独立便脱离了社会生活，从而大大削弱了它的生命力。

二、心理学的对象论

冯特认为，科学的而不是"形而上学"的心理学应该是一门经验科学。心理学与其他自然科学一样，都是以经验作为自己的研究对象，只是它们的出发点各不相同。冯特指出："在自然科学和心理学内，我们所研究的经验现象只是以不同的观点来考察同一经验的现象。在自然科学内我们把经验看成是客观现象的相互联系，由于抽去了知觉着的主体，它也就被看成了间接的经验；而在心理学内，我们则把经验看作直接的和非派生的。"换句话说，冯特认为一切科学都研究经验，不同之处在于心理学研究直接经验（immediate experience），而其他科学研究间接经验（mediate experience）。例如，对于"光"这一经验来说，心理学研究的是人对光的感觉，而物理学研究的是光的粒子、波动和波长等。可见，冯特把经验分为两个因素，即所给予我们的内容和我们对这种内容的理解。前者被他称为经验的对象，后者被他称为经验的主体。由此就发生了两种处理经验的方向："一种是自然科学的方向，它把经验的各种对象，从它们被设想的独立于主体之外的特性方面来加以考虑。另一种是心理学的方向，它把经验的整个内容从它与主体的关系，以及由主体直接所赋予它的特性方面来加以研究。因此，自然科学的观点，就它必须从每一种实际经验所包含的主观因素中进行抽象的作用，才有实现的可能这一点来说，也可以称之为间接经验的观点；而心理学的观点，由于它有意地排除这种抽象的作用和一切由此所产生的后果，则可以称之为直接经验的观点。"在冯特看来，心理学正是采取直接经验的观点，对经验本身进行直接如实的研究和描述，因此，他"把心理学界定为直接经验的科学"。冯特把心理学的研究对象和自然科学的研究对象统一起来，认为二者都是研究经验。这种看法是对旧的哲学心理学历来把灵魂作为自己研究对象的一种否定，也是使冯特把心理学从旧哲学思辨中摆脱出来并加入科学行列的理论前提，从而推动了心理学的独立。但是，冯特认为一切科学都以经验为研究对象，把物理学研究的经验对象和心理学研究的经验本身混为一谈，抹杀了心物之间的界限，则又走向了主观唯心主义。

三、心理学的方法学

既然物理学和其他自然科学研究经验，心理学研究的也是经验，那么心理学就可以借鉴自然科学的研究方法，把心理学和自然科学在方法上也统一起来，以便使心理学真正成为自然科学的一个独立分支。冯特认为心理学必须借鉴自然科学的实验方法（experimental method），因为传统哲学心理学所使用的内省法（introspective method）是不充分的，经常使人误入歧途。在1882年《实验心理学的任务》一文中，冯特曾把传统的内省主义比作德国民间故事中的喜剧人物巴伦·封慕西豪森。封慕西豪森掉进流沙里以后，试图通过抓住自己的头发而跳出流沙，冯特以此讽刺传统内省法对心理学毫无帮助。但是冯特又认为心理学不能完全抛弃内省法，因为个人的直接经验只能为自己所察觉，只有通过个人对自己的心理活动的自我观察才能接近直接经验。因此，冯特主张把实验法和内省法结合起来，以实验条件控制内省，即在实验控制的条件下观察自我的心理过程，以消除主观内省所带来的不利影响。

冯特为实施实验内省法（method of experimental introspection）制定了几条规则：第一，要让被试者了解自我观察开始的时间，以便使被试者做好一定的心理准备；第二，观察自我的过程开始以后，被试者必须集中注意于内部的心理活动，避免各种无关刺激的影响；第三，必须控制实验条件，使自我观察的过程能重复进行以便于验证；第四，经常变换刺激条件,如增加或减少刺激,或调整刺激的强度,以便被试者能把刺激和自己的心理过程分离开来。

但冯特清醒地意识到实验内省法的不足,因为在自我观察的过程中,观察者观察的是自己的经验,观察者与观察物是混淆在一起的。为了做到观察者与观察物的分离,就必须利用各种客观实验技术记录被试者的反应,而不仅仅依赖被试者对自我观察所作的报告。在这一原则的指导下,冯特搜集了示波器、速示器、测时仪等工具,这些工具构成了冯特进行实验研究的基础。

由上述事实可以看出,尽管冯特在一定程度上保留了内省法在心理学中的地位,但冯特更注重实验。他的历史功绩之一就是把生理学和心理物理学的一套实验方法引进心理学,把传统的经验性内省改造为实验性内省,即在实验条件下进行内省,特别是注重利用各类仪器和工具等客观实验技术,使心理学的研究方法获得明显的进展,也使心理学成为一门独立的实验科学。但是冯特把实验内省限制在只能用于简单的心理现象,如感知觉、联想和反应时间,而反对把实验内省用于复杂的心理过程,如记忆、思维等课题。这不但显示出实验内省法的极大局限性,也使冯特的同时代人及其学生对他不满,以至于在学术上和他分道扬镳了。

四、心身平行论

心身平行论(psychophysical parallelism)是冯特心理学理论体系中的一个基本问题。他认为这是一个基本的心理学假设,是心理学赖以进步的依据,而且是"我们实际生活以及我们关于外在世界理论知识的基础"。冯特的心身平行论具体包括三个方面的内容。①对同一经验两种观点的平行。冯特认为他的心身平行论是立足于经验基础之上的平行论,因为他认为心理学是一门经验科学。他把经验区分为间接经验和直接经验,前者是生理的和物理的,后者是心理的。两者平行存在,其间不发生相互作用。②两类因果系列的平行。冯特的平行论还包括生理和心理两类因果系列的平行。在他看来,心身平行论这一提法充其量只有一半是正确的,因为它仅表明二者不相同的一面而未表明二者不可比较的一面。如果心身相等,当然就会取消其中的一个而谈不上什么平行了。因此,他认为身心的不等,指心理不依赖于身体,不依赖于大脑。也就是说,人的心理不是大脑生理过程产生的结果,心理过程与生理过程是两个独立的、平行的因果系列。虽然心理过程总是有生理过程相伴随,但心理过程并不依赖生理过程,心理过程有自己的规律性,不受生理过程支配。③平行性与互补性。冯特认为一切物理的或生理的事件与一定的心理事件是相应的。正因为如此,他认为心理学和生理学之间就存在着一定的相互辅助和相互补充的关系。其中一方如果在因果系列中缺失了某个环节,另一方就可以辅助或做相应的补充。

尽管冯特的心身平行论观点受到莱布尼茨的影响,是一种唯心主义二元论的观点。而且他对其平行论的论证也是牵强附会的。但是,他的心身平行论学说对于当时心理学的创立却具有一定的积极因素,而且其本身的发展对以后的心理学的发展道路也产生了一定的影响。冯特的这一学说捍卫了心理学的独立存在权。一方面,冯特立足于经验的心身平行论在一定意义上把心理学作为一门经验科学从而与哲学划清了界限;另一方面,冯特的两种因果系列的平行论,在一定意义上区分了心理过程与生理过程,从而使心理学成为一门独立于生理学的学科。冯特认为,尽管生理学的研究给了心理学许多启发,它的研究方法和实验精神可为心理学所应用,但是冯特反对把心理现象还原为生理现象。他认为心理学并非生理学的一个分支。尽管我们可以从神经系统的生理学与解剖学中获得有用的知识,但这绝不是研究心理现象的唯一途径。心理现象有其自身的属性,我们不可能从生理生活中发现对心理现象的解释。冯特早期是一个生理学家,他也把自己的心理学称为"生理心

29

理学"，但冯特之所以没有陷入"生理学化"的泥潭，就是因为他持有心身平行论的观点。不过，冯特在心理学实验室的研究中却并没有贯彻他的心身平行论。因为假如认为心身是平行的，是两个独立的系列，那么刺激身体怎么能引起心理上的变化呢？假如刺激导致的生理过程的变化不能引起相应的心理过程的变化，那么又怎么去用实验法来研究感觉、知觉等心理过程呢？因此，在实际研究中，心身平行论的观点是行不通的，这是冯特心理学体系中无法克服的理论与实践的矛盾。

对于外在客体的感觉总是以知觉的形式而不是以纯感觉的形式出现在意识中的。感知同外部世界相联系，它们代表着直接经验的客观方面。但是在心身平行论观点的指导下，冯特又认为感觉经验和外部刺激引起的中枢神经兴奋是两种平行的现象，后者并非前者的原因，前者也并非后者的结果。冯特在这里陷入了深深的矛盾之中，因为一方面说感觉由作用于感官的外部刺激所引起，另一方面又说感觉经验与外部刺激引起的中枢兴奋是两种平行的现象，那么感觉经验究竟是怎样产生的呢？冯特无法回答。

五、心理学的任务论

冯特认为，心理学作为研究心理、意识事实的一门经验科学，其任务就在于分析出心理或意识的元素，并确定由它们构成的复合观念的原理与规律。他早先在《心理学大纲》(1896)中，将心理学研究概括为需要依次加以解决的三个问题：①分析复合的过程；②弄清由分析得出的元素所产生的结合；③探索在这种结合的形成中起作用的规律。

（一）心理元素的分析

冯特认为，一切心理经验的内容都具有一种复合性的特征，因此，作为研究"直接经验科学"的心理学，首先要把经验内容分析为不可再分的、绝对简单的心理元素(psychical element)。心理元素是心理现象最基本的成分，也是分析和抽象的产物。这里的抽象是指这种元素在不同的方面都具有真正的一致性。冯特通过分析，发现最基本的心理元素有两个，即感觉元素(sensational element)与感情元素(affective element)或简单的情感(simple feeling)。感觉是直接经验的客观方面，它是由外部刺激作用于我们的感官所产生的客观元素；感情或简单的情感则是直接经验的主观方面，它伴随感觉这一客观元素而产生，是客观元素的主观补充。因此，感情并非像感觉那样同外部世界发生关系，它仅仅是感觉的伴随物。这正是感觉与感情的区别所在。在这里，冯特强调感情的主观性是正确的，但他因此而割断感情同外在世界的联系，则又成为主观唯心主义的观点。感觉与感情除了具有区别性，也有共同性，即它们都具有强度和性质两种属性。每种感觉和情感都具有一定性质的属性，而且这种性质永远是和一定的强度同时并存着的。按照性质属性，我们可以把每种简单的感觉、情感与所有的其他感觉和情感区别开来。例如，把感觉区分为温觉、冷觉、光觉（如蓝色、灰色、黄色）、触觉等，把情感区分为严肃、愉快、悲哀、忧郁、阴沉等。每种心理元素的不同性质构成性质系统(systems of quality)。按照强度属性，每种心理元素都可以根据相应的大小观念来表示，如微弱、强烈、相当强烈、非常强烈等。换言之，每种心理元素的不同强度构成一种维度上的连续体，连续体上的两个极端，我们称之为最小感觉和最大感觉或最小情感和最大情感。

（二）心理元素的结合

冯特认为，尽管任何心理现象都可以分析为元素，但纯粹的心理元素也是没有意义的。例如，黑只是黑，白只是白，单凭感觉不能知道黑、白为何物。因此，任何复杂的心理现象都是由心理元素结合而成的，他把由简单的心理元素结合的产物称为心理复合体(psychical compounds)。心理复合体是由纯粹的感觉、简单的情感或感觉与情感的联合所组成的，但是心理复合体的特性并不局限于组成它们的心理元素的属性。也就是说，心理复合体的特性不是各种心理元素的属性的简单相加，而表现出其自身的新特性。例如，一个视觉的观念，不仅含有光感觉的属性和其中所包括的眼球的位置感觉及运动感觉的属性，而且还含有各种感觉的特殊空间秩序的特性，而这一特性却并不是包含于各种感觉本身之内的。冯特认为，心理复合体的分类，在性质上是以组成它们的元素为依据的。凡是完全或主要由感觉所组成的复合体，我们称之为观念（ideas）[①]；凡是完全或主要由感情所组成的复合体，我们称之为感动或感情过程（affective processes）。观念分为三种主要的形式：集中的观念[②]、空间的观念、时间的观念；感动也分为三种主要形式：集中的感情组合（intensive affective combinations）、情绪、意志。不过，冯特也指出，在严格意义上说，并没有纯粹的观念过程或纯粹的感情过程。我们只能在一定程度上将心理复合体抽象为观念的成分或感情的成分。

各种心理复合体既然是由心理元素结合而成的，那么它们又是怎样结合成为复杂的心理复合体的呢？冯特主要用联想、统觉来说明意识元素的结合过程。

1. **联想**　联想（association）是传统联想主义心理学的一个核心概念。冯特利用这一概念来说明心理元素的被动的、消极的结合方式。他认为联想是一种被动的过程，不受意志的影响。联想的方式有下列四种：①同时联想（simultaneous association）或融合（fusion），即把若干个心理元素融为一体，如空间知觉就是网膜印象和眼球运动的位置及运动觉结合而产生的。通过融合，不同的心理元素结合成一个紧密的复合体，从这一复合体中很难再辨认出个别的心理元素。也就是说，各个元素一经融合，便失去其独立性。例如，我们从一种音色里很难分离出其中所包含的基音和倍音，从一种触觉里很难分离出其中所包含的肤觉和肌肉感觉。②同化（assimilation）意指由当前的感觉联想到先前的印象。例如，当前知觉到的桌子形象，会使人联想到先前获得的具有普遍性印象的"桌子"。当一个不为我们所熟悉的事物进入意识时，我们总是通过联想找出与之相似的事物，并将它们组合起来。这便是联想的同化机制在起作用。同化作用包括类似的和对比的两种，例如视觉上的错觉，一条直线在现象上的延伸若因几何的延伸而增加，那便是类似的同化作用；反之，其延伸若因延伸的动机而减少，那便是对比的同化作用。③复合（complication）意指不同种类的感觉之间的联合。不同种类的感觉或感情共同组成一个复合体，如当我们听到枪声时脑海里就出现枪的形象，同时也产生恐惧。④相继联想（successive association）即记忆的联想，它把过去的感觉、感情回忆起来，并与现在的心理元素相结合。这种联想包括再认和回忆两种形式。

2. **统觉**　联想是一种被动的、消极的过程，是一种低水平的心理组合方式。通过联想，儿童可以流利地背诵诗文，对内容却毫不理解；成人也可以鹦鹉学舌般地复述一个困难的概念，却不理解它的意义。只有通过一个更为积极主动的心理过程，使进入意识的内容得到清晰的注意，才有可能理解这一内容和意义，这一过程冯特称之为统觉（apperception）。

[①]　冯特的"观念"一词主要是指完全或主要由感觉所组成的心理复合体，因而和当时的许多心理学家所讲的观念有很大的不同。他认为当时有许多心理学家把"观念"一词仅用以表示那种并非直接起因于外在印象的复合体，也就是仅用以表示所谓的"记忆的表象"。至于那些由外在感官印象形成的观念，他们通常却用"知觉"一词来表示。在冯特看来，实际上这种区别在心理学方面是毫无必要的，因为在记忆观念和所谓的感官知觉之间并没有任何确切的差别。参见冯特的《心理学导言》（1912）p.45.

[②]　关于冯特原著中德文"Gesamtvorstellung"一词，铁钦纳在冯特《生理心理学原理》（1904）中，将之译为"aggregate idea"（集合的观念）；贾德在冯特《心理学大纲》（1904）中，将它译为"intensive idea"（集中的观念）；平特纳（1912）仿照铁钦纳也译为"aggregate idea"。实际上，铁钦纳等人都误译了冯特的这一概念。布卢门塔尔建议将之译为"whole mental configuration"（整体的心理构型）。他们的误译直接导致了他们对冯特的"整体心理学"（Ganzheit psychology）的误解。其实，冯特并没有因为强调心理元素的分析而忽视了心理的整体性。

笔记

统觉是德国理性心理学中的一个重要的概念，在冯特之前，莱布尼茨、康德和赫尔巴特等人都使用过统觉这个词。冯特借用、继承和发展了先前的统觉概念，将之系统化、理论化，并把它运用于心理学以说明人的心理现象。在他看来，统觉是个人使用或把握经验元素的过程，是把各种元素联系成一个统一体的过程，是一种创造性的综合；统觉是在集中注意的条件下产生的，受意志的影响，是一种主动经验的过程。统觉的组合包括许多心理过程，这些过程涉及思维、反省、想象和理解，它们都被认为是比感官知觉或纯粹记忆过程更高的一类心理过程。根据统觉组合的主要性质，冯特又把统觉分为简单的统觉作用和复杂的统觉作用。前者是指关联和比较，后者是指综合和分析。①关联（relating），它是确定两个心理内容的相互关系，这种关联作用的根据总是包含在各个心理复合体和它们所引起的联想之内。例如，认出一个物体与从前感知过的物体相同，记起某一事件与眼前的印象有一定的关系，这些都与关联的统觉作用和联想相联系。②比较（comparing），它把两个元素之间的相同点与相异点进行对照。比较不仅可以在感觉和观念之间进行，而且也可以在感觉和简单的情感之间进行。经过多次比较，才能够把这些心理元素排成系统，并使每个系统都包含极其密切相关的元素。在一定的系统内，可以做关于性质、强度的比较，清晰度和心理量（psychical magnitude）的比较。统觉的比较作用，在不同的条件下遵循着两个共同的原理：一个是相对的比较原理（即韦伯定律），另一个是绝对的比较原理。对比是比较的一种特殊形式，又分生理的对比和心理的对比。心理的对比才是真正的对比，完全是比较作用的产物，在时间和空间知觉上有明显的表现。当关联和比较这两个简单过程重复并配合了多次之后，就会发生综合和分析这两个复杂的心理作用了。③综合（synthesis），它首先是关联的统觉作用的产物，其组合作用是基于融合和联想，但统觉的综合与关联和联想又不同。区别在于统觉的综合作用使个人有意地对联想所呈现的观念成分和感情成分中的有些成分予以注意，对各成分赋予有所轻重的动机。由于这种有意的作用，这个综合的产物就成了具有特别性质的复合体，在这些复合体之内，一切成分都是由从前的感官知觉和联想而来，但这些成分的配合与原有形式不同。由统觉的综合产生的这个复合体，通常称为集合观念。假如成分的配合很特别，与联想的结果不大相同，那么这个集合观念和它所含有的各个比较独立的观念成分，就叫做想象的观念或想象的意象。有意的综合与感官知觉和联想所呈现的配合，其间的差别或大或小，所以想象的意象与记忆的意象之间实际上不可能有明显的界限。统觉作用依据有意的综合，这是统觉的积极性。④分析（analysis），它首先是比较统觉作用的产物。由统觉的综合产生的集合观念，通常引起想象（imagination）和理解（understanding）两种统觉分析。想象可以分为知觉的和组合的两种，理解可以分为归纳的和演绎的两种。这两种作用的方向是相反的，但其作用又是密切相关而且总是联系在一起的。它们的区分是由于基本的动机不同，在"想象"作用内，基本的动机是要再现真实的经验复合体，或再现与真实世界相类似的经验。这是比较早期的统觉分析，并且是直接由联想而来的。这种分析由集合观念起头，而该观念是由许多观念成分和感情成分合成，并且包含有一个复杂经验的总内容——在这个经验之内，各个成分只能做不明确的区分。这个集合观念随后又由一组先后继起的作用把它分成几个更确定、更相联系的复合体——一部分具有空间性、一部分具有时间性的复合体。这样，原有的有意的综合之后，就继之以分析作用。这个作用也许引起再进行新综合的动机。这样，整个过程又重现一次，只是所得的集合观念会一部分改变，或是更受限制。与想象作用相对的是"理解"，其作用在于知觉到经验内容之间的相同、相异和其他派生原因引起的逻辑关系。理解也由集合观念起头，在这个观念内，我们有意把若干个真实或可设想为真实的经验互相关联，把它们组合成整体。但在理解内的分析作用，因为其基本的动机不同，就转向另一个方向。这种分析不仅对集合观念内的各个部分理解得更明晰，而且规定我们要了解用比较方法发现的那些存在

笔记

于各个部分之间的复杂关系。在理解之内，各种关系的先后呈现，就进一步成了对于集合观念的隔离分剖（discursive divisions）。这样，统觉的分析过程产生判断（judgment），而判断分析的结果产生概念的观念（conceptual idea）。经过关联的分析作用的集合观念叫做思想（thought）。判断把思想分成各个成分，概念就是这种分析的产物。①

冯特还认为意识具有一定的范围，任何心理内容只有进入这个范围才有可能得到理解。意识的范围内又有一个较小范围的中心区域，冯特称之为"注意的焦点"（focus），进入注意焦点的心理内容获得最大程度的清晰性和明显性。统觉就是那种把特定心理内容由意识的范围提升到注意焦点的那种过程，后人发现冯特所说的统觉相当于我们现在所说的"选择性注意"。总之，统觉具有心理组合的功能，它使得各种心理元素以处于注意焦点的那些心理内容为中心，形成复杂的意识状态。统觉的组合功能具有创造性综合的作用，各种心理元素就是通过统觉形成与原来成分不同的具有新的性质的复合体。

我们从冯特对统觉的说明来看，他一直主张意识是一种过程，而非一种静止的状态。尽管意识过程可以看成是由各种心理元素组成，但这些心理元素本身也是一种过程，是动态的而不是静止的。正如他本人指出："意识过程正是与常在对象相反；它是过程，是稍纵即逝的事实，不断在流动，在变化。"这一点也是人们过去对冯特的误解之一。

（三）心理元素结合的规律

冯特认为，意识元素结合或心理复合体形成遵循三条基本的规律，它们分别是创造性综合原理、心理关系原理和心理对比原理。而且，创造性综合原理或心理生成物原理是最基本的原理，另外两个原理是对它的补充。实际上，这三条原理都是冯特的统觉活动原理的具体贯彻。①创造性综合（creative synthesis）原理，又称心理生成物（psychic resultants）原理。由各种不同的心理元素组成的心理复合体并非原有元素的简单相加，实质上，元素的组合产生了新的性质。例如，一个声音复合体，就其观念和感觉属性来说，正是多于个别声音的简单总和。从表面上看，这一原理体现了"心理化学"的思想，但冯特并不是一个心理化学主义者，在创造性综合的过程中冯特强调了统觉的作用，在这一点上冯特超越了心理化学主义者。可见，创造性综合原理或心理生成物原理说明了冯特重视意识整体的内在关系而不是元素自身。②心理关系（psychic relations）原理，又称制约性关系（conditioning relations）原理。这一原理意指统觉的分析比较。依据该原理，不同元素之间的相互关系决定了各个元素的意义。换句话说，每一种基本的意识状态总是在与其他意识状态所处的关系中获得它的意义。③心理对比（psychic contrasts）原理，又称强度对比（intensifying contrasts）原理。这条原理实际上是心理关系原理的特例。根据这一原理，两种相反或相对抗的意识状态在一定范围内可以相互加强。这一原理在情绪方面表现得最为明显，例如，若不愉快之后愉快随之而至，那么愉快的特殊性质就显得特别明显。

从以上论述来看，冯特强调把意识分析为元素，这种研究方式明显是受了联想主义心理学的影响。但是他超越了联想论心理学，并没有因为心理元素的分析而忽视意识的整体性。后来他的学生铁钦纳却忽略了冯特的整体性思想，而把其元素论思想发挥得淋漓尽致，以至于人们通常把冯特看作一个元素主义者，这是一种不公正的观点。实际上他的许多观点，如创造性综合观念，预示了格式塔心理学的整体论概念，但是这一点却被人们忽视了。

---

① 不仅如此，冯特还进一步将这些统觉作用的心理过程变成若干固定的倾向，形成人的素质。作为智慧的素质，构成记忆的、想象的和理解的类型；情感素质构成具有情绪的"气质"和具有意志的素质的"性格"。可见，统觉在冯特的心理学中成为无所不包的概念，是说明一切心理现象的中心力量。

六、情绪论

冯特认为感情是一种心理元素，也是一种心理过程，并且是伴随感觉而产生的一种心理体验。比如吃砂糖时，我们不但感觉到甜，同时还会产生愉快之感。冯特在1896年出版的《心理学大纲》一书中首次提出他的著名的感情三维度说（tridimensional theory of feeling）。他是根据自己的内省观察提出这一学说的。实验用一个发出节律性嘀嗒声的节拍器来进行，冯特报告说，在一组有节律的嘀嗒声结束时，有一些节奏比另一些节奏听起来好像更愉快或更悦耳。他得出结论说，任何这样一种节奏的经验的一部分乃是一种愉快-不愉快的主观感情。当等待每一相继的嘀嗒声时就出现紧张的感情，而在所期待的嘀嗒声出现后就产生松弛感。于是，构成这种经验的第二部分是紧张-松弛的主观感情。当嘀嗒声的速率增加时，会引起适度的兴奋感情，而在速率减少时则引起较为沉静的感情。于是，构成这种经验的第三部分便是兴奋-沉静的主观感情。冯特认为感情的这三个维度是彼此独立而不相同的。每个维度代表一对感情元素沿相反两极的不同程度的变化。感情的三个维度相交于一个共同的零点，即冷漠无情的零点（an indifference-zone）。每一种具体的情感体验就可以按照这三个维度而确定它的位置。感情的三个维度的构成情况具体见图1-4。因此，每一特定的情感都是这三种维度以不同的方式组合而成的。感情是动态的，它既可能在一个维度上发生变化，也可能在三个维度之间发生变化。例如最初的搔痒可能是令人愉快的，随着搔痒程度增加，逐渐令人感觉紧张和激动，再继续增加强度则会令人感到痛苦。

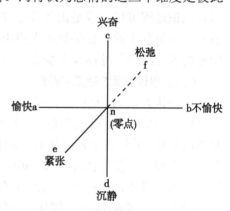

图1-4 冯特的感情三维度说

冯特认为，情绪是比情感更为复杂的感情过程，它是由不同的感情元素结合而成的。他指出："在意识中，依附于观念联结的感情过程通常称为情绪（emotion）。"每种情绪中总有一种或几种感情元素占据支配地位。例如，在欢乐和高兴的情绪中，愉快居于支配地位；在愤怒的情绪中，不愉快和紧张居于核心地位。冯特还认为，情绪和感情一样都是不直接关联外部物体的主观过程，两者的区别在于，情绪还包括观念的变化和运动器官的反应，因此情绪是容易接受外部观察的，而感情则不能接受外部观察，至少只有在它们转化为情绪时方才可以进行外部观察。情绪的发生具有三个阶段：首先是初始的感情；其次是随后在观念系列中的改变，也即在强度上和质量上改变初始的感情；最后是最终的感情，它具有或长或短的持续时间，可能产生一种形成初始感情的新的情绪。冯特认为可以把情绪划分为两类，即兴奋性和抑制性情绪。前者如快乐和愤怒，后者如恐惧与害怕。此外，他认为情绪还可以按其强烈的程度进行分类，他把不太强烈的情绪称作心境（moods），而把激烈的情绪称作激情（passions）。前者是一种持续时间较长的情绪状态，后者是指情绪在频繁爆发中找到表现机会。

冯特的感情三维度说，在当时曾引起人们对感情的研究和争论。他的学生铁钦纳就坚决反对这一学说，他认为冯特所补充的感情的另外两个维度是不合理的，也是完全没有必要的。在他看来，无论兴奋-沉静还是紧张-松弛，都构不成愉快-不愉快那样一种心理上截然相反的过程，也不是单纯的感情元素，而往往是包含内部感觉（主要是运动感觉）的一种复杂的心理经验。就松弛而言，它就只是处在紧张的零点上，而不是处在紧张的对立的一极上。因此，铁钦纳反对冯特的感情三维度说。不过，冯特对感情和情绪的研究还是有一定积极贡献的。他对感情的对立两极的划分，实际上已被后人所接受。现在心理学家一般都用感情来概括情感的特点,如情感的肯定性与否定性、积极性与消极性,紧张性与松弛性,兴奋性与抑制性等。他提出的心境、激情等情绪类型在现今的心理学教科书中也仍然使用。1954 年美国心理学家奥尔兹(J.Olds)和米尔纳(P.Milner)用微电极探测在白鼠下丘脑发现了快乐与痛苦中枢,这在某种程度上证明了冯特的感情学说。

第三节　其他的内容心理学

在西方心理学史上,冯特被公认是心理科学的建立者、组织者和系统化者,莱比锡大学也的确成为当时世界心理学的研究中心。但是与冯特同时代的心理学家如艾宾浩斯、格奥尔格·埃利亚斯·缪勒、布伦塔诺、斯顿夫、屈尔佩等人,他们在德国的其他大学也都参与了发展心理科学的事业。由于冯特与他们的共同努力,使德国成为新运动无可争辩的中心。

冯特虽然建立了心理学,但未能统一心理学。在上述这些人当中,有的人在方法上反对冯特将实验内省法局限于简单心理过程的做法,主张将它应用到高级心理过程的研究中去;有的人则在观点上反对冯特研究意识的内容,主张研究意识的活动或机能。前者如艾宾浩斯和吉·伊·缪勒等人,其主要工作仍属于或接近内容心理学范畴;[①]后者如布伦塔诺和斯顿夫等人,其主要体系是意动心理学或机能心理学。屈尔佩是冯特的学生,最初也属于内容心理学阵营,后来转向布伦塔诺的意动心理学,并把两者调和为二重心理学。本节只介绍属于内容心理学阵营的艾宾浩斯和格奥尔格·埃利亚斯·缪勒的心理学实验和理论,其他心理学家则在第九章介绍。

一、艾宾浩斯的记忆研究

艾宾浩斯的心理学观点接近冯特的内容心理学,在理论上属联想学派。但他不受冯特框框的限制,也不为旧联想主义所束缚。他创造性地用实验法开辟了研究记忆的新途径,从而为实验心理学作出了特有的贡献。

(一)研究方法

记忆是一种高级心理过程,受许多因素影响。旧联想主义者只是从结果推论原因,没有给予科学的论证。而艾宾浩斯则冲破冯特认为不能用实验方法研究记忆等高级心理过程的禁区,从严格控制原因来观察结果,对记忆过程进行定量分析,为此他专门创造了无意义音节和节省法。①无意义音节(nonsense syllable)。旧联想主义者之间争论虽多,但对联想本身的机制结构从不进行分析。艾宾浩斯用字母拼成无意义音节作为实验材料,这就使联想的内容结构划一,排除了成年人用意义联想对实验的干扰。这是一项创造性工作,对记忆实验材料的数量化是一种很好的手段和工具。例如,他先把字母按一个元音和两个辅音拼成无意义的音节,构成 zog、xot、gij、nov 等共 2 300 个音节,然后由几个音节合成一个音节组,由几个音节组合成一项实验的材料。由于这样的无意义音节只能依靠重复的诵读来记忆,这就创造出各种记忆实验的材料单位,使记忆效果一致,便于统计、比较和分析。例如,研究不同长度的音节组(7 个、12 个、16 个、32 个、64 个音节的音节组等)对识记、保持效果的影响以及学习次数(或过度学习)与记忆的关系等。②节省法(saving method)。为了从数量上检测每次学习(记忆)的效果,艾宾浩斯又创造了节省法。它要求被试者把识记材料一遍一遍地诵读,直到第一次(或连续两次)能流畅无误地背诵出来为止,并记下诵读到能背诵所需要的重读次数和时间。然后过一定时间(通常是 24h)再学再背,看看需要读多

---

① 波林指出:艾宾浩斯"主要不外为内容心理学家";吉·伊·缪勒 [即格奥尔格·埃利亚斯·缪勒——引者注]"显然和冯特同为内容心理学家"。(参见波林.实验心理学史.北京:商务印书馆,1981.440, 442.)

笔记

少次数和时间就能背诵,把第一次和第二次的次数和时间比较,看看节省了多少次数和时间,这就叫做节省法或重学法。节省法为记忆实验创造了一个数量化的统计标准。例如,艾宾浩斯的实验结果证明:7个音节的音节组,只要诵读一次即能成诵,这就是后来被公认的记忆广度。12个音节的音节组需要读16.6次才能成诵,16个音节的音节组则要30次才能成诵。如果识记同一材料,诵读次数越多,记忆越巩固,以后(第二天)再学时节省下的诵读时间或次数就越多。

（二）研究结论

艾宾浩斯除了用无意义音节和节省法控制记忆过程的客观因素外,在主观条件方面,他以自己为被试者,力求做到使主观条件保持一致。通过多年耐心细致的实验研究,他得出了以下结论:①保持和遗忘与时间的关系。他发现,学习后经过的时间越长,保持越少,遗忘越多;但遗忘的速度不是均衡的。根据艾宾浩斯实验所得数据画出的遗忘曲线,就是著名的"艾宾浩斯遗忘曲线"(Ebbinghaus forgetting curve)。其规律是遗忘在学习完后就立即开始,遗忘的速度呈先快后慢趋势,保持和遗忘是时间的函数,这一心理现象古已有之,但精确地找到遗忘数值变化的规律,艾宾浩斯则为第一人。继艾宾浩斯之后,许多人用无意义材料和有意义材料以及不同的学习形式,对遗忘现象进行研究,都证实了他的遗忘曲线的普遍性。艾宾浩斯的遗忘曲线使人们具体地了解到遗忘的进程,从而针对遗忘的客观进程采取相应的措施与遗忘作斗争,所以影响很大。②记忆保持与诵读次数的关系。他发现诵读次数越多,时间越长,则记忆保持越久。我们知道,英国联想主义者早就根据日常生活经验提出过"频因律"。艾宾浩斯则对此加以实验证明和数量分析。当然,艾宾浩斯也认为过度学习是无益的。③重复学习和分配学习的规律。对一定的识记材料,每天重复学习到恰好成诵所需诵读的次数,约按几何级数逐日递减;一定数量的材料分配到几天之内学习,比集中一天学习的效率要高,这是西方心理学史上分散学习(distributed learning)和集中学习(massed learning)比较研究的开端。④音节组内各项的顺序与记忆保持的关系。这是艾宾浩斯对直接联想(接近联想)(direct association)、间接联想(远隔联想)(indirect association)、顺序联想(forward association)和反向联想(retroactive association)所做的实验项目。他认为通过学习,不仅邻近的音节能够形成联系,就是远隔的音节也能形成联系;音节之间不仅按顺序能形成联系,而且反向也能形成联系。不过就保持的程度而言,音节组内各个音节彼此相邻的优于远隔的和反向的。

（三）研究意义

艾宾浩斯的研究是心理学史上第一次对记忆的实验研究,这是一项首创性的工作,具有重要历史意义:为实验心理学打开了一个新局面,即用实验法研究所谓高级心理过程,如学习、记忆、思维等,"艾宾浩斯开辟了一个新园地,吉·伊·缪勒等人便从而耕耘之";在方法上力求对实验条件进行控制和对实验结果进行测量;激起了各国心理学家研究记忆的热潮,大大促进了记忆心理学的发展。在艾宾浩斯《记忆》一书出版一百周年之际,《实验心理学杂志:学习、记忆和认知》于1985年第3期发表了一组纪念艾宾浩斯的专题文章。该杂志的"前言"指出:"令人十分惊讶的是,重读艾宾浩斯的著作,揭示出它在很多方面仍在流行。"艾宾浩斯虽然对记忆实验作出了历史性的贡献,但它也和任何新生事物一样,不可能是完美无缺的。其主要缺点是:艾宾浩斯对记忆过程的发展只作了定量分析,对记忆内容性质上的变化没有进行分析;他所用的无意义音节是人为的,脱离实际,有很大的局限性;他把记忆当作机械重复的结果,没有考虑到记忆是个复杂的主动过程;他以自己作被试者,不仅产生大量的前摄抑制和倒摄抑制,而且他自己知道实验意图,也会给实验结果带来微妙的变化。同时从他一个人身上得到的结论是否具有普遍性也令人怀疑。

二、缪勒的实验研究

缪勒虽受过良好的哲学训练，富于批判精神，但是他并不关注哲学和理论问题，而是专心致志地从事实验研究，强调实验、量化和逻辑上的严谨是他的一贯风格。正如波林指出："只有缪勒才能脱离其初恋的哲学，而专注于心理学。"缪勒曾专门研究视觉和听觉的心理物理学，视听觉问题是其终生的研究课题。此外，他还对记忆做了许多研究。

（一）关于心理物理学的实验研究

缪勒在莱比锡大学期间就与费希纳相识，后来两人经常通信讨论学术问题，他是费希纳去世后最负盛名的心理物理学家。他对费希纳的心理物理学的理论和方法进行了修正和扩充。他反对费希纳心物平行论观点，而要确定心理物理学的生理基础。他尤其批评费希纳运用韦伯定律，即产生可觉差的刺激增加量是原来刺激量的比例数。费希纳对这一比例数的解释是假设：当感觉兴奋性从生理传递到心灵时，感觉传入总要损失一些，而且这种感觉传入的损失量与所增加的刺激量比例数是相同的。但缪勒则坚持这种感觉传入的损失只会发生在神经系统的生理过程中。他认为较弱的刺激易氧化神经中的原质，因此，如果要增加兴奋性，相应地就需要增加较大的刺激量。他还继海林之后提出了心理物理学的定理，即心理过程如何与脑生理过程相当的原理，这是后来格式塔心理学的同型论的先声。但他对以后心理物理学的更大影响是他对费希纳心理物理法作量化和实验技术的改进。他所改进的方法成为后来心理物理学中常用的方法。

（二）关于记忆的实验研究

缪勒和他的助手及学生一起进行了很多关于记忆的实验研究。为了使记忆实验更加客观和精确，他采用仪器进行测量。他与舒曼（F.Schumann）一起发明了记忆鼓（memory drum），使每对音节以一定速度在记忆鼓上的小孔表现出来，让被试者熟读，一段时间后，再用记忆鼓将第一个音节呈现出来，要求被试者说出第二个音节，并记录下回答所需的时间，最后统计正确回答的百分率。用这种方法，测量效果当然要比艾宾浩斯更精确。再者，艾宾浩斯识记无意义音节组时，只是靠重复学习，使人觉得记忆好像是一种被动地、机械地形成联想的过程。他则要求被试者报告记忆时心理活动的历程。结果他发现人的记忆过程并不是机械被动的，而是有目的、主动的过程。无意义音节看来好像是排除了旧经验的影响，只是靠机械重复去记忆。但实际上，被试者对无意义音节往往是尽可能想办法去加以组织，或用节奏感或附加以某种意义去帮助记忆，并且记忆的目的和定势也对记忆的效果产生很大影响。后来，他和舒曼进行的重复辨别的实验，也发现了定势（set）现象，他对于心理定势的发现对后来的屈尔佩的无意象思维实验有启发作用。

同时，缪勒还发现整体学习比分段学习效果更好。因为整体学习有助于学习者形成整体的完整特征，它们从一开始就帮助学习者组织和巩固记忆。他早在 20 世纪之初于格式塔心理学家之前就发现了完形特征和格式塔性质，尽管它们是其记忆研究的副产品，后来他的学生都致力于完形性质的研究。他还做了记忆术的个案研究。[①]

总之，缪勒把实验的客观法与内省法结合起来研究记忆，从而进一步揭示了记忆的规律，也是对心理学研究方法的一个重要贡献。

（三）关于颜色视觉的研究

缪勒对于海林的色觉说进行了修改和补充。海林的色觉说假定新陈代谢的同化作用和异化作用一样会引起感觉，而他只假定有两种相反的而又可互相逆转的化学作用，不说是同化或异化作用，这就解决了同化作用一般不引起感觉的难题。另外，按照海林的假定，彩

---

① "记忆术"是数学家吕格尔（G.Ruckle）首先命名的。

笔记

色或黑白色互相平衡后应该没有任何感觉，但实际上还有灰色感觉，于是缪勒便假定皮质经常有相当于中灰色的作用，所以一切平衡后仍有这个灰色感觉。后来支持海林色觉说的人也都采用了缪勒的假定。

总之，缪勒的实验工作比冯特创立莱比锡心理学实验室还要早，事实上他是最早以实验心理学为专业的人。他恪守其少年时代科学应前于哲学之训，所以力避哲学而成为一名科学家，但他以哲学的才智、精密的逻辑、深刻的批判去进行实验的研究。在实验心理学范围内，他既有广泛的兴趣，又有渊博的知识。缪勒不拘泥于冯特的内容分析，支持他的学生们的现象学描述。他本人及学生们的研究，对正在发展中的实验心理学影响很大。波林指出："就影响及学派说，他仅次于冯特而已。"

第四节　内容心理学的简要评价

一、对冯特评价的原则

这里主要对冯特的内容心理学进行评价。对冯特的评价要遵循三条原则。第一，要区别冯特的早期思想与其后期思想。早年的冯特主要是一位自然科学家，他的成就特别是创建实验心理学的成就是主要的。他也具有自发的自然科学唯物主义思想，他的《人体生理学教科书》曾被恩格斯的《自然辩证法》所引用；他的《关于人类和动物心理学讲演录》因具有明显的唯物主义进步意义，其俄译本出版时曾被沙皇俄国列为禁书。但是，在到达莱比锡大学以后，他除了根据新的实验研究成果，不断充实和修订其《生理心理学原理》之外，其研究兴趣主要转向逻辑学、伦理学和哲学等领域，特别是在其生命的最后20年，冯特又开始撰写其庞大的《民族心理学》巨著，这些研究和著作一方面对人类学术思想作出贡献，但另一方面也包含了许多混乱的唯心主义观点，而且这些观点也逐渐侵入其心理学体系中。德国科学家海克尔（E.Haeckel）指出：冯特的《关于人类和动物心理学讲演录》的"第1版（1863）纯粹是一元论的和唯物论的，而第2版（1892）则纯粹是二元论的和唯心论的。"连冯特本人在该书的第2版前言中也承认："我只能把它（指第1版——引者注）看作我青年时代放荡不羁的表现。"

第二，要区分冯特的哲学观点与其心理学贡献。有人指出：冯特是"哲学史上的侏儒，心理学史上的汉子"。这是对冯特的混乱哲学观点与其心理学贡献做出的十分准确的评价。冯特到达莱比锡之后，他把较多的精力投入到哲学研究上去，建构了一个庞大的哲学体系。关于冯特的哲学思想，列宁在《唯物主义与经验批判主义》中有较多的评价，认为他"抱着混乱的唯心主义观点"。列宁还把冯特比作老麻雀，指出："如果年轻的知识分子会上阿芬那留斯的圈套，那么老麻雀冯特决不是用一把糠就可以捉住的。"可见，冯特的哲学观点不仅是混乱的，而且是狡猾的。尽管冯特是哲学史上的侏儒，他的哲学观点是混乱的唯心主义，但这并不能否定他对心理学做出的重大贡献，不能否认他是心理学史上的汉子。正如铁钦纳指出："冯特的全部思想都集中于心理学。"

第三，要注意澄清过去对冯特心理学思想中的一些误解。前文我们已经提到过铁钦纳等人对冯特一些概念的误解和错译，直接导致他们对冯特整体心理学的误解。这一误解通过铁钦纳学生波林的名著《实验心理学史》的进一步宣传，人们一直误以为冯特是一位元素主义者。其实，冯特并没有因为对心理元素的分析而忽视意识的整体性。又如，有人忽视了冯特对实验方法的重视，认为他完全是一位内省主义者。实际上，冯特不是传统意义上的内省主义者，而是把实验方法和内省方法有机结合起来，他是一位实验内省主义者。再如，传统上，许多心理学史家将冯特视为一位构造主义者，实际上，冯特从来没有用"构造主义"来标明其心理学体系,构造主义是冯特的学生铁钦纳提出的,构造主义完全可以称为铁钦纳主义。铁钦纳的构造主义仅代表了冯特的心理学体系的底层水平,即心理元素的分析与结合等内容,而没有接受冯特心理学的全部思想,特别是冯特关于统觉、意志等思想。因此,冯特不是一位构造主义者。

二、冯特的历史贡献

第一,由于冯特的努力,心理学成为一门独立的科学,这是冯特最大的贡献。西方心理学由古希腊、罗马时期至现代心理科学的创立,经历了两千五百多年的时间。在漫长的岁月里,西方心理学一直附庸于哲学,内省、思辨的方法使心理学一直处于默默无闻的状态。冯特全面总结了哲学心理学、生理学和心理物理学的研究成果,把哲学心理学的体系和自然科学的研究方法与心理学有关的研究课题结合起来,把实验法引入心理学研究领域,建立了世界上第一个心理学实验室,创办了第一种实验心理学刊物,确定了一批典型的心理学实验项目,使心理学成为一门实验科学和一个独立的研究领域。正如美国心理学史家墨菲(Murphy)指出:"在冯特出版他的《生理心理学原理》(1863—1864年)和建立他的实验室之前,心理学就像个流浪儿,时而敲敲生理学的门,时而敲敲伦理学的门,时而敲敲认识论的门,1879年,它才确立自己为一门实验科学,有了一个栖息地和一个名称。"美国的另一位心理学史家米西亚克(H.Misiak)也指出:"冯特在心理学史上独一无二的、永久性的地位不在于他的理论体系,而在于他作为心理科学的建立者。"可以说,冯特是传统哲学心理学的终结者和现代心理学的开创者。

第二,冯特不仅是心理科学的建立者,也是心理学发展的促进者,他为心理学在世界范围内的发展奠定了基础。冯特建立实验室以后,世界各国的青年学生纷纷来到莱比锡学习心理学的实验方法。这些学生学成回国以后,宣传冯特的心理学,创建实验室,建立自己的心理学体系,成为各国心理学发展的奠基人物。据萨哈金(W.S.Sahakian)统计,到莱比锡跟随冯特学习心理学的人数如下:德国人(包括奥地利人)136名,巴尔干人(罗马尼亚、保加利亚人等)13名,英国人10名,俄国人3名,丹麦人2名,日本人2名。其中有34人成为心理学界的知名学者,如美国的霍尔、卡特尔、安吉尔,英国的斯皮尔曼、铁钦纳,俄国的别赫切列夫,欧洲的克勒佩林、闵斯特伯格、屈尔佩、克鲁格等。

第三,冯特创立实验心理学的体系时,在心理学问题上也有一些独到的见解。他主张以实验法作为心理学研究的基本工具,把传统的内省改造为实验的内省,从而使经验、思辨的心理学成为实验的心理学。他主张以分析意识元素和探索这些元素结合的方式和规律作为心理学研究的课题,从而首创了内容心理学派。冯特不仅重视个体心理学的研究,而且强调社会心理学的重要意义。在他生命的最后20年,还用分析社会历史产物的方法从事民族心理学的研究。他主张二分法,把意识分析为感觉和情感两种元素,主张意志的情感说等。总之,这些观点对于心理学的发展起了很大的促进作用。

三、冯特的理论局限

第一,冯特把经验作为心理学的研究对象,把心理学的研究对象和自然科学的研究对象统一在经验的范围内,对于促进心理学的科学化是有帮助的。但是,以经验取代客观现实,把自然科学所研究的自然现象当成主观经验,无疑犯了主观唯心主义的错误。

第二,尽管冯特公开宣称反对传统内省法,在其实验中也尽量使实验的内省法客观化,但是,他归根结底并没有彻底摆脱传统的内省法,内省的成分在他的方法中仍占一定比例。这与他把经验看作心理学的研究对象是有关系的。既然依赖于个体的直接经验成为心理学的研究对象,那么抛弃内省就无法探索这种经验,这是冯特无法解决的矛盾。

笔记

第三，冯特的理论体系既庞杂又混乱。他受到多种哲学流派的影响，同时他又兼收并蓄了许多哲学心理学思想的理论观点，这就使他的心理学体系充满了矛盾，摆脱不了唯心主义和形而上学的束缚，从而阻碍和限制了心理学进一步的发展。因此，冯特心理学自诞生之日起，就引起了争论，出现了不同的学派。

思考题

1. 简述内容心理学产生的背景。
2. 实验心理学为何诞生于德国？
3. 简述内容心理学的科学观。
4. 简述内容心理学的对象。
5. 简述内容心理学的方法。
6. 简述内容心理学的心身平行论。
7. 简述内容心理学的任务。
8. 简述评价冯特的原则。
9. 简述冯特的贡献与局限。
10. 简述艾宾浩斯对记忆研究的贡献。
11. 简述缪勒对实验研究的贡献。

参考文献

[1] 方双虎，郭本禹.意识的分析——内容心理学.济南：山东教育出版社，2009.

[2] 波林.实验心理学史.高觉敷，译.北京：商务印书馆，1981.

[3] 赫根汉.心理学史导论.郭本禹，译.上海：华东师范大学出版社，2004.

[4] 霍瑟萨尔，郭本禹.心理学史.郭本禹，译.北京：人民邮电出版社，2011.

[5] 舒尔茨.现代心理学史.杨立能，译.北京：人民教育出版社，1981.

[6] 兰德.西方心理学家文选.唐钺，译.北京：科学出版社，1959.

[7] 郭本禹.外国心理学经典人物及其理论.合肥：安徽人民出版社，2009.

[8] Brennan J.F.History and systems of psychology.Englewood Cliffs，NJ：Prentice-Hall，1998.

[9] Misiak H.History of psychology.New York：Grune & Stratton，1966.

[10] Sahakian W.S.History and systems of psychology.New York：Wiley，1975.

[11] Wundt W.Outline of psychology.C.H.Judd，Trans.Leipzig，Germany：Engelmann，1896.

[12] Wundt W.Principles of physiological psychology.E.Tichener，Trans.New York：Macmillan，1904.

笔记

第二章　构造心理学

以铁钦纳为代表的构造心理学（structural psychology）又称构造主义（structuralism），其思想体系继承和发展了冯特的内容心理学的思想观点，特别是在坚持心理学是一门实验科学的观点上，二者一脉相承。不过，构造心理学仍是铁钦纳创立的，而冯特仅是构造心理学的前驱。因为铁钦纳虽在一般观点上接受了冯特的心理学思想，但他本人有具体的研究和著述，在一些具体的观点上也不同于冯特，他的构造心理学体系也没有包含冯特心理学的全部思想，冯特也从来未用构造主义来标识他的心理学体系。所以"构造心理学主要是铁钦纳的产物，并由他提出，完全可以称为'铁钦纳主义'。"

第一节　构造心理学概述

铁钦纳是一个把德国心理学引入美国的英国人。因此，以他为首的构造心理学兼有英国和德国的特征，是两者的混合物。铁钦纳并不真像人们通常认为的那样，是一位更能让人理解、说英语的冯特，相反，他倒是试图用狭隘构想的英国哲学改造冯特的德国心理学。所以，铁钦纳的构造心理学受到来自英国哲学和德国心理学两个方面的影响。

一、构造心理学产生的背景

（一）哲学背景

从哲学背景上说，铁钦纳既受到英国的经验主义（empiricism）和联想主义（associationism）传统的熏陶，又深受奥地利的马赫和德国的阿芬那留斯的经验批判主义的影响。在英国的传统中，休谟和詹姆斯·穆勒对铁钦纳的影响最大，他在剑桥大学学习哲学期间，曾专门钻研过两人的著作。休谟是一位原子论者（atomist），他坚持复杂的观念是由简单的感觉构成的，例如知觉由印象和观念通过联想构成，复杂知觉又由简单知觉通过联想构成。铁钦纳把意识经验分析为简单的感觉、意象等元素，并再由这些元素构成复杂的意识经验的做法，与休谟的思想如出一辙。因此，"铁钦纳的心理学与休谟把心理看作感觉集合的观点相一致，而不是与康德和笛卡尔把心理看作独立于经验的观点相一致。"

铁钦纳对詹姆斯·穆勒哲学的印象尤为深刻。他曾评论说，穆勒的一些推测可以得到经验性的证明。穆勒从经验主义和联想主义传统出发，也认为一切心理现象都起源于感觉，感觉是最简单的心理元素，感觉和观念通过联想的作用形成各种复杂的心理现象。在联想律问题上，穆勒只承认接近律是联想的主律，而把因果律、相似律和对比律均纳入这一主律之中。在心理元素的结合问题上，铁钦纳也像穆勒一样，认为所有的联想律都可以还原为接近律。

奥地利的马赫和德国的阿芬那留斯共同创立的经验批判主义（empirical criticism）哲学，是实证主义哲学的第二代。他们的哲学观点对铁钦纳的构造心理学有直接的影

41

响。马赫（E.Mach）于 1886 年出版《感觉分析》一书，建立了经验批判主义，成为马赫主义（Machianism）的创始人。马赫继承了英国经验主义哲学家贝克莱、休谟的唯心主义和孔德（A.Comte）的实证主义，提出了中性要素说（theory of neutral element）。他认为，要素（element，又译元素）即感觉经验是世界上的唯一真实存在，是万物的基础。他的基本哲学命题就是"物是感觉（元素）的复合"。马赫所谓的要素或元素不是指自然科学家们的物质的元素或原子，而是颜色、声音、压力、空间、时间等这些通常称之为感觉的东西。这些元素既不是物理（客观）的，又不是心理（主观）的，而是"中性的"。这种"中性元素"从物理的角度去考察是"物理的"，从心理的角度去考察是"心理的"，而归根到底则是"中性的"。经验批判主义的另一代表人物阿芬那留斯（1844—1896 年）在 1888—1889 年发表的《纯粹经验批判》一书中，也提出了同马赫一样的基本哲学命题，"只有感觉才能被设想为存在着的东西""我们应该把存在着的东西设想为感觉，在它的基础中没有感觉以外的东西"。感觉既非物理的，也非心理的，而是心物"同格"的中性东西。

黎黑指出，铁钦纳的构造心理学体系之所以比冯特的体系"简明得多"，是因为他对其老师的教导大打折扣。他把冯特的复杂的唯意志论心理学拿来，经过自己的实证主义和原子主义的过滤，筛出一个还原的感觉论。对他来说，心理不过是经验中发现的元素的复合。首先，在心理学的对象上，铁钦纳用阿芬那留斯的独立经验（independent experience）和从属经验（dependent experience）之区分，代替冯特的直接经验和间接经验之区分，认为心理学是研究依赖于经验者的经验，物理学是研究不依赖于经验者的经验。这样，他把一切科学的研究对象都归结为"经验"，宣称自然科学与心理学都是对同一主观经验的不同观点的产物。这实际上是否认经验是客观存在的主观反映，否认一切科学对象的客观性，正是马赫主义哲学把物理的东西和心理的东西调和在经验之中，而把物理的东西说成是心理的东西的表现。其次，在心理元素分析上，铁钦纳提出的"心理元素说"，是以马赫的"中性要素说"为理论基础的。最后，在心身关系问题上，铁钦纳主张的心身平行论，是以阿芬那留斯假设的两种生命系列，即独立生命系列和从属生命系列为理论依据的。

（二）心理学背景

在 19 世纪末、20 世纪初，冯特的学生把莱比锡的实验心理学传到了美国，并在美国得到了广泛地发展。但当时的美国心理学并没有沿着冯特的内容心理学方向发展下去，而是沿机能心理学方向发展着。美国的机能心理学和欧洲的与冯特内容心理学相对立的意动心理学是遥相呼应的。铁钦纳是冯特直接授业弟子，也是冯特著作的主要英译者之一，他深受冯特的影响。正如舒尔茨指出："在莱比锡的两年，决定了铁钦纳在心理学上的前途，决定了他许多未来学生的前途，而且在一定程度上也决定了多年来美国心理学的发展方向。"铁钦纳到达美国之后，在心理学的一般观点上，他接受了其老师冯特的内容心理学思想，坚持心理学的实验方向，很快在康奈尔大学形成了以他为首的构造心理学派。铁钦纳的构造心理学是冯特的内容心理学的极端化，只注重心理内容、注重人类心理的一般规律的研究；而机能心理学则特别注重心理机能或活动，注重心理活动在适应环境中的作用和个人的心理能力的差异的研究。这样，构造心理学与机能心理学在美国新的历史条件下形成对立。实质上，这种对立是欧洲的内容心理学与意动心理学之争在美国的继续和发展，也正是在这种对立和争论中，构造心理学得以形成和发展。

构造心理学与机能心理学作为对立的名称，是铁钦纳于 1898 年在他所著的《构造心理学的公设》一文中借用了詹姆斯的术语提出的。詹姆斯在《论内省心理学的某些忽略》（1894）一文的附注中，提到"心理构造"（mental structure）一词。其原话是："纯粹的红色或黄色的感觉元素及其他心理构造的元素没有存在的根据，因为它们都不是心理事实。"铁钦纳在《构造心理学的公设》一文中，阐述了构造心理学的基本立场和主张，正式提出了"构造

笔记

心理学"与"机能心理学"相对立。

二、构造心理学的代表人物

爱德华·布雷德福·铁钦纳（Edward Bradford Titchener，1867—1927）出生于英国南部的奇切斯特。1885 年获得奖学金升入牛津大学学习哲学，受到英国经验主义和联想主义哲学传统的良好熏陶。1889 年攻读生理学研究生，哲学兴趣与生理学兴趣的结合，使铁钦纳倾向于新兴的心理学。尽管当时牛津的学者们对心理学之类的新科学不屑一顾，但铁钦纳还是将冯特的《生理心理学》第 3 版译成英文。由于在英国攻读心理学投师无门，1890 年他带着译稿去莱比锡求教于冯特。1892 年他以《单眼刺激对双眼的影响》的论文获得博士学位。

铁钦纳获得学位后原本想回牛津大学执教，但找不到自己的专业位置，只好赴美国主持康奈尔大学的心理学实验室，从此终身执教于此。铁钦纳在康奈尔大学做了大量的工作，他在 35 年中共培养了 54 名心理学博士，其中不少成为美国心理学界的知名人士；担任《美国心理学杂志》主编达 30 年之久；发表了 216 篇论文和评论，以及 176 种由他指导的康奈尔实验室所发表的研究报告，翻译了 7 本冯特和屈尔佩等人的著作，出版了 27 种心理学著作（含修订再版的在内）。铁钦纳的主要著作有《心理学大纲》（1896/1923）、《心理学入门》（1898/1927）、《实验心理学》（4 卷本，1901—1905）、《情感与注意的初级心理学讲稿》（1908）、《思维过程的实验心理学讲稿》（1909）、《心理学教科书》（1909—1910）、《初学者心理学》（1915/1918）。其中《实验心理学》是最有影响的，被屈尔佩誉为"最渊博的英文心理学著作"，被波林称为"甚至半个世纪后的今天也难找出一个单独的作者能够在心理学内写出几卷或一本更渊博的英文著作"。铁钦纳的《实验心理学》作为一种实验指导手册，训练了包括康奈尔大学在内的美国一代心理学学生。《心理学教科书》"最能代表构造主义或铁钦纳主义的体系"。铁钦纳在 1910 年以后，曾致力于撰写一部大的系统心理学著作，可惜未能完成便于 1927 年去世，只在《美国心理学杂志》上发表了一些章节，后由韦尔德（H.P.Wilder）编成一卷《系统心理学：绪论》（1929）出版，该书反映了铁钦纳晚年心理学体系的一些新变化。

尽管铁钦纳所倡导的构造心理学与当时美国的时代精神相去甚远，但他是一位性格刚毅和好辩的心理学家，并且治学严谨，文章明快，对学生很有吸引力，很快就在康奈尔大学形成了以他为核心的构造心理学派，与机能主义学派长期对峙。1904 年，他在康奈尔大学组成了一个称为"实验者"（Experimentalists）的俱乐部，这是一种非正式的学术团体。在铁钦纳逝世后的第二年，被改组成为今天美国的实验心理学会，并成为美国心理学会的一个分会。该学会在 20 世纪 50、60 年代成为现代认知心理学运动的中心（图 2-1）。

图 2-1　爱德华·布雷德福·铁钦纳

第二节　构造心理学的主要理论

一、心理学的科学观

在心理学的科学观上，铁钦纳继承了其老师冯特的观点，坚持心理学是一门科学。他的目标就是建立一门真正独立的科学心理学，而科学心理学的核心是实验室研究。铁钦纳在其著作中所使用的"心理学"一词的意义，大多是指科学或实验心理学。铁钦纳强调，科学心理学是一种基础科学（fundamental sciences），心理学和物理学、生物学一样，都属于自然科学范畴，以实验室研究作为主要的资料来源。这样，心理学就变成了一门"纯"科学（pure science）。为了确保科学或实验心理学作为一种纯科学或基础科学，铁钦纳竭力反对应用心理学。正如当时的克拉克大学心理学家桑福德（E.C.Sanford）在写给铁钦纳的信中指出："您在我看来，是一位纯实验心理学的中心人物，而对斯特恩、弗洛伊德、梅耶尔、博斯和詹宁斯而言，我则将他们划为应用心理学一边。"在铁钦纳看来，实验心理学主要研究正常人的心理领域，既不管治疗精神病，也不管改造个人和社会。铁钦纳认为，心理学与生物学的形态学相似。因此，"实验心理学家的主要目的一直在于分析心理的结构；把基本过程从意识的缠结（tangle）中清理出来，或者把一定的意识组织的组成部分分离出来。他的任务类似一种活体解剖，但这种活体解剖要产生结构性的而非机能性的结果。他极力要发现的，首先是在意识中有些什么东西和这些东西有多少数量，而不是要发现它有什么用处。"铁钦纳主张心理学应该研究心理或意识内容本身，不应该研究其意义或功用。他坚持心理学是一门纯科学，他反对机能主义的理由之一就是，认为机能心理学只是心理学的应用，是心理学技术，不是心理学本门。他认为机能心理学虽然有用，但是它必须建立在构造心理学的基础之上，好比生物科学中的生理学要建立在形态学的基础之上一样。铁钦纳这种把意识的构造或内容和它的机能或作用截然分开的观点，含有明显的形而上学因素，因为事实上，心理的构造是不能离开它的机能而加以理解的。正由于铁钦纳的构造心理学受到这种形而上学观点的束缚，它的内容体系越是严密，它的研究范围就越狭窄，而它的研究方法和研究结果也就越脱离生活实际。

当然，我们也应该澄清过去史学家对铁钦纳的一些误解。其实，铁钦纳反对的是应用心理学，但并不反对心理学的应用；或者说，他反对的是把心理学的应用或技术方面与科学或实验心理学不加批判地混合在一起，因为二者的混合会威胁到心理学作为一门纯科学的发展。他认为，心理学的应用应该在心理学之外的其他部门发展，如教育心理学属于教育，医学心理学属于医学，法律心理学属于法律，商业心理学属于商业。

二、心理学的对象论

在铁钦纳看来，所有的科学包括物理学、生物学和心理学都是以实存的经验（existential experience）作为自己的研究对象。各门科学的区别不在于研究对象不同，而在于它们看待经验的观点不同。所以，他认为心理学的对象是经验，但他又不同意冯特的直接经验与间接经验的区分。他认为间接经验在意义上是矛盾的，因为凡是科学都应为观察的，假使自然科学的资料是间接的，那又如何可以观察呢？既说是资料，又如何是间接的呢？所以，他宁愿接受经验实证论者阿芬那留斯的独立经验和从属经验的学说，认为心理学和物理学都直接地研究经验，但是从不同的观点来考察人类经验的。物理学是研究不依赖于经验者的经验，而心理学是研究依赖于经验者的经验。例如，物理学家和心理学家都研究光和声，但物理学家是从物理过程来看这些现象的，而心理学家则是根据这些声、光现象怎样为人类观察者所经验来考察它们。铁钦纳曾经写道："热是分子的跳跃；光是以太的波动；声音是空气的振动。物理世界的这些经验形式被认为是不依赖于经验着的人，它既不温暖也不寒冷，既不暗也不亮，既不静也不闹。只有在这些经验被认为是依赖于某个人的时候，才有冷热、黑白、色彩、灰色、乐声、嘶嘶声和砰砰声。而这些东西乃是心理学研究的对象。"铁钦纳对心理学研究对象与物理学研究对象所作的这种区分，与冯特所说的心理学研究直接经验、物理学研究间接经验的说法，虽在字面上不一样，但实际意思是一样的。铁钦纳和他的老师冯特在心理学研究对象的看法上，其本质是一致的，二者都是主观的唯心主义经验论。

两人的根本错误在于,抹杀了心理的东西与物理的东西、主观世界与客观世界的差别,把二者调和或融合在经验之中,把物理的东西说成是心理的东西。这显然是重蹈经验批判主义的覆辙。

铁钦纳还进一步"把心理定义为人类经验的总和,认为人类经验依赖于经验着的人。"他明确地指出了经验、心理、心理过程和意识之间的区别与联系。在他看来,人类经验始终是进行着的过程、发生着的事件,而且人类经验依赖于神经系统的方面正是它的心理方面。所以我们可更简单地说,"心理是心理过程的总和……'总和'意为我们所探讨的是整个经验世界,不是它的一个有限部分;'心理'意指我们所探讨的是受神经系统制约的那种经验;'过程'意指我们所研究的对象是像河水那样的一种流动,是连续不断的一种变动,而不是固定不变的对象的集合。"由于心理作为一种过程,我们是难以把握和研究的,但我们可以研究心理过程中意识到的片断。这样,铁钦纳就把心理与意识加以区分。他说:"当我们讲到心理时,我们指的是一个人一生中发生的心理过程的总和,我们讲到意识时,则是指发生于现在或任何特定'时刻'的心理过程的总和。这样,意识将是心流(mind-stream)的一个部分,一个段落。"可见,在铁钦纳看来,经验、心理、心理过程和意识都是心理学研究对象的表现形式,但它们还是有区别。这四个概念的内涵是递增的,但外延是递减的。所以他指出:"虽然心理学的对象是心理,但心理学研究的直接对象却往往是意识。"只有把心理学的对象最终落实到意识上,才便于他对意识元素进行分析。

三、心理学的方法论

在铁钦纳看来,一切科学的方法都是观察(observation),科学工作的唯一方法就是观察那些构成科学研究对象的现象。观察包括对现象的注意和记录。铁钦纳认为,既然物理学与心理学的研究对象相同,都是经验,那么它们的研究方法也相同,都是观察。只是由于观察的态度和观点不同,才导致物理学的观察与心理学的观察有所区别。前者是观察不依赖于经验者的经验,因而是一种外部观察(external observation)或外观(a looking-at),即检查(inspection);后者是观察依赖于经验者的经验,因而是一种内部观察(internal observation)或内观(a looking-within),即内省(introspection)。铁钦纳强调心理学的观察不同于物理学的观察之处在于,在内省过程中,必须保持心理学的态度或观点,必须把注意完全集中于心理的经验,必须用心理学的语言来报告心理的经验。但他又同时指出:心理学的观察与物理学的观察在"名字上的这种差异不要使我们看不清两种方法在本质上的相似性。"

具体地说,内省是对意识经验的自我观察(self-observation)。内省首先要注意分析,分析可以是区分的,如把指定的一个正方体区分为组成部分;也可以是抽象的,如通过观察从指定的正方体之中选出某些特点或属性。当用化学的方法把水分为氢和氧时,它所完成的是区分任务。当心理学把颜色分出色调或浓淡时,它所完成的则是抽象的分析。不过,区分的分析在铁钦纳的内省法中占有极其重要的地位,他把意识内容分析成为最简单的感觉、意象和情感三种元素。

铁钦纳的内省法是对冯特内省法的继承和发展。一方面,在应用范围上,冯特只用内省法研究简单的心理过程,如感觉、知觉、注意等,而铁钦纳则打破冯特的限制,将之推广运用到高级的心理过程,如思维、想象等。另一方面,在应用的过程上,铁钦纳比冯特的要求更加严格,他为内省法规定了种种限制。第一,铁钦纳坚持只有训练有素的观察者才能进行内省,坚持反对使用未受过训练的观察者。第二,对于初学者来说,最好是根据记忆来进行内省描述,这样内省就变成了回忆,内省考察变成了事后考察。而老练的观察者则会养成一种内省态度,因而他在观察进程中不仅可以在心里默记而不干扰他的意识,甚至还可以做笔记,犹如组织学家眼睛看着显微镜同时还能做笔记一样。第三,自我观察包括注意和记录两部分。注意必须保持最高度的集中，记录必须像照相一样精确。第四，内省者必须在情绪良好、精神饱满和身体健康时，在周围环境安适、摆脱外界干扰时，才能进行观察。第五，内省必须是公正而无私地描述意识状态自身，而不是描述刺激本身。否则就会把心理过程与被观察的对象即感觉与刺激相混淆，从而犯下"刺激错误"（the stimulus error）。最后，铁钦纳赞同冯特把内省与实验结合起来的做法。他认为心理学的观察实质上不仅是内省的，也必然是实验的。他一丝不苟地遵守科学实验的严格规则，并指出："为了确保清晰的经验和准确的报告，科学必须求助于实验。实验是一种可以重复、分离和加以变化的观察。你愈能多次重复一种观察，你愈有可能清楚地看到所存在的现象和愈能准确地描述你所看到的现象。你愈能严格地分离一种观察，你的观察任务就变得愈容易完成，你被不相干的情况引入歧途或把重点放在错误之点上的危险性就愈少。你对一个观察任务的变化愈广，经验的一致性会愈明显地表现出来，发现规律的机会也就愈多。提供与设计一切实验器具、一切实验室和仪器都是为了这样一个目的：使学生能够重复、分离和变化他的观察。"总之，铁钦纳在心理学研究方法上没有什么创新，只是对冯特的实验内省法加以改造。如果说冯特的实验内省法重在实验的话，那么铁钦纳的实验内省法则重在内省，只不过他对内省的限制比冯特更加严格而已。但由于铁钦纳及其学生比较注意在被控制的物质条件下进行内省，所以他们的研究也取得了较为丰富的成果。

四、心身平行论

在心理与生理的关系问题上，铁钦纳和冯特一样，坚持心身平行论（psychophysical parallelism）的观点，认为神经过程和心理过程是两种平行、相互对应的活动。心理过程和生理过程完全对应或对当（correlate），但二者不互相干涉。铁钦纳指出："我们自己的立场是，心理与身体——作为心理学的研究对象和生理学的研究对象，仅仅是同一经验世界的两个方面。它们不可能相互发生影响，因为它们并不是个别的和独立的东西。可是，正因为如此，所以不论这两个方面在什么地方出现，其中一个方面所发生的任何改变一定会伴以另一个方面相应的改变……这一心理与身体的相互关系的原理，就是人们所共知的心身平行论的学说。"在铁钦纳看来，心理不是脑的机能，神经过程不是心理过程产生的原因，而是心理发生的条件。他说："无论在什么地方，只要有一种心理过程发生，那就必定有一种身体过程充作它的条件。但这并不是说脑产生心理过程，而只是说心理过程与身体过程平行——实际上，身体过程乃是心理过程的条件。"

在铁钦纳看来，用心身平行论的观点可以解释一些原来解释不了的现象。例如，人在每天晚上睡着时，心理消失；在每天早上醒来时，心理又重新形成；有时一个观念记不起来，直到数年之后又忽然想起。这是因为在这段时间里，生理过程都照样一贯地进行着，才保证了心理过程没有完全中断而重新恢复。他进一步指出，参照身体不会使心理学的资料和内省的总和增加一点儿什么东西。它只能为我们提供一种心理学的解释原则，只能使我们的内省资料系统化。

总之，铁钦纳的心身平行论把神经过程与心理过程割裂开来，否定了心理是大脑的机能，最终没有对心理过程做出科学的解释，犯了形而上学的错误。但是，它在心理学研究对象上把心理和生理区别开来，使心理学脱离了生理学，对促进心理学的独立发展还是有积极意义的。

五、心理学的任务论

在心理学的任务问题上，铁钦纳与冯特的观点基本相同，只是在一些细节上有所不同。铁钦纳认为，心理学的任务同自然科学的任务是一致的，都必须回答以下三个基本问题：回答"是什么"的问题，即把意识经验分析为最简单、最基本的元素；回答"怎么样"的问题，即确定这些元素如何结合和结合的规律；回答"为什么"的问题，即把这些元素跟它们的生理条件（神经过程）联系起来。这三个问题是密切联系的，对任何一个问题的回答都有助于对其他两个问题的回答。在铁钦纳看来，我们在心理科学上的进步程度要由我们对所有这三个问题做出回答的能力如何而定。

像冯特一样，铁钦纳也把意识经验分析成基本元素，但他又在冯特的感觉元素与情感元素之间增添了一个新的意识元素即意象（image）。这样，人的一切意识经验或心理过程都是由感觉、意象和情感三种基本元素构成的。在这三种意识元素中，铁钦纳研究最多的是感觉，其次是情感，最少的是意象。感觉是知觉的基本元素，包括声音、光线、味道等经验，它们是当时环境的物理对象引起的。铁钦纳还根据内省的相似性，作为其发生条件的感官的不同以及由所制约的刺激类型等标准把感觉分为视、听、嗅、味、触、动、机体 7 种形态。他发现的感觉种类多达 44 000 种以上，其中大多数是视觉（32 820 种）和听觉（11 600 种）。意象是观念的元素，可以在想象或当时实际不存在的经验中找到。铁钦纳认为意象是一种基本的心理过程，虽然可同感觉分开，但两者具有相似性。情感是情绪的元素，表现在爱、恨、忧愁等经验之中。铁钦纳不同意冯特的情感三维度说，认为情感只有一个维度即愉快 - 不愉快。而冯特所说的紧张 - 松弛、兴奋 - 平静，实际上都是机体感觉和真正情感的结合，可以称为"感觉 - 情感"。关于意识元素的属性，铁钦纳也在冯特提出的性质、强度基础上增加持续性、外延性和清晰性。性质是指一个元素区别于另一个元素的特征，如热的、红的、苦的；强度是指性质从低到高的序列，如明亮 - 阴暗、坚硬 - 柔软、愉快 - 不愉快等；持续性是指意识元素的时间特性；外延性是指意识元素的空间特性；清晰性是指一个意识元素在注意中的地位，当一个元素处在注意的中心时，就获得了最大的清晰性，而处在注意的边缘时，则是模模糊糊的。铁钦纳还认为，感觉和意象都具有五种属性，而情感只有前四种属性而缺乏清晰性。

关于心理元素如何结合和结合的规律问题，铁钦纳不像冯特那样用联想和统觉加以说明，他只说联想而不说统觉，认为统觉这一概念并无实际益处。于是，他用注意概念代替了联想概念，而仅用联想来说明心理元素的结合问题。铁钦纳引用休谟的一句话："联想对心理学的作用就如引力对物理学作用。"虽然铁钦纳承认过去传统心理学所确定的联想律，如频因律、近因律、相似律和接近律等，但他又认为所有的联想律都可以还原为接近律。他认为通过接近联想，我们首先把两个同类元素结合在一起，然后把两个以上的同类元素结合在一起，其次再把不同类的基本心理过程结合在一起。例如，几种纯音的感觉在一起发生，它们便混合起来；几种色觉并列着发生，那么它们就相互加强。所有这一切是以完全有规律的方式发生，因而我们可以写出纯音混合的规律和原色颜色对比的规律。

铁钦纳认为，回答了"是什么"问题是完成了分析的任务，回答了"怎么样"的问题是完成了综合的任务。但是分析和综合都只是对心理过程的描述，为了建立科学的心理学，我们仅仅描述心理是不够的，还必须解释心理，也就是说我们必须回答"为什么"这个问题。铁钦纳认为，我们所研究的心理过程是片段的、不联系的、不成系统的。因此，我们不能把一种心理过程看成另一种心理过程的原因，不能用前者去解释后者，而应该在与心理过程平行的神经过程中寻找解释。

第三节　构造心理学的简要评价

铁钦纳把正统的冯特实验心理学移植到美国，创立了构造心理学派。但在构造心理学与机能心理学竞争中，心理学家最终放弃前者而选择后者。这样，狭义的构造心理学就成为心理学史上的一个阶段，只能放到历史中任由人们去评说。人们常以成败论英雄，往往只看到铁钦纳的局限，而忽略其贡献。不管怎么说，铁钦纳所开创的实验心理学对心理学发展的影响却是深远的。我们应该实事求是地给予铁钦纳一个公正的历史评价。

一、构造心理学的贡献

第一，铁钦纳继承和发展了冯特创立的实验心理学的主要思想，坚持心理学的实验研究方向，为推动心理科学的发展做出了不懈的努力。正如海德布莱德（E.Heidbreder，1933）所说："这是一个简单的历史事实，正是铁钦纳所教的这种心理学，正是这种以德国实验室为中心的事业，使心理学第一次被承认为一门科学。"在冯特时代，实验心理学作为一种思潮，其影响还是有限的。由于语言的障碍，迫切需要在更广泛的范围内介绍冯特的实验心理学思想。铁钦纳是冯特、屈尔佩等人著作的主要英语翻译者，促进了英语国家的人们对新兴的实验心理学的了解。他本人也撰写了巨著《实验心理学》，作为训练心理学家的蓝本。同时，他严格按照当时实验心理学订立的法则，孜孜不倦地进行心理学实验研究，取得了许多引人瞩目的成果。他所主持的康奈尔大学心理实验室培养了一批心理学人才，加强了实验心理学对美国的影响。总之，铁钦纳在传播和扩大实验心理学影响方面是功不可没的。

第二，铁钦纳正式打出了构造心理学派旗帜，明确地划定了构造心理学派与其他心理学派，尤其是美国机能心理学之间的界限，导致了心理学史上的第一次心理学派别的对立。从严格意义上说，早年冯特的内容心理学与布伦塔诺的意动心理学之争只能算是心理学的观点和思想之争，还不是真正意义上的学派对立。学派的形成，明确表达了自己的观点，按照自己的法则开展实验研究，形成严密的理论体系，有利于推动心理学的发展。

第三，铁钦纳的构造心理学提供了一个相当强有力的正统体系，充当了批评的靶子。机能心理学反对构造心理学研究意识的结构，主张研究意识的机能；行为主义反对它研究意识，主张研究行为；格式塔心理学反对它研究意识的元素，主张研究意识的整体；精神分析则从它研究意识转向研究无意识。这些较新发展的学派之所以存在，在很大程度上应归功于对构造心理学所开创的心理学的进一步改造。前进的运动往往需要某种反作用力，正是得助于构造主义者的观点，才使心理学远远越过它原来的边界而前进，就像海德布莱德所指出的："铁钦纳的心理学对发展美国心理学起了主要作用，这不仅由于它有着杰出的连续不断的成就，而且它有着壮烈的和足以使人得到启发的失败。"

第四，在具体研究成果方面，铁钦纳在感觉心理学领域的成就最大。他和他的学生对感觉做了大量的实验研究，取得了丰富的研究成果。铁钦纳1915年修订出版的《心理学教科书》，全书共534页，而关于感觉的内容多达293页。时至今日，许多心理学教科书在谈到"感觉"时仍引用他的研究成果。斯泰格尔（R.Stegner）指出："通过对铁钦纳的《心理学入门》（1918年修订本）与80年代的基础心理学教科书的比较来看，有关感觉过程这么多年来并没有太大的变化。"

二、构造心理学的局限

由于铁钦纳是在冯特的心理学基础上建立构造心理学体系的，所以构造心理学存在的许多局限也是冯特心理学本身所固有的问题，如内省法、心身平行论等。

第一，在心理学对象上，铁钦纳只主张研究意识的内容或结构，反对研究意识的机能或功用。相应地，在心理学的科学观上，他仅坚持心理学是一门纯科学，反对把心理学看成一门应用科学。他把儿童心理学、变态心理学、动物心理学等都排斥在实验心理学之外，即使它们做了实验研究，也不配称为实验心理学。

第二，在对意识经验的分析上，铁钦纳比其老师冯特走得更远。尽管冯特也强调分析

笔记

意识的元素，但冯特并没有忽视整体，且把元素看成是一种过程。而铁钦纳只重视元素而忽视整体，对意识元素进行了频繁的分析，因而最终成为一个元素主义者，受到激烈的批评。冯特也因铁钦纳的分析方法而受到格式塔心理学家的批评，蒙受不白之冤。

第三，在内省方法上，铁钦纳也比冯特更加极端，对内省附加许多限制。一方面要剥夺内省者的主观价值判断，只能严格如实地描述自己的经验，另一方面要防止把物理刺激与感受相混淆，避免犯刺激错误，这样最终把心理学引向封闭的主观世界。他否认了主观心理是客观现实的反映。因此，他的"刺激错误"概念本身就是错误的。

第四，在身心关系上，铁钦纳坚持心身平行论。他只承认神经过程是心理过程的条件，而否认前者是后者的原因；只承认两者是平行的对应关系，而否认两者的因果关系，这样他就不可能用生理来解释心理。

三、构造心理学的影响

虽然构造心理学作为一个心理学派随着铁钦纳的逝世而消亡，但是作为一种心理学思想其影响却是深远的。铁钦纳对美国心理学思想最持久的影响是他坚持心理学是一门科学，强调实验室是心理学研究的主要资料来源。作为构造心理学大本营的康奈尔大学心理学实验室，在铁钦纳指导下，取得了许多引人瞩目的研究成果，尤其是对感觉的实验研究，揭示了感觉的某些属性，这些研究成果已被吸收到现代心理学特别是感觉心理学之中。铁钦纳当年在康奈尔大学创立的"实验者"俱乐部，后来成为美国心理学会的实验心理学分会，并在20世纪50、60年代成为现代认知心理学运动的中心。所以，从现代认知心理学运动中，我们仍看到铁钦纳所倡导的实验研究精神。

铁钦纳的巨著《实验心理学》对心理实验的仪器、步骤以及处理实验结果和方法等都作了详细的说明。该书曾被广泛地作为心理学实验的手册，训练了美国一代心理学家。铁钦纳的《实验心理学》和他的其他著作如《心理学大纲》《心理学入门》《心理学教科书》等曾被译成俄文、意大利文、西班牙文、日文、德文、法文和中文等多种文字出版，使他在世界心理学界也产生了广泛的影响。

铁钦纳在康奈尔大学的35年中，共培养54名心理学博士，他们当中有不少人都做了大学心理学系主任，成为著名的心理学家，在心理学史上产生了重大的影响。例如华许本（M.F.Washburn）、本特利（M.Bently）、皮尔斯伯里（W.Pillsbury）、波林（E.G.Boring）和达伦巴哈（K.M.Dallenbach）等人，这些人大多数都兴趣比较广泛，不恪守铁钦纳的严格构造心理学立场，有的甚至最终走向铁钦纳的对立面。但不管怎么说，他们毕竟还是铁钦纳的学生，通过他们进一步扩大了铁钦纳在心理学界的影响。

思考题

1. 简述构造心理学产生的背景。
2. 简述构造心理学的科学观。
3. 简述构造心理学的对象。
4. 简述构造心理学的方法。
5. 为什么说铁钦纳的内省法比冯特的更加严格？
6. 简述构造心理学的身心平行论。
7. 简述构造心理学的任务。
8. 简述构造心理学的贡献与局限。
9. 简述构造心理学的影响。
10. 铁钦纳的构造心理学与冯特的内容心理学有何区别？

笔记

参考文献

［1］方双虎,郭本禹.意识的分析——内容心理学.济南:山东教育出版社,2009.

［2］高觉敷.心理学史.北京:中国大百科全书出版社,1985.

［3］郭本禹.心理学通史·第4卷·外国心理学流派(上).济南:山东教育出版社,2000.

［4］波林.实验心理学史.高觉敷,译.北京:商务印书馆,1981.

［5］舒尔茨.现代心理学史.杨立能,译.北京:人民教育出版社,1981.

［6］古德温.现代心理学史.郭本禹,译.北京:中国人民大学出版社,2008.

［7］韦恩·瓦伊尼,布雷特·金.心理学史:观念与背景.郭本禹,译.北京:世界图书出版公司北京分公司,2009.

［8］霍瑟萨尔,郭本禹.心理学史.郭本禹,译.北京:人民邮电出版社,2011.

［9］Evans R.B.E.B.Titchener and his lost system.Journal of the Behavioral Sciences,1972,8:168-180.

［10］Stagner R.A history of psychological theories.New York:Macmillan Publishing Company,1988.

［11］Titchener E.B.A textbook of psychology.New York:Macmillan,1909.

第三章　机能心理学

　　1890 年，美国心理学之父詹姆斯在《心理学原理》中将机体适应环境的心理功效确定为心理学的研究对象，这为 19 世纪末 20 世纪初的美国心理学定下了机能心理学的总基调。1898 年，构造心理学的创始人铁钦纳在《构造主义的公设》一文中首次提出构造心理学和机能心理学（functional psychology）这样的名称，并认为两者是相互对立的学派。机能心理学专注于意识在有机体适应环境中的功效和作用，所以机能心理学也可称为适应心理学（adaptive psychology）。美国机能心理学有广义和狭义之分。广义的指代表美国心理学总倾向的机能主义，即哥伦比亚学派的机能心理学；狭义的指与构造主义对立的心理学派别，即芝加哥学派的机能心理学。

第一节　机能心理学概述

一、机能心理学产生的背景

　　机能心理学是美国本土产生的第一个心理学派。它之所以诞生于当时的美国，是内外因共同作用的结果。内因是美国当时的社会经济条件和本土产生的实用主义哲学，外因是达尔文的生物进化论和德国的科学心理学及高尔顿的开创性研究。这些因素的联合作用促使机能心理学在 19 世纪末的美国呱呱坠地。

（一）社会背景

　　美国是欧洲殖民者在美洲大陆新开辟的一个国家。在几百年的开拓过程中，美国的民族形成了自己独特的精神气质，即"粗犷有力同敏锐而好探索相结合；讲求实际的、富有创造力的思想风格；很快找到处理问题的办法；巧妙地掌握实质性的东西……有效地实现伟大的目标；好动和精力充沛十分突出的个人主义。"美国人的这种脚踏实地、开拓进取、讲求实效的务实精神必然要反映到其整个文化、科学的建设中。心理学作为一门新兴的科学，也必然要体现和反映美国的这种讲求实效的民族精神。同时，美国人的这种开放务实精神也为广泛而快速地接受有用的外来思想和文化（如达尔文及高尔顿的思想）准备了条件。另外，美国在独立战争之后不到 50 年的时间里，就实现了资本主义工业化，这是科学心理学得到发展必不可少的社会基础和物质保证。美国的这些社会历史条件为机能心理学的形成和发展奠定了根本的前提。

（二）哲学背景

　　实用主义（pragmatism）是诞生于美国本土的哲学，它当然地成了机能心理学的哲学基础。它产生于 19 世纪末叶，与机能心理学差不多同时产生。实用主义也是美国民族务实精神的反映和体现。实用主义哲学强调立足于现实生活，把人的行动、信念、价值当作哲学研究的中心，把获得效果当作最高目的。杜威不仅是美国实用主义哲学的代表人物，而且也是机能心理学的先驱和创始人。因此，他们的心理观与其哲学思想必然是一致的。由于行动和实践在这种哲学中具有决定性的意义，所以又称之为实践哲学、行动哲学。反映在心理学上，他们都认为心理学就是要关注心理的作用、机能、功能和效用，认为研究意识的内容不如研究它的效用重要，值得重视的是心理的机能而不是内容。意识的主要机能就是选择，有机体正是通过选择的机制来适应环境的，因此意识就是有机体适应环境的手段和工具。这就决定了机能心理学在本质上是一种强调适应的心理学。

（三）科学背景

机能心理学是以查尔斯·达尔文（Charles Darwin，1809—1882 年）的进化论（evolutionism）为科学基础的。进化论是解释自然界中生物进化的途径和机制的理论，其核心观点就是自然选择、优胜劣汰、适者生存。这种观点正好迎合了美国人的需要和气质，因而对美国机能心理学的产生起到了直接的促进作用。进化论对机能心理学的影响表现在三个方面：①进化论明确提出了人的心理与动物的心理具有连续性的思想。这使人们对人类心理的起源追溯到了动物阶段上，因此，许多心理学家和生物学家开始研究动物的心理机能，并将其引进心理学实验中，从而导致了动物心理学的出现。②进化论使心理学的目标发生了深刻变化。构造心理学的中心问题是对意识内容进行元素分析，而进化论使心理学家们开始转向了研究人的心理机能，即研究心理对有机体适应环境的效用。③进化论使个别差异成了心理学的中心研究主题。由于变异是进化的基本规律，所以，每个有机体之间必然存在着差异。这样，对个别差异的研究就成了机能心理学家的必然主题。

（四）心理学背景

冯特在德国创建了心理学实验室之后，美国有很多的年轻人来到冯特的实验室学习新心理学。这些人回到美国后大都抛弃了冯特心理学的具体观点，而保留了其科学形式和科学精神。他们热心倡导生理心理学和实验心理学，并在各自所在的大学开设新课程，建立实验室。这样，德国实验心理学的这种科学形式就传入了美国，为美国的心理学家们提供了一种科学的思维方式和研究手段，从而为美国机能心理学的产生准备了外部条件。

弗朗西斯·高尔顿（Francis Galton，1822—1911 年）是达尔文的表弟，受到了进化论的影响。他主要是通过心理测量（psychological measurement）的方法来研究个别差异（individual difference）。他的《人类才能及其发展的研究》（1883）一书被认为是个体差异心理学及心理测验的开始。他认为个体之间在能力上是存在着差异的，而且这种差异是可以测量的。卡特尔也正是在与高尔顿合作研究中使其原有的个别差异思想得到了强化和肯定，进而开创了哥伦比亚学派中的个别差异和心理测量的研究传统，使机能心理学更为贴近实际应用。如果说达尔文为美国机能心理学提供了个别差异的研究思路，那么高尔顿则是为美国机能心理学怎样研究个别差异提供了具体的问题和方法。

二、机能心理学的先驱人物及其主要学说

（一）詹姆斯

威廉·詹姆斯（William James，1842—1910 年）是美国心理学之父、美国机能心理学的先驱者。詹姆斯出生于美国纽约市一个非常富裕的家庭中。他的父亲认为欧洲的教育要好于美国，所以詹姆斯在童年期就经常到欧洲旅游、学习。另外，在他父亲的影响下，詹姆斯一家人都爱好学习和思考，家庭中经常进行热烈的、富有启发性的讨论。这种良好的教育经历使得詹姆斯很早就形成了思想活跃、善于思考、能言善辩的特点。

1860 年，詹姆斯表现出相当高的绘画才能并在波士顿学习了一年绘画。1861 年秋天入哈佛大学先后学习化学和比较解剖学，1864 年又转学医学。在医学院的第二年，受到哈佛大学著名生物学家、达尔文理论的反对者路易斯·阿加西斯（Louis Agassiz）的邀请到巴西

亚马孙河进行博物学的考察。但因疾病的原因考察中断,并在 1867 年到欧洲治病。在欧洲期间,詹姆斯阅读了大量的德国心理学和哲学著作,其间还结识了冯特,并且与冯特一致认为心理学成为一门科学的时机已经成熟了。1869 年,詹姆斯回国并完成中断了五年的医学学习并获得哈佛大学医学博士学位。1872 年,詹姆斯任哈佛大学生理学讲师。由于涉足神经系统生理学及其他与心理学有关的生理学研究,他开始转向心理学问题的研究,并在1875—1876 年开设了他的第一门心理学课程,即“生理学和心理学的关系”,这也是美国人开设的第一门新心理学课程。1875 年,在学校的支持下,詹姆斯建立了美国第一个教学用的心理学实验室。1878 年,发生了两件重要的事情:一是詹姆斯结婚了;二是他与出版商签订了一份出版合同。但迟至 1890 年,他才完成后一项任务,并以《心理学原理》为名出版。这本书一出版就在美国学术界赢得了一片赞扬之声,普遍认为这将是心理学的不朽之作。美国当时很多年轻人正是因为看了这本书才走上了心理学的研究之路。两年后,他出版了《心理学原理》的缩写本,名为《心理学简明教程》,把它作为心理学教科书使用。《心理学原理》出版后,詹姆斯觉得对于心理学再也没有什么可说的了,故而转向了哲学研究。1876 年,詹姆斯升任生理学副教授,1885 年升为哲学教授,1889 年转任心理学教授。另外,在 1894 年和 1904 年他两次当选为美国心理学会主席。詹姆斯有关心理学的著作并不多,除了《心理学原理》及其缩写本之外,还有《对教师讲心理学和对学生讲生活理想》(1899)。作为美国实用主义哲学的创始人之一,詹姆斯写了很多重要的哲学著作,主要有《实用主义》(1907)、《多元的宇宙》(1909)、《真理的意义》(1909)等。詹姆斯的心理学思想主要有以下几方面(图 3-1)。

图 3-1 威廉·詹姆斯

1. **实用主义的心理观** 詹姆斯认为,心理学的任务就是描述和说明意识状态,并试图弄清楚意识状态的原因、条件和直接后果。所谓意识状态(state of consciousness),指的是感觉、愿望、情绪、认识、推理、决心、意志以及类似的事件。詹姆斯的基本心理观有如下三点:首先,意识是生物对环境的适应工具。他认为,诸如记忆、想象、推理、意志等意识状态并不是与外部世界无关的封闭自存的灵魂官能;相反,这些官能能够指向外部世界并能帮助我们适应外部世界。例如,如果一种现象能够给我们带来幸福,那我们第一次遇到它时就会对其关注。对我们有危险的事物,我们会产生不自主的害怕。毒物使我们不安。日用品引起我们的欲望。在这些例子中,幸福、害怕、不安、欲望作为一种意识状态在每种情景中都能帮助我们对外部世界进行适应。其次,意识是一种有目的、有用途的反应。詹姆斯认为,心理生活是有目的的,并且这个目的首要的和基本的任务是“为了保存种族的活动利益”。第三,身心平行论的二元论。詹姆斯认为有两点是肯定的:一是一切心理状态都跟随有某种肉体上的活动;二是大脑半球的活动是意识状态的直接条件。他还发现了大量的生理变化影响心理状态的事件,如失语症等。这都说明了人的意识或心理状态是生理状态的一种机能。另外,他还认为脑的整个状态不论何时都有一种特定的心理状态与之对应。这就说明詹姆斯坚持的是身心平行论。意识活动的适应性、目的性和有用性是詹姆斯实用主义心理学的基本观点,实用主义的心理观实质上就是机能心理观。因此,詹姆斯的心理学思想当然地成了美国机能心理学的开路先锋。

2. **意识流学说** 为了反对冯特等元素主义者将意识分解为心理元素的做法,詹姆斯提出了另外一种描述意识状态的方法,即整体地看待意识。他认为意识既是一个不可分解的整体,同时也是一个持续不断的流动的过程,这就是所谓的意识流(stream of

consciousness），也可称为思想流或主观生活流。意识流有五个特征：①意识是属于私人的。每一个思想必然是某个人的私人意识的一部分。每一个思想一定属于某甲或某乙，而不会既不是你的也不是我的或既是你的也是我的。不同人的思想即使在时间、空间、性质、内容上相同，也不会打破障碍而融合到一起。②意识是流动不居的。每一种意识状态只出现一次，不能复返。人的意识就像一条永不停息的河流一样，一直处于变动不居的状态中，而且只朝一个方向流动，不会沿原路返回。正如人不可能两次踏进同一条河流一样，人也不可能两次拥有完全相同的意识。③意识是连续不断的。意识不仅是流动不居的，而且也是连续不断的，它不能被分割成片断。意识即使在时间上被分割开，但仍会连成一片。如一个人睡觉醒来时，他能够轻易地和睡觉前中断的意识流联系起来。意识流可分为两种状态：实体状态和过渡状态。实体状态指意识中有比较清晰的印象的状态，即一般的心理活动状态。过渡状态指从一种实体状态向另一种实体状态过渡的中间状态，一般来说没有清晰的意象，并且很难被觉察。④意识是有选择性的。意识总是要对进入其中的许多事件做出选择，它总是对某一部分比另一部分更感兴趣，然后选出它感兴趣的部分，而抑制了其他部分。⑤意识是有用的。意识对有机体来说是有用的，它可以帮助有机体适应环境。正是这最后一点说明了詹姆斯的心理学在本质上是机能心理学。

3. 本能和习惯学说 詹姆斯认为，本能就是在没有预见的情况下能够产生某种结果并且也不需学习就能完成的动作官能。具体地说，本能（instinct）是一种趋向一定目的的、自动的、不学自会的动作能力或冲动行为。他把本能分为三种：感觉冲动，如怕冷而缩成一团；知觉冲动，如看见许多人跑自己也跟着跑；观念冲动，如看到天快要下雨找地方躲藏。由于詹姆斯把一切心理活动的原因都归结为本能冲动，所以说，詹姆斯是个本能决定论（instinctual determinism）者。

人还能够形成新的、类似本能的行为模式，詹姆斯称其为习惯。习惯是通过对一项活动不断重复形成的。他用神经生理学的概念对习惯的形成进行了解释，认为习惯就是通向大脑的、大脑里的以及从大脑里发出的同一条神经通路在重复的作用下变得更加牢固，从而使能量更容易通过这条神经通路。因此，习惯就成了神经系统的一种机能。习惯对个人和社会都有好处。对个人来说，一方面可使人的活动省事、准确、高效；另一方面可减少动作操作时意识的注意，使活动自动化。对于社会来说，习惯是使社会保持稳定和一致的势力。例如习惯可使我们每个人都安分守己、依法办事，使穷人不去嫉妒富有的人，使人们做着那些最艰苦的事，使社会阶层保持稳定等。

4. 自我学说 作为一个本能决定论者，詹姆斯将自私的冲动作为自我（self）的核心。根据自我在心理生活中的地位与表现，他把自我分为主动的我（I）和被动的我（me）。主动的自我，指一个人所知晓一切的那个东西，是整个意识中的主动要素，是一切其他自我的主人。它在人的心理生活中的重要作用表现在：它是人的一切心理内容的接受者和所有者；它是兴奋的中心，接受不同情绪的震荡；它是意志与努力的来源并且是意志的命令发出的地点。被动的我是由主动的我派生出来的，指的是一个人要呼之为"我"的或"我的"的一切东西。它包括三个成分：物质的自我（material self），指由一个人能够认为属于自己的所有物质性的东西构成，如身体、房屋；社会的自我（social self），指被他人所知的自我，如名誉、地位等；精神的自我（spiritual self），指一个人内心的或主观的存在，由一个人的意识状态构成，如自尊心、良心等。

5. 情绪学说 1884 年，詹姆斯提出他著名的情绪理论。从常识来看，人在遇到一个恐惧事件时，如遇到一头熊，先有惧怕的情绪体验，然后才出现逃跑的身体动作。然而詹姆斯采取了相反的看法，即遇到熊时是先有逃跑的身体动作，然后才有惧怕的情绪体验。在詹姆斯看来，发抖、逃跑的身体反应所引起的内导冲动传到大脑皮质时所引起的感觉就是惧怕的情绪。也就是说，情绪体验是我们对于身体所发生的生理变化的感受。按照他的观点，情绪的产生过程是这样的：对事件的知觉→身体上的变化→情绪体验。即身体变化是介于对事件的知觉和情绪之间的，而不是在最后才出现。如果在对事件的知觉之后没有身体的变化跟随，那么也不会产生任何情绪。他举例说，我们是因为哭泣才感到悲伤，因为动手打才感到愤怒，因为发抖才感到害怕；而不是因为悲伤才哭泣，愤怒才动手打，害怕才发抖。情绪理论是詹姆斯机能心理学思想的具体体现，他是把情绪的主观体验作为身体的一种机能，是帮助有机体适应环境的一种信号和手段来看待的。1885 年，丹麦生理学家兰格（Lange）也独立地提出了相似的理论。因此，后人将他们的理论合称为詹姆斯 - 兰格情绪理论（James-Lange theory of emotion）。

（二）霍尔

格兰维尔·斯坦利·霍尔（Granville Stanley Hall，1844—1924 年）出生于马萨诸塞州的一个乡村城镇。1867 年，他大学一毕业就进入纽约的联邦神学院。在此期间他还到德国游历了一段时间，并学习了神学和哲学。1871 年，在俄亥俄州的安达克学院接受了一个职位，在那里教授英国文学、法语、德语和哲学，其间，他阅读了冯特的《生理心理学原理》。1878 年，霍尔在詹姆斯的指导下以《空间的肌肉知觉》一文获得哈佛大学的博士学位，并成为美国第一个获得心理学博士学位的人。之后，霍尔来到德国跟随冯特及赫尔姆霍茨学习心理学，并成为冯特的第一个美国学生。1880 年回国后，他在约翰霍普金斯大学接受了一个职位，并于 1883 年在霍普金斯大学创立了美国第一个心理学实验室，另外还于 1887 年创建了美国第一家心理学期刊《美国心理学杂志》。在此期间，卡特尔和杜威都是霍尔的学生，他们后来都成了机能心理学的代表人物。1888—1920 年，霍尔任克拉克大学心理学教授兼校长。1892 年，霍尔组建了美国第一个心理学的全国性学术组织，即美国心理学会，并被推举为该会第一任主席（图 3-2）。霍尔最有影响的著作有：《青春期：其心理学及生理学、人类学、社会学、性、犯罪、宗教和教育的关系》（1904）和《衰老》（1922），它们都是本领域中的开创性作品。霍尔的心理学思想主要有如下几方面。

图 3-2 格兰维尔·斯坦利·霍尔

1. **复演论** 霍尔是美国发展心理学的创始人。他提出了复演论（recapitulation theory），用来说明个体心理的发生和发展。他认为人类个体的一生就是对人类所有进化阶段的重演。每个儿童从受精卵到成熟，都在复演人类从其最低级的起点开始所经历的每一个发展阶段。人类胚胎阶段的发展是动物进化过程的复演，出生后个体的心理发展是人类进化过程的复演。8～12 岁儿童的知觉非常敏锐，而道德、信仰、同情、爱情及美感则十分幼稚，此阶段复演了远古人类；少年期知觉敏锐、记忆力强，道德观念快速发展，此阶段复演了中世纪的人类；青年期人性趋于完善，发展极其迅速，此阶段复演了近代风云变幻的人类。在童年期，人类仍然有冲动、残酷、邪恶的迹象，这是人类在早期、不太开化的发展阶段所具有的特征。如果这些原始冲动在童年期没有得到表达，就会被带进成年期。因此，霍尔鼓励学校和家庭安排情景，使这些原始冲动得以表达和释放。

2. **问卷法** 在研究方法上，霍尔采用了从德国学来的问卷法（questionnaire method），对儿童的心理进行系统的调查。从 1894 年到 1915 年，霍尔与同事合作编制了 194 种问卷，收集了儿童在生长、观念、想象、态度、游戏、人格等方面的资料，并用进化论的观点进行了解释。为了保证问卷的科学性，他认为要遵循三条规则：①通过预测选择问卷题目，并对其

笔记

归类以形成一个系统的结构；②要规范问卷的实施程序，要训练教师、父母等主试掌握一定的问卷调查技术，使其在实测中使用统一的指导语；③使用统计方法对结果进行数量分析。由于霍尔的提倡，问卷法后来成了了解儿童经验和研究心理发展的一种重要手段。

此外，霍尔一生遵循进化论来研究发生心理学并因此推动了美国机能心理学的发展，曾被称为"心理学的达尔文"。

（三）闵斯特伯格

雨果·闵斯特伯格（Hugo Münsterberg，1863—1916年）出生于德国的港口城市但泽。在莱比锡大学学习期间，由于聆听了冯特的讲座开始对心理学感兴趣，并在1882年成为冯特的研究助理，最终在1885年获得哲学博士学位。之后，在冯特的建议下到海德堡大学学习医学，并于1887年获得医学学位。随后到了弗莱堡大学，在那里创办了一所心理学实验室，开始对时间知觉、注意过程、学习和记忆等问题进行研究。由于闵斯特伯格与冯特的观点不合，反而在某种程度上迎合了詹姆斯的兴趣，因此，1892年，他受詹姆斯的邀请来到哈佛大学任教并接替詹姆斯的心理学实验室主任一职。1895年，闵斯特伯格又回到德国考虑了两年。1897年，再次回到哈佛大学任职，直到1916年病逝，前后一共在哈佛大学呆了22年。1898年，他当选为美国心理学会主席（图3-3）。其主要心理学著作有：《意志行为》(1888)、《心理学基础》(1900)、《心理疗法》(1909)、《心理学和经济生活》(1909)、《论目击者的立场》(1908)、《心理学和工业效率》(1913)、《心理技术基础》(1914)、《基础与应用心理学》(1914)等。闵斯特伯格的心理学思想主要有如下两个方面。

图3-3　雨果·闵斯特伯格

1. **意识的活动理论**　闵斯特伯格认为，意识的内容是由我们所受的刺激、我们的外显反应以及那些与刺激和反应相联系的生理过程所产生的肌肉和腺体的变化构成的。当我们受到刺激时，我们的躯体就会进入一种以某种方式行动的准备状态，即一种躯体的准备倾向，对这种准备倾向的觉察就是所谓的意志。也就是说，我们在意识中体验为意志的东西仅仅是一种躯体活动的副产物，而不是引发或决定行为的原因。总之，他认为是行为引起了意识（如意志），而不是意识（如意志）引起了行为。这与冯特和詹姆斯的意志观点完全相反，后两者都认为行为是由意识中的意志或观念引起的，但与詹姆斯的情绪观是一致的，即都认为躯体变化是引起心理状态（如情绪）的原因。闵斯特伯格的意识观是一种意识的还原论，即认为意识或意志本质上是对生物物理过程的觉察。

2. **应用心理学**　闵斯特伯格的兴趣后来转向了心理学原理的实际应用上。他十分强烈地认为，心理学应该重点研究能用之于现实世界的知识。他本人在这个领域中做出了极大的贡献，并因此获得了广泛的赞誉。这也是他在心理学史上留名的主要原因。在临床心理学上，他将注意力集中于酗酒、毒瘾、恐惧症、性功能障碍患者身上。他的疗法主要在于唤起患者的治疗愿望和治疗动机。另外，他认为精神病是由神经系统的退化引起的，是无法治愈的。他还使用交互抑制法来治疗患者，即通过强化患者的某些想法，来抑制那些引起问题的想法，其中前一种想法与后一种想法是相反的。闵斯特伯格还是心理学史上第一个将心理学原理应用于法律问题的人，因此他成了司法心理学的创立者。在《论目击者的立场》(1908)一书中，他认为，由于感觉印象可能会迷惑人，暗示和焦虑等会影响知觉，记忆也可能并不准确等，导致目击者的证词可能是不可靠的。他经常在教室里进行演示，以证明即使目击者做出最大的努力，他们的描述与实际发生的事件也会有很大的差异。另外，闵斯特伯格还使用仪器观测脉搏和呼吸的速率来测谎，这启发后人发明了测谎

笔记

仪（polygraph）。闵斯特伯格还开创了工业心理学（industrial psychology），其中涉及了职业指导、工效心理学、营销和广告心理学思想等。

三、机能心理学的代表人物

（一）芝加哥学派的代表人物

1. 杜威　约翰·杜威（John Dewey，1859—1952年）出生于美国佛蒙特州的伯林顿市。1879年毕业于佛蒙特州立大学。1882年入霍普金斯大学追随霍尔学习心理学，1884年以《康德的心理学》的论文获取哲学博士学位，随后到密执安大学任教10年直到1894年。1886年出版《心理学》一书，这是美国人自己编写的第一部新心理学教科书。1894年受聘为芝加哥大学的哲学教授，直到1904年转到哥伦比亚大学。正是在芝加哥大学的10年中，杜威对美国心理学产生了极大影响。1896年，他发表《心理学中的反射弧概念》一文，标志着芝加哥机能心理学派的正式诞生，波林称其为"美国机能主义心理学的独立宣言"。也因为这一突出的贡献，杜威在1900年当选为美国心理学会主席。转到哥伦比亚大学后，杜威不再进行心理学的研究，而是热衷于将其心理学思想应用到教育和哲学问题上。杜威在哥伦比亚大学工作到1930年退休。需要提及的是，杜威在1919年5月1日来中国访问，直到1921年7月11日才离开，一共停留了2年零2个多月的时间，其间先后到11个省作学术演讲，对我国的政治、文化、教育等方面产生了深刻影响（图3-4）。

图3-4　约翰·杜威

2. 安吉尔　詹姆斯·安吉尔（James Angell，1869—1949年）生于美国佛蒙特州的伯林顿市（和杜威的出生地一样）。其祖父和父亲都当过大学校长。1890年毕业于密执安大学后，又留校接受了一年的研究生教育并获得硕士学位。其间，他参加了杜威发起的对詹姆斯的《心理学原理》一书的专题讨论会，其兴趣开始从哲学转向心理学。次年，他进入哈佛大学，并在詹姆斯的指导下获得第二个硕士学位。1892年，他去德国游历和学习，并在哲学家汉斯·法兴格（Hans Vaihinger，1852—1933年）的指导下准备写作有关康德哲学的博士论文，但一直没有完成，也因此没有获得博士学位就于次年回国了。安吉尔一生的最高学位就是硕士学位。有趣的是，虽然他没有获得过博士学位，但却授予许多人博士学位，并且在其一生中竟接受了23个名誉博士学位。回国后，安吉尔在明尼苏达大学待了一年，然后在1894年到了芝加哥大学，杜威也是在这一年来到芝加哥大学的，他们一起建立了芝加哥的机能心理学。1904年，安吉尔出版了非常通俗的以机能心理学为观点的心理学教科书，即《心理学：人类意识的结构和机能研究导论》，该书颇受欢迎，连续出至第四版。1906年，安吉尔当选为美国心理学会主席，并发表了以《机能心理学的范围》为题的就职演说，提出了他自己的机能心理学观点。这是对机能心理学的第一次明确的表述。安吉尔在芝加哥大学工作了27年，其中担任心理系主任共25年，使芝加哥大学成为机能心理学的中心，他本人也当之无愧地成为芝加哥机能心理学最重要的发言人（图3-5）。1921年，安吉尔担任了耶鲁大学校长，直到1937退休为止。除了《心理学》，他还出版了《心理学导论》

图3-5　詹姆斯·安吉尔

(1918)一书。

3. **卡尔** 哈维·卡尔（Harvey Carr，1873—1954 年）生于美国印第安纳州。他在科罗拉多州大学先后获得学士学位和硕士学位，之后去了芝加哥大学跟随安吉尔学习心理学，并于 1905 年获得博士学位。毕业后留校任教直到 1938 年为止，其中在 1919—1938 接替安吉尔继任了心理学系主任。在这期间他一共授予了 150 个博士学位。我国已故著名心理学家潘菽（1897—1988 年）就是于 1923—1926 年在卡尔的指导下以论文《背景对学习和记忆的影响》获得博士学位的。1925 年，卡尔出版了《心理学：心理活动的研究》，这代表了机能主义的完成形式。1926 年，他当选为美国心理学会主席（图 3-6）。他另外的心理学著作有：《机能主义》（1930）（属于《1930 年的心理学》中的一章）、《空间知觉导言》（1935）。如果说芝加哥学派创始于杜威，形成于安吉尔，卡尔则是机能主义体系的完成者。卡尔代表了这个学派的晚期倾向和完成形式。在卡尔主持芝加哥机能心理学之时，机能主义与构造主义的争论已经结束，已不再表现为一个界限分明的心理学派。

图 3-6　哈维·卡尔

（二）哥伦比亚学派的代表人物

1. **卡特尔** 詹姆斯·卡特尔（James Cattell，1860—1944 年）出生于宾夕法尼亚的伊斯顿。1880 年，从其父任院长的莱番也塔学院获得学士学位。然后去德国留学两年，先后在哥廷根大学和莱比锡大学分别跟随洛采（Lotze）和冯特学习。之后回国在约翰霍普金斯大学跟随霍尔学习一年，又于 1883 年第二次来到莱比锡大学，这次成了冯特的第一个助手，在冯特实验室的三年中他一共发表了六篇关于反应时间和个别差异的研究论文。在 1886 年获得博士学位后回国讲授心理学一年。1888 年，他到英国剑桥大学任讲师，认识了高尔顿，在一家博物馆协助高尔顿工作了几个月。他原本就与高尔顿对个别差异有着同样的兴趣和看法，通过这次与高尔顿的合作研究又增加了对测量和统计的认识。因此，卡特尔后来成了美国第一个强调数量、重视测验和个别差异的心理学家，这使得美国当时的机能心理学呈现出了不同的面貌。从英国回国后，卡特尔又在宾夕法尼亚大学任教授三年，这是全世界第一个心理学教授职位。在此期间，他还建立了一个实验室。1891 年他又转到哥伦比亚大学，在此创立实验室并担任主任，直到 1917 年离开哥伦比亚大学。在哥伦比亚大学长达 26 年的工作生涯中，卡特尔从应用方面推动了美国心理学向机能心理学方向的发展，并成了哥伦比亚大学机能心理学的主要代表人物。1895 年，卡特尔当选美国心理学会主席。卡特尔不重视理论体系的建立，而只是重视运用心理测验来研究个别差异问题。他一生没有撰写过专著，其较重要的心理学作品有 29 种研究报告、41 篇演讲和正式论文（图 3-7）。

图 3-7　詹姆斯·卡特尔

2. **武德沃斯** 罗伯特·武德沃斯（Robert Woodworth，1869—1962 年，又译吴伟士）生于马萨诸塞州的贝尔奇镇。从马萨诸塞州的阿姆赫斯特学院毕业后，他去中学从事了四年的科学和数学教学工作。由于受到詹姆斯《心理学原理》的影响，他在 1895 年去哈佛大学追随詹姆斯进行心理学研究，并于 1897 年获得硕士学位。之后到哥伦比亚大学在卡特尔的指导下于 1899 年获得博士学位。后到英国师从著名生理学家查尔斯·谢林顿（Charles

笔记

Sherrington，1857—1952 年)学习一年。1903 年回国，之后在哥伦比亚大学任职，直到 1942 年退休。1915 年，当选美国心理学会主席，1917 年，接替卡特尔担任了心理学系主任。由于他的突出贡献，1956 年美国心理学基金会将第一枚金质奖章授予他(图 3-8)。武德沃斯的主要心理学著作有:《生理心理学》(与赖德合著，1911)、《动力心理学》(1917)、《心理学》(1921)、《现代心理学派别》(1931)、《实验心理学》(1938)、《行为动力学》(1858)。

3. 桑代克　爱德华·桑代克(Edward Thorndike，1874—1949 年)出生于马萨诸塞州的威廉斯堡。桑代克与武德沃斯的学术经历非常相似。1891 年，他从康涅狄格州的卫理公会大学获得学士学位。其间他阅读了詹姆斯的《心理学原理》并因此对心理学产生了兴趣。毕业后又上了哈佛大学，与詹姆斯成为朋友。

图 3-8　罗伯特·武德沃斯

在詹姆斯的鼓励下进行动物心理学的研究，1897 年获得硕士学位。之后到哥伦比亚大学接受了一个研究员的职位，并与武德沃斯共同在卡特尔的指导下做研究，从此，武德沃斯和桑代克成为终身的朋友。1898 年，他以博士论文《动物智慧:动物联想过程的实验研究》获得博士学位。这是心理学中第一个以动物为被试对象的研究。在西里泽夫大学女子学院教学一年后他又回到哥伦比亚大学工作，直到 1940 年退休(图 3-9)。桑代克的作品很多，著作、论文合在一起一共有 507 种。主要著作有:《教育心理学概论》(1903)、《教育心理学》(3 卷本，1913)、《心理与社会测量理论入门》(1904)、《心理学纲要》(1905)、《智力测验》(1927)、《成人的学习》(1928)、《人类的学习》(1931)、《学习要义》(1932)、《比较心理学》(1934)、《需要、兴趣和态度的心理学》(1935)、《人性与社会秩序》(1940)等。

图 3-9　爱德华·桑代克

四、机能心理学的特征

美国心理学家弗雷德·凯勒(Fred Keller，1899—1996 年)给机能心理学概括了如下八条特征。①机能主义者反对构造主义者所从事的对意识元素的研究，这在他们看来是无效的。②机能主义者希望理解心灵的机能，而不是对心灵的内容作静态的描述。他们认为，心理过程有一种机能，即帮助有机体适应环境。那就是说，他们是对心灵为了什么感兴趣，而不是对心灵是什么感兴趣，是对心灵的机能感兴趣，而不是对心灵的结果感兴趣。③机能主义者希望心理学是一门实用的科学，而不是一门纯理论的科学，并且，他们试图运用自己的发现改善个人生活、教育、工业等。而构造主义者则主动回避实用性。④机能主义者极力主张扩展心理学，以包括对动物、儿童和变态者的研究。他们还极力主张扩展研究方法，以包括任何有用的方法，诸如使用迷箱、迷津和心理测验。⑤机能主义者对心理过程和行为的原因感兴趣，这直接导致其关注动机。因为随着需要的变化，一个有机体在同样的环境中会有不同的表现，必须在理解有机体的行为之前理解这些需要。⑥机能主义者认为，心理和行为都是心理学的合法研究主题。大多数机能主义者视内省为众多有效研究工具之一。⑦同导致有机体彼此相似的东西相比，机能主义者对导致有机体彼此相异的东西更感兴趣。⑧所有机能主义者都直接或间接受到詹姆斯的影响，而詹姆斯又受到达尔文进化论的强烈影响。

第二节　芝加哥学派的主要理论

　　芝加哥学派（Chicago school）是在与构造心理学相互对立和攻讦的过程中建立起来的学派。它在心理学的科学观、对象论、方法学以及身心关系论等方面都有自己明确的主张。由于这个学派诞生于美国芝加哥大学，所以被称为芝加哥学派。芝加哥机能心理学经历了三个发展阶段：第一阶段，杜威开创了机能心理学；第二阶段，安吉尔将机能心理学发展和壮大，并作为代言人与构造主义进行了论战；第三阶段，机能心理学已停止了与构造心理学的论战。在该阶段卡尔提出了系统的机能心理学学说，使芝加哥机能心理学达到了它的顶峰。

一、心理学的科学观

　　在芝加哥学派看来，心理学是一门自然科学和应用科学（applied science）。安吉尔认为，心理学在学科性质上是一门属于生物学范围内的自然科学。他从进化论的观点出发，认为心理学是关于有机体与其生存环境之间关系的一门科学，是研究意识在有机体适应环境中是如何发挥作用的一门科学。我们不能将意识与其他事物隔离开来进行孤立研究，而是必须将其放在与其他各种生命现象的关系中，也就是将其放在整个生物学的框架中来研究才能理解其本质。这样心理学在根本上属于了生物学，因而也就成了一门自然科学。

　　机能心理学的哲学基础是美国的实用主义，这决定了机能心理学最终也要成为强调实际效果、实际用途的心理学。与构造心理学认为心理学应是一门纯科学的主张相反，机能心理学家主张要运用心理学的知识去改善和解决人类生活和生产中的实际问题。安吉尔认为，心理学要扩大自己的研究范围，主张开展儿童心理、动物心理、变态心理、教学心理、工业心理、医学心理等应用心理学的研究，使得机能心理学真正成为一门应用心理学。机能心理学这种强调应用的思路就使美国心理学一开始贴近了现实生活，为其注入了强大的生命力。从某种程度上来说，这也昭示了今天的美国心理学之所以强大的原因。

　　安吉尔在《机能心理学的范围》（1907）中明确提出了机能心理学的三个主要命题（这也是机能心理学与构造心理学的三点区别），更具体地反映了其自然科学和应用心理学的心理观：第一，他认为，构造心理学研究心理元素，而机能心理学研究心理操作。构造心理学研究意识是什么，而机能心理学研究意识如何和为什么。美国心理学史家波林认为，安吉尔的如何是错误的，而为什么是正确的。并且认为为什么包括目的和原因两个含义，随后的两个命题就是对目的和原因的分别说明。第二，机能心理学强调意识的基本效用。从效用的角度来看，意识是为有机体适应环境服务的，它是协调个体需要与环境的要求的一个中介。这样，机能心理学就把意识看作是适应环境的一种手段。这一点也就决定了机能心理学在最后要表现为应用心理学。第三，机能心理学认为有机体是一种心理物理整体，即心理和身体是交互作用的关系。我们必须参照生理的方面来研究心理才能完整而正确地理解心理。这一点也就决定了机能心理学在性质上是一门自然科学。

二、心理学的对象论

　　在心理学的研究对象上，芝加哥机能心理学三位代表人物的观点不尽相同，现分述如下。

　　杜威认为，心理学的研究对象是在与环境的关系中发生作用的有机体的动作机能，包括活动和意识。杜威认为活动和意识是有机体用来适应环境以达生存的手段和工具。所以，心理学研究就是以心理的效用为目的的。但在活动和意识的关系上，他认为反应动作先于感觉,肌肉运动决定感觉性质。因此,杜威把研究的重点放在了活动上,意识仅仅是从属于活动的。他还认为,动作机能是一个协调的整体。在《心理学中的反射弧概念》(1896)中,杜威首先批评了把反射弧(reflex arcs)分析为刺激和反应、感觉和运动的观点,认为这是一种简化论,是心理学家主观抽象的结果,而不是真实情况的反映。这种人为的分析和简化,会使行为失去存在的意义。相反,他认为反射弧是一个连续的整合的活动,一个反射与其前后的反射都是相连的,人的动作是由一系列相连的反射构成的,前一反射的终点即为后一反射的起点,因此反射弧不能理解为单独的研究对象。另外,反射弧中的刺激和反应之间、感觉与运动之间是相互依存的关系。其中每个成分的意义都只能通过其在感觉 - 运动回路中所处的位置和所起的作用来获得。杜威以小孩触摸火焰为例说明了反射弧的整体性。小孩看到蜡烛的火焰并去抓它,火焰导致的疼痛引起了缩手反应。小孩这一被灼烧的经验改变了其对火焰的知觉,再不会仅仅认为火焰是好玩的,下次也就不会去触摸火焰了。在这个例子中,火焰作为一种刺激,其意义对小孩来说已经发生了变化。

安吉尔认为,心理学的研究对象是意识,但不是研究意识内容,而是研究意识的过程,即心理操作。心理操作(mental operation)就是指诸如注意、意志、意象、情绪、兴趣等各种具体的意识现象是如何进行的。这些现象都是发生在意识中的具体心理操作,它们都是帮助有机体适应环境的手段。同时,他认为心理学有两个任务,一是对意识过程的描述;二是对复杂的心理条件是如何由较简单的心理条件构成的做出解释,并分析各种心理集体是如何生长和发展的,揭示各种意识过程是如何与各种生理活动、与环境中的社会因素和物理因素相联系的。

卡尔将心理学的研究对象确定为心理活动。心理活动(mental activity)具体就是指记忆、知觉、情感、想象、判断和意志等。所有这些心理活动的作用都是获得经验、确定经验、保持经验、组织和评估经验,并利用这些经验来指导行动。因为每种心理动作都与对经验的操作有直接的关系,而经验的操作是达到有效适应环境的手段。因此,可以从三个方面来研究心理活动:一是它对过去经验的依赖性;二是对当前情景的适应意义;三是对有机体将来活动的潜在影响。每一种心理活动对有机体的生存都具有适应价值,例如拿组织经验来说,只有对过去所获得的经验进行合理的组织才能对世界做出有效的和理智的反应;相反,如果对经验进行了不适当的组织,一个人可能就会精神错乱或丧失理智。最后,卡尔把心理活动的外部行为表现叫做适应性行为(adaptive behavior)或顺应性行为。也可以说,适应性行为就是指有机体对能够满足其动机的物理环境或社会环境做出的反应。适应性行为由三部分组成:动机性刺激、感觉刺激和反应。动机性刺激,指存在于有机体内部的具有动力性质的刺激,如饥饿、口渴等;感觉刺激,指存在于环境中的被有机体把握到了的特定刺激;反应,指有机体针对感觉刺激做出的用来满足动机性刺激的行为。

三、心理学的方法学

安吉尔把心理学的研究方法分为收集资料和组织资料的方法。收集资料的方法包括内省法(introspective method)和客观观察法(objective observation)。由于安吉尔将意识作为心理学的研究对象,所以内省法自然成了心理学的基本方法。所谓内省法,"就是指向内看而言",是指一个人直接检查其自身内部心理过程的方法。所以,这种方法也叫主观观察法。客观观察法是通过观察别人得到心理事实的方法。客观观察法可以补充内省法的不足。但是由客观观察法所得来的事实还必须用内省法所获得的有关我们自己经验的直接知识来加以解释。安吉尔又认为,不管是由内省法还是客观观察法所获得的心理资料,必须对其进行细心的反省和系统的安排才能具有科学价值,否则就只是一些杂凑起来而毫无意义的偶然的、破碎的片段。为了解决这个问题,即为了使内省法和客观观察法所获得的资料系统化、完善化以及延长它们的作用,安吉尔又提出了实验(experiment)、生理心理学(physiological psychology)和心理物理学(psychophysics)三种组织资料的方法。实验法是用来控制内省和客观观察以便使它们的结果能够被不同的观察者加以验证的方法。在内省中使用实验,可使相同的心理现象重复出现并帮助分析。例如,颜色的后像就可通过重复呈现刺激而多次引发其出现从而进行多次研究。在客观观察中,实验可引发观察者要观察的行为方式。生理心理学是对意识和神经系统之间关系的研究,而心理物理学是对意识和物理世界之间关系的研究。这两种方法对于内省和客观观察所获得的资料都具有补充说明的作用。但生理心理学中所用的大多数方法和心理物理学中所用的全部方法在实质上都是实验法。

卡尔提出的心理学研究方法是多种多样的,主要的有三类:①直接观察,包括主观观察和客观观察。主观观察指人们观察自己的心理活动,也即内省法。客观观察是指理解他人行为中所反映出来的心理操作。主观观察和客观观察在观察过程的性质上是相似的,只是观察的对象不同而已。它们各有优缺点,可以相互补充。内省法可以对心理事件作较深入和全面的理解。例如,我们通过观察一个人的行为知道他正在思考,但不知道他在思考什么。但这个人通过内省法不仅知道自己在思考,并且知道自己在思考什么。但内省法的正确性难于确定,这可以通过比较几个人对一种动作进行客观观察所获得的报告来弥补。另外,由于内省法只能用于有能力的和受过训练的被试者,所以要研究动物、儿童、原始人以及精神病患者的心理只能用客观观察法。实验法并不是一种独立的方法,而是一种有控制的观察,是对观察法的补充。但是,并不是人类心理的一切方面都是可以控制的,所以实验法也不是万能的。②社会研究法。卡尔认为,我们还可以通过心理活动的创造物和产品,如工业发明、文学、艺术、宗教习惯、信仰、道德体系、政治机构等来间接地研究心理活动本身。这种方法就是社会研究法。它主要用于研究过去的文化和原始的种族。③解剖学和生理学的方法。卡尔认为,研究心理活动与神经结构之间的相互关系能够有助于弄清楚心理学的问题。许多心理特征可以根据神经系统的生理特点来解释。例如,神经的缺陷往往与知觉、记忆、回忆和随意活动的失常相联系。卡尔的这种方法实质上就是我们现在的生理心理学方法。

四、身心关系

在芝加哥学派的三位代表人物中,安吉尔对身心关系问题的阐述最具代表性。他主要是从方法论的角度,而不是从形而上学的角度来思考这个问题的。也就是说,他并不考虑身与心二者谁决定谁,谁先谁后的问题,而只考虑决定有机体的身体方面和心理方面彼此之间的关系。在前文所述的安吉尔的三个命题中,第三个命题就是其对身心关系的论述。他的主要观点是,身与心不是两个不同的实体,而是属于同一种类,是不可分的,它们在有机体的生存适应中,是作为一个整体起作用的,并且心理和生理之间的相互迁移也是很容易发生的。因此,机能心理学是关于一切身心关系,即将整个有机体看作研究对象的心理物理学。

第三节　哥伦比亚学派的主要理论

大约与芝加哥学派同时,在美国哥伦比亚大学出现了一个具有机能心理学总倾向的心理学派。主要代表人物有早期的卡特尔、后来的桑代克和武德沃斯等。与芝加哥学派是一个具有旗帜鲜明的自觉学派不同,哥伦比亚学派(Columbia school)并没有树立鲜明的机能心理学的旗帜,他们的心理学主张和学术研究比较自由而广泛,甚至像武德沃斯还否认自己属于任何派别。此外，哥伦比亚学派的研究主题广泛、取向多样，并且偏重应用。除了具有前述机能心理学的一般特点外，哥伦比亚学派还具有自己的一些特点：①将心理学的研究主题从共同规律转向了个别差异。强调对个体的智力和能力进行研究，心理测验是其主要的研究方法。②将心理学的研究对象从意识内容转向了意识机能。总的来看，机能心理学还是将意识作为自己的研究对象，只是研究的角度不同而已。③将心理学的研究方法从重视内省转向了重视客观方法上。他们主张多种方法并用，除了采用内省法外，还采用实验法、测验法、统计法、等级法和评选法等。④将心理学的任务从"是什么"的问题转向了"为什么"的问题。哥伦比亚学派主张前者是为后者服务的，后者又要建立在前者的基础上。⑤将心理学的性质从纯科学转向了应用科学。哥伦比亚学派比芝加哥学派更加重视心理学的应用，把后者提出的个体适应环境的原理加以具体化并使之应用于现实生活中。

一、动力心理学

早在 1884 年和 1908 年，杜威和詹姆斯分别使用过"动力"（dynamic）这个词。1897 年，武德沃斯首次声言要发展一种"动机学"，1910 年他开始使用"动力心理学"的概念。由于武德沃斯的心理学对人们为什么做出某种行为的动机特别感兴趣，所以他将自己的心理学称为动力心理学（dynamic psychology）。

在研究对象上，武德沃斯持一种整体观。他反对把心理学研究对象片段化，即只研究行为或只研究意识的观点。相反，他认为，心理学的研究对象是人的整个活动，其中包括意识和行为两个方面。意识和行为构成了一个完整的因果系列，两者要互相解释，互相说明，而不能分开来研究。但在具体研究时，我们必须从研究刺激与反应入手，即必须从研究客观的外界事物开始。同时要将刺激和反应的中间环节，即有机体内部状态、能量、现在和过去的经验等因素考虑进来。这样，武德沃斯就把简单的刺激 - 反应公式 S-R 修改成了如下的公式：W-S-Ow-R-W。其中 W 代表环境，S 代表刺激，R 代表反应，O 代表有机体及其能量和经验，O 附带的小 w 代表对环境的调整及对情景和目标的定势。这个公式不仅强调了刺激是来自于环境，反应是针对环境做出的效应，更为重要的是提出了有机体在刺激和反应之间的中介作用，即有机体在接受环境刺激后，经过个体的经验、意识等做的调整后才对环境做出反应。后来新行为主义者正是受武德沃斯这一思想的影响，从而提出了"中介变量"（intervening variable）、"需求变量"（demand variable）和"认知变量"（cognitive variable）等概念。

在研究方法上，武德沃斯持着兼容并包的态度，即不管是客观法还是主观法，只要有利于心理学研究的方法都可采用。他认为，外部的刺激和反应可以用客观观察法来研究，而有机体内部所发生的意识活动可通过内省法来认识。

为了确定行为的因果关系，武德沃斯又提出了两个决定行为的基本变量：机制（mechanism）和内驱力（drive, D）。机制是指从刺激到反应之间的具体构造关系，是有机体为满足其需要而与环境相互作用的方式。机制作为行为的外在表现方式和实现途径，说明了原因是怎样引起结果的。内驱力是激发和推动机制的内在动力，是行为的发动者。没有内驱力的作用，机制就处于潜伏或静止状态。如果说机制回答了行为"如何"的问题，那么内驱力就回答了行为"为什么"的问题。机制是内驱力实现的途径和方式，内驱力是激发机制的内在条件。武德沃斯还认为，机制和内驱力可以相互转化。当机制被多次发动后，就会转化为内驱力。例如，一位水手在开始时是为了谋生不得不去航海，但当他后来成为银行家而变得富裕后仍然保持着航海的习惯。武德沃斯指出，人们日常生活中的很多习惯最后都发展成了兴趣，其原因就是机制逐渐变成了内驱力。在这种转化中，也反映了武德沃斯反对动机的生物学取向。他认为，并不是所有的动机都来源于本能或生理基础。

笔记

相反，驱力也可以是后天习得的。例如，游戏、操作、探究甚至一些工作中的动力因素都是习得的，也就是说这些活动"在机能上是自主的"。美国人格心理学家奥尔波特（Allport G，1897—1967年）受这一思想的启发提出了"机能自主"（functional autonomy）的概念。

关于身心关系问题，武德沃斯反对身心平行论的观点。他认为，心理过程和生理过程实质上是同一个过程，所谓的心理学和生理学只是对这同一过程的不同描述而已。心理学描述这个过程的宏观方面，而生理学描述这个过程的细节方面。因此，生理学的描述不能代替心理学的描述。

武德沃斯的心理学有如下两个特点：首先，他不是一位自觉的机能心理学家。他不愿意把自己的心理学归属于什么学派，而宁可称自己的心理学为动力心理学。但由于他的理论实质上是按照机能心理学的风格论述的，因此，心理学史家还是将其划归到机能心理学中。波林说："武德沃斯自称为动力心理学家，但实际上他首先是机能心理学家，其次才是动力心理学家。"其次，他持着一种折中主义和实用主义的态度。武德沃斯认为，心理学家应该接受任何关于人的有用知识，而不管它来自何处。因此，他的理论不是通过反对而是在吸收和采纳众家之长的基础上发展起来的。

二、联结主义

受达尔文动物与人的心理具有连续性的观点影响以及早期动物心理学家罗曼尼斯（Romanes）和摩尔根（Morgan）研究工作的启发，桑代克首次用实验方法进行了动物心理学的研究，并在此基础上提出了联结主义心理学（connectionistic psychology）体系。

桑代克曾用小鸡、老鼠、狗、猫、鱼、猴子和人等做过大量实验，但最为经典的是用猫做的迷箱（puzzle box）实验。实验是这样进行的：将一只饥饿的猫放进迷箱中，如果猫做出某些反应，如按动了某个装置的话，门就会打开，猫就能逃出来，并且还能得到放在笼外的鱼片之类的食物。桑代克发现，猫在笼中开始时做出许多无效的动作，如乱抓、乱咬，最后偶然触动了开门的装置而逃出来并得到食物。经过多次这样的尝试后，无效的动作逐渐减少，而导致笼门打开的动作则被保留下来。最后，猫一被放进迷箱中就立刻能用有效的方式打开笼门。由于猫是通过不断的尝试与多次的犯错误才发现并掌握了正确的开门方式，因此，桑代克把动物的学习过程称为尝试 - 错误（trial-and-error）。根据这类实验，桑代克得出，动物的学习不是通过思维和推论进行的，而仅仅是在刺激和反应之间建立了联结而已。与早期联想主义强调观念之间的联想不同，桑代克认为联结是发生在客观刺激和反应之间的。他进一步将动物的学习推广到人类的学习，认为从简单的 26 个字母到复杂的科学或哲学，都是通过联结形成的。人之所以善于学习，也是因为他已经建立了很多联结导致的。他不仅认为学习是建立联结，还认为人的心理就是一个已经建立起来的联结系统。联结是构成心理行为的基本单元。联结分两种：一种是先天的联结，即本能；另一种是习得的联结，即习惯。因此，他认为，只要把构成所有联结的刺激及刺激组合和反应的各种复杂表现进行归类、编目，就可以了解人的整个心理活动。这样的话，教育或学习的目的就是永久地保持某些联结而清除另一些联结，或者是改变或利导联结。

经过长期的研究，桑代克总结出动物或人类建立联结的三条学习规律和五条副律：①准备律（law of readiness）。在神经元中，当一个传导单位准备传导时，给予传导就引起满意；当一个传导单位准备好传导但没有传导或当一个传导单位不准备传导而强行传导就引起烦恼。②练习律（law of exercise）。练习律包括使用律和失用律两个方面：前者指对某一联结练习得越多，就变得越强；后者指某一联结练习得越少，就变得越弱。两者合在一起就是指学习需要不断的重复才能完成。后来，桑代克通过实验发现单纯的练习并不能加强一个联结，单纯时间上的流逝（即失用）也不能减弱一个联结，因此，他彻底放弃了练习律。

64

③效果律（law of effect）。是指一个联结如果跟随着一个满意的事态，那么这一联结就得到增强；相反，如果跟随着一个烦恼的事态，这一联结就会减弱。后来，桑代克发现满意的事态可以加强一个联结，但烦恼的事态并不会减弱一个联结，因此，他又放弃了效果律的后一半。用当代的研究成果来说，就是奖赏或强化对矫正行为是有效的，而惩罚或批评是无效的。

五条副律是：①多中择一反应，有机体能够对情境做出多种可能的反应，但最后仅保留一种最满意的反应；②心向或定势，是指学习都是以当时的心理准备为前提，其中有暂时的心向，也有稳定的定势；③选择反应，是指有选择地对情境中的某些因素做出反应，而忽视其他因素；④类比反应，是指对相似的情境发生同化或类化的反应；⑤联结的迁移，是指情境改变时，反应可以从原来的情境转移到新情境中并与之建立联结而不受影响。

在身心关系上，桑代克持的是身心平行论，即认为心理和生理是两个平行发生的过程。在他看来，与心理联结相平行的生理事件或生理状态，我们也可叫做连结、联结、链节、关系或倾向等。一个联结如果得到练习，其在生理上就成为阻力最小的神经结；在心理上就是与神经结相应的力量最强的联结。他说（1905）："如果我们有完善的关于人脑的全部历史知识，如果我们能够一秒钟、一秒钟地看到正在进行的人脑活动，那么就会在脑活动时发现伴随着人的思想生活和活动的平行变化。"

三、心理学的应用

强调心理学的应用是机能心理学的本来目的。但与芝加哥心理学派相比，哥伦比亚学派更重视应用心理学问题的研究。下面对卡特尔和桑代克在应用心理学方面的贡献进行简要的说明。

（一）卡特尔的贡献

在哥伦比亚学派的三位代表人物中，对应用心理学影响最大的要数卡特尔。卡特尔不重视理论体系的建立，而是着重于对个别差异和心理测验问题的研究，从应用心理学方面推动了机能主义心理学的发展。

卡特尔的学生对他所有的文献资料进行了整理，发现他一生中共进行了六个方面的专题研究：关于反应时间的研究、关于联想方面的研究、关于知觉和阅读过程的研究、关于心理物理学的研究、关于等级排列法的研究、关于个别差异的研究。所有这些研究实质上都可归结为对个别差异的研究。由于卡特尔在个别差异的研究中关注的是个体的能力，而不是普遍的人类心灵，因而很容易导向实际应用。

由于个别差异的研究要求对个体的心理特征进行量化处理，所以卡特尔也非常重视心理测验的应用。19世纪90年代，卡特尔专注于心理测验的研究。1890年，卡特尔在《心理测验与测量》一文中最早使用了"心理测验"（mental test）这个术语。卡特尔与高尔顿的观点基本相同，也认为智力能力的测量可以通过基本身体能力或感觉动作等的测量来获得。因此，他的测验涉及下面一些内容，如用握力计测握力、测手的运动速率，运用两点阈限测感觉范围，测引起痛感的压力，测重量的最小可觉差，测声音的反应时间，计量说出颜色的名称所需的时间，平分50cm长的线，判断10s的长短，一次呈现所能记住的字母数等。他一共编制了50多种心理测验程序，并且运用这些测验对大学生及其他社会群体进行了大规模的测验，有力地推动了心理测验运动的发展。另外，卡特尔对心理测验运动的影响还通过其学生桑代克体现出来。由于卡特尔和桑代克的这种开创性工作，哥伦比亚大学一直是美国心理测验运动的中心。

（二）桑代克的贡献

桑代克对应用心理学的贡献主要体现在教育心理学（educational psychology）和心理测

65

验两个方面。1903年，桑代克出版了《教育心理学》，1913年又将其扩展为《人的本性》《学习心理学》《个别差异及其原因》三大卷。这些工作标志着教育心理学体系开始确立，并成为一门独立的学科。桑代克的教育心理学是其联结主义心理学在教育领域中的应用。他认为，教育心理学旨在研究人的本性及其改变的规律。人性的变化是通过学习实现的，不同个体的学习又是有差异的。他的教育心理学体系包括三个部分：第一部分是关于人性的。桑代克是一个遗传决定论者。他认为人的本性就是由遗传基因决定的本能，具体表现为先天的反应趋势。人的一切行为和道德品格都是通过多中择一的机制从众多的反应趋势中选择出来的，但从根本上来说还是遗传的产物。第二部分是关于学习心理的。这部分是其教育心理学体系的主要内容。他认为学习就是形成和建立联结，并提出了尝试 - 错误的学习理论和学习的三个定律。第三部分是关于个别差异的。桑代克在卡特尔个别差异研究的基础上也专门讨论了这个问题。但他认为个别差异还是遗传的结果，而教育和环境不起多大作用。此外，桑代克和武德沃斯共同研究了学习迁移（learning transfer）的问题，提出了相同要素说（theory of identical element）的迁移理论，认为学习之所以能够迁移是由于先后两种活动存在着共同的要素。他还对成人的学习进行了实验研究，发现人从25岁到40岁的学习能力并不下降。以及对算术和代数等学科心理也进行了研究，发现在晚年学习应用对数、微积分等抽象的符号和系统的东西反而比较容易。

在研究方法上，桑代克从未放弃实验室实验，但后来受到卡特尔的影响，心理测验成了他主要的方法。他设计了很多心理测验，成为美国心理测验史上的一位领袖。他主要有三方面的测验：①成就测验（achievement test）。根据卡特尔的分等法，桑代克编制了书法量表（1910）、阅读能力测验（1914）。在他的领导下，其助手编制了算术测验（1908、1909）、作文量表（1912）、拼音量表（1915）、语文量表（1916）。②能力倾向测验（aptitude test）。他提出了职业训练的理论，编制了模拟、样本、类比和经验四种职业测验。编制了办事员的能力测验（1917）。受此影响，瑟斯顿（Thurstone）也编制了能力倾向和一般能力倾向测验（1919）。③人格测验（personality test）。他编制了兴趣测验（1912）。其学生T.凯利（T.Kelly）编制了英语、历史和数学等兴趣测验（1914），斯特朗（Strong）编制了职业兴趣调查表（1927）。

第四节　机能心理学的简要评价

一、机能心理学的贡献

第一，开创了美国的科学心理学。美国心理学起步较晚，直到19世纪80年代以前，苏格兰学派和骨相学还相当流行。如果从现代实验心理学的标准来看，美国当时的心理学还属于思辨哲学和宗教神学的一部分。1890年詹姆斯《心理学原理》的出版及1896年杜威《心理学中的反射弧概念》的发表标志着机能心理学的诞生，这是美国本土产生的第一个心理学派别。从此，美国心理学正式进入了科学心理学时期。由于美国机能心理学接受了进化论指导，使得美国心理学从一开始就采取了与德国心理学完全不同的理论取向，将心理学从研究封闭意识的传统引导到对意识的开放机能的研究上。机能心理学突出人与环境之间关系的研究，认为人的心理是有机体适应环境的工具和手段。这种研究取向的实质是要对人的心理持一种整体的、动态的和适应的观点。它奠定了美国心理学几十年来一贯的研究风格，即贴近现实，追求实用。正是这种风格使得美国心理学得到了蓬勃的发展，为世界心理学做出了极大的贡献。

第二，促进了心理学分支学科的发展。构造心理学是脱离生活实际的狭隘的心理学，是不结果实的缺乏生命力的心理学。而机能心理学在实用主义和进化论的武装下，从一开始就显示出了无限的生机。它将心理放在有机体与环境的关系中来加以理解,认为心理和意识是有机体适应环境的一种基本机能和有用的工具,从而将心理与人类的生活实际联系起来。在这一原则的指引下,任何与适应环境有关的问题及如何有利于从适应的角度理解人的心理的主题都可包括在心理学的研究范围内。因此,不管是动物还是人、常态的还是变态的、儿童还是成人都可进入心理学的范围中。这样,动物心理学、儿童心理学、差异心理学、变态心理学等新的心理学分支就出现了。

第三,推动了心理学的广泛应用。正如我们在前文所述的那样,机能心理学从其本性上来说就是一门强调应用的心理学。机能主义必然指向应用,应用是适应观点的必然产物。其目的就是强调心理学的实际效果、实际用途。这样,心理学就不再限于大学实验室,而与社会生活的各个方面都有了密切的关系。因此,机能心理学家认为心理学要扩大自己的研究范围,主张开展教学心理、工业心理、医学心理、心理测验等应用心理学的研究,最终促使教育心理学、工业心理学、医学心理学、心理卫生和心理测验等应用心理学成为独立的应用学科。这一切使得机能心理学真正成为了一门应用心理学。

二、机能心理学的局限

第一,意识观的矛盾倾向。美国机能心理学在意识观上是自相矛盾的。一方面,它沿袭了德国的意识心理学传统。德国的意识心理学在研究形式上是科学的,但主题却是哲学的,并接受了传统哲学的意识观,那就是从笛卡尔以来将人的精神生活视为某种独立于身体而自足的心灵实体的活动表现。机能心理学不仅接受了德国心理学的科学形式,同时也接受了其意识观,这是一种主观唯心主义的意识观。另一方面,机能心理学也接受了进化论。而进化论又使机能心理学将人的心理或意识看作是有机体生理活动的表现形式,是机体适应环境的工具,这就在意识与外部环境之间建立起了一种非常直接的关系。这实质上是一种生物学化的意识观。上述两种意识观显然是自相矛盾的。当然,这两种矛盾的意识观之所以能够存于一体,根本原因在于美国实用主义哲学的折中主义态度和唯心主义的真理观。而这个根本原因是美国人无法自觉解决的,所以其心理学中矛盾的意识观似乎是必然的了。这个矛盾的意识观在詹姆斯、杜威以及安吉尔等人的思想中都有所体现。

第二,生物主义的倾向。机能心理学明确认为心理学属于生物科学的范围,把人的心理生物学化了,表现出了强烈的生物主义(biologism)倾向。这种倾向具体表现在两个方面:一是认为人的意识或心理是生物有机体的一种自然属性,而忽视了其社会属性。没有看到人的心理是存在于社会中的心理,忽视了社会背景对人的心理的制约作用,而仅仅将人的心理放在生物或物理意义上的环境中来研究。这样研究的结果必然不会完全与人的实际吻合。同时,认为人的心理是本能的反应,是遗传的结果。二是将人与动物等量齐观,将人降低到动物的水平。只是看到了人与动物的连续性,而没有看到人之所以为人的本质特征。其结果就是发展了动物心理学,将从动物身上得出的结果不加考虑地推广到人身上,用动物心理来解释人的心理。这两种表现的共同点就是机能心理学忽视了人的心理是一个独特而不可还原的领域,而这个领域正是心理学的研究对象。这个领域既具有自然属性,也具有社会属性,机能心理学只看到了前者,而忽视了后者。机能心理学的这种生物主义倾向是其误解和滥用进化论的一个结果。

第三,外在目的论和神秘主义倾向。机能心理学家由于无法说明脱离身体的非物质的心灵或意识是如何指导物质的身体适应环境的,所以只能认为是心灵或意识为有机体完成了这种机能,并且心灵或意识也仅仅是在实现一个主观先验的目的。"心理生活原来是合乎目的论的""有机体在它的构造本身方面是合乎目的论的",机能心理学家的这些话语充分地

笔记

反映他们陷进了目的论的困境中。外在目的论必然要导致神秘主义。詹姆斯对宗教心理学的研究就暴露出了神秘主义的倾向。他根据实用主义的真理标准，认为不管什么样的宗教信仰，只要在实践中产生某种效验或使人在精神上得到安慰，那它就是真实的。因此，在这种思想的指引下，詹姆斯还对超自然的心灵现象，如传心术、超感视觉、与死者通话等进行了研究，并分别于1882年和1884年在英国和美国成立了心灵研究会这样的研究组织。

三、机能心理学的影响

机能心理学对行为主义的形成和建立产生了直接的影响。这两个学派具有直接的师承关系和思想渊源。行为主义创始人华生作是安吉尔的博士生，因此在读博士期间完全接受的是机能心理学的训练。机能心理学家认为人的意识、心理是适应环境的工具，这抹杀了人的意识性行为和动物的本能行为之间的本质差异，而把人的行为等同于动物的行为，成为华生提出行为主义的理论前提。机能心理学思想中蕴含的客观性使其在研究对象和研究方法上并不局限于意识和内省上，而是将行为和很多客观的方法也吸收进来。机能心理学家已经到了再前进一步就将放弃意识而改以行为为心理学对象的地步。某些机能心理学家在他们的文章和讲演里，都很明确地为一种客观心理学辩护。卡特尔（1904）说："我不相信心理学应该只限于研究意识……认为离开了内省就不存在心理学的那种相当普遍的看法，已为现有成就的雄辩事实所驳倒。在我看来，我或我的实验室里所作的大多数研究工作几乎都与内省无关，正如物理学或动物学里的研究工作与内省无关一样。"卡特尔的观点与后来华生的观点非常相似，以致伯纳姆（Burnham，1968）将卡特尔称为"华生的行为主义之祖"。安吉尔（1910）也预见说，意识这个术语像灵魂这个术语一样也将从心理学中消失。安吉尔更明确地说，如果取消意识，而代之以客观地描述动物和人的行为，对心理学将是十分有益的。不久之后，华生按照这个逻辑向前迈出了决定性的一步，发表了行为主义独立的宣言，最终导致了行为主义的诞生。可见，行为主义是机能心理学发展的必然结果。波林曾形象地反映了这两者之间的关系，称行为主义是机能心理学的儿子。可以说，行为主义本质上是一种机能心理学。华生自己也承认说："行为主义是唯一始终一贯而合乎逻辑的机能主义。"

另外，美国20世纪50、60年代出现的认知心理学和人本主义心理学都从机能心理学的先驱者詹姆斯的心理学思想中找到了可以借鉴的东西，如认知心理学从詹姆斯对意识流、记忆、注意、推理和表象的论述中找到了依托，人本主义心理学从詹姆斯对自我意识、本能、自由意志以及个体意义等见解中吸取了养分。杜威在论文《心理学中的反射弧概念》（1896）中反对对反射做元素分析，而是强调了运动的整体性，这预示了后来格式塔学派对行为活动做整体解释的观点。

思考题

1. 机能心理学是怎样产生的？
2. 试述詹姆斯意识流学说。
3. 叙述霍尔的复演说。
4. 简要叙述机能心理学的特点。
5. 试述芝加哥机能心理学的科学观。
6. 论述芝加哥机能心理学的对象论、方法学和心身关系。
7. 哥伦比亚学派的共同点是什么？
8. 试述动力心理学的基本观点。
9. 试述联结心理学的基本观点。
10. 论述机能心理学的贡献和缺陷。

参考文献

[1] 高申春.心灵的适应——机能学心理学.济南：山东教育出版社，2009.

[2] 张述祖.西方心理学家文选.北京：人民教育出版社，1983.

[3] 波林.实验心理学史.高觉敷，译.北京：商务印书馆，1981.

[4] 舒尔茨.现代心理学史.杨立能，译.北京：人民教育出版社，1981.

[5] 赫根汉.心理学史导论.郭本禹，译.上海：华东师范大学出版社，2004.

[6] 赫根汉.学习理论导论.郭本禹，译.上海：上海教育出版社，2010.

[7] 霍瑟萨尔，郭本禹.心理学史.郭本禹，译.北京：人民邮电出版社，2011.

[8] 韦恩.瓦伊尼，布雷特.金.心理学史：观念与背景.郭本禹，译.北京：世界图书出版公司北京分公司，2009.

[9] 古德温.现代心理学史.郭本禹，译.北京：中国人民大学出版社，2008.

[10] 史密斯.当代心理学体系.郭本禹，译.西安：陕西师范大学出版社，2005.

[11] 布伦南.心理学的历史与体系.郭本禹，译.上海：上海教育出版社，2011.

[12] Murray D.J.History of western psychology.2nd ed.Englewood cliffs，NJ：Prentice-Hall，1988.

[13] Schultz D.P.，Schultz E.S.History of modern psychology.5th ed.New York：Harcourt Brace，1992.

笔记

第四章　古典行为主义

　　行为主义（behaviorism）是现代心理学的重要学派之一，它被称为西方心理学的第一大势力。由美国华生于 1913 年开创的行为主义，很快席卷美国，而且几乎遍及全世界，在心理学史上被称为"行为主义革命"。从 1913 年到 1930 年，以华生等人为代表的行为主义是行为主义的第一代，即古典行为主义（classical behaviorism）。

第一节　古典行为主义概述

一、古典行为主义的历史背景

（一）社会背景

　　行为主义产生于 20 世纪初的美国绝非偶然，它是当时美国社会生产、民众生活乃至政治生活等发展需要的产物。首先，行为主义产生的时代正值资本主义进入垄断阶段。资本主义的本质就是追求剩余价值，因而，资本家对那些能够充分挖掘工人的潜能、提高劳动生产率的有效方法趋之若鹜。行为主义的研究恰好迎合了美国资本主义社会的这一需求。华生曾指出，近些年来心理学中出现了一种趋势，心理学家开始回过来研究人的行为活动；这是因为在工业技术和机械方面已达到了最高效率，若要再提高产量，必须更透彻地了解工人；心理学家要帮助和鼓励工业去解决这个问题，并研究工人总体活动的效果。可见，探索和掌握人类行为、身体动作的规律，预测和控制人的行为，加强组织生产和管理，是美国资本主义机器大工业生产、稳定社会秩序的迫切需要。

　　其次，行为主义是美国民众在理想世界中所追求的。美国是在新大陆上新建立起来的国家，没有封建等级制度，没有传统的束缚。只要肯于付出，每个人都有可能在这块荒凉的土地上发迹。来自欧洲的开拓者们看到了建设美好生活的希望，他们总是在寻找理想的世界。华生提出了一个在实验室中发现并能够应用于人类实际生活的科学原则，并在此基础上探索了理想世界的可能性，当然深受美国人民的欢迎。美国是一个乐观的民族，美国人相信，人的性格特点和成就是由环境而不是遗传基因决定的。因而，美国人也倾向于成为环境决定论者。

　　第三，行为主义是进步主义的产物。进步主义（progressivism）是开始于 19 世纪 90 年代的一场广泛的政治革新运动。该运动试图撤换政治机构中的老成员，使用能够科学管理社会的贤人进行治理。它是普遍温和的乌托邦，而它的目的则是控制社会。对许多革新者来说，行为主义似乎向他们提供了能够合理地、有效地管理社会的科学工具。通过行为技术进行社会控制是一种最富有生命力的革新思想。

　　第四，美国的反理智运动为行为主义的产生提供了适宜的土壤。美国是一个注重实际的国家，极端推崇有用的知识。他们坚定地认为知识应当为人的需要服务，应当是实用的，而不是形而上学的。他们推崇技术,赞美机器,脱离理论,赞成联系实际。在这种反理智主义思想主导下,行为主义应运而生似乎是必然的。同时,行为主义也助长了反理智运动。

（二）哲学背景

1. **机械唯物主义**　虽然行为主义是美国最主要的心理学流派,但它的源头却在欧洲大陆而不在美国,这是因为行为主义深受机械唯物主义（mechanical materialism）哲学思想的影响。18 世纪,随着资本主义的飞速发展和自然科学研究的进步,力学脱颖而出,成为当时自然科学中占统治地位的学科,因而受自然科学影响的哲学思潮就是机械唯物主义。例如,笛卡儿根据力学原理和解剖实验,认为人的身体是一架机器,但人的心灵却是完全不同的精神实体;拉美特利继承了笛卡儿的机械论,他称赞笛卡儿"第一个完满地证明了动物是纯粹的机器",拉美特利把机械论的原则贯彻到底,得出了"人是机器"的结论。显然,这些观点对华生的机械论产生了影响。彻底的决定论者霍尔巴赫（Paul Holbach,1723—1789 年）认为,人的善恶是外部环境造成的,人的本性无善恶,只是教育、榜样、言语、交际、灌输的观念和政府等外部环境造就了人的品格,这与华生的环境决定论如出一辙。

2. **实证主义**　实证主义（positivism）是影响古典行为主义的另一重要哲学思潮。正如黎黑所言:"整个行为主义的精神是实证主义的,甚至可以说行为主义乃是实证主义的心理学。"实证主义是西方哲学史上第一个明确提出要以实证自然科学的精神来改造和超越传统形而上学的流派,19 世纪 30 年代最早出现于法国,40 年代出现于英国。主要代表有法国哲学家孔德,英国哲学家穆勒和斯宾塞。孔德是实证主义的创始人,他认为"实证"一词包含四层意思:一是与虚幻相对的事实,二是与无用相对的有用,三是与犹疑相对的肯定,四是与模糊相对的精确。实证主义强调要按照实证词义的要求对自然界和人类社会作审慎缜密的考察,以实证的、真实的事实为依据,找出其发展规律。实证主义者认为,一切科学知识都只能建立在可观察到的事实的基础之上,实证方法是最科学的认识方法;存在于经验范围之外的一切都是不能证实的,不是实在的东西。华生认为意识是无法证实的,从而把它排除在心理学研究范围之外;他废除了内省法,只采用观察法、实验法等客观实证的方法,这都是受到了实证主义的影响。难怪墨菲这样说:"孔德还以现代行为主义精神极力贬斥内省方法;假如他曾提供一个研究方案,他本来可以被公正地称之为第一个行为主义者的。"

3. **新实在论**　新实在论（neo-realism）与实证主义、马赫主义等哲学流派一脉相承,都拒绝形而上学问题,企图超越主客、心物等的对立,强调"科学方法"和"认识关系"的研究,其代表人物有培里、霍尔特、蒙塔古等人。新实在论者认为,物质和精神都不是最根本的存在,它们都是由某种更根本的非心非物、亦心亦物的"中性实体"以不同的关系所构成的。中性实体按照某种方式排列组合,就成为物理学研究的材料;按另一种方式排列组合,就成为心理学所研究的材料。所以,心物之间的区别只是关系上的区别,并非质料或实在的差别。在认识论上,新实在论者提出了"直接呈现论",认为人们关于对象的认识,并不是关于对象的观念,而是对象本身;或者说,当人们认识某一对象时,并不是在人们的意识中形成了关于这一对象的观念,而是对象直接进入了人们的意识之中。这些观点为古典行为主义混淆意识与行为的界限,把内在的心理活动看作行为,提供了哲学理论基础。在方法论上,新实在论者自称要根据科学精神、采取科学方法来讨论哲学问题,提出了逻辑分析方法。他们认为,哲学的任务就是通过进行逻辑的概念分析,帮助人们把含糊而复杂的问题弄得更加明确,更加清楚,消除人们理智上的困惑。这种方法论已为古典行为主义的许多心理学家所接受,特别是在既是新实在论者又是古典行为主义者的霍尔特的理论中体现得最明显。

4. **实用主义**　实用主义（pragmatism）是第一个产生于美国本土的哲学,也是现代美国各派哲学中对该国社会生活和思想文化影响最大的哲学流派。因而，实用主义对古典行为主义的影响也更为直接和深刻。实用主义产生于19世纪末，最主要的代表人物是皮尔士、詹姆斯和杜威。它区别于其他西方哲学流派的最主要特点在于，它更强调哲学应立足于现实生活，主张把确定信念作为出发点，把采取行动当作主要手段，把获得效果当作最高目的。实用主义哲学家把哲学和科学研究的对象限定于人的现实生活和经验所及的范围，他们认为实践和行动概念在哲学中应具有主导地位，甚至宣称自己的哲学是一种实践哲学、行动哲学、生活哲学。实用主义的英文是pragmatism，源自希腊文pragma，原意就是行为、行动。古典行为主义以可观察的行为为研究对象，以方法为中心，以预测和控制人类行为作为心理学的根本目的，这都带有明显的实用主义色彩。难怪英国哲学家罗素把杜威也列入行为主义学派。他曾说："有一个心理学派叫作'行为论者'，其中的主角是约翰霍布金斯大学的前教授瓦特孙（即华生的旧译，引者注）。大体上讲，杜威教授也属于他们一起，他是实验主义三个创造者之一，其他二人为詹姆斯和席勒尔（Schiller）博士。"罗素这里讲的"实验主义"就是指的实用主义。

（三）科学背景

波林认为，"科学心理学"是哲学家的心理学和科学家的心理学自然融合的结果。同样，古典行为主义有其哲学根源，也有其自然科学之源。

1. **物理学**　西方近代科学以哥白尼、开普勒、伽利略、牛顿的物理学革命为标志。牛顿创立的物理学研究方法很好地实现了分析与综合、归纳与演绎的统一，成为其他学科纷纷效仿的楷模。华生的行为主义心理学就是试图运用刺激与反应之间遵循机械因果论的原理，达到预测并控制行为的目的。

2. **生物进化论**　达尔文的生物进化论也促进了古典行为主义的产生。达尔文认为，自然选择使一切身体上的和精神上的禀赋不断趋于完善；人类与高等动物心理能力的差异只是程度上的，而非种类上的。这些观点为古典行为主义的发展提供了基础。此外，达尔文所采用的观察法、表情判定法、调查法、传记法等研究方法，为动物心理学和行为主义研究者广泛采用。

3. **俄国的客观心理学**　对古典行为主义影响更为直接的要数俄国的客观心理学（objective psychology）。伊凡·M·谢切诺夫（Ivan M.Sechenov，1829—1905年）是俄国客观心理学的创立者。他曾在柏林跟随J·缪勒、杜波依斯-雷蒙德、赫尔姆霍茨学习生理学，被誉为俄国"生理学之父"。谢切诺夫强烈否定思维引起行为，而坚持认为是外部刺激引起所有的行为；他并不否定意识或意识的重要性，并试图用外部事件引起的生理过程来解释它。在1863年问世的《脑的反射》一书中，他提出的最重要的概念是抑制。正是由于谢切诺夫发现了大脑中的抑制机制，才使得他坚信可以根据生理学来研究心理学。在《脑的反射》一书中，谢切诺夫试图根据反射的兴奋和抑制来解释所有的行为。他还坚定地认为，运用传统的内省分析法来理解心理现象是徒劳的；研究心理学的唯一有效的方法就是生理学的客观方法。谢切诺夫的观点和方法影响了在他之后的生理学家。

伊凡·彼得罗维茨·巴甫洛夫（Ivan Petrovitch Pavlov，1849—1936年）继承并发展了谢切诺夫的大脑反射学说和客观研究方法。巴甫洛夫在对心理学产生兴趣之前，花了多年时间从事消化系统的研究，并因此而获得了1904年的诺贝尔生理学奖。在这期间，他发现了著名的条件反射，并认为可以根据神经回路和大脑生理学来解释条件反射，从此也开始了对"高级神经活动"的研究。巴甫洛夫认为，神经活动由兴奋和抑制构成；这两种基本过程以不同的方式分布在不同的气质类型中；气质差异与学习过程是相互作用的。在巴甫洛夫看来，由条件作用形成的暂时性联系正是心理学家所说的联想，因而研究条件反射可以让他进入心理学领域。除了研究经典条件作用中无条件刺激和条件刺激之间的暂时性联系之外,巴甫洛夫还对消退、自主恢复、去抑制、刺激泛化和分化等领域进行了开创性研究,提出了第一信号系统和第二信号系统。他的条件反射学说激发了 20 世纪对学习问题的研究,当然也为古典行为主义对学习问题的研究奠定了科学基础。与谢切诺夫一样,巴甫洛夫对心理学的评价很低。他反对心理学,不是因为它研究意识,而是因为它使用内省法,这也直接影响了华生。

弗拉基米尔·M·别赫切列夫(Vladimir M.Bekhterev, 1857—1927 年)是与巴甫洛夫同时代的心理学家,他们几乎同时开始研究条件反射。别赫切列夫曾分别跟随冯特、杜波依斯 - 雷蒙德、沙可(法国著名的精神病医生)工作过。1885 年别赫切列夫在喀山大学建立了俄国第一个心理学实验室;1907 年创建了精神神经病学学院,即后来的别赫切列夫大脑研究学院,该机构致力于教育学、法学、犯罪学、医学和实验心理学的研究。别赫切列夫早在 1885 年就提出客观心理学,1907—1912 年出版了三卷本《客观心理学》,1917 年出版了《人类反射学的基本原理:人格的客观研究导言》。根据反射学的观点,别赫切列夫认为,应对人类行为进行严格的客观研究,以理解环境和外显行为之间的关系。在他看来,如果所谓的精神活动存在,那么必定会在外显行为中表现出来,因此,只研究行为就可以避开"精神领域"。别赫切列夫还将其反射学扩展至对集体或群体行为的研究。他关于厌恶性无条件刺激(休克)的开创性研究工作,促进了后来关于逃避和回避学习实验范式的确立。1928 年,别赫切列夫注意到美国出现了向客观心理学发展的趋势,并宣称他是这一趋势的发起者。的确,与巴甫洛夫对内分泌的研究相比,别赫切列夫的研究主要集中于机体的外显行为,与古典行为主义的关系更密切。

(四)心理学背景

1. 意识心理学的危机　科学心理学建立之初,一直以意识为研究对象,因而称为意识心理学(consciousness psychology)。但是关于什么是意识、如何研究意识等问题,心理学家之间存在分歧,形成了学派纷争的局面。首先是内容心理学与意动心理学的对立,接着是构造主义与机能主义之争。这些学派论争使人们对意识能否成为心理学的研究对象、心理学能否成为一门科学产生了怀疑,造成了意识心理学的危机。20 世纪初期,美国心理学界几乎都对意识心理学不满。诚如伍德沃斯(R.Woodworth)所说:"从 1904 年开始,越来越多的人以温和的方式表达了将心理学界定为行为科学的偏爱,而并不试图去描述意识。"第一个将心理学界定为行为科学的是麦独孤,1905 年他就提出心理学是研究行为的实证科学,1912 年他出版了《心理学:行为的研究》一书。甚至连铁钦纳早年的学生皮尔斯伯里(W.Pillsbury)也在 1911 年出版的书中将心理学界定为人类行为的科学。可见,心理学的研究对象必然要从意识转向行为,这也是美国社会对心理学的需要。古典行为主义就是顺应了这一时代潮流而产生的。

2. 动物心理学的发展　除了心理学中研究行为的趋向,动物研究的成功也促进了行为主义的产生。华生曾宣称,行为主义是 20 世纪前 10 年动物行为研究的直接结果。动物心理学是在达尔文进化论思想的影响下不断发展起来的。摩尔根提出了"吝啬律",主张用低级的心理过程来解释高级的心理过程。德国动物学家和生理学家洛布(J.Loeb)提出了向性(tropism)学说,用无机物运动的物理化学规律来解释植物的运动乃至动物的行为。美国心理学家桑代克也系统地研究了动物行为,提出了客观的、机械的学习理论。可以说,动物研究者和内省主义者之间的张力产生了一种氛围,古典行为主义沿袭和发展了动物心理学的研究取向,并呈现出革命特征。

3. 机能主义心理学的进一步发展　尽管机能主义(functionalism)并不是完全客观的心理学派,但在古典行为主义产生之前,机能主义的确比它之前的心理学更能代表心理学的客观化趋向。华生是机能主义集大成者安吉尔的学生。安吉尔在 1904 年出版的《心理学》

中系统阐述了机能主义心理学的基本立场。他认为心理学属于生物类的自然科学,主张用动物学的客观观察法来补充内省所得不到的资料;他在1910年指出,意识这一术语似乎有可能从心理学中消失,就像灵魂这一术语已经从心理学中消失了一样。1913年,就在华生发表行为主义宣言之前,安吉尔建议,如果人们忘记意识,转而客观地描述动物和人的行为,对心理学是有益的。这些观点为古典行为主义提供了重要的心理学基础。所以华生后来宣称,行为主义是唯一始终一贯而合乎逻辑的机能主义。

二、古典行为主义的代表人物

(一)华生

约翰·布罗德斯·华生(John Broadus Watson,1878—1958年)是行为主义心理学的创始人,于1878年1月9日出生在美国南卡罗来纳州格林维尔的一个农庄。1894年,他听从母亲的教诲,到浸礼会创办的伏尔曼大学学习宗教。但入学后不久,在哲学教授兼牧师穆尔的影响下,他对哲学和心理学产生了浓厚的兴趣,从此踏上了心理学研究的道路。1899年,华生从伏尔曼大学获得文科硕士学位,此后在格林维尔的一所只有一栋校舍的小学教书。1900年,他前往芝加哥大学求学。在安吉尔和唐纳森的指导下,华生开始研究白鼠的学习过程。1903年,他完成了博士论文《动物的教育:白鼠的心理发展》,成为芝加哥大学最年轻的博士学位获得者,之后留校任教,讲授动物和人类心理学。1906年,应卡内基学会海洋生物站的邀请,华生到佛罗里达州基维斯特的卡内基中心研究燕鸥的行为。这使他成为美国早期的习性学家之一,也为其后来的行为主义研究奠定了基础。1908年,华生受聘于约翰·霍普金斯大学,担任心理学教授和心理学实验室主任。同年12月,华生成为心理学系主任,任《心理学评论》的主编。1913年,华生发表了《行为主义者心目中的心理学》一文,此文成为行为主义心理学诞生的标志。1914年,他出版了第一部著作《行为:比较心理学导论》,系统阐述了行为主义心理学体系。华生的著述在美国心理学界产生了广泛影响。1915年,他当选为美国心理学会主席。第一次世界大战期间,华生参加了后勤服务工作,制订了许多知觉和运动测验、美国空军军官选拔测验,为心理学走向应用做出了重要贡献。1918年,他对幼童进行了研究,这是对人类婴儿进行实验的最早尝试之一。1919年,华生出版《从一个行为主义者的观点看心理学》,对行为主义观点做出了最全面、系统的阐述。1920年,罗莎莉·雷纳协助华生进行了著名的阿尔伯特实验。同年,正是因为与雷纳的婚外恋引发的离婚风波结束了华生在霍普金斯的辉煌岁月,终止了他如日中天的学术生涯。

1921年,华生进入智威汤逊广告公司;1924年,华生凭着出色的业绩荣任汤姆逊公司副总裁。1935年,他成为威廉·艾斯蒂广告公司的一名经营主管,一直到67岁退休。华生的介入改变了美国广告活动的中心,为其发展提供了适当的刺激,在美国乃至世界广告史上功不可没。在从事广告业期间,华生仍不忘以各种方式宣传普及他的行为主义。1925年,他出版了《行为主义》一书,提出了积极的社会改良计划。1957年,为表彰华生在心理学界的卓越成就,美国心理学会决定授予他金质奖章,并把他的工作誉为"构成现代心理学形式和实质的重要决定因素之一。"他发动了心理学思想上的一场革命,他的作品是富有成果的研究工作延续不断的航程的起点。但不知为什么,华生本人并没有出席颁奖仪式。1958年9月25日,华生在纽约去世(图4-1)。

图4-1 约翰·布罗德斯·华生

（二）其他古典行为主义者

1. **魏斯**　艾伯特·保罗·魏斯（Albert Paul Weiss，1879—1931 年）出生于德国，童年时随家人移居美国。1909 年，他成为密苏里大学心理学家梅耶（M.Meyer）教授的助手，同年获该校学士学位。1912 年魏斯获得了俄亥俄大学的教师职位，但同时继续在密苏里大学梅耶教授的指导下准备学位论文，1916 年获哲学博士学位。他后来一直在俄亥俄大学执教，并从事儿童发展的研究。魏斯是一位精力充沛的论辩家，强调心理学必须像自然科学那样，排除意识和内省法，只研究物理学所研究的那些物质要素。魏斯曾发表过一系列论文，主要有《构造主义和行为心理学的关系》《机能主义和行为心理学的关系》《意识行为》《行为主义心理学的一套假设》等，其代表作是 1925 年出版的论文集《人类行为的理论基础》，该书于 1929 年再版。1930 年，魏斯出版了《汽车驾驶的心理学原理》，该书是研究人 - 机系统的早期经典著作之一。在去世前几年，魏斯曾制订过儿童发展和学习研究计划，但因他的过早辞世，研究方案没能得以实现。总的来说，魏斯受新实在论的影响很大，是一个哲学心理学家，其行为主义体系是物理一元论（图 4-2）。

图 4-2　艾伯特·保罗·魏斯

2. **霍尔特**　埃德温·比斯尔·霍尔特（Edwin Bissell Holt，1873—1946 年）出生于美国的马萨诸塞州。他深受詹姆斯的影响，对哲学有着浓厚的兴趣。1901 年，他获得哈佛大学哲学博士学位；1910 年，他与其他五人发起了新实在论运动；1910—1911 年，霍尔特接任哈佛大学心理学实验室主任；1915—1918 年担任该校助理教授，而后退职著书；1926—1936 年任教于普林斯顿大学，又退职著书。了解霍尔特的人不多，但深知他的人都为他所感动，欣赏他的博学。他一半是哲学家，是实在论者，另一半是优秀的实验家。1914 年，他出版了《意识的概念》一书，1915 年出版了《弗洛伊德的愿望及其在伦理学中的地位》，后者为他赢得了在动力心理学中的地位。1931 年他出版了《动物的驱力与学习过程》。这些著作反映了他对行为主义的主要贡献，即将目的或动机的观点融入行为，使之成为更完整的体系。霍尔特的斗争性不强，不能正式地被看作行为主义者，但他深信心理学应该研究行为，研究"特殊的反应关系"，只有这样，才能找到解释心灵的钥匙。霍尔特在心理学上的主要贡献在于他为行为主义提供了强有力的哲学支持，并对其学生托尔曼产生了深刻影响（图 4-3）。

图 4-3　埃德温·比斯尔·霍尔特

3. **亨特**　沃尔特·塞缪尔·亨特（Walter Samuel Hunter，1889—1954 年）出生于伊利诺伊州的迪凯特。在父亲的鼓励下，他在中学时就博览群书，包括达尔文的《物种起源》和《人类起源》。1910 年，亨特从德克萨斯大学毕业，并获得了芝加哥大学的奖学金。早期阅读的达尔文著作无疑使他与机能主义心理学情趣相投。1912 年，他在卡尔和安吉尔的指导下完成了博士论文《动物和儿童的延迟反应》，获得了哲学博士学位，并回到德克萨斯大学任教。1916 年，亨特来到堪萨斯大学担任心理学系主任。第一次世界大战期间，亨特曾在三个军营任主要的心理学检查员。1925 年他接受了克拉克大学第一位遗传心理学的 G·斯坦利·霍尔教授职位。他曾担任《心理学索引》（*Psychological Index*）的主编，创建并编辑《心理学摘要》（*Psychological Abstracts*）；1930—1931 年担任美国心理学会主席；1933 年入选美国艺术与科学院；1935 年入选国家科学院。1936 年，亨特成为布朗大学心理学系教授和

笔记

系主任；1936—1938年，被任命为国家研究委员会的人类学和心理学分会主席。1943—1945年，亨特担任国防研究委员会应用心理学小组主席，并于1948年获得总统功绩勋章（图4-4）。亨特的主要论著有：《动物和儿童的延迟反应》（1913）、《白鼠的时间迷津和运动感觉过程》（1918）、《意识的问题》（1924）、《符号过程》（1924）、《人类行为》（1928）等。

图4-4　沃尔特·塞缪尔·亨特

4.**拉施里**　卡尔·斯潘塞·拉施里（Karl Spencer Lashley，1890—1958年）出生于西弗吉尼亚州的戴维斯。他家里有一个藏书2000册的图书馆。拉施里酷爱读书，喜欢饲养小动物，愿意摆弄机械零件。1905年，拉施里成功考入西弗吉尼亚大学主修拉丁语，后来在神经学教授约翰斯顿（J.B.Johnston）的影响下选修了动物学；1910年毕业后成为匹兹堡大学细菌学的教学研究人员，并于1911年在此获得了理学硕士学位。在这期间，拉施里结交了美国心理学家达伦巴赫（K.M.Dallenbach），并对实验心理学产生了浓厚兴趣。1912年，他到约翰·霍普金斯大学攻读博士学位，主要与詹宁斯（H.S.Jennings）一起研究草履虫的遗传，同时也选修了心理学课程作为副修科目。拉施里的卓越才华和非凡气质吸引了行为主义者华生和美国精神病学家迈耶（A.Meyer）的关注。1914年，拉施里获得了动物学哲学博士学位。1915年，拉施里最终决定以心理学为其终生追求的事业。1915—1916年，他成为霍普金斯大学的约翰斯顿学者。在此期间，拉施里结识了在华盛顿圣伊丽莎白医院工作的弗朗兹（S.I.Franz），并着手关于大脑问题的研究。1917年，拉施里到了明尼苏达大学做讲师，一年后又回到华盛顿，与华生一起调查公众对性的看法。此后，拉施里又在美国咨询中心性问题研究委员会工作了几年。1920年，拉施里回到明尼苏达大学担任心理学助教，1924年成为教授。1929年他又就任芝加哥大学的心理学教授，出版了《大脑机制与智慧》一书，同年当选为美国心理学会主席。1935年被聘为哈佛大学心理学教授，1937年成为神经心理学研究教授。1942年，拉施里接受了著名的耶基斯灵长目生物学实验室主任一职，一直到1955年退休。1958年，这位生理心理学家在法国突然离世（图4-5）。

图4-5　卡尔·斯潘塞·拉施里

第二节　华生古典行为主义的主要理论

一、心理学的科学观

华生在被后人誉为行为主义宣言的《行为主义者心目中的心理学》一文中，开宗明义地写道："在行为主义者看来，心理学是自然科学的纯客观的实验分支。其理论目标在于预测和控制行为。内省并不是心理学的主要方法，其资料的科学价值也并不依赖这些资料是否容易运用意识的术语来解释。"华生指出，正是由于传统心理学以意识为研究对象、采用内省的方法，才使得心理学无法成为一门自然科学。他甚至批评说，心理学家们多年来一直在维护着由冯特所创建的伪科学（pseudo-science）。在他看来，冯特及其学生所完成的一切工作，不过是用"意识"一词取代了"灵魂"。他主张抛弃一切主观的术语，诸如感觉、知觉、意象、愿望、意念，甚至被主观界定的思维和情绪。华生曾宣称，要么放弃心理学，要么使它成为一门自然科学。在他看来，作为自然科学的行为主义心理学与生理学有着密切的联系。他主张把行为分析为刺激和反应，将反应又分为肌肉收缩和腺体分泌。这样，行为主义就成了研究肌肉收缩和腺体分泌的自然科学，同生理学几乎没有什么差别。但华生又特别强调行为主义心理学与生理学之间的不同在于，生理学主要研究动物器官的功能，而行为主义却更关注机体的行为，甚至希望能够控制人类的行为。正是在这种自然科学观的指导下，华生彻底颠覆了传统心理学的概念，在心理学的研究对象、研究方法等问题上开始了大刀阔斧的改革。

二、心理学的对象论

华生曾明确指出："若不放弃心理，便无法使心理学成为一门自然科学。""心理学必须放弃所有对意识的阐述，这个时机好像已经成熟；它不必再欺骗自己而把心理状态作为观察的对象了。"他认为，心理学的研究对象是可观察的行为。在他看来，行为的本质是人和动物对外界环境的适应，刺激和反应是所有行为的共同要素。刺激（stimulation）是引起有机体反应的外界环境或身体内部的变化；反应（response）是由特定刺激作用于机体而引起的内隐或外显的机体变化。

为了更好地描述机体的行为反应，华生对反应进行了分类。首先，可以按常识将反应分为外显反应（overt response）和内隐反应（implicit response）。外显反应即通常所说的可见行为；内隐反应即用肉眼观察不到，借助于仪器才可以观察到的身体内部变化，如内脏的运动、腺体的分泌等。其次，可以根据反应的来源将反应分为习得反应（learned response）和非习得反应（unlearned response）。习得反应是指由后天的条件作用而形成的各种行为模式，包括一切复杂的行为习惯；非习得反应是个体在条件作用和习惯形成之前于婴儿早期所作的一切反应，类似于本能或巴甫洛夫所说的无条件反射。在时间上，个体先有非习得反应，再有习得反应。在上述两种分类的基础上，华生又将反应分为四种类型：外显的习得反应，如说话、打字；内隐的习得反应，如看见牙医的钻头而心跳加速；外显的非习得反应，如眨眼、打喷嚏；内隐的非习得反应，如内分泌和血液循环系统的变化。在华生看来，个体所做的每一件事情，包括思维，都属于这四种类型中的一种。最后，按照纯逻辑的方式即引发反应的感觉器官，可以将反应分为视觉的非习得反应、视觉的习得反应、动觉的非习得反应、内脏的非习得反应等。

总之，华生将心理学的研究对象限定为人和动物的行为，大胆地将一切心理学问题简化为刺激-反应（S-R）公式，使心理学专注于寻求刺激与反应之间联结的规律，以便可以根据刺激预知机体的行为反应，或者根据已知的反应推测其有效刺激，从而达到预测和控制机体行为的目的。华生将意识排除在心理学研究对象之外，而关注肌肉、骨骼运动和腺体分泌，势必矫枉过正，使心理学成为"无头脑"的科学。

三、心理学的方法学

华生曾说过，除非抛弃内省法，否则心理学在200年之后可能仍将在听觉是否具有广延性、表象和感觉之间是否存在结构差异等许多问题上存在分歧。他很羡慕医学、化学、物理学等科学领域取得的进步，因为在这些领域，每一项新的发现都具有极其重要的意义；在一个实验室里被分离出来的每一个新要素，都可以在另一个实验室里被分离出来，即他们采用的是客观的、可验证的方法。因此，华生决定丢弃具有某种神秘性的内省法，采用客观的实证方法,主要包括以下五种研究方法。

1. **观察法**(observational method) 华生认为,观察法是最古老、最基本的科学方法。观察法可分为自然观察和实验控制的观察。自然观察即不需要借助仪器设备而进行的观察。这种观察可以了解引起反应的部分刺激和外显反应,但不能充分控制某些条件,往往缺乏准确性,因而是比较简便而粗糙的方法。实验控制的观察即借助仪器设备的观察,也是通常意义上的实验法。华生认识到,心理学要更精确地研究行为,必须效法其他自然科学,采用特殊而精密的实验仪器,以实现有效地控制和观察研究对象。

2. **条件反射法**(conditioned reflex method) 条件反射法是巴甫洛夫和别赫切列夫在生理学研究中使用的方法,也是行为主义心理学最重要、最能体现其特色的方法。美国心理学家广泛使用条件反射法的功劳应该归功于华生。该方法的核心在于,用一个条件刺激取代另一个无条件刺激(或条件刺激)从而形成条件反应,所以华生用刺激替代(stimulus substitution)来描述条件反射法。华生把条件反射法分为两类:一类是用来获得分泌条件反射的方法,用于腺体反应;另一类是用来获得运动条件反射的方法,可用于肌肉反应。华生认为,当研究对象是动物、聋、哑、婴儿或某些患者,无法采用言语报告法时,条件反射法独具优势;条件反射法还可以与言语报告法结合使用,以检验言语报告的真伪。华生本人还运用这种方法对儿童情绪反应的产生及消除进行过系统研究。

3. **言语报告法**(verbal reporting method) 言语报告法又称口头报告法,即由正常人报告其体内的变化。华生认为,正常人都有一种觉察自己身体内部变化,并将之口头报告出来的能力。在很多情况下,这甚至是唯一可观察到的反应。因此,言语报告不仅可能而且是必须采用的方法。华生强烈反对内省法,因此他在实验室中采用言语报告法引起了不少争议。反对者指出,华生采用言语报告法是对内省法的妥协,他从前门把内省法赶了出去,又从后门偷偷地把它请了回来。华生似乎在玩弄概念游戏,这说明行为主义心理学仍不是彻底的客观心理学。但是,华生坚持认为,语言反应就像打棒球一样也是一种客观行为,是可以客观观察的,因而对行为主义是有意义的。同时,他也承认言语报告法是不完善的,并不能令人满意地代替客观观察,可以与仪器测量的结果相补充。华生将言语报告法严格限制在可验证的情境之中。

4. **测验法**(testing method) 在华生看来,测验不仅是心理学中纯粹应用性的技术方法,也是一种行为主义研究方法。尽管测验法还很不完善,但可以用作对人类表现进行分级和取样的手段。华生认为,已有的测验法存在一个较大的缺陷,即大多依赖人们的言语行为,这极大地限制了其应用范围。因而,他主张设计并运用不一定需要语言的、测量外显行为的测验。不过,对华生来说,测验并不是测量智力或者人格,而是测量被试对象对刺激情境的反应。

5. **社会实验法**(social experimental method) 在某种程度上,社会实验法就是华生的行为主义原理(即刺激-反应公式)在社会问题研究中的应用。华生认为,在所有的社会实验中,有两种一般的程序:一是改变社会情境,考察将会由其带来的社会变化;二是已知并赞同某种反应,反过来考察引起该反应的社会情境或刺激。华生曾说过:"行为主义者相信,他们的科学对社会的结构和控制是基本的,因此他们希望社会学能够接受它的原则,并以更加具体的方式重新正视它自己的问题。"可见,行为主义采用社会实验法的最终目的还是预测和控制人的行为,以更好地管理和控制社会。

四、本能论

随着理论的发展,华生的本能论也发生过明显的变化。最初,他沿用了传统心理学中的本能概念,并在1912年发表的关于动物本能行为的文章中,将动物的本能行为分为三类。1914 年，本能在他的理论中有着突出的作用，他将本能界定为在适当刺激作用下系统展现出的先天性反应组合。1919 年，华生指出，本能是一种遗传模式的反应，其个别元素主要是横纹肌的运动。他认为本能存在于婴儿那里，但习得的习惯很快就取代了它们。

1925 年，华生在《行为主义》一书中，用了两章篇幅讨论本能问题。他明确否认本能的存在，主张只有一些称作本能的简单反射，如打喷嚏、哭叫、排泄、呼吸，而没有复杂的、天生的行为模式。他曾说："在这些相对简单的人类反应中间，并不存在与当今心理学家和生理学家称之为'本能'的反应相一致的东西。这样一来，由于对我们来说不存在本能，所以我们并不需要这个心理学术语。今日，我们称之为'本能'的东西大多是训练的结果——属于人类的'习得行为'（learned behavior）。"不过，华生承认个体之间确实存在形式上和结构上的遗传差异，但只有在特定的环境之中，给予特定的刺激或加以特殊的训练，某些遗传的结构特征才可能表现出来。他强调环境和早期训练的作用，认为真正重要的是条件作用和习惯。

由此，他发表了心理学史上最著名的一段宣言，进一步表达了激进的环境论观点："给我一打健康的婴儿，并在我自己设定的特殊环境中养育他们，那么我愿意担保，可以随便挑选其中一个婴儿，把他训练成为我选定的任何一种专家——医生、律师、艺术家、小偷，而不管他的才能、嗜好、倾向、能力、天资和他祖先的种族。不过，请注意，当我从事这一实验时，我要亲自决定这些孩子的培养方法和环境。"最后，华生提出用"活动流"（activity stream）的概念取代詹姆斯的"意识流"。他认为，一切复杂的行为均来自简单反应的成长或发展。永无休止的活动流开始于受精卵，最初只有一些简单的非习得行为，以后数量逐渐增多，内容日益复杂。有些行为在活动流中只占一点点时间，例如抓握动作、巴宾斯基反射；有些行为在生命的某一时期才出现，并一直保持下去，如眨眼反射；有些行为在生命后期才出现，且只持续一段时间，如月经、射精。为了便于说明，华生绘制了一个活动流图。他指出，行为主义者研究的每一个问题都可以在这张明确的、可以实际观察到的活动流中找到；为了了解人类，必须了解他活动的生活史；活动流图最有说服力地表明了心理学是生物学的一部分。

五、情绪论

对华生来说，情绪只不过是对特定刺激的生理反应。华生声称，每一种基本的情绪都有一种由适当刺激而引起的内脏和内分泌反应模式，也有与之相联系的外显反应模式。因而，完全可以根据客观的刺激情境、外显的身体反应和内部的生理变化来描述情绪。尽管华生注意到情绪反应确实涉及外部活动，但他相信内部反应是占优势地位的。因此，情绪是一种内隐行为。为了避免成人情绪反应的复杂性，华生主张从发生的角度研究情绪行为。他相信，在新生儿中可以由三种刺激引出三种不同形式的情绪反应——恐惧、愤怒、爱。它们各有其发生的主要情境及典型表现。巨大的声响或突然失去支持会引发恐惧反应，表现为惊起、呼吸停顿、紧接着更快地呼吸、明显的血管运动变化、眼睛突然闭合、哭叫等。身体运动受阻会引发愤怒反应，例如，当紧紧抓住婴儿的双腿时，他的整个身体会变得僵硬，双手、双臂和双腿随意地挥舞，屏住呼吸，嘴巴张大并开始哭泣。抚摸皮肤、挠痒、轻轻地摇晃、轻拍则会使婴儿产生爱的反应，表现为微笑、呼吸变化、停止哭泣、手臂和躯干的剧烈运动、大笑等。

华生相信，绝大多数情绪联结都会通过条件作用发生。为此，他开展了心理学史上的一项经典实验。1920 年，华生和雷纳以 11 个月大的阿尔伯特为研究对象，通过条件反射，使他形成了对白鼠的恐惧，并且恐惧反应从原有条件刺激物（白鼠）泛化到其他刺激物，如兔子、鸽子、圣诞老人。华生认为，成人所有诸如此类的恐惧、厌恶和焦虑都是在儿童期通过条件作用形成的,并非像弗洛伊德所说的那样,起源无意识冲突。在华生看来,这仅仅是情绪领域最初步的研究,但是,在他之后没有人重复过这项实验。虽然心理学界早就注意到这一研究存在的方法论缺陷和伦理问题,但其研究结果仍被接受为科学证据,并且实际上几乎所有的心理学教科书都会引用这一研究,阿尔伯特也成为心理学专业者耳熟能详的名字。后来,当华生准备回去消除阿尔伯特的恐惧反应时,他已经从那家医院搬走了。不过,他们发现了另外一个研究对象——名叫彼得的三岁男孩,他极其害怕白鼠、兔子、皮外衣、青蛙等。华生指导了玛丽·琼斯(Mary C.Jones)来研究如何消除儿童的恐惧。他们采用了示范、逆条件作用等方法,使彼得的恐惧减弱或消除了。这项研究被认为是行为矫正的先驱。

六、思维论

华生认为,思维(thinking)就像打乒乓球一样简单,它不过是生物过程的一部分。在他看来,个体对任何物体或情境做出反应时,其整个躯体都要参与其中。同样,思维也是整个躯体的机能,是中枢系统和边缘系统共同作用的结果,它涉及动作的、言语的和内脏的组织。华生指出,思维不过是同我们自己交谈,它包含了所有各种无声进行的言语行为。他把思维还原为不出声的言语,认为思维与外显语言一样,依赖同样的肌肉运动习惯。思维的器官是组成喉的大量软骨,就像打乒乓球所需的主要器官是肘关节的骨头和软骨。华生思维理论的证据主要来自对儿童行为的观察。他描述了从外显的言语到内隐的言语(思维)的发展:当儿童独处时,他经常会自言自语;在父母的干涉和社会的要求下,外显的言语减弱为低声细语;最后变成在嘴唇后面发生的过程。他发现,即使没有言语,思维也能发生,例如切除喉部,完全不会影响人的思维能力。

诚如美国心理学家查普林和克拉威克所言:"当我们进而审查华生的思维观时,我们面对的是他的全部学说中最有特点、最富挑战性、最引起争论的观点之一。我们指的是他的著名的'边缘思维论'。"思维的确是否认心理事件存在的行为主义心理学家无法回避的一个难题。

七、人格论

华生给人格(personality)下的定义是:通过对能够获得可靠信息的长时行为的实际观察发现的活动之总和。换言之,人格是我们习惯系统的最终产物。他指出,所有健康的个体从出生开始都是平等的,是在其出生以后发生的事情,使他或成为外交家,或成为成功的商人。华生认为,可以通过制作和标绘活动流的一个横截面来研究人格,根据在横截面上占支配地位的习惯系统,就可以判断其主要的人格特征。

华生指出,长时期地对行为进行细致观察是我们判断人格的唯一方法。那种以表面观察为基础,根据个人好恶和倾向,对他人的人格做出快速判断的做法,经常会给人们带来严重伤害。他主张根据实践的、常识的、观察的方法来研究人格,并提出了几种具体的人格研究方法:①研究个体的教育图表;②研究个体的成就图表;③运用心理学的测试;④研究个体的业余时间和娱乐活动;⑤研究个体在日常生活的实际情境中情感上的特点。另外,可以将扩展的多次私人访谈、衣着观察作为人格研究的捷径。华生还尖刻地批评了将正统的心理学家所创立的理论过度地用于人格研究之中的现象,并无情地揭露了这类心理学骗子的惯用伎俩。

华生也谈到了人格改变的问题。他认为,可以利用"非习得"的东西和新习得的东西来改变人格。但是,彻底改变人格的唯一途径就是,通过改变个体的环境来重塑个体,以形成新的习惯。我们改变环境越彻底,人格也就改变得越多。这又一次体现了华生的环境决定论。但是，华生也认识到这种方法并不是万能的，其中，语言是一个困难，也就是很难禁止个体以言语和手势的形式来使用其旧的内部环境。此外，华生还探讨了关于成人人格的一些弱点以及病态人格等问题。

八、行为治疗观

华生虽然没有明确提出"行为治疗"这一概念，但他在行为治疗领域的功绩是不可磨灭的。他在1916年发表的《行为与精神疾病的概念》一文奠定了行为治疗的理论基础，这是华生首次公开发表的与精神病学有关的文章。他对精神病学家使用的"精神"(mental)一词提出了质疑，认为应该用人格疾病、行为疾病、行为障碍、习惯冲突等来代替精神障碍、精神疾病这些术语。他指出，无人能对社会结构中存在的各类行为障碍做出合理的分类，诸如早老性痴呆、躁狂抑郁型精神错乱、焦虑型神经症、偏执狂、精神分裂症等分类毫无意义。华生指出，我们完全可以用行为主义的术语来描述精神疾病，用习惯系统来解释精神疾病。在他看来，神经症是由不良条件作用形成的条件反射，是一种习惯障碍(habit disturbances)，即适应不良(maladjustments)，应该根据患者在日常生活中对物体和情境的不当反应、错误反应、完全缺乏反应来描述。为了表明其行为主义立场，华生还设想了一只精神变态的狗，描述了狗的异常行为表现，以及如何通过条件作用来矫正狗的行为。华生和雷纳对阿尔伯特的恐惧条件反射实验很好地说明了恐惧症的形成。这一经典性研究现在已经成为精神病学、临床心理学教科书的常规内容。1923年，在劳拉·斯佩尔曼·洛克菲勒纪念馆(Laura Spelman Rockefeller Memorial)的资助下，华生指导琼斯进行了最早的关于恐惧的反条件作用研究。他们尝试用于消除恐惧反应的方法有：①通过长时间停止使用刺激来消除恐惧反应，但该方法并不像通常认为的那么有效；②言语组织法，该方法对儿童的语言能力要求比较高，并且只有与身体和内脏适应联系起来才能奏效；言语组织法类似于现在的支持疗法；③社会模仿法，利用榜样的示范作用，实际上就是米勒和多拉德后来发展的示范疗法；④重建条件作用或去条件作用的方法，琼斯用该方法消除了彼得的恐惧反应。

在华生之后，人们对行为治疗技术的兴趣激增。诸如《行为研究与治疗》《应用行为分析杂志》《行为治疗》等学术杂志相继创刊，像行为治疗进展学会、性虐待者行为治疗学会、行为分析学会、行为医学协会等科学和专业组织也纷纷成立，促进了人们在行为治疗领域的思想交流。

第三节　其他古典行为主义

一、生物社会行为主义

魏斯在其主要著作《人类行为的理论基础》中，尝试研究了许多被华生忽视或曲解了的复杂人类活动。魏斯相信，应根据生理的、社会的要素来理解行为，即所有心理变量都可以被还原为物理化学水平或社会水平。难怪波林认为魏斯是"拉·美特利(或洛布)和孔德的混合物"。魏斯提出了最为纯粹的、异常严格的、强硬的行为主义。他特别从物理一元论出发，认为心理学是作为物理学分支的生物学的一个分支。他认为世界包括人类行为都可以还原为物理化学要素，甚至是电子和质子的运动。心理学的研究对象是神经、肌肉、腺体等身体运动，而不是意识或意识状态。这是极端的还原主义观点。但他指出，人是生物的，也是社会的。心理学研究的行为活动不仅具有物理、生物特性，也具有社会性。他主张把心理现象还原为生物的或社会的成分，为此，他创造了"生物社会的"(biosocial)一词以阐明

81

他的思想。因此,我们称他的心理学为生物社会行为主义。所以,埃利奥特(R.M.Elliott)指出:"没有一位行为主义者能够比魏斯更热衷于或更彻底地从心理学中清除主观范畴,同时持有这种基本信念,即数学和科学的方法能够记录并界定自然物质的一元论……魏斯同时使用他的生理学和社会学来为同一个目的服务,即从行为科学中驱除心理魔鬼。"

魏斯通过考察以社会性为基础的动机,修正了还原论的反射学,使得心理学能更好地处理复杂的活动形式,极大地增强了行为过程的科学研究在心理水平上的完整性。在魏斯看来,有机体只有在新生儿时期才是一个生物实体,随着个体与其他机体的相互作用,会逐渐出现适应社会的行为。心理学最重要的任务之一就是研究社会力量对儿童行为的影响。他认为,必须运用类似自然科学的观察和实验方法研究儿童的发展和学习。

魏斯也对心理学的应用感兴趣。他后期出版的《汽车驾驶的心理学原理》一书就是研究人-机系统的早期经典著作之一,他也由此成为人-机相互作用的先驱研究者之一。

二、非正统的行为主义

霍尔特赞同华生的观点,认为心理学家应该研究行为,正是在这个意义上,他可以算作一个行为主义者,但霍尔特的行为观比华生的更广阔、更富哲学性。霍尔特既是一位实在论哲学家,又是一个优秀的实验家,可能正是因为如此,他才被称为非正统的行为主义者(unorthodox behaviorist)。

霍尔特从新实在论哲学观出发,认为心理学应该研究"特殊的反应关系"即行为,而不直接研究意识,意识包含于行为之中,研究行为就是研究意识。他进而强调,意识或心理不过是由人的特定反应所规定了的环境事物。由于环境事物具有多方面性,而人所意识到的就是事物本身所具有的某个或某些方面。所以,在这个意义上说,意识的内容就是意识的对象。可见,霍尔特并不否认意识和心理现象的合法性,他还试图对之做出新的解释。在霍尔特看来,意识是与神经生理过程和物理对象紧密结合在一起的。

与华生不同的是,霍尔特强调他所研究的特殊反应关系或行为是整体(molar)行为,即较大的行为单位,其主要特征是具有目的性和目标指向性。霍尔特也不主张将行为还原为构成要素,认为只能从行为动作模式和动作结果的角度来理解行为,行为大于刺激-反应联结的总和。他与华生一样否认遗传在人类行为中的作用,坚信无条件反应甚至是在胎儿期或出生不久获得的。他认为人的所有行为模式是通过两条途径习得或发展起来的:一是基本途径即学习或条件作用;二是成人对童年所建立的行为模式的保持。

霍尔特还考察了其他强调动机原理的心理学模式,如弗洛伊德的心理动力学和本能驱力理论,以研究这些观点如何能为行为主义呈现一个更具整体性的背景。霍尔特在他的著作中描述了一种哲学的、动力的行为主义,主要关注有机体在其所处的环境中做出什么样的行为。霍尔特在心理学上的主要贡献在于,他为行为主义提供了强有力的哲学支持,他的观点深刻影响了其学生托尔曼,促使托尔曼在行为主义意义上把目的论和认知理论结合起来,从而提出了一种综合的认知行为主义模式。霍尔特重视内部动机在学习中作用的观点,对赫尔的驱力还原的学习理论也产生了影响。

三、人类行为学

亨特和其他行为主义者一样,也不喜欢使用德国心理学中流行的心灵主义术语。为了避免误解,他创造了人类行为学来代替心理学。人类行为学(anthroponomy)一词来源于希腊语 anthropos 和 nomos,前者指人,后者意指法则。亨特主要研究哺乳动物的问题解决行为。他最著名的研究是关于动物和儿童的延迟反应(delayed reaction)。延迟反应的实验是让被试者看三扇门中的一扇上方的刺激物(一盏灯),这三扇门与被试者的距离相等。灯是

笔记

呈现食物的信号。在关灯和让被试者走过去之间有一段延迟时间。亨特发现，被试者在延迟时间内必须保持亮光未熄灭时的身体姿势，才能做出正确反应，即选择了正确的门。因此，他得出结论，正是特定的身体姿势所产生的动觉使得被试者完成反应，而不是观念性的意象在起作用。亨特的这些实验研究所采用的行为任务代表了高级的问题解决，有一些沿用至今。尽管亨特主张心理学的研究对象是行为，但他广泛采用各种研究方法，如现场观察法、临床法、实验法等。

亨特的兴趣范围要比绝大多数行为主义者更广。除了研究动物之外，他对人类行为也有着浓厚的兴趣。他不仅强调基础研究的意义，还重视与教育、工作场所、日常适应、军队有关的应用研究。第二次世界大战期间，亨特受邀推荐能够进行人 - 机系统研究的心理学家。他坚信，第二次世界大战不只是一场机器大战，人类的效率和士气是基本因素。由此，他成为最早论述人 - 机问题的人之一。凭借广阔的视野、兼收并蓄的方法学取向，亨特增强了行为主义运动的活力。

四、大脑机制论

拉施里是华生在霍普金斯大学短暂的学术生涯期间指导过的少数几个学生之一，他深受华生的影响而赞同行为主义观点。但他并未将其全部精力用于对行为主义进行系统的或哲学的辩护。相反，他专注于学习及其实验研究中的具体问题，并对本能和色觉进行了研究，但他对学习和分辨的大脑皮质基础的研究才是最具影响力的。尽管拉施里认同行为主义，但他有关大脑皮质定位的研究更符合格式塔心理学而不是行为主义。

在拉施里看来，如果假定可观察行为具有完整性，就可对生理机制进行研究。他的实验方法是，教会白鼠完成一项具体的任务。为了进行研究，拉施里设计了一种跳台，后来被称作拉施里跳台。在训练白鼠建立某种行为习惯之后，拉施里切除了其大脑皮质中几个不同的点，随后用测验考察切除的皮质对先前习惯的保持所产生的影响。拉施里发现，他的被试对象甚至在每一个可以想到的路径被破坏之后，仍保持着先前习得的习惯。他的数据表明，对大脑功能采取场论的观点要比采用严格的联结主义更精确。最终，拉施里放弃了联结主义模型，而提出了影响至今的两条原则。一是整体作用原则（mass action），指的是学习的功效和正确性取决于可利用的皮质数量。因此，造成行为缺陷的不是大脑皮质受损伤的部位，而是受损伤的皮质数量。二是等功原则（equipotentiality），指的是大脑皮质的一个部分可以由另一部分的功能所替代。因此，在大脑损伤后丧失的某些功能可以通过使用大脑其他区域重新学习而得以恢复。

当然，拉施里与华生也有不同之处，例如，他批判性地接受了巴甫洛夫的条件作用理论。他不同意巴甫洛夫在泛化问题上的看法，认为泛化更少依赖刺激的性质，而在更大程度上依赖有机体的特性。习惯力量的变化不是联结扩散或泛化的结果，而是依赖有机体的刺激阈限。当然，拉施里与华生的这些分歧只是在具体问题上的，而作为行为主义者，他们的基本观点则始终是一致的。

第四节　古典行为主义的简要评价

一、古典行为主义的贡献

第一，古典行为主义对行为的重视，扩展了传统心理学的研究范围。在行为主义之前，心理学流派的主要研究对象和范围仅限于意识或经验，而且动物心理学研究中的拟人化倾向使动物心理学不能取得合理地位。行为主义正是从动物的客观行为研究中得到启示而产生的,反过来,古典行为主义的这一做法又促使动物心理学成为心理学的一个合法研究领域。儿童心理学同样如此,对儿童行为的客观观察和实验研究,促使儿童心理学迅速发展起来。

第二,古典行为主义采取的系统、客观的方法为心理学带来了方法学上的革命,使心理学在研究对象和研究方法上具有自然科学的特征,获得了与其他自然科学一样的客观性。在行为主义诞生之前,心理学只限于研究意识,内省分析使其只能成为哲学的边缘学科。采用客观的方法研究可观察的行为,可以使不同的心理学家依据共同的研究对象交流经验,彼此验证研究结果。这不仅加速了心理学的科学化进程,也极大地促进了心理学的快速发展,对心理学产生了深远的影响。

第三,在古典行为主义者的努力下,心理学的视野从理论研究拓展到应用领域。古典行为主义者对应用性问题的兴趣是不言而喻的。尽管机能心理学也强调心理学的应用,但相对而言仅限于一般化的应用。华生将行为主义心理学的目的确定为预测和控制人的行为,他曾说:"如果心理学要采取我所提议的方法,只要我们能够用实验来获得这些资料,教育家、医生、法官和商人,都可以把我们的资料用于实际。"他在广告心理、婴幼儿心理护理、行为治疗等方面都取得了值得珍视的成果。此外,魏斯对人-机相互作用进行过研究;亨特在第二次世界大战中也深入研究了人-机系统;拉施里对脑损伤被试者的研究为患者的大脑功能恢复提供了有益的启示,预示着在行为神经科学领域的应用前景。可以说,当今心理学的应用范围之广,涉及领域之多,不能不说其中有古典行为主义者的功劳。

二、古典行为主义的局限

第一,在研究对象上,古典行为主义矫枉过正,顾此失彼,它在竭力主张研究动物和人的外显行为的同时,忽视了对心理、意识的研究,甚至于完全排除心理的概念。这样,不仅难以真正客观地研究动物和人的行为,反而可能限制其研究,使心理学成为没有心理的心理学。同时,古典行为主义过分强调人和动物的同一性,否定人的中枢神经系统在行为中的重要作用,丧失了人的主体性和能动性,又使心理学成为无头脑的心理学。这些极端的做法难免使心理学犯客观主义的错误,在很大程度上窄化了心理学的研究范围。

第二,古典行为主义源于对动物心理的研究,强调研究的客观化,践行摩尔根的吝啬律而避免了动物心理研究中的拟人化倾向,但过于极端则难免走向人性生物学化的道路。古典行为主义者多采用动物作被试对象,把从动物实验中发现的规律推广至人类身上,难免不重犯拟人论的错误,也使得心理学在相当长的一段时间内忽视了对人的需要、动机、尊严、价值等的研究。古典行为主义倡导采取实证主义的立场,强调客观的、可证实的方法,在一定程度上是唯科学主义心理学的始作俑者。

第三,古典行为主义否定生理和遗传对心理的作用,忽视刺激-反应之间的内部因素,把人看成一架被动的机器,认为只要给定适宜的刺激就可以塑造相应的行为反应,反之亦然。因此,古典行为主义在解释人的行为时犯了机械的环境决定论(environmental determinism)错误。另一方面,古典行为主义否定人的内部心理活动,将人的一切行为都归结为刺激-反应,进而还原到肌肉收缩和腺体分泌等生理活动。这种把人的心理和行为还原为生理现象的做法是典型的还原论(reductionism)。

三、古典行为主义的影响

第一,古典行为主义影响了整个心理学领域。古典行为主义革新了心理学,带来了心理学领域的一场革命。虽然最初在心理学内部受到了冷遇,但在接下来的几年里,由华生倡导的行为主义流派统治了整个美国心理学界。无论是在随后的新行为主义理论中,还是在当今的认知科学领域，我们都不难发现古典行为主义的影子。在应用心理学领域，古典行为主义者也做出了许多积极的探索。例如，华生在从事广告业期间，他发现，人们是根据其需要和动机来购买产品的。除了购买产品自身外，我们还购买与产品相联系的思想观念。因此，成功的广告机构要展示出某种产品是如何能满足人的基本需要的，如安全、冒险、名誉。遗憾的是，华生对广告心理学和销售心理学的贡献程度仍未得到充分的重视。华生后期的研究对行为疗法的产生也具有直接的影响。总之，古典行为主义影响了广告心理学、心理测量、心理治疗、比较心理学、学习心理学、发展心理学、人-机问题等许多研究领域。

第二，古典行为主义影响了其他学科领域。由古典行为主义所引起的学术骚动波及了其他一些学科，诸如文学、哲学、政治科学、精神病学和社会学等。而且在这些学科的内部，行为主义仍具有持续的影响力。在 20 世纪 80 年代后期，行为主义仍是《哲学家索引》中诸多条目的头条主题。同时，它也是其他一些诸如《人文科学索引》《社会学文摘》等标准参考资源的头条主题，尽管所列条目并不多。

第三，古典行为主义影响了美国社会，乃至人们的生活。古典行为主义开始是一种心理学体系，但事实证明，远远不止如此。就像进化论思想一样，行为主义抓住了公众的眼球，并成为通俗杂志、评论、书籍以及演讲中最受欢迎的话题。例如华生影响了广告界，他的许多通俗文章和讲座增进了大众对心理学的了解和认识，他关于婴幼儿保健和教育的思想也影响了许多家庭的教养方式。古典行为主义虽然博得了其拥护者的高度忠诚，但也引来其诋毁者的苛刻抨击。诸如："是人还是机器？""行为主义者有大脑吗？"等文章标题，都暴露出诋毁者和道德家们的关注所在。另外，其热情的拥护者也很快指出了行为主义作为一门更具科学性的心理学所具有的种种优势，并且再三保证，行为主义决不会削弱道德和伦理的根基。例如魏斯就曾在一篇关于行为主义和伦理学的文章中提出了一种乐观的观点，即："虽然科学的手段被作为人类行为的基本先决条件，但哪怕是研究社会进化的最先进的思想家也不能预测某些人类成就的可能性。"

思考题

1. 古典行为主义是在什么样的背景下产生的？
2. 在什么样的情况下，巴甫洛夫发现了条件反射？
3. 根据华生的观点，心理学的目的是什么？
4. 简述华生在情绪问题上的观点，他是用什么研究来证实自己的观点的？
5. 关于本能在人类行为中的作用，华生最后的观点是什么？
6. 按照魏斯的观点，心理学的主题是什么？你是否同意他的观点？为什么？
7. 霍尔特对后世心理学家有哪些影响？
8. 概述亨特对心理学的贡献。
9. 简述拉施里的等功原则和整体作用原则。

参考文献

[1] 郭本禹，修巧艳. 行为的控制——行为主义心理学. 济南：山东教育出版社，2009.

[2] 张厚粲. 行为主义心理学. 杭州：浙江教育出版社，2003.

[3] 高峰强，秦金亮. 行为奥秘透视：华生的行为主义. 武汉：湖北教育出版社，2000.

[4] 华生. 行为主义. 李维，译. 杭州：浙江教育出版社，1998.

[5] 张述祖. 西方心理学家文选. 北京：人民教育出版社，1983.

[6] 波林. 实验心理学史. 高觉敷，译. 北京：商务印书馆，1981.

[7] 霍瑟萨尔，郭本禹. 心理学史. 郭本禹，译. 北京：人民邮电出版社，2011.

笔记

［8］韦恩．瓦伊尼，布雷特．金．心理学史：观念与背景．郭本禹，译．北京：世界图书出版公司北京分公司，2009.

［9］古德温．现代心理学史．郭本禹，译．北京：中国人民大学出版社，2008.

［10］查普林，克拉威克．心理学的体系和理论．林方，译．北京：商务印书馆，1984.

［11］赫根汉．心理学史导论．郭本禹，译．上海：华东师范大学出版社，2004.

［12］赫根汉．学习理论导论．郭本禹，译．上海：上海教育出版社，2010.

［13］墨菲，柯瓦奇．近代心理学历史导引．林方，王景和，译．北京：商务印书馆，1980.

［14］黎黑．心理学史——心理学思想的主要趋势．刘恩久，译．上海：上海译文出版社，1990.

［15］Elliott R.M.Albert Paul Weiss：1879—1931.The American Journal of Psychology，1931，43（4）：707-709.

［16］Mills J.A.Control：A history of behavioral psychology.New York：New York University Press，1998.

［17］Johnson W.H.Does the behaviorist have a mind？ Princeton Theological Review，1927，25：40-58.

［18］Watson J.B.Psychology as the behaviorist views it.Psychological Review，1994，101（2）：248-253.

［19］Weiss A.P.Behaviorism and ethics.Journal of Abnormal and Social Psychology，1927，22（4）：388-397.

［20］O' Donohue W.，Kitchener R.Handbook of behaviorism.San Diego，CA：Academic press，1999.

［21］Woodworth R.S.The adolescence of American psychology.Psychological Review，1943，50：10-32.

笔记

第五章　　新行为主义

行为主义自 1913 年问世以来，即受到众多心理学家的欢迎和拥护，但华生坚持心理学只能研究行为而非意识，强调以绝对客观的而绝非主观的方法研究心理学，他的这一观点遭到心理学家的批评。20 世纪 30—60 年代，新生代的行为主义者如赫尔、托尔曼、斯金纳等人开始登上历史舞台，他们对华生的极端简单化的观点和方法不满，于是开展了自己的研究，形成了各具特色的新体系。尽管它们的术语名称、概念体系、理论观点等各不相同，但其行为主义的基本立场却是一致的，因此，它们被统称为新行为主义（neo-behaviorism）。

第一节　新行为主义概述

一、新行为主义的历史背景

（一）社会背景

自从华生发表行为主义宣言以来，虽然赞成者不少，但也不乏反对者。有些批评家认为，心理学必须保留对意识的内省研究。例如，琼斯曾指出："我们依然可以确信，不论什么心理学，它至少是一种意识的学说。否认这一点，就等于把孩子和洗澡水一起倒掉。"铁钦纳也针对华生的《行为主义者眼中的心理学》一文发表了评论，认为华生的宣言会导致心理学忽视普通心理学所关注的人类经验模式，特别是反对心理学的内省法。他指出，行为主义与心理学并不是一回事，从逻辑上来看，行为主义与内省心理学无关。因此，无论是从逻辑上还是在实质上，行为主义都不可能取代心理学。第一次世界大战中断了关于行为主义的这种争论，却也给心理学带来了重要转机。在第一次世界大战中，大量心理学家参与战时的后勤服务工作，心理测验被广泛用于军官选拔、士兵筛选与分类等工作。战后，以行为主义为代表的心理学也被广泛应用于生产、教育、司法等领域。一时间，心理学的知名度大增，其在人们心目中的地位和形象也大大提高。正是在这样的背景下，行为主义作为心理学的主流，才得以乘胜而进，迅猛发展，并最终统治美国心理学达半个世纪之久，成为心理学的第一势力。

（二）哲学基础

1. 逻辑实证主义　　20 世纪早期，孔德的激进实证主义和马赫的经验实证主义的目标，即科学只涉及可直接观察到的事实，被认为是不现实的。于是在 1924 年左右，维也纳出现了一个哲学家团体即"维也纳小组"，他们将孔德和马赫的旧实证主义与形式逻辑相结合，提出了一种新的科学观即逻辑实证主义（logical positivism）。他们仍然坚持经验证实的标准，但对于经验证实的范围做了宽泛的解释，用"可证实性"代替了"证实性"。就是说，检验命题的意义标准不在于是否已经被证实，而在于是否有被证实的可能性。如果抽象的理论术语能够在逻辑上与经验观察联系起来，也是可以使用的。费格尔（H.Feigl）作为维也纳小组中的一员不但给逻辑实证主义命名，还最大限度地将之介绍给美国心理学界。在美国心理学家中，史蒂文斯（S.S.Stevens）首先指出，如果心理学按照逻辑实证主义的要求进行研究，最终能够成为与物理学平起平坐的一门科学。逻辑实证主义对心理学产生了巨大的影响，它使得新行为主义在不失客观性的前提下，得以探讨有机体内部的中介变量，从而使心理学进入了科克（Sigmund Koch）所谓的"理论的时代"。20世纪30年代后期，逻辑实证主义在美国实验心理学中占据了主导地位。

2. 操作主义　1927年，哈佛大学物理学家布里奇曼（P.W.Bridgman）出版了《现代物理学的逻辑》。在这部著作中，他详尽阐述了马赫的命题，即物理学中每一个抽象的概念都应该根据测量它所用的方法来定义，布里奇曼称之为操作定义（operational definition）。在布里奇曼看来，科学概念不是对客观实在的反映，而是科学家自身的操作活动。操作定义把理论术语与可观察的现象联系起来了。这种主张所有抽象的科学术语都应该根据操作进行界定的观点就是操作主义（operationalism）。最早将操作概念引入心理学的是心理学家史蒂文斯等人。操作主义与逻辑实证主义一样，在其产生之后几乎立即受到了心理学界的欢迎。通过操作性定义，内驱力、焦虑等理论术语可以转化为经验事件，去掉其形而上学内涵，从而我们就可以接受它并加以研究。行为主义正是在这一点上迎合了操作主义的观点，充当了操作主义的传播工具，使自身得以巩固并发展到新行为主义。难怪高觉敷先生说："新行为主义者就是操作主义者。"

（三）心理学自身的发展

1. 古典行为主义的困境　虽然华生倡导的古典行为主义为心理学开创了新的发展方向、开拓了一片广阔的新天地，但自从华生的行为主义宣言发表之后，批评之声一直不绝于耳。面对同行的批判，华生也曾做过反思和让步，例如他接受了言语报告法。其他早期的古典行为主义者如拉施里、魏斯、亨特等人也都对华生的某些观点做出了修正和补充。种种迹象表明，早期的行为主义体系存在着诸多明显的缺陷和不足。例如最主要的是在研究对象上，古典行为主义只关注外显的、可观察的行为，完全排除了意识，忽视了对有机体内部因素的研究，使心理学成为"无头脑"的科学。由于将人的行为简化为刺激-反应的联结，完全无视人的主观能动性，从而导致了机械还原论，致使心理学不能解释人类行为的复杂性和多样性。因此，为了走出困境，古典行为主义必须做出修正和变革，在其基础上发展出新行为主义也是其内在发展的需要和必然。

2. 机能主义心理学的影响　如前所述，古典行为主义与机能主义是一脉相承的，后者在研究对象和研究方法上都对行为主义产生了深远的影响。同样，在古典行为主义面临重重困境和众多批评责难时，机能主义心理学（functional psychology）再次为行为主义拨开迷雾提供了极具价值的启发和支持。其中最典型的是，伍德沃斯的动力心理学影响了新行为主义者。其一，伍德沃斯在1918年提出以S-O-R公式取代华生的S-R公式，试图弥补古典行为主义忽视有机体内部因素的缺憾。这对托尔曼后来直面而不是回避有机体内因并提出"中介变量"不无影响。其二，伍德沃斯提出用机制和内驱力两个概念来解释人类个体行为的发生，他的这种动机观点影响了后来的新行为主义者赫尔。赫尔提出了内驱力概念，并在其后期理论中越来越强调动机在行为中的核心作用。其三，伍德沃斯指出生理学与心理学之间的关系不是平行的，而是分层次的，二者不能相互取代。这就促使行为主义者反思华生将情绪、思维等还原为"肌肉收缩""腺体分泌"的主张，克服生理还原论，从而注重对行为本身的研究。另外，机能主义强调有机体对环境的适应机能，而适应环境则需要借助于学习过程来实现。因而，机能主义重视对学习过程的研究。在这一点上，新行为主义者也与其相呼应，他们大都对动物学习感兴趣，并做了较深入的研究。

二、新行为主义的代表人物

（一）赫尔

克拉克·伦纳德·赫尔（Clark Leonard Hull，1884—1952 年）出生在纽约阿克隆。他从小体弱多病，上大学时最初学的是采矿工程，但因在二年级患上脊髓灰质炎，一条腿终生麻痹，而不得不放弃了该专业的学习，最终转向心理学。1913 年赫尔从密歇根大学毕业。因生活拮据，他教了一年书，之后来到威斯康星大学学习，1918 年获得了哲学博士学位，并在这里做了十年讲师。在此期间，他利用得到的一项资助，研究了吸烟对心理和运动操作的影响；在讲授心理测验和测量方面的课程时，广泛搜集了相关文献，写成《能力倾向测验》（1928）一书。后来，其兴趣转向易受暗示性和催眠，1933 年出版了《催眠和易受暗示性》，该书成为催眠领域的经典之作。1929 年，安吉尔聘请他到耶鲁大学人际关系研究所工作，从而开始了其行为理论的不朽研究。在学术生涯结束之前，赫尔及其学生一直占据着行为主义心理学的主导地位，而赫尔本人很可能也是 1930—1950 年学院心理学的主导人物。赫尔1936 年当选为美国心理学会主席。1952 年因突发心脏病逝世（图 5-1）。

赫尔从他那个时代的主流思想——华生、巴甫洛夫、达尔文、桑代克甚至弗洛伊德的思想中汲取了营养，对实验心理学产生了独特的影响。赫尔的学生斯彭斯指出，在 1941—1950 年，所有发表在《实验心理学杂志》和《比较与生理心理学杂志》上关于学习与动机的研究报告中，有 70% 都至少参考了一项赫尔的著述。赫尔的主要著作有：《催眠和易受暗示性》（1933）；《心理、机制和适应性行为》（1937），该文是他担任美国心理学会主席时的就职演讲；《机械学习的数理演绎理论》（1940），此书是赫尔与同事合著的，虽然被认为是科学心理学发展史上的一项重要成就，但因过于难懂，读者甚少；《行为的原理：行为理论导论》（1943）是他的经典之作；《行为纲要》（1951）是《行为的原理》的修订本，阐述了更成熟的理论体系；《一种行为系统：关于个体有机体的行为导论》（1952）是在赫尔去世后出版的。

图 5-1　克拉克·伦纳德·赫尔

（二）托尔曼

爱德华·蔡斯·托尔曼（Edward Chace Tolman，1886—1959 年）出生在马萨诸塞州牛顿市一个中产阶级家庭。与赫尔一样，托尔曼最初也对工程学感兴趣，而且在马萨诸塞工学院获得了学位。随后，他在哈佛大学哲学家佩里（R.B.Perry）和心理学家耶克斯（R.M.Yerkes）那里学习了暑期学校的课程之后，对哲学和心理学产生了兴趣。1911 年，托尔曼开始了研究生阶段的学习，其兴趣逐渐转向心理学。1912 年夏季，他到德国跟随年轻的格式塔心理学家考夫卡学习了一段时间，这极大影响了托尔曼后期的理论。1915年，托尔曼在哈佛大学获得了哲学博士学位后，到西北大学执教。在此期间，美国加入了第一次世界大战，托尔曼撰写文章表达其和平主义观点。1918 年，他因"缺乏教学成就"而被解雇，不过，这更有可能是他的和平主义导致的后果。同年，他来到加利福尼亚大学伯克利分校任职，此后一直待在那里，几乎没有中断其专业研究。在伯克利他为提高该机构的声誉作出了相当多的贡献。1950 年，他领导一批教员，抵制了侵犯公民自由权和学术自由的加州忠诚誓约运动。因为此事，托尔曼在加州大学的职务被暂停，最后在法庭的支持下，他的职务得以恢复。1959 年，托尔曼退休，在他去世前不久，加州大学授予他名誉博士学位，象征性地承认了其主张在道义上的正确性。同年托尔曼在伯克利去世

笔记

（图5-2）。

托尔曼是一位和蔼而真诚、出色而热情的教师，是一位思想开放、易于接受心理学的新趋势和新思想的学者，是深受学生和同事爱慕与钦佩的人。他1937年当选为美国心理学会主席，1957年获得美国心理学会杰出科学贡献奖。托尔曼的主要论文和著作有：1922年发表的论文《行为主义新方案》提出了真正的非生理学的行为主义，将主观现象也纳入心理学的研究范围；1932年出版的重要著作《动物和人类的目的性行为》在总结前期主要观点的基础上，提出了整体行为的概念，系统阐释了整体行为与分子行为的主要区别，形成了目的性行为主义理论体系；1942年出版的《导向战争的驱力》从精神分析观点分析了是人类的驱力导致了战争。此外，托尔曼的著作还有《目的与认知：动物学习的决定者》（1923）、《格式塔与符号—格式塔》（1933）、《鼠和人的认知地图》（1948）等。

图5-2 爱德华·蔡斯·托尔曼

（三）斯金纳

伯勒斯·弗雷德里克·斯金纳（Burrhus Frederic Skinner，1904—1990年）是20世纪后半叶最卓越、最著名的心理学家之一。他出生在宾夕法尼亚州斯奎汉纳的一个温暖而稳定的中产阶级家庭。斯金纳有一个快乐的童年，从小几乎没有受到过体罚。1922年入汉密尔顿学院学习文学，希望自己将来成为作家。因阅读了巴甫洛夫、罗素、华生等人的著作而与心理学结下了不解之缘。虽然没有学过心理学的本科课程，斯金纳还是于1928年来到了哈佛大学读研究生。在哈佛大学，他受到了波林（E.G.Boring）和古典行为主义者亨特（W.S.Hunter）的影响。1930年斯金纳获得了硕士学位，1931年获得了哲学博士学位并留校一直工作至1936年。1936年，斯金纳成为明尼苏达大学的一名教员，无论在实验室研究还是在课堂教学活动中，他都获得了丰硕的成果。他出版的《有机体的行为》（1938）一书确立了斯金纳在行为科学领域的重要地位，使他成为国内著名的实验心理学家。1945年，他到印第安纳大学担任心理学系主任，并完成了《沃尔登第二》（1948），该书描述了在行为原理的基础上建立的一个虚拟实验社区，这可能是斯金纳最广为人知的著作。1948年，斯金纳重返哈佛大学，进入他学术生涯中异常多产的时期。他建立了研究操作行为的实验室；与费尔斯特（C.B.Ferster）合著了《强化的程式》（1957）一书；他用自己的《科学与人类行为》（1953）作教材给学生上课，解释行为的分析及其在精神病理学、伦理学、政府等问题领域的潜在应用价值。他的《超越自由与尊严》（1971）虽然招致了严厉的批评，但连续20周都出现在《纽约时报》的畅销书排行榜中。

1958年，美国心理学会授予斯金纳杰出科学贡献奖。同年，他被授予极负盛名的埃德加·皮尔斯（Edgar Pierce）教授头衔。1990年，美国心理学会将首次颁发的心理学杰出终身贡献奖授予斯金纳。在接受此项殊荣的8天之后，斯金纳因白血病去世。为了表达对他的缅怀和颂扬，《美国心理学家》于1992年11月号专门介绍了他的观点及其影响（图5-3）。

图5-3 伯勒斯·弗雷德里克·斯金纳

笔记

三、新行为主义的特点

第一，以逻辑实证主义和操作主义为哲学基础。新行为主义者之间有一个共识，即如果要使用抽象的概念或命题，必须遵循逻辑实证主义所要求的方式，将之与可观察的现象联系起来或对之进行操作性的界定。

第二，在研究对象上，使用非人类的动物作为被试对象。这主要有两个原因：其一，动物被试对象比人类被试对象更易于控制其相关变量；其二，在新行为主义者看来，动物与人类的认知和学习过程相比，只有程度上的差异，因而可以把动物研究的结论推及到人类身上。

第三，注重对学习的研究。与早期主要集中研究反应时、感觉、知觉、注意的心理学不同，行为主义将其注意的焦点集中在学习上，并把学习看作是心理学的基础。学习作为理解和控制行为的一种手段，成为心理学中很有前途的一个研究领域。新行为主义者更是对学习问题投入了大量的精力，赫尔、托尔曼、斯金纳无不如此，他们通过对动物学习机制的深入探讨，来研究有机体是如何适应环境变化的。

第二节　新行为主义的主要理论

一、逻辑行为主义

与其他行为主义者不同，赫尔是唯一试图运用综合的、科学的理论来研究刺激与反应联结，并创立了高度复杂的假设 - 演绎理论的心理学家。由于赫尔主要采用了数学推理的方法，使心理学体系数量化，因而他的理论被称为逻辑行为主义（logical behaviorism）或假设 - 演绎行为主义。他希望自己的理论体系应该是自我修正的。

（一）心理学的研究对象

赫尔认为，心理学应该是一门真正的自然科学，其任务是发现行为规律，并用科学的共同语言即精确的数学语言来表达，借此推导出个体与团体的行为。在他看来，心理学应该研究有机体的适应性行为，这不仅必要，也是可行的。因为其一，环境刺激和行为反应本身都是客观的、可观察的；其二，可以在有机体内部因素与刺激和反应之间建立联系，用数量化的方法加以研究。这样就可以客观地来研究中介变量。

赫尔在传统的 S-R 公式的基础上，提出了刺激痕迹（stimulus trace）的概念（赫尔用小写字母 s 表示）。所谓刺激痕迹，是指作用于有机体的外在刺激消失后，其作用不会马上停止，而是持续一段时间，正是这种持续作用导致了运动神经冲动（赫尔用小写字母 r 表示），而运动神经冲动又导致了外在行为反应。因此，赫尔将 S-R 公式修改为 S-s-r-R。

尽管赫尔不曾提到"意识"一词，但他希望借此公式的修改，行为主义能接纳和研究意识等有机体内部的因素。

（二）心理学的研究方法

赫尔在阅读了牛顿的著作之后，决定将假设演绎方法引入心理学。1930 年左右，赫尔明确表示，心理学的确是一门自然科学，它完全可以像物理学那样，采用假设演绎方法来建构系统化的理论体系，从而不仅能整合和组织实验研究的结果，还能指出心理学的研究方向。

赫尔认为，假设演绎法是最有价值的发现科学事实的方法。假设演绎法分三个步骤：第一，引入定义系统；第二，选择一些最基本的、由经验研究概括出来的理论命题，来作为前提即公设；第三，从这些定义和公设中严格地推论出一系列详细的定理。所有的这些定

笔记

义、公设、定理构成了一个系统的统一理论,并必须接受严格的实验检验。

赫尔正是用这种方法和逻辑建立了他的理论体系。我们不妨举一个例子来说明。

第一步,引入定义系统。赫尔引入习惯强度、内驱力、反应势能三个基本概念,并对之进行了操作定义。①习惯强度(habit strength,sHr)是指感受器与效应器之间联结的强度。如果有机体在某一情境中作出某种反应,导致内驱力降低,那么就可以说它的习惯强度增加了。他把习惯强度这一中介变量操作性地定义为,在某种环境条件下发生的反应被强化的次数。②内驱力(drive,D)是指有机体的内部需要状态,其功能在于激发行为。内驱力的强度可以根据被剥夺时间的长短或引起行为的强度、力量或能量消耗而定。③反应势能(reaction potential,sEr)是指习得性反应发生的可能性。它是当前内驱力的强度与习惯强度的函数。

第二步,提出有关的公设。①公设1:习惯强度是一个刺激引发一个与之相联系的反应的倾向,在其他条件恒定时,它的增长是强化次数的函数。②公设2:有机体的习惯只有在驱动状态下才能被激起。内驱力激起有效的习惯强度,使之成为反应势能。

第三步,根据以上定义和公设严格推论出有关定理:sEr = sHr×D。该定理表示,只有当一个反应已经充分习得($_sH_r$ 取正值)而有机体又被驱动去行动(D 取正值)时,这个反应才会发生。

第四步,实验检验。以定性的方式检验这条定理比较简单,可以设计如下实验:让白鼠形成某种习惯,如在斯金纳箱中按压杠杆,并达到三种不同的习惯强度:低(无强化按压),中(强化 50 次按压),高(强化 100 次按压)。然后可以把三组中的每一组再分成三组,每个组按驱力划分:低(足食),中(剥夺食物12h),高(剥夺食物24h)。将九个组的白鼠依次放入斯金纳箱,观察每只白鼠要经过多久才第一次去压杠杆。时间越短,说明反应势能越大。如果这项定理是正确的,那么低驱力和低习惯强度组就没有压杆反应,而高驱力和高习惯强度组的潜伏期最短,其他各组则处于这两个组之间。如果实验结果并非如此,那么就必须推翻这条定理。

(三)中介变量说

在华生刺激-反应联结理论的基础上,赫尔断定在解释行为时必须考虑中介的内部条件。在这一点上他与托尔曼相似,他们都是方法论行为主义者,并且二者在各自的理论中都接受了逻辑实证主义。但在托尔曼那里,认知事件介于环境经验和行为之间;而在赫尔看来,中介事件主要是生理的。在赫尔的理论中,刺激和反应仍是处于核心地位的概念,但二者是通过内驱力、疲劳、习惯强度、诱因等中介变量连接起来的。赫尔试图在中介变量与可观察的刺激、反应之间建立起数量关系。内驱力是刺激和反应之间重要的中介变量之一,它是个体行为发生的内在动力。赫尔认为内驱力是一种有机体组织状态引起的刺激,它的力量可以由生物需要被剥夺的时间长短或所激起的行为的强度、力量等客观指标来加以确定。内驱力为行为提供了初级强化发生作用的基础。

(四)强化观

与华生等古典行为主义者不同,赫尔是一个强化理论家。因而,强化在其理论体系中发挥着非常重要的作用。赫尔把强化区分为初级强化(primary reinforcement)和次级强化(secondary reinforcement)。初级强化是内驱力降低的过程;次级强化是指经常与初级强化联系在一起的刺激通过学习而成为有效的强化因素。次级强化在控制行为中具有极其重要的作用。可见,赫尔持有的是驱力-降低的强化理论。

在赫尔的早期著作中,他认为所有初级强化都降低相应的内驱力,或者说任何内驱力的降低都会产生强化效果。例如,食物降低饥饿内驱力。在后期的著作中,赫尔稍微修正了自己的观点,把内驱力的降低和内驱力刺激降低(drive stimulus reduction)加以区别。内驱力的降低是由于需要的满足,而内驱力刺激的降低是由于需求的满足。需求与生物需要之间存在着细微的差异,需求是习得的,而需要是天赋的。因此,赫尔愿意采用内驱力刺激降低这一术语,认为强化与内驱力刺激的降低是一致的。

(五)消退观

赫尔认为,有两种抑制将引发行为的消退,它们分别是反应性抑制(reactive inhibition,简称 IR)和条件性抑制(conditioned inhibition,简称 SIR)。有机体的每一个反应都会产生一定程度的抑制,这种抑制类似于疲劳、痛苦等消极驱力。赫尔将与每个反应相联系的抑制性潜能称为反应性抑制。反应性抑制会随着时间的流逝而消失,因而它是伴随每个反应的暂时性状态。条件性抑制是在反应性抑制消失期间建立起来的。例如,假设一只老鼠在消退期间按压了好几次重达 80g 的斜杆,80g 对于一只典型的实验室老鼠来说是相当重的。在这一反应突然出现后,老鼠会产生大量的反应性抑制或疲劳。如果让老鼠休息一下,那么休息的作用就得到了强化,也就是说反应性抑制的消失得到了强化。这样,条件性抑制就建立起来了。赫尔根据条件性抑制解释了永久性消退。

二、认知行为主义

(一)心理学的研究对象

在研究对象上,托尔曼赞同心理学应该研究行为。他在分析了华生的行为观之后指出,华生实际上摇摆于两种不同的行为概念之间:一方面,他根据感受器、传导器和效应器过程本身来给行为下定义;另一方面,他模糊地意识到,行为不仅仅是其生理部分的总和,而且也不同于这个总和,这种行为是一种"突创"(emergent)现象,具有自身的描述性和规定性特征。托尔曼将华生的前一种定义称为行为的分子定义(molecular definition),将后一种定义称为行为的克分子定义(molar definition)。

托尔曼反对根据严格的物理的和生理的"肌肉抽搐"来界定行为,他认为心理学应该研究克分子行为或整体行为,这也是受到了古典行为主义者霍尔特的影响。在托尔曼看来,整体行为具有下列特征。第一,整体行为是指向一定目的的。有机体的一切行为都是由目的指导的,它总是设法获得或避免某些事物,如猫设法逃出迷笼,老鼠探索迷津,人建造房屋等,都在于达到某种目的。对行为的最重要描述在于说明有机体正在做什么,目的是什么,指向何处。只有研究整体行为,才可把有机体所追求或回避的目的的确切地描述出来。第二,行为利用环境作为达到目的的手段和方法。产生行为的环境充满着各种途径、工具和障碍,有机体为了达到目的,必须利用这些途径和工具作为中介的手段。这个过程具有一定的选择性,因而使整体行为带有认知色彩。所以,有人把托尔曼的理论称为认知 - 目的理论或目的行为主义。第三,整体行为借助于目的性和认知性,必然会表现出一定的活动原则,托尔曼称之为最小努力的原则(principle of least effort),即对短近而易于达到目的的活动比遥远而困难的活动具有优先的选择性。第四,整体行为是"可训的"(docile)或可以接受教育的。如果行为是机械的、固定的,犹如脊髓反射一样,那么这种行为就属于分子行为;整体行为是可以教以目的的,也是可以改变目的的。

(二)中介变量说

托尔曼一方面认为,我们可以认同那些有意义的、有助于解释生物有机体行为的心理学概念,另一方面,他又强烈地认同自己是一个行为主义者。为了解决这一困境,他引入了中介变量(intervening variable),即介于环境刺激与可观察反应之间的认知过程。他受到逻辑实证主义的启发,用心良苦地把所有中介变量都与可观察的行为联系起来,也就是对他所有的理论术语进行了操作定义。

笔记

我们知道，白鼠可以学会走迷津，但关键的问题在于它是怎样学会的。托尔曼对此的解释是心灵主义的，他运用了假设、期待、信念、认知地图等中介变量。例如，当把白鼠首次放在一个 T 形迷津的起点时，这种经验对它来说是全新的，因而没有来自先前经验的知识可供利用。当它穿过迷津，遇到选择点时，有时会向右转，有时会向左转。假设实验者安排白鼠向左转就会得到食物强化，那么在某一时刻，白鼠就会得出一个未经充分论证的假设，即转向某一个方向会得到食物，而转向另一个方向得不到食物。在假设形成的早期，白鼠会在选择点停住，好像在"考虑"选择哪条路。由于这种"考虑"不是以外显行为的方式表现出来，而是在其内心进行的，因而托尔曼称之为替代性尝试 - 错误。如果白鼠早期形成的假设"如果我向左转，就会得到食物"得到了证实，那么它就会产生一种期待："当我向左转，将会得到食物"。如果期待总是被证实，白鼠就会产生一种信念："在这种情形下，我每次向左转，都会找到食物"。在这个过程中，动物会形成一个认知地图，即意识到在某一情形中所有可能发生的事。

假设、预期、信念、认知地图这些中介变量不仅可以描述有机体的行为，还可以对之做出解释。认知地图（cognitive map）是托尔曼创造的一个术语，它既是影响个体行为反应的一个重要的中介变量，也是有机体学习的结果。托尔曼通过精心设计的富有创造性的实验检验了他的理论假设。

（三）强化观

托尔曼抛弃了华生和桑代克对于学习的解释，认为学习不是由强化形成的，而是一个独立的过程。潜伏学习（latent learning）的经典实验说明了托尔曼对强化、学习和表现之间关系的观点。

1930 年，托尔曼和亨泽克（C.H.Honzik）用三组被剥夺了食物的白鼠作被试对象。第一组白鼠在成功穿过迷津后，得到食物强化；第二组白鼠在穿过迷津后得不到食物强化；第三组在前期也得不到强化，但从第 11 天起到达终点时得到食物强化。托尔曼的假设是，所有的实验被试对象都学会了如何通过迷津。结果如图 5-4 所示：第一组白鼠穿过迷津的速度提高很快，出错次数逐渐减少；第二组白鼠穿越速度和出错次数都没有明显改进；第三组白鼠在第 11 天以后的穿越速度和出错次数都有了巨大改进，也就是说，从第 12 天起这组白鼠的表现和第一组的一样好。由此托尔曼认为，无奖励组的学习似乎处于一种潜伏状态，直到出现一个诱因使有机体有理由将之表现出来。托尔曼称这种学习为潜伏学习。通过上述实验，他也明确地区分了学习和表现。

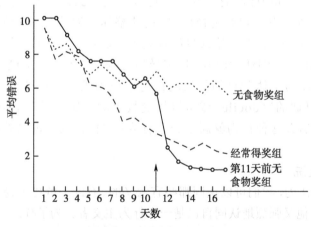

图 5-4　托尔曼和亨泽克关于潜伏学习的实验结果

笔记

托尔曼认为，由于每天都处在迷津中，白鼠形成了迷津的认知地图，了解了迷津的空间关系，即它知道如果看到一个刺激（S_1），第二个刺激（S_2）就会随之而来。托尔曼一方面接受了古典行为主义的主要观点，即某些类型的学习的确包括刺激 - 反应联结，但也强调刺激之间关系的学习，复杂的刺激 - 刺激联结是托尔曼认知地图概念中极其关键的要素。所以，托尔曼的观点有时也被称为S-S理论，而不是S-R理论。

（四）学习理论

托尔曼从其目的行为主义的立场出发，反对联结主义学习观，提出了学习的符号理论，亦称符号—格式塔理论（Sign-Gestalt theory）。其主要观点是：有机体通过学习获得达到目标的手段和途径的知识，即犹如获得了一幅认知地图。为了说明符号学习的具体表现和特征，托尔曼设计了一系列精巧的实验。

托尔曼认为，有机体不仅能够习得目的物的意义，还能够获得刺激情境的意义，他把后者称为位置学习（place learning）。为此，托尔曼设计了一个简单的实验来证实他的观点。他们采用了一个十字形的高架迷津（如图5-5），把白鼠分成两组。第一组8只白鼠随机地从S_1或S_2出发，但从S_1出发时必须到F_1才能获得食物，从S_2出发时必须到F_2才能得到食物，即为了得到食物，白鼠每次在选择点C都必须向右转弯。第二组8只白鼠也是随机从S_1或S_2出发，但食物一直都是放在同一个位置F_1，为了得到食物，白鼠从S_1出发时要向右转，从S_2出发时要向左转。结果发现，第二组在8次内全部学会，能顺利找到食物；第一组的学习效果却没有这么好，只有3只在15～22次尝试后学会了走迷津，而其他5只经过了72次尝试也未能学会。这说明学习的实质并不是简单的对刺激物的反应，而是一种更复杂的对刺激物空间关系和位置的学习，而且位置学习似乎更容易，效果更好。

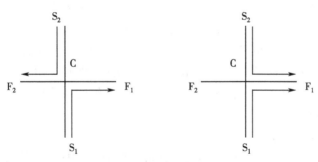

图5-5　白鼠的位置学习实验

为了进一步证实位置学习的存在，1930年，托尔曼和亨泽克共同设计了著名的迂回路径实验（roundabout route experiment）（如图5-6）。在实验中，实验者先让白鼠熟悉迷津的各条长短不一的通道。当通道1在A处被堵时，白鼠会立即选择通道2；当B处被堵时，白鼠不是尝试选择通道2，而是直接选择路径最长的通道3。可见，白鼠不是盲目地选择路径，它已经习得了刺激物之间的位置关系，按照在头脑中形成的认知地图去选择路径。可见，位置学习的过程也是形成认知地图的过程。

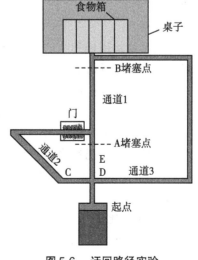

图5-6　迂回路径实验

托尔曼的认知地图包括方位感、关于特殊客体的空间布局以及许多可能连接各个客体的路径，可以说它包含了对我们所生活的世界的认知表征。这就像我们参照一个城市的地图去找到目的地。认知地图的概念极富独创性和吸引力，引发了许多后人的研究。

三、操作行为主义

（一）心理学的研究对象

斯金纳在其经典著作《有机体的行为》（1938）一书中勾画了其操作行为主义体系的主要观点。在这部著作中，斯金纳明确指出，应把行为作为科学研究的对象，心理学应该直接描述行为。他从纵向上分析了行为成为科学研究对象所经历的三个阶段：首先，达尔文强调心理发展的连续性，认为低于人的动物也有心理官能；其次，摩尔根提出吝啬律，排除了低等动物有心理官能的说法，仍相当成功地说明了动物行为的特征；最后，华生用摩尔根的方法来说明人类行为，重新建立了达尔文所要求的发展连续性而无需假设心理存在于任何发展阶段。斯金纳指出，华生的行为主义致力于研究肌肉收缩和腺体分泌，实际上是把心理学变成了生理学。在此基础上，他提出了自己关于行为的观点。在斯金纳看来，行为是有机体的机能中用以作用于外界或和外界打交道的那个部分。为了研究行为，我们可以采用描述的方法，但不能仅限于观察，还必须进一步研究函数关系，寻找行为发生的规律，借助于规律来预测行为。要做到这一点，就必须找到影响行为发生的变量。斯金纳沿用了传统心理学中的刺激、反应术语，并将观察到的刺激与反应之间的关系称为反射。

与其他行为主义不同的是，斯金纳认为除了巴甫洛夫的经典条件反射之外，还有另一种反射类型即操作性条件反射（operant conditioning）。经典性条件作用可以看作是由刺激物引起，行为是对刺激的应答或反应，因而这种条件作用也叫应答式条件作用，经典性条件作用行为也叫应答性行为。例如，巴甫洛夫的狗一听到铃声就分泌唾液，它们不需要做任何事情来"赢得"肉的强化，所以是被动的。而在操作性条件作用中，在有机体做出行为时没有明确的外部刺激，行为是自发产生的，是主动的，强化往往是在操作行为发生之后才出现，这种行为又称操作性行为（operant behavior）。在斯金纳看来，一方面对经典性条件作用行为的研究已经比较充分，也发现了许多规律；另一方面操作性条件作用行为对于理解人类行为非常重要，而目前这类的研究又相对匮乏。所以，他几乎用尽了全部精力来研究操作性条件作用行为，建立了自己的理论学说，因而斯金纳的理论也被称为操作行为主义理论（operant behaviorism theory）。

（二）心理学的研究方法

在研究方法上，斯金纳主张对行为进行分析。他指出："我们总是要分析的。既要分析就公开分析，这是正当的办法——尽可能公开而认真地去分析"。与精神分析不同，行为分析（behavior analysis）的对象是行为而不是心理，并且行为分析依赖于实验而不是个案研究。所以，有时行为分析又称为"行为的实验分析"，斯金纳的方法体系也就被称为行为的实验分析体系。

斯金纳运用他独特的行为分析法，对动物的学习行为进行了大量的研究，获得了巨大成功。为了分析动物的操作性行为，他还设计了专门的实验装置即斯金纳箱（Skinner Box）。将饥饿的白鼠放在箱内，在这种没有明显的无条件刺激的环境中，白鼠偶尔踏上杠杆，供丸装置自动送落一粒食丸。经过几次尝试之后，白鼠就会不断压杠杆，直到吃饱为止。在这一实验中，白鼠学会了按压杠杆而获取食物的反应，形成了操作性条件作用。箱内的杠杆连着箱外的一个记录器，可以记录下动物按压杠杆的频率和强度。实验者通过观察和分析这些数据，就可以发现行为的结果对后续行为的影响。在此基础上，斯金纳提出了他的强化观。

（三）强化观

斯金纳非常重视强化的作用，以至于有人称他的行为原理为操作 - 强化学说。斯金纳认为，任何习得的行为，都与及时强化有关；对强化的控制就是对行为的控制。他曾说，自然选择解释了一小部分人类行为以及大量非人类的动物行为,但是大部分人类行为是通过强化来选择的,尤其是文化行为。斯金纳对强化的种类、强化的性质、强化程式等问题进行了系统研究,并与费尔斯特合著出版了《强化的程式》一书。

1. **强化的种类**　在斯金纳看来,强化(reinforcement)就是能够增强反应频率的行为结果,强化物(reinforcer)则是能够增强反应频率的刺激或事件。首先,斯金纳区分了两类强化物。他指出:"一类强化是提供刺激,给情景呈现一些东西——如食物、水或性关系。这类刺激叫做正强化物。另一类强化是从情景中消除掉某些东西——如噪音、强光、寒冷、炎热或电击,这些刺激叫做负强化物。在上述两种情况下,强化的作用都是提高反应概率。"相应地,强化也可以分为两类,一类是正强化(positive reinforcement)或积极强化,是指通过呈现想要的愉快刺激来增强反应频率;另一类是负强化(negative reinforcement)或消极强化,是指通过消除或中止厌恶的、不愉快的刺激来增强反应频率。

同时,斯金纳还阐述了强化与惩罚的差异。他指出,惩罚(punishment)不同于负强化,惩罚是指能够减弱或降低反应频率的刺激或事件,显然,其作用在于降低行为发生的频率;而无论是负强化还是正强化,其目的都是增加行为发生的频率。斯金纳还进一步区分了Ⅰ型惩罚与Ⅱ型惩罚:Ⅰ型惩罚是指通过呈现厌恶刺激来降低反应频率,Ⅱ型惩罚是指通过消除愉快刺激来降低反应频率。关于强化与惩罚的区别见表5-1。

表 5-1　强化与惩罚的种类

	行为被增强	行为被减弱
呈现刺激	正强化(呈现愉快刺激,如给以高分)	惩罚Ⅰ(呈现厌恶刺激,如给予批评)
消除刺激	负强化(消除厌恶刺激,如免除杂务)	惩罚Ⅱ(消除愉快刺激,如禁看电视)

作为一个行为主义者,斯金纳并不赞成使用惩罚来塑造个体的行为。他一直认为,只有通过积极的强化,个体才能建立稳定持久的反应模式。

斯金纳还区分了初级强化和次级强化。初级强化满足人和动物的基本生理需要,如水、安全、温暖等;次级强化是指任何一个中性刺激如果与初级强化反复结合,它自身也能获得强化性质。只有少数的人类行为是由诸如食物这样的初级强化物来维持的,因而对人类来说次级强化物非常重要。

2. **强化程式**　除了强化物的性质之外,强化出现的时间和比率对个体的行为也有很大影响。在实际生活中,并非个体的每一个行为都会得到及时强化,因而斯金纳更关注对间歇强化的研究。间歇强化(intermittent reinforcement)是相对于连续强化而言的,顾名思义,它是指间歇性地强化有机体的行为。经过研究,斯金纳得出了四种强化程式:固定比率强化、固定间隔强化、变化比率强化和变化间隔强化。①在固定比率程式(fixed ratio schedule)中,有机体在做出每个固定数量的反应之后都会得到强化。如果在每次反应之后它都会得到食物,这种固定比率的类型就叫做"连续强化"。如果连续强化被撤销了,动物很快就会停止反应,即消退。当固定比率不是1:1(假如是1:10)时,动物在两次强化之间的反应速度会非常快,而且在强化被撤销之后,反应的消失也慢得多。②在固定间隔程式(fixed interval schedule)中,有机体在做出第一个反应之后,要隔一段固定的时间才能得到强化。例如,假设这个间隔是2min,鸽子在第一次啄食之后,紧接着是2min的间隔,然后才能得到食物。在学会粗略估计时间之后,鸽子会慢慢地啄食,直到临近强化的时间,它又啄得非常快。在得到强化之后,其反应频率再次降低。这就像许多大学生平时不怎么努力学习,快到期末考试时才临时抱佛脚,而考试一结束,又回到懒散的状态,直到下次考试来临。在这一点上,这些大学生和鸽子看起来非常相似。计时工资也是属于这一类强化。③变化比

97

率程式（variable ratio schedule）是指保持强化比率的平均值不变，但具体实施时，强化比率在一定范围内不断变化。例如，对于鸽子的反应平均每 20 次强化一次，但在实验中，可能每次反应都会得到强化，也可能中间有几百次反应都得不到强化。此时，由于强化概率是固定不变的，所以，有机体的行为会保持比较稳定的速率。变化比率强化的典型例子就是赌博。④变化间隔程式（variable interval schedule）是指强化的时间间隔变化不定。利用这种强化程式，可以有效地消除强化呈现之后反应频率降低的现象。斯金纳举的一个例子最能说明问题："例如，我们可以平均每 5min 给反应强化一次，中间这段时间可能短到几秒钟，或长到 10min，而不是每过 5min 就进行一次强化。在有机体已经得到强化后，再偶尔紧接着进行另一次强化，其反应就会连续进行。在这种强化方式的影响下，有机体的操作会相当稳定，始终如一。我们已经观察到，平均每 5min 得到变化时距的食物强化的鸽子，每秒能作出 2～3 次反应，连续反应长达 15h；在此期间，鸽子停止反应的时间从未超过 15s 或 20s。进行这种强化之后，再消退某个反应通常是十分困难的。以时间间距可以变化的强化为基础，可以提供多种社会或个人强化，所形成的行为具有超常的持久性。"

由上可见，与固定比率和固定间隔程式相比，在变化比率和变化间隔程式中，由于强化的不规则出现，有机体不会很容易就觉察到强化已经不再继续了，因此其反应消退得很慢。在分别阐述了上述四类强化之后，斯金纳还设想，为了最大限度地提高行为效率，可以使用强化表，联合采用多种强化程式。

（四）言语行为

斯金纳认为对言语行为的研究是他最重要的工作。1957 年，他出版了《言语行为》一书。斯金纳主张，言语行为（verbal behavior）就像其他行为一样，是个体发出的并受到强化的行为，可以根据操作性条件作用原理来解释。语言不是内部心理动因或计算机式大脑的产物，词语不是符号。言语行为是说话者所属的语言群体选择和强化的产物，使个体与周围环境中的人或事物产生联系。斯金纳的《言语行为》对人类语言的分析引起了很大的争议，尤其是受到了乔姆斯基（N.A.Chomsky）很有影响的无情批判。主要是因为"乔姆斯基的语言学分析，当代关于语法和语言的研究，已经超越了斯金纳的较不精确的建议，有了相当深入的发展……斯金纳对句法及其获得的解释是他的整个分析中最薄弱的部分，但语法分析正是现代语言学的长处。"斯金纳的语言理论过于依赖外部强化，不能很好地解释儿童语言发展的关键期、语言的创造性、语言表达形式的丰富性等许多重要的问题。

（五）心理治疗观

斯金纳的实验行为分析也应用到了心理治疗中。在 20 世纪 30 年代，他对使用操作技术治疗精神病患者感兴趣，但由于时间关系斯金纳最终没能做这件事。在《科学与人类行为》一书中，斯金纳专列了一章讨论心理疗法。首先，他分析了人类的社会行为中由控制不良而导致的副作用，如逃避、反抗、消极抵制；而恐惧、焦虑、愤怒或狂怒、压抑则是控制在情绪上的副作用。斯金纳指出，通过惩罚的控制在操作行为上也会产生意想不到的影响，例如作为逃避的一种形式的药瘾、精力过分充沛的行为、过分抑制的行为、有缺陷的刺激控制、有缺陷的自我意识、厌恶性自我刺激等。可见，在问题行为的成因上，斯金纳持有的是一种外因论，即控制不良论。也就是说，异常行为主要是由于控制不当、强化不当，尤其是惩罚过度所造成的。斯金纳指出，对个体本身或他人来说是烦扰或危险的行为需要治疗。与上述观点一致，斯金纳在治疗观上认为，"心理治疗的主要技术旨在翻转作为惩罚的结果而产生的行为的变化。"我们可以这样认为，心理治疗是不良行为产生的逆过程，是要纠正一种特定的行为状态，必须对其产生的过程进行分析。因而，治疗在本质上也是一种控制、强化的过程，是使行为朝向积极的、合意的方向转变的过程。

1952 年，斯金纳曾在马萨诸塞州沃尔瑟姆的大都会州立医院发起了一个行为治疗项目。1953年11月,斯金纳和他的同事们在一篇题为《行为治疗的研究》的论文中报告了他们的研究,标志着行为治疗(behavior therapy)这一术语被首次使用。如今,行为矫正和行为治疗仍是心理学中很有发展前景的领域,而斯金纳对此作出的贡献也是不容忽视的。

第三节　新行为主义的简要评价

一、新行为主义的贡献

第一,在研究对象上,新行为主义不仅仅局限于研究有机体的外显行为,而且也探察有机体内部的心理过程。他们吸收了逻辑实证主义和操作主义的观点,将内部的心理过程与可观察的行为联系起来,引入中介变量的概念。这极大地拓宽了心理学的研究范围和视野,也使心理学看到了更深层次的问题。

第二,在研究方法上,新行为主义者注重实验和量化的方法。不像有些古典行为主义者仅限于理论思辨或提出观点,较少采用严格的实验室实验,新行为主义者既设计了控制严密的精巧实验,又以此为依据提出了一整套关于行为的学说。托尔曼以客观的方法来研究复杂的认知信息,为后人的研究提供了示范和启迪;赫尔的数量化研究方法是其理论最突出的特征;斯金纳对动物行为的实验研究也非常精细、彻底,精心构筑了其精确的操作行为主义体系,以达到客观分析和描述行为的目的。这些方法既为理论提供了令人信服的依据,又为心理学的研究展示了新的途径和手段。新行为主义使心理学的研究更加精致、更加精确、更加科学。

第三,新行为主义重视对学习问题的研究,丰富了学习心理学的内容和研究手段,促进了人们对学习的认识和理解。托尔曼、赫尔、斯金纳的理论无一不对学习心理学产生了广泛而深刻影响。托尔曼提出和论证了许多新课题,如位置学习、潜伏学习、认知地图等;赫尔的理论以博大精深著称,也被广泛接受、广泛引证,他的理论"在当时是最好的体系……从这一体系所激起的、不论是捍卫它、修正它或否定它的实验或理论研究来看,在1930年至1955年这一段时期内,它是影响最大的学说。"就学习心理学而言,斯金纳的影响也是首屈一指的。他深入地研究了行为发生的规律,尤其是在强化问题上,极大提高了我们预测和控制有机体行为的能力。

回顾20世纪对学习心理学有重要影响的心理学家,可以说是各领风骚数十年。"20世纪前10年是桑代克,第二个10年是华生,第三个10年是巴甫洛夫,第四个10年是古斯里,第五个10年是托尔曼,第六个10年是赫尔。从60年代开始到整个70年代,是斯金纳及其追随者统治了学习心理学的领域,其统治地位跨越了两个10年……"由此不难看出,在学习心理学的历史上,几位新行为主义者做出了不可磨灭的贡献。

第四,新行为主义影响和促进了行为主义的发展,起到了承上启下的重要作用。一方面它克服了古典行为主义的局限,使之走出了发展困境;另一方面,新行为主义又开辟了新的研究天地,派生了许多研究课题,为新的新行为主义的产生提供了思想基础。例如,中介变量的提出突破了早期心理学仅凭刺激-反应的单一公式来解释行为的局限性,促使与新行为主义同期或后继的研究者着手研究影响行为的内部因素。这对于行为主义心理学的发展具有开创性的意义,使行为主义出现了重要转机,并在此基础上取得了长足的进步。

二、新行为主义的局限

第一,新行为主义最大的局限性可能表现在其研究方法上。新行为主义者虽然强调人类行为的复杂性，但主要还是以动物为被试对象而获得实验结果，最终又推及人类，用于解释、预测或控制人类的行为，难免有简单化、片面化的嫌疑以及还原论的倾向。托尔曼以白鼠为实验对象；斯金纳以对白鼠或鸽子的有限行为的研究推导出普遍的动物行为原理，并将之用于人类的言语、教育、社会事务等一切可能的领域；赫尔的研究方法也过于特殊而缺乏足够的概括性，从单一实验情境的少量动物行为研究中推论了许多普遍的公式和参数，在此基础上演绎出许多关于行为的定理，这不由得使人怀疑其理论的代表性和说服力。在研究方法的局限性上体现得最明显的可能就是赫尔的理论。他为心理学研究进行了可贵的数量化尝试，"尽管赫尔喜爱他的理论的数量方面，但后代的心理学家，甚至他的同情者，一致的意见是，赫尔的理论工作中的具体数量细目是最武断的，最不重要的，最乏味的，最缺乏持久性的。"正因为如此，有人评论说："在某种意义上，赫尔对心理学的主要贡献不在于他的理论内容，而在于他对用假设演绎法建立一个系统的数量化心理学体系所抱的理想。"

第二，新行为主义没有充分重视和解释有机体内部的心理状态。虽然在影响有机体行为的内部因素的问题上，新行为主义比古典行为主义前进了一步，但这一步迈得还不够彻底，具有折中主义倾向。新行为主义者只是笼统地提出了中介变量，并没有进一步探讨内部心理因素产生作用的过程。他们创造了一些新名词、新概念，对于有些术语没有进行明确界定，难以被证实，比如赫尔提出的刺激痕迹等。斯金纳更是竭力反对研究有机体内部的过程，这使得他的立场似乎比华生更激进，因而他被指责研究的是空洞的有机体。

正如布伦南所说："新行为主义可能是一种共识，而不是一个体系，它认识到了可观察行为的重要性。除了这一共识外，新行为主义的折中主义呈现出主导地位，从而阻碍了进一步的界定。"

三、新行为主义心理学的影响

第一，新行为主义心理学影响了心理学的发展进程。托尔曼提出了期待、信念、认知地图等中介变量，为行为主义的发展带来了一束新的曙光，使后来的研究者看到了认知因素对外部行为的重要影响。托尔曼的研究是古典行为主义和当代心理学之间最重要的桥梁之一，他的观点对认知心理学产生了重要影响，可以说开创了认知心理学研究的先河。

赫尔的庞大理论也极具吸引力，在他门下聚集了众多追随者，以至形成了著名的耶鲁学派。斯彭斯（K.W.Spence）是赫尔最著名的学生以及其后来的合作者，他关注将赫尔的原理应用到各种行为过程，包括对焦虑的分析、对辨别学习的解释等，他的研究代表了整合行为主义原理和精神病理学的一些初步尝试。赫尔另一位重要的学生是米勒（N.Miller），他早期的研究试图将赫尔的分析应用到来自精神分析文献的行为问题上。米勒和多拉德以及其他人关于挫折和冲突的研究已经成为经典，直接支持了当代行为矫正取向。赫尔的第三个学生莫勒（O.H.Mowrer）在1947年的一篇论文中阐述了巴甫洛夫的条件作用和工具性条件作用之间的区别。根据这种区别，莫勒提出了一个关于递增惩罚而递减奖赏的修正的双过程理论。在递增强化中，刺激充当恐惧的符号；而在递减强化中，刺激则充当希望的符号。莫勒将这些原理应用到精神病理学中，从而为行为矫正的出现做好了准备。

对赫尔在心理学领域的影响有各种客观的估计，比如在1949—1952年，《变态心理与社会心理杂志》共105次引用了赫尔的《行为原理》一书，以及前文提到的《实验心理学杂志》和《比较心理学杂志》大量的研究都参考了赫尔的著述。新赫尔传统的当代研究还延伸到了关于学习的生理基础之类的问题。这些研究借鉴了反射学的神经生理学成果，集中在诸如学习的个体发生、记忆的巩固和恢复过程以及注意的感觉因素等领域。

斯金纳的操作行为主义体系在学院心理学和应用领域也产生了广泛影响。在许多比较有影响的心理学家知名度调查中，斯金纳曾多次名列前茅，其影响甚至不亚于弗洛伊德。

1958年，在斯金纳的努力下，《行为的实验分析杂志》创刊，该杂志的持续存在为斯金纳对学习心理学产生影响做出了独一无二的贡献。《行为的实验分析杂志》和《应用行为分析杂志》都是由斯金纳的操作取向占据主导地位，而且随着行为主义理论的发展和普及，斯金纳方法论革新的重要性也得到了认可，并运用在了各种实验室和应用情境中，例如对智障者的训练、程序学习和行为疗法。他的影响还进一步反映在专业机构上，如美国心理学会第25分会即行为分析分会。

第二，新行为主义促进了心理学在应用领域的发展。托尔曼的研究可视为20世纪50、60年代动机、临床心理学、神经心理学、数学学习理论等众多领域发展的起点。他是发表为提高白鼠学习迷津能力而进行筛选育种研究的第一人。他的这项研究不仅启发了他的学生特赖恩（R.C.Tryon），还影响了行为遗传学领域。赫尔也敏锐地意识到了评定人类能力和潜能的问题，他的《能力倾向测验》一书现在是那个领域的经典之作；他的《催眠与受暗示性》也是关于催眠主题的最有学识和最有价值的著作之一。

斯金纳在推动心理学走进社会事务和社会实际、走向普通民众方面，给人们留下了深刻印象，取得了巨大成功。他致力于将操作条件作用原理应用于包括教育政策、语言学、个体发展、军事训练和临床治疗在内的许多领域。他的程序教学（programmed instruction）思想促进了教材编制的系统化、科学化，随着信息时代的来临和网络教学的普及，程序教学无疑对网络教学提供了有益的启迪；由行为控制技术而发展出的行为矫正方法，现已成为心理治疗中不可或缺的部分。斯金纳认为，如果我们根据行为分析的科学原则控制行为，我们就会终止污染，缓解人口过剩，改善环境，增进所有年龄群体的健康，消除战争，培养审美与艺术，发展出每个人都感到愉快的、有价值的职业，带来普遍的人类幸福和健康。有了行为的控制，我们不会成为机器人或受到其他人的支配，而是能够有一个更自由的世界。为了实现美好的社会，无效的积极强化物也需要被有效强化物代替。可见，斯金纳不仅在实验心理学领域作出了不朽的贡献，他在关乎人类福祉的临床心理学领域乃至社会控制方面都作出了积极的探索。

思考题

1. 什么是新行为主义？
2. 根据赫尔的理论，界定强化、习惯强度、反应势能。
3. 简述潜伏学习实验的意义。
4. 托尔曼的理论对当代认知心理学产生了什么影响？
5. 斯金纳怎样区别应答性行为与操作性行为？
6. 新行为主义在当代心理学中具有怎样的地位？

参考文献

[1] 郭本禹，修巧艳.行为的控制——行为主义心理学.济南：山东教育出版社，2009.

[2] 张厚粲.行为主义心理学.杭州：浙江教育出版社，2003.

[3] 乐国安.从行为研究到改造社会——斯金纳的新行为主义.武汉：湖北教育出版社，2000.

[4] 鲍尔，希尔加德.学习论——学习活动的规律探索.邵瑞珍，译.上海：上海教育出版社，1987.

[5] 托尔曼.动物和人的目的性行为.李维，译.杭州：浙江教育出版社，1999.

[6] 斯金纳.科学与人类行为.谭力海，译.北京：华夏出版社，1989.

[7] 高觉敷.西方近代心理学史.北京：人民教育出版社，1982.

[8] 郭本禹.心理学通史·第四卷·外国心理学流派（上）.济南：山东教育出版社，2000.

[9] 郭本禹.外国心理学经典人物及其理论.合肥：安徽人民出版社，2009.

笔记

［10］史密斯.当代心理学体系.郭本禹,译.西安:陕西师范大学出版社,2005.

［11］霍瑟萨尔,郭本禹.心理学史.郭本禹,译.北京:人民邮电出版社,2011.

［12］赫根汉.心理学史导论.郭本禹,译.上海:华东师范大学出版社,2004.

［13］赫根汉.学习理论导论.郭本禹,译.上海:上海教育出版社,2010.

［14］Nevin J.A.Burrhus Frederic Skinner: 1904—1990.The American Journal of Psychology, 1992, 105（4）: 613-619.

［15］Spence K.W.Clark Leonard Hull: 1884—1952.The American Journal of Psychology, 1952, 65（4）: 639-646.

［16］Titchener E.B.On"Psychology as the Behaviorist Views It".Proceedings of the American Philosophical Society, 1914, 53（213）: 1-17.

笔记

第六章　　新的新行为主义

自20世纪初华生高举行为主义革命大旗以来,行为主义在美国心理学领域一直处于主导地位。但到了60年代,随着新行为主义者赫尔、托尔曼的过世,只有斯金纳等少数人仍坚持激进的行为主义观点。更多的人则看到了传统行为主义的实证主义哲学基础、严格的环境决定论以及人和动物不分观点的严重缺陷。在此背景下,行为主义阵营中的一些心理学家如罗特、班杜拉、米契尔等更新一代行为主义者,力图摆脱行为主义的危机,采取更加温和的态度,大胆引入刚刚兴起的认知术语来说明人的行为,对行为主义进行认知心理学改造,进一步提出了新的新行为主义(Neo-neobehaviorism)。继古典行为主义、新行为主义之后,新的新行为主义就成为第三代行为主义(the third generation of behaviorism)。

第一节　新的新行为主义概述

一、新的新行为主义的历史背景

(一)行为主义的危机

古典行为主义由于对意识的极端怀疑态度和机械论的观点而招致了心理学界的猛烈抨击。到20世纪30年代末,古典行为主义的大势已去,由此出现了一批新行为主义者。他们接受了逻辑实证主义和操作主义的观点,采取了既进行客观实验,也发展心理学理论的做法,试图将行为主义改造为真正的科学心理学。但他们在方法论上过于拘谨的态度,决定了他们在理论观点的实质上仍然对意识持否定态度。前已述及,在新行为主义者中,赫尔及其弟子的理论吸引了众多的心理学家,在实验心理学中曾占据了主导地位;托尔曼为了解释行为操作中的中介因素,引入了预期、信念、认知地图等中介变量。但到了1950年前后,以动物学习理论推论人类学习的局限性日益暴露,赫尔和托尔曼等人建造心理学体系的雄心勃勃的年代一去不复返了。诚如黎黑所说:"托尔曼和赫尔诚心诚意地以他们自认是适宜的科学途径从事心理学研究,他们信奉自己从华生那里学来的客观化研究。他们信奉自己从逻辑实证主义那里学到的客观化理论,而尽管有严密的方法,他们仍然未能造成一种在细节上比铁钦纳体系更可行的体系。"在赫尔、托尔曼的理论体系走向衰落之时,行为主义心理学再一次出现了范式危机。

也许赫尔和托尔曼的失败还应该归因于逻辑实证主义。20世纪40年代后,面对新一代科学哲学家的挑战,逻辑实证主义也出现了严重的危机。新一代哲学家认为,成功的科学模式并非像逻辑实证主义所描述的那样,仅有一种理性的模式。他们认为,一切知识都依赖于观察者,因而不可避免地带有主观色彩。科学哲学的转变动摇了新行为主义赖以存在的方法论基础。为此,行为主义的发展必然面临着新的危机。

（二）社会学习理论的影响

早在 20 世纪 40 年代前后，早期的社会学习理论家如米勒和多拉德就已经陆续出版了《挫折与攻击》(1939)、《社会学习与模仿》(1941) 以及《人格与心理治疗》(1949) 等一系列著作，此后，罗特也出版了其专著《社会学习与临床心理学》(1954)。"这些著作标志着社会学习理论的发轫"。社会学习理论 (social learning theory) 是在行为主义的刺激 - 反应接近原理和强化原理的基础上发展起来的一种行为理论。早期的社会学习理论家都具有行为主义的传统素养，从动物行为研究的模式中去推论人的社会行为，企图使之成为可被实验证实的客观性描述。但是除了米勒和多拉德之外，其他的社会学习理论家虽然各自理论体系的侧重点不同，却都突破了传统行为主义的理论框架，从认知和行为联合起作用的观点去看待社会学习。正是由于对认知因素及其过程的承认，才保证了第三代行为主义者们所提出的学习理论体系的社会性质。因而可以说，新的新行为主义也是在早期社会学习理论的基础上发展而来的。

（三）认知革命的影响

随着行为主义逐渐失去了哲学基础的支持，其衰落引起了心理学内部巨大而深刻的变革，促使多种取代行为主义的新的心灵主义研究范式的产生。其中，信息加工认知心理学重新恢复元气，比以往吸引了更多的关注和追随者，其势力日益强大，逐渐成为心理学的主导形式，从而带来了心理学界的认知革命。

认知革命 (cognitive revolution) 的兴起给处于危机之中并富有创新精神的新一代行为主义者以巨大的理论启示，并在两个层面上影响了后者。第一，它以历史的方式论证了对内部过程进行科学研究的合理性，并在理论假定上隐含着它承认内部因素及其过程存在的真实性，而不管理论家如何称呼它：或是意识的，或是认知的，或是其他，从而有可能使行为主义者突破其传统信念的狭隘性，探讨内部因素或过程与行为之间的关系，在对待意识的问题上变得更加温和化。第二，它为处于危机之中的新一代行为主义者提供了一种选择，即从这些新的心灵主义研究趋势中汲取营养，建构出能够包容意识因素并说明其与行为之间关系的新的行为主义体系。信息加工认知心理学满足了行为主义者的这种理论要求，因为它在一系列基本假定和科学理想上与行为主义完全相同，或者说它们与行为主义具有深刻的"连续性"。

二、新的新行为主义的代表人物

（一）班杜拉

艾伯特·班杜拉 (Albert Bandura, 1925—) 出生于加拿大阿尔伯塔省北部的偏僻山村，早年就读于地处温哥华市的不列颠哥伦比亚大学。偶然的机会让他对心理学尤其是临床心理学产生了浓厚兴趣，于是他决定专攻心理学。他于 1949 年毕业，并获得该校为优秀毕业生设立的贝娄肯心理学奖 (Bolocan Award in psychology)。大学毕业后，班杜拉到美国爱荷华大学跟随著名心理病理学家本顿 (A.L.Benton) 教授，读临床心理学专业研究生，并先后于 1951 年和 1952 年获得硕士和博士学位。在此期间，班杜拉阅读了米勒和多拉德合著的《社会学习与模仿》一书。该书将模仿看成是社会学习非常重要的形式之一，这种观点极大地激发了班杜拉的理论灵感，使他对传统行为主义以直接经验为基础的学习观产生了质疑。这为他日后提出观察学习理论奠定了基础。

1953 年，班杜拉来到维奇塔辅导中心 (Witchita Guidance Center) 开始了博士实习训练，同年，他获得了斯坦福大学的教师职位。1974 年，他当选为美国心理学会主席，1976 年任斯坦福大学心理学系主任。2004 年获得美国心理学会授予的心理学杰出终身贡献奖。目前，他仍以乔丹心理学教授 (David Starr Jordan Professor of Social Science in Psychology) 的

笔记

身份任职于斯坦福大学心理学系。

班杜拉的主要著作有:《行为矫正原理》(1969),该书系统阐释了矫正障碍行为的示范疗法,至今仍被视为临床心理学专业的经典之作;《攻击:社会学习的分析》(1973),该书开创了攻击行为的社会学习观;《社会学习理论》(1977),该书标志着社会学习理论体系的初步成熟;《思想和行动的社会基础》(1986)对人类主体因素及其作用机制进行了分析,可以看作是班杜拉学术思想发展的分水岭;《自我效能:控制的实施》(1997)一书详细阐述了自我效能理论的基本主张,及其在生命发展、教育、健康、精神病理学、运动、商业乃至国际事务中的应用。

图6-1　艾伯特·班杜拉

班杜拉虽不是提出并使用"社会学习理论"术语的第一人,但就理论建构与社会影响而言,他提出的社会学习理论体系无疑是最系统化且影响最大的,可以认为他是社会学习理论的奠基人或集大成者(图6-1)。

(二)罗特、米契尔、斯塔茨

1. **罗特**　朱利安·罗特(Julian B Rotter,1916—)出生于纽约布鲁克林区的一个犹太家庭。他在读初中时就浏览过弗洛伊德和阿德勒的著作。1933年进入布鲁克林学院选择了化学专业,但他对心理学一直保持着浓厚的兴趣,参加了在阿德勒家中举行的个体心理学协会的讨论和会议。1937年毕业后到爱荷华大学读心理学专业研究生,并选学了勒温的课。1938年他成为伍斯特州立医院的临床心理学实习医生。1939年开始了在印第安纳大学临床心理学专业的博士研究,成为少数几位接受传统模式训练的临床心理学家之一。

1946年,他成为俄亥俄州立大学的助教,与凯利(G.A.Kelly)一道致力于临床心理学研究。1951年,成为该校临床诊所主任。1954年出版了其最重要的著作《社会学习与临床心理学》,在该书中,罗特把米勒和多拉德的社会学习概念应用于人格和临床领域。1963年,罗特成为康涅狄格大学临床心理学训练计划的主任,现在是该校的荣誉退休教授。1966年,他发表了《强化的内外控制点的类化期待》一文,将内外控制点、人际信任等人格变量引入其理论体系。1972年,罗特与他人合著的《人格的社会学习理论的应用》将社会学习理论应用到人格发展、人格评估、社会心理学、心理病理学、心理治疗等领域。1975年,他与霍克赖奇(D.Hochreich)合著的《人格》出版,该书是对其社会学习人格理论最全面的阐述。1982年,罗特出版了《社会学习理论的发展与应用》一书,该书是他的重要理论文章和研究报告的汇编。

图6-2　朱利安·罗特

罗特曾担任美国心理学会人格与社会心理学分会主席、临床心理学分会主席等职,1989年,他被授予美国心理学会杰出科学贡献奖。作为早期的社会学习理论家,罗特的思想对社会学习理论的发展产生了重要影响(图6-2)。

2. **米契尔**　沃尔特·米契尔(Walter Mischel,1930—)出生于奥地利维也纳,其住所离弗洛伊德的家仅咫尺之遥。1939年,随全家来到纽约,先后就读于纽约大学、纽约市立学院,并于1956年获得俄亥俄州立大学临床心理学哲学博士学位。他深受凯利和罗特的影响,他说:"凯利和罗特是我的两位良师,他们两位都对我的思想产生了深远的影响。我认为我自己的工作——无论是对认知的研究,还是对社会学习的研究工作——显然都是来自于他们的贡献,即关注作为解释者和行事者的个体、个体与变化着的环境之间的相互作用,以及即使是当个体面临完全不协调的情况时,他仍然努力去使生活具有一致性。"1958年米契尔在哈佛大学任职,并与奥尔波特(G.W.Allport)、莫瑞(H.A.Murray)联系密切。1962年他来到斯坦福大学,与班杜拉一起研究满足延宕以及榜样对儿童行为的影响。1965年,米契尔参加了和平队评估计划(Peace Corps assessment project),在活动中他发现,综合的特质测量实际上还不如自我报告。这使得米契尔更加怀疑传统人格理论的有效性。1978年,他荣获美国心理学会临床心理学分会授予的杰出科学家奖;1982年,美国心理学会授予他杰出科学贡献奖。1984年,米契尔担任哥伦比亚大学心理学教授至今。1991年,他被选为美国艺术与科学学会委员;2000年,获得美国实验社会心理学家协会授予的杰出科学家奖(图6-3)。

图6-3 沃尔特·米契尔

1968年,米契尔出版了《人格及其评价》一书,引起了人格心理学领域关于个体-情境之争,也确立了他在心理学界的地位。1971年他出版了《人格导论》,到2003年已出版了第七版,在该书中他系统阐述了整合人格心理学的思想。

3. **斯塔茨** 阿瑟·维尔伯·斯塔茨(Authur Wilbur Staats, 1924—)出生于纽约。1949年,他在加利福尼亚大学洛杉矶分校获得农学学士学位,1953年获得文学硕士学位。同年,他了解了赫尔、斯彭斯等人的理论,相信心理学是一门科学。从此,他自己也成为一名行为主义者,开始了对心理学问题的探索。在读博士期间,导师欧文·马尔茨曼(Irving Maltzman)向他推荐了多拉德和米勒的《人格与心理治疗》,这增进了斯塔茨把学习原理扩展到人类行为的兴趣。1956年,斯塔茨获得普通-实验心理学的哲学博士学位。

20世纪50年代中期,斯塔茨研究了语言问题,包括情绪-语言关系、精神分裂症患者的异常语言、阅读及阅读困难等。在批评了赫尔、斯金纳等人理论的基础上,斯塔茨坚信需要建立"第三代"学习理论,即他所谓的心理行为主义理论。1965—1966年,斯塔茨在美国退伍军人管理局做临床心理学咨询师,开始将学习原理扩展到对人类行为的分析上。运用学习术语分析临床问题是他长期的主要兴趣之一。

1955年,斯塔茨成为亚利桑那州立大学心理学系的助理教授,在那里他一直工作到1964年。1958年,他和同事完成了词语意义的一级条件作用研究。1961年,斯塔茨在休假期间访问了艾森克的早期行为治疗发展中心——莫兹利医院,这极大促进了他对许多领域进行整合的兴趣。1964—1965年,斯塔茨在加利福尼亚大学伯克利分校做访问教授;1965—1967年担任威斯康星大学的教育心理学教授;1967年成为夏威夷大学心理学与教育心理学教授,直到1999年退休(图6-4)。斯塔茨一直致力于扩展对学习原理的实验研究,包括提供学习原理的整合理论。同时,他也是心理学整合工作的积极探索者。斯塔茨的主要著作有:《社会行为主义》(1975),《心理学的分裂危机:统一科学的哲学和方法》(1983),《行为与人格:心理行为主义》(1996)等。

图6-4 阿瑟·维尔伯·斯塔茨

笔记

第二节　班杜拉的社会认知行为主义的主要理论

一、三元交互决定论

在心理学界，关于人性及其行为的因果决定模式，历来有许多不同的观点。一种是个人决定论，例如精神分析学派、特质理论、人本主义理论等，认为个体内部的本能、特质、需要等是行为的决定因素；第二种是环境决定论，如激进的行为主义，认为人的行为是外部环境的产物，受环境所决定；第三种是互动论，认为个人和环境是彼此独立的因素，二者相互作用，共同决定人的行为，当代心理学家大多都赞同这种观点。

班杜拉不同意上述三种观点，而是提出了三元交互决定论（triadic reciprocal determinism）。他认为，在个体、环境、行为这三个因素之间，每两者都具有双向的交互决定关系，从而构成决定个体机能活动的三元交互决定系统，如图 6-5 所示。图中 P 代表个体因素，B 代表行为，E 代表环境，箭头代表因果关系的作用方向。班杜拉指出："行为、个体的内部因素、环境影响是彼此相互联结、相互决定的因素。这一过程涉及三个因素的交互作用，而不是两个因素的联结或两因素的双向作用。"

图 6-5　三元交互决定论示意图

在三元交互系统中涉及三对双向交互决定的过程。①个体与行为之间是相互决定的：一方面，个体的内部因素如期待、信念、自我知觉等会影响其行为方式和努力程度；另一方面，个体的行为结果也会调整、改变个体的自我认知、情绪、态度等内部因素。②个体与环境之间也是交互决定的：一方面，个体的能力、性格、气质、社会角色等因素会激活和引起不同的环境反应；另一方面，不同的环境因素会影响甚至改变个体的能力、性格等主体因素。③行为与环境条件是相互决定的因素：行为作为个体改造环境的手段，必然要受到环境条件的制约或决定；但对于个体而言，环境并不是固定不变的僵化实体，它的一个重要特征就是潜在性，即某种环境因素是否与个体发生关系并产生影响，取决于行为是否激活了环境。班杜拉强调行为对环境的反作用，即行为可以影响并改变环境。

三元交互决定论并不意味着构成交互决定系统的三个因素具有同等的交互影响力，三者之间的交互作用模式也不是固定不变的。实际上，不同的个体在不同的环境或活动中，三者的交互影响力及其相互作用模式是不同的，从而使其中某一种因素凸显为个体活动的主要决定因素。但是，班杜拉认为，在大多数情况下，三者之间是密切联系、互为因果的。不过，班杜拉特别重视个体的因素，他还进一步分析了作为主体的人所拥有的符号化能力、替代学习能力、预见能力、自我调节能力、自我反省能力对行为和环境的影响。

二、观察学习理论

班杜拉对心理学的最大贡献在于提出了社会学习理论和行为矫正技术（behavior modification），而观察学习（observational learning）是其社会学习理论体系中最富有特色的部分之一。班杜拉认为，与基于直接经验的学习相比，观察学习是一种更普遍、更有效的学习方式，前者已经得到了充分的研究，而后者却在很大程度上被忽略了。因而，他将研究的重点转向了观察学习。

观察学习又称无尝试学习（no-trial learning）或替代学习（vicarious learning），它是指通过观察别人的行为结果而习得新的反应，或改变原有的某种行为方式的过程。而在这一过程中，学习者并没有对示范行为作出实际的外显操作。在观察学习中，被观察的对象称榜样，观察主体称观察者，榜样通过观察者的观察活动而影响观察者的过程称示范作用（modeling）。因而，观察学习也是示范作用过程。

观察学习具有如下的特点：①观察学习不一定有外显的行为表现。班杜拉认为，人们可以通过观察他人的示范而习得某些行为，但观察者并不一定实际表现出这种行为。因而观察学习具有内隐性。②观察学习不依赖直接强化。观察者不需要亲自接受强化，观察学习也可以发生。③观察学习是认知过程。观察学习的前两个特征决定了其认知特性，它需要观察者利用内部的行为表象来指导自己的行为。④观察学习不是简单模仿。模仿只是观察学习的一个阶段，观察学习是一个复杂的过程，它还包括对他人行为及其后果的认知加工。

班杜拉还论述了两种特殊形态的观察学习，即抽象的观察学习和创造性的观察学习。抽象的观察学习（abstract observational learning）是指观察者在观察过程中获得有关示范行为的抽象规则或原理的过程。班杜拉指出，通过观察学习获得规则以生成行为至少涉及三个过程：从社会范型中抽取相关的特征；将信息整合成复合规则；运用规则生成行为的新样例。创造性的观察学习（creative observational learning）是班杜拉对人类的创造行为进行的理论说明。他指出："由于示范和观察学习的传统观念在很大程度上被局限于反应模仿，所以示范和观察学习一直被视为是创新的对立物。与这种普遍的信念相反，创新能通过观察学习的过程得以实现。"他认为，观察学习在多个方面都有利于创造性的发展。第一，观察学习可以为创造提供必要的知识和技能；第二，观察学习可以为创造性工作增添新颖的特征；第三，观察学习能为创新的整合提供要素，并鼓励非传统的言行，从而直接促进新事物的产生。

班杜拉认为，学习在很大程度上是一种信息加工活动，他对观察学习的过程进行了详细的社会认知分析。如图6-6所示，观察学习受四个相互关联的子过程的制约：注意过程、保持过程、产出过程和动机过程。①注意过程（attention process）决定了从丰富的示范影响中选择观察什么，以及从正在发生的范例中选择提取哪些信息。因此，选择性注意是观察学习中重要的子功能之一。班杜拉认为，影响注意过程的因素有四个：第一，示范活动的显著性和复杂性等特征；第二，观察者的知识经验、认知能力、知觉定势等；第三，榜样的年龄、性别、职业、地位、声望、权力等特征；第四，个体的人际关系网络。②保持过程（retention process）是指观察者将在观察活动中获得的有关示范行为的信息以表象或符号的方式储存于记忆中，以便指导日后行为的过程。保持过程涉及三种不同的内部机制：第一，示范信息的符号转换，即将外部的示范信息进行编码并转换为内部的符号信息，是对有关事件信息的主动重构；第二，示范信息的认知表征，即观察者将示范行为的符号信息以语义或表象的方式在头脑中保存；第三，演习与保持，对示范信息的编码和表征，只是有利于将感知记忆或短时记忆转化为长时记忆。长时记忆的信息还需要通过实际的物理操作演习和认知演习而不断地巩固和保持。③产出过程（production process）是把以符号形式编码的示范信息转化为外显行为的过程。这一过程以内部形象为指导，将原有行为成分组合成新的反应模式，是将内部表征与外部行为对照匹配的过程。班杜拉认为，观察者为了重现示范动作并产生最佳的行为模式，必须具备一定的运动技能。④动机过程（motivation process）决定了哪种经由观察而习得的行为得以表现。经过前三个过程，观察者基本上习得了示范行为，但是他可以将之表现出来，也可以不表现于外，这主要取决于动机的作用。可见，在班杜拉看来，行为的习得与表现是不同的，表现必须在足够的动机和诱因的激励下才会实现。

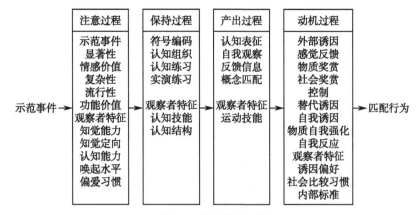

注意过程	保持过程	产出过程	动机过程
示范事件 显著性 情感价值 复杂性 流行性 功能价值 观察者特征 知觉能力 知觉定向 认知能力 唤起水平 偏爱习惯	符号编码 认知组织 认知练习 实演练习 观察者特征 认知技能 认知结构	认知表征 自我观察 反馈信息 概念匹配 观察者特征 运动技能	外部诱因 感觉反馈 物质奖赏 社会奖赏 控制 替代诱因 自我诱因 物质自我强化 自我反应 观察者特征 诱因偏好 社会比较习惯 内部标准

示范事件 → 注意过程 → 保持过程 → 产出过程 → 动机过程 → 匹配行为

图6-6 观察学习过程

班杜拉认为观察学习的四个子过程是紧密联系、不能完全分离的。如果观察者不能完整地复现示范行为,其原因可能是:没有注意到有关活动;对示范行为进行了不恰当的编码和认知表征;不能在记忆中保持示范信息;自身缺乏操作技能;缺乏足够的表现动机。

三、自我效能理论

自我效能理论(self-efficacy theory)是班杜拉社会学习理论体系的重要组成部分。1977年班杜拉首次提出了自我效能的概念,1986年出版了《思想和行动的社会基础——社会认知论》,对自我效能机制进行了更为系统的论述。在这之后,班杜拉开始将主要精力集中到对自我效能的研究上。

班杜拉的自我效能概念的含义前后有所变化。1977年,班杜拉认为自我效能(self-efficacy)是个体对自己实施某种具体行为或产生一定结果所需行为的能力预期,知觉到的自我效能预期影响着个体的目标选择、努力程度等。80年代以后,他把自我效能看作是"人们对影响自己的事件的自我控制能力的知觉",以及"人们对自身完成既定行为目标所需的行动过程的组织和执行能力的判断。"90年代,班杜拉认为自我效能是个体对其组织和实施达成特定成就目标所需行动过程的能力的信念。班杜拉在不同时期对自我效能概念的阐述中使用了自我效能感、自我效能信念、自我效能预期这些操作概念。自我效能预期(self-efficacy expectance)是个体自己对能否成功地实施产生一定结果的行为的预期;自我效能感(perceived self-efficacy, sense of self-efficacy)是个体对整合各种技能的自我生成能力,或对成功地实施达成某个既定目标所需行动过程的能力的知觉及知觉后的结果。当自我效能感深入到个体的价值系统中时,就成为个体的自我效能信念(self-efficacy beliefs)。总之,自我效能是个体对成功完成某种活动所需能力的预期、感知、信念,而不是行为或能力本身。80年代中期,班杜拉进一步扩展了自我效能概念的内涵,提出了集体效能的概念。集体效能(collective efficacy)是指团体成员对团体能力的判断或对完成即将到来的工作的集体能力的评价。

班杜拉认为,主要有四个因素会影响到自我效能感的建立。①亲历的掌握性经验,即个体通过自己的行为操作所获得的关于自身能力的直接经验,它对自我效能感的影响最大。②替代经验,即通过观察模仿和象征模仿而获得的替代性经验对个体的自我效能感的影响也很大。③言语说服,包括他人的说服性鼓励、告诫、建议、劝告及其他言语暗示等,这也是影响个体能力信念的主要因素。④生理和情绪状态,即个体在面临某项活动时的躯体信息和情绪体验,平静的反应使人镇定、自信,焦虑不安则易使人对自己的能力产生怀疑,使自我效能感降低。应当指出的是,无论是通过哪种信息源所获

笔记

109

得的效能信息，只有在经过个体的认知加工、认知评价之后，才能对个体的自我效能产生影响。

自我效能感主要通过四种中介机制发挥着对人类机能的调节作用。①认知过程，自我效能主要通过影响个体的目标设立、认知建构、推理性思维等形式而发挥作用；②动机过程，自我效能机制在人类动机调节中起着关键性作用，对因果归因、结果预期、认知性目标等不同的认知性动机都会产生作用；③情感过程，自我效能主要通过控制思维、行动和情感而影响着情绪经验的性质和紧张性，对情感状态的自我调节发挥着重要作用；④选择过程，个体的效能判断可以通过影响活动选择和环境选择来塑造发展道路。在对人类机能的调节过程中，这些中介机制往往是协同发挥作用，而不是单独产生作用。

自我效能感不是一种静态的固有属性，而是会随着个体的生理、心理和社会性的发展而发生变化，随着个体在与环境的相互作用中各种效能信息的获得而发展。从人的毕生发展过程来看，个体每一个发展阶段的自我效能，一方面是此前各发展阶段社会化的结果，另一方面又受到当前各项生活任务中的活动结果的影响或调节，从而表现出不同年龄阶段的发展特征。

自我效能理论有着广泛的应用价值，在医学心理学、健康心理学、体育运动、职业指导、组织管理、学校教育等领域都有应用。自我效能理论的未来发展趋势也主要是其应用的推广，特别是利用自我效能原理对个体行为和集体行为的干预。

四、行为矫正论

班杜拉的社会学习理论很快被临床心理学家运用到心理治疗上，发展形成了一种新的技术即替代性强化技术，也称为示范模仿疗法（therapy of modeling and imitation）。班杜拉在《行为矫正原理》一书中系统阐释了这一方法。示范模仿疗法是指个体通过观察榜样及其所示范的行为，进而导致个体增加或获得良好行为，减少或消除不良行为的一种行为矫正方法。班杜拉认为，既然人们的所有行为都是观察、模仿他人行为的结果，那么不理想行为的改变和矫正也可以通过同样的方式来进行。通过示范模仿疗法，不仅可以减弱或增进个体已有的行为表现，还可以使个体学会新的行为反应。与观察学习的过程类似，示范模仿疗法实质上包含了行为示范、行为获得和行为表现三个基本阶段。

当事人观察学习的榜样可以是现实生活中的具体人物，可以是电影、电视、幻灯、照片、卡通片中的人物，也可以是存在于人们口头或书面语言中的人物；当事人在模仿学习的过程中，可以单纯地观察示范行为，也可以是边观察行为边模仿实践。因而，示范模仿可以分为真实性示范模仿、符号性示范模仿、参与性示范模仿和想象性示范模仿四种形式。

班杜拉等人曾用实验证明了四种方法学习效果的差异。他们在研究中，以对蛇恐惧的成人和青少年为治疗对象，将他们分成四组以接受不同形式的治疗。第一组为符号性示范模仿（symbolic modeling and imitation）组，让当事人观看儿童、青少年和成人与蛇互动的影片，影片中榜样逐渐增加与蛇的互动，以保证当事人处于放松的状态。如果当事人感到太焦虑，可以停止观看影片，直至他们感到不再焦虑时重看。如此继续，一直到他们观看影片时不再感到焦虑为止。第二组为参与性示范模仿（participant modeling and imitation）组，让当事人观察榜样把玩蛇，并由榜样引导他们实际与蛇接触。首先榜样触摸蛇，帮助当事人也去摸蛇；然后榜样轻拍蛇，并鼓励当事人也去拍拍蛇。逐渐

笔记

地，直到当事人不用榜样协助也能自己将蛇放到大腿上为止。第三组想象性示范模仿（imaginative modeling and imitation）组（实际上也就是单纯的系统脱敏），则要求当事人想象和蛇在一起时引起焦虑的情境。从引起最低焦虑的想象情境开始，然后慢慢过渡到引起最大焦虑的想象情境，指导他们对一切想象情境都不再感到焦虑为止。第四组为控制组，不接受任何治疗。结果发现，所有的示范模仿疗法都能比较有效地降低对蛇的恐惧，但是参与性示范模仿疗法的效果最好，而想象性示范模仿和符号性示范模仿的效果相当。

示范模仿疗法在行为矫正实践中被广泛应用于临床、商业、课堂教学等情境，被上百个实验所支持。示范模仿疗法可用于治疗个体对蛇、封闭空间、开阔空间、高度的恐惧症状，治疗社会退缩行为、强迫症、性功能紊乱、儿童的孤独症和精神发育迟滞，也可以用于处理攻击性和犯罪行为，缓解当事人的抑郁、胆怯、不快和焦虑等症状。它也可以应用于提高个体的自我效能。和其他行为矫正方法相比，示范模仿疗法的独特之处在于，它能有效地治疗恐惧症和训练社交技能。不过，就整体而言，示范模仿疗法在行为矫正实践中单独使用的情况较少，更多的是作为整个矫正计划的一部分，与强化、惩罚、刺激控制、系统脱敏、自我控制等方法和技术结合使用。

第三节 其他新的新行为主义

新的新行为主义除了班杜拉的社会认知行为主义，还有罗特的社会学习人格论、米契尔的认知社会学习理论和斯塔茨的心理行为主义。

一、社会学习人格论

（一）社会学习理论的基本假设

罗特的理论主要也是一种学习理论。与传统的行为主义学习观相比，罗特的社会学习理论有几点明显的不同之处：①从研究动物学习转向人类学习。罗特是行为主义阵营中第一个以人为被试对象进行研究的学习理论家。与以往的行为主义者不同，他的关注对象从小白鼠、鸽子的学习行为转向了人类的学习，并且他明确反对将动物学习的研究结果推及到人类。②从研究个体学习转向社会学习。罗特改变了传统心理学只注重单个个体的学习（one-individual learning）的倾向，强调对个体之间相互作用模式的研究。他认为，人类生活中许多重要的学习都是从父母、教师、同伴等其他人那里获得的，因而心理学应更多地研究社会学习。社会学习是个体在社会环境中（如家庭、学校、工作单位）对社会刺激（如父母的表扬、同伴的认可）所作出的反应。③从实验室研究转向临床研究。行为主义者历来重视在实验室中对动物行为的研究，而忽视对人类行为的临床研究，罗特响应在战争中受到创伤的退伍老兵的需要，在临床和治疗领域做了许多探索。

罗特在其社会学习理论体系中阐述了一些基本的原则或假设，表明了他在基本理论问题上的观点。其中，比较重要的假设有：①人格研究的单元是个体与他的有意义环境（meaningful environment）的相互作用。这里的"有意义环境"是指个体习得的环境的重要性或意义，它类似于考夫卡的行为环境、勒温的生活空间和罗杰斯的现象场。罗特强调人格研究需要采用历史研究方法，对经验或事件的序列进行研究，只有这样才能更准确地预测行为。②人格概念的解释不依赖于任何其他概念（包括生理的、生物的或神经学的）。罗特认为，尽管在个体作出反应时大脑内部会发生一定的生理反应，但这些神经基础或生理过程没有任何心理学的意义,因而在分析行为时不必考虑生物过程。③人格是统一的。个体的经验(或个体与其环境的相互作用)是相互影响的,新经验有赖于已获得的意义,并且已经获得的意义会随着新经验而变化。因而,要准确预测习得行为就必须了解个体的先前经验。也就是个体的人格随年龄的增长而日趋稳定和一致。④行为是目标导向的,这种方向性可以从强化条件的效果推论出来。也就是外部强化影响着人格。人总是最大限度地获得奖赏,而最小限度地获得惩罚。⑤行为的出现不仅由目标的意义或性质决定,而且由个人对目标能否实现的预期或期待决定。也就是内部期待也决定着人格。罗特关于期待的思想受到了托尔曼和勒温等人的影响。

(二)人格的基本结构及其相互关系

罗特提出了四个基本概念,并根据它们之间的相互关系来分析人格结构并预测个体行为,这四个概念是行为潜能、强化值、期望和心理情境。

1. 行为潜能　行为潜能(behavior potential,BP)是指在某具体情境中追求单个强化或一组强化的行为出现的可能。行为潜能使某种特定行为的出现具有可能性。只有在与相同情境中追求相同目标(强化)的其他可能发生的行为相比较,一个行为的潜能才有意义,可见行为潜能是一个相对的概念。可以直接或间接地对行为潜能进行测量:通过确定行为出现、缺少或实际发生的频率,可以直接测量行为潜能;通过记录在理论上与某种内隐行为相对应的外显反应的行为潜能,可以间接测量内隐行为的行为潜能。

2. 强化值　强化值(reinforcement value,RV)是指在所有强化发生的可能性相等的情况下,个体对某一强化的偏爱程度。尽管在文化的影响下,人们对任一强化的偏爱程度存在某种一致性,但每个人对不同的强化仍然会有不同的估价,因而对具体强化的偏爱也因人而异。测量强化值有两种方法:一是在一种选择情境中,使个体的期待保持不变,并使所有的目标都具有相等的获得的可能性,通过观察个体追求的目标来测量;二是采用言语报告法,即让个体对潜在的强化进行评定或排列顺序。

3. 期待　期待(expectancy,E)是罗特理论中一个主要的认知变量,它是指个体由于在一定情境中作出了某种行为,而认为的能使某特定强化发生的可能性。1954年,罗特将期待分为两种:具体期待(specific expectancy,SE),指由某个具体情境所产生的期待;类化期待(generalized expectancies,GE),指对相同或功能相关的行为在其他情境中可能会引起相同或相似强化的期待,也就是由一种情境产生的期待类推到另一种情境。对期待最简单的测量就是在控制强化值的条件下,观察个体的行为选择。在特定情境中,个体选择的行为就是他期待最有可能获得强化的行为。另外,要比较精确地测量期待,可以选用言语报告法,即让个体对有可能获得具体强化的不同行为进行等级评定。

后来,罗特又进一步将类化期待分为两类,即建立在觉察到强化的相似性基础上的类化期待和建立在觉察到情境的相似性基础上的类化期待,并将后者称为"问题解决的类化期待"。罗特对问题解决的类化期待的研究促使他提出了控制点理论(locus of control theory)和人际信任理论(interpersonal trust theory)。控制点是影响人格和行为的总体态度。1966年,罗特区分了强化的内部控制信念与强化的外部控制信念。他对临床患者的研究发现,人们对成功和失败的归因大不相同。有人将成功归因为自己的能力、努力、特质或技能等内部因素,这些人被认为具有内部控制点(internal locus of control);有人相信强化作用依赖于运气、机遇或其他不可抗拒的外部力量,这些人被认为具有外部控制点(external locus of control)。控制点反映了一个人对行为结果的领悟是积极主动的还是消极被动的。罗特认为,控制点在理解学习过程中是最重要的,并且影响许多情境中的行为。罗特的研究表明,内部控制点的个体比外部控制点的个体在生理和心理上更健康。一般来说,内部控制点的人血压较低,患心脏病的少,更少体验到焦虑和压抑,能更好地应对压力。他们的学业成绩更好,社交能力强,自尊水平高。另外,罗特的研究显示,控制点是儿童从父母或其他抚养者那里学习来的。

"人际信任"(interpersonal trust)是罗特提出的另一种类化期待,它是"指某一个体对另一个团体的言词、诺言、口头或书面的陈述可以信任的期待。"罗特认为,人际信任能构成相对稳定的人格特征,它也是人类学习中的一个重要变量。因为人类的大多数学习都是建立在别人口头和书面陈述基础上的,而且人们对知识的获得也受到对提供信息者的信任程度的影响。罗特看到,对人际信任的个体差异的测量对社会心理学、人格心理学以及临床心理学的研究都是极有价值的。他根据理论编制出了人际信任量表,并开展了一系列相关研究。例如他们的研究表明:个体人际信任的程度依赖于父母、教师、同伴及大众媒体所作出的关于实现或违背承诺的说明;人际信任程度与社会经济地位有密切关系,来自社会经济地位较高的家庭的学生更倾向于信任他人;低信任与适应不良相关;有宗教信仰的学生比持不可知论、无神论或无宗教信仰者的人际信任程度高;信任和值得信任之间存在密切相关;人际信任程度高的个体一般生活幸福,易受到别人的喜爱和尊重,会给他人提供机会,比较尊重他人的权利和价值。

4. 心理情境 心理情境(psychological situation,PS)是指反应者的个体所体验到的有意义的环境,它由个体的内外环境构成。心理情境反映了"在任何特定时间内,个体体验到的一组情境线索,这些线索唤起个体对获得具体行为的强化的期待。"这些线索可能是内隐的,也可能是外显的,前者基于先前经验而与当前外部线索无关。因而可以说,行为是心理情境的函数,心理情境在预测行为方面起着重要作用。

(三)人格理论的应用

1. 人格评估 罗特从社会学习理论出发,揭示了临床中的人格测验存在的一些问题,例如测验的效度、人格理论与人格测验方法之间的不一致等。他在评价人格时,着重阐述了人格的临床评估中使用的五种主要技术的价值:访谈、投射测验、控制性行为测验、行为观察法和问卷法。值得一提的是,罗特及其同事发展了一种投射技术,即罗特填句表(Rotter Incomplete Sentences Blank),他们还设计了著名的I-E量表即强化的内外控制点量表、人际信任量表、SD量表(社会需要量表)等。

I-E量表包括29个迫选项目,其中6个干扰项目,它们附加在测验中是为了混淆被试者的测验目的,其他的23个项目均包括内控倾向和外控倾向两个句子,要求被试者必须从中选择一个最适合自己信念的答案。I-E量表在人格心理学和教育心理学等领域得到了广泛应用。人际信任量表是用来测量一个人对他人的言行是否可信的程度。共有25个项目,其内容涉及各种情境下的人际信任,涉及不同社会角色(包括父母、推销员、审判员、一般人群、政治家及新闻媒体等),采用五点对称评分法。人际信任量表被用来预测各种情境中的行为。

2. 心理治疗 罗特把心理治疗过程看作是指导个体的学习过程。他认为心理治疗的目标就是使患者通过新的学习,减少不合意行为的发生,而增加合意行为的发生。罗特指出,治疗技术必须适合于患者。由于患者接受治疗的动机、期待等许多方面的差异,最适宜于患者的心理治疗条件也因人而异。他认为,没有适合于所有患者的特殊技术,治疗者必须与患者相匹配,才能获得最佳疗效。当意识到患者该学习什么或不该学习什么时,有两个问题对治疗者来说尤为重要,一个是患者的期待是什么,另一个是患者的价值观是什么。在罗特看来,适应不良的一个重要原因是,对一个高价值目标体验到获得成功的低期待,由此而引起的心理退缩,使人减少今后获得成功的机会。治疗者可以积极地建议患者采取新的更有益的行为。

笔记

113

二、认知社会学习理论

米契尔是现代社会学习论的第三号代表人物。他的认知社会学习理论大致可分为四部分，即满足延宕研究、人格变量理论、认知原型理论、认知 - 情感人格系统理论。

（一）满足延宕研究

满足延宕（delay of gratification）是个体为了将来得到价值更高的奖赏，通过一系列自我管理和自我调节，延宕即刻可以获得满足的、价值较低的奖赏的一种行为。满足延宕能力是一项关键的人格指标。米契尔研究满足延宕的基本情境是：主试把儿童带到实验房间里，教他玩一种"游戏"，在游戏期间主试要到房间外面去，儿童可以通过摇铃铛把他叫回来，只要铃铛一响，主试马上进去。然后让儿童看两种物品（如小零食，通过前测知道儿童会明显偏爱其中的一种），并告诉他必须等到主试"自己"回来，他才能够得到那个想要的物品。在等待期间，儿童完全可以随时摇响铃铛，从而终止等待。如果发出了信号，他可以立即得到价值较小的物品，但不得不放弃另一个更想要的物品。

米契尔等人做了大量相关的研究，考察影响儿童做出延宕选择的因素，以及延宕能力对日后个体行为的影响。最有趣的是，米契尔发现学前期延宕时间的长短与青少年期的学业成绩、社会能力和应对技能呈显著相关，而且不存在性别差异。从父母的评价可以看出，那些等待时间较长的儿童表现为语言表达流利，做事更专心、理智、果断、有计划性、更自信，富于好奇心和求知欲、善于探索，能有效应对压力、能较快与他人建立社会联系等特点。为了检验从满足延宕研究模式得到的主要结果，米契尔提出了双重系统结构（two-system framework）来解释使自我控制得以实现或受到阻碍的原因。这种双重系统结构假定存在一个冷认知的"知"系统和一个热情感的"行"系统。两种系统中哪一方占支配地位，对于满足延宕具有非常重要的意义。

（二）人格变量

米契尔在批判传统人格理论的基础上，提出了五种认知社会学习个体变量，试图去解释人们行为中稳定的个体差异及其内部的信息加工过程。这些个体变量是：①认知与行为建构能力（cognitive and behavioral construction competencies），即个体建构或产生特定的认知和行为的能力，它来源于个体的内在潜力，可以通过直接学习、观察学习、模仿等途径获得，并具有较大的稳定性。②编码策略与个人建构（encoding strategies and personal constructs），是个体对事件进行分类和自我描述的单元。③行为—结果预期（behavior-outcome expectancies）与刺激—结果预期（stimulus-outcome expectancies）：行为 - 结果预期涉及特定条件下的行为 - 结果关系，它代表了特定情境下，行为选择与预期的可能结果之间的"如果……；那么……"关系；刺激 - 结果预期涉及刺激与结果之间的关系，是人们对一个特定事件能否引发另一事件的可能性预期。④主观刺激价值（subjective stimulus values），是指个体主观知觉到的某类事件的价值，即他对刺激、动机和反感的激发与唤起。⑤自我调节系统和计划（self-regulatory systems and plans），即对行为表现和复杂行为序列的组织规则和自我调节。米契尔认为尽管在很大程度上，个体的行为是由外部施加的结果控制的，即我们对外部的奖励或惩罚有明显的反应，但个体也通过自己施加的目标、标准、自我产生的结果来调节和激发自己的行为。

这些个体变量似乎是认知和社会学习领域中颇有前途的建构的综合，使我们能够在不同情境下特定的行为水平上，描述独特的、适应性的、与特定情境有关的反应机能。米契尔认为，借助于这五种个体变量，不需要传统的特质概念就能判断人们行为中的稳定模式。

笔记

（三）认知原型

米契尔等人还探讨了个体对人和情境进行分类的认知原型（cognitive prototype）。他们的研究表明，被试者能够按等级有次序地对各种类型的人进行分类，并且某些特征对于特定范畴内的人是特别关键和具有说明性的，也就是说每一个人或题目都可以根据与之相联系的、具有说明性的特征的数目与质量来加以界定和区分。他们把情境也作为一个有意义的变量，检验了人们日常情境知识的结构、内容和可通达性。结果发现，人们对情境特征的组织是有序的；相对来说，人们似乎容易形成并描述有关情境类别的意象，即情境类别的可通达性并不低于对人的分类的可通达性；在描述情境时，人们虽然有时会注意到情境的自然特征，但倾向于更多地关注情境的社会性特征，比如情境中的人的特征、与情境相联系的情感体验、行为模式、规范、气氛（atmospherics）等；中等水平的范畴具有丰富的特征，并且很容易从与其他范畴相联系的特征中区分出来。因此有关情境分类的知识，可能会影响人们对生活情境的选择，为人们的社会生活提供指导。

米契尔认为，个体如何行动取决于他对情境的建构情况，反过来，这种建构又有赖于特定的情境和建构者本人。他指出，用原型来对人或情境进行分类的方法可以作为估价个体行为差异的真实性和稳定性的一条途径，但还必须用人与情境交互作用的观点来看待这些差异。

（四）认知 - 情感人格系统

米契尔等人在先前的基础上强调了情感和目标的作用，并将这些变量称为认知 - 情感单元（cognitive-affective units，CAUs）。认知 - 情感单元是指个体可以获得的心理 - 情感表征，即认知、情感或感受，具体包括编码、预期和信念、情感、目标和价值、能力和自我调节计划。每个个体可获得的、可通达的认知 - 情感单元不同，单元之间彼此相联，组成关系网络。这种独特的关系结构构成了人格的基本结构，是个体独特性的基础。认知 - 情感人格系统（cognitive-affective personality system，CAPS）理论是看待人格系统的一种统一的观点，它有两个主要的假设：一个是个体在认知 - 情感单元的长期可通达性上不同，即特定的认知 - 情感单元或内部心理表征被激活或"想起来"的难易程度不同；第二个假设是，个体在认知 - 情感单元之间关系的结构上存在稳定的差异。

根据 CAPS 理论的假设，当个体在不同的时间，遇到能够引起不同心理体验的情境时，这种人格系统就会产生具有独特的正面图和形状的如果……那么……情境 - 行为剖面图。在 CAPS 理论中，米契尔等人重新检验和界定了人格系统、状态、特质、动力等概念；提出了分析人格系统的五个水平。CSPS 理论表明他们试图把所有人格理论中最有影响力的成果和概念，整合到一个统一的理论框架之中，使人格心理学成为一门真正的累积科学的美好设想。

三、心理行为主义

斯塔茨的理论最初是新行为主义的另一种变式。在斯塔茨眼里，斯金纳的条件作用原理和方法范围比较狭窄，不适合用来研究人类的各种行为，于是他提出了自己的理论，并将之命名为社会行为主义（social behaviorism），以表明其理论与传统行为主义的联系和区别，并指出需要在行为主义和非行为主义之间架起理论桥梁。他希望他的《社会行为主义》（1975）一书能够提供整合心理学的动力。后来斯塔茨指出，尽管他提出的统一理论当时只是一个框架，但具有革命的潜力，能够使心理学这门前范式科学发展为范式科学，真正实现心理学的统一。于是，他将其理论更名为范式行为主义（paradigmatic behaviorism）。20 世纪 90 年代初，斯塔茨明确主张，行为主义有责任运用并发展传统的心理学知识，使之行为主义化；同时，行为主义本身也要心理学化，即不能像传统的行为主义那样只研究外显的行为，而无视内隐的心理。他提出了行为主义化心理学和心理学化行为主义的观点，并将其理论称为心理行为主义（psychological behaviorism）。斯塔茨认为，心理行为主义是第三代行为主义。

（一）实证与应用研究

在实证研究方面，斯塔茨将条件作用原理从动物被试扩展到以人类为研究对象，他在小猫和人类身上都证实了使用语言过程中的经典条件作用原理，并把工具条件作用和代币强化制扩展到儿童的语言学习领域。他肯定并广泛传播了代币强化制的普遍价值，使其成为一种有效的强化方式，也为许多后来的研究方案所采纳。他十分重视语言在指导人类行为中的作用，具体并较为深入地研究了问题解决、交流与单词意义、态度形成、阅读获得以及阅读困难的治疗、一些精神病患者语言形成的原因分析和治疗等，对阅读和运用语言过程中的条件作用原理进行了验证，揭示了语言获得、运用、矫正等方面的一些基本原理。

斯塔茨还将条件作用原理运用到对儿童的语言-认知技能、情绪-动机技能、感觉-运动技能方面的训练，进一步验证了条件作用原理在发展心理学中的适用性。运用这些原理，斯塔茨还探讨了如何纠正学业不良儿童的不良行为习惯，包括课堂上的注意力不集中、违纪行为等，并从强化原则出发，提出了应对措施。斯塔茨对人格做出了行为主义式的分析，提出了基本行为技能的概念，认为人格是由三种基本行为技能构成，这三种技能是语言-认知技能、情绪-动机技能、感觉-运动技能，并提出了心理行为主义的人格模型。

他认为，所有的不良行为、异常行为甚至病态的行为，都是由于他人不经意的强化所导致的。因此，要纠正或治疗这些异常行为，就要借助于强化原理，从分析其形成过程中可能出现的问题出发，减少或消除对其不良行为的强化，增加对正确或恰当行为的强化，从而减少不良或异常行为，确立正常行为。从这些原理出发，斯塔茨分析了抑郁、敏感性、疼痛等问题，形成了关于这些问题的心理行为主义治疗理论。

（二）统一的实证主义

斯塔茨指出，心理学不同于物理学等发达的自然科学，心理学还处于前范式阶段，是一门现代的不统一科学。用来指导统一科学的哲学理论不适合于指导心理学，心理学需要提出自己的科学哲学，为此他提出了统一的实证主义（unified positivism）。统一的实证主义认为，科学的发展历程都是从分裂走向统一，心理学目前尚处于分裂的状态，其研究对象、概念、方法、研究结果等都具有多样性和复杂性。要实现心理学的统一，就必须检验心理学的所有研究对象，采取兼容并包的原则，吸收以往所有理论的合理之处，在概念、方法、研究结果之间建立联系，找出共同的基本原理。统一的实证主义强调理论与哲学心理学家在建设统一理论过程中的作用。

统一的实证主义集中于心理学的多样性和分裂，其目的是通过历史的和比较的方法，描述其特征并指出心理学统一的不利条件，指明实现统一的科学方法。斯塔茨指出，心理学的发展有赖于统一心理学领域的发展，该领域应致力于研究实现统一的途径，致力于将心理学不同的方面组合到一起，这样肯定会极大地促进心理学的整合。

（三）多水平的理论与方法

心理行为主义认为，心理学的各个领域不仅表面上相关，而且在基本原理上也相互联系。心理学主要的单个领域可以被看作不同的研究水平，排列在由"简单-复杂"或"基础-高级"界定的维度上，即存在着从基础领域到高级领域的普遍发展；各个水平之间相互联系，某个水平的基本原理和概念是下一高级、复杂水平的分析起点。基本的学习领域为人类学习水平提供原理和概念,而人类学习水平反过来又为儿童发展研究提供原理和概念。依此类推,这些水平之间存在着等级关系如图 6-7 所示,生物学水平是最基础的。斯塔茨将这种框架理论称为多水平的理论与方法。这个多水平理论(multilevel model)就为心理学的整合提供了一个最初的框架和中介。

心理行为主义认为,能够引发情绪反应的刺激可以指导机体做出趋近反应还是逃避反应,具有指导功能或称为诱因功能。这就是三功能学习理论。斯塔茨详细阐述了条件作用的核心原理,认为这些原理提供了将基本的心理学概念(如情绪、动机、认知、学习)统一起来的基础。在这些原理得到证

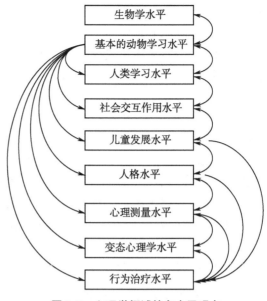

图 6-7 心理学领域的多水平观点

实并被组合到一个单独的基础理论之后,心理学就可以以此为统一的起点,来思考更高一级的问题,例如人类学习、认知、儿童发展、社会交互作用、人格结构与内容、变态人格、心理治疗等。

正是由于上述广泛而卓越的研究工作,斯塔茨成为心理学整合主义的理论家中最突出、最典型的研究者。

第四节　新的新行为主义的简要评价

一、新的新行为主义的贡献

第一,对人类主体的重视。首先,在研究对象上,除了斯塔茨早年曾以动物为研究对象之外,其他三位心理学家都是以人为研究对象。班杜拉研究了人作为能动主体的特征及其与行为、环境的因果关系机制;罗特探讨了人格基本结构及其相互作用关系,提出了行为基本公式,他的理论的特征之一就是强调个体内部主观因素;米契尔也阐述了人格变量,建构了自己的人格理论体系,强调了认知与情感的作用。其次,在理论视角上,新的新行为主义者吸收了信息加工心理学关于内部认知过程的研究成果,重视认知因素对个体行为的影响,在这一点上,他们也突出了人类的主体地位。

第二,将行为主义推进到一个新的历史阶段。他们发展和深化了学习理论。在学习理论的历史中,班杜拉及其社会学习理论构成了一个转折点。他发掘了传统行为主义所忽视的观察学习现象。罗特、米契尔、斯塔茨也都强调了人类学习现象的社会性、复杂性和特殊性,重视个体的期待、个体变量、原型等认知因素。新的新行为主义强调强化变量与认知变量结合,导致了行为主义与认知心理学的结盟。

第三,促进了心理学的应用。新的新行为主义者们不仅注重实验研究的客观性和精确性,而且也顺应了时代对心理学的应用要求。他们在促进心理学为社会大众服务的工作上,进行了许多实践。前已述及,班杜拉的自我效能理论已被广泛应用到许多领域,他的行为矫正思想在临床情境也有成功的应用。罗特的社会学习理论更多的是一种人格理论,他的内外控制点量表、人际信任量表等测量工具也被广泛应用于临床治疗。斯塔茨也探讨了异常行为问题,并分析了抑郁、敏感性、疼痛等问题,形成了心理行为主义在这些问题上的治

疗理论。

第四，推动了心理学的整合。班杜拉的社会学习理论既是行为主义的，也是认知心理学的，同时也具有人本主义的性质。他以历史的方式证明，心理学可以通过努力而成为一门统一的科学。班杜拉概括了许多不同领域的研究路线和方法，包括社会心理学、发展心理学、临床心理学乃至工业-组织心理学的新近发展，并将之组织在不断发展的社会认知理论框架中。近年来，班杜拉更是以自我效能理论为主体，扩展到心理学诸多领域。巴伦（Baron A）认为，从社会认知论的极大广泛性和复杂性中可辨我们正在寻找的宏大理论的轮廓。米契尔也明确提出了人格心理学的整合理论，即认知-情感人格系统理论，为人格心理学的整合带来了曙光。斯塔茨也是以整合心理学作为自己终生追求的目标，并为此付出了持续的努力，提出了统一心理学的理论框架——多水平的理论与方法。可见，在行为主义发展到新的新行为主义之际，心理学家们在坚持行为主义客观精神的同时，早已不再局限于古典行为主义和新行为主义的研究范围和视野，而是超越了传统的行为主义，试图在研究对象或研究取向上整合心理学。

二、新的新行为主义的局限

第一，忽视了生物遗传和个体发展因素的影响。新的新行为主义者关注个体与环境因素交互作用，但他们多是在静态的角度看待主体因素，而忽视了生物遗传和个体发展因素对个体及其行为的影响。

第二，有些术语比较模糊。新的新行为主义者提出了整合单个心理学领域或整个心理学的设想，但他们在阐述其整合目标或途径的时候，提出的一些术语还比较模糊，缺乏明确界定和清晰性；他们的整合努力尚未得到广泛的认可。

第三，各人的理论均存在一定的具体缺陷。例如，班杜拉虽然强调了认知因素对个体行为的影响，但他还是以研究行为为重心和目的，只是对认知机制作出了一般性的分析，而对于内在动机、内心冲突等许多的认知因素重视不够；班杜拉的理论自身缺乏统一的框架，他虽然深入研究了观察学习和自我效能等，但并没有阐述这些概念之间的内在联系；罗特只重视预测行为在什么样的环境中表现（performance），并没有试图详细阐述行为是怎样习得（acquisition）的；米契尔所用的认知社会学习个体变量和原型不一定能够解释个体的行为，他的理论中的许多概念和术语是从其他理论借用过来的，缺乏自己的特色和系统性；斯塔茨统一心理学的目标更多的是停留在理论设想的层面，其具体的操作性和可行性不足，并且心理行为主义缺乏广泛的实验支持，其影响范围有限。

三、新的新行为主义的影响

我们谈到的这四位心理学家还在继续着他们的研究工作，新的新行为主义的理论也处于不断地发展之中。但是，到目前为止，他们的理论已经产生了较大影响。例如，班杜拉关于行为矫正方面的工作被改编成广播和电视节目，用于防止和解决许多社会问题，如预防意外怀孕、控制艾滋病传播和提高文化素质等。这些电视节目以一些虚构人物为榜样，促使听众或观众进行模仿，以改变他们的行为。有关广播、电视的研究结果表明，节目播出之后，安全性活动、家庭计划、促进妇女地位提高等理想行为显著增多。

罗特的控制点理论是其学说中贡献和影响最突出、最持久的部分。"罗特最引人注目的是由他发展的控制点量表。这一研究结果影响之大，连罗特自己也感到吃惊。他曾说：'我在林中漫步，点着了烟斗，丢掉了火柴，可当我往回走时，那里燃起了森林大火。'"

笔记

罗特的控制点理论激发了许多后继的研究，如关于控制点信念的发展研究，关于控制点倾向的个体差异研究，后者包括控制点与责任归因、控制点与学业成绩、控制点与心理健康等。

斯塔茨关于心理学的分裂危机的观点，改变了大多数心理学家对心理学发展现状和趋势的一贯看法。1997 年，A·W·斯塔茨的儿子、医学博士彼得·斯塔茨（P.S.Staats）设立了一项系列讲座——斯塔茨讲座（Arthur W.Staats Lecture）。这项基金支持每年在美国心理学会（the American Psychological Association，APA）年会上的演讲者，由 APA 第一分会（普通心理学分会）委员会每年从不同专业中挑选出一个专家，他 / 她可以来自各个专业领域，其统一理论可以是任何取向的，但其在特定问题领域的研究应该对其他领域具有重大意义，或者最好能够将行为主义与心理学传统融合起来，在整体的心理学学科内部有可能被推断为具有统一的力量。获奖者会获得 1 000 美元奖金。毫无疑问，"斯塔茨讲座"的成立在很大程度上扩大了斯塔茨及其心理学整合观的影响。

尤其是现在，当人们一谈到心理学的"不统一的危机"、谈到心理学的整合时，很多人自然会联想到斯塔茨。的确可以说，没有哪个心理学家在追求并促进心理学的统一方面所做的工作比斯塔茨还要多。他不仅明确提出了心理学的整合观，而且根据其整合观构建了具体整合心理学的理论体系——心理行为主义。如此将心理学的统一问题作为一生关注的课题，并为之不懈努力、建构系统的理论体系者，可能仅有斯塔茨一人。因而可以说，斯塔茨在心理学的分裂与统一问题上占有突出的地位，他是该领域的先锋和探索者。斯塔茨所做出的这些促进心理学走向整合的举动，在心理学中形成了一股关注统一问题的强大力量。

思考题

1. 简述并评价三元交互决定论。
2. 班杜拉对学习心理学的主要贡献是什么？
3. 简述班杜拉的自我效能理论的主要观点及其应用。
4. 米契尔对人格心理学的主要贡献是什么？
5. 认知 - 情感人格系统理论能否整合人格心理学？为什么？
6. 斯塔茨的整合思想是什么？你认为斯塔茨的理论能否整合心理学？为什么？

参考文献

[1] 郭本禹，修巧艳.行为的控制——行为主义心理学.济南：山东教育出版社，2009.

[2] 张厚粲.行为主义心理学.杭州：浙江教育出版社，2003.

[3] 高申春.人性辉煌之路：班杜拉的社会学习理论.武汉：湖北教育出版社，2000.

[4] 郭本禹，姜飞月.自我效能理论及其应用.上海：上海教育出版社，2008.

[5] 郭本禹.当代心理学的新进展.济南：山东教育出版社，2003.

[6] 郭本禹.外国心理学经典人物及其理论.合肥：安徽人民出版社，2009.

[7] 黎黑.心理学史——心理学思想的主要趋势.刘恩久，译.上海：上海译文出版社，1990.

[8] 赫根汉.学习理论导论.郭本禹，译.上海：上海教育出版社，2010.

[9] 班杜拉.思想和行动的社会基础——社会认知论（上）.林颖，译.上海：华东师范大学出版社，2001.

[10] Baron R.A.Outlines of a "grand theory".Contemporary Psychology，1987，32（5）：413-415.

[11] Mischel W.Introduction to personality.6th ed.Fort Worth: Harcourt Brace College Publishers，1999.

[12] Pervin L.A.Personality: Theory and research.6th ed.New York：John Wiley & Sons, Inc，1993.

[13] Rotter J.B.，Chance J.E.，Phares E.J.Application of a social learning theory of personality.New York: Holt,

Rinehart & Winston，1972.

［14］Smith D.The theory heard' round the world.Monitor on Psychology，2002，33（9）：30-32 .

［15］Stagner R.A history of psychological theories.New York：Macmillan Publishing Company，1988.

［16］Staats A.W.A learning-behavior theory：A basis for unity in behavioral-social science.In：A.R.Gilgen（ed）. Contemporary scientific psychology.New York：Academic Press，1970.183-239.

［17］Staats A.W.Paradigmatic Behaviorism，unified theory，unified theory construction methods，and the zeitgeist of separatism.American Psychologist，1981，36（3）：240-256.

［18］Staats A.W.Unified positivism and unification psychology：Fad or new field？ American Psychologist，1991，46（9）：899-912.

笔记

第七章　皮亚杰学派

皮亚杰学派（Piagetian school）是由瑞士心理学家和发生认识论专家皮亚杰于 20 世纪 20 年代创立的，它是现代西方心理学的一个重要派别。由于该学派的研究工作主要是在日内瓦大学及国际发生认识论研究中心进行的，因此又称日内瓦学派（Geneva school）。皮亚杰学派的特色在于把心理学与认识论结合起来创立了发生认识论，在心理学史上第一次系统完整地描绘了儿童的心理发生和发展，并对诸多学科产生了广泛而深刻的影响。

第一节　皮亚杰学派概述

皮亚杰学派的产生既受哲学、生物学和逻辑学等多学科的影响，又受机能心理学和格式塔心理学等流派的影响，还与皮亚杰本人的成长经历和人格特征密切相关。近年来，针对皮亚杰理论存在的缺陷，出现了新皮亚杰学派。

一、皮亚杰学派产生的背景

（一）哲学背景

在哲学渊源上，皮亚杰首先深受康德哲学的影响。康德哲学是一种先验论，把范畴视为理智综合和联结感性材料的先验形式，并对质、量、关系和样式等 12 个范畴进行了系统的考察。皮亚杰的发生认识论就深深打上了这一先验论的烙印。因为发生认识论要研究的认识（knowing）是认识的普遍形式，是保证认识达到普遍性的基本范畴，诸如空间、时间、因果性、整体、部分等的概念发展史以及它们所属的概念网络。皮亚杰吸收了康德的先验范畴理论，并把它改造为遗传的"图式"。正如皮亚杰自己所说，"我把康德范畴的全部问题加以重新审查，从而形成了一门新学科，就是发生认识论。"

皮亚杰还深受结构主义哲学的影响，同时他也是结构主义哲学的主要代表人物之一。结构主义是 20 世纪 60 年代在西方特别是在法语国家兴起的一种哲学思潮，它强调内在结构的研究，反对外部现象的描述。皮亚杰一直生活在讲法语的瑞士，因而他的思想深受索绪尔等人的结构主义语言学、勃尔巴基的结构主义数学学派的影响。皮亚杰就自称是结构主义者，并著有《结构主义》一书。美国心理学史家黎黑曾提出，现代认知心理学有三大范式：信息加工、心理主义和新结构主义，而皮亚杰就是新结构主义的主要代表。

此外，皮亚杰也受到杜威等人的实用主义和布里奇曼的操作主义的影响。杜威和布里奇曼都认为，智慧是主体与环境相互作用的产物，认识首先意味着对环境的实际改变，必须以行动来说明思维，这与皮亚杰认为思维在本质上是一种动作或运算的观点是一致的。然而，皮亚杰并不同意布里奇曼把物质操作和神经操作等量齐观，否认自己的运算（operation）概念与操作主义的操作（operation）概念相同，而提出用自己的运算理论来弥补操作主义的缺陷。

（二）科学背景

生物学对皮亚杰理论的形成具有重要影响。皮亚杰是作为一名生物学家开始其学术生涯的，并一直保持着对生物学的浓厚兴趣。他一直在探索如何架设从生物学通往认识论的桥梁。正如英海尔德（B.Inhelder）所说："皮亚杰从青少年起，就一直在寻找一种能够说明生物适应和心理适应之间连续性的模式。他的这种努力可追溯到他的早期研究并且成为观察他的全部研究工作的'红线'。"皮亚杰非常推崇生物学家沃丁顿（C.H.Waddington）等人的渐成论。渐成论这一关于胚胎发育的理论，强调基因型与环境的相互作用。他认为，渐成论的胚胎发育理论与他的智慧及其结构的发展理论之间存在着明显的平行关系。皮亚杰一贯坚持关于生物学的机能和结构与认知的机能和结构之间具有同型关系的立场，并始终认为认知功能的发展是渐成的一个部分。心理发展的先天与后天的共同作用观以及同化和顺应等概念，都是皮亚杰在吸收生物学知识的基础上提出的。

皮亚杰的理论也受到布尔代数、符号逻辑学和现代控制论的影响。布尔（G.Boole）代数又称逻辑代数，它成功地将人类的思维问题（命题逻辑中的思维问题）数学化、形式化。皮亚杰借用布尔代数中的"群""格"等概念作为形式运算结构的模型。他还采用符号逻辑来研究儿童的智慧活动，借以说明儿童逻辑的、数学的、物理的概念的起源；用符号逻辑中的运算概念作为认知结构的基本元素，来探讨形式运算阶段思维过程的特点。皮亚杰认为，控制论的最大优点之一就是它使我们有可能以一种目的学形式的因果决定概念来取代目的论的神秘观点，因此，控制论的模型可以解释认知发展中同化与顺应之间平衡的调节机制。

（三）心理学背景

皮亚杰受欧洲机能心理学思想的影响，认为心理的机能是适应，并且智力是对环境的适应。同美国机能心理学一样，欧洲机能心理学也坚持心理、意识是有机体适应环境的产物。皮亚杰早年受业于瑞士心理学家克拉帕瑞德（E.Claparede，时为日内瓦大学教授），深受其生物学和机能主义观点的影响。克拉帕瑞德坚持机能主义观点，认为人的意识是由人的需要而产生的，即只有当人感到有适应（或目的等）的需要时，才会在心灵内引起原因（或目的等）的意识。他最早提出了人的心理适应问题。皮亚杰明确表示，克拉帕瑞德要他"随时考察机能的观点和本能的观点，没有这两个观点，人们就会忽视儿童活动的最深源泉"。

皮亚杰中后期的思想更多受到格式塔心理学的影响。皮亚杰和格式塔学派都反对行为主义的刺激与反应之间的单向关系，都主张心理学应当既研究行为又研究意识。在《结构主义》一书中，皮亚杰提出结构具有三个特点：整体性、转换性和自我调节性；认为整体对它的部分在逻辑上有优先的重要性，整体性的结构规定着各个成分之间的联系及其意义。这一整体性特点正是受到格式塔学派的影响。

此外，皮亚杰与精神分析还有一定的联系。皮亚杰早年读过弗洛伊德的著作，听过荣格的课。他的"自我中心""内化"和"自恋"等概念都是来自精神分析；并且有可能受弗洛伊德的启发，而提出心理发展的阶段论。

最后，美国心理学家鲍德温（J.M Baldwin）的思想对皮亚杰也具有重要影响。1924年鲍德温移居法国后，他的理论通过法国心理学家让内（P.Janet）影响了皮亚杰。皮亚杰所主张的关于发生认识论的基本观点，即认识论可以提出发展心理学的问题，而发展的观察可以回答认识论的问题的观点，直接源于鲍德温的主张。他的同化、顺应、图式、自我中心等概念也直接来自鲍德温。在《儿童的道德判断》一书中，皮亚杰单列一章专门阐述鲍德温的道德发展观。

二、皮亚杰学派的代表人物

让·皮亚杰（Jean Piaget，1896—1980年）出生于瑞士南部依山傍水的美丽小城纳沙特尔。他自幼聪慧过人，很早就养成了独立思考的习惯和科学探究的精神。皮亚杰很小就对生物学兴趣浓厚，并表现出难能可贵的创造欲望和创新精神。11 岁时，就在当地一家名为《枞树枝》的自然科学杂志发表了一篇有关鸟类生活的论文。15 岁时，他因研究软体动物而在当地小有名气，以至于日内瓦自然历史博物馆馆长莫里斯·比多特（Maurice Bedot）想邀请他担任自己的助手。中学时期，在教父的启发下，皮亚杰对认识论产生了兴趣，并且保持了一生。1915 年，皮亚杰获得纳沙特尔大学生物学学士学位。随后，他又在此攻读生物学和哲学双博士学位。在攻读博士期间，皮亚杰发现，生物学和认识论之间存在一段空白。而要把认识论和生物学真正沟通起来，就必须要研究儿童思维的发展。于是皮亚杰的兴趣开始转向心理学。1918 年，皮亚杰在获得双博士学位后，来到苏黎世大学学习心理学，并在荣格的指导下研究弗洛伊德和荣格的精神分析。1919 年，他又求学巴黎大学。两年后获得生物学博士学位。就在这一年，皮亚杰有幸进入巴黎的比奈（A.Binet）实验室工作，直接接受西蒙（T.Simon）的指导，研究儿童的智力测验及其标准化。但是，皮亚杰对测验本身并不感兴趣，而对儿童在测验时做出的一些可笑甚至荒谬的回答很感兴趣。从此，皮亚杰专心致力于儿童心理学的研究，并把儿童个体的认知过程作为自己的研究方向。

1921 年，受日内瓦大学卢梭学院院长克拉帕瑞德的邀请，皮亚杰从巴黎回到日内瓦，任日内瓦卢梭学院的实验室主任。克拉帕瑞德慧眼识英才，给予皮亚杰特别的优待：可以自由地进行自己所喜欢的研究，独当一面，无人干预。皮亚杰的学术生涯由此进入了一个新的阶段，其"智慧胚胎学"的探索之路由此开始。1924 年，他被聘为该校教授。1940 年克拉帕瑞德逝世后，皮亚杰继任卢梭学院院长兼实验心理学讲席教授和心理实验室主任。曾先后当选为瑞士心理学会主席、法语国家心理科学联合会主席。1954 年，他被推选为第 14 届国际心理学会主席，并任联合国教科文组织国际教育局局长。20 世纪 50 年代后，皮亚杰由儿童心理学研究转向发生认识论研究。1955 年，他集中了一些著名的心理学家、逻辑学家、哲学家、语言学家、控制论专家、数学家、物理学家和教育家等在日内瓦建立了国际发生认识论研究中心，并亲自担任该中心主任。1969 年，73 岁的皮亚杰获得美国心理学会授予的"卓著科学贡献奖"，成为享此殊荣的第一个欧洲人。美国心理学会认为皮亚杰的心理学理论在心理学领域中是独树一帜而又经住了考验的里程碑。1971 年，皮亚杰退休，他辞去了其他职务，但仍然担任国际发生认识论研究中心主任，继续从事发生认识论研究。1972 年获荷兰伊拉斯谟奖。1977 年，国际心理学会授予皮亚杰"爱德华·李·桑代克"奖，这是心理学界的最高荣誉。他曾先后被哈佛、巴黎、布鲁塞尔、剑桥、耶鲁等 20多所著名大学授予名誉博士、名誉教授和名誉科学院士的称号。1980 年，皮亚杰在瑞士去世，享年 84 岁（图 7-1）。

皮亚杰一生创作不息，共出版专著 50 多部，发表论文500 多篇，还与别人合著著作 20 多部，合写论文 1 000 多篇。其中的主要著作有《儿童的语言和思维》（1924）、《儿童的判断和推理》（1924）、《儿童的世界观念》（1926）、《儿童的因果观念》（1927）、《儿童的道德判断》（1932）、《儿童智慧的起源》（1936）、《儿童对现实的构造》（1937）、《儿童符号功能的形成》（1945）、《智慧心理学》（1947）、《逻辑学与心理学》（1953）、《儿童心理学》（与英海尔德合著，1966）、《生物学与认识》（1968）、《发生认识论原理》（1970）和《心理学与认识论》（1970）等。

图 7-1 让·皮亚杰

三、皮亚杰学派的发展

20世纪80年代以来，针对皮亚杰理论存在的缺陷，很多研究者对其进行了修正和发展，从而形成了新皮亚杰学派（Neo-Piagetian Theorists）。皮亚杰理论存在的缺陷主要有两个：一是皮亚杰完全把他的研究局限于认知发展的纯理论研究，忽视了教育和社会因素的作用，也忽视了与认知有关的非智力因素（如，情感、自我意识和人格等）的研究。二是皮亚杰只研究了认知发展的宏观规律，缺乏对认知发展的微观规律的研究；只强调认知发展的普遍性，忽视了个体之间认知发展的差异性；仅以抽象化和形式化的数理逻辑语言描绘认知发展，没有反映认知发展的本质特征。

针对第一种缺陷，皮亚杰在日内瓦大学的同事和学生对皮亚杰理论进行了补充和修正，形成了日内瓦新皮亚杰学派，即狭义的新皮亚杰学派。他们在对皮亚杰理论的创新和发展中，从不同的角度提出了各自的理论。其中较为著名的理论有：道伊斯（W.Doise）的智力社会性发展理论、布琳格（A.Bullinger）的儿童视知觉理论、斯科姆 - 科斯克（E.Schmid-Kitsikis）的认知与情感发展的综合理论等。这些理论从以下几个方面发展了皮亚杰理论：把个体认知与社会认知相结合，重视社会因素在个体认知发展中的作用；把认知的研究同教育结合起来，强调教育对儿童认知发展的作用；扩展皮亚杰理论的研究范围，把情绪、人格和自我意识放到与认知同等重要的地位；深化了内化、同化和顺应等基本概念，如斯科米德（A.Schmid）既用同化和顺应的概念解释儿童认知的发展，又用来阐述儿童情感的发展。

针对第二种缺陷，世界各地的许多心理学家试图以信息加工观点弥补皮亚杰智力发展理论的不足，借用信息加工的模式和概念说明儿童认知发展的具体过程和内在机制，形成了信息加工（或智力发展）的新皮亚杰学派，即广义上的新皮亚杰学派。信息加工的新皮亚杰学派保留了皮亚杰理论的一些假设，如儿童的认知结构是重要的，儿童主动创造自己的认知结构等；同时发展了皮亚杰体系的一些假设，如发展和学习必须加以区分、发展中的结构转化在本质上是局部化的等；还改变了皮亚杰理论的某些假设，如认知结构必须重新加以定义、儿童的认知结构的复杂性存在着一个转变上限、个别差异对整体发展具有重要影响等。这一学派较有代表性的理论是凯斯（R.Case）的儿童智力发展理论、帕斯库 - 里昂（J.Pascual-Leone）的辩证结构论和哈尔福德（G.S.Halford）的认知发展的结构图论，其中凯斯的儿童智力发展理论最有影响。

第二节　皮亚杰学派的主要理论

黎黑指出："皮亚杰与他的前辈弗洛伊德和冯特一样，是从纯粹的生物学兴趣出发的，但是最后终于发觉自己正在从事一种新的心理学的研究。"这表明，发生认识论不是皮亚杰从心理学出发向生物学或认识论领域深入的产物，而是相反，他以认识论为目标作为思考的起点，通过生物学方法论的类比，把传统认识论问题变为发生认识论的特有问题，从而诞生了一种新的心理学。心理学研究是皮亚杰实现认识论研究目标的手段。皮亚杰曾戏谑地说过："儿童心理学不过是他从事反省思维在方法论上的一个插曲和他的事业的副产品。"但这毕竟改变不了这一事实：发生认识论的核心部分仍是儿童认知发展心理学。

一、心理发展的实质论和结构论

皮亚杰的心理学或儿童发展心理学主要研究人类的认识，特别是儿童的认识（认知、智力、思维）等的发展和结构。它要探索和回答儿童的心理是怎样产生和发展的，心理的结构是什么，心理发展受哪些因素的制约以及各种不同水平的心理结构是如何出现的等问题。

笔记

（一）心理发展的实质

在《智慧心理学》一书中，皮亚杰列举了五种有代表性的心理发展理论：只讲外因不讲发展的，如英国哲学家罗素（B.Russell）的早期观点；只讲内因不讲发展的，如彪勒（K.Buhler）的思维研究；讲内外因相互作用而不讲发展的，如格式塔心理学派；既讲外因又讲发展的，如联想主义心理学派；既讲内因又讲发展的，如桑代克的试误说。皮亚杰认为这些理论各有其特点，但又都不完善，未能真正解决心理发展的实质问题。

在皮亚杰看来，心理的发展是主客体相互作用的结果。主体对环境中刺激的反应不只是由环境所决定。环境中的信息是否能成为对该主体来说必然的"刺激"，取决于主体具有的"结构"。因此，主客体之间的关系成为双向的关系：$S \rightleftharpoons O$，即在客体作用于主体的同时，主体也作用于客体。由此可见，儿童心理既不是起源于先天的成熟，也不是起源于后天的经验，而是起源于主体的动作。这种动作的本质是主体对客体的适应（adaptation）。主体通过动作对客体的适应，才是心理发展的真正原因。人的心理或智力不是其他的什么，而是一种适应环境的手段。

皮亚杰从生物学的观点出发，主张要把适应理解为一种动态的平衡过程。在这个过程中，有机体被环境不断影响着，但同时有机体产生的变化又增加了有机体与环境之间的相互作用，其结果就更利于有机体的生存。生物的适应机能又与其组织机能密切联系。它们同为任何生物体的两种机能。生物的组织机能使有机体保持自身的稳定性和一致性，它是维持生物体的完整系统所必须的。皮亚杰把生物学层面上的适应延伸到心理学层面，提出适应就是事物相互作用的过程和结果。个体的每一个心理的反应，不管指向于外部的动作，还是内化了的思维动作，都是一种适应。适应的本质在于取得机体与环境的平衡化。

皮亚杰认为适应是通过两种形式实现的：一种是同化（assimilation），就是把外界元素整合于机体的正在形成中或已完全形成的一个结构内。可以用公式表达为：$(T+I) \rightarrow AT+E$，公式中的 T 是一种结构，I 是被整合的物质或能量，A 是大于 1 的系数，AT 是 I 同化于 T 的结果，E 是被排除的物质或能量。另一种是顺应（accommodation），即改变内部图式以适应现实。个体通过同化和顺应这两种形式来适应环境达到有机体与环境的平衡。如果有机体和环境之间失去平衡，就需要改变行为以重建平衡。这种平衡 - 不平衡 - 再平衡的过程，就是适应的过程，也就是心理发展的实质。

（二）心理发展的结构

在皮亚杰看来，图式、同化、顺应和平衡是认识活动的结构，而心理发展就是通过同化、顺应以及同化和顺应之间的平衡，来发展和丰富图式的过程。

1. **图式** 图式（schema, scheme）是皮亚杰理论体系中的一个核心概念。他认为，图式是动作的结构或组织。我们可以把图式看作是心理活动的框架或组织结构，或者个体对世界的知觉、理解和思考的方式。图式最初来自先天遗传，此后随着个体的成长，通过与环境的相互作用，不断发展变化并逐渐丰富。例如，初生的婴儿无论碰到什么东西，都会产生吮吸反射。也就是说，婴儿具有"吮吸图式"。以后在适应环境的过程中，图式不断变化并复杂化。婴儿在吃奶时看到母亲的形象、听到母亲的声音、还接触到母亲怀抱的姿势等，因而由最初遗传得来的反射图式发展为多种图式的协调活动，儿童的心理发展水平也随之提高。初生的婴儿只有极少数且较为粗糙的图式，如吮吸、抓握和哭叫等。随着儿童的成长，图式的种类逐渐增加，内容也日趋丰富多彩，开始从简单的图式到复杂的图式，从外部的行为图式到内部的思维图式，从无逻辑的图式到逻辑的图式。到成年时，就形成了比较复杂的图式系统，而这个图式系统构成了人们的认知结构。

2. **同化** 同化是个体以自己已有的图式或认知结构为基础去吸收新经验的过程。就如同人在吃食物时，通过消化作用，把营养物质吸收并转化为自己身体的一部分一样。同

125

化本是生物学的概念，皮亚杰将它运用于心理学中。在皮亚杰看来，心理同生理一样，也有吸收外界刺激并使之成为自身一部分的过程。个体的同化要受他原有图式的影响：个人已有的图式越丰富，他所同化的事物的范围也就越广泛；个人已有的图式越贫乏，他所同化的事物的范围也就越狭窄。同化的直接结果是促进图式范围的扩大，引起图式的量的变化，而不能引起图式的种类和质的变化。因此，为了更好地适应环境，更好地促进个体心理发展，人们还必须要学会顺应。

3. **顺应**　顺应是指同化性的图式或结构受到它所同化的元素的影响而发生的改变。即改变原有图式或建立一个新图式以容纳一个新鲜刺激的过程。在把食物转化为可吸收的物质时，人体有关的器官如胃、肠都要做出相应的变化，如胃壁收缩分泌胃液，这就是顺应。顺应能引起两方面的变化，一是改造原有图式，使之可以接纳新的事物；二是形成新的图式，以接受新的事物。这样，顺应过程使图式发生质的变化，促进个体心理发展。所有的认识既是认知结构顺应于外物，同时又是外物同化于认知结构的这两个对立统一过程的产物。

4. **平衡**　顺应导致发展（质的变化），同化导致增长（量的变化）。心理的发展既需要同化，也需要顺应，更需要同化与顺应之间的平衡（equilibrium）。当同化与顺应两个过程取得平衡时，就能最有效地适应世界，促进个体心理发展。如果二者之间失衡，都会导致心理发展的停滞。显然，如果一个人只有同化而没有顺应，那么他就会处于永远与外界的适应状态，无需学习，也无从发展了；如果一个人只有顺应而没有同化，那么他就会处于永远无法稳定下来适应环境的状态之中。当然，并不是在所有的活动中，同化和顺应的比例都相当。例如，在假想性游戏中，儿童往往根据自己的想象，任意地改变客观事物，就是同化占优势；而在模仿性游戏中，儿童只是模仿成人或同伴的行为，就是顺应占优势。

二、心理发展的影响因素说和阶段论

皮亚杰在批评各种心理发展理论不足的同时，提出了自己的内外因相互作用的心理发展观，对心理发展的影响因素和变化阶段进行了详细阐述。

（一）心理发展的影响因素

皮亚杰认为，支配心理发展的因素有四个：成熟、物理环境、社会环境和平衡。

1. **成熟**　成熟是指机体的成长，特别是神经系统和内分泌系统的成熟。儿童某些行为模式的出现有赖于一定的躯体结构或神经通路发生的机能。皮亚杰认为："成熟在整个心理成长过程中起着一定作用……从确已掌握的一些资料，我们看到成熟主要在于揭开新的可能性，从而成为某些行为模式出现的必要条件……成熟仅仅是所有因素之一，儿童年龄渐长，自然及社会环境影响的重要性将随之增加。"由此可见，成熟是心理发展的必要条件，但不是充分条件（即决定条件）。它为心理发展提供了可能性，但是要把这种可能性转化为现实性，就必须通过后天的练习和经验的习得。随着年龄的增长，成熟因素的作用相对降低，而环境和经验的作用日益增强。

2. **物理环境**　物理环境是"个体对物体做出动作中的练习和习得经验"。它包括物理的经验和逻辑 - 数学的经验。前者是指个体作用于物体，抽象出物体的特性，如大小、重量、形状等；后者则是指个体作用于物体，旨在理解动作间相互协调的结果，例如，六七岁的儿童从经验中发现一组物体的总和与它们空间排列的位置无关，与它们被计数的次序也无关。在逻辑×数学经验中，"知识来源于动作（动作起着组织或协调作用），而非来源于物体"。在这种情况下的经验仅指日后将发展成为运算推理的、实际上带有动作性质的方面，它的意义不同于由外界环境引起的动作所获得的经验，它是主体作用于外界物体而产生的构造性动作。皮亚杰指出，物理因素是一个主要的必要因素，但不是儿童心理发展的决定因素。

3. **社会环境** 社会环境指社会上的相互作用和社会传递,包括社会生活、文化教育和语言等。皮亚杰指出,社会化就是一个结构化的过程,个体对社会化所做出的贡献正如他从社会化所得到的同样多,从那里便产生了"运算"和"协同运算"的相互依赖和同型性。皮亚杰认为,社会经验同样是儿童心理发展的必要条件,但不是充分条件。不管儿童生活在什么样的社会环境中,甚至是没有语言的聋哑儿童,到了 7 岁就会出现具体运算的逻辑思维。因此,环境、教育对儿童心理发展水平并不起决定作用,它只能促进或延缓儿童心理发展而已。皮亚杰把社会环境,如学校教育,仅看作是儿童心理发展的被动因素,这受到国际心理学界不少学者的批评。

4. **平衡** 皮亚杰认为,对于成熟、物理环境的经验和社会环境三个因素而言,后两个不能解说发展的连续性,第一个本身也不是发展的充分条件。因此,为了协调上述三个因素,他增加第四个因素,即平衡或自我调节(self-regulation)。皮亚杰认为,平衡或自我调节是儿童心理发展中最重要的因素,即决定因素。平衡就是不断成熟的内部组织和外部环境的相互作用。平衡可以调和成熟、个体对物体产生的经验以及社会经验三方面的作用。"由于平衡作用,感知 - 运动结构从最初的节奏开始逐渐进展成调节作用,再从调节作用逐渐进展成可逆性的开端。调节作用直接依赖于平衡因素,而所有日后的发展便是从调节作用引向可逆性和扩展可逆性的一个连续过程。可逆性是一个完善的——也就是说达到完全平衡的——补偿系统,其中每一变换通过逆向或互反两种可能性达到了平衡。"通过这种动态的平衡,实现心理结构的不断变化和发展。

(二)心理发展的阶段

皮亚杰认为,儿童从出生到成人的心理发展不是一个数量不断增加的简单累积过程,而是伴随同化性的认知结构的不断重构,因而可以按照认知结构的性质把整个心理发展划分为几个按不变顺序相继出现的时期或阶段。每一阶段诞生了与上一阶段不同的心理能力,这标志着儿童获得了适应环境的新方式。他概括出了阶段的五个主要特征:①普遍性。即阶段对同一物种的所有成员都是相同的。只在某些孩子身上出现的行为模式不能被称为阶段。②不变序列。如果一些儿童在感知运动阶段后直接进入形式运算阶段,而其他儿童则从感知运动阶段发展到前运算阶段,那么有关感知运动、前运算、形式运算的序列将不会被称为阶段。所有的儿童都必须以相同的顺序去经历这些阶段。③转换和不可逆性。当儿童进入到一个新的阶段,他们不但通过新阶段的观点去理解所有未来的经历,而且在过去使用前一阶段的方法所解决的问题现在也全部发生了转变,即通过新阶段的观念视角去看待这些问题。实际上,彻底发展到形式运算阶段的儿童不能再回到具体运算或前运算阶段。简而言之,阶段发展是不可逆的。④逐渐发展。发展到一个新的阶段或水平并不是突然出现的过程,也不是 1 个月、几个月或是 1 年的时间就可以实现的。朝向新阶段的运动逐渐地出现,一点一点地,直到最后儿童的行为充分呈现了新阶段的特征,才能说向下一阶段的转换完成了。⑤平衡。一旦儿童把他们的思维模式整合于在世界中实施动作的一致方式,这种新的认知发展阶段就可以被认为达到了稳定或平衡的状态。

皮亚杰通过多年的观察和实验,提出了儿童心理发展的阶段理论。尽管皮亚杰在不同时期的不同著作中,对各阶段的表述不完全相同,但并不意味着皮亚杰对心理发展的见解有什么根本地改变。一般而言,皮亚杰把儿童心理的发展划分为四个阶段。

1. **感知运动阶段(sensorimotor stage)(0 ~ 2 岁)** 这一阶段被认为是"儿童思维的萌芽"阶段。儿童仅靠感知动作的手段来适应外部环境,了解事物的最简单的关系,只有动作的能力而没有表象和运算的能力。该阶段是言语出现以前的时期。到这一阶段的后期,感觉与动作才渐渐分化,思维也开始萌芽。皮亚杰把这个阶段的发展又划分为六个亚阶段。

(1)反射练习时期(0 ~ 1 个月):儿童出生后以先天的无条件反射,如吸吮反射和抓握

笔记

反射等适应外界环境,并且通过反射练习使先天的反射结构更加巩固,如吸吮奶头的动作变得更有把握;还扩展了原先的反射,如从本能的吸吮扩展到吸吮拇指、玩具,在东西未接触到嘴时就做吸吮动作等。

(2)习惯动作时期(1~4.5个月):儿童形成了一些简单的习惯,如吸吮手指、移动头部等。这些简单的习惯并不是反射性的,而是适应性的,是儿童主动做出的。习惯的获得是通过两种感官如视和听的活动之间的联系实现的,如寻找声源,用眼睛追随运动的物体。

(3)有目的动作逐步形成时期(4.5~9个月):儿童在视觉与抓握动作之间形成了协调,智慧动作开始萌芽。有目的动作始于儿童开始领悟到对象与对象之间的关系,并能利用这种关系达到自己的目的。例如,这一时期的儿童可以抓住挂在铃铛上的一根线,拉动这根线使铃铛发出响声,这说明这个时期的儿童具有了简单的有目的动作的能力,不过这种目的还只是初步的、笼统的。

(4)手段与目的分化并协调时期(9~12个月):这时儿童的目的与手段已经分化,智慧动作出现。此时的心理活动不再是利用单个动作去应付问题,而是通过动作的组合和协调实现预定的目的。例如,儿童拉成人的手,把手移向他自己够不着的玩具,或者要成人揭开盖着物体的布。这表明儿童在做出这些动作之前已有取得物体的意向。

(5)感知运动智力时期(11个月~1.5岁):儿童已不满足于把已有动作联系起来解决问题,而要积极地尝试可能的结果,去发现解决问题的新方法。例如,一个玩具娃娃放在毯子上,婴儿拿不到娃娃,用手东抓西抓,偶然间拉动了毯子一角,儿童看到了毯子运动与娃娃之间的关系,于是拉过毯子,取得了娃娃。这一通过尝试而发现解决问题新方法的心理活动是思维出现之前最高级的心理活动形式。

(6)感知运动智力的综合时期(1.5~2岁):儿童的心理活动开始摆脱感知运动的模式而向着表象智慧模式迈进。此时的显著特征是儿童的心理活动对具体的事物和具体的动作的依赖逐渐减少,而对表象的利用逐渐增加,他无需通过实际的尝试,而只要利用关于事物的表象就可建立解决问题的新图式。这标志着感知运动阶段的结束和新阶段的开始。

2. 前运算阶段(preoperational stage)(2~7岁) 这一阶段被认为是"表象或形象思维"阶段。在感知运动发展的基础上,儿童的各种感知运动图式开始内化为象征性或表象性图式。随着语言的出现和发展,儿童开始用语言和表象来描述外部世界和不在眼前的事物。但在这一时期,儿童的语词或其他符号还不能代表抽象的概念,思维仍受具体直觉表象的束缚,难以从知觉中解放出来。皮亚杰将前运算阶段分为两个亚阶段。

(1)前概念或象征思维阶段(2~4岁):儿童开始运用象征符号进行思维。如儿童在游戏中用小棒当"枪"、用纸片当"菜"。此时儿童虽然也使用语词,但语词只是语言符号附加上一些形象而已。这种"概念"是具体的、动作的,而不是抽象的、图式的。因此,儿童既不能认识同一类客体中的不同个体,也不能认识不同个体变化中的同一性。例如,儿童看到别人有一顶与他同样的帽子,他会认为"这帽子是我的"。

(2)直觉思维阶段(4~7岁):这是从前概念思维向运算思维的过渡阶段,儿童思维的主要特征是思维直接受知觉到的事物的显著特征所左右。此时儿童的思维判断仍主要基于直觉知觉活动,还不能认识事物本身。不过,此时儿童的思维已开始从单维集中(如只关注杯子的高度或宽度)向两维集中(如同时考虑杯子的高度和宽度)过渡,这意味着运算思维就要到来。

在前运算阶段,儿童的思维具有以下主要特点:①具体形象性。儿童凭借表象来进行思维,他们依靠这种思维可以进行各种象征性活动或游戏(如用小石头做假吃的游戏)、延缓性模仿(模仿自己想起来的过去的事情)以及绘画活动等。②不可逆性(irreversibility)。可逆性意指思维反向进行的过程。前运算阶段的儿童不能这样思维。例如,问一名4岁儿童:"你有兄弟吗?"他回答:"有。""兄弟叫什么名字?"他回答:"吉姆。"但反过来问:"吉姆有兄弟吗?"他回答:"没有。"由于缺乏可逆性,这一阶段的儿童还不能形成"守恒"的概念。③刻板性。当注意集中在问题的某一方面时,就不能同时把注意力转移到另一方面,如儿童只能辨别自己的左右,而不能同时正确地辨别对面人的左右。④自我中心化(egocentric)。进入前运算阶段后,儿童能区别自己和其他物体,但此时儿童还无法从他人的角度考虑问题。他只能以自我为中心,从自己的角度观察和描述事物。例如,在"三山实验"中,皮亚杰请儿童坐在一座山的模型的一边,将玩具娃娃置于另一边,要儿童描述玩具娃娃看到的景色,结果儿童的描述和自己看到的相同(图7-2)。

图7-2　皮亚杰的"三山实验"

3. **具体运算阶段(concrete operational stage)(7 ~ 12 岁)**　这一阶段被认为是"初步的逻辑思维"阶段。儿童的心理活动具有了守恒性和可逆性,掌握了群集运算、空间关系、分类和排序等逻辑运算能力。但是,该时期的儿童还离不开具体事物或形象的帮助,只能把逻辑运算应用于具体的或观察所及的事物,而不能把逻辑运算扩展到抽象概念之中。具体运算阶段儿童的心理活动有两个主要特点。

(1)守恒性(conservation):所谓守恒就是指内化的、可逆的动作。皮亚杰认为,在前运算阶段的思维是以知觉或表象为中心,而在运算阶段的思维则以恒等性或可逆性(reversibility)(逆向或互反)为基础。守恒性是通过两种可逆性来实现,即逆向可逆性和互反可逆性来实现,例如,+A 是 −A 的逆向;B > A 是 A > B 的互反。只有儿童的动作既是内化的、又是可逆的,才算是达到了守恒。换句话说,就是在头脑中,从一个概念的各种具体变化中抓住实质的或本质的东西,才算是达到了守恒。儿童大约 6～7 岁时获得物体守恒、长度守恒、数量守恒、连续量守恒的概念;7～8 岁时获得面积守恒的概念;9～12 岁时获得重量守恒的概念;11～12 岁时获得体积守恒的概念。当儿童在获得守恒概念时,也获得了可逆性的概念,于是动作上升为运算,儿童的思维深化了。

(2)群集运算:对感知运动阶段和前运算阶段的心理发展,皮亚杰是以自我调节来加以说明的,而对具体运算阶段则以群集(group)加以说明。他认为,具体运算阶段儿童达到的可逆性和整体结构的协调依赖于群集的变化。这时的群集运算有五个特点:①组合性。在一个群集结构中,其两个元素或子类可以组合起来,产生同一结构中的新元素或新类。如,A+A′=B。②逆向性,是指相结合的两个类或两种关系可以被分开。如,如果 A + A′=B,那么 B −A′=A。③结合性,是指运算可以自由绕道迂回,通过不同的方式和途径获得相同的结果或达到相同的目标。如,(A+A′)+B=A+(A′+B)。④同一性,指的是能回到原出发点并发现原出发点不变,一个运算与其相反的运算相结合就抵消了。如,+A−A=0。⑤冗余性,是指同一的运算乃不加任何东西于自身。如,A+A=A。

皮亚杰认为,具体运算阶段的儿童通过群集运算,出现了分类、序列、关系、传递、数量、空间、时间和速度等一系列的逻辑概念。例如,对于传递的逻辑概念,儿童能做出如下的演绎:已知 A=B,B=C,就能推演出 A=C;已知 A > B,B > C,就能推演出 A > C。

4. **形式运算阶段(formal operational stage)(12 ~ 15 岁)**　这一阶段被认为是"抽象逻

129

辑思维"阶段。这时儿童根据假设对各种命题进行逻辑推理的能力在不断发展。儿童的具体运算思维经过不断地同化、顺应、平衡，就在原有具体运算结构的基础上逐步出现新的运算结构，开始接近成人的思维水平，达到成熟的形式运算思维。所谓形式运算思维，就是可以在头脑里把形式和内容分开，使思维从具体内容中解放出来，而表现出能进行抽象的形式思维。也就是说，可以离开具体事物，使思维超出感知的具体事物或事物的具体内容，朝着非直接感知的或未来事物的方向发展，根据假设来进行逻辑推理。例如，皮亚杰曾做过这样一项实验。给儿童 4 个贴有 1、2、3、4 纸条的烧瓶，分别装有 4 种不同的无色无味的透明液体；再给儿童一个装有另一种无色无味液体的小瓶子，贴上纸条 g。儿童的任务是混合这些液体，使之变为黄色。该问题的正确搭配应是第 1、3 和 g 瓶中的液体混合。实验之初，主试先进行示范：取两只玻璃杯，一杯装有事先备好的 1+3 的混合液，另一杯装有瓶 2 中的液体，然后将 g 瓶中的液体分别滴入两只玻璃杯中，让儿童注意这两只杯子中的不同变化。接着，要求儿童运用液体 1、2、3、4 和 g，在试管中配制出黄色液体。结果表明，具体运算阶段的儿童仅仅将液体 g 分别倒入 1、2、3、4 号液体中，没有出现黄色后就再也没有办法了。而形式运算阶段的儿童在发现两种液体组合难以奏效后，会有理性和有计划地再作进一步的探究，常常先混合 1+2+g，再进行 1+3+g，1+4+g，2+3+g 等，直至所有的可能组合全部完成。他们会运用各种各样可能的方法，严密地进行液体搭配实验。这是科学实验的思考方式。这个研究还发现，在儿童解决问题的过程中，形式运算阶段的儿童常常伴有诸如"如果……那么……"之类的命题陈述，说明儿童在思维活动中，能够借助于假设-演绎的逻辑推理模式。

形式运算阶段儿童思维结构出现了新的变化，产生了组合运算结构和四元转换群结构。以后这两种结构又被整合为一个"结构整体"，这是儿童思维发展的最高形式。随着生活实践的深入，思维还将进一步发展。

三、心理学的方法学——临床法

在有关儿童心理发展的研究领域中，皮亚杰的研究方法常被认为是独树一帜，别具风格的。皮亚杰所采用的研究方法被称为临床法（clinical method）。

（一）临床法的含义

临床法本来是弗洛伊德学派所用的一种精神分析方法，主要是通过谈话、观察来探测精神病患者内心潜意识活动的奥秘，以便进行分析治疗。皮亚杰把这种方法借用于儿童心理的研究，着重探索儿童心理活动的内部奥秘，从而开辟了儿童心理研究的新天地。

所谓的临床法就是给儿童一些材料和用具让他进行操作，结合儿童的反应，以轻松的临床式态度，使用一些适合儿童特点的简单明了的问题询问儿童做了什么。既重视儿童说他或认为他做了什么，同时又重视儿童实际做了什么，如何处理问题以及出现了什么错误。主试根据儿童的反应情况，再进一步提出探究性问题或作业任务，要求儿童进一步做出反应。研究反复进行下去，直至主试对结果感到满意为止。通常让儿童做的事情都是适合儿童特点的，如让他们把一些长短不等的小棍按长短次序进行排列，或以新的方式玩弹球等。为儿童设置的活动任务一般是为了揭示儿童对某些重要的认识论问题（如因果性、必然性、时间或空间关系等）的推理结构。

皮亚杰的临床法作为一种研究技术，主要通过提问的方式为儿童创造一种设计独特的实验环境来灵活地测定儿童的思维倾向。它不同于测验法，测验法是用同一种标准化的问题问所有被试者，提问的形式也不准稍作变动。它也不同于自由交谈，自由交谈是一种随意、即兴的、没有固定主题的谈话。在使用临床法时，事先要确定一个谈话的主题，让儿童自由叙述对某一问题的思想观点。皮亚杰认为临床法在一定意义上是一种实验方法，因为主试有他事前准备的主题，有各种假设，并根据情况逐一验证每种假设。但临床法又是一种直接观察法,有经验的研究者可以有控制地考察被试者的整个精神面貌。由此可见,"皮亚杰的临床法正是在单纯观察法的基础上,扬弃测验法的优缺点,汲取实验法的长处而创造出的对儿童智慧进行研究的方法。"

(二)临床法的特点

皮亚杰的临床法,具有如下六个特点:①设计丰富多彩的小实验。研究者采用了各式各样的物理和化学小实验,当面做给被试者看或要求被试者自己动手、实际操作,以此来研究儿童的思维水平。这些实验通常被称为"皮亚杰作业"。常见的皮亚杰作业的测验项目有数量、几何、守恒、系统、辨别等 13 种。他的"液体守恒""体积守恒""三山""钟摆"等实验,都是一些既简单、巧妙,又富有探索性的经典性测验项目。②安排合理灵活的谈话。皮亚杰的谈话十分灵活,也经常根据不同儿童回答的具体特点而进行不同的提问。谈话过程没有严格规定的指导语,不拘泥于标准化的程序,主试可以围绕谈话的主题而自由发挥或追问。谈话中不打乱儿童的思路,不给其任何暗示,不将成人的观点强加给儿童,采取不同的提问方式弄清儿童的真实思想。在交谈中,主试要运用儿童能领会的语言,且用适当的问题来探索隐藏在表面背后的本质东西。③采用自然性质的观察。皮亚杰认为,要了解儿童的心理机制,必须从结构整体的理论出发,从整体去研究儿童,像病理心理学研究精神病患者一样。因此,他特别强调实验的自然性质。皮亚杰喜欢在家庭、学校或游戏场所等儿童自然活动的情况下观察研究儿童,非常重视研究者敏锐的观察能力。他的临床法抛弃了传统实验刻板的客观主义,并且他认为自然性质的观察更有利于获得客观的研究成果。④具有新颖严密的分析工具。皮亚杰把数理逻辑引进到心理学的研究中来,用数理逻辑作为分析儿童思维水平的工具。这是皮亚杰研究方法的一个独特之处。皮亚杰认为,比起其他自然科学来,心理学的概念显得含混不清。这里原因固然有很多,但一个重要的缘由是缺乏严密的分析工具。他试图采用形式语言,特别是数理逻辑的语言来描述儿童心理活动的结构。⑤不限制被试者的反应,注意从个体自发性反应中去推理分析其心理历程。⑥研究对象数量相对较少,有时只有一个人。

下面是临床法的一例具体应用。研究者在一名 8 岁儿童 Per 面前放了一些花,并询问一些相关问题,以了解他是如何进行分类的。

访谈者:能够把樱草花放到花盒子里吗(并不改变它的标签)?

PER:可以,樱草花也是花。

访谈者:我能把这些花(郁金香)的一枝放到樱草花的盒子里吗?

PER:可以,这花和樱草花很像。

当实验者这样做的时候,Per 改变了主意,把它从盒子里拿出来,并把它放回到其他花那里。

访谈者:能不能把所有的花或所有的樱草花捆成更大一束?

PER:它们是同样的东西,樱草花是花,不是么?

访谈者:假若我把所有的樱草花拿走,剩下的还有花么?

PER:哦,有,还有紫罗兰、郁金香和其他的花。

访谈者:好的,假若我把所有的花拿走了,剩下的还有樱草花吗?

PER:没有了,樱草花是花,你把它们也拿走了。

访谈者:是花多一些还是樱草花多一些?

PER:一样多,樱草花是花。

访谈者:数一下樱草花。

PER:4 枝。

访谈者:花呢?

PER：7枝。

访谈者：它们的数目一样么？

PER（吃惊地）：花更多些。

四、发生认识论

发生认识论（genetic epistemology）是皮亚杰学说的理论基础，是用发生学的方法来研究认识论。按照皮亚杰自己的解释，"发生认识论就是企图根据认识的历史，它的社会根源以及认识所依赖的概念与运算的心理来源，去解释知识，尤其是科学知识。"由此可见，发生认识论主要研究认识的发生、发展的过程、结构及其心理起源。发生认识论有广义和狭义之分。广义的发生认识论包含认识的历史分析（整个人类的认识的发生）和个体心理分析（个体的认识的发生），而狭义的发生认识论只涉及认识的个体心理分析。

（一）发生认识论的基本假设

皮亚杰发生认识论的基本假设是，人类认识的发生和发展与儿童个体认识的发生和发展是平行的或相似的。从理论上讲，我们可以依循人类认识自然、改造自然所走过的历程去研究人类认识的发生和发展。但实际上正如皮亚杰所曾经说过的那样，目前关于史前人类概念形成的资料是非常缺乏的，我们没有关于史前人类认识功能的充分资料。因此，皮亚杰认为"摆在我们面前的唯一出路，是向生物学家学习，他们求教于胚胎发生学以补充其贫乏的种族发生学的不足，在心理学方面，这就意味着去研究每一年龄段儿童心理的个体发生情况。"这样，他独辟蹊径，从儿童心理的个体发生入手，去研究人类认识的发生和发展。

皮亚杰从许多方面揭示了人类认识和个体认识的平行或相似性。比如，他认为儿童与原始人在主、客体分化上具有相似性。初生的婴儿处于一种既无主体也无客体的混沌不分状态，丝毫不知道自己是独立存在的。早期儿童的活动没有区分出主体和客体，显示出强烈的"自我中心化"。随着年龄的增长，儿童在动作协调的基础上，逐渐学会区分主体和客体，逐渐意识到自我，并尽可能找到自我在世界中的地位。皮亚杰认为，原始人的思维发展与儿童的思维发展经历的是一个相同的过程。人为了生存生产而作用于自然界，但同时也为自然界的法则所制约。由于自身认识能力的局限，人类祖先最初很受这种制约的影响，认为自己是依附于大自然的。这样，人类缺乏主体意识，主客体也是不分的。随着人们实践活动的发展，人类逐渐获得和增强了主体意识，认识到认识对象的独立性，主客体也随之不断地分化。人类的实践类似于儿童的活动。

（二）发生认识论的基本观点

皮亚杰的发生认识论涉及哲学、生物学、逻辑学、心理学等很多学科，其理论体系是颇为庞大的，而且理解起来有一定难度。我们只对其中的一些主要观点做一下简单的介绍。

1. **认识的心理发生论** 皮亚杰指出，传统的认识论只考虑高级水平的认识或认识的最后结果，对"什么是认识"等问题的分析是静态的，而近代和现代的认识论则仅仅进行认识的逻辑分析和言语分析，这些都还不够，需要用认识的心理发生的研究来加以补充完善。他根据自己对儿童心理发展的研究，提出了认识的心理发生论。他认为，从心理发生的角度来看，认识既不来自客体，也不来自主体，而是来自客体和主体之间的相互作用。主客体的相互作用是通过动作（活动）这一中介实现的。因此也可以说，认识来源于动作。动作是感知的源泉和思维的基础。主体要认识客体就必须对客体施加动作从而改变客体。主客体之间的关系是一种双向关系：在客体作用于主体的同时，主体也作用于客体。

2. **认识的生物发生论** 皮亚杰认为，如果是在发生学的水平上而不是超验地解释认识的发生发展，"认识论问题都必须从生物学方面来加以考虑。从发生认识论的观点看来这是

笔记

很重要的,因为心理发生只有在它的机体根源被揭露以后才能为人所理解"。在生物学上,基因型(genotype)是指个体的遗传物质或基因结构;表型(phenotype)是指个体的可观察的外显特征。所谓表型复制(phenocopy),是指初始的外源的表型被一种同型态的内源基因型所取代。皮亚杰通过对瑞士沼泽湖泊地带的蜗牛等生物的研究,认为表型是遗传和环境的相互作用,其本质在于强调机体内部的调节,这些调节本身又因通过与环境的相互作用而得到修正。人类的认识也同样如此,并且内部的自我调节在相互作用中发挥主要影响。皮亚杰把生物学上的表型复制理论运用于认识发展,用内因(生物体)与环境的相互作用,来类比主客体之间的相互作用。相应于生物学上的外源性变异(表型变异)和内源性变异(基因型变异),认识也可分为两种:从经验中得到的外源性认识和从主体动作的内部必然协调中导出的内源性认识。内源性认识标志着认知发展的层次。皮亚杰认为,所谓认知结构的发展,就是内源性重构取代了外源性知识。换言之,认识的发展是因为产生了"基因型的变化",即内源性重构的结果。这也就是认识的表型复制过程。生物的表型复制和认识的表型复制的最重要相似性在于它们都具有自我调节的特征。

3. **认识的建构结构论** 皮亚杰提出认识具有结构,而每个认知结构具有三个特点:①整体性。整体对它的部分在逻辑上有优先的重要性,整体性的结构规定着各个成分之间的联系及其意义。②转换性。从最初级的数学"群"结构到规定亲属关系的结构等都是一些转换体系。结构的转换可以是非时间性的,也可以是有时间的。如果不能转换,认识的结构就会失去一切解释事物的作用。③自我调节性。这带来了结构的守恒性和某种封闭性,即新成分在无限地构成时而结构边界仍是稳定的。结构的自我调节有三个主要程序:节奏、调节作用和运算。皮亚杰认为,认识的发生是一个由低级到高级不断建构的过程。"认知的结构既不是在客体中预先形成的,因为这些客体总是被同化到那些超越于客体之上的逻辑数学框架中去;也不是在必须不断地进行重新组织的主体中预先形成了的。因此,认识的获得必须用一个将结构主义(structuralism)和建构主义(constructivism)紧密结合起来的理论来说明,也就是说,每一个结构都是心理发生的结果,而心理发生就是从一个较低级的结构过渡到一个不那么初级的结构。"而这种建构存在于主客体相互作用的过程中。因此,皮亚杰发生认识论的根本观点就是结构主义与建构主义的结合。

第三节 皮亚杰学派的简要评价

皮亚杰是心理学界大师级的巨匠,他虽然"置身于传统的英国—德国—美国各心理学学派之外,他的工作却引起了整个心理学世界的注意并激起了大量的研究。"皮亚杰所创立的皮亚杰学派在西方心理学流派中居于独特地位,并对心理学、哲学和教育等诸多领域产生了重要影响。

一、皮亚杰学派的贡献

首先,创立了发生认识论。皮亚杰最大的贡献在于创立了一门新的学科——发生认识论。它不再停留于哲学认识论的思辨层次,而是通过研究个体的认识发生(即儿童认知发展心理学)把认识论和心理学紧密结合,由此填补了传统认识论研究的一项空白。发生认识论是用发生学的观点和方法研究人类的认识,强调认识的个体心理起源和历史发展。它是在心理学、生物学、数学和逻辑学等学科的基础上形成的。皮亚杰曾系统地研究了认识的心理发生、生物发生以及古典逻辑、数学、物理学等学科的认识论问题。发生认识论"代表着一种具有丰富事实、概念、解释和罕见的一致性系统",强调主客体的相互作用,揭示了认识发生的辩证运动规律,体现了结构主义与建构主义相统一的认识论新方向,使认识论研究达到了新的高度。

其次，系统研究了儿童的心理发展。皮亚杰在心理学史上第一次系统地研究了儿童的心理发展。他通过大量的观察和实验研究，认为成熟、物理环境、社会环境和平衡是影响儿童发展的因素，并尤为重视平衡的作用。以往的儿童心理研究大多局限于遗传、环境或教育等因素的作用及其相互关系的影响，没有在动态水平上分析这些因素之间的作用机制。皮亚杰的平衡概念就反映了机体内部组织与外部环境之间的动态关系。同时，皮亚杰还提出了儿童心理发展的阶段理论，认为心理发展阶段具有普遍性、不变序列和不可逆性等特点。这些都丰富和深化了儿童心理学的研究，成为儿童心理学史上的一座重要里程碑。

最后，创造了儿童心理研究的新方法。皮亚杰学派独创的临床法是对传统测验法、观察法的一个革新。它使皮亚杰学派积累了大量的第一手资料，产生了丰硕的成果，并提出了一套具有真知灼见的儿童心理发展理论，进而创建了发生认识论。这种研究方法既注重研究的整体性，又注意深入把握本质；既注意研究的精密性，又注意灵活多样性；既注意高度的科学性，又注意高度的艺术性。维果茨基——这位对皮亚杰理论颇怀异议的心理学家也曾给予很高的评价："发掘新的事实，从中吸取其精华，这首先该归功于皮亚杰所采用的新方法——临床法。这一方法的力量和独特性质使他在心理研究方法学方面名列前茅。这个方法在研究发展变化中的复杂、完整的儿童思维形成物时成了不可替代的手段。同时这一方法在皮亚杰的一切实际研究中贯穿始终，将它们统一成连贯的，有充分生命价值的儿童思维的临床画册。"

二、皮亚杰学派的局限

第一，带有明显的生物学化倾向。这首先表现在他把生物学类比作为发生认识论的方法论上。皮亚杰认为生物学类比是研究发生认识论的基本方法，有时把发生认识论定义为比较解剖学，把智慧的本质归结为生物适应。尽管他一再声称反对还原论，但是他把适应从生物学扩展到人类社会，实际上仍有把高级运动规律还原为较低级运动规律的现象。他的生物学化倾向还表现为重图式、轻反应，对人的社会性和实践活动重视不够。

第二，存在逻辑中心主义的倾向。这一方面表现为重视认识活动中逻辑结构的分析，而忽视非逻辑结构的研究，另一方面表现为重视评价结构中认知的作用而忽视道德、情感的动力功能。可见，由于皮亚杰坚持唯科学主义和逻辑中心主义的立场，把复杂的、多维的主体结构简单地归结为一种逻辑 - 数学结构，并不能真正地解释个体心理发展的内部机制和过程。

第三，尚有许多令人质疑之处。比如，心理学界对于心理发展是阶段性的还是连续性的至今未形成一致意见。尽管在许多领域可能存在这样或那样的发展序列，但是不能假设存在皮亚杰所说的跨领域很强的一致性。再如，由于皮亚杰在研究中所设计问题的过于复杂，未能区分儿童的任务表现和实际能力等，他明显低估了婴幼儿的认知能力。

三、皮亚杰学派的影响

一是对西方心理学的影响。皮亚杰学派对西方心理学的影响是全方位的。首先，促进了儿童心理学的研究：既促进了儿童思维发展的研究，也促进了儿童品德发展的研究。其次，影响了认知心理学的发展。皮亚杰学派创立的发生认识论属于广义的认知心理学。它通过对儿童科学概念及心理运算起源的实验分析，探索了智慧形成和认知机制的发生发展规律。这些都对认知心理学产生了重要影响。再次，影响了学习心理学的发展。传统学习理论把人类的学习等同于动物的学习，忽视人类学习的社会性与主动性。皮亚杰反对这种

笔记

观点，强调内因与外因的相互作用。这超越了传统的学习理论，对学习心理学的发展产生了重要影响。又次，开拓了新的心理学学科。皮亚杰创造性地把心理学、逻辑学和语言学相结合，构造关于儿童实际思维的运算逻辑，揭示语言发展与思维发展的关系，开拓了思维心理学、发展心理语言学和心理逻辑学研究的新领域。最后，影响了其他心理学领域的发展。例如，工业心理学家梅奥（E.Mayo）在了解了皮亚杰研究儿童的方法后，将这一方法运用于霍桑效应的研究之中，取得了突破性进展。

二是对哲学认识论的影响。皮亚杰的理论促进了当代认识论向辩证思维的复归。主体与客体的关系问题是皮亚杰发生认识论的出发点和中心问题。皮亚杰总结了经验论和唯理论的争论，不仅为主客体统一的思想提供了大量的心理学依据，而且对主客体相互作用的机制提出了完整的、系统的观点，从而促进了当代认识论向辩证思维的复归。皮亚杰以发生认识论分析了数学、物理学、生物学和心理学等学科的认识论问题，对哲学认识论产生了广泛影响。

三是对现代教育的影响。皮亚杰理论蕴含着深刻的教育思想。皮亚杰在《教育科学与儿童心理学》和《教育往何处去——理解即发明》两部著作中，提出关于加强幼儿教育和早期培养、调动学生学习主动性、开发学生智力的深刻见解。他的认知发展阶段论和相互作用的学习理论等观点对现代教育产生了重要影响。有研究者把皮亚杰理论对教育的影响总结为以下六个方面：①教育的主要目的在于促进学生智力的发展，培养学生的思维能力；②让儿童主动自发地学习；③注意儿童的特点，符合发展阶段；④儿童应通过动作进行学习；⑤要重视社会交往，特别是合作性的交往；⑥让儿童按各自的步调向前发展。

思考题

1. 皮亚杰学派的产生受到哪些学科的影响？
2. 新皮亚杰学派针对皮亚杰理论存在的缺陷进行了怎样的修正和发展？
3. 心理发展的实质是什么？心理发展的结构有哪些？
4. 儿童心理发展的影响因素有哪些？
5. 儿童心理发展的阶段特征是什么？
6. 儿童心理发展的四个阶段及其主要特征各是什么？
7. 皮亚杰采用的临床法有什么特点？
8. 发生认识论的基本假设和基本观点是什么？
9. 如何评价皮亚杰学派的贡献和局限？
10. 皮亚杰学派对西方心理学、哲学认识论和现代教育产生了什么影响？

参考文献

[1] 丁芳，熊哲宏. 智慧的发生——皮亚杰学派. 济南：山东教育出版社，1994.

[2] 李其维. 破解"智慧胚胎学"之谜. 武汉：湖北教育出版社，1999.

[3] 卢浚. 皮亚杰教育论著选. 北京：人民教育出版社，1990.

[4] 皮亚杰. 发生认识论原理. 王宪钿，译. 北京：商务印书馆，1981.

[5] 皮亚杰. 儿童的语言与思维. 傅统先，译. 北京：文化教育出版社，1980.

[6] 皮亚杰，英海尔德. 儿童心理学. 吴福元，译. 北京：商务印书馆，1980.

[7] 托马斯. 儿童发展理论：比较的视角. 郭本禹，王云强，译. 上海：上海教育出版社，2009.

[8] 诺希伊. 50位最伟大的心理学思想家. 郭本禹，方红，译. 北京：人民邮电出版社，2012.

[9] 谢弗等. 发展心理学：儿童与青少年. 第八版. 邹泓，译. 北京：中国轻工业出版社，2009.

［10］ Beilin H.Piaget's enduring contribution to developmental psychology.Developmental Psychology，1992，
28：191-204.

［11］ Piaget J.Piaget's theory.In：P.H.Mussen（Ed.）.Carmichael's manual of child psychology（vol.1）.New
York：Wiley，1970.703-723.

［12］ Piaget J.Psychology of intelligence.Totowa，NJ：Little field，Adams，1966.

［13］ Piaget J.The language and thought of the child.London：Routledge，1926.

笔记

第八章　认知心理学

　　从广义上说，凡是侧重研究人的认识过程的心理学，都可以叫做认知心理学（cognitive psychology）。从狭义上说，认知心理学专指信息加工认知心理学（information-processing cognitive psychology）或现代认知心理学，这种心理学把人的认知和计算机进行功能模拟，用信息加工的观点看待人的认知过程，认为人的认知过程是一个寻找、接受、加工、贮存和使用信息的过程。信息加工认知心理学是20世纪50年代末期产生的一种西方现代心理学思潮和研究取向，到了20世纪60、70年代成为心理学研究的主流，遍及心理学的大多数分支和许多国家的心理学研究领域。因此，它的兴起被称为心理学史上的一场"认知革命"，相对于先前的行为主义革命，又被称为"第二次革命"。本章主要阐述作为狭义认知心理学的现代认知心理学。

第一节　认知心理学概述

　　现代认知心理学的历史渊源可以追溯至古希腊时期。当时的柏拉图和亚里士多德等人就对记忆和思维等认识问题进行过探讨。1956年，许多心理学家发表了大量关于注意、记忆、语言和问题解决的文章和著作。1959年，一些著名的心理学家在麻省理工学院召开了一次认知心理学研讨会，在美国心理学界产生了重大影响。1967年，奈塞尔（U.Neisser）所著《认知心理学》一书问世，这些都是现代认知心理学产生的标志性事件。

一、认知心理学产生的背景

（一）社会背景

　　现代认知心理学是社会发展需要的产物。第二次世界大战之前，几乎所有的心理学研究都是在实验室中进行的。研究者在行为主义研究范式的指导下，主要研究动物和人的外部行为，很少涉及内在心理过程。即使有少数关于人的知觉、思维和情绪等的研究，也深受行为主义观点的束缚。第二次世界大战改变了这种状况。心理学开始走出实验室，而服务于战争。应战争所需而发明的许多新的武器和设备，对使用者提出了新的或更高的要求。如果不能正确使用，便会造成严重后果。例如，由于没有及时辨认出荧光屏上的信号而导致敌机入侵；由于驾驶员操纵不当而使飞机坠毁等。于是，"人 - 机系统"（man-machine system）这一概念开始出现，其重要特征是认为人在操纵机器时所发挥的是信息传递者和加工器的作用。因此，为了赢得战争，不仅需要改进武器设备，而且需要改善人的操作和技能。此外，战时的决策研究发现，人的决策不仅与刺激强度和持续时间即感受性有关，而且与内部决策标准有关。所以，重视人的认知因素、操作技能、人机系统、决策标准等问题的研究，为现代认知心理学的产生提出了实际的社会需求。

　　第二次世界大战后，随着"信息爆炸"、科技革命以及第三（服务业）、第四（信息及高新科技产业等）产业的飞速发展，科学、知识和智力在国际竞争中的作用日益凸显，科技人才和知识分子在经济、政治等领域的科学决策中日益发挥巨大作用，因而迫切要求心理学研究人的认知或思维。这是现代认知心理学得以产生的最重要的社会原因。

（二）相关学科背景

计算机科学的发展是认知心理学产生的最重要的外部条件。20世纪30年代英国数学家图灵（A.Turing）提出的自动机理论为计算机的出现奠定了理论基础。这一理论及随后计算机的出现，使认知心理学家大受启发：人脑也是物理符号系统，人的心理过程也是一种信息的输入、编码、输出的信息加工过程，可以通过计算机模拟来类比人的心理过程。利用计算机模拟来探讨人脑的内部认知过程是现代认知心理学的精髓。计算机科学与心理学结合，形成了一门新兴学科——人工智能（artificial intelligence）。

心理语言学尤其是乔姆斯基的语言学理论对现代认知心理学的产生和发展具有重大影响。乔姆斯基（N.Chomsky）猛烈抨击了行为主义关于语言获得的理论，强调心理过程在语言使用中的必要性。他认为人的语言能力主要是天赋的，并提出了著名的转换生成语法理论，认为句子的结构可以分为表层结构和深层结构。前者是指由词法、句法构成的单词之间的联系，后者是指一种内在的、潜伏的、抽象的逻辑和语义表征。儿童说话是根据一定的转换规则将深层结构生成为表层结构，而听话则是根据规则将表层结构转换为深层结构，从而理解句子的意义。乔姆斯基实际上是采用现代认知心理学的观点来研究语言，对认知心理学的产生起到了积极推动作用。

系统论、信息论和控制论对现代认知心理学的发展也具有重要影响。这种影响可归纳为两个方面：一方面，作为一种体现了时代精神的理论思维的方法，启发认知心理学家从系统、信息和控制的角度来思考人脑内部的信息加工过程。比如，从系统的观点来看，人既是不断地与外界进行物质、能量、信息交换的开放系统，也是随着时间和经验的改变而不断变化的动态系统，而且还是具有自我意识、能主动适应和改造环境的主动系统。认知心理学家还借用了信息论的模式，从信息输入、衰减、过滤和存储等过程探讨人的心理问题。另一方面，现代认知心理学借用这些理论中的一些术语，如开放系统、反馈控制、信息过滤等来描述人的心理加工过程。

（三）心理学背景

现代认知心理学继承和发展了早期实验心理学的研究精神、课题和方法。冯特在创建实验心理学之初，就主张以意识为心理学的研究对象，以实验内省法为主要研究方法，对感知觉、反应时和注意等问题进行研究。现代认知心理学继承了早期实验心理学这一传统，把意识作为心理学的研究对象，并对反应时等课题进行了大量的研究。认知心理学还对内省法进行了批判和改造，提出了口述报告法（也称出声思考法），即要求被试者通过原始性的口头陈述来报告思考时的内部信息加工，特别是短时记忆中的内容。

格式塔心理学对现代认知心理学的产生也具有一定的影响。格式塔心理学强调意识的整体性，而现代认知心理学也强调研究认知过程的整体性和内部心理机制。现代认知心理学重视内部心理活动之间的相互关系，采用模拟的方法进行综合性研究，这与格式塔心理学的观点是一脉相承的。此外，格式塔心理学与现代认知心理学的研究领域也很接近。格式塔心理学集中于知觉、思维和问题解决的研究，而现代认知心理学主要是对信息的接受、编码和存储等过程的研究，涉及表征、注意、记忆和创造性思维等认知过程的研究。

认知行为主义对现代认知心理学产生了重要影响。20世纪30年代前后，行为主义出现了危机，在其内部出现了以托尔曼为代表的认知行为主义。它强调认知的作用，要求恢复对认知的客观研究。现代认知心理学继承了认知行为主义的观点，以至于有人不无夸张地认为托尔曼的行为主义认知理论是现代认知心理学的开山始祖。

皮亚杰理论属于广义上的认知心理学,它与现代认知心理学有着特殊的联系。皮亚杰理论具有明显的系统论和整体论的思想,强调通过同化和顺应之间的相互作用而不断发展的认知结构。而现代认知心理学深受系统论、控制论和信息论的影响,认为人的信息加工是在一定的认知结构中的信息加工,强调认知模型、心理定势在信息选择、接受和编码中的积极作用。同时,皮亚杰学派和现代认知心理学都反对行为主义,尤其是古典行为主义的S-R模式。皮亚杰代之以 S ⇌ R,而现代认知心理学则提出输入-内部加工-输出模式。

二、认知心理学的代表人物

1. **纽厄尔**　艾伦·纽厄尔(Alan Newell,1927—1992 年)是美国心理学家和计算机科学家,现代认知心理学的创立者之一。他出生于旧金山,1949 年获得斯坦福大学学士学位毕业(物理系专业)。在西蒙的指导下,1957 年获得卡内基-梅隆大学的博士学位。1961 年起,纽厄尔长期执教于卡内基-梅隆大学的计算机科学系。20 世纪 50 年代,他和西蒙共同提出物理符号系统假设,把人脑和计算机都看作是加工符号的物理结构,认为人脑的活动和计算机的信息加工功能都是符号操作过程。纽厄尔和西蒙曾经在卡内基-梅隆大学编制"逻辑理论家"程序,并证明了数学家罗素(B.Russell)的数学名著《数学原理》第二章中的 52 条定理。由此,他们共同开辟了计算机模拟人类思维的人工智能领域,开创了信息加工心理学的新取向。纽厄尔和西蒙合著的《人类问题解决》(1972)是这一领域的重要著作,他们二人因此荣获了计算机领域的最高奖——图灵奖(1975)。20 世纪 60 年代中期起,纽厄尔的学术生涯集中于计算机科学和认知科学,对计算机硬件结构、校园网、人机交互作用中的心理学问题等进行了深入研究。纽厄尔于 1972 年当选美国国家科学院院士,1979 年获得美国人因工程学会颁发的威廉斯奖,1980年当选美国国家工程院院士、并担任美国人工智能协会的首任主席,1985 年获美国心理学会杰出科学贡献奖,1992年获美国国家科学奖(图 8-1)。

图 8-1　艾伦·纽厄尔

2. **西蒙**　赫伯特·A·西蒙(中文名为司马贺)(Herbert Alexander Simon,1916—2001 年)是美国心理学家,信息加工心理学和人工智能的开创者之一。他出生于威斯康星州的密尔沃基,1943 年获得芝加哥大学政治科学博士学位。在伊利诺理工学院担任政治学教授多年。从1949 年开始,一直任卡内基-梅隆大学心理学和计算机科学教授。在 20 世纪 50 年代,西蒙和纽厄尔等人共同提出了物理符号系统假设,创建了信息加工认知心理学,推动了认知科学和人工智能的发展。西蒙是美国心理学会、经济学会、社会学会等六个学会的特别会员。1968—1972 年任美国总统的科学顾问。在心理学、计算机科学、人工智能和经济学等多个学科领域均有很高造诣。主要著作有:《人类问题解决》(与纽厄尔合著,1972)、《思维模型》(1979)等。他一生赢得了多项荣誉,不仅与纽厄尔在 1975 年一起获得图灵奖,而且是世界上第一位荣获诺贝尔经济学奖(1978)的心理学家。其他的重要奖项还有:美国心理学会杰出科学贡献奖(1969 年)、美国经济学会杰出会员奖(1976 年)、国际人工智能协会杰出研究奖(1978 年)、美国管理科学院学术贡献奖(1983 年)、美国政治科学学会麦迪逊奖(1984 年)、美国国家科学金奖(1986 年)、美国心理学会终身贡献奖(1993 年)、美国公共管理学会沃尔多奖(1995 年)、国际人工智能学会终生荣誉奖(1995 年)等。西蒙一向致力于中美友好和促进中美学术交流,担任过美中学术交流委员会主席。他早在 1983 年就应邀来中国科学院心理研究所进行科研合作,并在北京大学系统地讲授了认知心理学,其讲座内容经荆其诚和张厚粲两位教授翻译和整理成《人类的认知：思维的信息加工理论》（1986）一书，他的讲座和该书对我国最初了解认知心理学具有启蒙作用（图8-2）。

3. **米勒** 乔治·阿米蒂奇·米勒（George Armitage Miller，1920—2012年）是美国认知心理学家，对现代认知心理学的发展作出了重要贡献。他出生于西弗吉尼亚的查尔斯顿市，1940年获得阿拉巴马大学文学学士学位，1946年获得哈佛大学心理学哲学博士学位。此后，他先后执教于哈佛大学、麻省理工学院、洛克菲勒大学和普林斯顿大学等高校。1956年，米勒在《心理学评论》杂志上发表了《神奇的数字7±2：信息加工能力的某些限度》一文，把信息论引入心理学，全面论述了信息加工的限度问题。该文发表后被广泛引用，成为《心理学评论》杂志百年史上引用频率最高的文章。1960年，米勒与加兰特尔（E.Galanter）和普里布拉姆（K.Pribram）合作出版了认知心理学发展史上具有重要意义的一部著作——《计划与行为的结构》，用控制论的反馈观点来解释人类行为。同年，他与布鲁纳（J.S.Bruner）联合成立了哈佛大学认知研究中心，广泛开展了对语言、记忆、知觉、概念形成和思维等认知过程的研究。米勒为认知心理学发展作出的重要贡献，得到了人们的广泛认同。巴尔斯说过，米勒"在认知心理学的形成中已成为唯一最有成效的领导人。"米勒于1962年当选国家科学院院士，1963年获美国心理学会杰出科学贡献奖，1969年当选美国心理学会主席，1970年当选美国哲学会主席，1982年获纽约科学院颁发的行为科学奖，1990年获美国心理学基金会授予的终身成就金质奖，1991年获美国国家科学奖，2003年获美国心理学会颁发的心理学终身贡献奖（图8-3）。

4. **奈塞尔** 乌里内克·奈塞尔（Ulric Neisser，1928—2012年）是美国认知心理学家。他出生于德国基尔市的一个犹太家庭，3岁时随父母来到美国。1950年获得哈佛大学物理学专业的学士学位。大学毕业后来到斯瓦茨莫学院，在格式塔心理学家苛勒的指导下攻读硕士学位。1956年获得哈佛大学的心理学博士学位。奈塞尔先在哈佛大学任讲师，很快转入布兰迪斯大学任教。最初，任该大学心理学系主任的马斯洛试图使奈塞尔进入人本主义心理学领域，却没有成功。但是，马斯洛还是给了奈塞尔机会，使得他可以进行认知问题上的探究。1967年，奈塞尔出版了《认知心理学》一书，这是第一本以"认知心理学"命名的书，该书表述了信息加工心理学的观点。由于赋予了认知运动一个名称，奈塞尔被称为"认知心理学之父"。此后，他先后在康奈尔大学和亚特兰大的爱莫里大学工作。1976年，奈塞尔出版了《认知与现实》，倡导认知心理学的生态学研究。在晚年，奈塞尔的研究兴趣转向了记忆、自我、智力和教育等问题。他是美国国家科学院院士、美国艺术和科学院院士，获得古根海姆研究基金和多个荣誉博士学位（图8-4）。

图8-2 赫伯特·A·西蒙

图8-3 乔治·阿米蒂奇·米勒

图8-4 乌里内克·奈塞尔

三、认知心理学的发展

20 世纪 50、60 年代，认知心理学着重对传统的行为主义心理学进行反抗，倡导一种认知的心理学取向，初步确立了它在现代心理学中的历史地位。20 世纪 70 年代初，认知心理学的主要研究取向是认知主义（cognitionism）。认知主义又被称为认知心理学的符号范式，以人与计算机都是符号系统、都具有智能为前提假设，主要通过对认知过程的信息加工方式的研究，建立人工智能的计算机模型。认知主义的早期代表人物是纽厄尔和西蒙，20 世纪 80 年代的代表人物是福多（J.A.Fodor）和皮利谢恩（Z.W.Pylyshyn）。认知主义提出了一系列有关的概念体系和研究手段，在计算机模拟和实际应用方面取得巨大成就，成为 80 年代以前占主导地位的认知心理学范式。

20 世纪 80 年代以来，认知心理学中的联结主义（connectionism）取向开始占据主导地位。许多心理学家认识到，人脑不能简单地等同于计算机，符号系统的加工和真实的人类加工方式存在着很大的差距。于是，一些心理学家尝试把人脑视为生物的神经网络，用联结主义的观点来分析人脑的信息加工过程。随着鲁梅尔哈特（D.E.Rumellhart）和麦克里兰（R.A.McClelland）《平行分布加工：认知的微观结构之探索》（1986）一书的出版，联结主义逐渐为大家所熟识和认可。联结主义把认知描绘为简单而大量的加工单元的联结网络，在此网络中的每一个单元在某一特定时刻总是处在某种激活水平上，其实际的激活水平与来自环境和其他与之相连接的单元有关。联结主义被誉为认知心理学的"新浪潮"，标志着认知心理学研究更加深入、更接近人脑的现实。

20 世纪 90 年代，共生（co-creation）的研究取向开始兴起。瓦雷拉（F.J.Varela）等人在《具体化的心灵：认知科学与人类经验》（1991）一书中提出，世界不是被人的心灵所表征的，而是通过人所从事的各种具体化的活动，使世界与心灵共同生成的。作为主体的心灵和作为客体的外部世界是不可分离的，这就造成了人类心灵的高度复杂性。因此，对人类心灵的研究既要进行自然、客观的科学探讨，又要注重日常生活经验的主观分析。此外，共生论者还提出东西方思想交融的主张，认为运用东方心灵丰满的沉思，把抽象的、非具体化的活动转变为具体的、开放的反映，就可以把科学心灵与经验心灵相联系。

在认知心理学创立之初，大多数心理学家主要在实验室内进行研究，而这种实验室研究远离了人们的日常生活。自 20 世纪 70 年代以来，许多人对此提出了强烈批评，并掀起了一场"生态效度"（ecological validity）运动。1973 年，纽厄尔考察了 59 种实验现象，结果发现其中只有两种和日常生活有直接关系。1976 年，奈塞尔在《认知与现实》一书中提出，心理学过度依赖实验室情境收集数据，而忽视了真实的生活世界。他主张心理学的研究结论应当具有生态学效度，即可以推广至实验室之外的情境，帮助人们解决生活和工作中的实际问题。生态学效度运动极大促进了认知心理学研究成果与实际生活的联系，扩大了心理学的影响。

第二节　认知心理学的主要理论

现代认知心理学自产生以来发展迅速，不但在研究的对象、原则和方法上形成了独特体系，而且在感知觉、记忆、表象、思维和语言等领域进行了大量的研究，取得了令人瞩目的成就。

一、心理学的基本观点

尽管众多认知心理学家在具体研究内容和方法上有所不同，但是在认知心理学的研究对象和原则等问题上比较一致。①以认知为心理学的研究对象。现代认知心理学继承了早

笔记

期实验心理学的传统，主张把认知作为心理学的研究对象。确切地说，认知心理学就是运用信息加工的观点对人的认知活动进行研究，其研究范围主要包括感知觉、注意、记忆、表象、概念、推理、问题解决、决策、语言、认知发展和人工智能等。认知心理学研究的是人怎样获得、储存、加工和运用知识。因此，认知的结构、过程和功能便成为认知心理学的主要研究内容。②把人看作信息加工系统。把人看作类似于计算机的信息加工系统是现代认知心理学的基本隐喻。受信息论和计算机科学的启发，认知心理学家们认为，尽管计算机的硬件和人脑的神经结构不同，但完全可以在计算机的程序所表现的功能和人的认知过程之间进行类比。人脑和计算机一样也是一种信息加工系统。这种系统所处理的信息都是符号信息，所有的记号、标志、语言、文字以及它们所描述的事物、现象、规律、理论等，都被看成是符号结构，因而这种系统就是符号加工系统。所以，可以通过计算机语言和程序模拟来研究人的认知过程（图8-5）。③强调知识对行为和认知活动的决定作用。与行为主义的环境决定论立场相反，现代认知心理学强调已有知识和知识的结构对人的行为和当前的认知活动的决定作用。它力求通过揭示人们如何获取和利用知识的机制，以探究人类认知活动的规律。例如，有认知心理学家提出一种激活的图式指导知觉的理论，认为在知觉活动中，作为外部世界内化了的有关知识单元或心理结构的图式被激活，使人产生内部知觉期望，以指导感觉器官有目的地搜寻特定的信息。也就是说，只有在环境信息与个体所具有的图式有关或适合进入这种图式的情况下，环境信息才有意义。由此可见，现代认知心理学尤为强调人的意识的主观能动性。④强调认知过程的整体性。现代认知心理学反对元素主义和行为主义的分析研究，强调研究各种心理过程之间的相互联系和相互制约。比如，在研究知觉时，认为知觉不仅需要各感觉器官的活动，而且需要对信息进行中枢加工，与过去的知识相对照，进行分析综合，以确定知觉对象的意义。强调认知过程的整体性还意味着在研究认知的过程中，要揭示背景因素的影响。这里的背景因素不仅包括语言材料的上下文关系，而且也包括客观事物所具有的前后、上下、左右各种关系，甚至还包括人脑中原有知识之间、原有知识与当前的认知对象之间的关系。⑤强调产生式系统（production system）。20世纪70年代初，纽厄尔和西蒙把计算机科学的术语"产生式系统"引入认知心理学，用以说明人在解决问题时的程序。他们认为，人的信息加工是通过产生式系统来实现的。所谓产生式就是以"如果……那么……"形式表达的条件-活动（condition-action，CA）规则。例如，在鉴别三角形的过程中，"如果已知一个图形是两维的，且该图形有三条封闭的边，那么就识别此图形为三角形。"简单的产生式的结合会形成复杂的产生式系统。这种产生式系统对应于一个问题解决的程序，突出了认知活动的整体性、内在性和概括性。

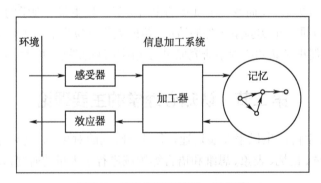

图8-5 信息加工系统的一般结构

二、心理学的方法学

现代认知心理学吸收了早期实验心理学、行为主义和计算机等相关学科的成果，形成了一套比较完整的研究方法。

（一）实验法

实验法是现代认知心理学采用的主要方法。认知心理学的实验主要包括反应时实验和眼动实验。

1. **反应时实验**　反应时是指从刺激呈现到做出明显反应之间的时间间隔，而反应时实验是认知心理学家运用最多的一种实验。在认知心理学家看来，信息从接收、加工、处理和输出，要经过多个环节，必然要花费一定的时间，经过的环节越多，反应时就越长。他们把传统的反应时实验和计算机程序分析结合起来，设计出各种程序加减的反应时实验来探讨人脑内部的信息加工过程。最常用的反应时实验有减法反应时方法、加法反应时方法和开窗实验方法。①减法反应时（subtracting reaction time）方法，由荷兰生理学家唐德斯（F.C.Donders）于1868年提出。这种方法旨在测量包含在复杂反应中的辨别、选择等心理过程所需的时间。在这种实验中，需要安排两项不同的反应时作业，其中一项作业包含另一项作业所没有的某个心理过程，因而反应时较长。这两种反应时之差就是该心理过程所用的时间。减法反应时实验主要用来研究某一信息加工阶段或操作，也可用来研究一系列连续的加工阶段。如研究识别、短时记忆等。但此方法不能研究复杂的认知过程。②加法反应时（additive reaction time）方法，是由美国心理学家斯腾伯格（R.J.Sternberg）于20世纪60年代提出的。他认为，完成一项作业所需的时间是一系列信息加工阶段分别需要的时间的总和。如果发现了影响反应时的某些因素，那么，只要对这些因素进行单独的或成对的实验，即可观察到完成作业时的变化；如果两个不同的实验因素彼此独立地影响完成作业的反应时，其效应可以相加起来，那么，这两个因素一定作用于两个不同的加工阶段；如果两个因素是相互影响的，即一个因素的变化会改变另一个因素的反应时，那么，这两个因素一定作用于同一个加工阶段。因此，从实验因素对完成作业的反应时的影响，就可区分信息加工的不同阶段。③开窗（open windows）实验方法，是20世纪70、80年代发展起来的一种新技术。前面两种方法是通过两项作业的比较来测得某一特定加工阶段所需的时间，而开窗实验方法可以对该阶段的时间进行直接测量，能够比较明显地看出这些加工阶段，就像在一系列信息加工过程的某个阶段打开了一个窗户，使该阶段的情况清晰地展现出来，因而比减法和加法反应时方法更具有优越性。

2. **眼动实验**　眼动实验是通过记录和分析被试者在完成某项作业时眼睛活动的情况来探讨人脑内部思维过程。最初人们主要利用照相、电影摄影等方式来记录眼球运动情况，现在利用眼动仪等先进工具，可以得到更加精确的记录和分析。眼动实验的基本原理是：在实验中，主试利用一小束对人体无害的微弱光束，射向被试者的眼睛，这束从眼球表面反射回来的光就记录了眼球运动的情况。通过对眼球运动轨迹的分析，研究者就可对人脑思维活动情况进行推测。

（二）观察法

现代认知心理学也强调观察法在研究中的运用，力求通过对外部行为的观察揭示输入和输出之间发生的内部心理过程。在研究中，先对一些可供参考的外部指标进行观察，据此推断和分析可能的内在心理过程，然后再使用计算机模拟来检验所得结论。

除外部行为观察外，认知心理学还非常重视自我观察。一种常用的自我观察是口语报告法（oral report），就是让被试者在解决问题时进行"出声思考"，即出声讲出他们在进行各种实际操作时的想法，例如如何去做、为什么要这样做、会有什么结果以及下一步该怎么办，等。这种方法是德国心理学家邓克尔在1945年提出的，纽厄尔和西蒙在20世纪70年代把它作为研究问题解决的一个重要方法。根据报告的时间，口语报告可分为当时口语报告和追述。前者指被试者在完成任务过程中对自己思维活动过程进行的口语报告，后者是指实验结束后，被试者针对主试提问，对自己内心思维活动所作回答的报告。根据报告的内容，口语报告可分为有结构的和无结构的两种。前者是指主试给被试者确定一个方向，让他口述这方面的心理活动；后者是指事先不做任何指示，让被试者自由叙述。认知心理学经常采用当时的、无结构的口语报告法。该方法适合于研究从感知觉到思维、问题解决等各种心理过程。

（三）计算机模拟

计算机模拟（computer simulation）是现代认知心理学最有代表性的一种独特方法。该方法想通过对心理过程的计算机模拟来认识人心理过程本身，即对人的内部信息加工过程进行逻辑分析。具体来说，先通过实验分析推断出关于人的认知过程的某种假设，然后编制程序输入计算机，在相同的输入刺激条件下观察计算机的输出情况。如果计算机的输出结果和人的输出相一致，便说明描述人的心理过程的这种计算机程序在功能上类似于人的内部心理过程，这个程序便成为一种正确说明人的心理活动的一种理论。如果计算机输出不同于人的输出，那就说明这个假设的理论需要修正。这种方法容易抓住问题的关键，有可能获得某些先前没有注意到的信息，还可以清楚地了解输入和输出之间的每一步骤、信息编码、贮存的性质、记忆的结构、问题解决的策略等。经过反复修正、不断完善，最终得出精确的关于人的认知过程的心理学理论。

在实际的研究过程中，现代认知心理学更强调各种方法的灵活掌握和交叉使用。例如，可利用口语报告所得到的材料编成计算机程序进行模拟比较，也可通过反应时的测定来进行操作流程的比较。

三、主要研究与模型

现代认知心理学的研究范围非常广泛，涉及感知觉、记忆、表象、思维、语言、决策、认知发展和人工智能等多个领域。因篇幅所限，下面仅论述几个主要方面。

（一）感知觉论

感知觉是人认识外部世界的起点。现代认知心理学的感知觉研究主要集中在三个方面：知觉加工方式、模式识别与注意。

1. **知觉加工方式**　知觉是确定刺激物意义的过程，包括对刺激物的定向、选择、组织和解释。传统实验心理学（包括格式塔心理学在内）关于知觉的研究主要是对知觉的结果进行分析，并揭示其特点和规律。现代认知心理学则注重对知觉过程的研究，力求揭示其内在的信息加工方式。①数据驱动加工（data-driven processing）和概念驱动加工（conceptually-driven processing）。前者是指从刺激作用开始的加工，也叫做自下而上的加工。比如，我们通过对汉字"爱"的字形信息来确认它的读音和含义，并用它组词或造句。后者是从主体对于知觉对象的一般知识开始的加工，也叫做自上而下的加工。比如，在阅读文章时，对句子上下文关系的知觉。②系列加工（serial processing）和平行加工（parallel processing）。前者是指从对信息刺激的接收到对其加工按照某种先后顺序一步一步进行的加工方式，后者是指多方面的刺激信息可以同时在不同的信息加工单元中被处理的加工方式。例如，逐字逐句地阅读文章就是系列加工，而"一目十行"就是平行加工。③整体加工与局部加工。所谓整体加工就是指知觉到刺激物的整体特征（global feature）的加工，而局部加工是指知觉到刺激物的局部特征（local feature）的加工。在通常情况下，整体加工优先于局部加工。数据驱动加工主要是通过局部加工达到整体加工，而概念驱动加工则是由整体加工到局部加工。④多次定向选择和抽取特征。人的知觉过程是一个对目标刺激物的特征信息定向选择、抽取特定意义的反复循环过程，直到获得满意的解释为止。尤其是在对复杂的、意义不确定的事物的知觉过程中，需要进行多次的定向，不断抽取有关的特征信息，反复与记忆中的相关知识进行对照，然后才能达到精确的知觉。

2. **模式识别**　模式识别（pattern recognition）是现代认知心理学知觉研究的重点。模式是指由若干元素、成分或部分按照特定关系组成的某种刺激结构。比如，鸟的鸣叫声、人的说话声或乐器的演奏声等就是听觉模式。所谓模式识别就是当人们把接收到的有关客观事物或人的刺激信息，与他在大脑里已有的知识结构中有关单元的信息进行比较和匹配，从而辨认和确定该刺激信息意义的过程。现代认知心理学提出了一系列模式识别的理论或模型，其中有代表性的是以下三种：①模板匹配模型（template matching model）。该模型认为人的记忆系统中储存着各式各样的刺激物的模板，当输入的刺激信息正好与某一储存的模板相匹配，该刺激信息就得到破译和识别。按照这种模型，模式识别就类似于超市商品的条形码识别、银行储蓄存折的磁性编码和信用卡编号的自动辨认。②原型匹配模型（prototype matching model）。与模板匹配模型不同，原型匹配模型认为人在记忆系统储存的不是与外部刺激严格对应的模板，而是各种各样的原型的表征。原型是对某一类客观事物所具有的共同基本特性的概括和表征。例如，我们对于"书"的模式识别是根据"书"的原型来进行比较和判别的。无论书的版式、字体、大小和颜色，我们关于"书"的原型中都具有共同的基本特征，即由文字印刷在许多纸张上并按顺序装订起来的矩形物体。当我们看到任何一个具有这一特征的物体时，都把它识别为"书"。③特征分析模型（feature analysis model）。该模型认为，刺激信息的特征和对这些特征的分析在模式识别中起着关键性作用。人脑储存的是经历过的客观事物的各种基本特征。在模式识别过程中，首先对刺激信息进行特征分析，抽取有关的特征并确定这些特征之间的关系，然后再与长时记忆中储存的事物特征表进行比较，一旦获得二者之间的最佳匹配，该模式就获得准确识别。

3. **关于注意的研究**　注意是心理活动对一定对象的指向与集中。它对心理活动具有积极的选择、维持和组织作用，使我们能够及时地集中于当前的心理活动，清晰准确地反映周围事物，更好地适应环境。现代认知心理学从信息选择的角度对注意进行了大量研究，提出了多个解释注意的理论模型。其中主要的有以下几个：①过滤器模型（filter model）。1958年，英国心理学家布罗德本特（A.M.Broadbent）在双耳分听实验的基础上提出这一模型。他把人对于刺激信息的接受过程看作类似于一个通信系统的信号接收传送通道。由于这个通道对信号传递的容量有限，为了避免系统超载，就需要一种"过滤器"把超过一定容量的信息排除，只允许有限的信息通过。这种模型是一种"全或无"的装置，一个通道通过信息同时就关闭其他通道，对信息的选择取决于刺激物的物理性质，因此该理论也被称作单通道理论。它认为过滤器位于知觉之前，所以信息选择发生于信息加工的早期阶段，故又称早期选择模型。②衰减模型（attenuation model）。它是对过滤器模型的改进和发展。特瑞斯曼（A.M.Treisman）经过实验研究发现，注意对刺激信息的选择作用并不在知觉的早期阶段，也不是按照"全或无"的方式进行的，于是提出衰减模型。该模型认为信息通道中的过滤装置是按照衰减方式工作的，但特别有意义的项目（如自己的名字）的激活阈限较低，因此能被激活和识别，这一过滤装置被称为中枢过滤器。可见，选择性注意不仅取决于感觉信息的特征，而且取决于中枢过滤器的作用，所以又被称为中期选择模型。③反应选择模型（response selection model）。又叫晚期选择模型。该模型认为，选择性注意发生在信息加工的晚期，过滤器位于知觉加工和工作记忆之间。所有输入的信息都经过知觉分析而进入高级分析阶段。注意的选择发生在晚期的反应阶段，信息能否得到选择，取决于感觉输入的强度和每种信息的重要性等因素。④资源限制模型（resource limited model）。该模型由卡尼曼（D.Kahneman）等人提出。这一模型把注意看作是心理资源，而人的心理资源在总量上是有限的。如果一项任务没有用尽所有资源，那么就可以指向另外的任务。当面临不止一项任务时，人就要把心理资源进行分配，每个任务所占用的心理资源就会相对减少，活动效率也会相应降低。这个理论可以很好地解释注意分配现象和有关实验结果，但是它不能预测人的心理资源究竟有多少，如何分配？所以它仍然是不能令人完全满意的。⑤特征整合模型（feature integration model）。特瑞斯曼在1988年提出这一模型，其理论基础是模式识别的特征分析说。该模型将模式识别分为两个阶段：第一个阶段为前注意阶段，信息加工是以并行的方式进行的。刺激的一些基本特征，如线段、方向、大小、明暗等分别以自下而上的方式进行独立的编码。第二个阶段为特征整合阶段，信息加工以系列的方式进行，将那些已经分别被独立编码的各有关特征，按其各自在定位地图中所在的位置结合起来，成为一个对客体的综合认识。

（二）记忆论

记忆是现代认知心理学研究的核心课题。按照信息加工观点，记忆是信息的输入、编码、贮存和提取的过程。20世纪60年代，阿特金森（R.C.Atkinson）和希夫林（R.M.Shiffrin）提出了记忆的信息加工模型，认为一个完整的记忆系统包括感觉记忆、短时记忆和长时记忆三个子系统。

1. **关于感觉记忆的研究**　感觉记忆（sensory memory）也称瞬时记忆或感觉登记，是指刺激作用于人的感觉器官而形成的暂时的信息的贮存。这是记忆的第一个阶段或子系统。对感觉记忆的经典研究当推斯伯灵（G.Sperling）采用部分报告法对图像记忆进行的研究。众多的研究发现，人的感觉记忆具有如下特点：①信息储存数量大，几乎被感觉到的所有刺激都成为感觉记忆的对象。②信息储存时间相当短暂。图像记忆信息的有效保持时间仅在几百毫秒，如果接近或超过1s就会迅速消退，而声像记忆信息保持的时间最多可达4s，超过4s也将迅速消退。③信息只得到初步的加工，基本上是按照刺激的物理特征进行编码，因而记忆内容具有刺激情景的生动性和形象性。④记忆过程是无意识的自动化过程，人无法对其进行觉察和控制。⑤只有一部分信息能够通过注意而进入短时记忆，以完成模式识别的过程。

2. **关于短时记忆的研究**　短时记忆（short time memory）是指信息保持时间不足1min的记忆。它包括直接记忆和工作记忆（working memory），前者是来自感觉记忆的信息；后者是来自长时记忆的信息，它与当前所从事的心理活动有直接关系，为人进行各种心理活动提供了一个"工作平台"。短时记忆的研究主要包括以下几个方面：①短时记忆的容量。研究发现，短时记忆容量有限，为7±2个组块（chunk）。所谓组块就是由较小单位（如字母、数字等）按一定关系组成的较大的信息单位（如词组、句子等）。记忆材料的性质和记忆者的知识经验会影响组块的大小，进而影响短时记忆。②短时记忆的编码。编码就是信息的储存方式。在短时记忆中，信息的编码主要有听觉编码、视觉编码和语义编码三种形式。其中，前两种是以感觉代码为具体的信息加工形式，最后一种是以某种意义作为抽象内容的编码形式。③短时记忆的信息提取。短时记忆的信息提取很迅速，其机制是很复杂的。斯腾伯格认为，短时记忆信息的提取是以从头至尾的系列扫描方式进行的。其他一些研究者则提出直通道模型（direct access model），认为人可直接通往所要提取的信息在短时记忆中的位置来进行直接提取。还有研究者提出了结合上述两种理论的双重模型。对此，目前尚未达成一致认识。④短时记忆的遗忘。信息在短时记忆中一般只能保持15s到30s，如果得不到复述就会被遗忘；如果得到复述，其强度就会增强或者转入长时记忆。研究表明，导致短时记忆遗忘的主要原因是来自对记忆信息复述的干扰。

3. **关于长时记忆的研究**　长时记忆（long time memory）是指信息保持在1min以上乃至终生的记忆，其容量很大。长时记忆的编码有语义编码和表象编码两种方式，而语义编码在其中具有决定性作用。①长时记忆的类型。加拿大心理学家图尔文（E.Tulving）和唐纳森（W.Donaldson）把长时记忆分为两种：一种是情景记忆（episodic memory），它接受和储存的信息均按刺激发生作用的时间顺序、空间关系而排列构成,具有与个人在生活中所经历的事件相联系的自传体性质,如对朋友婚礼的热闹场面的记忆。另一种是语义记忆(semantic memory),即对语词、概念、规则、定理等必须用语言来表达的有组织的知识的记忆,具有抽象性和概括性,如对某门专业课基础原理的记忆。②语义记忆的模型。主要有两大类:一类是网络模型,包括层次网络模型(hierarchical network model)和激活扩散模型(spreading activation model)。它们的共同特点是,信息和概念是以网络的形式构成的记忆系统,网络由结点和连线组成,结点代表概念,连线代表概念之间以及概念与特征之间的关系。层次网络模型强调概念是分层储存的,且遵循认知经济原则,即某一类概念的共同特征与其上属概念存储在一起;激活扩散模型以语义距离(即连线的长度)来表示概念间联系的强度。另一类是特征模型,包括集理论模型(set-theoretic model)和特征比较模型(feature comparison model)。其特点是语义信息和概念之间没有严密的结构和现成的联系,是靠概念的表征、分类和提取、靠计算来建立联系的。在集理论模型中,概念是基本的语义单位。它由两类信息来表征,即样例集和属性集,前者指概念的例子,后者指其属性或特征。无数的这两类信息构成语义记忆。在提取信息时,依据两个概念的属性集的重叠程度来判断句子的真伪。特征比较模型用定义性特征(界定一个概念所必需的特征)和特异性特征(对界定一个概念并不必要,但具有一定的描述功能)来表征概念。在提取信息时,对这两类特征进行全面比较,依据其特征的类似程度确定句子的真伪。

4. 关于内隐记忆的研究　传统上对记忆的研究主要是对意识状态下信息的接收、编码、加工、储存和提取等过程和规律的研究。20世纪80年代以来,记忆研究中出现了一个新的领域,就是对无意识记忆或内隐记忆的研究。内隐记忆(implicit memory)与外显记忆(explicit memory)(传统的、意识状态的记忆)相对,是指那些自动发生的、无需意识参与的记忆,其根本特征是记忆者并非有意识地知道自己拥有这种记忆,它只在对特定任务的操作中才能自然地表现出来,这种任务的操作不依赖于被试者对先前经验的有意识恢复。大体而言,内隐记忆主要来自五个不同但又相互交叉的研究领域:①再学时的节省;②阈下编码刺激的作用;③无意识学习;④启动效应(由于近期与某一刺激的接触而使对这一刺激的加工更为容易);⑤健忘症患者的内隐记忆。

(三)表象论

表象是对当前不存在的事物的一种心理表征,包括通常所说的记忆表象和想象表象。在心理学发展的早期,高尔顿和铁钦纳等人就对表象的某些方面进行过研究。在行为主义占统治地位时期,表象被看作纯主观现象,表象研究因之沉寂或中断。现代认知心理学兴起后,表象研究又重新受到重视并得到迅速发展。认知心理学对表象的研究着眼于信息的表征,并为此展开了一场表象的实质与功能的争论。皮利谢恩(Z.W.Pylyshyn)等人认为,表象没有独立的地位和功能,不能用来解释心理现象,信息是以命题表征的。而考斯林(S.M.Kosslyn)等大多数认知心理学家认为表象是一种类似知觉的信息表征,它在人的心理活动中有自己的作用。现代认知心理学关于表象的代表性研究有心理旋转(mental rotation)和心理扫描(mental scanning)研究等。

1. 关于心理旋转的研究　谢波德(R.N.Shepard)及其同事于20世纪70年代初开展了心理旋转的研究。这一研究所采用的方法及其结果对后来的表象研究产生了巨大影响。在实验中,用速示器向被试者成对地呈现图形(图8-6),让其判断这两个图形是否相同。实验材料分为三种情况,A为平面对:两个图形相同而方位不同,其中一个相对于另一个在平面上转动了一定的角度;B为立体对:两个图形也相同,但是其中一个在与纸张平面相垂直的平面上转动了一定角度;C为镜像对:两个图形不同,互为镜像对称。实验结果如图8-7所示。结果表明:①无论是平面对还是立体对,如果两个图形的形状和方位相同,那么被试者只需要约 1s 就能够看出它们是相同的；②当其中一个转动了一定的角度，出现方位差后，反应时就增加；③反应时随方位差度数的增加而增加，两者成正比：方位差每增加 53 度，反应时就增加 1s。

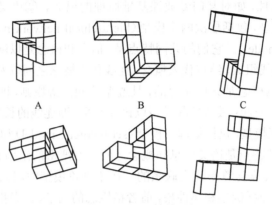

图 8-6　心理旋转的材料
A.平面对；B.立体对；C.镜像对

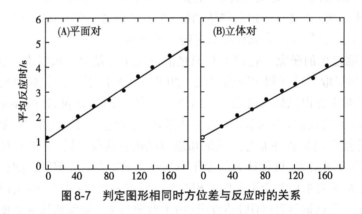

图 8-7　判定图形相同时方位差与反应时的关系

　　基于上述结果，谢波德等人指出，被试者对两个图形作比较是在头脑中利用表象进行心理旋转的过程。表象的实质就在于它是一种类比表征，表象与外部客体有着同构关系——内部表征的机能联系与外部客体的结构联系是相似的，就像心理旋转与客体的物理旋转。心理旋转研究有力地支持了将表象看作一种独立的心理表征的观点。

　　2. 关于心理扫描的研究　考斯林等人认为表象与现实客体的知觉相似，视觉表象中的客体也有大小、方位、位置等空间特性。为此，他们进行心理扫描的实验研究，其中一个为距离效应实验。在实验中，向被试者呈现一个小岛的地图（图 8-8），图中有茅屋、树、石头、水井、池塘、沙地和草地等事物。给被试者足够的练习，使之能够形成精确的相应表象。然后告诉被试者，当他们听到实验者说出地图中的一个地名后，他们要表象出整个地图并"注视"刚才说出的地点。在"注视"5s 后，实验者说出另一个地名。如果该地点是地图中存在的，被试者就应对它扫描，等扫描到该点时就按键做出反应。扫描的方式是让被试者想象一个小黑点从第一个地点出发，沿最短的直线尽快地运动到第二个地点，但小黑点要始终能"看"出来。如果说出来的地点是地图中没有的，则按另一个键做出反应。计时从实验者说出第二个地名开始，到被试者按键结束。实验结果表明，表象扫

图 8-8　用于心理扫描研究的小岛地图

描所需的时间随扫描距离的增加而增加。

考斯林在心理扫描实验研究的基础上，提出了表象的计算理论。该理论认为表象有两个主要因素：第一是表层表征，指出现在视觉短时记忆中的类似图画的表征；第二个是深层表征，指贮存在长时记忆中的信息，用于生成表层表征。深层表征可分为两类：本义表征（literal representation）和命题表征（propositional representation）。前者提供的信息是关于某一客体是什么样子，而不是关于某一客体看起来像什么；在计算模拟中，常用作坐标表征。后者由抽象的命题构成，与本义表征不同，它们是解释客体的。考斯林认为，从深层的本义表征生成表象要涉及四种过程：①图示——将深层的本义表征转换为视觉短时记忆中的表象；②发现——在视觉短时记忆中搜索某个特定的客体或其部分；③放置——实现各种必要的操作，使客体的各部分处在表象中的正确位置上；④表象——负责协调上述 3 个过程的活动。

（四）思维论

现代认知心理学对概念、推理、问题解决和决策等思维的各个方面进行了大量研究，取得了丰硕成果。

1. 关于概念的研究　概念是事物本质的反映。现代认知心理学对概念的研究主要集中在概念形成和概念结构两个方面。概念形成就是个人掌握概念的过程。布鲁纳等人于 1956 年提出的假设考验说（hypothesis-testing theory）一直在占主导地位。该学说认为，人在概念形成过程中，需要利用现在获得的和已存储的信息来主动提出一些可能的假设，即设想所要掌握的概念可能是什么。然后根据他人的反馈，按照成功 - 继续或失败 - 更换的方式，不断地对假设进行检验，直到获得一个正确的假设，即形成某个概念。研究发现，人在概念形成中对假设的考验有一定策略，这些策略包括同时性扫描、继时性扫描、保守性聚焦和博弈性聚焦。这表明，概念形成过程体现了人的主动性和智慧性。莱维恩（M.Levine）进一步发展了假设考验说，提出假设库随着认知操作的进行越来越小也是概念形成的一个特点。

概念结构指一个概念的成分及其组合关系和规律。自 20 世纪 60 年代以来，概念的结构成为概念研究的另一个热点问题。研究者在实验研究的基础上提出了多个相关理论，而特征表说和原型说是其中最有影响的两个。特征表说（feature list theory）认为，概念或概念的结构由两个因素构成：①概念的定义性特征，即一类个体共同具有的有关属性；②各定义特征之间的关系，即整合这些特征的规则。概念的结构可用公式表示为：$C=R（X，Y，……）$。例如，水的概念是由无色、无臭、无味的液体合取而成，即 $C_水=R_{合取}$（无色，无臭，无味，液体）。原型说（prototype theory）认为，概念由两个因素构成：①原型或最佳实例；②范畴成员代表性的程度。这两个因素紧密结合在一起，原型起着核心的作用。原型说的代表人物罗希（E.H.Rosch）认为，这种结构可以解释全部的自然概念，包括我们日常应用的最简单、最基本的概念。

2. 关于问题解决的研究　现代认知心理学用信息加工的观点看待问题解决，把人看作主动的信息加工者，把问题解决看作是对问题空间的搜索，并用计算机来模拟人的问题解决过程，以此来验证和发展对问题解决的研究。首先，认知心理学家对问题和问题解决进行了全新界定。在他们看来，所有问题都包含有三个基本的成分：①给定，问题条件的描述或起始状态；②目标，问题要求的答案或目标状态；③障碍，通过思维找到答案以解决问题。人要解决问题必须先要理解问题，对它进行表征，也就是构成问题空间。问题解决是对问题空间进行搜索，以找到一条从问题的起始状态到达目标状态的通路。即应用各种算子（operation）来改变问题的起始状态，使之转变为目标状态。人的问题解决具有目的指向性、操作序列和认知操作三个基本特征。现代认知心理学认为，问题解决可以分为四个阶段：①问题表征，把问题解决任务转化为问题空间，实现对问题的表征和理解；②选择算子，设计出问题解决的方案、方法或计划；③应用算子，执行方案或计划；④评价当前状态，检验和评价问题解决的进展状况。

现代认知心理学还研究了问题解决的策略。总体说来，问题解决的策略可分为两类：一类是算法式（algorithm）。算法是解题的一套规则，它精确地指明解题的步骤，并总能保证问题一定得到解决。其缺点是费时费力，有时在实际生活中难以做到。另一类是启发式（heuristic），是指凭借知识经验或直觉解题的方法，也可称为经验规则。如围棋中的"金角银边草肚皮"法则。与算法式策略不同，启发式策略省时省力，但不能保证问题成功得到解决。常用的启发式策略有：①手段-目的分析。其核心是要发现问题的当前状态与目标状态的差别，并应用算子来缩小这种差别。②逆向工作。即在解决问题时，想出一定的步骤由目标状态退回到当前状态，在实际操作时又反过来，从当前状态走到目标状态。如棋手对弈时给对手"下套子"的策略。③简化计划。在解决问题时，还可以先抛开某些方面或部分，而抓住一些主要结构，把问题抽象成简单的形式，先解决这个简单的问题，然后用已得成果去解决原先的复杂问题。

3. 关于推理与决策的研究　推理是从已知或假设的条件出发推出结论的过程。认知心理学研究最多的是演绎推理。这是从一个或多个已知条件得出一个逻辑合理的结论，主要有三段论推理和条件推理两种类型。前者是指根据两个命题得出结论的演绎推理，包括一个大前提、一个小前提和一个结论；后者又称假言三段论推理，就是"如果……那么……"推理。目前关于演绎推理的理论主要有抽象规则理论、心理模型理论、领域特异性规则理论和概率推理等。对于归纳推理的研究也较多，主要是通过考察因果推论、范畴推论和类比推理来进行的。此外，认知心理学家还对命题验证和概率推理进行了研究。

决策研究关注的是人们如何在众多的选择中做出决定。经典决策理论假设决策者能掌握所有信息、对信息无限敏感并且完全理性。现代认知心理学的开创者西蒙向这一观点提出了挑战，指出人并非无限理性，而是有限理性（bounded rationality）的。他认为，人们经常采用满意原则的决策策略，满足于第一个可接受的选择。随后的研究表明，人们有时会采用逐步消元的加工策略，以排除决策中的过多选项。决策的认知心理学研究已经发现了代表性启发、可得性启发、"锚定-调整"启发、错误相关、过度自信和事后偏见等多种决策现象。

（五）言语论

言语或语言在人们的生活中具有重要作用，是当代认知心理学一个非常重要的研究课题。1956年，乔姆斯基发表了《句法结构》一书，提出了转换生成语法理论，直接研究言语的心理过程，标志着言语的认知研究正式开始。现代认知心理学的言语研究主要解决三方面的问题：语言理解、语言产生和语言习得。

1. 关于语言理解的研究　语言理解是借助语言材料建构意义的过程，包括听话和阅读。一般来说，语言理解可看作是一个从句子的表层结构到深层结构的过程，经历一系列相继的信息加工阶段。认知心理学家提出了几种模型来解释语言理解的心理机制。这些模型大体上分为两类：一类是系列模型，另一类是相互作用模型。系列模型认为，语言理解经历着顺序相对固定的一系列加工阶段（图8-9）。它从语音开始，再到词汇、句法和语义。相互作用模型认为，系列各水平的加工以复杂的方式发生相互作用，信息并不总是朝着一个方向流动，而且一些加工水平也是可以重叠的。相比较而言，相互作用模型更接近于实际的语言理解过程。此外，认知心理学者还对语言理解的策略以及知识和推理在

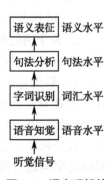

图8-9　语言理解的系列模型

语言理解中的作用进行了大量研究。

2. 关于语言产生的研究　语言产生是人们借助于语言按照自己的思想、意图、动机和情感,生成口头语言或书面语言的过程。它与语言理解相反,是从深层结构到表层结构的过程。语言的产生包括两种主要的信息编码和转换活动:一是从思想代码到语言代码的转换,二是从语言代码到生理、运动代码的转换。弗洛姆肯(V.A.Fromkin)通过对说话者的口误和停顿进行长期的观察提出了一个系统的语言产生模型。他把语言产生过程分为七个阶段:产生要表达的意义;选择句法结构;形成语调轮廓;插入实词;加上词缀和虚词;确定句子的语音特征;选择语言运动要求,发出句子。安德森(J.R.Anderson)提出了更为简化的三阶段模型:①构造阶段:依照目的来确定要表达的意思;②转换阶段:应用句法规则将思想转换成语言的形式;③执行阶段:将语言形式的消息说出或写出。

3. 关于语言习得的研究　语言习得是人们理解和产生母语的发展过程。行为主义认为,儿童是在后天环境中习得语言行为的,语言习得是由刺激引起的刺激 - 反应连锁系统;认知学习理论则认为语言是通过观察学习或社会学习方式而获得的;乔姆斯基认为儿童生来就具有一种语言习得装置,语言习得是先天制约的。现代认知心理学的众多研究表明,儿童语言习得是主体与客体相互作用的结果,儿童的先天机制及后天经验在获得知识和经验过程中起着十分重要的作用。乔姆斯基所说的普遍语法结构不是一种具体的语法,而是一种语言学原则。儿童语言知识的增长,是脑内普遍语法与具体语法之间不断类比和图式化的过程。从普遍语法到具体语法之间的图式化过程就是个体学习过程。

第三节　认知心理学的简要评价

一、认知心理学的贡献

第一,实现研究对象的回归。现代认知心理学扭转了行为主义的外周论,恢复了意识在心理学中的地位,实现了对心理学研究对象的否定之否定,这是一种历史性进步。在冯特宣布心理学独立之后,心理学曾长期以意识为研究对象。但是,到了华生掀起行为主义革命时代,心理学只能研究客观的外部行为,凡是与意识有关的心理学概念都被视为不可知的形而上学的问题,而被排斥在心理学的研究范围之外。尽管后来的新行为主义者承认中介变量的作用,但是并没有彻底改变行为主义的立场,也更未对内部心理过程进行实质性研究。因此,从心理学研究对象的演变上看,如果说行为主义是否定意识心理学的革命,那么信息加工心理学则是否定行为主义的革命。心理学史上的这两次革命,反映了心理学研究对象的这种螺旋上升的趋势。

第二,获得研究方法的突破。现代认知心理学继承传统心理学的方法,又吸收现代科学技术,在心理学的研究方法上实现了新的突破。它重新将反应时作为研究人的认知活动的一个客观指标,并赋予它以新的活力,分化为减法反应时、加法反应时和开窗实验。在观察被试者执行认知任务时的外部行为及其结果的同时,让被试者进行自我观察,口述自己的心理活动情况。这样既冲破了行为主义的禁忌,又克服了传统内省的弊端。尤为重要的是,现代认知心理学吸收了信息论和计算机科学的成果,把人的认知过程看作信息加工过程,用计算机模拟作为认知研究的重要方法。现代认知心理学以计算机程序模拟人的心理过程,把有关认知过程的假设放到计算机上进行检验,从而找到探索高级心理过程的一种新的方法,这必然促进心理学的科学化进程。

第三,强调心理研究的整体性和动态性。现代认知心理学以整体论的观点看待人的认知过程,它吸收信息论和控制论的观点,把人的感知、注意、表象、记忆和思维等心理过程纳

笔记

入信息的输入、加工、存储和提取的完整的计算机操作过程。这样有利于把人的认知活动的各个环节联结为整体来探讨其各自的特点和规律，改变了过去对认识过程作简单地划分和片面地理解的做法。同时，现代认知心理学认为人的认知过程是不断活动变化的，应有开始和结束，揭示其间的各种活动和变化才是研究心理过程的重点。与静态研究人的心理的传统心理学相比，现代认知心理学真正地研究了心理的"活动"。所以说，在揭示心理过程的实质方面，信息加工心理学向前迈出了一大步。

二、认知心理学的局限

首先，面临人机类比的局限。计算机隐喻开启了现代认知心理学的独特研究视角，促进了心理学的发展，但也存在人性假设的局限。把人比作计算机实际上是把人看作机器，这样很容易忽视人的本质属性。计算机不仅不能复制人的认知过程，而且在对认知的模拟上也不能复制人的社会性、能动性和创造性。计算机模拟是操作符号，很难意识到符号的意义，也就无法揭示人的"智慧"。人与机器之间不可逾越的鸿沟给人机功能类比带来难以克服的困难。一些批评者指出"计算机模拟正在被证明是不恰当地模仿人类的秩序和行为主义的变异的老鼠。……控制人类的梦想这一最初的欺骗将在令人失望的实际结果中结束。"

其次，缺乏统一的理论模式。在西方虽然有很多心理学工作者都标榜自己是认知心理学家，但是他们对许多具体问题的看法还存在着较大分歧，仍然没有形成一个统一、完整的理论体系。他们从各自的实验结果出发，提出了很多模型和理论，其中的许多又是彼此对立的，如知觉研究中的模板匹配模型和特征分析模型，注意研究中的单通道理论和衰减理论等。就连一些认知心理学家也认识到信息加工心理学还缺乏知识的系统积累，缺乏统一概念，研究工作支离破碎。

再次，缩小了心理学的研究范围。现代认知心理学把自己的研究范围局限于人的认知过程，忽视了情感、人格、变态心理、心理治疗等领域的研究，因此它从另一方面又缩小了心理学本应具有的研究范围。近年来，一些认知心理学家开始认识到这个问题，在情感和人格领域做了一些研究，但从研究的质量和数量上来看都尚显不足。

最后，难以应用于实际生活。现代心理学以实验室研究为主，它的许多成果缺少生态效度，缺少实际生活的比较和验证，所以其研究成果往往难以推广和应用于实际生活之中，存在着研究主题与人类生活相分离的危险。同时也导致人们对这些研究结果的怀疑。

三、认知心理学的影响

第一，对心理学本身产生了深远影响。认知心理学的信息加工研究取向迅速渗透到普通心理学和实验心理学中，使得心理学研究发生了明显变化：心理过程的研究领域扩大；从心理物理函数走向内部心理机制；从分析性研究转向综合性研究；开始重视个别差异和个案研究。同时，发展心理学、教育心理学、生理心理学、社会心理学、临床心理学等心理学分支都受到认知心理学的影响，甚至出现了社会认知心理学、认知心理生理学等一些新学科。

第二，促进了相关学科的发展。认知心理学与计算机科学相结合，产生了人工智能这门新学科，并取得了许多令人瞩目的成就。人工智能主要研究下列问题：问题解决和演绎推理，学习和归纳过程，知识表征，语言加工，专家系统，智能机器人及自动程序编制等。认知心理学与人工智能、语言学、信息科学、神经生理学等学科一起组成了认知科学，而认知心理学是认知科学的支柱。

第三，对教育和管理等多个实践领域产生了重要影响。现代认知心理学提出的学习的信息加工模型，就是教育心理学中用认知加工的观点把学习看作是信息的输入、编码、加工、存储、输出和反馈的过程。西蒙把心理学、计算机科学与决策理论结合起来，对经济管理领域内的决策程序进行了开创性研究，提出了"有限理性"理论，主张在决策过程中遵循"满意"原则，为现代企业经济学和管理学提供了理论基础。

思考题

1. 为什么说认知心理学的兴起是心理学史上的"第二次革命"？
2. 认知心理学的产生受到哪些相关学科和心理学流派的影响？
3. 列举认知心理学的代表人物。
4. 简述认知心理学的发展状况。
5. 简述认知心理学的基本观点。
6. 简述认知心理学的主要研究方法。
7. 简述认知心理学关于感知觉的研究。
8. 简述认知心理学关于记忆的研究。
9. 简述认知心理学关于表象的研究。
10. 简述认知心理学关于思维的研究。
11. 简述认知心理学关于言语的研究。
12. 简评认知心理学的贡献和局限。

参考文献

[1] 王甦, 汪安圣. 认知心理学. 北京: 北京大学出版社, 1992.

[2] 艾森克, 基恩. 认知心理学. 高定国, 肖晓云, 译. 上海: 华东师范大学出版社, 2004.

[3] 斯腾伯格. 认知心理学. 杨炳钧, 译. 北京: 中国轻工业出版社, 2006.

[4] 古德温. 现代心理学史. 郭本禹, 译. 北京: 中国人民大学出版社, 2008.

[5] 赫根汉. 心理学史导论. 郭本禹, 译. 上海: 华东师范大学出版社, 2004.

[6] 王申连, 郭本禹. 奈塞尔——认知心理学开拓者. 广州: 广东教育出版社, 2012.

[7] 西蒙. 我生活的种种模式——赫尔伯特·A·西蒙自传. 曹南燕, 秦裕林, 译. 上海: 东方出版中心, 1998.

[8] Baars B.J.The cognitive revolution in psychology.New York: Guilford Press, 1986.

[9] Boden M.A.The philosophy of artificial intelligence.New York: Oxford University Press, 1990.

[10] Johnson D.M., Erneling C.E.The future of the cognitive revolution.New York: Oxford University Press, 1997.

笔记

　　人文科学心理学的研究取向,是与自然科学心理学的研究取向相对的,坚守人文科学观和主观主义的研究范式,试图建立一门像人文(社会)科学那样的具有体验性和理解性的统一的心理学学科。这种取向注重研究心理现象的社会属性,强调心理的整体性、主观性、动态性和独特性,认为心理学研究主要采用非主流的心理学取向。它的发展有两条线索,一条从意动心理学开始,依次表现为格式塔心理学、现象学心理学、存在心理学、人本主义心理学、超个人心理学等流派,它们之间具有明显的连续性;另一条从古典精神分析心理学开始,依次表现为自我心理学、客体关系学派、社会文化学派等,它们之间也具有明显的连续性。

第九章　　意动心理学

　　冯特开创的是心理学的科学主义研究路线,而其同时代的布伦塔诺开创的则是心理学的人文主义研究路线。冯特的内容心理学可视为构造心理学的先驱,由其学生铁钦纳继承;而布伦塔诺开创的意动心理学(act psychology)[①]由其学生斯顿夫继承,发展为机能心理学(functional psychology)。广义的意动心理学包括布伦塔诺的意动心理学(狭义的意动心理学)、斯顿夫的机能心理学[②]、形质学派(the form-quality school)、符茨堡学派(Wurzburg school)等。

第一节　意动心理学概述

一、意动心理学产生的背景

　　意动心理学是科学心理学的重要组成部分。它是在科学心理学产生的大背景下产生的。在19世纪的德国,科学已在物理学、天文学和生理学等领域取得了巨大的进展。尽管这些进展主要体现在人的生理方面,但已逐渐向人的心理领域深入。天文学、生理学等领域所取得的成就开始为科学心理学提供研究方法和研究材料。与科学的迅猛发展相对,德国的唯

---

① 由于意动心理学传播的区域主要在当时的奥地利及靠近奥地利的德国南部地区,故意动心理学又称奥国学派(the Austrian school)。
② 斯顿夫的机能心理学不同于美国心理学的机能主义,对后者也没有直接的影响。斯顿夫的机能强调的是一种逻辑的机能,而美国机能主义强调的是一种生物或适应的机能。

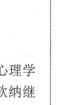

理论随着黑格尔的去世逐渐没落，哲学界对唯心主义失去兴趣，开始重视经验的探讨。实证主义逐渐开始盛行。在这种背景下，人们开始将心理学视作一门科学，并将研究限定在经验层面上。内容心理学和意动心理学都采取了这种做法，将心理学界定为一门经验的科学。

但19世纪的德国学界并非完全处于自然科学的影响下，而是存在多种思潮并存的情形。这最终使得意动心理学没有采取接受自然科学，而采取了人文科学的模式。首先，在德国思想界，正流行着浪漫主义，并对意动心理学反对心理学的自然科学模式产生了影响。浪漫主义强调情感等因素的作用，反对对人作机械的、量化的解释。浪漫主义对早期心理学的渗透主要通过狄尔泰（参见第十七章）实现的，布伦塔诺并未接受浪漫主义观点。但是，布伦塔诺的叔叔克莱门茨·布伦塔诺（Klements Brentano）却是德国浪漫主义运动的重要成员，他无疑在认识自然科学的不足上对布伦塔诺产生了影响，由此使得意动心理学更深入地理解自然科学，从而发展出另一种科学即人文科学取向。其次，在科学界，除了英、法等国盛行的精确的定量研究外，还存在着搜集事实、进行分类的定性研究。这为意动心理学的研究方法产生了重要影响。这里尤其要提到的是德国科学中的现象学（phenomenology）倾向。歌德（J.W.V.Goethe）和普金耶（J.E.Purkinje）是这种倾向的先驱，他们反对自然科学的先在解释，采用归纳法，在详尽描述经验的基础上，对材料加以分类，得到经验本质的不同类型。歌德在《颜色说》中，反对以牛顿的"折射""光波"等物理术语来描述直接经验。他在棱镜实验中，通过操纵仪器，描述直接的视觉经验，最终发现了颜色呈现的不同模式。布伦塔诺采取决定性的实验，正是这种现象学倾向的发展。再次，尽管德国的唯理论哲学已经没落，但仍然盛行着对心理主动性的强调，对意动心理学的研究对象观产生了影响。英国的经验论强调心理是通过观念及观念之间的联想而被动地反映外界，德国学界尤其反对这种观点。即使当冯特接受了英国的联想主义后，他仍然通过统觉和创造性综合等强调了心理的主动性。布伦塔诺选择心理的活动即意动作为心理学的研究对象，反对以静态的内容作为研究对象，反映出他对心理主动性的重视，也体现了德国哲学对主动性的强调。同时，在当时的德国哲学界中，对亚里士多德的研究出现复兴的趋向，为意动心理学在具体观点上提供了直接的思想来源。布伦塔诺在亚里士多德研究专家特伦德棱伯格（F.Trendelenburg）的指导下获得博士学位，并在克莱门茨（F.Claments）的指导下考察中世纪的亚里士多德研究。他的博士学位论文是研究亚里士多德的存在观点的多种意义。从此，他对亚里士多德产生了终生的兴趣，他的早期著作《亚里士多德的心理学》（1867）与后期著作《亚里士多德和他的世界观》（1911）相隔44年之久。布伦塔诺的《经验观点的心理学》中的诸多概念都可追溯到亚里士多德。他将心理学界定为研究灵魂的科学，便是采用了亚里士多德式的研究。他的内部知觉观点也受到亚里士多德的影响。最重要的是，在意向性（intentionality）概念上，亚里士多德认为感觉是对形式的感受，布伦塔诺则将此形式转化为心理的内存在，由此确立了自己的心理意向性本质观点。此外，布伦塔诺的意向性观点还受到中世纪经院哲学尤其是托马斯·阿奎那（Thomas Aquinas）的影响。他在慕尼黑大学时，曾学习中世纪的经院神学，并随历史学家和正统的天主教神学家多林格（I.von Dollinger）研究托马斯·阿奎那的思想。他还在符茨堡的神学院接受中世纪哲学的教育。阿奎那在两种意义上使用意向（intentio）：心理对象的指向；心理所把握到的对象的内容。在后一种意义上，当心理把握到对象时，对象的内容处于心理之内。布伦塔诺由此提出了内存在的观点。

二、意动心理学的主要代表人物

（一）布伦塔诺

弗朗茨·布伦塔诺（Franz Brentano，1838—1917年）是德国著名的心理学家和哲学家，也是意动心理学的创始人。他生于莱茵河畔的一个知识家庭,他和他的叔叔、弟弟都被收入《不列颠百科全书》。1856年进入慕尼黑大学,1858年转入符茨堡大学,后来又转至杜平根大学学习,1862年他以《论亚里士多德关于存在的多种意义》论文获得哲学博士学位。1864年他被任命为格拉茨地方的牧师,1866年离开寺院,赴任符茨堡大学的讲师,讲授哲学。19世纪60年代,在天主教会内发生了一场"教皇永无谬误说"(a doctrine of infallibility)的争论。布伦塔诺于1869年发表一文否认此说,使他成为教会内持不同政见的自由派牧师的学术领袖。1870年在第一届梵蒂冈大会上通过了"教皇永无谬误说",并成为一条教义。此时的布伦塔诺面临着一个古老的抉择,是默认教义还是做异教徒。尽管1872年原任牧师的布伦塔诺升任符茨堡大学的哲学编外教授,但次年他又不得不以曾任牧师为由辞去教授职位,随后又辞去牧师职务。这使他度过了人生的第一次危机。辞职后潜心著述他的最重要一部心理学著作《经验观点的心理学》(1874),同年又以普通人的资格,就任维也纳大学的哲学教授。到了1880年,他又经历了人生的第二次危机。原因是他爱上了一位女天主教徒,按当时的法律,天主教徒不能与曾任过牧师的人结婚。于是,他再次辞去教授职务,从而获得萨克森(Saxon)籍公民的资格,并在莱比锡结婚。随后又立即返回维也纳大学,但被降为讲师。1894年布伦塔诺的妻子去世,他十分悲痛,加上体弱多病,因而最后一次辞去维也纳大学教职。1896年移居意大利的佛罗伦萨,过着隐居的生活,从事著述。1903年他因患眼疾导致失明,但仍口述其思想由别人记录。1915年因意大利卷入第一次世界大战,主张和平的布伦塔诺又移居瑞士的苏黎世,1917年去世(图9-1)。

图9-1 弗朗茨·布伦塔诺

布伦塔诺一生撰写了38种著述,其中8种是关于心理学的著述,其余为哲学著作。他的许多著作都是在他逝世后由其学生整理出版的。他的最重要的心理学著作《经验观点的心理学》(1874)是与冯特的《生理心理学原理》(第一版,下卷)同一年出版的,这两本书都要把新心理学界定为一门科学,分别标志着现代西方人文主义心理学、科学主义心理学的开始。他的其他心理学著作还有《亚里士多德的心理学》(1867)、《探究感官心理学》(1907)、《论心理现象的分类》(1911)等。

(二)斯顿夫

卡尔·斯顿夫(Carl Stumpf, 1848—1936年)是德国心理学家、哲学家和音乐理论家,出生于德国巴伐尼亚的一个显赫的家庭,自幼爱好音乐。1865年考入符茨堡大学,先读美学,后学法律。因聆听了布伦塔诺的"哲学史"课程,很快就转向了哲学。1867年到哥廷根大学的洛采门下学习,并以布伦塔诺的博士论文《论亚里士多德关于存在的多种意义》为借鉴,撰写了题为《论柏拉图的上帝与他的善的理念之关系》的博士论文。之后便立即回到符茨堡大学继续跟随布伦塔诺学习两年。他重返符茨堡,本想像布伦塔诺一样做天主教牧师,但由于他追随老师反对"教皇永无谬误说",未能被委任为牧师。1870年他重返哥廷根大学任讲师,1873年完成第一部心理学著作《关于空间观念起源的心理学》。当年又返回到符茨堡任全职教授。1883年和1890年分别出版了《音乐心理学》第1卷和第2卷。后来由布伦塔诺推荐改任布拉格大学的哲学教授(1879—1884年),再后又分别任过哈雷大学(1884—1889年)和慕尼黑大学(1889—1894年)的哲学教授。1894年荣任柏林大学哲学教授,直至1921年退休。这是他在德国所获得的最出色的任命。在柏林大学期间,斯顿夫将艾宾浩斯创建的心理学实验室扩展为心理学研究所,并将布伦塔诺的思想印刻在柏林的实验室上,以至他在人们心目中成为冯特主要的、直接的对手。在柏林大学期间，他的成果空前丰富，活动也日益频繁。1896 年他和里普斯共同担任在慕尼黑召开的第三届国际心理学会主席。1900 年他和其他人一起创立了柏林儿童心理学协会。1907—1908 年荣任柏林大学校长。在柏林大学期间，斯顿夫培养出一批出名的学生，如舒曼、吕普、韦特海默、苛勒、考夫卡和勒温等（图 9-2）。

图 9-2　卡尔·斯顿夫

1907 年，他在《现象与心理机能》中重申了布伦塔诺关于内容与意动区分的思想，他只不过是用"现象"与"机能"来分别代之。从这个意义上说，斯顿夫的机能心理学与布伦塔诺的意动心理学，在基本观点上是一脉相承的，只是在细节上有所不同。正如舒曼（Schuhmann）指出："斯顿夫心理学只不过是布伦塔诺心理学的简单翻新。"斯顿夫机能心理学与布伦塔诺意动心理学的关系十分密切，类似于冯特内容心理学与铁钦纳构造心理学的关系。

第二节　意动心理学的主要理论

一、心理学的科学观：人文科学观

（一）布伦塔诺的人文科学观

意动心理学提出了不同于内容心理学的科学观，布伦塔诺和斯顿夫在这个观点上是一致的。布伦塔诺和冯特都宣称心理学是一门科学，而且，他们都从经验主义出发，坚持心理学是一门经验科学。布伦塔诺的心理学是经验的，他在《经验观点的心理学》一书中开宗明义地指出："我给这部书的标题说明了它的题材和方法的特征：我在心理学上的立场是经验的；只有经验才是影响我的老师。"冯特的实验心理学虽然也是经验的，但和布伦塔诺有所不同。冯特是用实验的方法研究关于物理现象的经验，这种经验同外部世界相联系，通过外部知觉（outer sense）获得；布伦塔诺是用经验的方法研究关于心理现象的经验，这种经验同内部世界相联系，通过内部知觉（inner sense）获得。所以说，冯特是实验的"经验的"，重在实验；而布伦塔诺则是经验的"经验的"，重在经验。正如著名心理学史学家布雷特指出：布伦塔诺的"'经验的'是在这种意义上认为的，即基于达到一种纯经验并分析之。"与冯特等人的实验心理学不同，布伦塔诺提出了一种意动心理学。这种心理学是一门严密的科学，它可以达到把握真正普遍的而不是部分的真理的规律。他说："从这种经验立场出发的心理学十分重要，因为这种心理学为所有的哲学奠定了一个坚实的基础，或者说心理学是基本的哲学学科，能够提供一种如莱布尼茨所认为的本质的普遍性。"可见，布伦塔诺主张的是一种人文科学观，不同于冯特主张的自然科学观。

布伦塔诺还认为，心理学既是一门理论科学，又是一门应用科学。他多次表达了对心理学潜在的实践应用的乐观性，并指出："我所指的心理学的实践任务是具有广泛意义的。"例如，他认为，"心理学具有成为无论是个体还是社会的教育理论的科学基础。"他还进一步指出，"如何矫正恶行……可以按照心理状态能改变的法则的知识来进行"。他甚至说到了能力倾向的早期诊断的重要性，"对于个体甚至是群体，无法估计的环境阻碍或促进其进步，心理学知识将提供其活动的确信基础。"尽管布伦塔诺对应用心理学持有较高的乐观态度，但过去很少被承认。所以，维利说："在态度和倾向上，他（布伦塔诺）必须被认为是应用心理学的前驱者。"

布伦塔诺十分强调心理学的重要性，并赋予心理学以最高的科学地位。他指出："我们提出四个理由似乎足以表明心理学这门科学的特别重要性：研究现象的内在真实性；对这些现象的纯化；它们对我们的特殊关系；最后是把握现象规律的实际重要性。除此，我们还要必须加上一个特殊的和不可替代的作用，即就心理学建设我们的永恒性意义而言，它又是一门未来的科学。"他进一步指出："心理学好像是人类进步的基本条件……在这个意义上，我们可以像其他人已经做的那样，把心理学刻画为一种关于未来的科学，即把握未来的科学（其他任何理论科学都做不到这一点），一种其他科学所不可比拟的塑造未来的科学，一种在将来凌驾于所有其他科学之上并使它们在其实际运用中从属于自己的科学。"可见，在布伦塔诺看来，心理学不仅是一门系统的科学，更是关于人类真理的试金石。

总之，布伦塔诺主张心理学是一门关于未来的科学，坚持心理学既是一门理论科学又是一门应用科学，以及区分冯特的内部观察（内省）与内部知觉（反省）等观点，既是高明于冯特之处，又具有重要的理论与历史意义。

（二）斯顿夫的人文科学观

在心理学的科学观上，斯顿夫与布伦塔诺基本一致。布伦塔诺在《经验观点的心理学》中提出，一切事物不是物理的就是心理的。斯顿夫赞同这一观点，用他自己的话来说，一切事物不是现象的就是机能的。相应地，科学可以划分为物理学和心理学两大门类。物理学与心理学既有联系又有区别。联系在于这两门科学都探究事物的一般限定（determination）或规律，例如，元素组成复合物，在物理世界和心理或心灵世界中都存在。区别在于这两门科学都有自己合法的研究领域。物理学研究外部经验，心理学研究内部经验。在物理学和心理学之上的是形而上学，它探究物理世界和心理世界的最一般规律，或者探究外部经验和内部经验的最一般限定。正是在这种意义上，斯顿夫指出："完全有理由将形而上学（metaphysics）称之为形而心学（metapsychics）。"

斯顿夫还进一步把心理学与其他中立的科学即现象学、关系学和结构学等区分开来。心理学是研究心理机能的学说，所有的中立科学都只是心理学的入门或预备科学，或者说，它们是真正心理学研究的前提。现象学（phenomenology）是用实验工具研究现象及其关系，如联想心理学、以研究心理内容为对象的冯特心理学以及他的音乐心理学的大部分内容均为现象学[①]。关系科学（science of relations）研究区分所探究的对象之关系，诸如相似性、相同性、依存性、部分与整体等关系。结构学研究并列出逻辑学、本体论和价值论的范畴，探究概念、事实和价值的存在。结构学（eidology）是一门特殊的科学，可以称为"观念科学"（ideenwisenschaft），但最好译为柏拉图意义上的"理念论"。

斯顿夫认为心理学是关于初级机能的学说，其他社会科学所探讨的则是复杂机能。因此，心理学是一门初级的、基本的社会科学。在这一点上，斯顿夫赞同他的老师布伦塔诺和他的柏林大学前任校长狄尔泰（Dilthey，参见第十七章）的观点[②]，认为心理学是最基本的

[①] 我们在此应该指出的是，斯顿夫的现象学在某种程度上是不同于胡塞尔所讲的现象学的。胡塞尔的现象学是以本质审察描述纯粹的意识问题，而斯顿夫的现象学则指当时通常意义上的心理学。尽管胡塞尔不忘师恩，于1900年曾将《逻辑研究》一书献给斯顿夫。但斯顿夫仅赞成胡塞尔拒绝心理主义（psychologism），而反对胡塞尔的纯粹现象学，尤其不赞成他把心理学与哲学割裂开来的做法。斯顿夫的现象学是从更狭隘意义上说的，而且没有特别的方法论意义。

[②] 比布伦塔诺稍后的斯顿夫在柏林的前任校长狄尔泰也坚持心理学是其他学科的基础。狄尔泰指出："认识论观点必须转换为一种真正的包括心理内容的分析心理学。这样一种心理学不仅为美学和伦理学奠定了基础，也为科学理论奠定了基础。"

社会科学或哲学学科,其他学科门类如伦理学、逻辑学、美学等都不过是其分支学科。换句话说,所有哲学都是以心理学为基础的。他指出,心理学"综合了哲学研究的所有不同的分支"。他用心理学解释哲学或社会科学,强调二者是密切联系的。从这个意义上说,斯顿夫的心理学是一种人文主义心理学(humanism psychology)。

二、心理学的对象论

(一)布伦塔诺论心理学的对象

布伦塔诺认为,我们意识的材料构成一个整体的世界,它们分为两大类,即心理现象和物理现象。物理科学是研究物理现象的科学,而心理科学是研究心理现象的科学。布伦塔诺在《经验观点的心理学》中专门讨论了心理现象和物理现象的具体区别。第一,我们把心理现象定义为表象以及建立在表象基础上的现象;相应地,把不属于这一范围的所有现象都归结为物理现象。第二,广延性乃是一切物理现象独具的特征;而心理现象的确没有表现出广延性。第三,我们把心理现象定义为内部知觉的唯一对象,因为仅有它们才是直接的、不谬的和自明的知觉;与此相反,物理现象只有通过外部知觉而被知觉。第四,意向的内存性(intentional inexistence)是心理现象独具的特性,没有任何物理现象能表现出类似的性质,物理现象是自己包含着自己,是自足的,它决不包含别的事物于其内。所以,我们完全可以将心理现象定义为有意向地包含一对象于其内的现象。第五,唯有心理现象是既能意向地(intentionally)存在又能实际地(actually)存在的现象;物理现象则只可现象地(phenomenally)和意向地存在。第六,尽管心理现象是多重的、复杂的,但它们总是以一个统一整体的面目而呈现于人的内部知觉;反之,人在某一时辰所同时知觉到的物理现象都不可能以这样的方式呈现,换言之,它们不是呈现同一个现象的不同构成成分,而是呈现为不相同的诸多现象。

同时,布伦塔诺也指出,在以上所列的诸种区别特征中,只有意向的内存性才毫无疑问是心理现象最显著的、普遍的和独有的特征。所以,我们可以凭借它以及上述其他特征来严格地界定心理现象,从而把它们与物理现象划分开来。他认为,每种心理现象的本质特征就是中世纪哲学家所称的意向的(或心理的)内存性和我们所称的涉及一种内容、指向一个对象(不一定指现实的对象而是指内在的"对象")。尽管这些表述不完全正确,但总之包含在其意识内的仿佛是它们的对象,不过包含的方法不完全相同。例如,在表象中仿佛总有某物被表象,在判断中仿佛总有某物被肯定或否定,在爱中仿佛总有某物被爱,在恨中仿佛总有某物被恨,在欲望中仿佛总有某物被欲求,如此等。所以,一切意识都是关于对象的意识。正如前文所说的,布伦塔诺把心理现象界定为有意向地包含一对象于其内的现象。当然,这并不是说,当一个人意识到马时,就有一匹马的摹本,作为心理的模拟物,存在于人的心灵之中。相反,即使马不存在,人仍然可以意识到马。

总之,布伦塔诺把心理现象或意识的本质特征概括为对象之意向的内存性,这就是他的意向性学说(intentionality theory)的本质之所在。这样就使得对意识内容的理解产生了决定性的改变,那种把意识内容看作像自然事物那样是自身不变的实在的东西的传统观点受到了挑战,而在挑战中,产生了一种新的思维方法即现象学,并直接启发了胡塞尔的思想。在此,我们可以看出,布伦塔诺所主张的心理学研究对象与冯特的主张不同。冯特认为心理学是研究感觉、情感等心理或意识的内容;而布伦塔诺认为心理学不是研究感觉、判断、情感等心理的内容,而是研究感觉、判断、情感等心理的活动。但这种活动或意动又是离不开对象和内容而独立存在的,它一定要指向一个对象,涉及一种内容,即一定要意向地包含一个对象于其内。正如维利指出:"如果布伦塔诺有机会设计一门心理学的课程计划,那么他所偏爱的课程标题将可能会使用动词形式而非名词形式。因此，所教课程的标题不是 sensation 和 perception（感觉和知觉）而是 sensing 和 percepting。布伦塔诺偏爱主动的动词形式而非被动的名词形式是基于他对经验本身的理解，经验是一种主动的、参与的、创造的和建构的过程；它不是简单地构成惰性的、静止的或被动的内容。"布伦塔诺把意动作为心理学的对象，其意义在于突出了心理的意向性、活动性和整体性。这些特征是人文科学心理学的主要特征。

（二）斯顿夫论心理学对象

斯顿夫和布伦塔诺一样，也主张心理学是一门经验科学。在《音乐心理学》中，他将经验分为现象与机能两种。第一种经验是现象，亦即经验的对象，如声音与颜色等感觉印象、意象、记忆的内容等。第二种经验是机能，亦指活动、体验或状态，如知觉活动、观念活动、理解活动、欲望活动、意志活动。这种将经验划分为现象与机能的做法，跟布伦塔诺的内容与意动之分如出一辙。他主张研究现象的学说为现象学，研究机能的学说为心理学。同时，他认为现象学是严格地独立于心理学的，现象学只是心理学的预备学科，而不是心理学本身。

斯顿夫在《现象与心理机能》一文中，进一步对心理机能概念作出界定。他说："所谓心理机能是指包括着作用、状态、体验的一种名称。因此，一方面包含着认识的和情绪的机能；一方面还认为具有从未分化的机能到分化的机能的各种阶段。例如，认识现象的作用、对现象进行概括、构成概念的作用、把握以至判断的作用、情意运动、热情以及欲望等。"简单地说，斯顿夫的心理机能就是指心理的作用、状态和体验，也就是布伦塔诺所说的心理的意动、活动或过程。因此，在理论观点上，斯顿夫所站的立场与布伦塔诺是一致的，他也是一位意动心理学家。正如有人所指出的那样："斯顿夫与布伦塔诺一起作为意动心理学的共同建立者。"

为了更好地理解斯顿夫的心理机能概念，我们还需要进一步考察他对机能与现象关系的观点。在他看来，机能与现象既不可分而又各自独立存在于经验之中，且两者之间是不能相互还原的。例如："我看见红色""看见"是机能，"红色"是现象，它们既是独立的又是彼此不可分的。现象与机能可以各自独立地变化，例如，黄昏时光线逐渐变暗，我们未加注意，这是现象变化而机能未变。又如，当我们仔细分析一首合奏曲时，知道了这是哪几种音合成的音，这是现象未变而机能变了。斯顿夫还进一步区分了机能与机能的关系（correlates）和结构（structures）。机能的关系是指经验之间的各种关系，它们成为心理学所难以解决的问题。关系是关系科学的研究对象。关系很难捉摸，只能作为一种成分包含在心理学中，也只能作为心理学的入门科学。在斯顿夫看来，关系也直接进入经验，但又和感觉不同。所以元素主义者往往不知道是否要另列关系的元素。斯顿夫把关系置于经验之内，并把它们另列一项。它们在认识论上显然也和现象相同，先于机能而存在。所以关系科学也是心理学的预备学科。机能的结构经验中的特殊情况，具体是指机能的内在的对象，也就是指布伦塔诺以现象为意动的对象和客体，它们是经验中的特殊现象，是结构学所研究的问题。此外，斯顿夫认为心理机能的一个重要特征是它具有整体性。在心理机能领域内，同时发生的意识和理智状态与情绪活动都被知觉为一个整体。一个实体概念，无论是一个物理的实体还是一个心理的实体，并不像休谟所认为的那样是由一组性质（quality）构成的，而是由性质及其关系的整体构成的。他的这一思想对后来格式塔心理学的整体观有重要的影响。

三、心理学的方法论

（一）布伦塔诺论心理学的方法

尽管冯特和布伦塔诺都坚持心理学是研究意识的科学，但由于两人对待意识的立场不同，所以他们研究意识的方法也不同。冯特强调意识的内容，主要运用实验内省的方法，以期获得心理的对象资料（data of objects in mind）；布伦塔诺强调意识的活动，主要运用内部知觉的方法，以期发现心理的过程资料（data of processes in mind）。

1. **内部知觉方法**　布伦塔诺指出:"心理学的来源是建立在对我们自己的心理现象的内部知觉上。我们不知道什么是思维、判断、愉快或痛苦、欲求或厌恶、希望或害怕、勇敢或失望、决定和意向,如果我们不通过内部知觉来了解它们。内部知觉是心理现象的基本的和主要的来源。"因此,我们把心理现象的内部知觉作为经验的主要来源,是心理学研究的主要方法。这种内部知觉不能与对心理现象的内部观察相混淆,因为后者是不可能的。冯特的实验内省法(introspection)是在严格的控制条件下对意识经验的内部观察(德文为beobachtung,英文为 inner observation),布伦塔诺的内部知觉(德文为 wahrnehmung,英文为 inner perception)是对我们的心理活动直接地、自然而然地内部体验(experience)或反省(retrospection)。但由于德文的 beobachtung(内部观察)和 wahrnehmung(内部知觉)都可直译为英文的 introspection(内省),所以,在心理学史的著作中,通常把内省和反省混为一谈,误以为布伦塔诺的心理学方法也为内省法。但实际上,布伦塔诺曾明确指出:内部知觉(反省)和内部观察(内省)"这两个概念必须彼此区别开来。内部知觉的特征之一就是它从来不能变为内部观察。正如他们(指那些相信内部观察是可能的心理学家们——引注)所说的,我们观察对象,是指外部知觉对象。在观察中,我们对一种现象集中注意,是为了精确地理解它。但这对于内部知觉的对象是绝对不可能的……一条普遍有效的心理学原则是我们从来都不能对内部知觉的对象集中注意……只有当我们的注意转向一种不同的对象,我们才能(外部)知觉它,这种心理过程也顺便指向(内部知觉)对象。因此,外部知觉是对物理现象的观察,为我们提供了自然的知识,同时也能成为获得心理的知识的手段。的确,在我们的想象中,让注意转向物理现象,尽管这不是关于心理规律的知识的唯一来源,至少是间接的来源。"布伦塔诺还举例进一步说明了内部观察心理活动即内省是不可能的。当我们将注意集中于内部进行的心理活动时,这种内部的心理活动实际上就已发生了改变。例如,人在盛怒之下观察其内部气愤,如果人知道他在发怒,其怒气往往就会消失,这时他什么也观察不到了。布伦塔诺认为,虽然我们对心理状态的内部观察(内省)是行不通的,但我们可以通过内部知觉来对心理状态进行反省。我们可以反省刚刚发生的事情、发怒之前的事情和认识到结果的事情。所以,内部知觉是对刚刚过去的、在记忆中仍呈现鲜活状态的心理活动及其变化的反省,它与直接以正在进行着的心理过程为对象的内部观察(内省)有着本质的区别。在内部知觉中,不会出现内省过程中所遇到的干扰,内部知觉是完全可能的。布伦塔诺十分强调记忆在内部知觉中所发挥的作用,他认为记忆是把现实的资料即观察到的外部对象变为意识对象,也就是说,记忆是意向的意识对象。

2. **观察方法**　布伦塔诺认为,内部知觉仅限于对我们自己的心理活动的体验和反省,对于他人的心理活动则可以通过观察他人的言语报告或自传、行为及其表现来了解。例如,他主张行为或实际的行动是内部心理活动的最可靠的指标,诸如脸红等不随意的生理指标也是内部心理状态的指标。这就相当于我们今天所说的客观观察法或自然观察法。在布伦塔诺看来,内部知觉和观察法都是研究正常心理现象的方法。此外,他还主张对动物、儿童、心理变态的人和原始社会进行观察和研究。

3. **实验方法**　布伦塔诺并不反对实验方法。在他写作《经验观点的心理学》一书时,冯特的《生理心理学原理》上卷已经出版,他多次引用该书中的实验和研究。同时,他也引证费希纳等人的实验和研究。尽管他尊重冯特等人所做实验的结果,但是他反对冯特等人对实验结果的解释。布伦塔诺认为实验法有两种类型:决定性的(crucial)和系统性的(systematic)实验,他所提倡的实验法是前者,冯特所使用的实验法是后者。布伦塔诺在讨论视觉的错觉时,"画出旧的错觉说明的新图形,以就正于读者的经验。这就是具体的经验法或决定性实验法。"他认为,决定性实验依附于思辨,有助于决定两种对立的概念。心理

笔记

学家要尝试建立心理学的体系,无疑是要采用决定性实验;而系统性实验仅局限于一些细节的实验,过于强调方法本身,往往是枯燥无味的,所以这种实验看不见心理学所面临的主要问题,在心理学发展的早期阶段是没有什么作用的。正因为如此,布伦塔诺并没有像冯特那样建立自己的实验室。就像美国心理学史家韦特海默指出:"布伦塔诺或许是一位理论家而非实验家。"

(二)斯顿夫论心理学的方法

1. **内部知觉方法**　在心理学研究方法上,斯顿夫几乎完全赞同布伦塔诺的看法。他认为内部知觉是心理经验的主要来源。在他看来,心理学的事实为我们所知主要是通过内部知觉,外部知觉只为我们提供颜色、声音等概念,而不能提供作为感觉状态的视觉、听觉等概念,也不能描述与它们相联系的其他状态。就其优点而言,内部知觉区别于外部知觉在于它的直接明证性。外部知觉允许疑问和错误(感觉欺骗),内部知觉则保证其自身的真实性。一个人不能怀疑自己的内部状态,这种状态是处于特定时刻的意识,因而是真实的,恰如它们所呈现的那样。当然,我们对其命名和描述可能会出现差错,但这种差错是知觉的理论加工的错误,而非知觉本身的错误。当然,内部知觉的直接明证性仅限于短暂的状态,而且,记忆的事实还必须通过其表象的鲜活性、与其表现事物的一致性等来确证。

2. **观察方法**　斯顿夫认为,仅有知觉而没有观察是对心理学的最大不利。"内部知觉不能变为观察"。因此,他主张"对机能的观察是心理科学的基础之一"。他对自己一生中最满意的是他做了"一些有益的观察"。观察作为对短暂状态的注意集中是可能的,这种注意是对思维或情感的对象而非其本身的集中。但他又认为,由于一旦注意指向思维和情感,它们必然会发生变化。所以,对当前的观察,还必须被对刚刚逝去的记忆所替代。

除了运用观察方法来补充个人的直接内部知觉外,最终还需要通过对他人心理生活(如语言或其他生活方式的表现)的间接了解来补充。特别值得观察的是,儿童和动物的那些不太复杂的心理生活、病理现象和诸如天才个体的个别活动,以及对人的比较研究。当然,这些所谓的客观方法是以主观的方法(即内部知觉)为前提的。

3. **实验和测量方法**　斯顿夫认为实验、测量等客观方法是心理学研究的辅助方法,但它们也要以主观方法为前提。实验是在控制条件下的观察。他说:"纯粹心理形式的实验经常运用于我们的科学之中。也就是说,心理活动可以在便于观察的特定环境中自发地产生。因此,如果内部状态被心理意义上的观察条件所激发,那么,外部实验也能导致心理认知。"测量方法在原则上是可能的,但要以统计计算为保证。在心理学领域,一般是测量时间的持续性而非强度,而像情感等机能,的确存在强弱之差,但这种区别并不能通过测量来独立地表现。

四、心理的分类论

(一)布伦塔诺论心理的分类

布伦塔诺根据意动涉及的内容或指向对象的不同方式,对心理现象进行了分类。他认为,一个人"意向地"联系一定对象 A 的方式有三种:①想象 A,或者像通常所说的那样,使其呈现在心灵之前,使其出现在意识之中;②对 A 采取理智的立场——接受 A 或拒绝 A;③对 A 采取情感的立场——爱 A 或恨 A。与这三种指向对象的方式有关,心理现象可以分成三类:①表象(感觉、观念、想象),如我见、我听、我想象;②判断(知觉、认识、回忆),如我承认、我否认、我知觉、我回忆;③情绪现象或爱憎现象(感情、希望、决心、愿望、意志),如我感受、我愿望、我决定、我意欲、我请求。

在这三种心理现象中,表象是最根本的,判断和情绪现象则是在表象的基础上形成的。

例如，一个人在判断食物存在或在意欲它时，总是先有关于食物的意识的存在。但这并不等于说可以把判断简单地归结为表象或是看成是观念的结合。例如，我们把金的观念和山的观念结合起来，我们得到的并不是一个判断，而是另一个观念——金山的观念。

判断是不同于表象的心理现象，它并不只使对象呈现在自己面前，更重要的是它还要对"对象"采取一种理智的态度，即要肯定或否定对象。当我们说"马存在"时，就在单纯的马的表象上附加上我们的信念，我们接受它、肯定它、承认它；而当我们说"鬼不存在"时，我们也不只是想象到鬼，而且否认鬼、拒绝鬼。无论对象是什么，只有加上有所断言的态度，我们才能构成一个判断。所以，判断具有肯定或否定、真或假、对或错的意向关系的对立。但由于判断只是对意识对象的接受或拒绝，因此，判断的真或假就不在于其内容是否与事物相符合，而只在于判断是否具有自明性（self-evidence）。所谓自明性，就是不能进一步规定的，在做出直接的、一目了然的结论时可以体验到的判断的属性。后来布伦塔诺进一步依据"判断"的普遍有效性，把判断分为"自明性的"（evident）和"盲目性的"（blindly）两种。自明判断必然是真的，但真的判断却并非都是自明的。有时某种盲目判断也可能凑巧是真的，但这只有在同样情况下，做出自明判断的人也会得出相同的结论时，才是成立的。因此，一种真的判断必然是与自明判断不相矛盾的判断。布伦塔诺还认为，就对象而言，可以把判断划分为：①知觉判断（包括内部知觉判断和外部知觉判断）；②记忆判断；③公理。在这些判断中，只有内部知觉判断和公理才是自明的判断。

第三种心理现象是情绪现象。和判断一样，情绪现象也包括一个意向关系的对立，我们必须对对象表明态度——喜欢或不喜欢、爱或恨。布伦塔诺并不强调情感与意志的区别。通常的观点认为，情绪和意志是两种不同的心理现象，但布伦塔诺认为二者之间只有一种连续的过渡。他说："例如，考虑下面的序列：悲哀——渴求所缺乏的善——希望它是我们的——产生它的欲望——尝试的勇气——行动的决定。一极是情感，另一极是意志的行动；二者似乎相距很远。但如果我们注意到中介环节，并仅就相邻的环节进行比较，我们就可以发现最近的联系和几乎无法觉察的细微的转移。"由此可见，布伦塔诺是把情感与意志都归结为情绪现象，认为它们的特征就在于对"对象"采取爱和恨的态度。布伦塔诺认为，和自明判断相对应，情绪现象也存在着能够发现由本身表明为正确的爱与恨的行为，最终这种行为就是所谓的具有不容置疑的自明性的价值判断。正像判断有真、假一样，价值判断也有正确与不正确之别。但是，在判断领域里，真与假是绝对对立的；而在价值领域里则可以有"比较好"和"比较坏"的过渡。

（二）斯顿夫论心理的分类

在心理现象分类的问题上，斯顿夫的观点与其老师的观点几乎一致，只是在微小的细节上有所不同。斯顿夫在"心理学"讲授提纲中开宗明义地写道："心理学是关于研究心理状态即表象、判断和情感的科学。"也就是说，他把心理状态分为表象、判断和情感三种，在这一点上他接受了布伦塔诺关于心理现象三分法的思想，只不过他用"情感"取代了布伦塔诺常用的"爱与恨的意动"。斯顿夫指出："同时存在的表象、判断和情感是整个心理状态的（意识统一体）的全部。"

斯顿夫对心理状态的分类与描述比布伦塔诺做得更为细致。他认为，表象一般是通过名称表达的。表象可以细分为感觉、想象、时间与空间表象和抽象表象。日常生活中所谓的感觉是由外部感官从外部世界的传递所唤起的表象。所有的感觉都有其神经过程的根源，因此，感觉从其起源上通常分为五种感觉。但从心理学意义上，更重要的还是根据感觉的内容不同和更详细的感觉属性来划分它们，如有温度觉与触觉、压力感觉与肌肉感觉、后觉（after-sensation）与共觉（co-sensation）、主观感觉（subjective sensation）与幻觉等。还有一种特殊的感觉是情感感觉（sensation of feeling），它既是外部感觉的强烈刺激的产物，也是内部过程的结果。斯顿夫认为，感觉内容有强度、清晰度、鲜明度和对比度之分，而感觉意动则无这些特性之分。例如，听觉无高低之分，声音才有高低之分。想象状态依赖于感觉表象，想象不同于感觉之处在于，想象通常没有感觉强烈和精细，它们是不稳定而又易变的，而且我们通常不能相信它们是真实的。斯顿夫接受了布伦塔诺的"习惯法则"概念，并认为想象状态（包括记忆状态）每次再现的情形都类似于其先前第一次出现的状态。这种再现不只是一种被动的过程，而是通过主动关注相关条件，唤醒对我们有意义的想象状态。例如，当我们试图回忆一个人的名字时，往往会再现我们第一次遇到这个人的情形。时间表象是通过最初的联想而产生的，斯顿夫指出："尽管每种感觉都持续一段时间，但持续性本身不能被感觉。"对于时间持续性的知觉而言，它不仅是关于特定时间内容的意识，同时也是关于后退时间、越来越后延的内容的意识。因此，时间表象既产生于表象内容的持续性，也联系于表象位置的主观变化。正如他所指出的，时间表象具有"感觉现象与心理意动的内容之特征"。空间表象是通过视觉而产生的。在空间问题上，斯顿夫采用先天论与经验论的折中观点。在先天论看来，视神经不仅产生一定的颜色感觉，而且产生广度感觉。没有广度绝对不能表现颜色。在经验论看来，空间知觉最初产生于颜色感觉彼此之间或与其他感觉特别是肌肉感觉之间的联合。所以，空间关系如形状、距离等视觉，都产生于经验与联想。斯顿夫在此将先天论与经验论结合起来，并且指出，对于空间表象而言，"广度就像强度一样，是感觉印象的组成部分"。抽象表象，顾名思义就是对具体表象的抽象。在我们的意识中，只有个别事物的具体表象，但我们能够指明这些单个表象的某些成分，也可以把握这些部分的相似性。也就是说，我们能够从经验中抽象出某些概念，从外部事物的知觉、内部心理意动特别是从判断意动中抽象出某些概念。例如，从判断中，我们可以抽象出诸如因果、存在或必然性等概念。

判断是通过我们所表明的断言之句子表达的，最简单的断言形式诸如"A 是"和"A 不是"这样的句子。这里的"A"是指判断的表象内容，"是"与"不是"是指肯定或否定判断本身。更加复杂的断言形式是范畴、假设和选言判断。判断是建立在表象基础上的，但又与表象具有不同的机能。判断不只是表达表象及其关系，表象的联合与分离本身不是判断，而只有加上肯定或否定、同意或拒绝才算是判断。判断根据不同的标准可以进一步细分。根据性质分为肯定与否定判断，根据数量分为一般与特殊判断、集合与分类判断，根据科学价值分为真实与虚假判断、明证与盲目（非明证）判断、确定与可能判断、依据法则与依据事实判断。在心理学范围内，我们在此仅从判断的起源上，讨论明证判断与盲目判断。明证判断又称知性判断，是具有直接或间接证据的判断。直接证据就判断所涉及的表象的性质而言，首先是从抽象表象中获得的自明性的公理证据，如 $2 \times 2 = 4$；其次是由通过具体表象肯定为真实的内部知觉证据。间接证据是通过推理从直接认识中产生的证据。公理和从其中推理出来的认识就是所谓的先验真理（a priori truths），而其他认识都被认为是后成真理（a posterioi truths）或经验。盲目判断主要是由本能、情感和习惯三种原因造成的。从它们当中所产生的判断往往是偏见或假公理。

情感也是用句子表达的，但它不同于判断的句子。情感根据其性质可以分为：积极情感与消极情感，前者如快乐、爱，后者如痛苦、恨；主动情感与被动情感，前者如欲望、希望、勇气、意愿等，除此之外的情感均为后者；物理内容的情感与心理内容的情感，前者是指向颜色、运动等物理事物的情感，后者是指向品格、人格等心理状态的情感；价值情感与盲目情感，凡情感的内容是值得爱和值得恨的情感都是价值情感，而根据本能欲望或习惯和一般出于"不纯"动机的情感都是盲目情感。当然，斯顿夫也承认，这些情感的分类存在一定交叉，如积极情感是值得爱的情感，消极情感是值得恨的情感，但它们却都是价值情感。

165

第三节 意动心理学的简要评价

一、意动心理学的贡献

第一，布伦塔诺的意动心理学开创了一种不同于冯特的心理学研究取向。冯特只是简单地模仿自然科学，最终是要把心理学建设成为一门像物理学一样的规范科学。所以，冯特所开创的是以自然科学（物理学、生物学等）为模板的科学主义心理学（scientism psychology）研究取向。而布伦塔诺则继承了传统的习惯势力，把心理学等同于哲学，认为心理学是最根本的哲学学科，其他哲学门类如伦理学、逻辑学、美学等都不过是其分支学科。所以，布伦塔诺强调心理学的人文价值和意义，他所开创的是以人文科学为模板的人文主义心理学（humanism psychology）研究取向。自此，心理学的历史便是两种不同研究取向心理学的相对独立发展的历史。布伦塔诺提出来的心理活动（意动）与心理内容相对立的思想，对 20 世纪心理学的影响是相当大的。他的意动心理学成了后来不满于冯特的内容心理学的推动力。在一定意义上说，冯特的心理学观点成为后继者们反对或叛逆的目标，而布伦塔诺的心理学观点则是后继者们继承或呼应的目标。

第二，斯顿夫的机能心理学是对布伦塔诺意动心理学的继承与发展，在西方人文科学心理学的思想发展中具有承上启下的作用。斯顿夫在理论上赞同布伦塔诺的意动心理学，主张心理学的研究对象是心理机能而非心理内容，把意动心理学向前推进了一步。所以，"他是布伦塔诺与格式塔学派之间的重要纽带"，被誉为"格式塔心理学之父"。格式塔心理学的三位建立者——韦特海默、苛勒、考夫卡和它的发展者——勒温均跟随斯顿夫学习过。是他把现象学思想引进心理学实验室，为他的学生建立实验现象学和格式塔学派提供了理论基础，从而直接推动了后来的格式塔心理学的产生，推动着人文主义心理学向前发展。

第三，布伦塔诺的意动心理学确立了心理学的基本观点。布伦塔诺是一位心理学理论家，而不是一位实验家。他的主要影响是确定了心理学的基本观点，而不是解决了心理学的具体问题。他认为，心理学家应该从心理学的大处着眼，着眼于对心理现象作大体的解释；而不是从其小处着手，如着手于对一些细节的实验。只有这样才不致使心理学迷失于实验方法之中，而失去了主要问题。这在心理学的创立之初尤为重要。心理学家的首要任务是确立心理学的基本方向，然后才是沿着这个方向开展具体的实验研究。因为心理学的基本观点应该保持基本不变，而实验结果则可以不断修正。所以，布伦塔诺的《经验观点的心理学》从 1874 年初版到 1911 年才修订一次，而且两版虽有变化，但没有根本性的变化；而冯特的《生理心理学原理》则从 1874 年初版到 1911 年先后修订了六次，而且各版都有较多的增改，以至于该书的最后一版长达 2 353 页。因此，在心理学的独立之初，正当大家都热衷于大搞实验的高潮时，布伦塔诺的主张无疑是给大家敲了一记警钟。正如维利指出："布伦塔诺之所以是心理学史上的一位大师，是因为他是这门学科的不同观点的倡导者，这种观点即是强调正确理论重要于实验工作。"所以说，如果冯特对后世心理学的影响主要是在实验方法上，那么布伦塔诺的影响则主要是在理论观点上。

第四，斯顿夫的机能心理学的一些具体观点和方法超越了布伦塔诺的意动心理学。这主要表现在：①斯顿夫明确地提出了心理学的整体观问题。他把心理事件作为有意义的整体单元来研究，就像它们发生在个人身上一样，而不能进行进一步的分析，这是直接反对冯特对心理元素分析的做法。②尽管斯顿夫把感觉印象、意象等现象（即布伦塔诺所指的心理内容）排除在心理学的研究大门之外，列入现象学之内，而主张心理学的研究对象乃是心理机能（即布伦塔诺的意动）。但他所做的和所说的恰恰相反，他又把现象学引进心理学之中。从这个意义上说，他把现象和机能并列作为心理学的研究对象，这实际上是试图调和内容与意动之争的矛盾，成为后来屈尔佩等人主张的内容与机能并重的二重心理学的先导。③他对心理状态的分类做得更加详细。④尽管斯顿夫本人并不热衷于做具体的实验，而是将细致的实验交由他的助手和学生去做，但他却比布伦塔诺更加支持心理学的实验方法。他在柏林大学的心理学实验室抗衡了冯特在莱比锡大学的实验室，从他实验室里培养出来的许多学生后来都成了著名的心理学家。所以，正如波林指出："斯顿夫是一位心理学理论家和音乐心理学的研究者，但他创立的意动心理学体系却赞助了实验主义。"

二、意动心理学的局限

第一，布伦塔诺的意动心理学存在着明显的局限性，具体表现在四个方面。①布伦塔诺只是确立了心理学的基本观点，没有对心理学的具体问题作较为深入的研究，也没有像冯特那样建立一个完整庞大的心理学体系。②布伦塔诺虽然主张意动是以内在的对象性为特征的，然而这个内在的对象或内容却又不是心理本身，它是物理现象，是物理学研究的对象。他把心理内容说成是物理的，只能引起混乱。他强调以意动（心理活动）作为心理学的研究对象固然是对的，但他又把心理活动（意动）的内容与作为心理的源泉的客观现实混为一谈，进而把心理内容排除在心理学的研究范围之外。③布伦塔诺对意动的研究，只对意动作了一些分类，只强调了表象是判断和情绪的基础，而没有进一步说明它们的本质及其相互关系，也没有揭示它们形成的规律。④布伦塔诺强调区分系统性实验与决定性实验虽是正确的，但如何进一步对两种实验范型进行区分却又是十分困难的。例如，20世纪心理学中的许多实验如转换学习实验、潜伏学习实验等，我们很难说它们究竟是系统性实验还是决定性实验。而且，决定性实验一味地盲目强调关注主要问题，也可能不是一种实验方法的本质特征，而是一种蹩脚的实验。

第二，斯顿夫的机能心理学也存在一定的局限。①他没有像冯特那样建立一个庞大的心理学体系，也没有自觉地形成自己的学派。正如他在《自传》的结尾中写道："我从未试图创建一个学派，我发现这几乎是令人愉快的。"这使他的机能心理学没有产生更大的历史影响。②他只确立了机能心理学的基本观点，而没有对心理学具体问题做深入的分析。③他只对表象、判断、情感等心理状态进行了分类，而没有进一步说明它们的本质及其相互关系，也没有揭示出它们形成的规律。

第四节　意动心理学的发展

一、意动心理学在奥地利的发展：形质学派

形质学派起源于1890—1900年，由布伦塔诺的弟子厄棱费尔和麦农创立。他们接受了布伦塔诺的思想，将布伦塔诺的意动心理学具体运用到形（form）、形质（form-quality）[①]问题的研究上，认为形、形质的形成有赖于意动。到了1910年，这一学派的思想又通过威塔塞克的努力继续传播于世。由于这一学派的主要成就在于提出形质学说（form-quality theory），故称为形质学派。同时，又由于这一学派是以格拉茨大学为中心，所以形质学派又称格拉茨学派（the Graz school）。这一学派对后来的格式塔心理学有直接的影响。在知觉

---

① 德文为Gestaltqulita，也有人将之直接译为Gestalt quality。从该词的字面意义上，我们就可以看出格式塔(Gestalt)学派与形质(Gestaltqulita)学派的直接关系。

笔记

理论上,它是由元素主义到格式塔心理学的桥梁。

(一)形质说的提出

克里斯琴·冯·厄棱费尔(Christian von Ehrenfels,1859—1932年)是奥地利的心理学家和哲学家,他发表了两篇重要论文《论形质》和《初步规律》(1922),提出了著名的形质学说。在形、形质问题上的不同看法,是意动心理学与内容心理学分歧的具体体现。厄棱费尔正是在批判冯特内容心理学的知觉理论的基础上提出形质学说的。在冯特看来,感觉是知觉的元素,它只有强度和性质两种属性;知觉则是感觉的集合。这种观点表面看来似乎有些道理,但在说明具体的知觉问题时却常常遇到麻烦。例如,如果说看见一个红斑点在一个黑斑点之旁得到的是两个感觉,那么,看见两个距离很近的黑斑点得到的究竟是一个感觉还是两个感觉呢?我们好像不应该说两个黑斑点是一个感觉,而白色的背景又是一个感觉。但如果我们称两个黑斑点为不同的感觉,那么我们对元素的辨别显然是以空间的隔离为根据,而不是以属性为根据了。这便与元素主义的假定发生了矛盾。又如,我们如果用一条黑线连接两个黑斑点,结果得到的是什么呢?究竟是一个感觉还是两个感觉呢?或者是一系列的感觉?如果是一系列的感觉,那么又有多少感觉呢?一个元素在空间上究竟以什么作为它的界限?很显然,元素主义不能圆满地回答这些问题。针对元素主义知觉论的困境,厄棱费尔对它进行了批评,并提出了与元素主义不同的主张。他认为,形、形质的形成不是冯特主张的感觉的复合,而是由于意动,才使形、形质呈现出来。这样就形成了形质学派在形、形质上的特有见解。在厄棱费尔看来,时间或空间的形式并不是感觉的集合,而是一种新属性。例如,一个四边形由四条直线所组成,直线是四边形的基本的感觉,可称为基素(fundamente),合起来,便可以说是组成一个基体(grundlage)。但是,四边形并不附着于这些元素的任何基素之内,因为直线本身只具有直线的性质,而不含四边形的性质。只有当基素(直线)构成基体以后,四边形才可呈现出来。形式显然是直接经验的,所以应该是一种新元素,即一个形质(form-quality)。厄棱费尔还区分出两种不同的形质,即时间的形质和非时间的形质。时间的形质包括音调、"色调"及感觉的任何时间上的变化,如变红或者变冷。非时间的形质大部分是空间的,但也包括音的混合、响乐的铿锵、香味及运动的知觉。

厄棱费尔后来在《初步规律》一文中,又对其早期不成熟的思想进行了修订:①抛弃形质概念中的"元素"构想,指出形质具有感觉和表象复合的新属性;②承认形的概念具有限定的特性;③把形的概念由空间的形又扩展到音的形等方面。

从厄棱费尔的上述观点来看,他的形质说不是根据实验得来的,而是根据经验对知觉所做的一种逻辑分析。这种方法是意动心理学通常使用的方法。事实上,意动与形质之间本没有多少必然的联系,但厄棱费尔却使形质和意动联系起来了。他所持的理由是,比较或集合心理的意动可把形质从基体中抽出来。如果一个人在心理上把四点形成一个四边形,而再通过经验的集合作用,便完全可以了解这个意动是实在的了。这样,厄棱费尔就站到了布伦塔诺的立场上,成为一位意动心理学家了。厄棱费尔的形质学说对格式塔心理学的影响很大,在他于1932年逝世时,格式塔心理学家们在他们编辑的《心理学研究》杂志刊出的讣告中指出:"我们注意到厄棱费尔的逝世。对于他并不需要单独的纪念仪式,他的著作对于当代大部分心理学著作都产生了影响。"

(二)形质说的确立

在形质学派中,关于形、形质的基本见解是由厄棱费尔提出的,而将厄棱费尔的观点加以发展的则是他的老师、奥地利哲学家和心理学家亚历克修斯·冯·麦农(Alexins von Meinong,1853—1920年)。麦农的主要心理学论著有:《复型和关系的心理学》(论文,1891)、《论高级对象及其对于内部知觉的关系》(论文,1899)、《论对象理论》(1904)、《论情绪表现》（1917）等。麦农因提出"对象论"（object theory）而著名。他的对象论有两个基本命题：其一，存在着并不实存的对象；其二，每个并不实存的对象仍是以这样或那样的方式构成的。在麦农看来，传统的形而上学具有钟爱实存事物的偏见，只讨论那些实存（exist）和虚存（subsist）的对象，而忽略了那些根本不存在的对象。因此，他主张我们需要一种更加普遍的对象理论。他认为，每个事物——无论它是否可以想象，也无论它是否存在——都是一个对象。每个对象——无论它有无一种存在（being）——都有它所具有的特征。换言之，每个对象的性质是独立于其存在的，例如，一种圆的方（a round square）就具有一种性质，因为它既圆又方。只不过它是一种不可能的对象（impossible object），因为它具有一种矛盾的性质而妨碍了它的存在。麦农的对象论来自布伦塔诺的哲学心理学，因而具有心理学意味。和布伦塔诺一样，麦农认为心理状态"意指"（intend）对象，心理具有两个层面，即内容和意动，并可以分成表象、判断、假设、情绪和欲望等。独立心理之外的不同等级的对象是不同的心理意动的结果。

在对形质的探讨上，麦农和厄棱费尔的主张基本相同，但运用了与厄棱费尔不同的术语。厄棱费尔的基素，被麦农称之为奠基的内容（founding content）；厄棱费尔的形质，则被麦农称之为被奠基的内容（founded content）。麦农认为，这两种内容的关系是相对的、有等级的。奠基的内容可称为下级，被奠基的内容可称为上级。麦农指出，奠基的和被奠基的内容合起来可造成一种复型（complexion）。复型有两种：实在的复型（real complexion）等于知觉，思想的复型（ideal complexion）等于概念。思想的复型形成于创造过程即创造意动（the act of producation），通过创造意动把感觉元素变成统一的整体，如四条直线变成一个整体的长方形。而实在的复型的形成除有赖于创造意动之外，还有赖于被认识事物所固有的关系，即刺激特征。在这里，麦农与厄棱费尔不同的是，他承认了知觉的原有分子之间的关系的重要，而厄棱费尔并未这样承认。至于思想的复型，麦农仍然认为意动是重要的。在心理等级的问题上，麦农指出了心理等级的相对性。他认为在创造上级的时候，下级复型的上级可变为上级复型的下级，因此乃有更上级的复型的形成。

尽管麦农于1894年在格拉茨大学建立了奥国第一个心理学实验室，曾讨论过韦伯定律和一般心理测量问题，但他主要还是一位理论心理学家而非实验心理学家。麦农对形质问题的讨论有助于心理学中的形质学派的建立。他在奥国学派中影响很大，凡是奥国学派所及之处，他都有很大的势力。其影响范围甚至超出奥国学派，包括英国的沃德（Ward）和司托特（Stout）。

（三）形质说的发展

斯特芬·威塔塞克（Stephan Witasek，1870—1915年）是奥地利心理学家和美学家，他的心理学著作有：《复型心理学》（1897）、《心理学大纲》（1908）、《视觉的空间知觉心理学》（1910）。他试图把哲学与经验心理学结合起来，同意心理学既包括心理意动又包括心理内容。他的有些心理学研究是经验的，甚至是实验的。在形、形质问题上，他强调创造意动对知觉形成的作用。他认为复型的形成主要依赖于心理的创造意动。复型可以是简单的，如在响乐和简单的曲调之内，此时创造几乎是自动的；复型可以是复杂的，如在复调乐曲的创造中，此时复型既取决于客体刺激物的外在因素，也决定于内在的创造意动。由此可见，威塔塞克在知觉心理学上与厄棱费尔、麦农的见解差异不大。他在形质学派中的主要贡献在于，当厄棱费尔、麦农的形质学说遭到批驳而处于低谷时，由于他的努力，形质学说仍能继续流传于世。

总之，形质学派的初衷是对元素主义进行批驳。他们自称发现了一种新元素，并由注重形质而研究复型，后又由复型的分析而倾向于意动的探讨。但是他们仅想提供一种新元素，而不想提供一种全新的观点，因而他们的观点一方面受到了元素主义的反对，另一方面

笔记

又遭到了格式塔心理学家的批驳,最终不得不归于失败。但是,形质学派一方面推进了意动心理学的发展,另一方面又为格式塔心理学派提供了一套完整的形质概念与理论根据,这不能说不是这个学派的贡献。在知觉理论上,形质学派乃是由元素主义向格式塔心理学过渡的桥梁。

二、意动心理学在德国的发展:符茨堡学派

意动心理学与内容心理学互相对峙,形成了心理学发展中的僵局。为打破这种僵局,主张心理学的研究对象应是意动和内容的统一的二重心理学(dual psychology)便应运而生。领导这一运动产生的是符茨堡学派的领袖屈尔佩,第一个明确提出二重心理学主张的则是麦塞尔。而符茨堡学派关于无意象思维的实验研究则是促使以上二人提出二重心理学主张的重要动因。

(一)无意象思维研究

奥斯瓦尔德·屈尔佩(Oswald Külpe,1862—1915年)是德国心理学家、哲学家和美学家。他本是冯特的学生,在莱比锡跟随冯特学习和研究前后达8年时间,他深受冯特内容心理学的影响,兢兢业业地做实验研究。1893年他出版了《心理学大纲:基于实验研究的结果》一书,并把此书献给冯特。就其内容而言,该书基本上还是冯特式的。在书中,屈尔佩主张心理学是研究"经验事实的科学"。他受阿芬那留斯的影响,进一步把心理学的研究对象规定为研究依存于经验者的个体的经验事实,以有别于物理学研究的不依存于经验者的个体的经验。不过,他的这一主张与冯特的主张(心理学是研究直接经验的科学)已稍有差别。正如林德菲尔德(Lindfield)指出:早期的屈尔佩"是一位固执的实验主义者,但他对心理学的规定却异于冯特对心理学过于狭隘的规定。"

1894年,屈尔佩来到符茨堡大学任教授。由于此前艾宾浩斯已成功地将实验运用到记忆这一高级心理过程的研究上,受其影响,屈尔佩坚信思维也可以运用实验来进行研究。在符茨堡大学工作的15年间,他指导、鼓励其实验室的学生和同事进行了许多关于思维的实验研究,先后取得了50多项研究成果。通过实验,他们发现了无意象思维(imageless thinking)的事实,从而建立了著名的关于无意象思维的符茨堡学派。围绕着这个学派的有很多著名的学者,如迈尔、奥尔特、马尔比、瓦特、阿赫、彪勒、麦塞尔、赛尔兹、奥尔登、韦特海默、考夫卡等人。尽管符茨堡学派的无意象思维研究没有一项是以屈尔佩个人或合作名义发表的,他仅在1912年发表的《现代心理学对思维的研究》一文中,论及符茨堡的思维研究;而且,在符茨堡期间,他个人的主要精力都用于撰写哲学和美学方面的著作,如《现代德国哲学》(1902)、《实验的美学》(1903)等。但是,符茨堡学派的研究却都是在屈尔佩亲自组织和指导下完成的,也充分体现了他的思想。所以,符茨堡学派是以他为领袖的,即使他于1907年离开了符茨堡大学之后,他仍然是符茨堡学派的精神领袖。同时,符茨堡学派关于无意象思维的实验研究结果,也导致了屈尔佩心理学立场的进一步转变,即由内容心理学向意动心理学转变,企图把内容心理学与意动心理学调和起来,建立了所谓的"二重心理学"(图9-3)。

符茨堡学派的思维研究最初是由迈尔和奥尔特于1901年开始的。他们以为思维只是一种联想过程,思维过程可以用内省法研究。这种看法和冯特的不同。冯特认为思维是高级过程,不是联想而是统觉在起作用。在

图9-3 奥斯瓦尔德·屈尔佩

研究方法上，符茨堡学派提出了"系统的实验内省法"（method of systematic experimental introspection）。这种方法是把整个过程分成几个阶段来进行自我观察，同时用仪器记录下每个阶段的时间。例如，瓦特把联想过程分为4个阶段：预备期、刺激字呈现期、反应字探索期、反应字发出期。这种方法有仪器记录是客观的，又用内省说出当时的心理活动也是较能回忆出心理过程的进行情况的。因此，这种方法使心理学的实验研究又深入和前进了一步。下面我们举出符茨堡学派两个典型的实验研究。

第一个是控制联想研究。瓦特（H.J.Watt, 1879—1925 年）首创分段内省法，并把希普计时器引入联想实验，于 1904 年做了控制联想（controlled association）实验，如种－属联想（植物－树）或整体－部分联想（房屋－门）。他把联想分为 4 个阶段：预备期、刺激字呈现期、反应字探索期、反应字发出期。要求被试者分期及时反省，说出当时的心理活动。结果发现从刺激字呈现到反应字发出，这中间并没有出现什么意象。被试者在实验前已经得到了指令，对反应已有了类似于无意识的"心理定势"（mental set），所以刺激字一呈现，他就立即按照指令说出反应字。因此，瓦特认为联想的主要阶段不是第 3 阶段的探索期，而是第 1 阶段的预备期，"心理定势"起了预先的选择作用。

第二个是思维研究。阿赫（N.K.Ach, 1871—1949 年）于 1905 年首创系统的实验内省方法对动作和思维进行了研究。他把瓦特的预备期所发现的那种特殊的期待态度称为"决定倾向"（determining tendency），认为刺激字的思想反应（即说出反应字）和动作反应（即按压反应）基本上是一样的，都是受这种非意向的"决定倾向"所指引的。例如，纸上印有 5 在上而 2 在下，人们常作的联想会是 7、3 或 10。但假使被试者听说要加，有一联想便增加了势力，结果 7 常被引起，反之，假使任务为减，则另一联想的势力得到加强，结果 3 常被引起。阿赫的研究完成于瓦特的研究论文发表前，表面看来阿赫的研究是对瓦特的见解的总结，但事实上阿赫的研究也是一个独特的发现。

符茨堡学派关于无意象思维的实验研究表明，他们没有发现思维过程中含有冯特等人所发现的感觉、意象元素的证据，认为感觉、意象并非思维的必要条件，因而提出了无意象思维的主张。符茨堡的研究和主张引起了心理学界很大的兴趣和争论。1903 年，法国的比纳和美国的伍德沃斯在不知道符茨堡研究的情况下，也都各自独立得到了与符茨堡相同的发现。从发现的优先权意义上说，比纳甚至认为，"符茨堡的方法"（method of Wurzburg）应称为"巴黎的方法"（method of Paris）。但是，符茨堡的无意象思维研究遭到冯特和铁钦纳等人的反对。他们认为符茨堡学派的实验是"假实验"和"捏造"，采用不可靠的安乐椅式的内省方法，缺乏严格的实验控制，实验结果是不可靠的。如经过适当分析，"无意象"的内容还是有意象的。也有人提出，某些类型的心理具有无意象思维，而另外一些类型的心理则没有无意象思维。到 1909 年屈尔佩转至波恩大学时，虽然还有些人如塞尔茨（O.Sels）仍在继续研究无意象思维，但符茨堡学派已基本上解体了。不过，有关这一问题的争论还延续了很久，一直到 1938 年才暂告一个段落。这可能与伍德沃斯的建议有关，即对这个问题总是争执不下又无法解决，不妨把它暂时搁置一边。

我们认为，尽管符茨堡学派的无意象思维研究引起了争论，仍停留在心理元素的范畴内，没有揭露思维过程的规律，但他们将实验方法运用于思维的研究，将冯特传统的实验内省法改造为系统的实验内省法，并在此基础上提出了"意识态度"（conscious attitude）、"心理定势"（mental set）和"决定倾向"（determining tendency）等概念，发展了心理学的研究方法，丰富了心理学研究的内容，促进了思维心理学研究向纵深发展，从而开创了心理学研究的新局面。也正是在符茨堡学派发现无意象思维的实验基础上，麦塞尔、屈尔佩逐步向意动心理学靠拢，进而提出了他们的二重心理学主张，这一主张对当时解决内容与意动之争起到了积极的作用。

笔记

（二）二重心理学

二重心理学的产生首先是与内容心理学和意动心理学的对峙有关。正如波林指出，经验心理学家注意于意识的性质，所以不得不承认意动为心理的实质；实验心理学家承认内容，因为内容可以做实验研究。虽然承认了内容，但他们对自己意识的内省还不能发现意动可作为心理的质料。经验心理学家批评实验心理学家为方法所蒙蔽；实验心理学家则反驳为偶然的经验观察常不足产生真理，科学必须求助于实验。这样，内容与意动的对立就形成了一种矛盾。屈尔佩和麦塞尔为了解决这种矛盾，便主张意动与内容的统一，于是提出二重心理学。再者，二重心理学的产生还与现象学家胡塞尔的影响有直接关系。当时胡塞尔的思想及其势力影响很大，屈尔佩和麦塞尔也很重视胡塞尔，注意吸收其思想。胡塞尔接受了布伦塔诺关于意向活动总是涉及某种对象的观点并对之进行了发挥。在胡塞尔看来，意向性指的是意识对于某对象的内部趋向性（inner tendency）。这个趋向性是和一种感觉或是一种意象之仅仅的"有"不同，它是一种特有的"有所感觉"。它包含有三种要素：意向性活动的主体（自我）、意向性活动和意向性的对象（客体）。这样，在胡塞尔的意向性概念中，就把内容和意动同时包含进来了。麦塞尔接受了胡塞尔的观点，并首先把它引入心理学，从而实现了对冯特的内容心理学和布伦塔诺的意动心理学的结合。最后，前面已指出，符茨堡学派的无意象思维研究，为屈尔佩和麦塞尔提出二重心理学提供了实验依据。诚如波林所说，符茨堡的研究迫使屈尔佩走向布伦塔诺和胡塞尔，他附加意动于其早年的内容心理学之中（虽然他像斯顿夫称意动为机能），正如麦塞尔在意动上增加内容一样。

1. 二重心理学的提出　奥古斯特·麦塞尔（August Messer，1867—1937年）是德国心理学家，他的心理学著作有《思维的实验心理学研究》（1905）、《感觉与思维》（1908）和《心理学》（1914）。他第一个明确提出了二重心理学的主张。他认为，心理学应该研究一切有意的经验（intentional experience），即广义的意动。它们既包含着不易理解的意动（狭义的意动），也包含着意动的易于理解的内容。这样，麦塞尔把意动与内容同时都包含在心理学的研究对象中来了。他区分出三种有意的经验，并指出每种有意的经验中都既包含着意动的元素，也包含着内容的元素。①认知（knowing）的经验，指的是对于客体的意识。认知的内容是感觉、表象、与时空有关的内容、印象或有关的经验；认知的意动是知觉、记忆、想象和思考。②情感（feeling）的经验，指的是对于状态的意识。情感的内容是感觉；情感的意动是好恶、喜欢和价值。简单的感情则位于内容和意动之间，它有时是内容，有时是不易理解的意动。③意志（willing）的经验，指的是对于原因的意识。意志的内容是感觉；意志的意动是需要、欲望和意志。至于意向则好像类似于简单的感情，也可看作一半是感觉（即内容）一半是意动。

麦塞尔还指出，意动与内容不仅有难于理解与易于理解的差异，而且就特殊的事例而言，它们还可以互相分离。他为此举出了例证：假使你要知道没有意动的内容究竟为何物，你只需设想意识的边缘，在意识的边缘上有赤裸裸的、无意义的内容。假如你要知道没有内容的意动，你便只需考查无意象思维。麦塞尔的心理学之所以叫二重心理学，有相当的原因就是基于他这种认为意动与内容有差别且可分离的观点。

2. 二重心理学的确立　屈尔佩主张心理学的研究对象有两个：一为心理内容，二为心理机能，进一步明确地确立了他的二重心理学。这种二重心理学最引人注目之处是他试图在内容与机能之间树立起相互区别的标准。他认为，内容和机能虽同属于心理现象，但它们存在着明显的差别。这些差别主要表现在以下五个方面：第一，内容和机能在经验中可以分离。如梦和纯粹感觉就只有内容而无机能，而毫无目的的注意或没有具体对象的期望则只有机能而无内容。第二，内容和机能可以各自独立变化。例如当人从知觉一个客体转向知觉另一个客体时，是内容变而机能不变。而在对同一个对象先感知后判断的情况下，

笔记

则是机能变而内容不变。第三,内容和机能在性质上各不相同。内容稳定,易于实验分析;机能变动不居,不易进行实验分析,只能用经验的反省进行研究。第四,内容和机能都有强度和性质,但彼此各不相关。比如一个强烈的音和一个强烈的欲望,它们既不相关,也不能比较。第五,内容和机能各有自己的规律。内容的规律为联合、混合、对比等,而机能的规律则为定势、决定倾向、意识态度等。

总之,麦塞尔、屈尔佩的二重心理学的目的在于调和冯特的内容心理学与布伦塔诺的意动心理学。他们把内容和意动同时包容于心理学的研究对象之内,力图使实验心理学与意动心理学相互为用,这在心理学发展史上不能不说是一种进步。遗憾的是,屈尔佩53岁就去世了,其时正处于他事业发展的重要关头。如能假以时日,他或许能最后建成其心理学体系,获取更大的成就。但屈尔佩、麦塞尔的二重心理学却未能使意动与内容之争获得真正的解决。诚如波林指出:"为了解决心理学是否研究内容或意动的问题而仅仅说我们可以兼收并蓄,这是极端的折中主义的懒汉办法。"二重心理学存在的一个突出问题就在于他们未能把内容和意动看作一种对立统一的关系,相反却认为二者在经验中可以互相分离。为此他们也提出了一些证据,而事实上,他们提出的证据却没有一点能说明意动与内容是可以互相分离而不是一种对立统一的关系。因此,自二重心理学之后,意动与内容之争并未完全结束,后来心理学史上发生的构造主义与机能主义之争正是这场争论的继续。

思考题

1. 说明内容心理学与意动心理学的主要区别。
2. 论述内容心理学与意动心理学对立在心理学史上的意义。
3. 何谓广义的意动心理学?何谓狭义的意动心理学?
4. 简述布伦塔诺和斯顿夫心理学的科学观。
5. 简述布伦塔诺和斯顿夫关于心理学对象的观点。
6. 简述布伦塔诺和斯顿夫关于心理学方法的观点。
7. 试述布伦塔诺和布伦塔诺关于心理分类的思想。
8. 试述布伦塔诺心理学思想与斯顿夫心理学思想的区别。
9. 简述对布伦塔诺意动心理学的评价。
10. 如何评价斯顿夫的机能心理学。
11. 何谓形质学派或格拉茨学派?
12. 简述厄棱费尔、麦农和威塔塞克的形质心理学思想。
13. 何谓符茨堡学派?何谓二重心理学?
14. 何谓无意象思维?并列举两个研究。
15. 简述麦塞尔和屈尔佩的二重心理学思想。

参考文献

[1] 郭本禹,崔光辉,陈巍.经验的描述——意动心理学.济南:山东教育出版社,2010.

[2] 波林.实验心理学史.高觉敷,译.北京:商务印书馆,1981.

[3] 高觉敷.西方近代心理学史.北京:人民教育出版社,1982.

[4] 郭本禹.心理学通史·第4卷·外国心理学流派(上).济南:山东教育出版社,2000.

[5] 黎黑.心理学史——心理学思想的主要趋势.李维,译.杭州:浙江教育出版社,1997.

[6] 郭本禹.布伦塔诺的意动心理学述评.心理学报.1998,30(1):106-112.

[7] 郭本禹.重评斯顿夫的机能心理学.南京师范大学报(社会科学版),2002,4:110-116.

[8] Albertazzi L,Libardi M,Poli R.The School of Franz Brentano.Dordrecht:Kluwer Academic Publisers,

笔记

1996.

[9] Brentano F.Psychology from an empirical standpoint.A.C.Rancurello，rans.London：Routledge & Kegan Paul，1995.

[10] Edwards P.The encyclopedia of philosophy（Vol.7）.New York：Macmillan，1967.

[11] Kuplpe O.Outlines of psychology.New York：Arno Press，1973.

[12] Kusch M.Psychologism.New York：Poutledge，1995.

[13] Murchison C.Psychologies of 1930.Worcester，MA：Clark University Press，1930.

[14] Rollinger R.D.Husserl's position in the School of Brentano.Dordrecht：Kluwer Academic Publisers，1999.

[15] Sexton V.S.，Misiak H.Psychology around the world.Monterey：Brooks/Cole Publishing Company，1976.

[16] Sills D.L.International encyclopedia of the social sciences（Vol.15）.New York：The Macmillian Company，1968.

[17] Thorne B.M.，Henlyey T.B.Connections in the History and System of Psychology.New York：Hough ton Mifflin Company，1997.

[18] Wertheimer M.A brief history of psychology.New York：Holt，Rinehart and Winston，1987.

笔记

第十章　古典精神分析学

精神分析（psychoanalysis）是弗洛伊德于 19 世纪末创立的。它既是一种关于潜意识的心理学说，又是一种治疗精神疾病的方法。它最初是从神经症和精神病的治疗实践中产生的，逐渐发展为现代西方心理学的一个重要流派，被称为西方心理学的第二大势力。一般把弗洛伊德的精神分析学称为古典精神分析学，而把其同时代荣格的分析心理学（analytical psychology）和阿德勒的个体心理学（individual psychology）看作是古典精神分析学的转向。

第一节　古典精神分析学概述

一、古典精神分析学产生的背景

（一）社会条件

弗洛伊德的古典精神分析学产生于 19 世纪末的奥地利。当时的奥地利，在经济上由资本主义自由竞争发展到垄断阶段，这种变化导致社会矛盾更为尖锐、两极分化日趋严重，大资产阶级更加腐化，中、小资产阶级面临破产的困境，大批劳动者失业，生活日益悲惨。整个社会动荡不安，人们普遍精神沮丧，致使神经症和精神病的发病率日渐增高，对神经症和精神病的治疗成为社会的迫切需要。因此，弗洛伊德最初用于治疗神经症而发展起来的精神分析的理论与方法就应势而出。在文化上，当时的奥地利仍然受到维多利亚时代伪善道德观的影响，尤其在家长式统治的犹太人社会里，社会禁忌十分严格，特别是对男女两性方面的禁忌更甚。人们正常的性冲动得不到满足，性本能受到极大的压抑，造成精神上的创伤与内部的紧张冲突，使得犹太社会的神经症和精神病的发病率日益增高。弗洛伊德的精神分析正是为了解决这一迫切的社会问题而产生的。

（二）哲学背景

弗洛伊德精神分析中的潜意识学说、动机学说以及非理性主义倾向有着久远的哲学渊源。他的潜意识概念受到莱布尼兹、赫尔巴特、费希纳、尼采、叔本华和哈特曼等人的哲学思想的影响。莱布尼兹在 18 世纪初提出单子论，认为单子是构成现实的基本元素，它在本质上是精神的。单子活动的清晰度各不相同，有的能被意识到，有的则完全是潜意识的，还有的介于这两者之间。之后赫尔巴特继承并发展了这一观点，提出了意识阈限的概念，阈限之下的观念是潜意识的，要上升到意识，必须和意识中的其他观念相适合或一致，不一致的观念不能同时存在于意识之中。费希纳继承了这一意识阈限的思想，认为心理就像冰山一样，大部分隐藏于水下，对它发生作用的是一些观察不到的力量。弗洛伊德自己也承认费希纳对他产生了影响，他也把人的心理比作冰山，露出水面的一小部分是意识，在水面以下的大部分是潜意识。叔本华（A Schopenhauer）和尼采（FW Nietzsche）的哲学对弗洛伊德的影响是明显的，弗洛伊德说过："要指出我们的前辈，可以指出一些著名的哲学家，尤其要首推伟大的思想家叔本华,他的无意识意志相当于精神分析中的精神欲望。"尼采不仅承认无意识的存在,而且认为最伟大、最基本的活动是潜意识。此外,流行于 19 世纪 80 年代的无意识思想以及哈特曼的《无意识哲学》对弗洛伊德也产生了深刻的影响,哈特曼认为,无意识是心理不可分割的部分,是生命的源泉和动力所在。这使弗洛伊德充分意识到无意识或潜意识动机的重要性,并试图发现一种研究它的方法。

弗洛伊德的动机学说受到功利主义哲学享乐主义的影响,这一学说主张人的行为是由趋乐避苦的欲望引起的。享乐主义分为现在的享乐主义、过去的享乐主义和未来的享乐主义。现在的享乐主义认为,寻求当前的快乐和逃避眼前的痛苦是人的行为的动因;过去的享乐主义认为,过去的快乐和痛苦是行为的决定因素;未来的享乐主义认为,保证未来的快乐是人类行为的动因。弗洛伊德认为,伊底(id)遵循快乐原则,自我(ego)遵循现实原则,这两种原则既统一又冲突。这一思想就是以当时流行的享乐主义学说为基础的。

弗洛伊德认为人是非理性的,这受到叔本华和尼采非理性主义哲学的影响。叔本华认为,意志是自在之物,是不可认识的,它是阴暗、邪恶的,是一种不可遏止的盲目的冲动。它的基本目的就是求生存,不断追求欲望的满足,称为生命意志。尼采把叔本华的生命意志改造成权力意志,它是一种表现强力的欲望或应用强力作为创造的本能。弗洛伊德的精神分析学中表现出来的强烈的非理性主义倾向,就是受到了他们的非理性主义哲学的影响。

(三)科学背景

19 世纪科学技术取得长足进步,达尔文的进化论成为 19 世纪最伟大的科学发现之一,弗洛伊德深受达尔文的影响。达尔文认为,人是由动物进化而来的,人与动物在许多方面是没有区别的。弗洛伊德也像达尔文那样用生物学的观点看待人类,把人的本能与动物的本能等同起来。弗洛伊德还受到当时盛行的物理主义和能量守恒观念的影响。当时,路德维希、杜布瓦-雷蒙、布吕克和赫尔姆霍茨四人结成联盟提倡机械主义,认为有机体内部除了一般性的物理、化学的力在起作用以外,没有其他的力。布吕克(E.Brucke)是弗洛伊德大学时代的老师,这些思想无疑会影响到弗洛伊德,比如,他就认为,性本能(sexual instinct)(亦称力比多,libido)这种心理能是守恒的,只能从一种形式转化到另一种形式,不会有所损益。

(四)心理病理学背景

精神分析学是在神经症和精神病的治疗实践中发展起来的,因此,心理病理学的背景是其产生的更直接的原因。长期以来,精神疾病的原因与治疗一直是困扰人类的难题。在中世纪,宗教与神学占统治地位,认为精神病的原因是"中邪""鬼魂附体",因而治疗的方法主要采取残酷的体罚。之后,随着科学和社会思想的进步,开始强调人的价值和尊严。法国精神病学家皮奈尔首先倡导要以人道主义善待精神病患者。到了 19 世纪,关于精神病成因的理论主要有生理病因说和心理病因说。生理病因说认为,脑器官的障碍是行为异常的主要原因;而心理病因说则认为,行为异常的原因应从精神或心理方面寻找。当时占优势的是生理病因说,而弗洛伊德跟随沙可(J.Charcot)等人主张心理病因说。心理病因说的先驱是麦斯麦(F.Mesmer),他是奥地利维也纳的医生,曾经用一种"通磁术",即"麦斯麦术",使患者进入昏睡状态予以治疗,使不少患者有所好转。这实际上是一种催眠术。因为无法解释引起催眠的原理和机制,长期以来麦斯麦术一直被医生和科学家视为江湖骗术,不为人所接受。19 世纪中期,英国外科医生布雷德(J.Braid)提出以精神催眠说代替麦斯麦术,认为催眠状态是一种心理作用,是注意力高度集中的结果。布雷德谨慎地使用催眠术,为催眠术赢得了科学声誉。法国的乡村医生李厄保(A.Liebeault)继承了布雷德的催眠术，成为第一个正式使用催眠术治病的人。南锡的医生伯恩海姆（H.Bernheim）曾经为一个患坐骨神经痛的患者治疗，但疗效甚微，后来被李厄保用催眠术治愈。伯恩海姆由此开始相信并发展催眠术，并创立了催眠术的南锡学派。同时存在的还有沙可领导的巴黎学派。

南锡学派和巴黎学派都相信催眠术，但对催眠的性质和作用持不同看法。南锡学派认为催眠是暗示的结果，与神经症无关，因而侧重研究催眠的心理方面。而巴黎学派则认为催眠是一种病症，是由神经症引起的，因而侧重研究催眠的生理变化。弗洛伊德曾先后跟随两派学习，因此两派对他都有影响，但他受到沙可及其学生让内（P.Janet）的影响更大。沙可认为癔症是心因性疾病，还认为患者的障碍都有性的基础，这对弗洛伊德有很大的影响，弗洛伊德后来在精神分析中强调了性的因素在心理疾病形成中的作用。巴黎学派的另一代表人物让内主张心理病因说，认为癔症是由于心力衰竭导致心理因素综合体分裂引起的。弗洛伊德发表了一些新的观点，吸收、改造了让内的一些术语，如改心理分析为精神分析，改心理组织为情结，改心理分裂为精神宣泄，改意识缩小为压抑等。

二、古典精神分析的主要代表人物

（一）弗洛伊德

西格蒙德·弗洛伊德（Sigmund Freud，1856—1939 年）是古典精神分析的创始人，也被誉为精神分析之父。他出生于现属捷克的摩拉维亚的弗莱堡的一个犹太家庭。父亲是一位商人，因生意上的失败而全家迁至德国的莱比锡，后又移居奥地利维也纳。弗洛伊德在维也纳居住了近 80 年，直到去世前一年被迫流亡英国。弗洛伊德自幼聪颖好学，17 岁考入维也纳大学医学院，25 岁获得博士学位，之后开始在维也纳中心医院工作。1885 年他去法国巴黎向沙可学习，对癔症的治疗和催眠术发生了兴趣。1886 年他在维也纳开设私人诊所，开始运用催眠术治疗患者。1889 年他又去法国南锡向伯恩海姆学习。从南锡返回后，在对患者的治疗中，弗洛伊德发现，催眠术并非总有成效，患者往往病愈后又复发。他想起布洛伊尔（J.Breuer）曾用催眠法治愈了一个癔症患者，于是找布洛伊尔合作，共同从事癔症的治疗和研究工作。他们发现在催眠期间，如果患者能记起病，并说出某些过去发生的情况，宣泄了情绪，症状就会消失，病也好了。他们称这种方法为"谈话法"，又称"疏导法"或"宣泄法"。

弗洛伊德和布洛伊尔于 1895 年合作出版了《癔症研究》一书，这本书通常被认为是精神分析诞生的标志。但因为弗洛伊德坚持认为性的冲突是导致神经症的根本原因，布洛伊尔反对这种观点，学术的分歧最终导致两人友谊的破裂。在治疗实践中，弗洛伊德逐渐发现催眠治标不治本，通过催眠，患者的某些症状虽然消失了，但却会出现另一些症状。还有一些患者不容易被催眠。于是，弗洛伊德逐渐放弃了催眠，但保留了宣泄法，在此基础上发展出了自由联想法。弗洛伊德在使用自由联想的过程中，有时会发现患者回忆和谈出来的内容就是睡眠时所做的梦，于是他就以患者梦中情节作为自由联想的另一个出发点。弗洛伊德于 1900 年出版了《梦的解析》一书，这本书被认为是弗洛伊德一生中最重要的著作之一。《梦的解析》出版后大大推进了精神分析运动，大体构建起了精神分析的理论框架。

1908 年召开了第一次国际精神分析大会，会议决定出版精神分析年鉴，同年，弗洛伊德建立的"心理学星期三讨论会"改为"维也纳精神分析学会"。因此，1908 成为精神分析学派形成的重要标志。1909 年弗洛伊德应美国著名心理学家霍尔的邀请，到美国进行演讲，并被克拉克大学授予名誉博士学位，这意味着弗洛伊德的精神分析学开始得到国际的承认。就在精神分析蓬勃发展之时，精神分析学派内部由于学术见解的不同而逐渐出现分裂，阿德勒和荣格先后于 1911 年和 1914 年独立出去，另创学说。弗洛伊德继续努力工作，不断发

笔记

展其理论。在 20 世纪 20 年代，精神分析已经发展成为一种理解人类心理与人格的理论体系和一种治疗精神疾病的方法。

1938 年，纳粹德国入侵奥地利，弗洛伊德被迫离开奥地利流亡英国。次年逝世于伦敦，享年 83 岁（图 10-1）。弗洛伊德一生著述甚丰，论文、著作有 300 多种。主要代表作有《梦的解析》（1900）、《日常生活的心理分析》（1901）、《性学三论》（1905）、《精神分析引论》（1917）、《超越快乐原则》（1920）、《自我与伊底》（1923）等。

图 10-1　西格蒙德·弗洛伊德

（二）荣格和阿勒德

1. 荣格　卡尔·古斯塔夫·荣格（Carl Gustav Jung，1875—1961 年）（图 10-2）是瑞士著名的心理学家和精神病学家、分析心理学的创始人。荣格生于瑞士康斯坦茨湖畔的凯斯威尔。他是一个智慧早熟的人，想象力丰富但又性格孤僻。他十几岁就广泛阅读过古希腊罗马哲学家、中世纪经院神学家以及哲学家黑格尔、康德、叔本华、尼采等人的著作。1899 年他阅读了艾宾的《精神病学教科书》后，认定精神病学是实现自己抱负的学科领域。1902 年他完成了博士论文《论所谓神秘现象的心理病理学》。他还进行了大量的字词联想测验，初步形成了"情节"的概念。

1900 年弗洛伊德发表《梦的解析》后不久，荣格就读了这本书。他感到自己的许多观点都可以用弗洛伊德的压抑理论来解释。1906 年，他开始与弗洛伊德通信，次年二人在维也纳相会。在此后的 7 年里，荣格和弗洛伊德及精神分析学派的其他成员共同创立了国际精神分析学会，荣格任第一任主席。但由于理论上的分歧，1914 年荣格和弗洛伊德彻底决裂。此后的几年里荣格进行了深刻的自我分析，对自己的梦、幻想和内心世界作了深入的反思，其间他写出了著名的类型理论，并奠定了分析心理学的基本框架。之后的十几年间，他到世界各地进行考察和讲学，获得了大量的资料，丰富了他的集体潜意识理论。他写了大量的关于人的本性、原型、象征、神话、炼金术、宗教等方面的著作，形成了独特的分析心理学理论体系。荣格一生写了 200 多篇文章和著作，主要有《潜意识心理学》（1912）、《心理类型学》（1921）、《分析心理学的贡献》（1928）、《寻求灵魂的现代人》（1933）、《人及其象征》等。他于 1961 年在瑞士去世，享年 86 岁。

图 10-2　卡尔·古斯塔夫·荣格

2. 阿德勒　阿尔弗莱德·阿德勒（Alfred Adler，1870—1937 年）是奥地利著名的精神病医生、个体心理学的创立者。他出生于维也纳的郊区，是一个中产阶级犹太家庭的第二个儿子，他的哥哥聪明健壮，而阿德勒体弱多病，他童年的记忆总是充满了与哥哥的比较。他后来提出的自卑感、追求优越等观点与这一时期的个人经历关系密切。1888 年，阿德勒考入维也纳大学医学院，1895 年获医学博士学位，当时的主要兴趣是精神病学。在阅读了弗洛伊德的《梦的解析》一书后，他撰文为弗洛伊德的观点进行辩护，引起弗洛伊德的注意。1902 年弗洛伊德邀请他帮助开创了每周三的精神分析讨论会，即维

笔记

也纳精神分析学会的前身。1910 年阿德勒成为维也纳精神
分析学会的主席，但是他不赞同弗洛伊德的性本能理论，发
表了一系列文章阐述他对精神分析性倾向的反对，终于导
致他在 1911 年和弗洛伊德分道扬镳。

不久，阿德勒组建了一个"自由精神分析研究学会"，
1912 年更名为"个体心理学"。1920 年，阿德勒和他的学
生们在维也纳 30 多所中学开办了儿童指导诊所，获得了
很大成功，使他声名鹊起。此后他在欧美各国进行演讲，
受到普遍欢迎。1937 年他在苏格兰讲学时，突发心脏病
去世，享年 67 岁（图 10-3）。阿德勒的主要著作有：《神经
症的性格》（1912）、《器官缺陷及其心理补偿的研究》、《个
体心理学的实践与理论》（1919）、《生活对你应有的意义》
（1932）等。

图 10-3　阿尔弗莱德·阿德勒

第二节　弗洛伊德古典精神分析学的主要理论

一、心理学的对象论

弗洛伊德把无意识，尤其是潜意识（unconscious）作为精神分析学的主要研究对象。把
潜意识现象作为研究对象与传统心理学把意识现象作为研究对象相去甚远，但是弗洛伊德
认为，潜意识的精神活动远比有意识的精神活动重要得多。他指出："心理过程主要是潜意
识的，至于意识的心理过程则仅仅是整个心灵分离的部分和动作"。

弗洛伊德认为，人的心理包括意识（consciousness）、前意识（preconscious）和潜意识三
部分。前意识和潜意识合称无意识（non-consciousness）。意识在人的全部心理过程中是极
小的一部分，就像大海中的冰山，浮在水面上的部分是各种意识到的心理活动，但却是整个
冰山的一小部分，而水面以下的部分，则是冰山的大部分。在弗洛伊德看来，无意识就像冰
山水下的部分，在人的全部心理活动中占主要地位。他主张，精神分析所研究的对象应当
是无意识的内容，而不像以往那样，是对意识内容的研究。

前意识是无意识中随时可以成为意识的部分，它处于意识和潜意识之间，担任"稽查
者"的任务，严密防守，不让潜意识的本能冲动和欲望随便进入意识之中。但是当"稽查者"
丧失警惕时，被压抑的本能和欲望可以通过伪装迂回地渗入意识之中。意识与前意识之间
没有不可逾越的鸿沟。

潜意识概念是精神分析的核心，是整个精神分析学的理论基础。后来的精神分析学无
论怎样发展和演变，潜意识的概念始终未变。潜意识是由原始的本能冲动与欲望，特别是
性的欲望构成。由于这些本能冲动和欲望同社会风俗、道德、法律相冲突，而被排挤到意识
以下。但它们并没有消失，而是在潜意识中积极活动，寻求满足。这种潜意识的心理过程，
虽不为人所觉察，却对人的言谈举止、所想所梦、失误疏忽等起着重要的支配作用，神经症
患者的各种症状甚至宗教、科学、艺术等活动都受到它的影响和支配。

二、心理学的方法学

弗洛伊德的精神分析将潜意识作为研究对象，相应于这种独特的对象，研究方法也不
同于传统的心理学，他主要采用自由联想、梦的分析以及对日常生活的分析这三种方法研
究潜意识心理。

（一）自由联想

自由联想（free association）就是一种不给予任何思路限制或指引的联想,精神分析师让患者在全身心都处于放松的状况下报告他所想到的一切,不管它们是怎样荒唐,怎样微不足道,怎样不合逻辑,都应如实说出来。精神分析师把患者所报告的材料加以分析和解释,直到医患双方都认为找到了发病的根源为止。

这种方法是弗洛伊德在治疗实践中逐步形成的。在他向巴黎学派和南锡学派学习之后,采用催眠的方法治疗癔症患者,虽然有一定效果,但疗效不稳定。弗洛伊德想起,在学习中看到被催眠的人醒来后,不能再回忆起他在催眠状态中所做的一切,但是经过医生再三鼓励后,也能逐渐地回忆出来。因此,弗洛伊德决定放弃使用催眠法挖掘患者遗忘的情绪体验,改用在患者清醒状态下,身心放松地自由联想,把想到的念头毫无隐瞒地报告出来。弗洛伊德记录下这些念头,然后对它们进行分析。自由联想不同于催眠。在催眠中,患者处于半睡眠状态,医生进行主动地暗示和引导,患者被动地接受。而在自由联想中,患者是在清醒时身心放松的状态下进行联想,分析师要耐心等待患者联想的呈现,注意倾听患者对联想的诉说,采取被动静观的态度。只有在患者联想困难时才予以提示,为患者进行联想起个头或接上联想线索。弗洛伊德认为,自由联想之所以能够揭示潜意识是因为受压抑的思想、观念并不意味着已经消失,它们只是被排挤到了潜意识中,而且总是力求进入意识层面。在环境适宜、身心放松的情形下,它们有机会通过自由联想得到某种表现,而使有经验的分析师能够捕捉到它们。弗洛伊德说过,名副其实的精神分析始于催眠被停止使用之后。他把自由联想的使用比喻为考古学家发掘一个被埋葬了的城市,他们只能从几片碎片中试图查明城市原来的结构与性质。同样,自由联想提供了仅有的几个潜意识的闪现,而精神分析师要从这些闪现中了解患者潜意识心理的结构与性质。

（二）梦的分析

弗洛伊德认为,梦的本质是潜意识愿望的曲折表达,是被压抑的潜意识欲望通过梦的种种运作得到象征性的满足。为了说明每一个梦都包含着隐藏着的意义,弗洛伊德把梦分为"显梦"（manifest dream）和"隐梦"（latent dream）两部分。显梦指人们真实体验到的梦,这些梦境中的各种表象是潜意识中的欲望乔装改扮的产物。隐梦指梦的真正含意,即梦象征性表现的被压抑的潜意识欲望。做梦好比制作灯谜,显梦是谜面,隐梦是谜底。梦的分析（dream analysis）就是破解梦的工作机制,从显梦中破译出隐梦来,从而揭示出梦境中所表达的潜意识的本能欲望,揭示出梦的真正含义。梦的分析好比猜灯谜,从谜面中破译出谜底来。弗洛伊德认为,梦的分析是认识潜意识活动的重要途径,通过梦的分析,可以发现导致神经症的种种本能欲望,并治愈神经症。

（三）对日常生活的分析

弗洛伊德认为,潜意识与意识的斗争在日常生活中是无处不在的,普通人在日常生活中的种种过失（errors）,如口误、笔误、遗忘、疏忽等,都与潜意识的欲望有关,是潜意识活动的产物,是潜意识动机试图进入意识而受到稽查、压抑的结果。若对日常生活中的各种过失行为加以分析,就可以透过过失表面偶然的现象,发掘潜意识的内在动机。弗洛伊德认为过失行为和梦一样是了解潜意识活动的重要途径。1904年,弗洛伊德出版了《日常生活的心理病理学》一书,对正常人在日常生活中发生的行为进行了分析,揭示了过失中潜意识的根源与意义。他把过失行为分为三类:第一类是口误、笔误、误读和误听;第二类是遗忘;第三类是误放、误取和失落物件。

口误指在说话时当事人无意中说出不适当的、不相干的甚至错误的语句。弗洛伊德曾举过一个例子:奥国众议院某议长在致开幕词时说:"诸位先生,我有幸介绍某某先生来参加我们的会议,我就此宣布会议'闭幕'!"。在哄堂大笑中,他发觉自己说错了,才赶快改

笔记

正。他本应该说"开幕"，但是潜意识中他不愿意开这个会，盼着会议早结束，所以说成了"闭幕"。笔误指当事人在书写时无意中书写失误，误读、误听就是无意中念错了字、听错了别人说的话。弗洛伊德认为，这些过失都是当事人压抑在潜意识中真实欲望的表达。遗忘，如忘记了一个人、一个物的名字，忘记了决心和印象，忘记了预定要做的事或者经历过的事。这些遗忘都是有动机的，通常是一些不愉快的经历。弗洛伊德举过一个例子：一个年轻人在数年前因为讨厌妻子的冷漠经常和她发生冲突。一天妻子送给他一本书，他顺手一放就没再翻阅。数月后，偶然想起这本书，却怎么也找不着。大约半年后，他的母亲因病住院，其妻精心服侍。一天晚上，年轻人怀着对妻子的感激之情走近书桌，打开抽屉，那本被他忘记了所放之处的书赫然出现在他的面前。书失而复得，反映的是年轻人对妻子感情上的变化，遗忘的动机消除了，书就可以找到了。误放、误取和失落物件，如熟悉的东西找不到了，误拿了本不该拿的东西等，这种过失都有一个深层的遗失愿望。弗洛伊德曾举过一个例子：一个青年收到一封来自姐夫的信，信中严厉责备了他。几天后，这位青年遗失了一支心爱的钢笔，而这支钢笔正是他的姐夫送给他的。弗洛伊德分析说，这位青年在潜意识里对姐夫不满，通过遗失他送的钢笔以满足这种愿望。

三、本能论

本能论（instinctive theory）是古典精神分析学的重要基石之一，也是精神分析动力学思想的主要体现。弗洛伊德认为人的心理动力就是本能，因此本能和潜意识一样是其精神分析学说的理论基础。

（一）本能的概念及特点

弗洛伊德认为，本能（instinct）是人的生命和生活中的基本要求、原始冲动和内在驱力。本能决定心理过程的方向。每一种本能都有其根源、目的和客体。本能的根源是来自人体内部的需要或冲动，一种需要或冲动表现在人体的某个组织器官的兴奋过程，这一兴奋过程必定要把储存在体内的能量释放出来。例如，饥饿使体内的肠胃器官兴奋，肠胃兴奋就会释放出能量，从而激活了饥饿本能的冲动。本能的最终目的是寻求满足，消除人体的需要状态。例如，饥饿本能的目的是消除体内饥饿状态，实现了这一目的，人体有关能量就停止释放，人在生理上和心理上就从兴奋变为松弛。本能的客体就是能满足身体需要的对象或手段。例如，饥饿本能的客体就是食物，性本能的客体就是性结合，攻击本能的客体就是搏杀、侵犯等。

本能具有保守性、倒退性和重复性三个特点。本能的目的在于消除紧张状态，使人体恢复到受兴奋干扰之前的平静状态，所以具有保守性。本能总是向早期状态倒退，力图恢复事物早先的状态，所以具有倒退性。本能具有从兴奋到平静反复循环的倾向，如饥饿得到满足，但几个小时后又会饥饿；性欲得到满足一段时间后，又会产生新的性欲，所以具有重复性。

（二）本能的种类

弗洛伊德在其前期和后期理论中，对本能的种类持有不同的看法。在早期理论中，他把本能分为自我本能（ego instinct）与性本能（sexual instinct）两种。自我本能是害怕危险，保护自我不受伤害，如饥饿、口渴、呼吸、排泄等。性本能也称为力比多（libido），是人的心理与行为的根本动力，它遵循快乐原则，促使人通过各种方式获得满足。这两种本能中，弗洛伊德更重视的是性本能。他认为，性本能的活动既包括性行为本身，也包括许多追求快乐的行为及情感活动，其动力就是力比多。力比多是促使生命本能去完成目标的能量，是自然状态的性欲，又是心理的欲望，是身心两方面的本能及其能量的表示。

在后期理论中，弗洛伊德修正了他早期的本能理论。这与他在第一次世界大战期间目

181

睹了人类自相残杀的惨状有关,他感到人性中可能存在着某种侵略本能或自我毁灭本能。他把以前的性本能和自我本能合并为生本能(life instinct),因为他认为这两种本能虽然各有不同的目的,但最后都指向生命的成长与增进,都代表着爱与建设的力量,可以归并为生本能。而生命中同时存在着与生本能相对立的死本能(death instinct)。他认为,每个人都具有目标为死亡并回到无生命、无机物和生命解体状态的本能,即死本能,它代表恨与破坏的力量。死本能投射于外,就表现为求杀的欲望,如破坏欲、征服欲、竞争欲等;死本能投射于内,则表现为自伤倾向,包括自我谴责、自我惩罚、自我毁灭等。死本能最重要的衍生物是攻击。弗洛伊德认为,攻击是指向外部对象而不是指向自身的一种自我毁灭的需要。虽然弗洛伊德没有把死本能理论发展得像生本能理论那样完整,但这一理论仍然是他理论中的一个重要部分。

四、梦论

梦论在精神分析学中占有特别重要的地位,它不仅是精神分析立论的一个重要依据,也是精神分析学有别于其他心理学的一个重要标志。弗洛伊德在临床实践与自我分析的过程中认识到,梦并不是荒谬的、无意义的,梦与潜意识中的本能欲望、冲动有着密切的联系,梦是探索潜意识的捷径。弗洛伊德正是通过梦的分析才更深入地了解了潜意识的性质、功能、来源和活动特点以及与意识的关系,才使潜意识论和本能论更加完善。

(一)梦的实质

弗洛伊德认为,"梦是一种被压抑的愿望的象征性满足"。人在清醒时,潜意识和前意识、前意识和意识之间的两道稽查关口十分严格,潜意识中的本能冲动和欲望难以通过稽查作用到达意识。但在睡眠中,这两道关口的稽查作用有所松懈,潜意识的本能冲动和欲望乔装改扮躲过稽查关口的检查作用,闯入意识形成梦境(dream content)。因此,弗洛伊德提出,梦是一种被压抑的欲望的象征性的满足。

由于弗洛伊德把所有的梦都说成是愿望的满足,与梦境的实际情况不相符,因此常常受到怀疑和反对。例如,一位女子向弗洛伊德讲述了自己的一个梦用以反对他的梦论。她对弗洛伊德说,她的姐姐有两个儿子,大儿子奥托和小儿子查尔斯,奥托已经死了,这让她很伤心,因为他是她带大的,她非常疼爱这个孩子,胜过对查尔斯的喜爱。前一天晚上她做了个梦,梦见查尔斯躺在小棺材里,就像奥托死时的样子。那个情景让她很镇静,她问弗洛伊德这个梦意味着什么,难道她真希望自己的姐姐失去唯一的孩子吗?或者这个梦意味着她希望死去的是查尔斯而不是奥托?弗洛伊德了解这位女子的生活史,因此给了她满意的解释。原来这位女子在姐姐家中长大,并在常来拜访的朋友中认识了一位让她心仪的男子。后来由于他和姐姐关系破裂,不再前来拜访,只有在奥托死时她才在小棺材旁边再一次看见了他。她对他的痴情使她拒绝了所有的求婚者。在做梦的前一天她曾告诉弗洛伊德这个男子要去参加一个音乐会,她也准备去,以便能看到他。弗洛伊德对梦的解释是,如果现在另一个孩子死了,同一件事就会再度发生,那男子肯定还会来吊唁,她就可以再一次见到他。梦所意味的事情不过是她想见到情郎的愿望,而且这是一个急不可待的梦,离音乐会还有几个小时,她已经提前预期了将要发生的会面。这个梦采取了这样悲惨的伪装形式,如果不加解释的确不容易看出它的真面目。

由于在睡梦中潜意识的欲望是以乔装的方式躲过检查作用而闯进意识的,所以人在梦醒之后回忆起来的梦境只是本能欲望的象征形式,而不是本能欲望本身。弗洛伊德称具体的梦境为显梦,隐藏在梦境背后的本能欲望为隐梦。梦的分析就是要通过分析显梦来认清梦境所代表的真正的潜意识欲望,即隐梦。要分析梦就必须了解梦是怎样工作的,即在梦中潜意识的本能欲望是如何化妆逃过检查作用的。

（二）梦的工作

弗洛伊德把梦的工作（dream work）分为四种：凝缩、移置、象征和润饰。

1. **凝缩（condensation）** 是指把丰富的隐意凝合成内容简洁的显梦。显梦的内容比较简单，好像隐梦的缩写体。凝缩的方式有三种：①某种隐梦的成分完全消失；②隐梦的许多情节中只有一个片断侵入显梦之中；③某些同性质的隐梦在显梦中混合为一体。

2. **移置（displacement）** 是使显梦的元素与隐意的成分在重要性、强度、大小和性质等方面予以置换，使二者不再具有任何相似性，以便更好地瞒过稽查者。移置的方式有两种：①一个隐梦的元素不以自己的一部分为代表，而以较无关的其他事物作为替代；②重点从一个重要的元素移置到另一个不重要的元素之上。通过移置，隐梦中极重要的内容在显梦中显得微不足道，而在隐梦中极微小的内容在显梦中却显得很重要。

3. **象征（symbolization）** 是指把梦的隐意用与其具有相同性质或有所关联的符号间接地表现出来。比如，柱状突起物，如棍子、树干、雨伞、刀子、匕首、长矛等均代表男性；小箱子、柜子、炉灶、洞、船、房间、各类容器等普遍代表女性。

4. **润饰（secondary elaboration）** 是指在梦醒之后把梦中混乱、无条理的材料予以条理化，使其在表面上看来是合理正确的，是一个连贯的整体。这种对显梦的再加工往往破坏了梦材料的次序和意义，更能掩饰梦的隐意。

了解了梦的工作，就可以根据显梦剥掉层层伪装，发现梦中所蕴含的潜意识的本能欲望，这就是梦的分析。它与梦的工作方向相反。梦的工作是把梦的隐意通过伪装、混过稽查成为显梦，梦的分析则是去除显梦的伪装，挖掘梦的隐意。因此，弗洛伊德极为重视梦的分析，把梦作为通向潜意识的重要途径。

五、人格论

弗洛伊德的人格理论是心理学中的第一个系统的人格理论，它揭示了人格的结构和人格发展的深层动力机制，对以后的人格心理学与发展心理学都产生了很大影响。

（一）人格结构

弗洛伊德的人格结构说经历了一个发展的过程，早期提出心理结构说，认为人的心理由潜意识、前意识和意识三个层次所构成，其中潜意识中充满躁动的本能，在人格中起主要作用；后期在早期理论基础上进行了修正，正式提出了人格结构说。这一人格结构说既包含了早期心理结构说的思想，又强调了人格结构说的心理动力。他认为，整个人格是由伊底（id）、自我（ego）和超我（superego）三大系统组成的动态能量系统。

伊底，也称本我，是最原始的、与生俱来的、潜意识的结构部分，由先天本能、基本欲望构成，如，饥、渴、性，肉体是它的能量来源。弗洛伊德把伊底比作"一大锅沸腾汹涌的兴奋"，它沸腾着，喧嚣着，毫无掩饰与约束地寻求生理的满足。伊底完全是非理性的，不知道善恶、道德与价值，不管场合，不断要求满足，纯粹依照快乐原则（pleasure principle）追求本能能量的释放和紧张的解除。伊底完全是潜意识的，其中的本能冲动不可能到达意识，也不与外在世界发生联系。弗洛伊德认为，伊底中的本能冲动是整个人格系统的能量来源，它是整个人格系统的基础。

自我是从伊底中分化出来的。人生来只有伊底，没有自我，在个体成长过程中，伊底与环境不断相互作用时，伊底接近外界的那部分逐渐发展成为自我。所以自我是后天从伊底中分化出来的。自我没有自己的能量，必须从伊底中汲取能量，所以它在本质上是依附于伊底的，自我与伊底如影随形。自我遵循现实原则（reality principle），它既要满足伊底的即刻要求，又要按照外界环境的要求行事。虽然它的根本目的是为伊底的本能满足服务，但它是理性的，能够考虑外部现实和超我的要求，审时度势，选择适当的方式来满足伊底中的本能。为了理解自我与伊底的关系，弗洛伊德作了一个比喻：伊底像匹马，自我就像骑手，通常骑手控制着马行进的方向。

随着个体的发展，单靠自我的力量已经不能控制伊底中的本能冲动，所以在幼儿期，超我从自我中分化出来。弗洛伊德认为，超我发源于自我，是儿童接受父母的是非观念和善恶标准的结果。由于儿童在很长时间内必须依赖父母而生活，在父母物质与精神的奖励与惩罚中，儿童逐渐吸收了父母的道德标准，把它们内化为自己内心世界的道德准则，按照父母的愿望来控制自己的行为，以赢得赞扬、避免惩罚。这样，自我就分成了两部分，一部分是执行的自我，即自我本身，另一部分是监督的自我，即超我。超我遵循至善原则（perfection principle），其功能是监督自我去限制伊底的本能冲动，通过说服自我以道德目的替代现实目的并力求完美，使人变成一个遵纪守法的社会成员，从而达到控制和引导本能冲动的目的。超我包括自我理想（ego-ideal）和良心（conscience）。自我理想是通过父母的奖励形成的，当儿童的观念和行为符合父母所持的道德观念时，父母就给予奖励，奖励的标准就会内化到儿童的心目中，成为自我理想。若自我的行为和意图符合了自我理想的要求，就会产生自豪感。良心是通过惩罚形成的，当儿童的观念与行为违背父母所持的道德观念时，父母就予以惩罚，惩罚的标准就会内化到儿童心目中，成为良心。若自我的行为和意念违背了良心，就会产生内疚感与罪恶感。

在整个人格系统中，自我负有重要使命，既要满足本能的要求，又要使本能的满足不会招致外界的危险和超我的责罚。弗洛伊德曾说，自我处于一种可怜的情境中，必须同时侍候三个残酷的主人，需要尽力调和三者的主张和要求。

（二）人格发展

弗洛伊德重视人格的发展问题，他以身体不同部位获得性冲动的满足为标准，把人格发展分为五个阶段，所以他的人格发展理论也称"心理性欲发展理论"。弗洛伊德认为，在每一个发展阶段，都有一个特定的身体部位成为力比多兴奋和满足的中心，与最大的快感相联系，此特定的身体部位就是性感区。根据性感区的变化，他把个体心理性欲的发展划分为口欲期（oral stage）、肛欲期（anal stage）、性器欲期（phallic stage）、潜伏期（latent period）和生殖欲期（genital stage）。他认为，儿童在这些阶段获得的各种经验决定了他们成年的人格特征。

1. **口欲期（0—1 岁）** 在这一阶段，嘴和唇是性感区，婴儿的吸吮活动显示了最初的性欲冲动。把物体放在嘴里和撕咬物体都能产生快感。与口欲活动相关的五种主要的活动方式包括摄入、含住、撕咬、吐出和紧闭。如果婴儿的口唇活动没有受到限制，成年后性格倾向于乐观、慷慨、开放和活跃等积极的人格特征；如果婴儿的口唇活动受到了限制，成年后性格倾向于依赖、悲观、被动、猜疑和退缩等消极的人格特征，甚至在行为上表现出咬指甲、烟瘾、酗酒、贪吃等。

2. **肛欲期（1～3 岁）** 在这一阶段，肛门成为快感区，儿童通过排泄消除紧张而获得快感。在这一时期，父母会让儿童进行大小便的训练，这是儿童与外部纪律、权威的第一次接触，代表了本能冲动与外部社会规范之间的冲突。所以，排便训练的好坏会对儿童的人格发展产生重大影响。如果排便训练过于严格，可能使儿童形成各种过度控制的人格特征与行为习惯，如洁癖、吝啬、强迫性、渴求秩序等。因此，弗洛伊德特别强调父母对儿童大小便的训练不宜过早、过严。但是，如果对排便训练不加限制，则个体在成年后容易形成邋遢、浪费、无条理、无秩序等性格与行为特征。

3. **性器欲期（3～5 岁）** 在这一阶段，性器官成为性感区。儿童在 3～5 岁时能够认识到两性之间在解剖学上的差异和自己的性别，性器官成为儿童获得性满足的重要刺激，表现为喜欢抚摸和显露生殖器以及性幻想。这时的儿童以异性父母作为性欲的对象。男孩产生恋母情结，或称俄狄浦斯情结（Oedipus complex），爱恋母亲、仇视父亲，并想取代父亲。女孩产生恋父情结，或称爱列屈拉情结（Electra complex），爱恋父亲，嫉妒母亲，想占有母亲的位置，有与母亲争夺父亲爱情的表现。但是作为竞争对象的父亲或母亲都很强大，因害怕阉割等惩罚，最终男孩向父亲认同、女孩向母亲认同，即儿童把自己和父亲、母亲等同起来，在行为上模仿父母，而使心理冲突得以解决，形成与年龄、性别相适应的人格特征。在此阶段很容易发生力比多的停滞，造成许多行为问题，如攻击和各种性偏离等。

以上三个阶段可称为前生殖阶段，弗洛伊德认为，它们是人格发展的最重要阶段，成年人格在生命的前5年就已经形成了。

4. **潜伏期**（5～12岁） 在这一阶段，力比多处于休眠状态。儿童将性器欲期以异性父母为对象的性冲动转移到环境中的其他事情上去，如学习、体育、歌舞、艺术、游戏等。这个阶段的儿童离开家庭和父母进入学校学习。此时，儿童的兴趣在同伴，而不在父母，但主要以同性儿童为伴，异性儿童之间少有往来。这种情况一直持续到青春期。

5. **生殖欲期**（12～20岁） 这一阶段相当于青春期，生殖区成为主导的性敏感区。个体在生理上逐渐发育成熟，性的能量和成人一样涌现出来。这个阶段最重要的任务是力图从父母那里摆脱出来，削弱同父母、家庭的联系，逐渐发展出成人的异性恋，建立自己的生活。

弗洛伊德认为，在人格发展的各个阶段都有可能发生力比多的变异，这种变异主要有固着（fixation）和倒退（regression）。在某个阶段，力比多过度满足或缺乏，都会使力比多停滞在这个发展阶段上，此为固着。如果力比多在发展过程中遇到挫折，就会从高级阶段返回低级阶段，此为倒退。固着和倒退都会对人格的发展产生不良影响，导致神经症和精神病。

六、焦虑论与自我防御机制论

精神分析是最早研究焦虑的心理学，弗洛伊德认为，焦虑在神经症形成过程中起关键作用。他在早期和后期分别提出过两种焦虑理论（anxiety theory），并在焦虑信号说的基础上提出了自我防御机制。

（一）两种焦虑论

在早期焦虑论中，弗洛伊德提出，伊底是焦虑的根源，焦虑是由被压抑的力比多转化而来的。他还认为，神经症首先出现是原因；焦虑后出现是结果。弗洛伊德早期把焦虑视为神经症的关键因素，认为当力比多难以找到正常的发泄途径时，就变成了焦虑。

后期焦虑论又称"焦虑的信号理论"（signal theory of anxiety），是在否定早期焦虑论的基础上提出的，认为自我是焦虑的根源。弗洛伊德认为，焦虑的根源不在伊底，而在自我，只有自我才会产生并感受焦虑。自我在认识到危险情况以前，不能让自己总处在紧张与兴奋的极限状态，为了避免陷入真正的危险时自己反而无能为力，就应当在平时让自己放松。当发现危险情况时，自我所发出的危险信号就是焦虑。这一危险信号是自我向自我防御机制发出的"警戒警报"，自我防御机制收到信号后就动员与行动起来，自我就能够预防精神创伤等严重事件的发生。此外，弗洛伊德还逆转了早期焦虑论中神经症和焦虑的因果关系，认为焦虑先存在为因，其他症状为果。因为他发觉，本能冲动并不能直接转成焦虑，因为不同的冲动往往产生同样的焦虑。因此，他提出，焦虑是冲突引起的结果，自我把它当作一种危险的或不愉快的信号去反应，从而产生防御机能。

（二）焦虑的种类

弗洛伊德根据焦虑来源的不同，把焦虑分为三种。他认为，自我同时受三个主人，即伊底、外在现实和超我的驱使，只得尽力在三方之间进行协调，减少冲突。当自我软弱时，便产生焦虑，对外界产生现实性焦虑（real anxiety），对伊底产生神经症性焦虑（neurotic anxiety），对超我产生道德性焦虑（moral anxiety）。

现实性焦虑是指由外界环境中真实的、客观的危险引起的情绪体验。它以自我对外界的知觉为基础，它的产生或是由于外部事物对有机体造成威胁，或是由于所需对象的缺乏。现实性焦虑相当于恐惧，有明确的对象，如人们害怕自然灾害、毒蛇猛兽等。当危险消除时，现实性焦虑也就减轻或消失，这种焦虑有利于个体的保存。

神经症性焦虑是指个体由于惧怕自己的本能冲动会导致他受到惩罚时所产生的情绪体验。它来源于自我对来自伊底的本能威胁的知觉。当自我意识到本能需要的满足可能招致外来的危险时，就会感到恐惧和焦虑。这种焦虑多见于神经症患者。例如，一个神经衰弱者，因对上司不满或气愤而感到无法言说的焦虑。这是由于潜意识地恐惧自己的愤怒失去控制、攻击本能压倒理智，从而做出冒犯性行为，以后会受到报复惩罚而产生的焦虑。精神分析作为一种心理治疗方法，就是要把未知的、被压抑的本能威胁提升到意识中来，将神经症性焦虑转化为现实性焦虑。

道德性焦虑是指个体的行为违反了超我的价值观时，引起内疚感的情绪体验。当伊底趋向那些不道德的思想和行为时，自我就会知觉到来自超我的尤其是来自良心的惩罚和谴责，自我就会体验到罪恶感和羞耻感。道德性焦虑引导行为符合个人的良心和社会标准。

（三）自我防御机制

焦虑是非常痛苦的情绪体验，为了减轻焦虑的威胁，自我可能采用理性的、正视现实的方法来应对焦虑，也可能采用非理性的、歪曲现实的方法来应对焦虑，后一种方法就是自我的防御机制（defense mechanism）。由于防御机制是以歪曲现实的方法来减轻焦虑，所以并不能从根本上解决问题，如果过度发展就会导致神经症。防御机制是无意识地发挥作用的，自我对此并无觉察。弗洛伊德曾经论述过的防御机制主要有以下八种：

1. **压抑（repression）** 压抑是指把引起焦虑的思想、观念以及个人无法接受的本能欲望和冲动压入潜意识之中使之遗忘。这是最重要、最基本的防御机制，因为任何其他防御机制的产生，都必须以压抑为前提条件。弗洛伊德认为压抑有两个重要特征。第一，压抑是一种主动性遗忘，是个体有选择地把某些能导致个体痛苦或紧张的思想观念从意识中删除，是一种积极主动的心理过程，不同于一般性遗忘。第二，被压抑的思想观念并没有消失，而是储存在潜意识中，如果伴随被压抑内容的消极情绪体验消失了，这些思想观念有可能重返意识领域。

2. **投射（projection）** 投射就是把自己内心存在的不为社会所接受的欲望、态度和行为推诿到他人身上，相当于俗语说的"以小人之心，度君子之腹"。例如，一个有淫乱欲望的丈夫，声称妻子是不忠实的，有外遇。投射机制可以解释许多精神病症状，像嫉妒妄想、被害妄想、钟情妄想等都与投射机制密切相关。如被害妄想不少是由于对某人的敌视、攻击、伤害等感情冲动，潜意识地把它们投射给对方，变成他人对自己敌视、攻击或伤害的妄想。

3. **反向形成（reaction formation）** 反向形成是指用一种相反的方式来替代受压抑的欲望，以对立面掩藏某种本能于无意识之中的机制。如丈夫患了绝症，妻子可能潜意识地希望摆脱他，但这种念头太可憎，不能被超我接受，于是这种愿望反而表现为对丈夫的精心照料。

4. **否认（denial）** 否认指个体拒绝承认引起自己痛苦、焦虑的事件的实际存在。这样可以逃避现实，不必面对生活中那些无法解决的困难和无法达成的愿望，从而减轻内心的焦虑。例如，纳粹集中营的犹太人尽管处于死亡阴影的笼罩下，仍然表现得十分平静，他们认为灾难不会降临到自己头上，因为承认面临死亡会引起极度焦虑，这些人宁愿欺骗自己，也不愿承认残酷的事实。

5. **移置（displacement）** 移置指本能欲望和冲动如果不能在某种对象上得到满足，就会转移到其他对象上，以寻求满足。在移置中，本能的目的与根源保持不变，但本能的对象却发生了变化，即个体把应该对某人或某物的情感转而表达给另外的人或物。例如，一个因上司的训斥而恼怒的人，回家后向妻子、孩子大发脾气。

6. 认同（identification） 认同指个体模拟他人的行为，以他人自居。弗洛伊德认为，认同在个体发展中起着重要的作用，个体正是通过对父母的认同才得以克服恋母情结或恋父情结，逐渐习得社会道德规范，发展出超我。作为防御机制的认同，是指个体模拟心目中仰慕的人物的行为方式和特征，在幻想中占有其特质，以提高自身的价值感。如追星族模仿所崇拜的明星的穿着、发型、举止等。

7. 退行（regression） 退行指个体在遭受挫折时，返回早期发展阶段，用其发展早期曾出现过的、较幼稚的行为方式来应对现实困境，以博取他人同情，从而减轻焦虑。如失恋者可能会转而寻求以往恋人甚至自己的异性父母的关注，即转向以前曾获得满足的对象；也可能会过量饮食、酗酒等，因为饮食、饮酒都是口欲期满足口欲的表现。

8. 升华（sublimation） 升华指将本能冲动转移到为社会所赞许的具有社会意义的对象或活动上去。如弗洛伊德认为达·芬奇的艺术巨作《圣母像》是画家对其母亲的情感升华的创造。弗洛伊德认为升华是防御机制的最高水平，升华既符合了超我的要求，又满足了本能欲望。

七、心理治疗观

精神分析治疗是一种漫长的治疗，往往要延续好几年，因为它的目的不仅仅是去除症状，更重要的是促进人格上的成熟。弗洛伊德的精神分析治疗的一个基本假设是：精神疾病所呈现出来的症状是深埋在潜意识中的冲突的表现，必须设法使当事人暴露冲突，以便揭示致病的原因。治疗过程主要是通过自由联想、梦的分析、过失分析（error analysis）等方法，对当事人表现出的移情、阻抗等现象进行解释，让患者通过对病因的领悟，理解其潜意识的内心冲突，并在情感与行为上进行不断地修通。

古典精神分析治疗的设置是：医生与患者每周有几次会面，每次会面时间约为 50min。患者半卧在躺椅上，医生坐在患者的侧后方。这样的安排是为了有助于患者放松，可尽量避免因为看到医生而产生分心。弗洛伊德再三强调中立原则，即医生应保持一种冷静的、客观的态度，不要把自己的观点、意见强加于患者。其次，要鼓励患者尽可能地多讲，并且注意倾听患者的叙说，寻找其泄露的潜意识内容。古典精神分析通常使用的治疗方法与策略主要有以下几种。

（一）自由联想

自由联想（free association）不仅是弗洛伊德研究潜意识心理的重要方法，也是精神分析治疗中最常使用的方法。分析师指示患者自由地说出浮上心头的所有思想、情感和冲动，不管它们是多么愚蠢、荒唐、不合情理，甚至下流。因为人们早已经习惯于审查并筛选他们所说的，这一心理却为自由联想设置了困难和障碍。

为了使自由联想顺利进行，首先要制造安全轻松的环境和气氛，使患者不受拘束，能够放松自如，使联想自由涌现。分析师还要让患者承诺会把联想到的一切都讲出来。为了鼓励患者自由联想并把想到的全部说出来，弗洛伊德会在治疗前对患者说："你会注意到，当你把各种事情关联起来时，你就会有各种思想。你可能会认为这些思想都是无关紧要的胡思乱想，因而不想把它们讲出来。但是，你必须丢掉一切顾虑，把呈现在你脑子里的思想精确地讲出来。……最后，你绝对不能忘记你已许过的诺言，绝对保证诚实，要毫无保留地把一切都讲出来，不管讲出来是多么难堪，多么令人不快。"

治疗过程中那种宽容的、不加评判的气氛，会使患者能够慢慢地自由反应。在患者进行自由联想时,分析师要保持沉默与中立,只有当患者想不出或说不出来的时候,才略加提示,如让他谈童年的经历、自己的梦、过去生活中印象深刻的事物等。经由自由联想,患者就把自己潜意识里的思想与情感不知不觉地透露出来,分析师就可以对材料予以分析。

(二) 梦的分析

在进行梦的分析(dream analysis)时,当患者说出了一个梦的意识内容之后,让患者对说到的内容进行自由联想,通常梦的分析与自由联想是结合使用的。通过对梦的自由联想,让患者解释其所包含与隐藏的意思,进而能发觉潜意识里的情感与欲望。根据梦的工作——凝缩、移置、象征和润饰对梦进行分析。例如,如果一个人总是梦见自己把衣服和鞋都脱掉,在海边奔跑,很可能就是想表达放弃所有的"拘束"而能自由自在;假如梦见跟已经去世的老师谈话,可能还是在处理对"权威者"(如父亲)顺从或反抗的情感。

(三) 过失分析

在精神分析治疗中,分析师不应放过患者在日常生活里的过失,如说错话、写错字、遗忘、疏忽等。弗洛伊德认为,在心理治疗中,常常要面对过失去发现患者虽然想竭力隐藏,却无意中暴露出来的思想内容。例如把妻子错说成是母亲,可能是内心里感到自己的妻子好像自己的母亲似的,感到可以依赖,或者过分管束;把不想要说成"想要",内心里就是想要,只是在情感上矛盾,在要与不要之间徘徊,不知如何是好,而"不小心"说出想要的意思出来。

(四) 移情分析

移情(transference)在精神分析中即指患者将潜意识中对某一特殊对象(如父亲、母亲、恋人、仇人)的情感转移到分析师身上。对分析师产生爱的感情为正性移情,产生恨的感情为负性移情。移情是心理治疗中一种常见的现象,分析师必须学会对它进行正确的分析。患者对分析师的态度,可以帮助分析师观察患者以往与别人的情感关系,还可以提供给患者重新经验以前不敢碰触的情感。通过移情分析,分析师就能发现患者在潜意识里深藏的情感意念与欲望。

(五) 阻抗分析

阻抗(resistance)是指任何对抗治疗进展及阻止患者揭露潜意识材料的现象。阻抗是患者排斥将压抑的潜意识浮现出来,当过分暴露或突然暴露患者潜意识里使自我感到痛苦的矛盾冲突或精神创伤时,患者就会产生阻抗。患者可以通过各种方式表达阻抗,如在分析师作解释的时候直接反驳,认为分析师说错了;有的表面上表现得很听话,并夸奖分析师眼光敏锐,但内心里并不接受,也不服气,建立不起病识感;有的不敢直接用言语表达,却表现在行为上,借故不来会谈,干脆停止治疗,不愿和分析师接触等。分析师要及时向患者指出阻抗是他企图逃避矛盾,阻碍对潜意识材料的挖掘,不利于对病因的根除。分析师对阻抗的分析和对患者的鼓励,有助于患者克服阻抗,使治疗得以继续向前发展。

(六) 解释

解释(interpretation)指向患者指出、描述并说明在自由联想、梦、过失、移情反应以及阻抗中所表现出的潜在的意义,以澄清其观念。解释的意义在于,如果能帮助患者把他的心理问题或困难从"没有意识到"提升到"可意识"的层面,经由认识与了解,自然就能去面对和处理。例如一个人过分且强迫性地害怕刀器,重复性地检查是否家里的刀子都被收好了,不会发生意外的伤害,经过分析师的解释,他可以知道,自己内心里有很多愤怒的情绪,唯恐无法控制而爆发,甚至会拿刀器去伤人,因此,过分害怕与警惕,避免四周有刀子,发生伤害他人的事件。面对这样的情形,就得主要去处理自己内心里存在的愤怒情绪,将其疏导或解除。

（七）领悟与修通

领悟（insight）指患者对自己潜意识心理活动的理解，修通（working through）指在分析中在不同的时间或以不同的内容向患者不断地呈现同样事情的过程。虽然经过分析师的解释，患者可以增加对自己问题的了解，但是分析师的解释与患者的领悟只是治疗的开始，并不是结束。理智上的领悟并不代表情感、行为与人格的改变。没有修通的理智性领悟对治疗来说是不够的，因为功能的惯有模式重复自身的倾向仍然保留。一个人的情感与行为模式不是那么容易改变的，特别是人格方面的问题会长期存在。因此精神分析治疗要求通过局部的变化，经由长期的重复尝试，逐渐修通改变，以促进患者内部世界的成长与发展，使人格功能更趋成熟。这也是古典精神分析治疗可能长达数年的原因。

第三节　古典精神分析学的转向

弗洛伊德的精神分析吸引了很多有独创精神的人，荣格和阿德勒就是其中两个突出的人物。他们在追随弗洛伊德之前，就已经各有建树。跟随弗洛伊德之后，为宣传精神分析，组织精神分析学会做过积极的贡献，对推动古典精神分析的发展起到了积极作用。但由于他们无法弥合自己与弗洛伊德的理论分歧，最终先后离开弗洛伊德，建立了各自的理论体系。但他们仍然沿用精神分析的基础概念，只是在理论上更重视社会文化因素。因此他们被看作是对古典精神分析学的转向。

一、荣格的分析心理学

荣格的分析心理学是在 20 世纪 20 年代左右开始形成并逐渐发展的，但其早期雏形却是在他的博士论文探讨情结与个性化的概念中初显端倪的，它们构成了他后来提出的集体潜意识概念的基础。荣格接受过弗洛伊德精神分析的启发，但他在理论的很多方面与弗洛伊德存在分歧，例如在力比多概念上，弗洛伊德坚持力比多是人格动力的本源，人的一切活动都受性驱力的推动；而荣格则把力比多理解为一种普遍的生命力，扩大了力比多的内涵。在潜意识方面，他们都重视潜意识，但弗洛伊德看到的是潜意识的阴暗面，荣格则强调发挥潜意识的积极作用，并把潜意识分为个体的和集体的两种。在人格发展方面，弗洛伊德按照个体早期经验解释成人的人格，从个体早期生活中寻找形成人格的因素；而荣格则认为人格不只由过去的事件所形成，也由未来事件即个体的目标和抱负所形成，人格理论具有前瞻性。在梦的分析上，弗洛伊德把梦看作以伪装形式表达一种被压抑的愿望，因此梦有显梦与隐梦两部分；荣格却认为不必区分显梦与隐梦，梦的内容是正面显现的，分析梦时主张贴近梦的内容进行直接联想与分析。荣格的分析心理学主要包括以下几个方面。

（一）早期实验研究与情结概念

荣格于 1904 年对精神病患者做过字词联想实验（word-association test），并提出了著名的情结（complex）理论。实验要求被试用头脑中出现的第一个联想词对念出的词作出反应。他发现，有时被试者做出反应的时间特别长，而被试者却无法解释原因。于是他把这些刺激词称为"情结指示词"。他认为，在潜意识中一定存在着与人的情感、记忆、思维等相关联的各种情结，任何触及这些情结的词都会引起反应时延长。所以通过情结可以找到心理疾病的原因。

由此，荣格提出了著名的情结理论：情结是一些相互联系的潜意识内容的群集；它虽然是潜意识的，但它对人的思想和行为有很大的影响，足以影响意识活动；情结属于个体潜意识的范畴，可以把个体潜意识及其被压抑的内容与集体潜意识及其原型联结起来；人人都有情结，只是在内容、数量、强度和来源等方面各不相同。荣格认为情结的主要来源是童年的心理创伤,如经常受到父母的严厉批评会使人产生"批评情结";与本性不和谐的道德冲突,如一个人的性驱力和他认为发生婚前性行为是邪恶的观念之间的冲突,会导致性压抑或产生敌意、焦虑的情结。

(二)人格结构

荣格把人格的总体称为"心灵",它有三个层次:意识、个体潜意识和集体潜意识。

1. **意识** 这是心灵中唯一能够被个体直接感知的部分。荣格认为,随着思维、情感、感觉和直觉这四种心理机能的应用,意识不断增强,人的意识发展过程就是人的"个性化"过程。意识的作用类似于看门人的角色,它对进入心灵的各种材料进行筛选和淘汰,使个体的人格结构保持同一性、连续性。

2. **个体潜意识(individual unconscious)** 荣格虽然认为意识的作用很大,但对人格及其发展影响最大的还是潜意识,包括个体潜意识和集体潜意识。个体潜意识是潜意识的表层,因为它是发生在个体身上的、与个体经验相联系的心理内容,因此被称为个体潜意识。个体潜意识的一个重要特点就是以"情结"的形式表现出来。情结决定着个体人格的许多方面。当一个人有某种情结时,是指他的心灵被某种"心理问题"强烈地占据了,使他无法思考任何其他事情,而他本人却没有意识到。荣格认为,心理治疗的目的就是帮助患者解开情结,把人从情结的束缚下解放出来。但他后来发现,情节并非只起消极作用,它也常常是灵感和创造力的源泉。

3. **集体潜意识(collective unconsciousness)** 集体潜意识是荣格最伟大的发现,也是最深奥、引起争论最大的一个论题。集体潜意识是指在漫长的历史演化过程中世代积累的人类祖先的经验,是人类必须对某些事件做出特定反应的先天遗传倾向。集体潜意识的主要内容是原型(archetype 或 prototype),它是一种本原的模型,深深埋藏在心灵之中,会在梦、幻想、幻觉和神经症中以原型和象征的形式表现出来。荣格把毕生大部分时间和精力都用于研究原型,最主要的原型是人格面具、阿尼玛、阿尼姆斯和阴影。人格面具(persona)指人在公共场合中表现出来的人格方面,其目的在于表现一种对自己有利的良好形象以便得到社会的认可。它能使人在社会中获益,但过分关注人格面具则必然要牺牲人格结构中的其他组成部分。阿尼玛(anima)和阿尼姆斯(animus)又称男女两性意向。阿尼玛指男性心灵中的女性成分或意象;阿尼姆斯指女性心灵中的男性成分或意象。这是在漫长的岁月中男女相互交往所得的经验而产生的。阴影(shadow)是人的心灵中遗传下来的最黑暗、最深层的邪恶倾向。但它的本性却是生命力、自发性和创造性的源泉。

(三)人格类型

除了意识、个体潜意识和集体潜意识之外,心灵的结构中还有两种基本态度和四种独立的功能。

他提出内倾(introversion)和外倾(extroversion)两种态度类型。外倾性指心理能量指向外界,这种人善于社交,性格开朗。内倾性指心理能量指向内部主观世界,这种人喜欢安静、沉思。功能类型是人们与世界相联系的方式,包括感觉、思维、情感和直觉。感觉是对现象不加评价的最初体验,思维是运用推理和逻辑解释事件,情感是对事物作出判断时的感情方面,直觉是对事物的预感,无需解释和推理。他把两种态度类型和四种功能类型组合起来,构成了八种心理类型,分别是外倾思维型、内倾思维型、外倾情感型、内倾情感型、外倾感觉型、内倾感觉型、外倾直觉型、内倾直觉型。

自从荣格提出人格类型理论以来,心理学家对此进行了大量验证,虽然结果不完全符合荣格的观点,但在一定程度上也支持了他的学说。荣格对人格类型的研究已经成为分析心理学最重大的发现之一,也使他成为人格差异研究的重要开拓者之一。

笔记

（四）人格动力

人格结构需要一个向它提供能量的动力系统，荣格通过等量原则（equivalence principle）与熵原则（entropy principle）、因果性与目的性、前行与退行来阐释他的人格动力学理论。

他从物理学中借用了两个概念，来说明能量在人格结构中的分布和运动情况。等量原则指在某种活动中耗费一定的能量，在其他方面将产生同等数量的能量，也就是说，能量没有消失，只是被取代了。能量在人格结构中是可以转移的。熵原则指两种心理能量之间的差异越大，产生的紧张就越大，持续的时间越久，获得解决后的满意感就越强。人们通过熵原则来保持心灵各结构之间的平衡。荣格认为，人的行为动力既起源于过去也起源于未来目标。人的当前行为受到过去经验的影响，这是事物的因果性。人的未来目标和欲望也会对当前行为产生影响，这就是行为的目的性。前行与退行指心理能量向两种相反的方向流动。前行是有意识的，是朝向适应外部世界的方向；退行主要是潜意识的，是为了满足内在的要求。这两个方面必须共同起作用，才能促进健康人格的发展。

（五）人格发展阶段

荣格在心理治疗中发现，人格有一系列发展阶段，最终目标是实现个性化或自我实现，他提出了独特的人格发展阶段理论，这一理论的核心是强调人的后半生。他把人一生的人格发展划分为四个阶段。

1. **童年期（从出生到青春期）** 这一阶段分为前期和后期，前期指出生后的最初几年，儿童还不具备意识的自我。他虽然有意识，但意识结构不完整。他的一切活动几乎完全依赖父母。到了后期，由于记忆的延伸和个性化的作用，他的意识自我逐渐形成，开始摆脱对父母的依赖。

2. **青年期（从青春期到中年）** 这一时期是"心灵诞生"的时期。此时的心灵正发生一场巨变，他面临人生道路的各种问题。由于心理的不成熟，在面对学校生活、职业选择、婚姻和各种内部心理矛盾时，常常盲目乐观或盲目悲观，产生这一时期特有的心理问题。

3. **中年期（从 35 岁或 40 岁到老年）** 这是荣格最为关注的时期，他发现许多中年人功成名就、家庭美满，却感到人生仿佛失去了意义，心灵变得空虚苦闷，他认为，这是在人生的外部目标获得之后所出现的一种心灵的真空，并称之为"中年期心理危机"。要想使中年人振作起来，就必须寻找一种新的价值来填补这个真空，扩展人的精神视野和文化视野。要做到这一点，必须通过沉思和冥想，把心理能量转向内部主观世界，重新发现中年生活的意义。

4. **老年期** 荣格治疗的大多数患者是中老年人，他们过分依恋过去的目标和生活方式，许多在早年害怕生活的人到老年却害怕死亡。荣格认为，此时人们必须通过发现死亡的意义来建立新的目标，找到生活的意义。通过梦的分析可以了解老年人对死亡的态度，帮助他们发现人生有意义的哲理。

（六）心理治疗

荣格是一位精神病医生，虽然提出了许多深奥的理论，然而这些理论大都是从他的心理治疗实践中产生出来的。

1. **心理治疗的目标** 荣格认为，神经症症状是人们尝试自我调整的一种企图，是患者在潜意识深处想获得更完整人格的一种外部表现，因此，心理治疗的目标应该是发展人格而不是解除神经症的症状。

2. **心理治疗的基本观点** 在分析原则上，荣格采取的是一种心理建构的治疗原则，强调探索人格中健康的方面和值得保留的东西。在分析方法上，荣格强调要集中对付当前出现的问题，即运用"此时此地"的治疗方法，而不是回溯过去，只有在必要的情况下，即当回忆过去有助于更好地了解现在的症状时，才和过去相联系。

3. 心理治疗的方法 荣格提出了4种治疗方法：①倾诉表白法，要求患者坦率地说出压抑在内心的奥秘，把受压抑的情绪释放出来；②解释法，当患者对分析师产生移情时，把这种移情关系解释给患者听，使患者产生领悟，逐渐摆脱潜意识的诱惑，回到现实社会中来；③教育法，对缺乏道德价值的人和对解释法持怀疑态度的人进行适当的教育，通过反复开导和练习，使之建立一种符合社会标准的新习惯，成为受到社会承认的健康人；④相互转变法，也称个性化方法，通过分析师和患者的相互影响和沟通，使双方共同了解患者的内心世界。

4. 心理治疗的技术——积极想象 荣格在心理治疗中发现，积极想象（active imagination）是一种非常有用的技术。积极想象可以是言语性的，也可以是非言语性的，或者二者结合使用。积极想象的言语性方法指患者和一个潜意识中的人物或事物进行一场想象性的谈话，谈话内容被记录下来以供分析，非言语性的方法是患者把自己想象的东西用绘画、雕塑、舞蹈或摆弄沙堆等方法表现出来，分析师据此作出分析。通过分析，可以了解患者的心理障碍，患者也可以了解自己的潜意识，从而在一定程度上解除一些心理紊乱。

二、阿德勒的个体心理学

阿德勒的个体心理学常被误解为是研究个体或个别差异的，实际上阿德勒用个体（individual）一词指人的不可分割性，是把人作为一个整体来看待的意思。个体心理学是阿德勒批评并发展弗洛伊德的精神分析理论的产物，他们二人的分歧主要体现在对意识与潜意识看法的不同以及对人格发展问题的看法不同等方面。弗洛伊德认为潜意识是人类行为的原动力，阿德勒虽然也认为潜意识是重要的，但更强调意识的作用，他深信，与人的过去经历相比，个体面向未来的生活目标决定了人格发展的方向及方式。弗洛伊德把人格发展的动力归结到性因素上，而阿德勒则从社会因素方面去理解人格的发展，他重视家庭环境、学校教育和社会运动。阿德勒的心理学被誉为"是第一个沿着社会科学方向发展的心理学体系，是当代许多心理学思想的来源"。阿德勒个体心理学主要包括以下几个方面。

（一）心理动力

阿德勒反对弗洛伊德把性本能看作人类行为根本动力的观点，他的理论是以社会文化为取向的，把社会的价值观念、人的社会性视为行为的动力，并用"自卑与补偿""追求优越"等概念来表述人类行为的动力特征。

器官自卑（inferiority）及其补偿（compensation）的概念是阿德勒的理论贡献之一。最初他认为，有生理缺陷的人往往有一种生理上的自卑感，必须通过发展有缺陷的器官或全力发展其他功能而使这种缺陷得到补偿。例如，口吃的人会自卑，如果促使他加强训练，有可能成为演说家。后来，他把器官缺陷引起的自卑扩展到心理自卑或社会自卑。一个出身卑微的人可能会有社会自卑感；一个认为自己不够漂亮或不够聪明的人可能会有自卑心理。他认为，我们每个人的本性中都有一种自卑感，正是由于这些自卑，才使人竭力补偿自己的弱点。在许多情况下，补偿是一种健康的反应，可以驱使我们实现自己的潜能。自卑感是推动每个人去获取成就的主要推动力。一个人正是感到自卑，才会千方百计地去寻求补偿，否则他就会产生心理疾病，甚至失去生活的勇气。

阿德勒还认为，不管是正常人还是神经症患者，每个人都有追求优越（striving superiority）的倾向。追求完善是天生的，是生命的一部分，是一种追求，一种驱力，若没有它，生活是不可想象的。羡慕别人、胜过或超过别人、征服别人等都是追求优越的人格体现。人生的主导动机就是追求优越。追求优越有两种方法：一种是病态的追求个人优越的方法；另一种是追求社会兴趣，是每个人都获得成功，这是心理健康者的行为表现。追求个人优越的人很少或根本不关心他人，其行为目标是受过度夸张的自卑感驱使的。心理健康的人不是追求个人利益，而是追求全人类的成功。他们的行为是受社会兴趣所驱使的，即把追求一种优越而完善的社会作为人生追求的目标。

（二）生活风格

为了克服自卑感，必须形成自己的生活风格（life style）。阿德勒把个人追求优越目标的方式称为生活风格。阿德勒认为儿童到了 5 岁左右便基本形成了生活风格。其家庭关系、生活条件和经验决定了他今后一生的生活特点。如果儿童体验到某种自卑感，那么他对这种自卑感的补偿就是他的生活风格。如果他把某个人作为自己的榜样和追求的目标，那么他的生活风格就会在这种追求中得到发展。为了理解个体的生活风格，阿德勒提出了三种研究途径。

1. **出生顺序**（birth order） 阿德勒认为，每个人在家庭中的出生顺序不同，在家庭中的心理地位就会不同，因而生活的经历也不同，结果便形成不同的人格与不同的人际互动形式。第一个出生的儿童在家里受到的关怀最多，但当第二个孩子出生后，他便不得不让位，结果第一个出生的儿童可能感觉到不安全而敌视他人。第二个出生的儿童常常有强烈的野心、叛逆心和嫉妒心，总是试图在各方面胜过别人，但与家里的其他儿童相比，他比较容易与人合作，并容易适应环境。最小的孩子受到的刺激多，竞争的机会也多，经常发展得最快，但常常被娇惯坏了，因此经常会有行为上的问题。独生子和长子的情况比较相似，他的竞争对手主要来自学校。

2. **早期记忆** 早期记忆是指那些对个人有重大影响的早期生活经验。由于人的记忆具有主观选择性，所以在许多发生过的事件中，只会记住某些事件，这些被记住的事件反映了个体对生活的看法和生活风格。比如，阿德勒询问过 100 多位医生的早期记忆，多数是严重的疾病或家庭成员的死亡。从早期记忆中可以了解个体的生活目的和对生活的基本态度，以及所投射出来的生活风格。

3. **梦的分析** 阿德勒认为，梦是人类心理活动最具创造性的一部分，并认为梦表现了个体对所面临生活问题的态度，通过梦的分析可以掌握有关个体生活风格的大量信息，揭示个体心灵深处为之奋斗的优越目标。

（三）创造性自我

创造性自我（creative self）是与生活风格紧密联系的一个概念，生活风格就是由创造性自我形成的。创造性自我的含义是，每个人都能自由地创造自己的人格，根据经验和遗传而积极地建构自己的生活风格，即创造性自我使人按照自己选定的方式建立起独特的生活风格。阿德勒认为，创造性自我能使我们控制自己的生活，为我们的行为和最终生活目标负责，决定着达到目标的方法和社会兴趣的发展。创造性自我是一个动力学概念，它决定着人成为正常的或不正常的，健康的或异常的，有用的或无用的。

阿德勒承认遗传和环境在人格形成中的作用。每个儿童天生都有一种独特的遗传构成，而且很快便会拥有不同于他人的社会经验。但是，人并不仅仅是遗传和环境的产物，他能创造性地对环境做出反应，并使环境服务于他。阿德勒认为，遗传和环境就像建构人格的砖和水泥，但是建筑设计却反映了我们的风格。因此，在人格形成中最重要的不在于我们从遗传和环境中得到了多少，而在于我们如何使用这些材料。他明确反对行为主义的"刺激 - 反应"模式，重视创造性自我在人格形成中的作用，强调人的主观能动性。他的这种观点深深影响了马斯洛、罗杰斯、罗洛·梅等人本主义心理学家。

（四）社会兴趣

阿德勒在后期研究中把个体和社会联结起来，认为生活的意义不是为了个人优越，而是在于如何满足人类和谐友好的生活、渴望建立美好社会的需要。社会兴趣（social interest）

的理论是和追求优越、生活风格、创造性自我等同等重要的理论,它体现为为了社会进步而不是为了个人利益而与他人合作。阿德勒认为,社会兴趣是人类本性的一部分,植根于每个人的潜能之中。因此,必须先发展起社会兴趣,才能形成有用的生活风格。

社会兴趣是在社会环境中发展的。儿童最早的社会环境是母婴关系,通过与孩子的合作而培养孩子的合作感,通过爱的相互作用使儿童学会付出和获得爱,进而扩展成为社会兴趣。父亲是儿童环境中的第二个重要人物,父亲必须对妻子、工作和社会保持良好的态度,同时还要与儿童保持良好的合作与爱护关系。成功的父亲可以避免情感分离和父亲权威的双重错误。这两种错误会导致儿童产生情感漠视,对母亲的神经症依恋和神经症的生活风格。

阿德勒把社会兴趣作为衡量心理健康的标准,认为它是"人类价值观的唯一标准"。有社会兴趣的人是心理成熟的,他们真正关心别人,有成功的目标,这个目标也包含着别人的利益。而神经症患者则是自我中心的,追求个人权力和优越的。

缺乏社会兴趣的人会产生两种错误的生活风格。一种是优越情结,即完全追求个人优越而不顾及他人和社会的需要。另一种是自卑情结,一个人由于过分自卑而感到万念俱灰,甚至陷入神经症之中。阿德勒认为,产生错误生活风格的原因是由童年期的三种状态引起的:器官缺陷,会引起儿童的生理自卑,可能导致不健康的自卑情结;溺爱或娇纵,儿童成为家庭的中心,他的每一需要都必须得到满足,长大后容易成为缺乏社会兴趣、自私自利的人;被人忽视或遭受遗弃的儿童感到自己毫无价值,变得对社会和他人极端冷漠、仇恨,对所有的人都不相信。因此,阿德勒呼吁,为了避免儿童产生错误的生活风格,应加强儿童的早期教育,从增加儿童的社会兴趣入手进行教育,使他们获得正确的生活意义。

(五)个体心理治疗

个体心理学强调人的意识性、选择性,克服自卑、追求卓越与社会兴趣是阿德勒的心理健康的标准。所以阿德勒设定治疗者的工作目标是重新组织患者的认知,以及使患者能够表现出更多的符合社会的行为。他所倡导的个体心理治疗在人格分析上重视揭示患者的生活风格,在治疗方法上重视提高患者的社会兴趣。个体心理治疗是一种注重心理成长的心理治疗,其目的在于了解患者、改进患者的自我适应水平,促进患者产生积极的社会兴趣。

1. 揭示患者的生活风格 为了取得心理治疗的良好效果,了解并阐明患者的生活风格可以洞悉隐藏的想法与解释,使患者发现这些负面的思想及其对生活的限制。可以从出生顺序、最初记忆和梦的解释等方面入手揭示患者的生活风格。

2. 旨在提高社会兴趣的心理治疗模式 阿德勒认为心理疾病都是由于错误的生活风格所致。生活风格的错误之所以产生,是由于人们追求个人的权力与优越,而缺乏足够的社会兴趣。当个体缺少社会兴趣而面临无法解决的困难时,心理上就会出现失调。尤其当个体受到失败的威胁时,一些症状可用来保护其自尊心,并为他的那种错误的、自我中心的生活风格找借口。阿德勒试图通过提高患者的社会兴趣来达到治疗的目的。在治疗过程中,治疗者向患者揭示人性的需要,通过各种方式鼓励患者在应付生活问题时,做出有意义的选择。治疗师的任务按照治疗过程依次为:①治疗者通过同感与患者建立起相互信任与尊重的关系,如此将使患者感到被了解与被接纳;②帮助患者了解和决定其生活风格的信仰、情感、动机与目的,探索患者各层面的生活功能,并进行初步的评估;③帮助患者洞察他们的生活风格,并体察他们错误的目标与自我挫败的行为,使患者不再受限于这些错误的理念;④帮助患者通过自我努力重新定向,将了解化为行动。鼓励患者正视其优点、内在资源以及自己做抉择的勇气。

第四节　古典精神分析学的简要评价

一、古典精神分析学的贡献

第一，开辟了无意识的研究领域。在心理学的研究对象上，精神分析开辟了无意识心理研究的新纪元，这是弗洛伊德最重要的贡献。在他之前，传统心理学只是研究意识范畴内的认识过程，尤其是对简单心理现象如感知觉、记忆等方面的研究较多，没有把无意识纳入心理学的研究范围。虽然近代许多哲学家如莱布尼兹、赫尔巴特、费希纳等人对无意识进行过研究，但都没有把无意识看作是人类心理的主要方面，弗洛伊德是第一个对无意识心理现象与规律进行全面系统研究的人，他对无意识的研究加深了人类认识自身的深度。因为这项伟绩，弗洛伊德在西方被称为无意识领域的哥白尼或达尔文。

第二，开辟了新的心理学的学科领域。传统心理学重视认知与行为，忽视情感与欲望，忽视动机的研究，弗洛伊德则重视动机、情绪、需要和人格的研究。弗洛伊德的精神分析学着力研究人类行为的内在动力，开创了动力心理学。他把人看作是一个能量系统，潜意识中的本能冲动是人类行为的根本动力。虽然这种观点有偏颇之处，但这种研究行为背后的动力的思想影响了一代又一代的心理学家。弗洛伊德是最早提出完整的人格结构理论与人格发展理论的心理学家。他早期将人格分为潜意识、前意识和意识三部分，后来又提出新的人格结构说，将人格分为伊底、自我和超我三部分，并阐述了三者之间复杂的动力关系。他还根据心理性欲的发展，提出了个体人格发展的阶段理论。这使精神分析成为心理学第一个重要的人格理论，对后世人格心理学的发展产生了深远的影响。弗洛伊德还开创了变态心理学研究的先河。在他之前，人们只重视神经症和精神病患者的外在因素，而弗洛伊德则从潜意识概念和人格结构出发，对神经症和精神病的成因作了全新的解释，重视患者的内心冲突和动机，把变态心理从静止的描述改变为探究内在动力。弗洛伊德还开拓了性心理学的研究。自从人类进入文明社会之后，性的问题就是一个禁区，很少有人把它作为一个科学问题加以探索。弗洛伊德不畏世俗，勇敢地冲破了性学研究的禁锢，对性的概念与范围、性的发展、性的动力等作了系统研究。他以性的能量作为人类的动力，以性的观点解释人类的心理发展，被人斥为泛性论者，但他从此开辟了性心理学研究的新领域。

第三，开辟了一条重视心理治疗的新途径。弗洛伊德的精神分析学突出了心理治疗的价值，在临床实践中创立了一套治疗神经症的方法和理论。在他之前，对精神患者的治疗主要是躯体治疗，这种方法有明显的局限性。弗洛伊德第一个提出了心理创伤是引起精神疾病的主要原因，并首创了采用精神分析的方法挖掘被患者压抑到潜意识的心理冲突来治疗患者，突破了过去那种单靠药物、手术与物理方法治疗的束缚，开辟了一条重视心理治疗的新途径。时至今日，精神分析仍是心理治疗中的主要范式之一。

第四，对西方社会思潮产生了广泛而深刻的影响。弗洛伊德的精神分析学逐渐超越了心理学的范围，渗透到哲学、人类学、文学、艺术、美学、社会学、教育学等广泛的学科领域，由一种潜意识的心理学体系逐渐成为一种解释人类社会文化现象的普遍的世界观和方法论。它已经成为现代西方精神文化的一个重要组成部分，这是其他心理学理论难以相比的。

第五，分析心理学的贡献。荣格的分析心理学扩展了人格研究的领域，他的集体潜意识理论实际上是一种独特的民族心理学研究，为探索人类意识、心理的起源提供了理论启示。他的类型理论得到了广泛的验证和认可，由此发展而来的人格类型问卷，至今仍在教育、管理、组织行为学等领域发挥着作用。他的字词联想实验和情结理论对西方心理学影响很大。"情结"一词已成为一个公认的心理学概念。依据他的字词联想实验而设计的"测谎仪"，在犯罪心理学的研究中发挥了重要作用。此外，他的心理治疗观对许多心理治疗学家有重大影响，他所开创的分析心理学已发展成为当代最重要的心理治疗学派之一。

第六，个体心理学的贡献。阿德勒的个体心理学是当代许多心理学的思想来源。他认为人格的形成与人的主观因素和社会因素有关，这种思想深深地影响了霍妮、沙利文等精神分析社会文化学派的成员；他虽然承认潜意识的作用，但更看重意识自我对人格的影响，推动了精神分析自我心理学的研究。他还注重个体的主观选择和创造性，注重人对理想目标的追求，这对人本主义心理学家马斯洛、罗杰斯等有重要影响。此外，他的主要贡献还包括：确立了心理学的社会科学方向，恢复了意识在心理学中的地位，重视心理学知识的实际应用，把在心理治疗中阐发的许多理论应用于社会生活，推动了心理学在教育和社会中的应用。

二、古典精神分析学的局限

第一，具有非理性主义倾向。弗洛伊德过分强调和夸大潜意识的作用，认为潜意识中的本能冲动是心理和行为的最终决定力量。同时，他忽视和贬低意识的地位和作用，否认意识是心理的实质，否认意识在心理活动中的主导作用，陷入了非理性主义的错误。

第二，具有生物学化倾向。弗洛伊德的整个理论体系是建立在生物学的基础上的，用生物学的观点观察社会、历史，解释人类的心理和文化。把一种动物的原始本能，一种脱离社会条件的抽象人性，看成是决定人类精神生活和实践活动的巨大的驱力，极端夸大人的生物性，贬低人的社会性，其整个学说具有生物学化倾向。他还特别夸大人的性本能的作用，坚持认为小至个人发展、心理异常、创造性活动，大到社会习俗、宗教、制度以及人类的各种行为，都受到性本能力比多的支配和推动，泛性论的色彩浓厚。

第三，具有方法论上的局限。弗洛伊德的精神分析学最初是从神经症和精神病的治疗实践中发展起来的，作为一门心理病理说它有其深刻性和合理性。但弗洛伊德把从精神患者和神经症患者身上得来的变态心理的形成规律，推广到所有人的身上，将其绝对化，用以说明正常人心理的发展变化，甚至还用这些理论解释社会文化与历史现象，犯了以偏概全的错误。

第四，分析心理学的局限。荣格的分析心理学缺乏严密的逻辑体系和科学依据，他经常采用经验分析和主观推测的方法，他的写作也常常凭借直觉，使其文章晦涩难懂。他的学说还充满了神秘主义的色彩，把许多人们无法解释的现象统统塞进集体潜意识中。他和弗洛伊德一样，也过分夸大了潜意识，他尤其强调集体潜意识的作用，把意识降到了附庸地位，这显然是错误的。

第五，个体心理学的局限。阿德勒的个体心理学虽然是站在反对弗洛伊德的立场上阐发的，但其理论基调仍然是潜意识的，如儿童早期的自卑感是形成心理障碍的基本条件等，因此他的基本观点仍然带有非理性的倾向。他使用的很多术语，如优越感、生活风格、社会兴趣、创造性自我等缺乏明确的操作性定义。这种理论术语的不确定性使他的理论缺乏内部一致性。他的学说是以他自己的临床实践和对日常生活的观察为基础的，没有经过严格的科学论证。例如，许多研究者以他提出的出生顺序进行的研究并未得到一致性的结论。因此，阿德勒的理论虽然有较高的应用价值，但其理论科学性不强，缺乏系统性。

思考题

1. 试述古典精神分析学产生的背景。
2. 简述弗洛伊德古典精神分析学的对象论与方法学。
3. 简述弗洛伊德的本能论中本能的特点与种类。

4. 试述梦的实质与梦的工作。

5. 试述弗洛伊德的人格结构说与人格发展说。

6. 试述主要的自我防御机制。

7. 简述弗洛伊德古典精神分析学的心理治疗观。

8. 试述荣格的分析心理学的主要理论。

9. 试述阿德勒的个体心理学的主要理论。

10. 试述古典精神分析学的贡献与局限。

参考文献

[1] 郭本禹.潜意识的意义——精神分析心理学(上).济南：山东教育出版社，2009.

[2] 沈德灿.精神分析心理学.杭州：浙江教育出版社，2005.

[3] 郭本禹.精神分析发展心理学.福州：福建教育出版社，2009.

[4] 郭本禹,吴杰.阿德勒——个体心理学创立者.广州：广东教育出版社，2012.

[5] 施春华,丁飞.荣格——分析心理学开创者.广州：广东教育出版社，2012.

[6] 郭本禹.外国心理学经典人物及其理论.合肥：安徽人民出版社，2009.

[7] 弗洛伊德.精神分析引论.高觉敷,译.北京：商务印书馆，1984.

[8] 弗洛伊德.精神分析新论.郭本禹,译.南京：译林出版社，2011.

[9] 阿德勒.理解人性.方红,郭本禹,译.北京：北京师范大学出版社，2016.

[10] 阿德勒.自卑与超越.吴杰,郭本禹,译.北京：中国人民大学出版社，2013.

[11] 荣格.探索心灵奥秘的现代人.黄奇铭,译.北京：社会科学文献出版社，1987.

笔记

第十一章　精神分析自我心理学

弗洛伊德逝世以后，精神分析自我心理学（ego psychology）代表着正统的精神分析运动的新发展。弗洛伊德的理论体系中早已蕴含有自我心理学的思想，后经其女儿安娜的过渡，最终由哈特曼创建了自我心理学的理论体系。自我心理学最初产生于德国，在第二次世界大战爆发前后，转移到美国继续发展，出现了埃里克森等人强调社会文化因素的自我心理学。

第一节　自我心理学概述

一、自我心理学的起源

（一）弗洛伊德的自我心理学思想

弗洛伊德的精神分析理论大致可以划分为创伤范式（trauma paradigm）、驱力范式（drive paradigm）和自我范式（ego paradigm）三个发展时期，我们从中可以看出弗洛伊德的自我心理学思想的发展线索。

精神分析运动的最初 10 年是创伤范式时期。弗洛伊德早期在运用催眠术和疏导法治疗神经症时发现，如果患者在催眠状态下能回忆起并说出过去的创伤和痛苦情绪经验，病症就会消失。而且他还发现，这种创伤主要是一种性创伤。这就是所谓创伤范式的理论。但后来他发现，患者所说的过去的性创伤大多是假的，是患者主观臆想出来的。同时在治疗过程中，患者还会出现向治疗者发生移情的现象。这给弗洛伊德以沉重的打击，迫使他不得不寻求新的理论途径。这一时期与自我心理学有关的是弗洛伊德在 1894 年所写的《神经 - 精神病症》一文中首次提出了"防御"概念，这是后来的"自我防御"（ego defense）概念的先导。

大约从 1897 年开始，弗洛伊德放弃了理论上的创伤范式，转向了驱力范式。这一时期长达四分之一世纪。弗洛伊德开始强调潜意识中的本能驱力特别是性本能的作用，用力比多能量解释人的一切心理活动，是一种典型的泛性论。他把自我也看成是一种本能。例如他在 1911 年《关于心理机能的两条原则的系统论述》一文中，提出了自我本能（ego instinct）概念。在 1914 年《论自恋》一书中又提出自我驱力（ego drive）和自我力比多（ego libido）学说。在他看来，自我本能和性本能一样，也是具有欲望的，追求自身的满足。如自恋就是自我本能欲望的一种表现，这种满足自恋的行为被称为"自体性欲满足"（auto-erotism）。自我一方面追求趋乐避苦，表现为愉快的自我；另一方面又要满足现实需要，表现为现实的自我。由于实现自我本能经常受到现实环境的压力，自我有时不得不放弃某种快乐的根源，而延缓满足，暂时忍受一些痛苦，并等待更适合的机会最后实现满足。当自我受到这种经常训练之后，自我本能的行为就变得合理了，它不再受盲目的快乐原则支配，而有可能按照

笔记

现实原则行事。但在驱力范式时期，弗洛伊德仍把自我本能从属于性本能，而且它的能量还需要性本能供给。此时弗洛伊德关于自我的思想还是一种本能理论，把自我看成是一种驱力。这在他以后提出的伊底（id）、自我（ego）、超我（superego）三部人格结构中对应于伊底部分，所以也称伊底心理学（id psychology）。

从1923年弗洛伊德发表《自我与伊底》一书开始，他的理论从驱力范式转向自我范式，也标志着他的自我心理学思想的重大发展。弗洛伊德开始赋予伊底、自我和超我三种成分在人格结构中的各自地位。他不再把自我看作是简单的本能力量，而把它看作是人格结构中的一个相对独立的组成部分。它遵循着现实原则，其内部存在着一系列的防御机制，以处理力比多与现实的关系。这样，弗洛伊德就从本能理论转到了结构理论，这也是精神分析从伊底心理学向自我心理学迈出的很重要的一步。同时，弗洛伊德也修正了他以前理论中与自我心理学相矛盾的一些内容。例如，他在1926年出版的《抑制、症状和焦虑》一书，修正了他的焦虑理论。他放弃了早期主张焦虑是对不可发泄的性紧张的一种有害反应的观点，即第一焦虑理论（the first anxiety theory），而主张焦虑是自我发出的一种危险到来的信号，即第二焦虑理论（the second anxiety theory）。这与整个自我心理学的方向是一致的。在此书中，弗洛伊德还列举了自我的一些防御机制，如压抑、退行、认同、固着等。

但我们知道，在弗洛伊德的古典精神分析体系中，始终贯彻着一个观点，即精神分析的核心就是阐明潜意识的本能动力学。他的精神分析理论中最真正的心理事实还是伊底。在弗洛伊德生前最后一本著作《精神分析纲要》（1940）中，他仍坚持"伊底的能量标志着有机体生命的真正意图和目的。"因此，尽管自20世纪20年代以后，在弗洛伊德的理论中逐渐增加了自我的重要性，但在他看来，自我的能量仍然来自伊底。"伊底要求什么，它就得到什么。"总之，弗洛伊德的理论仅为自我心理学勾画了一个初步的轮廓，指出了一个继续发展的方向。他的自我心理学思想为其女儿安娜所直接继承。

（二）安娜的自我心理学思想

安娜·弗洛伊德（Anna Freud，1895—1982年）是弗洛伊德最小的女儿。其父有意让她成为精神分析的传人。安娜从1918年起就参加维也纳精神分析学会著名的星期三讨论会，1923年起便开始了精神分析的医疗实践。1925—1938年担任维也纳精神分析学会主席。1938年随其父从奥地利到达伦敦，后来成为一位著名的儿童精神分析学家（图11-1）。自1947年至1982年，安娜一直主编她与他人一起创办的《儿童精神分析研究》。安娜一生了发表100多篇论文和出版10多部著作，其中比较重要的著作有：《儿童精神分析技术导论》（1928）、《自我与防御机制》（1936）、《战争与儿童》（1943）、《对儿童发展的观察》（1951）等。

图11-1　安娜·弗洛伊德

在弗洛伊德生命的最后16年，安娜一直陪伴在他的身边。因此，她深知其父晚年的工作意图，进一步继承和发展了弗洛伊德后期的自我心理学思想。安娜接受了弗洛伊德关于人格是由伊底、自我和超我这三种结构组成的学说。但在如何看待自我作用的问题上，父女俩则持有不同的观点。弗洛伊德始终重视伊底的作用，伊底为自我提供能量。自我仅是伊底与外界之间的中介，伊底通过自我来对付外界。而安娜则更加重视自我的作用，反对伊底对心理活动具有绝对支配作用。她说："研究伊底及其活动方式永远不过是达到目的的手段。我们的目的是终始如一的：即矫正心理异常，使自我恢复其统一性。"在安娜看来，伊底和超我是不能直接观察到的，我们只能观察到自我。只有当伊底、超我和自我不一致时，我们才能了解这两种心理组织。因此,"我们观察的适当领域总是自我。可以说自我是一个媒介,我们试图通过这个媒介来了解其他两种结构的情况。"弗洛伊德主张的是伊底控制自我,而安娜主张的则是自我约束伊底。如果说弗洛伊德以分析伊底作为治疗和理论的起点,那么安娜则把分析自我作为解决所有精神分析问题的起点。这在自我心理学发展史上是一个巨大的进步。自此,自我成为精神分析的一个合法的研究客体。

安娜还进一步系统总结和扩展了弗洛伊德对自我防御机制(ego defense mechanism)的研究。她归纳出其父亲提出的十种防御机制,又补充了她自己提出的五种防御机制。但她仍把主要注意力放在否认、自我约束、对攻击者的认同、禁欲作用和利他主义机制上。对这些防御机制她都进行了明确的阐述。安娜关于防御机制的研究对自我心理学的发展具有重要意义。因为尽管自我的功能很多,但其防御功能却是主要的。它们直接和自我的强度、性质紧密相关,具有重大的临床意义。自我发展总离不开防御机制的发展,通过防御机制的活动可以看到自我的影子。

安娜对自我心理学的另一贡献是她将精神分析法用于儿童心理治疗,提出了发展线索(developmental lines)概念。她在长期从事儿童分析工作中,观察儿童成长过程,发现他们通过伊底和自我交互作用,逐渐增加对外界的信赖性,终于形成了自我对内外现实的控制能力。安娜划分了儿童的六条发展线索:①从依赖他人到情绪上的自信;②从吮吸动作到正常的饮食;③从大小便不能自控到能自控;④从对自己身体的管理不闻不问到负起责任;⑤从关注自己的身体到关注玩具;⑥从以自我为中心到建立友谊关系。安娜提出的发展线索是一个重要的概念,她把重点放在自我适应生活要求的能力上。因而使精神分析在摆脱单纯受内部本能冲动的支配上迈出了重要的一步。

安娜继承和发展了弗洛伊德的自我心理学思想,对自我心理学的建立作出了重要的贡献。但是她并没有真正解决弗洛伊德思想中始终存在的自我的两种机能的不协调,即狭义的防御(与本能冲突中产生的)与广义的适应(与环境相互作用中产生的)矛盾。她仍在自我与伊底的冲突与防御中来研究自我,而发展自我心理学的关键任务是让自我离开伊底,使自我成为没有冲突的领域。所以安娜仅仅是发展弗洛伊德的自我心理学思想的一位过渡人物,而自我心理学的真正建立则是由哈特曼所完成的。

二、自我心理学的代表人物

(一)哈特曼

海因茨·哈特曼(Heinz Hartmann,1894—1970年)出生于德国的名门望族,家世显赫。哈特曼的祖父是一位著名文学教授和政治家,曾做过1848年革命之后的德国议会议员。他的父亲以研究历史闻名,曾任维也纳大学教授,第一次世界大战以后,做过奥地利驻德国的大使。哈特曼的外祖父是产科学和妇科学教授,弗洛伊德曾在其《精神分析运动史》中称赞他为"也许是我们维也纳所有的医生中最杰出的人"。

在哈特曼早期训练中,他除了主修当时流行的医学课程外,还选修了许多哲学和社会科学课程,曾与著名社会学家韦伯共过事。由于他的这种家庭和个人背景,哈特曼经常接触当时杰出的科学家和学者。他获得医学博士学位后,在维也纳随安娜学习精神分析。第二次世界大战爆发后移居美国,主办《儿童精神分析研究》杂志,致力于创立精神分析的自我心理学。曾任纽约精神分析学会会长和国际精神分析协会主席。哈特曼是第二次世界大战后自我心理学最著名的理论家,被尊称为"自我心理学之父",发表了一系列有关自我心理学的论文。他根据自己在维也纳精神分析学会上所作的演讲概括而成的《自我心理学与适应问题》(1939)一书,可以与弗洛伊德的《自我与伊底》(1923)相提并论,是自我心理学发展的第二块里程碑。后来他又出版了《自我心理学文集》(1964)。尽管哈特曼的著作不多,但却很有分量，它们经常被引用，已经成为精神分析的经典著作。正如格伦堡（Greenberg）和米切尔（Mitchell）指出，哈特曼的书读起来就像读立宪学者的著作。这些学者不能挑战已有宪法的主体，宪法本身是规定的，只能通过对"规定"意义的解释，进而应用到以前未能预见和探讨它们可能适用的情况。但这样显然是改变了他们所评注的宪法文件的影响。这个比喻特别适合于哈特曼对待弗洛伊德精神分析的态度。他的许多论著都是评注精神分析理论的一个或几个方面，他的贡献似乎仅在于阐释。尽管这种阐释是以弗洛伊德的理论本质为基础的，但它们的增值作用在于提供了许多以前从未考虑过的可能性。因此，在精神分析发展史上，凡是谈及哈特曼的评论家，都给予他很高的评价（图11-2）。

图 11-2　海因茨·哈特曼

（二）埃里克森

美国心理学史家墨菲指出，现代弗洛伊德心理学的锋芒所向是自我心理学，而其杰出的代表人物则是埃里克森。艾瑞克·洪布格尔·埃里克森（Erik Homburger Erikson，1902—1994 年）出生于德国的法兰克福，只受过大学预科教育。1933 年他参加了维也纳精神分析学会，并随安娜从事儿童精神分析工作。同年去美国波士顿开业，1936—1939 年在耶鲁大学医学研究院精神病学系任职。1939—1944 年参加加利福尼亚大学伯克莱分校儿童福利研究所的纵向"儿童指导研究"。40 年代他曾到印第安人的苏族和尤洛克部落从事儿童的跨文化现场调查。1950 年，由于他拒绝在忠诚宣言上签名，而离开了加利福尼亚大学。1951—1960 年任匹兹堡大学医学院精神病学教授。1960 年起任哈佛大学人类发展学教授，直至 1970 年退休。埃里克森一生出版了许多著作，主要有：《儿童与社会》（1950，1963）、《同一性与生命周期》（1959）、《理解与责任》（1964）、《同一性：青春期与危机》（1968）、《新的同一性维度》（1974）、《生命历史与历史时刻》（1975）、《游戏与理由》（1977）、《生命周期的完成》（1982）等。

图 11-3　艾瑞克·洪布格尔·埃里克森

三、自我心理学的演变

几乎从精神分析运动一开始，就出现了自我心理学的萌芽。著名的自我心理学家拉波帕特最早对精神分析的自我心理学的历史演变作出了概括。他在 1959 年发表的《精神分析的自我心理学的历史概略》一文中，把自我心理学的历史划分为四个发展阶段：第一阶段是从 1886 年至 1897 年，弗洛伊德提出最初的防御概念。第二阶段是从 1897 年至 1923 年，弗洛伊德把自我看作一种本能，提出自我本能、自我驱力和自我力比多学说。第三阶段是从 1923 至 1937 年，弗洛伊德划分人格结构中的伊底、自我和超我三种成分，给自我相对独立的地位。安娜进一步强调自我的作用，阐述了自我的防御功能。第四阶段是从 1937 年至 1959 年，即从 1937 年哈特曼在维也纳精神分析学会发表他的《自我心理学与适应问题》著名演讲开始，这被看成是自我心理学真正建立的一年。自此自我心理学进入了一个新的历史发展时期，成为现代心理学的一个重要流派。后来自我心理学家布兰克夫妇在《自我心理学》(1979)一书中,把第四阶段的后限延伸到1975年,以马勒《人类婴儿的心理诞生》一书的发表为标志。1986年他们又在《超越自我心理学》一书中,将前述的第三阶段(1923—1937年)称为早期的自我心理学,第四阶段(1937—1975年)称为后期的自我心理学。

第二节 自我心理学的主要理论

一、哈特曼的自我心理学

(一)没有冲突的自我领域

无论是弗洛伊德还是安娜都从心理动力学出发,强调自我与伊底的冲突与防御,他们的自我概念仍没有自己的独特领域。安娜似乎比其父亲前进了一步,把自我当作"观察的适当领域",但她对自我的观察仍是为了说明自我与伊底和超我之间的动力关系,同样陷入了潜意识冲突的领域。因此,创立自我心理学的一个首要任务就是为自我划定一个独特的研究范围。这一范围应当与本能的研究有所不同,应体现出自我的特殊的心理规律及其主动性的特点。这一范围就是哈特曼所称的"没有冲突的自我领域"(the conflict-free ego sphere)。他认为,古典精神分析的最大弊病就是忽视了没有冲突的心理学领域,把冲突作为自己唯一的研究任务,而"下一步扩大精神分析范围的任务应该是揭示自我的各种没有冲突的活动了。"在哈特曼看来,自我并不一定要在与伊底和超我的冲突中成长,就个体而言,它能够在经验上存在于心理冲突之外的过程。诸如知觉、思维、记忆、语言、创造力的发展乃至各种动作的成熟和学习等自我的适应机能,并不是自我与伊底驱力相互作用的产物,它们是在没有冲突的领域里发展着。所谓没有冲突的自我领域,并非指空间的"领域",而是指"一套心理机能,这些机能在既定时间内在心理冲突的范围之外发挥作用。"哈特曼的整个自我心理学体系都是围绕着没有冲突的自我领域展开的,包括自我的起源、自我的自主性发展、能量的中性化和自我的适应过程等。哈特曼提出了没有冲突的自我领域,标志着精神分析的自我心理学的真正建立,所以他被誉为"自我心理学之父"。他明确将这一概念纳入精神分析,扩大了精神分析的范围,引起了精神分析的实质变化。

(二)自我的起源及其自主性的发展

在弗洛伊德的理论体系中,伊底的出现不论是在生物学上还是在心理学上,都比自我的出现要早;自我是从伊底中发展出来的,并为伊底的实际利益服务的。但在哈特曼看来,自我与伊底是两种同时存在的心理机能,自我独立于本能冲动,但又是与它同时发生发展的。那么,自我与伊底是怎样同时发生发展的呢?哈特曼认为,它们都是从同一种先天的生物学的禀赋——"未分化的基质"(the undifferentiated matrix)中分化出来的。在这种未分化的基质中,一部分生物学禀赋演化为伊底的本能驱力,另一部分生物学禀赋演变为先天的自我的自主性装备(the apparatuses of ego autonomy)。也就是说,在自我与伊底未经分化之前,既没有自我,也没有伊底。自我与伊底一样都是先天遗传的,伊底不是唯一的遗传禀赋,自我也不是伊底的副产品,两者都是分化的产物。

哈特曼在自我起源问题上的这种修改标志着自我心理学的最重要的进展,具有十分深远的意义。因为这种修改承认了自我与伊底具有共同的先天起源,使自我在起源问题上摆脱了伊底,具有明显的独立性。这一独立性可以扩大精神分析的范围,使之包括研究记忆、思维、想象、学习等普通心理学的问题。同时在起源上区别伊底与自我,有利于我们认识自我的主动性,揭示人类区别于动物的特点。

由于自我在起源上独立于伊底,所以自我在发展上也独立于伊底的本能发展,哈特曼称之为自我的自主性发展。他区分了两种自我的自主性:一是初级自主性(primary autonomy），二是次级自主性（second autonomy）。所谓的初级自主性是指那些先天地独立于伊底的没有冲突的自我机能。这种自我机能一旦从未分化的基质中分化出来，就开始起着对环境的适应作用。在个体心理发展的过程中，初级自主性主要表现为一种自我机能的成熟过程。在刚出生后的最初几个月内，婴儿的心理处于未分化的状态，不仅自我与伊底浑然一体，婴儿与环境也浑然一体。例如在吃奶时，婴儿把母亲当作自己的一部分。大概到了5~6个月，婴儿的自我开始分化。本能驱力按照自身区位的成熟而不断发展，同时，自我也按照自己固有的发展程序分化出来。哈特曼强调，自我的知觉、思维、运动机能都有自己独特的结构和发展规律。"这些机能的应用独立于直接的需要，与外界刺激具有更加分化的关系，它们是现实的自我发展部分"。自我的这些特点及其成熟处在现实和本能驱力的影响之外，哈特曼把它们称之为自我的初级自主性因素，它们起源于遗传的生物学禀赋。从半岁到1岁，自我的初级自主性开始成熟起来，它们包括知觉、运动、记忆、学习和抑制等机能的成熟。这些变化使婴儿能更好地控制自己的身体，部分地掌握生活空间中的非生命客体，形成一定的预测能力。总之，哈特曼提出了自我的初级自主性机能，这就使自我和一般的心理过程联系起来，使精神分析有可能从病理范围转向正常的心理范畴。

所谓次级自主性是指从伊底的冲突中发展起来并作为健康地适应生活的工具的那些自我机能，也就是指最初服务于伊底的防御机制逐渐演变成一种独立的结构，摆脱了冲突的领域。哈特曼认为，防御在本能水平上已经存在了，这种存在于本能中的机制后来可以服务于自我并演化成自我应付伊底的手段。自我的次级自主性的一个例子是理智化作用（intellectualization）。理智化原是一种防御机制，是指人们为了防御不可接受的潜意识动机而故意用智力活动压抑它，如小孩可借助看小人书而压抑恋母情结。最初理智化是解决冲突、反对伊底的防御机制，发生在本能水平上。但在这一过程中，理智化在自我结构的组织和利用下可以演化成一种高超的智力成就。正如哈特曼自己所说："这一过程还有一种现实倾向的方面，即这一反本能的防御机制同时可以看成一种适应过程"。所以，理智化作用具有与现实环境相互作用的方面，体现了人们对现实的认识，可以转化为人的思维、记忆等智力活动。这一过程实质上是一个机能转变过程，即最初起源于某一冲突领域的活动形式，在发展过程中转变成一种完全不同的没有冲突的心理领域，具有不同的作用。在理智化的例子中，作为防御机制的理智化变成了作为适应的自我的次级自主性。哈特曼提出了自我的次级自主性对于进一步理解防御、适应和自我作用是很有意义的，但同时也说明了他在自我心理学理论上的妥协性一面。尽管次级自主性也是一种自我机能，但它的起源仍是本能的，这说明次级自主性仅凭借自身的力量难以完成整合的使命，必须从伊底中获得能量。其实，这也就等于承认自我的次级自主性起源于伊底，它不是自我本身固有的，而是伊底能量的改头换面。这表明了哈特曼理论的保守性立场。

（三）能量的中性化

弗洛伊德认为，心理能量主要来自伊底的力比多能量，它是一切心理活动的动力源泉。自我的能量来自伊底，也受制于伊底。因此，哈特曼要想促使自我彻底离开伊底，赋予自我的自主性，就必须修正和扩展弗洛伊德的心理能量概念。在他看来，如果某一服务于自我的能量过于接近本能则会妨碍自我的机能，因此必须使本能的能量中性化（neutralization）。所谓中性化是指一种把本能能量改变成非本能模式的过程。哈特曼认为，自我机能一旦从伊底中解脱出来为它自己服务时，中性化的过程就产生了。3个月的婴儿就多少有一些使驱力能量中性化的能力，比如当他饥饿时，他就能把饥饿感觉和过去得到满足的记忆痕迹联系起来，于是他就用哭声来呼唤母亲。这时，他已经将新生儿的无目的的哭声变成有目的的了。在饥饿驱力和呼唤母亲的联系之中就存在着中性化的过程。自我在反对伊底的斗争中，将本能驱力中性化，转变成为自我服务的能量，从而脱离和控制本能的能量，实现其

笔记

自主性机能和达到适应环境的目的。

能量的中性化的概念为哈特曼所首创，但中性化的思想早已发端于弗洛伊德的思想之中。弗洛伊德认为，自我一经形成便可以直接使力比多能量实现非性欲化，如升华作用。升华可以把直接的性冲动通过某种高尚的社会行为转变为社会所接受的东西。这是一种本能的替换作用，通过这种行为方式，可使自我获得变相的、象征性的满足。哈特曼的中性化概念吸收了升华的思想，但他对这一概念有所发展。升华仅仅是对力比多能量的改造，而中性化则包括两种本能的非本能化。哈特曼认为，本能不仅包括性欲，而且包括攻击性，攻击性也含有大量的能量。自我不仅通过力比多的非性欲化获得能量，而且通过攻击性的非攻击化来获得能量。弗洛伊德的非性欲化概念不能囊括全部能量的改造，所以哈特曼提出能量的中性化概念来表述对两种能量的改造过程。他认为，中性化是一个持续的过程，包括本能驱力的质的改变，而不单单是像升华那样将本能目的暂时转变成社会可接受的目的。同时，中性化也是有等级之分的，它从完全本能化到完全中性化。例如，超我所借用的攻击本能便具有本能性，尚未脱离攻击的原型；而非防御性的自我活动所借用的攻击本能是最具有中性化特点的。尤其重要的是，在心理的发展过程中，自我可以贮存中性化的能量，摆脱了具体特殊的中性化及其等级化，形成自身的目的和机能。也就是说，经过贮存的中性化能量是一种不带有本能痕迹的纯粹中性能量，可以被自我自由和随时地支配和运用，而不像升华那样依靠直接的能量转化。中性化的能量已发生了质的改变，在某种意义上，它已不再是本能的能量而是自我的能量了。由此，哈特曼就把自我的独立性又推进了一步，使自我的中性能量距离本能更加遥远，自我拥有的能量不再具有本能的形态，只是根源上属于本能，这种能量对本能的归属只是名义上的。总之，在哈特曼的自我心理学体系中，中性化是一个十分广泛的概念，决定着所有自我的次级自主性。他设想通过对本能能量的中性化改造，从能量上增加自我的力量，使自我更好地适应环境。

（四）自我的适应过程

哈特曼认为，能量的中性化过程的产生，也就是自我的适应过程的产生。适应（adaptation）实质上是自我的初级自主性和次级自主性作用的结果，也就是说，一旦自我装备与环境取得平衡就产生了适应。研究自我的适应机能是没有冲突的自我领域的必然要求。正如哈特曼自己所说的，"没有冲突的自我领域的思想使我们研究与掌握现实任务密切相关的机能，即适应机能……适应是精神分析的一个核心概念，因为一旦我们深入探讨许多问题，这些问题都可集中到适应问题上来。"他把适应看作是一种有机体与环境交互作用的过程，一种不断地与环境相适合的连续运动，而不是一种静态的产物。哈特曼借用了弗洛伊德著作中的自体形成（autoplasty）和异体形成（alloplasty）的概念来解释个体对环境的适应活动。个体或者通过改变自己去适应环境，即自体形成活动；或者通过改变环境使之更适合于自己的适应，即异体形成活动。在哈特曼看来，人类的适应包括两个过程：人类活动使环境适应人的机能，然后又适应自己创造的环境。因此，自体形成和异体形成都是很有用的适应活动，自我的高级机能决定在既定的环境中哪种适应活动更适合。此外，哈特曼又增加了一种个体对有利于生存的新环境作出选择的新的适应途径，这是第三种适应形式。它也具有极大的生存意义。

哈特曼进一步深入研究了人类适应的操作手段与适应过程的关系。他认为有两种适应在前提和结果上有所不同，一种是进步的适应（progressive adaptation），另一种是倒退的适应（regressive adaptation）。前者是指与心理发展的方向相一致的适应，后者是指为了将来或整体上对环境的适应而暂时表现出的倒退与适应不良，即通过倒退而迂回前进。哈特曼指出："适应现实这种最高度分化器官的机能不能单独保证有机体的完善"因此，在适应过程中，还必须考虑有机体的整体适应（fitting together）的重要作用。在通常情况下，某一适应在整体上是前进的,体现了有机体对环境的适应,但个别的组织过程可能是不适应的、倒退的。为了保证整体适应,个别心理组织必须暂时表现出不适应。这种整体适应表现为自我的整合机能(synthetic function),它体现了自我的本质特点和适应的最高成就。它并非是自我的一个独立机能,而是自我机能的统合。整合机能使人类区别于动物,使自我能够衡量各种利弊,比较长远和短近的利益,进行正确的选择。自我的整合机能说明,适应并非是被动的过程,而是一种克服困难、改造环境的能动活动。

哈特曼认为,适应过程既受生理心理组织的影响,又受外部环境的影响。在环境方面,他提出了"正常期待的环境"(average expectable environment)这一概念。所谓正常期待的环境是指人的正常适应和正常发展所面临的环境,是正常人可以期待和想象的环境。正常人一生的大部分时间都处在正常期待的环境中,其个人发展的要求与环境的要求是吻合的。正常期待的环境首先从对儿童发生作用的母亲和其他家庭成员开始,日后逐渐扩大到整个社会关系。在哈特曼看来,对一个健康的新生儿自我来说,这种日常期待的环境就是婴儿自我最适合的环境。在这种环境中,婴儿借助他的自我调节机能,影响着环境,而环境又反过来影响着婴儿自我。婴儿的自我正是在这种交互作用的关系中螺旋式地逐步与环境保持平衡,并不断向前发展的。哈特曼的自我心理学理论强调自我与环境的调节作用,使精神分析从伊底心理学的理论框架中解脱出来,走向正常的发展心理学,这无疑是一个巨大的进步。

在哈特曼建立自我心理学体系后的数十年间,西方涌现出了许多新的自我心理学家。斯皮茨、玛勒和雅可布森等人真正把哈特曼的自我心理学作为出发点,在其理论表述上建立了各自的自我心理学体系。而埃里克森则进一步发展了哈特曼所重视的社会环境对自我适应作用的思想,从生物、心理、社会环境三个方面考察自我的发展,提出了一个以自我为核心的人格发展渐成说,使自我心理学的理论达到了一个新的水平。

二、埃里克森的自我心理学

(一)自我及其同一性

埃里克森自认为是弗洛伊德学说的热烈拥护者,他同意弗洛伊德对人格结构作伊底、自我和超我的划分,但他对自我的理解不同于弗洛伊德。埃里克森认为自我是一个独立的力量,不再是伊底和超我压迫的产物。他把自我看作一种心理过程,它包含着人的意识活动并且能够加以控制。自我是人的过去经验和现在经验的综合体,并且能够把进化过程中的两种力量——人的内部发展和社会发展综合起来,引导心理性欲向合理的方向发展,决定着个人的命运。自我过程已失去防御性质的重要性,其所表现的游戏、言语、思想和行动等带有自主性,具有对内外力量的适应性。

埃里克森赋予自我许多积极的特点,诸如信任、希望;独立性、意志;自主性、决心;勤奋、胜任;同一性、忠诚;亲密、爱;创造、关心;统整、智慧等。这些特性都是弗洛伊德从未提到的。他认为,凡是具有这些特性的自我都是健康的自我,它能对人生发展的每一阶段所产生的问题加以创造性地解决。

在上述的自我特性中,埃里克森特别重视自我的同一性(ego identity)。他指出:"对同一性的研究已成为我们时代的策略,犹如弗洛伊德时代对性欲的研究。"在他看来,具有建设性的机能的健康自我必须保持一种同一性感,即自我同一性感(sense of ego identity)或心理社会同一性感(sense of psycho-social identity)。这一复杂的内部状态包括四个不同的方面:①个体性(individuality),是指一种意识到的独特感,以不同的、独立的实体而存在;②整体性和整合感(wholeness and synthesis),是指一种内在的整体感,产生于自我的潜意识整合作用。成长中的儿童形成许多零碎的关于自己的表象,健康的自我就把这些零碎的表象整合成一种有意义的整体；③一致性和连续性（sameness and continuity），是指潜意识追求一种过去与未来之间的内在一致和连续感，感受到一个人生命的连贯性并朝着有意义的方向前进；④社会团结性（social solidarity），是指具有团体的理想和价值的一种内在团结感，感受到社会的支持和认可。埃里克森认为，"在人类生存的错综复杂的社会里，如果没有自我同一性感，就没有生存感。同一性的剥夺能导致残杀"。同一性的另一极端是同一性混乱或角色混乱，也就是通常所讲的同一性危机。同一性混乱是指只有内在零星的、少量的同一性感，或者是感受不到一个人生命是向前发展的，不能获得一种满意的社会角色或职业所提供的支持。埃里克森还认为，自我的同一性最初起源于婴儿，但要到青春期才能正式形成。

（二）人格发展的渐成论原则

埃里克森认为人的发展是依照渐成原则（epigenetic principle）进行的。这个原则是借用了胎儿发展的概念，把人的发展看作一个进化的过程。他认为人的一生是一个生命周期，可以划分为八个阶段。这些阶段是以不变的序列逐渐展开的，而且在不同的文化中是普遍存在的，因为它们是由遗传因素所决定的。但他又指出，每个阶段能否顺利地度过则是由社会环境决定的，在不同文化的社会中，各阶段出现的时间可能不一致。在发展过程中，以个人的自我为主导，按自我成熟的时间表，将内心生活和社会任务结合起来，形成一个既分阶段又有连续性的心理社会发展过程，以区别于弗洛伊德的心理性欲发展过程。

埃里克森认为，人格发展的每个阶段都由一对冲突或两极对立所组成，并形成一种危机。所谓危机（crisis）不是指一种灾难性的威胁，而是指发展中的一个重要转折点。危机的积极解决，就会增强自我的力量，人格就得到健全发展，有利于个人对环境的适应；危机的消极解决，就会削弱自我的力量，会使人格不健全，阻碍个人对环境的适应。而且，前一阶段危机的积极解决，会扩大后一阶段危机积极解决的可能性；前一阶段危机的消极解决，则会缩小后一阶段危机积极解决的可能性。每一次危机的解决，都存在着积极因素和消极因素，只能根据其中的哪一种因素多寡而称其为积极的解决或消极的解决。当积极因素的比率大时，危机就会顺利地解决，反之则相反。一个健康人格的发展，必须综合每一次危机的正反两个方面，否则就会有弱点。例如，成长过程中有一点不信任等消极因素，不能认为是完全不好的。埃里克森还指出，不仅所有的发展阶段是依次地相互联系着的，而且最后一个阶段和第一个阶段也是相互联系的。例如老人对死亡的态度会直接影响幼儿的人格发展。他说："如果儿童的长者完美得不惧怕死亡，儿童也不会惧怕生活。"人的发展阶段是以一种循环的形式相互联系着的，一环扣一环，形成一个圆圈。

（三）人格发展的八个阶段

埃里克森所划分的人格发展的八个阶段，其中前五个阶段与弗洛伊德划分的阶段是一致的。但埃里克森在描述这几个阶段时，并不强调性本能的作用，而是把重点放在个体的社会经验上。至于后三个阶段则完全是他独自阐述的。

1. **基本信任对基本不信任**（basic trust versus basic mistrust）（0~1岁） 该阶段相当于弗洛伊德的口欲期。这个阶段的儿童最为软弱，非常需要成人的照料，对成人的依赖性很大。如果父母等人能够爱抚儿童，并且有规律地照料儿童，以满足他们的基本需要，就能使婴儿对周围的人产生一种基本信任感（basic trust），感到世界和人都是可靠的；相反，如果儿童的基本需要没有得到满足，那么儿童就会产生不信任感和不安全感。儿童的这种基本信任感是形成健康人格的基础，也是以后各个阶段人格发展的基础。如果这一阶段的危机得到积极解决，就会形成希望品质；如果危机是消极解决，就会形成惧怕。

2. **自主对羞怯和疑虑**（autonomy versus shame and doubt）（1~3岁） 该阶段相当于弗洛伊德的肛门欲期。在这个阶段的儿童学会了走、爬、推、拉和谈话等，而且他们也学

笔记

会了把握和放开。这不仅适用于外界事物,而且同样适用于自身控制排泄大小便。也就是说,儿童现在能"随心所欲"地决定做什么或不做什么。因而使儿童介入自己意愿与父母意愿相互冲突的危机之中。这就要求父母对儿童的养育,一方面根据社会的要求对儿童的行为要有一定的限制和控制;另一方面又要给儿童一定的自由,不能伤害他们的自主性(autonomy)。父母对子女必须有理智和耐心。如果父母对子女的行为限制过多、惩罚过多和批评过多,就会使儿童感到羞怯,并对自己的能力产生疑虑。如果这一阶段的危机得到积极解决,就会形成自我控制和意志的品质;如果危机是消极解决,就会形成自我疑虑。

3. **主动对内疚**(initiative versus guilt)(3~5岁) 该阶段相当于弗洛伊德的性器欲期。这个阶段的儿童活动更为灵巧,语言更为精练,想象更为生动。他们开始了创造性的思维、活动和幻想,开始了对未来事件的规划。如果父母肯定和鼓励儿童的主动行为和想象,儿童就会获得主动性(intiative);如果父母经常讥笑和限制儿童的主动行为和想象,儿童就会缺乏主动性,并且感到内疚(guilt)。如果这一阶段的危机得到积极解决,主动超过内疚,就会形成方向和目的的品质;如果危机是消极解决,就会形成自卑感(feel of inferiority)。

4. **勤奋对自卑**(industry versus inferiority)(5~12岁),相当于弗洛伊德的潜伏期。这一阶段的儿童大多数都在上小学,学习成为儿童的主要活动。儿童在这一阶段最重要的是"体验从稳定的注意和孜孜不倦的勤奋来完成工作的乐趣"。儿童可以从中产生勤奋感,满怀信心地在社会上寻找工作;如果儿童不能发展这种勤奋,使他们对自己能否成为一个对社会有用的人缺乏信心,就会产生自卑感。如果这一阶段的危机得到积极解决,就会形成能力品质;如果危机是消极解决,就会形成无能。

5. **同一性对角色混乱**(identity versus role confusion)(12~20岁) 该阶段相当于弗洛伊德的生殖欲期。这一阶段的儿童必须思考所有他已掌握的信息,包括自己和社会的信息,为自己确定生活的策略。如果在这一阶段能做到这一点,儿童就获得了自我同一性或叫心理社会同一感。自我同一性对发展儿童健康的人格是十分重要的,同一性的形成标志着儿童期的结束和成年期的开始。如果在这个阶段青少年不能获得同一性,就会产生角色混乱(role confusion)和消极同一性。角色混乱指个体不能正确地选择适应社会环境的角色,消极同一性指个体形成与社会要求相背离的同一性。如果这一阶段的危机得到积极解决,青少年获得的是积极同一性,而不是消极同一性,他就会形成忠诚的品质;如果危机是消极解决,就会形成不确定性。

6. **亲密对孤独**(intimacy versus isolation)(20~24岁) 该阶段属成年早期。该阶段及以后的阶段就没有与弗洛伊德心理性欲发展的相当时期。只有建立了牢固的自我同一性的人才能与他人发生爱的关系,热烈追求和他人建立亲密(intimacy)的关系。因为与他人发生爱的关系,就要把自己的同一性和他人的同一性融合一体,这里有自我牺牲,甚至有对个人来说的重大损失。而一个没有建立自我同一性的人,担心同他人建立亲密关系而丧失自我。这种人离群索居,不与他人建立密切关系,从而有了孤独(isolation)感。如果这一阶段的危机得到积极解决,就会形成爱的品质;如果危机是消极解决,就会形成混乱的两性关系。

7. **繁殖对停滞**(generativity versus stagnant)(25~65岁) 该阶段属于成年期,一个已由儿童变为成年人,变为父母,建立了家庭和自己的事业的时期。如果一个人很幸运地形成了积极的自我同一性,并且过着充实和幸福的生活,他们就试图把这一切传给下一代,或直接与儿童发生交往,或生产和创造能提高下一代精神和物质生活水平的财富。如果这一阶段的危机得到积极解决,就会形成关心的品质;如果危机是消极解决,就会形成自私自利。

8. **自我整合对失望**(ego integrity versus despair)(65~死亡) 该阶段属成年晚期或

老年期。这时主要工作都差不多已经完成，是回忆往事的时刻。前面七个阶段都能顺利度过的人，具有充实幸福的生活和对社会有所贡献，他们有充实感和完善感，怀着充实的感情向人间告别。这种人不惧怕死亡，在回忆过去的一生时，自我是整合的。而过去生活中有挫折的人，在回忆过去的一生时，则经常体验到失望，因为他们生活中的主要目标尚未达到，过去只是连贯的不幸。他们感到已经处在人生的终结，再开始已经太晚了。他们不愿匆匆离开人世，对死亡没有思想准备。如果这一阶段的危机得到积极解决，就形成智慧的品质；如果危机是消极解决，就会形成失望和毫无意义感。

第三节　自我心理学的简要评价

一、自我心理学的贡献

第一，哈特曼的自我心理学澄清了弗洛伊德和安娜对自我心理学的概念和体系的模糊思想，探讨了没有冲突领域的自我心理学规律。他从起源上说明了自我与伊底的区别，强调了自我的独立性，阐述了自我的自主性发展的特点，赋予自我主动性。他还把伊底的本能能量中性化为自我的能量，使自我脱离伊底的控制。哈特曼的这些工作扩展了弗洛伊德和安娜的自我概念，使自我的机能由防御本能变为适应环境。他进一步阐述了自我的适应过程，把适应过程看作是有机体与环境的交互作用的过程，是自我装备与环境不断取得平衡的过程。他还引进了正常期待的环境的概念，以说明环境对自我适应的影响。这样，哈特曼就扩大了精神分析的目的和范围，把古典精神分析从研究本能冲突的病态心理转向了研究自我适应的正常心理，从而把精神分析的研究内容纳入普通心理学的研究范围。这是哈特曼最大的理论贡献。长期以来，精神分析的普通心理学意义的问题一直困扰着心理学家。在学院心理学家看来，精神分析的概念和方法对于理解正常人用处不大，精神分析学家则埋头于治疗实践，不关心普通心理学的发展。这使精神分析的发展脱离了整个心理学的进程。而哈特曼的工作正是试图建立精神分析与学院心理学之间的联系。正如他自己指出的，自我心理学的兴起，"使我不再怀疑精神分析学可以被称为普通心理学，在这一词的最广泛意义上。"同时，哈特曼把自我的发生和发展的研究当作精神分析的重要任务，探讨了精神分析的发生学原则，试图建立精神分析的发展心理学。他"希望精神分析成为一般的发展心理学……我们要借助精神分析的观点及其方法重新分析非精神分析心理学领域提供的研究成果，这自然使精神分析学家对发展过程的直接观察（首先是对儿童的直接观察）具有了新的重要性。"后来斯皮茨、玛勒和雅可布森在哈特曼理论的基础上分别描述了儿童自我结构化的全过程，对精神分析的自我心理学作出了各自的贡献，推动了精神分析运动向儿童心理学发展。

第二，埃里克森进一步发展了哈特曼所重视的社会环境对自我适应作用的思想，对精神分析自我心理学的发展作出了杰出的贡献。首先，埃里克森把自我放在心理与社会的相互作用中，强调社会环境在自我形成和发展中的作用，将弗洛伊德的心理性欲发展理论（psychosexual developmental theory）修正为心理社会发展理论（psychosocial developmental theory），把自我心理学理论提高到一个新的水平。其次，埃里克森把以自我为中心的人格发展阶段扩展到整个生命周期，突破了其他自我心理学家仅仅描述幼儿早期人格发展的局限性。他详细描述了人格发展每一阶段的普遍性问题，涉及发展中的许多冲突和危机。他把解决人格发展中的冲突和危机视为一种两极分化的对立面斗争的过程，自我就在这一过程中不断得到增强。所以，他的人格发展渐成说含有一定的辩证因素。再次，埃里克森提出的自我同一性和同一性危机等概念已成为人们日常使用的概念。不仅对现代西方心理学产生了重要的影响,而且对"精神病学、教育学,甚至就整个文明的评价来说,都已成为一个中心问题。……显示出一览无遗地跨文化倾向……并已像弗洛伊德所梦想的那样变成一种对一切有关人性的东西的关注。"就其对心理学的影响而言,许多心理学家应用不同的方法研究青少年发展,发现在青少年身上的确存在着自我同一性和同一性混乱,并用同一性混乱解释一些青少年吸毒和犯罪的原因。

二、自我心理学的局限

第一,哈特曼对弗洛伊德理论体系的改造并不是彻底的,从而导致了他的自我心理学体系具有许多不可克服的矛盾。哈特曼一方面提出精神分析的新目标是没有冲突的自我领域,另一方面又把冲突领域的心理学问题毫无保留地交给了古典精神分析。他在引进新概念描述自我的正常发展和适应过程的同时,保留了本能冲突对于解释病态心理的作用。在他看来,本能及其冲突可以解释病态心理,但不能说明正常心理;而自我及其适应可以解释正常心理,但不能说明病态心理。因此,在哈特曼的理论中,对正常心理的解释和病态心理的解释是不协调地存在着的。如果精神分析果真是普通心理学,那么它一定具有贯穿这两个领域的一致理论。哈特曼的根本缺陷在于未能将整个人格结构与社会环境具体地统一起来,只是在自我水平上,人与环境是统一的、互相影响的;而在伊底水平上,现实的影响总是外在的、抽象的。此外,在哈特曼的体系中,尽管用伊底驱力和中性化这些概念来说明自我在它的次级自主性过程中,使受伊底控制的心理能量转化为一种与环境交互作用的能量,但是他的这一观点,仍然没有逃脱伊底内驱力的束缚,并没有给自我以真正独立的能量。可惜的是,哈特曼在这一发展的逻辑步骤上没有再向前迈出一步。

第二,埃里克森的自我心理学理论也有不足之处。首先,埃里克森的理论体系不够严密,思辨性多于科学性。例如,他提出的人格发展阶段就缺少足够的证据,人们很难验证每个阶段的各种品质。其次,埃里克森的理论中隐含着个人 - 社会发展的二因次平行论。尽管他强调自我与环境、个人与社会之间的相互作用和依存关系,但他又认为人的发展是一个进化的过程,体现为自我的先天成熟时间表;而在解决每一阶段的冲突和危机时,也反映了自我的要求及其制约性。社会本身也是一个发展过程。在他看来,个人的成长在心理发展过程中反映了社会的历史发展;个人成长中出现的危机也反映着社会的历史发展中出现的危机。美国辩证法心理学家巴斯(Buss)曾明确地指出:"他(埃里克森)所提出的是一个包括八个明显的自我阶段的生命周期发展学说……他所提出的是一种二因次的发展观点,二者平行然而又相互渗透,是个人(个体发生)和社会进化(历史)的发展。与个人发展八个阶段相适应的是社会发展的八个阶段,……个人信任感的社会对应物是宗教制度;自主感和自我控制的对应物是法律和秩序的制度;主动感为经济;勤奋感为文化的工艺学;同一感为某种意识形态;亲密感为伦理学;繁殖感为教育、艺术和科学,而完善感的对应物为所有伟大的文化制度,包括经济、政治、哲学和宗教,只有在最后阶段,人生周期的开始和终止才结合起来。"巴斯虽然也指出埃里克森并没有把社会历史各阶段描述得像心理各阶段那么完善,二者发展之间的对应关系也不是那么精确,但个人成长和社会发展之间显然是一种机械的、形而上学的平行关系。个人既没有参加社会实践活动,社会制度也只是以心理社会产物为基础的一些上层建筑。不管埃里克森强调自我有如何丰富的潜能,个人和社会又如何互相需要和彼此支持,个人对于社会的改革和创新,显然是无能为力的。

思考题

1. 简述自我心理学的起源与演变。
2. 简述哈特曼没有冲突的自我领域。

3. 在哈特曼看来,自我是如何产生和发展的?

4. 弗洛伊德和哈特曼对心理能量的看法有何不同?

5. 简述自我统一性及其特点。

6. 简述埃里克森关于人格发展的渐成论原则思想。

7. 试述埃里克森人格发展的八个阶段。

8. 论述哈特曼对自我心理学的贡献与局限。

9. 简述埃里克森对自我心理学的贡献与局限。

参考文献

[1] 郭本禹. 潜意识的意义——精神分析心理学(上). 济南: 山东教育出版社, 2009.

[2] 郭本禹, 郭慧, 王东. 自我心理学: 斯皮茨、玛勒、雅可布森研究. 福州: 福建教育出版社, 2011.

[3] 王小章, 郭本禹. 潜意识的诠释. 北京: 中国社会科学出版社, 1998.

[4] 沈德灿. 精神分析心理学. 杭州: 浙江教育出版社, 2005.

[5] 郭本禹. 精神分析发展心理学. 福州: 福建教育出版社, 2009.

[6] Freud A.The ego and the mechanisms of defense.New York: International University Press, 1946.

[7] Hartmann H.Ego psychology and the problem of adaptation.D.Rapaport, Trans.New York: International Universities Press, 1939.

[8] Erikson E.H.Childhood and society.New York: Norton, 1963.

[9] Greenberg J.R., Mitchell S.A.Object relations in psychoanalytic theory.Cambridge, MA: Harvard University Press, 1983.

[10] Mitchell S.A., Black M.J.Freud and beyond: A history of modern psychoanalytic thought.New York: Basic Books, 1995.

第十二章 精神分析客体关系学派

在弗洛伊德逝世以后，精神分析的客体关系学派也声称代表着正统的精神分析运动的新发展，并与自我心理学派（ego psychology school）形成对峙。客体关系学派以弗洛伊德对"本能的客体"的论述为基础，把客体关系特别是亲子关系置于理论建构与临床实践的中心，形成了独特的客体关系理论（object-relation theories）。这一学派产生并发展于英国，最初由克莱因创立，费尔贝恩、温尼科特等人也对其发展作出了重要贡献。到 20 世纪 60 年代，英国的客体关系理论通过南美洲传播到北美地区，又出现了以克恩伯格为代表的美国的客体关系理论。20 世纪 70 年代以来，客体关系学派与自我心理学逐渐由对立走向融合。

第一节 精神分析客体关系学派概述

一、精神分析客体关系学派的产生

（一）弗洛伊德的客体关系思想

客体关系理论是从弗洛伊德那里发展而来的，弗洛伊德既提出了本能、驱力等概念，也最早提出了"客体"（object）概念。早在 1905 年，他就在无意中表达了客体关系的重要性。"我曾经听到一个 3 岁的男孩在一间黑屋子里大叫：'阿姨，和我说话！我害怕，因为这里太黑了。'阿姨回应道：'那样做有什么用呢？你又看不见我。'儿童回答：'没关系，有人说话就带来了光。'所以他害怕的不是黑暗，而是他所爱的人不在他身边，只要他有证据表明那人在场，他就会平静下来。"虽然这只是出现在脚注里的一小段话，但却是客体关系理论的最初萌芽。

当弗洛伊德的伊底、自我、超我的人格结构观形成之后，即当他开始关注"自我"问题以及它与外在世界和他人的关系时，他才真正开始对客体关系进行描述。根据他的人格结构观，自我处于伊底和超我的夹缝中，遵循现实原则，协调着人格结构中各部分之间的关系，同时协调着机体与环境之间的关系，从而保持心理结构的平衡。伊底、自我和超我之间的关系实际上是由力比多能量的流动和变化实现的。当伊底把能量发送给客体时，这部分能量即为客体力比多，自我与该客体认同，使客体力比多转变为自恋力比多或自我力比多。自我力比多能量放弃性的目的而升华为自我理想，即超我的善的方面。原来的客体力比多或性力比多中被解脱出来的死本能或破坏性冲动也被超我接收，以良心的方式用以对抗自我。由此可见，弗洛伊德主要是通过驱力的释放来理解客体及客体关系的。虽然弗洛伊德没有阐释客体及客体关系的所有含义，也没有像后来的学者那样强调客体关系，但他所创造的这些概念和术语为后来的客体关系理论家们提供了基础和初始观点。

（二）由驱力模式向关系模式的转变

尽管弗洛伊德认识到了客体关系的重要性，但他并没有将其发展为完善的客体关系理论。与他同时代的费伦茨、亚伯拉罕和琼斯等人，在驱力模式（drive model）下，从不同的角度发展了他的客体关系思想，并启发了克莱因和费尔贝恩等人，最终实现了由驱力模式向关系模式的转变。

费伦茨（Ferenczi S，1873—1933年）是匈牙利著名的医生和精神分析学家，他与弗洛伊德不同，将注意力投向关系，第一个强调了分析师的人格和行为极大地影响患者与分析师的关系，并进而影响治疗。他提出一种积极疗法或母爱式的治疗技术，分析师以一种和善的态度，充分表露自己的感情，目的是给予患者一种感情上的支持。尽管这种方法后来被他本人和克莱因所否定，但他对于分析师与患者之间互动关系的见解却启发了后来的客体关系理论家。对客体关系学派影响最大的是德国精神分析学家亚伯拉罕（Abraham K，1877—1925年），他的某些研究是客体关系理论的重要组成部分。他的最主要、最基本的贡献是对前生殖欲发展阶段的研究。亚伯拉罕把弗洛伊德划分的口欲期和肛欲期又细分为两个亚阶段。第一口欲阶段是吮吸阶段，婴儿的目标是吮吸，既没有爱也没有恨。在第二口欲阶段，儿童与乳房的关系是矛盾的，儿童希望咬住它并吞没它。第一肛欲阶段是逐出性的和施虐的，被吞没的客体变成粪便被排出。第二肛欲阶段是保持性和控制性的，在这一阶段开始关注客体的出现，尽管大便仍被施虐性地控制着，但还有保存它的愿望。亚伯拉罕认为，前生殖欲阶段的客体是"部分客体"，"部分客体关系"代指与父母解剖学上区分两性特征的部分（乳房和性器）之间的关系。他详细研究了与部分客体的口欲和肛欲形式的关系，诸如与"部分客体"乳房及其转化形式"部分客体"大便的关系。他还描述了在这一过程中内部客体的丧失，排便即被体验为失去一个内部客体。亚伯拉罕的这些思想尤其是他关于部分客体和内部客体的观点，对于克莱因创立她的客体关系理论具有重要的启发意义。琼斯（Jones E，1879—1958年）作为英国精神分析学会的创始人，对客体关系学派的贡献不仅在于直接提出了某些客体关系的观点，而且直接推动了客体关系学派的形成。一方面，他的儿童精神分析学的某些研究为克莱因等人的客体关系理论奠定了基础；另一方面，他认识到克莱因等人研究的重要性，从而为他们提供了各种支持，最终使得英国成为客体关系理论的发源地。

克莱因对客体关系理论作出了开创性的贡献，但她并没有完全抛弃弗洛伊德的驱力理论。因此，她只是一个过渡性的人物，她在传统的驱力模式与后来的关系模式（relation model）之间架起了一座桥梁。费尔贝恩则在克莱因理论基础上彻底抛弃了弗洛伊德的本能理论，强调客体关系的原发性和动力性，从而完成了从驱力模式向关系模式的转变。

二、精神分析客体关系学派的主要代表人物

（一）克莱因

梅兰妮·克莱因（Melanie Klein，1882—1960年）是德裔英国著名儿童精神分析学家，精神分析客体关系学派的建立者。她出生于维也纳，1900年前后在维也纳大学学习艺术与历史。1914年第一次接触弗洛伊德的著作，便对精神分析产生了极大的兴趣。1917年开始接受费伦茨的分析治疗，并受到鼓励，立志从事对儿童的精神分析。1921年应亚伯拉罕之邀到柏林精神分析研究所担任儿童治疗专家。1922年加入柏林精神分析学会。1925年应琼斯之邀赴伦敦讲学，并于次年移居伦敦，在英国精神分析学会一直工作到1960年去世（图12-1）。克莱因一生共发表论文数十篇，最重要的著作《儿童精神分析》于1932年出版，其他

图12-1　梅兰妮·克莱因

笔记

著作还有:《精神分析的进展》(1952)、《精神分析的新方向》(1955)、《感恩与嫉妒》(1957)、《儿童分析记事》(1961)等。克莱因的著作已被译成多种文字,产生了世界性的影响。

(二)费尔贝恩

威廉·罗纳德·多德斯·费尔贝恩(William Ronald Dodds Fairbairn,1889—1964年)是杰出的苏格兰精神分析学家,客体关系学派的创立者之一。他出生在苏格兰,早年就对道德和心理学问题感兴趣,1907年进入爱丁堡大学哲学系学习。第一次世界大战爆发后成为一名陆军少尉。其间,他对医学心理学的兴趣已经明显成形。1919年1月,他开始为做一名精神分析师而接受为期四年的医学训练,并阅读了弗洛伊德和荣格的著作。1925年秋,他在自己的私人诊室里开始了精神分析的治疗。生前出版了《人格的精神分析研究》(1952)这部唯一的著作。由于地理位置上的远隔,他从未跟伦敦其他的客体关系理论家们保持经常性的联系。1964年去世,享年75岁(图12-2)。

(三)克恩伯格

奥托·克恩伯格(Otto Kernberg,1928—)出生于奥地利。1938年全家先是移居意大利,又于1941年移民智利。1947年开始学习医学和精神病学,深受克莱因理论的影响。1959年,他获得资助到美国霍普金斯大学工作一年。后来又回到美国,1961至1973年间在堪萨斯州的托皮卡精神分析研究所工作。1973年担任纽约国家精神分析研究所综合诊所主任,同时兼任哥伦比亚大学精神病学系主任及培训分析师。1976年被任命为康奈尔大学医院的分部院长至今。他的著述主要有《客体关系理论和临床精神分析》(1976)、《内部世界和外部现实:实用性的客体关系理论》(1980)、《严重人格障碍》(1984)、《精神分析理论、技术及其应用的当代争论》(2004)等。1999年担任国际精神分析学会主席(图12-3)。

图12-2　威廉·罗纳德·多德斯·费尔贝恩

图12-3　奥托·克恩伯格

第二节　精神分析客体关系学派的主要理论

客体关系学派是指一系列客体关系理论,没有单一普遍被承认的客体关系学派或理论,许多理论家和临床家们都为论述客体关系及其含义贡献了他们的思想。他们除了在研究中均集中于儿童与母亲的早期关系以及这种早期关系对塑造儿童的内部心理世界和后来的成人关系的影响之外,在各自的理论上各有侧重,在观点上时有分歧和争论。其中克莱因提出的过渡性的客体关系理论,费尔贝恩提出的纯粹性的客体关系理论,克恩伯格提出的整合性的客体关系理论是比较有代表性的理论。

一、过渡性客体关系理论

克莱因扩展了弗洛伊德的客体和客体关系的概念,她的工作具有开创性,直接启发了后来的费尔贝恩等客体关系理论家,但她的创造性工作又带有弗洛伊德的驱力理论的痕迹。因此,她的客体关系理论具有承上启下的作用,是一种过渡性客体关系理论(transitional object-relation theory)。

(一)客体和客体关系

精神分析中所说的客体,几乎总是指人、人的部分或人的象征,它与人们所熟悉的作为"物"的意义上的客体是不同的。然而,即使在这一特定的范围内,克莱因所说的"客体"与弗洛伊德所言的客体其含义也不尽相同。弗洛伊德所说的客体是指本能的客体,是力比多能量贯注的客体,它是对于外部客体的内部心理表征。克莱因所谓的客体,不仅是本能驱力的客体,而且还是相对于婴儿自身的客体,是婴儿心灵中具有可依赖性、爱、贪婪、仇恨和嫉妒等心理特征的人格。可见,克莱因所说的客体更加具体。而且,客体的这些特征既适于部分客体(part object),也适于整体客体(whole object)。对于客体这种带有人格特征的知觉,源自婴儿融合了他对于母亲人格的体验和他自己投射给客体的某些特征。

客体关系(object-relation)既是克莱因理论的核心又是其理论的特色。克莱因的研究集中在婴儿与母亲的关系中较早期的冲突,这种与母亲客体的关系将决定婴儿的心理发展。儿童与母亲的客体关系分为两个阶段:部分客体关系和整体客体关系。克莱因认为,部分客体关系即婴儿与母亲乳房的关系是客体关系的开端。这种部分客体关系始于口欲期的吮吸阶段,婴儿在幻想中内投了母亲的乳房,并根据吮吸需要的满足与否将其分裂为好乳房和坏乳房。由断乳引起的施虐幻想是儿童的兴趣由部分客体转向母亲的身体这一整体客体的关键。在儿童的幻想中,母亲的身体包罗万象,它充满丰富的奶水、食物、有价值有魔力的粪便和新生的婴儿等。儿童试图掏空母亲的躯体并将其中的财富据为己有。因而儿童对于整体客体充满着爱与恨、嫉妒和攻击的矛盾情感。在克莱因看来,客体关系就是主体与客体之间相互联系的方式,或者说每一个"我"与外在于他的"非我"之间的联系。这个客体既可能是外部的真实客体,也可能是外部客体的内在心理表征,还可能是儿童自身分离出去并被客体化的一部分。对于婴儿来说,他最早面对的客体是他的母亲,因而与母亲的关系是一切客体关系的基础。

(二)心理发展观——偏执-分裂样心态和抑郁样心态

克莱因的"心态"(position)观是对弗洛伊德的心理性欲发展阶段观的修正。她认为弗洛伊德的发展阶段(口欲期、肛欲期等)的概念过于局限,她用"心态"观取代了弗洛伊德的"阶段"观。她认为我们并不是从那些"阶段"发展而来,而是发展自两种心态:偏执-分裂样心态(paranoid-schizoid position)和抑郁样心态(depressive position)。

1. 偏执-分裂样心态 偏执-分裂样心态就是把人看成全好或全坏的心态,这一心态大约存在于从出生到3~4个月。克莱因认为,在生命的最早期,婴儿的焦虑是对自我极端保护的妄想,自我害怕被毁灭,因此,破坏性的冲动、迫害妄想和施虐焦虑占主要地位。在这种可怕的毁灭幻想影响下,好的和坏的东西需要被分开。婴儿的精神世界具有最原始的偏执分裂样心态的性质,他体验到来自母亲的两种截然不同的感受。从出生到4个月,婴儿与母亲的乳房建立了关系,强烈的力比多冲动和攻击性冲动都投射到乳房上。由此,母亲的乳房就被分裂为"好"与"坏"两种客体:当它带来满足和愉快时,如被喂养、被舒适地抱着或被安全地保护,它就是"可爱的好乳房";当它不能带来满足并令人失望时,如被冻和饥饿,它就变成"可恨的坏乳房"。与这种客体的划分相联系,自我也被分裂为"好我"与"坏我"。此时，"好"与"坏"的方面是分离的，因而"好的客体"不可能被破坏。但是，在这个时候，婴儿害怕自己被"坏客体"所毁灭，因而产生迫害性焦虑。在这一阶段，破坏性冲动和迫害性焦虑占主导地位，婴儿害怕好的自我或好的客体被迫害性的客体毁灭。此时，重要的事情就是区分好与坏。克莱因指出，分裂（splitting）是这一时期重要的防御机制，它是一种在幻想中发生的行为，它可用于把属于整体的事物分开。比如，婴儿关于乳房的爱、哺育、创造和好的幻想需要严格区别于对乳房的咬、伤害和可怕的迫害的幻想。没有分裂，婴儿就可能无法区分爱与残酷，无法放心大胆地吃奶。偏执-分裂样心态的特点是，此时婴儿还没有"人"的意识，他的客体关系是与部分客体的关系，占优势的机制是分裂过程和偏执焦虑。

2. **抑郁样心态**　经历过偏执-分裂样心态之后，随着婴儿感知功能的完善，它能够内投完整的客体，可以更好地适应生活。大约从第5或第6个月开始，直到1岁左右，婴儿进入"抑郁样心态"。这里的"抑郁"并不是指疾病抑郁，而是指对所丧失的幻想和事实感到悲哀，或是因为对所爱的人有攻击性而感到负疚或悔恨。儿童逐渐觉察到他有一个可爱的但却并不完美的立体的母亲，开始关注自己在现实和幻想中针对母亲的攻击，开始体验到负疚感。此时，母亲作为一个不同于婴儿自身的人被全面地理解或认识，在这个"完整的客体"身上，汇聚着可爱与可恨两个方面的特征，她既令人满足，又令人受挫，既有好的方面也有坏的方面。儿童开始有了矛盾情绪的体验。一方面，他爱母亲，他不仅需要她而且完全依赖她。但是，由于母亲不能总是满足他的愿望，他有时就对她萌生了强烈的恨。所以，力比多冲动和破坏性冲动指向了同一个客体——整体客体母亲。这种仇恨和破坏性冲动使得婴儿害怕自己会毁灭母亲从而失去她，于是陷入了抑郁性的心态。抑郁性的情感和负疚感引起了保存所爱客体的渴望，由此导致对破坏性冲动和幻想的修复，修复自己由于恨给所爱客体带来的幻想的以及现实的伤害。修复使儿童能够用爱，但是现实的方式与母亲建立客体关系，他的人格得到了加强，并克服了焦虑，安定下来。抑郁样心态的特点是，开始把母亲知觉为一个独立的整体客体，此时的客体关系是与整体客体的关系，占优势的机制是整合、矛盾、抑郁性焦虑和负疚感。随着抑郁样心态一次又一次地被整合和修复，儿童的焦虑逐渐减少，修复、升华和创造性倾向逐渐取代精神病和神经症的防御机制。其人格发展的成就是，能用多维立体的观点看待他人和自己，能够接受人类的弱点，并接受他人与生俱来是独立和自主的客体。

（三）游戏治疗

游戏治疗（play therapy）是克莱因对于精神分析技术的一项创新。在治疗儿童精神病的过程中，由于年幼的儿童不能使用自由联想，因而克莱因用儿童的游戏替代自由联想，通过观察和解释儿童的游戏来接近儿童的幻想和潜意识，并对儿童的移情现象进行分析，从而使游戏治疗成为系统的儿童精神分析技术。

1. **解释与移情分析**　克莱因强调解释的作用，尤其强调对游戏中表现出的焦虑的解释，使儿童认识到自己对于客体的投射和认同，认识到自己的焦虑的来源。在游戏分析的情境中，分析师的任务是以同情的方式解释儿童的焦虑，充分地描述儿童在爱与恨、真实与虚幻等对立的需求之间所遭受的激烈冲突。因而解释的作用之一就是解除潜意识的焦虑，从而保持儿童的兴趣和合作。或者说，分析师的解释就是使儿童的潜意识幻想被他（她）自己认识到。解释的另一重要作用即推动游戏顺利进行。克莱因认为，游戏以象征性的行为表达儿童的幻想，恰如梦以歪曲的意象表达清楚、有秩序、有逻辑的潜在思想一样。儿童的游戏就是一种"幻想的推理"，它和自由联想一样，需要解释来推动。比如，每当儿童产生抵抗，不愿进游戏室或想离开游戏室时，分析师立即做出解释，阐明他（她）抵抗的原因。抵抗解除之后，儿童又会变得友好和充满信任，并继续玩他（她）的游戏，（无意识地）为分析师所

笔记

做的解释提供进一步详细的证明。

移情分析（transference analysis）是精神分析技术的关键，但在克莱因之前，人们一直认为移情分析仅限于成人，因为儿童在现实中还依恋和依赖他们真实的父母，所以不能产生适当的移情。克莱因根据观察发现，儿童也像成人一样，能够对分析师产生真正的移情。移情在儿童对于分析师——这一内在父母式人物的投射的基础上发展起来。既然儿童的客体关系由来已久，父母式的人物在其中既被内化又被歪曲，那么，正是这些属于内部世界和属于过去的人物才构成了移情的基础。恰如在成人的分析中，不是当前的父母式人物而是内部的父母式人物被投射到了分析师身上一样。此外，既然分裂机制在幼儿身上尤其重要，那么，儿童会轻而易举地把他的父母的分裂方面转移到分析师身上。

2. **游戏治疗的环境设置**　克莱因对于游戏治疗的环境设置（environment settings）具有特别的要求。她认为，环境的设置和玩具的使用是游戏技术的一个核心部分。环境设置应保持时间和空间的稳定性，玩具应具有安全性和个人使用性以及与环境和患者的适宜性等特点。

克莱因发现，固定而有规律的环境设置是很重要的。通过密切关注来自大大小小的患者的潜意识信息，时间或空间上的任何改变或分析师的变化都会被患者注意到并纳入他们的潜意识幻想情境中。有些患者对于环境中的轻微变化都非常敏感。尤其是时间上的变化，常被理解为患者与分析师之间权力关系的体现；一次分析时间的轻易改变，常会使患者对分析师产生种种揣度，使患者异常焦虑。所以克莱因非常重视环境的稳定性。

分析师对于儿童的安全必须承担普通成人应有的责任，因为儿童年幼，或者有的是攻击性的精神错乱者，所以玩具的安全性和适宜性是非常重要的。克莱因要求，游戏室内不应放置易碎的物品；电线、灯等应放置在儿童不易接近的地方。房间的结构应该使儿童自由地表达少许的攻击性而不至于伤害到他自己，或危害周围的环境。分析师必须能够阻止儿童进行对他自身有危险的行为，也要能够阻止儿童对分析师个人的实际的攻击。他还需制止儿童的破坏性行为，以避免对游戏室造成破坏而妨碍其他患者使用。当然，房间的布置应根据儿童的年龄和患病的程度做某种程度的改变。比如，对于精神病儿童或带有攻击性的精神错乱的青少年儿童，当他们可能把锋利、坚硬的东西用作武器时，就应该把这些东西拿走。

克莱因还认为，游戏室内的玩具应该每人一份，放在固定的抽屉或箱子里。他可以自由地使用这些玩具，但只准在游戏室里使用。房间里有可以发挥想象力的小玩具，如小积木、栅栏、小汽车、小火车、球、玩具动物和玩具娃娃等，还有纸、铅笔、剪刀、水和容器等。除了这些个人的玩具之外，房间里最好能有自来水和一些所有儿童能共用的设施如清洁用的抹布和肥皂等。房间里还应该有一张桌子和至少一对椅子。最好有一张沙发，儿童可用来做游戏，当他们愿意自由联想时，也可以用来躺在上面。分析师本人和房间里的其他东西也是环境中的一个重要部分，儿童患者可以利用它们向分析师展示他（她）们是如何体验自己及他（她）们的世界的。

二、纯粹性客体关系理论

费尔贝恩不像克莱因那样保留了一部分弗洛伊德的本能观点，他对弗洛伊德的力比多等本能概念完全从客体关系方面进行解释，提出了一种纯粹性客体关系理论（pure object-relation theory），而不同于克莱因的过渡性客体关系理论。

（一）客体关系

费尔贝恩的客体关系理论的基础是：力比多主要不是寻求快乐，而是寻求客体。在临床上经常有患者发出这种抗议："你总是说我需要这些（性欲），并渴望得到满足，但我真正想要的是一个父亲。"这使得费尔贝恩开始质疑弗洛伊德的"人生的基本动机是寻求快乐"的理论前提，从而形成了费尔贝恩整个思想的出发点。他认为，力比多的真正目的就是与客体建立满意的关系。力比多是有理智、有目的的，而非混乱的愿望满足。在弗洛伊德的理论中，力比多的目的仅仅是为了减少紧张，并不指向特定的客体，但对费尔贝恩而言，力比多总是指向特定的客体。人类行为的最终目标不是为了减少紧张，而是为了在与他人的关系中表达自我。这一人类基本动机的观点是费尔贝恩对当代关系理论最大的贡献。

如果力比多一开始就是客体寻求的，那么接下来的行为必定会指向于外部现实，受现实原则所支配。由此，费尔贝恩颠倒了弗洛伊德的快乐原则和现实原则的关系，将现实原则看作决定行为的首要和基本原则，并认为快乐原则和自发性欲都不是正常现象，而是合理的客体寻求失败的结果。儿童从出生起就跟成人一样被现实的感觉所激起，然而由于其行为缺乏经验，使得成人观察者容易误认为其行为主要是由快乐原则所决定。当然也必须承认，由于缺乏经验，儿童更容易情绪化和更加冲动，这也使得他们在遇到困难时，比成人更容易转向释放紧张的行为。

在费尔贝恩看来，"客体关系"这一术语是对个体与所需要的父母之间失败的人际关系的描述。婴儿需要被看作是一个拥有自己权利的人，并要求得到父母无条件的接受和爱。当婴儿经验到重要的父母失败时，便会将无法接受的（被拒绝的）父母方面加以内化，使之得到控制。在婴儿内化了所需要的父母无法接受的方面之后，这个无法接受的部分又依次分为一个令人拒绝的客体（rejecting object）和一个令人兴奋的客体（exciting ego）——令人兴奋是因为它既惹人爱（作为需要的客体），同时又令人沮丧和被拒绝。最终，根据对客体的需要程度，婴儿会同时感到该客体既是令人兴奋的同时又是令人拒绝的。因此，这两个内在的方面必定会被分裂并相互分离。另外，原始自我（original ego）的各部分也变得分裂并与这两个内化客体相认同。反力比多自我（anti-libidinal ego），即内部破坏者通过认同与令人拒绝的客体相联系，而力比多自我（libidinal ego）通过认同与令人兴奋的客体相联系。原始自我的剩余部分成为了中心自我（central ego），而最初客体的原始部分变成了理想客体。

（二）人格结构观——自我是人格的核心

费尔贝恩对自我的看法与弗洛伊德存在着本质的区别。他明确指出，自我不是一种功能组织，而是真实的自我，即人格的核心或动力中心。自我不是由伊底派生出来的，而是先天就具有的人格成分。因此，费尔贝恩重塑了自我的概念。

费尔贝恩认为人具有寻求客体的本质。他思考的基本单元是与他人关系中的自我以及自我与他人之间的关系。人格在本质上包含了与他人的关系。在费尔贝恩的关系模型中，自我的成长、变化来自于它在关系中的经历；同时，关系的本质也可以被自我塑造和改变。正是在与他人的经验中，自我表达了它的个性，并且不断发展。费尔贝恩认为，人类的心灵起源于与生俱来的、原始的、单一的动力性自我结构，儿童最早的人格是由一元的动力性自我构成的。他将这种原始状态称为"动力性的自我结构"（dynamic ego structure）和"动力自我"（dynamic ego）。他坚持自我具有天生的结构完整性，认为自我是一个"单一"和"一元"的整体。此外，自我还是生活经验的先决条件，是原始的和天生的，它的存在不以任何方式依赖经验。

刚出生的婴儿具有原始的、未分化的整体自我，这是人类最本质的特点。在人的一生中，所要面对的首要问题既不是满足本能，也不是控制冲动和驱力，更不是协调与和谐各个独立的心理结构；这些问题之所以产生是由于在成长过程中造成了"原始的一元心灵整体"的丢失。所以，心理健康就是要使自我在通往成熟的道路上保持其完整性。

费尔贝恩认为，自我的结构是一种内心状态（endopsychic situation）。尽管人类的心灵——自我具有原始的整体性，但由于其具有与客体相关的本质，所以在成长中需要与客体建立满意的关系，即得到来自母亲客体的良好养育。在现实中，这一条件是很难实现的，婴儿不可避免地会遭遇各种挫折。由于婴儿的能力有限，他所采取的方式只能是从主观上改造客体，从而使得原始自我也发生了改变。可以说，为了应对关系中的挫折才导致了人类自我结构的形成。自我不再是单一的连续体，而成为一个多重的结构，费尔贝恩将之称为"自我的动力性多重亚结构"，也即内心状态（endopsychic situation）。它包含了三个部分：中心自我（central ego）、力比多自我（libidinal ego）和反力比多自我（anti-libidinal ego）。其中的每一部分都通过认同与客体的不同方面相关联。中心自我与被接受的客体（理想客体）相认同，力比多自我与令人兴奋的客体相认同，反力比多自我（也称为内部破坏者）与令人拒绝的客体相认同。

（三）人格发展观

费尔贝恩将人格发展的核心从伊底和性欲转向了自我和客体关系，认为人格发展的尺度是自我的逐渐成熟。由于自我具有与客体相关的本质，因此自我的成熟也就等同于自我的客体关系的成熟。他非常重视"依赖"在客体关系中所扮演的角色，提出人格发展的总路线是从依赖部分客体到依赖整体客体；从对客体不成熟的依赖发展到对客体成熟的依赖。可以说，人格发展的实质就是自我的客体关系的发展。

费尔贝恩指出，人格发展的首要因素是母婴关系。作为人格的基本动力，客体关系对人格的发展具有决定性的影响。无论是自我完整性的保持，还是人格分裂与扭曲的出现，都取决于个体与客体之间的关系。费尔贝恩对客体关系的理解与克莱因稍有不同。克莱因所指的客体关系是经过幻想改造过的内部客体关系，费尔贝恩则更看重外部真实的客体关系。

并非所有人和事物都能够成为客体，只有那些对某人来说极为重要的人和事物才会成为客体。人类的客体开始于母亲。对婴儿来说，母亲的乳房是先天的部分客体，母亲是最重要的整体客体，父亲则是次要的。这是因为对于婴儿的生存来说，最重要的是营养，而不是性欲，所以能满足其营养需要的母亲才是他们的第一客体。婴儿一旦拥有了母亲，只要母亲能够保持足够的可信赖性，他们便会越来越少地专注于以母亲为中心的需要。这样，母亲客体就可以逐渐被其他事物、玩具等象征性地替代。但要达到这一点，首先要求母亲本身也要拥有一个健康、完整的自我。倘若婴儿能够长久地得到母亲的照顾，那么，这种好的客体关系的经历便会促使其自我良好地发展。这一点可以从现实中得到验证：拥有好的母亲的个体，往往会发展出充分稳定和成熟的人际关系。但实际上，生活中完美的养育几乎是不可能的，每个婴儿都必定会遭遇到不满足的亲子关系。所以为了生存，他们就将坏的客体——母亲加以内化，以实现对她的控制。由于母亲并非在整体上坏，而只是部分地坏，所以婴儿将其分裂为好的母亲和坏的母亲两个方面。随后，它们又将坏的母亲保留于内心结构中，只把好的母亲投射出去，从而使现实被想象得尽可能舒适和完美。这一过程是婴儿生存所必需的。

尽管弗洛伊德也强调儿童早期母亲的养育对以后人格发展产生的影响，但他更坚持俄狄浦斯情结的重要性，并认为在俄狄浦斯情境中所形成的父亲—母亲—儿童的三元关系是决定人格发展的关键因素。与之相比，费尔贝恩则将婴儿发展的关键期向前追溯到了口欲期（即一岁半之前），认为此阶段中母婴之间的二元关系对人格发展具有决定作用，且这种关系在以后的发展阶段中仍占据重要地位。在这一点上，费尔贝恩与克莱因等其他客体关系学者的立场是一致的。

（四）心理治疗观

费尔贝恩认为，精神分析治疗的首要目标是通过减少原始自我的三元分裂，达到人格的整合。分裂在每个人身上或多或少都会发生，只是有些人的分裂程度更为严重。治疗主要集中于通过患者与分析师的关系，推动原始自我所分裂的各个结构进行最大化的综合。

正常人的内心世界是一个开放的系统，既能允许外部情境的影响，也能对外部世界做出正常的反应。但是对于神经症和精神病患者来说，由于遭遇到外部世界客体关系的失败，因此转向了内部的心灵空间，将自己沉浸在内部世界封闭的系统中。封闭的系统包含了一切病态的心理过程和客体关系，是造成症状和性格偏离的最终根源。因此，要消除症状，改变旧有的关系模式，还必须打破构成患者内部世界的封闭系统，使其能够受到外部现实的影响。

费尔贝恩对古典精神分析的治疗技术与观念进行了扬弃。首先，他抛弃了躺椅技术。躺椅技术是弗洛伊德所采用的，费尔贝恩在早期也采用过，但在后期的治疗中，他抛弃了这种技术。代之以费尔贝恩坐在办公桌后面，患者坐在位于办公桌一边的舒适椅子上，几乎与治疗师平行，但又稍稍倾斜。依据这种安排，患者与分析师之间不再是普通的彼此对视，但如果愿意的话也可以互相对视。这样既有利于关系的维持，又不会造成任何一方的困窘。弗洛伊德采用躺椅技术的目的是使分析师免受患者要求的影响，以使分析保持客观性，具有很高的防御价值。但是费尔贝恩认为，这样做会影响患者与分析师之间关系的建立。因为躺椅技术再现了童年创伤的情境，即小时候哭闹时被独自扔在婴儿车或帆布床上的感受。当患者发现自己被孤立地隔离在躺椅上时，必然会受到所激发起的童年创伤的影响。其次，以患者的利益为中心。古典精神分析的治疗往往采用标准的时间设置，即每次会谈约50min，而不考虑患者的发展进程的需要。费尔贝恩认为，任何坚持弗洛伊德古典精神分析所建立的标准的倾向都无意识地为了分析师的利益而损害了患者的利益。实际上，治疗的目的不是患者顺从治疗方法，而是方法符合患者的实际需要。坚持以方法为中心只会导致这样的事实，即"手术成功了，患者却死了。"

费尔贝恩认为，患者与分析师之间的关系也是治疗极为重要的方面。用人格客体关系的术语来说，患者所受之苦来自于早年生活中所经历的不能令其满意的客体关系。这些关系以夸张的形式久存于内部现实中。因此，分析师与患者之间的实际关系就成为治疗的重要因素。在外部现实中，人际关系的存在不仅提供了一种手段，用以纠正盛行于内部现实且影响了患者对外部客体的反映的歪曲的人际关系，而且还为患者提供了机会，否认童年的他，并在实际的与可靠、仁慈的父母形象的关系背景中，经历情感变化的过程。他还进一步指出，这种分析师与患者之间的关系不仅仅是移情关系，而是存在于两者间的所有关系的总和。总之，正是基于童年与父母之间的关系才使得人格呈现和发展出特定的形式，接下来受到精神分析治疗（或任何其他形式的治疗）影响而使人格发生的改变都主要是以个人关系为基础的。

三、整合性客体关系理论

克恩伯格的研究工作有两个目标，其一是将古典精神分析的驱力理论与客体关系理论进行综合，提出一种整合性客体关系理论（integrative object-relation theory）；其二是以此为基础进而建构一种边缘性人格障碍理论来解释边缘性人格病理机制。

（一）客体关系及其发展

在克恩伯格的理论中，客体指个体内部关于一个人（通常是个体生命早期重要的人物，如母亲）的、有情感投注的心理意象（mental image）。客体关系是指对人际关系进行内化的

笔记

产物。客体关系不同于人际关系。人际关系描述的是外部现实世界中个体之间的各种作用；客体关系描述的是自我内部的一种状态。克恩伯格提出了"客体关系单位"概念，每个客体关系单位由客体意象、自体意象和联结两者的情感组成。客体意象是个体知觉、加工和内化早期人际关系经验的产物，自体意象是个体知觉、加工和内化他过去的各种自体概念的产物，而联结客体意象和自体意象的情感可以有两种性质，或是正性的（力比多性质或爱欲情感），或是负性的（攻击性质或恨的情感）。情感的性质决定了客体关系的性质。个体从婴儿早期起都是根据他所感受到的正性或负性的情感体验来组织其经验。他把体验分成好和坏两类，要么把母亲看成是全好的，要么看成是全坏的。当母亲满足儿童的需要、给儿童以安慰以及母亲在眼前时，儿童就把母亲看成是全好的，婴儿与母亲的这种关系被内化就形成好的客体关系单位；当母亲使其受挫或者不在他眼前时，她就是坏的，婴儿与母亲的这种客体关系被内化就形成坏的客体关系单位。这种将客体知觉为全好或全坏的倾向称为分裂机制。

克恩伯格将基本客体关系单位当成是构建心理结构的基本材料。个体经过五个阶段的发展，就会形成有序的、结构化的人格。第一阶段是指婴儿出生后的第1个月。在此阶段婴儿处于混沌状态，既无客体意象也无自体意象，没有伊底、自我和超我，只有原初的感知和记忆能力。在第二阶段（2～8个月），婴儿与母亲在一起所获得的愉悦、满足的体验建构出自体意象，这些自体意象和母亲这个客体是融合在一起的，是经由愉悦的情感联系在一起的。它就是好的、未分化的自体客体单位，自我就将围绕这些单位而形成。在愉悦体验建立起好的自体客体意象的同时，挫败经验则建立起"坏"的，并带有痛苦、令人挫败及愤怒的感受的自体客体意象。在此阶段，"好"的意象和"坏"的意象在原始的分裂机制的作用下彼此分隔开来。当自体意象在好的自体客体意象单位中与客体意象分化开来时，第二阶段就结束了。这些分裂开来的自体意象和客体意象偶尔会重新融合为自体客体意象，然后再次分化。坏的自体客体单位在此阶段尚未分化，而婴儿把它们推到心理经验的边缘。当自体意象和客体意象在核心的、好的自体客体意象内分化完成时，第三阶段（6～36个月）就开始了。此阶段的标志是自体和客体意象的分化，即自体和非自体划清界限。在开始时，"好"的和"坏"的自体意象是分开并存的，然后逐渐整合在一起；当"好"的和"坏"的自体意象整合成为一个整合的自体概念时，第三阶段即告结束。自体意象和客体意象间的分化有助于建立稳定的自我界限，但由于在此阶段"好"的和"坏"的客体意象还未实现真正意义上的整合，这仍然是一个"部分客体关系"的阶段，客体对于幼儿而言还不是恒定的，所以此阶段的幼儿的自我边界仍然继续是脆弱和不稳定的。在第四阶段（3～6岁），投注正性情感的、好的自体意象与投注负性情感的、坏的自体意象合并成为一个完整自体系统；投注负性情感的、坏的客体意象也与投注正性情感的客体意象（母亲）结合在一起。儿童现在有了一个完整的、比较现实的母亲表象。实现了客体恒常性（object permanence），即不再有将母亲这个客体分裂成好的或坏的倾向。在此阶段，由客体关系基本单位构成的自我、超我和伊底被分别固化成为稳定有序的内部心理结构。第五个阶段是在儿童后期开始的。此时超我整合已经完成，超我和自我间的对立或冲突减弱了。当超我已经整合时，它就会进一步促进自我同一性的整合与巩固。

（二）客体关系、情感和驱力的整合

克恩伯格通过阐述情感在建构内部客体关系世界及建构各种驱力基质中的作用将驱力理论与客体关系理论整合在一起。婴儿在与母亲相互作用中所体验到的强烈愉悦（或幸福状态）产生了原始的、"全好的"自体客体意象单位，强烈痛苦和恐惧的体验产生了"全坏的"自体客体意象单位。在这些原始的自体客体意象单位中，自体和客体意象彼此没有分化。早期的分裂机制使这两种性质对立的未分化的自体客体意象单位保持分裂状态，即全好的、

未分化的自体客体意象与全坏的、未分化的自体客体意象是分开的。在以后的阶段里，在全好的未分化的自体客体意象单位中，自体意象和客体意象开始分化，在全坏的未分化的自体客体意象单位中，自体意象和客体意象也开始分裂，然后好的和坏的自体意象又逐渐融合，形成整体的自体概念；好的和坏的客体意象开始融合形成整体的客体意象，实现客体恒常。由此导致了自我边界的形成和现实检验的出现。在与父母相互作用中产生的强烈情感体验所形成的自体和客体关系就成为构成潜意识自我、超我和伊底的基本材料。而在强度较低的情感激活状态中所发生的母婴之间的意识和前意识的相互作用就以促进适应为目的，被合并成为意识和前意识的自我。克恩伯格认为，自我和伊底都是从一个共同基质或根源发展出来的，且自我结构早于伊底结构而出现。婴儿在与母亲相互作用中所体验到的"全好的"、愉悦的情感，与婴儿所感知到的、母亲潜意识的爱欲意义进行不断整合，就构成了力比多驱力。同样，将痛苦的、恐惧的、愤怒的情感体验与母亲敌意下意识反应的潜意识意义结合在一起，就构成了死亡驱力即攻击性。作为潜意识动力的力比多驱力，寻求与重要他人建立爱欲联结；作为潜意识动力的死亡驱力（攻击性）则攻击另外一些联结，最终目标是要彻底消除对他人的一切需要，彻底消除体验性自体。死亡驱力作为原始层面的施虐性超我的前身，构成了最深层面的潜在自我破坏性、偏执倾向，包含命令性、禁止性成分的客体关系构成的超我结构。

总之，克恩伯格认为，婴儿与母亲相互作用中所体验到的强烈情感可以浓缩转换成两个基本的动力系统，一个是以爱欲情感为特征的力比多驱力，另一个是以恨为特征的攻击性驱力。力比多驱力和攻击性驱力并不是由单纯的情感累积而形成的，还通过与重要客体建立各种关系而形成的，即驱力是由亲子互动中所体验到的情感转换而成的。在个体出生之初，既没有伊底、自我和超我，甚至也没有驱力。婴儿借助于先天的感知能力和记忆力将与环境中的他人尤其是母亲的关系进行内化，形成了初步的客体关系。在此基础上，才逐渐形成了自我、伊底和超我。而处于潜意识之中的伊底，是经过组织而成为一个结构化的心理结构。在克恩伯格的整合性客体关系理论中，客体关系、情感及驱力三者之中的每一种成分，都是以包含其他两种成分为自己存在的前提，三者几乎是三位一体的，每种成分都包括了心理和生理、意识和潜意识、先天和养育等多个维度。

（三）边缘性人格障碍的治疗

克恩伯格根据其整合性客体关系模型提出了边缘性人格障碍（borderline personality disorder，BPD）理论来解释边缘性人格患者的心理病理，在此基础上发展出了移情焦点治疗。边缘性人格障碍理论认为，边缘性患者有一个虚弱的自我，虚弱的自我有三个核心特性，即现实检验有缺陷、有使用原始防御机制的倾向、身份感紊乱。移情焦点治疗的一个基本假设认为，个体早年形成的歪曲的客体关系在治疗情境中会以移情的形式出现在患者与治疗师的关系中，通过对这些歪曲的客体关系进行持续地解释，患者的歪曲的原始客体关系就可以向更高的水平发展。移情分析是移情焦点治疗的主要手段。在治疗中保持中立是移情分析的前提，治疗师通过面质和澄清，对患者在治疗过程中通过移情表现出来的原始客体关系进行持续的解释，患者的部分客体关系就会向整体客体关系转化，患者的身份就会由紊乱向整合发展。

克恩伯格在对边缘性患者进行治疗中发现，对这些患者的支持性治疗通常徒劳无功，而他们的特征防御阻碍了他们与治疗师建立好的工作关系。因此，他提出，治疗师必须主动积极地介入治疗。他建议治疗师：①探究并指出患者对治疗师的负移情，这种负移情阻碍了与治疗师建立工作关系；②面质患者的那些削弱自我并降低现实检验的病态防御机制；③处理治疗情境，防止患者将移情感受见诸行动。边缘性患者在治疗之初就会很快地发展出移情，且经常是混沌不清、主要是负性的移情。这种负移情的一个方面就是投射性认同,这是投射的一种原始形式。在投射认同中,患者把攻击性的自体意象和客体意象外化,并继续与客体建立联系以便能控制由于该投射而现在感到恐惧的客体。在负移情中,投射性认同典型地表现为对治疗师的强烈的不信任及害怕,而治疗师已被患者体验为是在攻击患者。患者可能会试着以一种施虐性或强势征服的方式来控制治疗师。患者还可能会觉察到他本身的敌意,但更可能感觉到的是他或她只是对治疗师的攻击做反应。患者的攻击在治疗师身上引发出一种反移情性的攻击。那就像患者把自身的攻击性成分安放在治疗师身上,就像反移情代表着从治疗师内部浮现出患者的这一成分(患者的攻击性成分)。

从客体关系框架来看,在边缘性人格障碍的移情中所发生的是原始客体关系单元的激活。投射到治疗师身上的是一种原始、施虐性的父母意象,而患者本身感到自己就是一个受惊吓、受攻击的小孩。不久之后,可能会转换成患者本身,会体验到是个苛刻、虐待性的父母,而治疗师则是带愧疚感、受惊吓的小孩。患者的强烈攻击性以及对他和治疗师之间关系的扭曲使得在治疗师和患者之间建立一种工作关系变得很困难。只有当患者的观察性自我被引入到对自体的某个混乱的方面进行治疗的操作过程中时,一种工作关系或治疗性联盟才会出现。治疗师的部分任务是让患者去注意,把治疗师看作是一个古老的幻想客体与看作是一个真实客体这两者之间的差别。在对负移情和原始防御机制,如投射性认同进行积极主动干预时,治疗师也要控制患者把在治疗情境中产生的移情感受付诸行动。这是指把对治疗师的感受化为行为而不只是言语。治疗师必须在治疗情境中建立起坚固的结构,以便协助阻断付诸行动现象,这可以协助患者把其自体和治疗师区分清楚。

第三节 精神分析客体关系学派的简要评价

一、精神分析客体关系学派的贡献

第一,促使精神分析运动由驱力模式向关系模式发展。从精神分析运动的发展史来看,克莱因从弗洛伊德的驱力模式出发,重新界定了驱力的基本性质,并把客体关系置于其理论与临床研究的中心,开创性地架构起了驱力模式与关系模式之间的桥梁。此后的费尔贝恩的纯粹性客体关系理论和克恩伯格的整合性客体关系理论等共同推动了关系模式继续向前发展。关系模式强调个人与他人形成关系的方式,在与母亲的关系中,婴儿形成了自我的发展,并拥有了未来人际关系类型的基础。关系模式强调"人性",超越了驱力模式对动物本性的关注。当代的客体关系理论逐渐与人际理论相整合,发展为更具整合性的关系精神分析。因此,客体关系理论不仅是英国精神分析学的特色,而且成为国际精神分析运动的发展趋势之一。

第二,促进了精神分析运动由传统精神分析向儿童精神分析的发展。尽管客体关系学派的理论家们提出的客体关系模型有所不同,但都集中于儿童早期心理发展的研究。古典精神分析也重视早期经验的作用,但把心理发展的关键期放在俄狄浦斯阶段,即3~5岁;而客体关系理论则多把发展的关键期放在前俄狄浦斯阶段,甚至在1岁之前,它们都认为前俄狄浦斯阶段是对个体毕生的心理发展产生决定性影响的时期,即一个人在儿童早期所形成的与人交往的模式将会构成他终身和他人交往模式的核心。客体关系理论家们对婴儿的研究使我们对于1岁以内的婴儿心理的发展及其内部世界有了更加深刻的认识和了解。这些理论观点和研究资料验证和修正了弗洛伊德原来从成人的分析中推理得来的关于儿童心理生活的资料,极大地丰富了精神分析学的内容。这些研究不仅为儿童精神分析学的建立奠定了基础,也为发展心理学做出了贡献。

笔记

第三,推进了心理治疗理论与技术的新发展。客体关系理论家均认为,在儿童期如果不能建立良好的客体关系,对那些与之有亲密关系的人未能留下一个恒定的印象,将会引起不良的适应。在治疗中,将治疗改变的中心定位于患者与治疗师的关系之上,使精神分析的治疗模式发生了很大转变。当代的精神分析学者几乎都以这些观念作为实施治疗的基础。特别是克莱因等人针对儿童的游戏治疗技术不仅极大地开拓了精神分析技术的治疗范围和疗效,而且引发了世界性的游戏治疗运动。正如美国的游戏治疗专家兰爵斯博士所言,游戏治疗技术不仅"革命性地改变了一般人对于儿童和儿童问题的看法,而且为后来世界性的游戏治疗运动奠定了基础。"目前,游戏疗法被广泛地应用于心理治疗和教育等领域,特别是受到游戏治疗方法的启示,把玩具用于儿童分析、心理治疗和儿童护理诊所的治疗等,已经非常普遍。

二、精神分析客体关系学派的局限

第一,概念不够确切,容易使人误解。客体关系理论家们虽然对建立和发展客体关系理论做出了实质性的贡献,但都在不同程度上使用了弗洛伊德的概念和术语,例如本能、力比多、结构、自我、客体等,尽管它们与弗洛伊德原来使用的意义已经不再一样。比如,费尔贝恩使用了"客体"的概念,但没有指出这一概念与驱力模式中的客体概念有何不同,因此容易使人误解。

第二,理论建构的推测成分较大,缺少系统的观察证据。在研究方法上,客体关系理论家们似乎都有重蹈弗洛伊德覆辙的倾向,理论建构更多是建立在推理和思辨的基础上,缺乏系统的观察与测量。比如,克莱因对 2 岁之前幼儿心理生活的描述是通过对他们在游戏中行为的解释进行的,这种解释充满了主观的想象。克恩伯格被批评最多的就是他的理论证据不足,因为他的理论建构主要来自于他对边缘性人格障碍的治疗经验,患者主要是成年人,而他的理论重点却在心理发展的前俄狄浦斯期,因此,他的理论带有很多思辨和推理的成分,缺乏足够的、通过对前俄狄浦斯期儿童心理发展的细致观察所得到的证据的支持。

思考题

1. 试述精神分析客体关系学派的产生。
2. 精神分析客体关系学派的主要代表人物。
3. 简述精神分析客体关系学派的主要理论。
4. 试述克莱因过渡性客体关系理论的心理发展观。
5. 简述费尔贝恩纯粹性客体关系理论对客体关系的看法。
6. 试述克恩伯格对于客体关系、情感和驱力的整合。
7. 试述克莱因、费尔贝恩和克恩伯格各自的心理治疗观。
8. 试述客体关系学派的理论贡献与理论局限。

参考文献

[1] 郭本禹.潜意识的意义——精神分析心理学(上).济南:山东教育出版社,2009.

[2] 沈德灿.精神分析心理学.杭州:浙江教育出版社,2005.

[3] 郭本禹.精神分析发展心理学.福州:福建教育出版社,2009.

[4] 王国芳,吕英军.客体关系理论的创建与发展:克莱因和研究拜昂研究.福州:福建教育出版社,2011.

[5] 徐萍萍,王艳萍,郭本禹.独立学派的客体关系理论:费尔贝恩、巴林特研究.福州:福建教育出版社,2010.

笔记

[6] 郗浩丽.客体关系理论的转向：温尼科特研究.福州：福建教育出版社，2008.

[7] 林万贵.精神分析视野下的边缘性人格障碍：克恩伯格研究.福州：福建教育出版社，2008.

[8] 郗浩丽.温尼科特——儿童精神分析实践者.广州：广东教育出版社，2012.

[9] 郭本禹.心理学通史·第四卷·外国心理学流派（上）.济南：山东教育出版社，2000.

[10] Clair M. Object relations and self psychology: An introduction.Monterey，CA: Brooks/Cole，1986.

[11] Segal J.Melanie Klein.London: Sage，1992.

笔记

第十三章　精神分析社会文化学派

精神分析社会文化学派（social-cultural school）诞生于 20 世纪 30、40 年代的美国。它是当时的美国社会文化对弗洛伊德古典精神分析理论进行修正和改造的产物。古典精神分析认为生物因素，特别是性本能是人格形成和发展的根本原因，而社会文化学派认为社会文化因素是人格形成和发展的根本原因。该学派的主要代表人物有霍妮、沙利文、卡丁纳和弗洛姆等人。

第一节　精神分析社会文化学派概述

一、精神分析社会文化学派产生的背景

（一）社会背景

20 世纪 30、40 年代，西方资本主义国家进入了动荡不安的时期。先是席卷资本主义国家的经济危机，随后又是第二次世界大战的爆发，这些灾难沉重地打击了人们的心理和精神，心理疾病发病率大为上升。一些为了逃避战争而从西欧特别是德国移民到美国的精神病学家和精神分析学家发现，弗洛伊德的病理学和治疗学在新的社会历史条件下已经失去了解释力，在临床上也行不通了。另一方面，他们也从治疗实践的切身经验中认识到，性压抑已不是心理问题的主要原因，而文化因素、社会条件和人际关系等文化环境因素，可能是当前精神病的主要原因。沿着这个线索，精神分析家们开始了新的治疗模式的探索，最终形成了强调社会文化因素在精神病形成中占主要作用的社会文化学派。

（二）学术背景

除了宏观的社会背景之外，精神分析社会文化学派的形成还有其直接的学术背景。19 世纪，物理学和生物学等自然科学诞生，而到了 20 世纪，包括社会学、文化人类学、社会心理学等在内的社会科学诞生，为精神分析社会文化学派提供了新的科学范式。这些新兴的社会科学把人看成是社会文化环境的产物，把人格解释为个人对社会环境的适应，把理论和治疗实践的重心从个体内部转移到人与人、人与环境之间的关系上。精神分析社会文化学派的产生与这些人文社会科学的兴起和冲击是分不开的。社会文化学派的主要代表人物霍妮和卡丁纳受文化人类学家米德（M.Mead）和本尼迪克特（R.Benedict）等人的影响较大，沙利文受社会学和社会心理学中的芝加哥学派的影响较大，而弗洛姆则主要受德国社会学的影响。

（三）对古典精神分析的修正

社会文化学派的主要代表人物霍妮在 1937 年出版了《我们时代的神经症人格》，强调了社会文化因素在神经症形成中的作用，并对弗洛伊德的许多基本观点进行了修正。这部著作的出版标志着精神分析社会文化学派开始形成。沙利文于 1938 年创办《精神医学》杂志，

以传播他的人际关系理论。他认为心理疾病是由人际关系的失调引起的,而不是性本能与社会的冲突引起的。卡丁纳于1939年出版了《个人及其社会》一书,将其通过人类学研究所得出的不同于弗洛伊德的结论公之于世。弗洛姆在20世纪30年代发表了一系列论文,试图用马克思主义修改弗洛伊德的精神分析学。他于1941年出版《逃避自由》一书,进一步从社会学的人本主义哲学的取向上修改弗洛伊德的理论,不同于弗洛伊德从本能中寻找战争的心理根源。到了40年代初,精神分析社会文化学派完成了对弗洛伊德的古典精神分析学的修正。1941年,霍妮被纽约精神分析研究所开除,随即她又创建了美国精神分析研究所并自任所长。这一事件标志着社会文化学派正式独立。

二、精神分析社会文化学派的代表人物

(一)霍妮

凯伦·霍妮(Karen Horney,1885—1925年)出生于德国汉堡,是犹太人。12岁时,霍妮因病住院并开始对医学产生了浓厚兴趣,从此立志要成为一名医生。1901年进入高中开始接受正规教育,1906年顺利考入弗莱堡大学学习医学,实现了她多年学习医学的愿望。学校当年一共有2 350名学生,其中只有58名女学生,而霍妮是其中之一。大学期间,霍妮开始对精神分析产生兴趣。1908年她转到哥廷根大学。1909年由于抑郁症和性问题的困扰,开始接受弗洛伊德的嫡传弟子亚伯拉罕的精神分析。1913年获得柏林大学授予的医学博士学位。1914—1918年,在柏林精神分析研究所接受亚伯拉罕指导的精神分析训练。1920—1932年,在柏林精神分析研究所任教,此外,他还创办了一家私人诊所。1932年,在纳粹开始对犹太人迫害之际,霍妮接受芝加哥精神分析研究所所长弗兰兹·亚历山大(F.Alxander)的邀请,赴美担任该所副所长。这次移民加快了霍妮脱离弗洛伊德古典精神分析的速度,为她后来成为社会文化学派的创始人提供了可能。两年后,她又迁居纽约,在那里创办了一所私人医院,并在纽约精神分析研究所培训精神分析医生。随着她与弗洛伊德正统理论分歧的增大,导致了她与研究所其他成员的关系紧张。1941年,她的同事以投票方式作出决议,剥夺她的讲师资格。但霍妮又很快在同一年创建了美国精神分析研究所,并亲任所长,直到1952年逝世(图13-1)。霍妮一共有七部著作,其中《我们时代的神经症人格》(1937)、《精神分析的新道路》(1939)、《自我分析》(1942)、《我们的内在冲突》(1945)、《神经症与人的成长》(1950)五部是她生前出版的,而《女性心理学》(1967)和《最后的讲义》(1987)两部是其学生根据她生前的遗著和讲义编辑而成的。

图13-1 凯伦·霍妮

(二)沙利文

哈里·沙利文(Harry Sullivan,1892—1949年)出生于美国纽约州的诺威奇。由于沙利文的祖籍是爱尔兰,从小处于罗马天主教的环境之中。1908年进入康奈尔学习,1917年,获芝加哥医学院医学博士学位,但沙利文把这所学校称作"文凭制造所"。他在这两所学校获取的学识非常简单,其日后表现出的才华,主要是通过自学获得的。1918—1922年,沙利文曾在陆军医疗队任军医,同时供职于处理退伍军人问题的联邦政府机构。这段经历使他获得了多方面的临床工作机会,并被政府正式承认为神经精神病学家。第一次世界大战后,沙利文因在巴尔的摩和华盛顿特区私人医院成功地治疗了精神分裂症而名声大振。1922年,沙利文进入首都华盛顿的圣伊丽莎白医院,并担任了美国著名医学家怀特(W.A.White)

的助理。1923 年到 20 世纪 30 年代初,沙利文在马里兰大学医学院任副教授,同时在一家医院任职。后到纽约开设了一家私人诊所,继续从事精神病研究和治疗。1936 年,创办《精神医学》杂志,以推广他的人际关系理论。沙利文一生未婚,在 1949 年 1 月 1 日,他在阿姆斯特丹参加完国际心理卫生联合会的执行委员会会议返回途中,因脑出血突发而客死于巴黎,终年 57 岁(图 13-2)。沙利文生前只出了一部著作,《现代精神病学的概念》(1947)。去世后,他的同事和学生陆续将他的演讲记录、笔记和手稿整理出版,包括《精神病学的人际理论》(1953)、《精神医学的会谈方法》(1954)、《精神病学的临床研究》(1956)、《作为人的过程的精神分裂症》(1962)、《精神病学和社会科学的结合》(1964)、《个人的心理病理学》(1972)。

图 13-2 哈里·沙利文

(三)卡丁纳

阿布拉姆·卡丁纳(Abram Kardiner, 1891—1981 年)出生于纽约。1921—1922 年,卡丁纳在维也纳接受了弗洛伊德的精神分析训练,并对弗洛伊德产生了强烈的崇敬之情。1922年回国,先后在纽约精神分析研究所、康奈尔大学、哥伦比亚大学工作,积极宣传精神分析理论,并训练精神分析专业人员。1933—1936 年,他在纽约组织了一个讨论弗洛伊德的社会学著作学习班。他的学生中有后来成为著名人类学家的林顿(R.Linton)、杜波依(Du Bois)。1937年,卡丁纳和林顿同时被哥伦比亚大学人类学系聘为教授,他们从此开始了用精神分析法对科曼契的印第安人、马达加斯加的贝特西利奥族和南太平洋马贵斯群岛的土著民族进行的合作考察和研究(图 13-3)。卡丁纳的主要著作有:《个人及其社会》(1939)、《社会的心理疆界》(1945)(与林顿、杜波依斯等合著)、《压抑的记号》(1951)、《他们研究了人》(1961)。

图 13-3 阿布拉姆·卡丁纳

(四)弗洛姆

埃里克·弗洛姆(Erick Fromm, 1900—1980 年)出生于德国法兰克福一个正统的犹太人家庭中。1922 年,弗洛姆从海德尔堡大学毕业并获得哲学博士学位,1923 年入慕尼黑大学研究精神分析,并去柏林精神分析研究所接受训练,在此认识了霍妮。1925 年参加了由弗洛伊德领导的国际精神分析协会。1929—1934 年,在法兰克福精神分析研究所任教并从事心理治疗工作,同时也在法兰克福大学社会研究所工作。1933 年曾受美国芝加哥精神分析研究所(霍妮在此任副所长)的邀请赴美国讲学,第二年随法兰克福大学社会研究所一起离开纳粹德国入美国国籍。来到美国后先后在多家美国著名大学和研究机构任职。1934 年任教于美国哥伦比亚大学国际社会研究所,1940 年被该大学聘为教授。1941 年到美国佛蒙特州班宁大学任教,1945 年到怀特精神医学研究所工作,1947 年任该所所长。1949 年到耶鲁大学任教授。两年后转任墨西哥国立大学医学院精神分析学系教授,1955 年任该系主任。1957 年回国任密歇根州立大学教授,1962 年转任美国纽约大学任精神病学教授。1965 年退休后被聘为墨西哥国立大学荣誉教授。1980 年,在 80 岁生日前夕因心脏病突发客死于瑞士洛桑(图 13-4)。弗洛姆是一位非常多产的著作家,共出版了 20 多部著作。主要的有:《基督教义的演变》(1931)、《逃避自由》(1941)、《为

笔记

自己的人》(1947)、《精神分析与宗教》(1950)、《精神分析与伦理学》(1954)、《爱的艺术》(1956)、《马克思关于人的概念》(1959)、《弗洛伊德的使命》(1959)、《人之心》(1963)、《占有还是存在》(1976)、《弗洛伊德的贡献与局限》(1980)等。

三、精神分析社会文化学派的特点

精神分析社会文化学派并不是一个有着严密组织的学派，而仅仅是一个具有共同研究取向的松散联盟，它的各位主要代表人物在理论上各有侧重，在观点上时有分歧。但是，作为具有共同研究取向的心理学家，他们在许多基本观点上还是一致的。这些一致之处就构成了该学派的特点：第一，该学派都继承了弗洛伊德的潜意识动机和人格的动力学观点，并以此为基础形成了各自的人格

图13-4　埃里克·弗洛姆

心理学和社会心理学。第二，该学派都继承了弗洛伊德重视童年经验或亲子关系的传统，但抛弃了本能决定论、婴儿性欲论和人格结构论。第三，该学派都强调社会文化因素对人格的影响，将微观的家庭环境与宏观的社会环境联系起来研究人，反对弗洛伊德的生物学化倾向。第四，该学派都接受过正统精神分析的训练，掌握了精神分析治疗技术，并以此为基础形成了各自的人格理论和心理疾病理论。第五，该学派都抛弃了弗洛伊德关于人和社会的悲观主义态度，相信人的潜能的建设性，相信通过改变社会生活条件和不合理的人际关系可以实现健康人的生活。因此，他们不仅在治疗上，而且在人和社会的信念上都是乐观主义的。

第二节　精神分析社会文化学派的主要理论

一、社会文化的神经症理论

社会文化的神经症理论是社会文化学派创始人霍妮提出的精神分析理论，它全面地阐述了神经症(neurosis)形成的社会文化根源、微观机制以及神经症的类型和治疗等问题。

（一）神经症的社会文化观

霍妮的精神分析理论是在治疗实践中形成的，是以解释神经症的心理病理学而展开的。霍妮首先将神经症区分为情景神经症和性格神经症。前者仅指人对特定的困难情景（如社交场合）暂时不能做出有效的适应，但未表现出病态的人格；后者指人在任何场合中都不能做出有效的适应，而这种不适应是由神经症的人格引起的。霍妮重点研究的是性格神经症，下文所指的神经症就是性格神经症。

霍妮认为，神经症是由神经症人格结构决定的，而神经症的人格结构又是由个人所处的文化环境和社会生活环境造成的。也就是说，社会文化才是神经症产生的最根本原因。所以，要想了解神经症的人格结构，就必须去了解产生神经症的文化环境和个人生活环境。霍妮指出，现代文化最显著的特征是强调竞争。每个人都生活在充满竞争的范围中，每个人都成了另一个人潜在的或新时代竞争对手。竞争无时不在，无处不在。竞争已经渗透到了各种社会关系中，它不仅存在于商业、政治中，而且也存在于爱情、家庭、朋友、同学之间。这种普遍存在的竞争成了产生神经症的根源。霍妮说："我们现代的文化是基于个体竞争的原则上的，并且个体不得不与同一群体中的其他个体争斗，不得不胜过他们且经常要

笔记

把他们推到一边。一个人的优势经常是另一个人的劣势。由此导致的心理上的结果是个体间弥漫着紧张的敌对气氛。这种竞争，以及与之相随的敌意，遍及所有的人际关系。从摇篮到坟墓时刻活跃着竞争刺激，这就为神经症的滋生提供了沃土。"

在弄清楚了神经症产生的根源后，关于神经症的标准问题也就迎刃而解了。什么行为属于神经症，什么行为不属于神经症，霍妮认为这是相对于社会文化来说的。我们不能脱离开社会文化背景来谈论一项行为是常态的还是病态的，而是要将其放在一个特定的社会文化背景中来判断。不同文化、时代、阶级、性别的成员，社会为其规定的行为模式是不同的。神经症的实质就是偏离了社会文化为我们规定的行为模式。假如我们因为别人提到我们已故亲属的名字而大为恼怒，这种反应在我们的社会文化中是正常的，而在基卡里拉·阿巴切文化中，就属于神经症的表现。整日游手好闲，只在出猎和征战中表现勇猛，这对欧洲中世纪的封建阶级来说是正常的；但对资产阶级来说则是不正常的。

（二）神经症的病理及其治疗

1. **基本焦虑**　霍妮认为，宏观的社会文化虽然是造成神经症的根本原因，但它也是间接原因，而儿童所面对的人际关系（interpersonal relationship）才是造成神经症的直接原因。宏观的社会文化最终只有通过微观的人际关系才能影响人的个性发展。霍妮说："在全部环境因素中，涉及性格形成的最主要的因素是一个孩子成长其中的人际关系。神经症最终是由人际关系的障碍决定的。"

过度竞争的社会文化造成了人际关系的紧张。由于父母也受社会文化的影响，所以父母与子女的关系中经常渗透着过度的和不适当的竞争。过度竞争的父母对子女会表现出如下的行为：进行直接或间接的支配、冷漠、行为前后不一致、不尊重孩子的个人需要、不能给予孩子真诚的指导、轻视孩子、缺乏可信赖的温情、强迫孩子偏袒父母中的一方、杜绝孩子与小伙伴玩、对孩子不公平、不遵守承诺等。霍妮称这类行为为基本罪恶（basic evil）。如果父母经常对儿童表现出这类消极行为，儿童就会产生一种孤立、无助的感受，认为周围的世界潜藏着敌意。霍妮将儿童体验到的这种感受称为基本焦虑（basic anxiety）。体验到基本焦虑的儿童惧怕他们的社交环境，他们感到它是不公平的、不可预知的和残忍的。他们还感到被父母和其他成年的权威人物剥夺了自由，限制了快乐。因此，他们的自尊和自立能力不断地被削弱。由于恐吓和孤立，恐惧慢慢积聚在他们的心中，并且他们自然的生命力和好奇心也被野蛮的行为或过分保护的爱所窒息了。

2. **神经症需要**　为了应对基本焦虑带来的不安全感、孤独感和敌意感，儿童经常采取某种防御性的态度和策略。防御性策略表现为神经症患者为重新建立对环境的信心而进行的努力或一些神经症的需要。神经症需要（neurotic need）的特征是无意识和强迫性，即患者以一种无意识的并且是被动的方式表现出这种需要。霍妮（1942）概述了10种神经症需要：①对关爱和赞许的神经症需要。这种人会不加选择地取悦他人，并希望获得他人的爱和认可。他们表现出对关爱的无限制的渴望，害怕别人的敌意，也害怕自己对别人产生敌意。这种人害怕自作主张，也不会拒绝别人的要求，哪怕是伤害他们的要求。②对主宰其生活的伴侣的神经症需要。这种人过度依赖他人，完全以伴侣为中心，没有伴侣的存在、同情、爱和友谊，他们会感到非常孤独和无能。他们过高地估计爱的力量，将爱视为解决一切问题的法宝，害怕被抛弃，害怕孤独。③将自己的生活限制在狭窄范围内的神经症需要。这种人害怕表达自己的愿望，害怕遭到别人的反对和嘲笑。他们不喜欢出风头，不喜欢表现自己，为了避免这类活动，他们会说这些活动是令人厌烦的或不值得参与的。④对权力的神经症需要。这种人渴望支配他人，不尊重他人的个性、尊严和感情，而只关心他人是否服从。他们盲目地崇拜强者、蔑视弱者，害怕不能控制局面，害怕自己表现得软弱无力。⑤对利用他人和剥削他人的神经症需要。这种人为了感到安全而剥削他人，他们充满

229

敌意和不信任。他们过着寄生的生活，窃取他人的成就或伴侣以使自己从不安全的感受中解脱出来。⑥对社会认可和声望的神经症需要。这种人的整个生活完全被他人赞美和尊重的需要所驱使，对一切人和事都仅仅根据它们的社会声誉来评价。他们害怕失去社会地位。⑦对个人崇拜的神经症需要。这种人内心充满着自我鄙视和厌恶，为了逃避这一痛苦的感受，他们不由自主地虚构出一个理想的自我形象。他们非常关心他人对他们理想自我的崇拜，他们希望被看作是圣人和天才。⑧对个人成就和抱负的神经症需要。这种人总希望自己在很多领域中成为最优秀者，他们的抱负是毫无节制的。由于他们期待太多而不得不分散自己的时间和精力，因此最后注定要失败。⑨对自足和自立的神经症需要。这种人会长时间地疏远他人，他们想通过与他人保持距离来维持着关于自我的优越幻想。在幻想中，他们获得了安全感和优越感，他们害怕约束，害怕亲密关系。⑩对完美无缺的神经症需要。这种人会执著地追求完美，对可能存在的缺点反复地思索和自责，他们害怕发现自身的不足，害怕出错，害怕批评和指责。

健康人与神经症患者的区别不在于有没有这些需要，而在于这些需要存在的方式不同。神经症患者不能随着现实情况的变化改变需要和满足需要的方式，而仅仅偏执于其中的一种或几种需要，并且他们在满足需要的方式上也缺乏灵活性和变通性。健康人则能根据现实情况在 10 种需要中选择合理的需要，并且也能以灵活而实际的方式满足其需要。所以，神经症患者很难有效地适应生活，而健康人则能有效地适应生活。

3. **神经症人格**　需要和满足需要的方式构成了人格，而神经症的需要和神经症需要的满足方式构成了神经症人格（neurotic personality）。对应上述十种神经症需要，神经症人格可分为三种：①顺从型（compliant type），这种类型的典型特征是亲近他人。这种人对关爱、赞许、对伴侣主宰其生活或者对将自己的生活限制在狭窄范围内有神经症的需要。他们趋向于谦让和顺从，并且贬低他们自己的天赋。为了得到他人的赞许，顺从型的人会极力按照别人的期望行事，他们害怕别人的批评、拒绝和遗弃。②攻击型（aggressive type），这种类型的典型特征是对抗他人。这种人对权力、剥削他人、社会认可和声望、个人崇拜以及个人成就有神经症的需要。与顺从型的人认为人人皆善相反，攻击型的人认为他人在本质上是敌意的和不值得信任的。他们认为，人不为己，天诛地灭。因此，他们的主要目标就是变得强硬，或至少看起来是强硬的。他们不断地试图证明自己是最强的、最聪明的、最能干的。③逃避型（detached type），这种类型的典型特征是逃避他人。这种人对自足和完美有神经症的需要。他们倾向于将自己隐藏起来，不愿泄露自己生活的即使是最琐碎的细节，并且他们大部分时间独来独往。为了不受他人打扰，他们宁愿独自工作、吃饭和睡觉。这样的好处是他们不会成为毫无自主的机器人。他们为了逃避与他人的紧张关系而离群索居，保持着与他人的距离。

4. **神经症的基本冲突及治疗**　上述三种神经症人格类型不是互相排斥的，它们实际上是同时存在于每位神经症患者身上，只是其中一种占着绝对的优势。占优势的类型就是这位神经症患者的人格类型。一般来说，神经症患者会坚持不懈地追求与他的人格类型相关的神经症需要，而与其他两种类型相关的神经症需要被压抑了。这样的话，三类需要之间就出现了不平衡和不协调，这就是神经症的基本冲突（basic conflict of neurosis）。冲突引起了个体的混乱和不安，造成了个体的紧张状态。冲突消耗了个体的精力，使他们感到疲劳，但还不能有效地解决问题。

神经症的冲突正是心理治疗所要解决的问题。霍妮认为人生来就具有实现自己潜能的建设性力量。神经症治疗就在于使患者发现并发展自己的潜能，将其天赋中的建设性力量引向自我实现的轨道。也可以说，自我实现的内在潜能是神经症治疗能够成功的原动力。在具体治疗技术上，霍妮也使用弗洛伊德提出的自由联想、梦的分析等手段。但她用这些手段主要是为了分析存在于患者身上的神经症冲突，认清各种需要之间的不平衡关系，并最终使其恢复平衡，实现个体内部的和谐以及与他人的和谐。

二、精神医学的人际关系理论

精神医学的人际关系理论（interpersonal theory）是沙利文在长期的精神病治疗中形成的精神分析理论，它主要阐述了精神分裂症（schizophrenia）形成的社会根源、人格的形成和发展、精神分裂症的治疗等问题。

（一）精神分裂症的人际关系说

与霍妮一样，沙利文也是从精神病的治疗实践开始其精神分析研究的，不同的是霍妮主要集中于对神经症的研究，而沙利文主要集中于对精神分裂症的研究。在疾病原因的解释上，沙利文和霍妮也基本相同。霍妮认为宏观的社会文化是根本原因，但社会文化最终要通过儿童早期的人际关系来影响儿童的心理。而沙利文也认为人格及人际关系是精神疾病的根源，精神医学研究就是关于人格和人际关系的研究。1937年，沙利文直截了当地把精神医学界定为"关于人际关系的研究"。沙利文所指的人际关系（interpersonal relationship）是广义的，它包括三方面的含义：第一，指与现实生活中其他人的关系。这个含义相当于我们日常所指的人际关系；第二，指与想象中的人物、古代的英雄、小说中的人物、祖先或者即将出生的子孙之间的关系；第三，指与人类所创造的传统、习俗、发明和制度的相互作用。从上述的分析可以看出，沙利文所指的人际关系实质上就是与人类整个文化的关系。在这个意义上看，他与霍妮的观点本质上是相同的。

（二）人格的人际关系理论

1. **人格**　沙利文是从人际关系的角度来定义人格（personality）的。他说："人格是人际关系的相对持久的模式，这些人际关系彼此联系重复出现，成为一个人生活的特性。"该定义中有两点要强调：第一，人格是在人际关系中形成和发展的，人格不可能脱离人际关系背景，所以必须从个人所生活于其中的人际关系来考察人格。第二，人格是在人际关系中经常表现出来的行为方式和生活方式。因此，研究人格不能只注重个体内部，而应该注重个体与个体之间的关系。

2. **人格动力**　沙利文认为，人就是一个充满着能量的系统。这种能量在性质上与物理学上的能量是一样的。当个人的人际关系失衡时，能量就积累而导致紧张，而能量的转换就可消除紧张。能量的转换需要一个途径或方式。为此，沙利文提出了动能（dynamism）的概念。所谓动能就是构成人格的最小单位，它是一个人在人际情景中经常表现出来的能量转换模式。而能量转换模式就是人与人的相互作用方式，就是一个人的行为模式。某种行为模式在一个人身上反复出现，我们就说他具有某种动能。动能体现了一个人处理人际关系的特点和风格。例如，害怕陌生人的小孩，我们就说他具有恐惧动能；处处提防他人或经常为难他人的人，我们就说他具有敌意动能。

与霍妮一样，沙利文也认为人生来就具有追求满足和安全的需要，前者主要指生理方面的，包括对食物、水、氧气、睡眠、性的需要等，而后者主要指心理方面的，包括对获取、积累、成就、关心和爱的需要等。不管是生理的还是心理的需要，其满足都只能通过他人来满足，都只能在人际关系中实现。沙利文将注意力放在了儿童与父母的关系上。他认为，儿童在追求满足的过程中很可能遭到父母的限制甚至谴责，这会使儿童担心自己的安全受到威胁，担心失去父母的爱，这就引起了儿童心理上的紧张和焦虑。其中，母亲不仅是最早引起儿童焦虑的人，而且是引起儿童焦虑最主要的人。母亲焦虑的面孔、急躁的声音以及慌乱的动作等都会引起儿童的焦虑。随着年龄的增长和生活范围的扩大，儿童会感到更多的焦虑。沙利文认为，正是在与父母及他人所构成的人际关系中产生的焦虑成了精神分裂症的起点。

笔记

3. 自我系统　为了消除或减轻焦虑,儿童会开始形成一套具有防御功能的自我知觉系统或评价自己行为的标准,这就是自我系统(self system)。自我系统的形成与"重要他人"(significant others)是分不开的。所谓重要他人是指父母、教师、警察等对个体生活起指导作用的人。自我系统是儿童在与重要他人的互动中形成的一种心理结构。它由好我、坏我和非我三部分构成。那些能够使需要得到满足,同时又受到重要他人赞许的行为和经验,就构成好我;能使需要得到满足,但受到重要他人反对的行为和经验,构成坏我;既不能使需要得到满足又受到重要他人强烈反对的行为和经验,构成非我。这样看来,自我系统就是在人际关系中通过接受重要他人对我的反应而形成的,是我在与重要他人交往时从他对我的反应而形成的映像。自我系统一旦形成,就成了儿童的一个过滤器或选择器。它就会将可能引起焦虑的经验过滤掉,而只允许那些不引起焦虑的经验进入个人的意识中。这就是自我系统的选择性不注意(selective inattention)功能。但注意和不注意的界限不容易维持得那么分明,一旦界限被破坏或被超越,焦虑就会产生,甚至导致精神疾病。

4. 人格化　人格化(personification)是指世界在个人心中形成的心理意象。它包括四种:对自己的人格化,是由好我、坏我、非我构成的关于自己的形象;对他人的人格化,指他人在我们心中的形象。那些能带来满足或安全感的他人在我们头脑中的形象是好的,而不能带来满足和安全感的人在我们头脑中的形象就是坏的。同一个人既可有好的形象也可有坏的形象;对事物的人格化,指对自然界、社会生活等形成的形象;对观念的人格化,如上帝或神在我们头脑中的形象。个体不是生活在真实的世界中,而是生活在世界在头脑中的人格化意象所构成的心理世界中。人格化的意象是个体所直接面对的心理现实。个人对自己、他人、事物或观念的反应实际上是对这些东西在个人头脑中的人格化意象的反应。但是,人格化的意象有时与真实世界是不一致的,如果这种不一致很严重的话,那个人对世界做出的反应就可能是不合适的甚或是病态的。

5. 人格的发展阶段及经验模式　沙利文将人格的发展划分为六个阶段:①婴儿期,指从出生到言语能力的成熟。这一阶段自我系统中好我、坏我、非我开始形成,并逐步将自己与环境区分开来。②儿童期,指从言语能力成熟到学会寻求玩伴。自我系统更加完善,结构逐渐明确,并能发挥防御焦虑的功能。③少年期,指从寻求玩伴到亲近同性玩伴。自我系统在支配行为过程中能习惯性地避免焦虑。④前青春期,指从亲近同性玩伴到生殖欲成熟。显著特征是结交同性密友,视密友为知己,能体谅他人,关心他人,表现出慷慨、平等等特性。⑤青年期初期,从生殖欲到情欲行为的模式化。这一时期生理变化急剧,性机能发育成熟。⑥青春期后期,开始形成适合于自己的生殖行为模式,并与特定的异性建立稳定关系,自我系统稳定。

沙利文认为,随着人格的发展,个体的人际经验模式(mode of experience)也在逐步成熟。人际经验要顺次经过如下三种模式:①未分化的模式(protaxic mode),处于这个模式中的婴儿其感觉经验是笼统的,模糊一片的,不能将自己与外界区分开来。无语言能力,无时间感。②并列的模式(parataxic mode),这个阶段的儿童能将自己与外界区分开来,并能理解事件之间的关系。但对事物之间因果关系的认识缺乏逻辑根据。有些成人的思维方式还停留于这一阶段。人类的早期以及现代的精神病患者就处于这一阶段。③综合的模式(syntaxic mode),处于这一阶段的人能运用共同有效的语言符号进行思考和交往,能够认识事物之间的逻辑关系。

（三）精神分裂症及其治疗

人格是在人际关系中形成的,不健康的人格是在不健康的人际关系中形成的。沙利文针对精神分裂症这种不健康的人格进行了深入的研究。他一改医学界认为精神分裂症是由遗传决定,并且不能彻底治愈的传统观点,而认为精神分裂症是由不良的人际关系造成的。

这种不良的人际关系既可能是由其母亲造成的，也可能是由生活中的重要他人造成的。这种生命早期的不良人际关系使个体产生了严重的焦虑，导致自我系统的防御功能失灵。人格化意象脱离现实太远，不能将意象、幻想、梦等与现实区分开，根据意象内容做出的反应与现实不能匹配，生活混乱，人际关系遭到进一步的破坏。人格发展停滞不前甚至倒退，经验模式倒退到并列的甚至原始的水平。

既然精神分裂症是由不良的人际关系造成的，所以对精神分裂症的治疗也要从不良的人际关系入手。首先要创造良好的人际环境，沙利文首创了环境疗法（milieu therapy）。沙利文认为，精神病治疗家应该是人际关系专家，要尊重患者，并与患者形成良好的医患关系，要通过交谈、梦的分析等治疗技术使患者恢复健康人格。沙利文是将疾病的缓解和治愈看作是人格的成长，所以他认为精神病院本质上是人格成长学校，而不是人格缺陷者的治愈场所。沙利文在他主持的精神病院按照他的治疗理论进行施治，取得了良好效果，成为治疗精神分裂症的权威。

三、精神分析文化人类学

精神分析文化人类学（psychoanalytical cultural anthropology）是卡丁纳在对精神分析理论和人类文化学（cultural anthropology）进行综合研究的基础上提出的一个理论，阐述了文化和人格的相互作用问题。

（一）人类学的现场研究分析

卡丁纳是从分析人类学现场研究材料开始其理论研究的。但卡丁纳本人没有进行过人类学的现场研究（field study），他的分析材料都是由他的人类学家同事们提供的。卡丁纳在《个人及其社会》（1939）和《社会的心理疆界》（1945）中详细分析了五种文化的现场研究材料。下面是卡丁纳对林顿提供的马克萨斯人、塔纳拉人和杜波伊斯提供的阿洛人的三种现场研究材料的分析。

马克萨斯人是生活于太平洋中部波利尼西亚群岛上的一个土著部落。他们的生存环境比较恶劣，经常要面临严重的干旱导致的周期性饥荒。为了解决食物匮乏的问题，他们采取了杀死女婴的方法来控制人口。这种方法使男女比例出现了失调，所以在婚姻中就形成了一妻多夫的制度。妻子把大部分时间用来打扮自己和满足几个丈夫的需要上，为此甚至不给哺乳期的婴儿喂奶。成年人对孩子们基本上采取了放任不管的态度，也没有任何纪律上的要求，性行为没有任何限制。孩子们在这样的生活模式和养育模式中得不到安全感，得不到来自母亲的爱和温暖。他们从小就对女人怀有恐惧和憎恨，同时把父亲或其他男性当做了自己的依恋对象。在另一方面，男人之间较多的是合作，女人之间较多的是嫉妒。在马克萨斯的民间传说中，女人的形象是恶毒、黑心的剥削者。她们抢夺儿童的食物，勾引天真无邪的青少年。没有类似俄狄浦斯的神话，但有类似爱勒克屈拉的传说。

塔纳拉人是生活在非洲东南部马达加斯加群岛上的一个土著部落。塔纳拉人是一夫多妻制，男子的地位高，而女子的地位低。父亲的权利至高无上，长子拥有特权。母亲的主要职责是照料孩子，女儿的地位很低。因此，塔纳拉人对父亲既崇拜又恐惧，而对母亲怀有强烈的依恋。在养育方式上，婴儿断奶很晚，对孩子的大便训练很严格。性行为受到严格的限制，女人的贞操被看得很重。塔纳拉人还非常看重个人的服从、忠诚、勤劳、认真等品质。在他们的宗教观念中，家神喜欢这些品质，如果触犯了这些品质就会受到家神的惩罚，如生病。有类似于俄狄浦斯的神话传说。

阿洛人是生活于东印度群岛上的一个土著部落。阿洛人的生活方式是男人负责供应肉食，女人负责供应蔬菜。对儿童的教育不太重视。成年人在外谋生，儿童被留在家里。儿童在未成年期一直遭受着吃奶或进食方面的挫折。在儿童的走路、说话、排便等方面训练不系统。是非对错标准不明确，前后不一致。同一种行为，有时得到赞许，有时得到惩罚，使得儿童难以适应。这种生活和养育方式使阿洛人较多地表现出多疑、焦虑、自卑的人格特点，并且喜欢说谎和骗人。在他们的民间传说中，大多数内容反映的是因父母引起的挫折和对父母的仇恨。他们的宗教中没有理想化的神灵，因为他们认为神灵不能满足人的需要和愿望，不能给人带来安慰。

（二）文化与人格的相互作用理论

通过对各种土著部落的生产和生活方式、儿童教育方式、人格特征、传说和宗教等的分析，卡丁纳发现这几个因素之间存在着相互作用的关系，并提出了文化与人格的相互作用理论（the theory of interaction between culture and personality）。

1. **文化与人格**　卡丁纳认为，文化（culture）是一个有组织的社会所拥有的习惯性规范，是人们在对待生老病死等人生问题的稳定态度，是人们谋生的手段和技术等。当这些规范、态度、技术能够在社会成员中持续不断的传播下去时，就成了文化。为了使文化这一概念具体化和操作化，卡丁纳使用了制度这一概念。所谓制度（institution）是一个社会的成员所共同具有的思想和行为的固定模式。卡丁纳将制度分为初级制度和次级制度两种。初级制度（primary institution）指一个社会中的家庭组织、群体结构、基本规范、哺乳和断奶方式、对孩子的关怀和忽视、大小便训练、性的禁忌、谋生技能等。这些制度古老而稳定，很少受气候或经济变化的影响。次级制度（secondary institution），是指民间传说、宗教信仰和仪式、禁忌系统、思维方式等。同时，卡丁纳承认还有很多制度无法明确地归为初级制度或次级制度。

卡丁纳提出了另外一个核心概念，即基本人格结构（basic personality structure），指同一文化或制度背景下的所有社会成员共同具有的人格特征，它也是所有社会成员共同具有的一种适应工具。不同文化或制度中的基本人格结构是不同的。与基本人格结构相对应的是性格，性格是指同一文化中的成员之间的人格差异。

2. **初级制度塑造了基本人格结构**　卡丁纳认为，一个社会中的基本人格结构是由本社会的初级制度决定的。另外，他还继承了弗洛伊德早期经验决定论的思想，认为早期经验决定着一个人的基本人格结构。因此，初级制度是间接地通过决定早期经验来决定基本人格结构的。从微观机制上来看，初级制度塑造了一个社会比较固定的养育儿童的方式，正是育儿方式决定了一个儿童具有什么样的早期经验，进而决定了其基本人格结构。初级制度、育儿方式、早期经验和基本人格结构四者是依次决定的关系：初级制度→育儿方式→早期经验→基本人格结构。

初级制度主要是通过父母来体现的，父母按照制度的要求对儿童进行训练，其具体策略就是奖赏和惩罚，儿童的基本人格结构就是在持续不断的奖赏和惩罚过程中逐渐形成的。另外，对儿童的这些训练必然导致儿童对某些需要的满足遭到挫折，儿童对待挫折的反应方式也就是其基本人格结构。反应方式不同，基本人格结构也就不同。

3. **基本人格结构创造了次级制度**　卡丁纳认为，一旦基本人格结构形成了，它又会反过来创造出本社会的次级制度。卡丁纳认为，基本人格结构是通过投射作用创造本文化的神话、宗教等次级制度的。所谓投射作用（projection）就是个体无意识地将自己的过失或不能满足的欲望归咎于外界事物，以便减轻内心焦虑的过程。由于基本人格结构是对挫折的反应，所以次级制度实质上是过去所受挫折经验通过投射创造出来的产物。也可以说，次级制度是挫折经验的潜意识的派生物，是人的主观愿望的曲折体现。卡丁纳以先民的祈雨仪式为例说明了投射作用的实现方式。长期干旱后，先民的生存需要受到了威胁，他们感到了严重的焦虑和不安。处于科学技术极其不发达的时期，他们别无选择，只能求助于万能的神。先民们把自己的欲望投射到神身上，认为神能帮助自己渡过难关。于是，他们创造出了祈雨仪式，以使神来帮助自己。同时，这种仪式在客观上缓解了焦虑和不安。其中，先民与神的关系相当于幼小儿童与父母的关系，先民求助于神相当于幼小儿童求助于父母。所以，宗教在本质上是人在受到挫折时向童年时代的倒退。

四、人本精神分析学

人本精神分析学（humanistic psychoanalysis）是弗洛姆运用人本主义来调和马克思主义（Marxism）和弗洛伊德精神分析学的产物，它的最终目的是要达到改善现代人的处境和精神状态。

（一）人的存在和需要

1. **人的存在**　人是从大自然和动物那里进化来的，但人具有了自觉、推理和想象的能力而超越了动物。这种超越给人带来好处的同时，也不可避免地给人带来了一系列矛盾。这种矛盾是人作为一个存在物本身必然具有的、不可逃避、不可解决的。弗洛姆将这种矛盾称为人的存在的矛盾。这些矛盾有三种：①生与死的矛盾，由于人具有了意识，因而能够意识到生命必然要有终结，人无法逃避死。然而人又眷恋着生，这种对生的眷恋和对死的恐惧之间的矛盾永远折磨着人。②人的潜能实现和人的生命之短暂之间的矛盾，人的生命是短暂的，但人的潜能是无限的，在有限的生命中是无法实现无限的潜能的。③个体化和孤独感的矛盾，人脱离自然的过程就是人获得理性能力以及实现人的个体化的过程。然而，人在获得个体独立的同时，也带来了孤独感，人与自然、与他人、与真实自我的关系更加疏远，越来越感到孤立无助。

2. **人的需要**　人尽管不可能逃脱上述矛盾，但也并不是消极忍受。为此，人发展出了各种心理性需要来克服这些矛盾。这些需要是人在面对着存在性矛盾的一种反应。由于每人的具体情况不同，所以人们在满足这些需要时采取了不同的方式。有人采取的是健康、正常的方式，结果使人性趋于完善。而有的人采取了不健康、不正常的方式，这不但不能充分发挥自己的潜能，反而会引起神经病症状，严重的则导致神经症和精神病。弗洛姆提出了以下五种心理性需要：①关联性（relatedness）需要，包括爱和自恋。由于人具有意识，认识到了自己的孤独性和分离性，认识到了自己的无力和无知以及生与死的偶然性，于是产生了一种迫切地与他人发生关联的需要，并认识到与他人发生关联是自身生存的必要条件，不如此便难以生存下去。健康的人则通过各种方式的爱，如亲子之爱、男女之爱、自爱、友爱等来满足自己的关联性需要；而不健康的人则采取了顺从别人或以强力支配别人的方式来满足自己的关联性需要，其结果是产生非理性的自恋。这种人只关注自身，所以也是产生精神错乱的根源。②超越性（transcendence）需要，包括创造和破坏。人类在进化中超越了动物，摆脱了被动性和偶然性，而进入了自由和意识的阶段。因此，人也开始了创造自己生活的活动，如进行耕种，生产物品，创作艺术，建立理论等。人的创造性活动反映了其要超越动物以及自身。人如果不能创造，便去破坏。破坏是一种不健康的超越性需要，有这种需要的人错误地认为破坏也是对自身的超越。他们说："倘若我无法创造生命，我至少能毁灭生命，毁灭生命也就使我超越了生命。"③根植性（rootedness）需要，包括母爱和乱伦。弗洛姆认为，人性中有一种强烈的与自然、大地、母亲保持一体的需要。孩子与母亲的关系是最基本的自然关系。母亲代表着食物、温暖、大地。得到了母爱，儿童就有了活力，有了扎根的存在。成人对安全的需要，最初的根源也来自母亲。但有的人发展出了一种不健康的满足根植性需要的方式，即乱伦。表现为过于依恋母亲及其象征物，如家庭、社区、国家或民族等。这种不健康的方式最终会限制一个人充分发挥自己的潜能。④同一感（sense of identity）需要，包括独立和顺从。人在脱离自然和母亲的原始性束缚的过程中，形成了自我意识，发展出了自我同一感。人需要回答我是谁，我是什么样的人，我是干什么的这些问题。通过对这些问题的回答，也就确立了自己的独特性以及独立性。自我意识健康的人能够意识到自己的独特性。但有的人采取了不健康的方式，他们对社会、民族、宗教以及国家等保持着绝对顺从和遵奉的态度，追求绝对的一致性和顺从性，从而丧失了自我独立性。

⑤定向框架和献身目标（frame of orientation and object of devotion）需要，包括理性和非理性。人需要一个能确定方向的具有指导作用的框架，也就是需要一个目标或理想，并为之献身，从而赋予生命一种意义。有的人采取了理性的方式，他们通过把自己的目标与现实相接触，能够正确地解释生活，客观地把握世界，这是一种健康的方式。而有的人则采取了非理性的方式，他们以主观代替客观，把幻想当作现实，结果失去了与客观世界的接触而生活于幻想之中。

弗洛姆认为，上述各种需要不是由社会产生的，而是通过长期进化而深藏于人性深处的东西。但这些需要的满足方式则是由社会决定的，是人所生活于其中的社会安排。他认为，如果人性表现出了病态，其原因在社会。强制性的社会是造成病态满足需要方式的根源。

（二）人格和性格类型

1. 个人性格和社会性格　弗洛姆认为人格是由气质和性格合成的。气质是由遗传或先天体质性特征决定的行为模式。性格是通过社会生活体验形成的，反映了人的社会性。性格是人格的核心，所以弗洛姆专门研究了性格。他认为性格是由个人性格和社会性格两个部分构成的。个人性格（personal character）指同一社会中各个成员之间的差异，它受人格的先天因素和社会环境特别是家庭环境的影响。社会性格（social character）指同一社会中绝大多数成员共同具有的基本性格结构，是性格结构的核心部分。社会性格是经济、政治、文化诸因素交互作用的结果，而经济因素在这种交互作用中起着更大的作用。家庭则是将社会文化因素所需要的性格特点转移到孩子上的中间环节。对性格和社会性格的强调反映了弗洛姆对社会文化因素的重视，这就是把他归入社会文化学派中的原因。

弗洛姆认为，他的社会性格概念可以解释马克思和恩格斯关于经济基础决定上层建筑的具体机制。在他看来，一定社会的经济基础造成了这个社会成员的社会性格，而具有共同社会性格的社会成员会形成一些共同的观念，一些杰出的人物作为代言人将这些观念理论化，就是意识形态。一旦社会意识形态形成了，它反过来又会被具有一定社会性格的人所接受，从而通过社会性格作用于经济基础。概括地说，社会性格既是经济基础决定上层建筑的中介，又是上层建筑反作用于经济基础的中介。弗洛姆（1963）说："社会性格正是社会经济结构和一个社会中普遍流行的思想、理想之间的中介。它在这两个方面，即将经济基础变为思想或将思想变为经济基础的过程中都起到了中介的作用。关于这一点，我们可以用下述公式来表明：经济基础＋社会性格＋思想和理想（思想、理想在这里就是指意识形态——引者注）。"

2. 性格类型　弗洛姆认为，人与世界的关系有两种：同化和社会化。同化（assimilation）指人与物的关系，是人们摄取或获得物体的方式。社会化（socialization）指人与人的关系。同化和社会化可表现为各种性格特性，而一些具有共同倾向性的性格特性合称为性格倾向（character orientation）。具体到每个人，其性格结构中可能有几种不同的性格倾向，我们通常根据占主导地位的性格倾向来确定一个人的性格类型（character type）。性格分为两大类：非生产型性格（nonproductive character）和生产型性格（productive character）。第一，非生产型性格，这类性格又分为四种：①接受型性格（the receptive character），这类人认为一切有价值的东西均来自外界，希望从外界接受一切，如物品、爱情、知识、快乐等。他们依赖性极强，竭力寻求别人的帮助。如果没有别人的帮助，他们会一事无成。其典型特征是贪嘴、屈从、友善、贪婪和焦虑。②剥削型性格（the exploitative character），这类人以巧取豪夺手段获得所需之物为满足和快乐，信奉"偷来的果子最香甜"。他们不愿馈赠别人礼物，而希望通过武力或机智来夺得别人的东西。典型特征是巧嘴、尖刻、嫉妒、寻衅、利己。③囤积型性格(the hoarding character)，此类人热衷于储存财富，从保存和占有中得到满足，认为储存和节省就可带来安全。他们把储存作为美德，反对浪费，凡事奉行节约的原则。典型特征是猜疑、吝啬、多愁、保守、懒惰。④市场型性格(the marketing character)，此类人将一切视为商品，以价格高低衡量事物，包括品格、道德、学问。他们追求把自己在市场上推销出去。典型特征是投机、应变、虚无、冷漠和浪费。第二，生产型性格，这类人肯定个人的价值和尊严，富有理想和创造力，能竭力发挥潜能，实现自我，达到最高的创造境界。典型特征是独立、自主、自爱、爱人、创造。

在弗洛姆看来，前四种非生产型的性格类型都是不健康的、非创造性的性格，而只有生产型的性格是一种创造性的性格，是一种完美的理想性格，是人类的发展目标和希望所在。上述几种性格类型的划分是理论上的，实际上人的性格中往往包含着几种不同的性格成分，只是有一种类型占主导地位，我们是根据这种占主导地位的类型为每个人的性格命名的。

(三) 社会潜意识

社会潜意识(social unconscious)指一个社会的绝大多数成员共同受社会压抑而未达到意识层次的那部分心理领域。一个存在着矛盾的社会如果还能有效的运转，那就是因为该社会已经将这些矛盾因素压抑进了每个人的潜意识中，使社会成员都意识不到其不合理之处。弗洛姆认为，有史以来的社会都存在着矛盾和不合理之处，都是少数人统治多数人的社会。但每个社会都能存在一段时间，就是因为该社会通过压抑的方式使该社会的大多数成员都意识不到这些矛盾和不合理之处。对个人来说，这种压抑可使自己免受被排斥和孤立的可能。

那么，一个社会又是通过什么方式进行压抑的呢？一个社会的哪些思想和感情将被压抑，哪些思想和感情将停留于意识层次呢？为此，弗洛姆提出了社会过滤器理论(social filter theory)。他认为每个社会都有它自己的社会过滤器。过滤器只允许某些潜意识经验转化为意识，而不允许另一些经验转化为意识。一个社会的过滤器由该社会的语言、逻辑和社会禁忌三种要素构成。①语言：同样的经验，在有的语言中有丰富的词汇来表达，而在另一种语言中却难以用语言来表达，这种难以用语言表达的经验就难以成为明确的意识。②逻辑：逻辑是一个文化中指导着人们思维的规律，不同的文化有不同的逻辑。不合逻辑的经验将不能进入意识中。③社会禁忌：社会禁忌是最重要的要素。它规定某些思想和感情是不合适的、危险的，因此要阻止它们进入意识层，即使进入了，仍要将其驱逐出去。凡是能通过这三重过滤器的思想、感情和经验，才有可能成为社会意识，否则就被停留在潜意识中。

社会潜意识是除了社会性格之外的另一个联系经济基础和意识形态的中间环节。社会利用过滤器的过滤作用，将那些与一定经济基础不相符的经验排除在意识之外，而将那些与一定经济基础相符合的经验上升为意识形态。意识形态反过来强化过滤作用从而作用于经济基础。

上述思想是弗洛姆整个理论体系的基础部分，除此之外，他还对现代西方人的困境和精神危机进行了深入的研究，提出了相应的社会改革理论。

第三节　精神分析社会文化学派的简要评价

一、精神分析社会文化学派的贡献

第一，精神分析的社会文化学派是心理学史上第一个将社会文化因素作为心理变量的学派，当然也是第一个将社会文化因素作为引起心理疾病原因的学派。自科学心理学诞生以来，包括内容心理学、构造心理学和机能心理学等在内的学院派心理学在分析心理现象的成因时，都采取的是心理主义的路线，即用心理现象自身来解释心理，从心理现象中寻找心理的原因，最后使心理学成了无源之水、无本之木。行为主义虽然将行为的原因放在了有机体之外的环境中，但它把环境还原成了纯粹的物理环境，而将社会文化因素在还原过程中消解掉了。至于弗洛伊德古典精神分析则将心理现象的原因放在了纯粹的内在生物力量上，也忽视了社会文化因素的作用。到了精神分析的社会文化学派，则第一次将引起心理现象的原因放在了社会文化因素上，认为人的心理、精神疾病根本上是由社会文化因素引起的。

第二，修正和深化了弗洛伊德古典精神分析理论。弗洛伊德古典精神分析把人视为一个与社会根本对立的自然存在物和非理性的动物，坚持用能量守恒和转化定律解释心理活动规律，主张先天的本能是人的一切心理和行为的动力。同时，弗洛伊德把他的理论完全建立在了生物学的基础上，用生物学的观点观察社会、历史，解释人类的心理和文化，极端地夸大了人的生物性。精神分析的社会文化学派对弗洛伊德的本能决定论和生物还原论进行了彻底的修正，而将人放在整个社会文化背景中来考察，把人的心理看成是社会文化的产物。精神分析的社会文化学派从霍妮、沙利文的精神医学到卡丁纳的文化人类学、弗洛姆的人本精神分析学，视野逐渐开阔，涉及领域逐步扩大，到弗洛姆这里建成了一个庞大的影响广泛的体系。他们的理论深化和丰富了精神分析的内容，增强了精神分析的生命力，使精神分析达到了一个更新的水平，因而成为现代心理学体系中的一个重要派别。

第三，丰富了人格心理学和精神病学的内涵。精神分析社会文化学派的主要代表人物分别提出了新的人格概念和人格类型，弥补了传统人格概念的不足。弗洛伊德古典精神分析理论和行为主义的人格理论没有看到人之所以为人的根本原因是人的社会性，分别将生物因素和物理环境看作是人格的动因，而忽视了人格的社会动因。社会文化学派看到了社会因素在人格形成中的核心作用，认为人格是社会的产物。这弥补了传统人格心理学的不足。另外，在精神病学上，弗洛伊德也仅认为精神疾病的根本原因是生物性本能不能得到充分表达导致的。而对精神病的治疗就是从患者的潜意识中寻找导致本能没有得到充分表达的早期挫折经历。社会文化学派则对精神疾病的病因提出了新的解释，认为精神病的根本原因在于社会文化，是不健康的社会文化造成了人们的精神疾病。

二、精神分析社会文化学派的局限

第一，落进了社会文化决定论的窠臼中。在心理现象的本源问题上，社会文化学派否定了它之前所出现的心理主义、生物主义和物理主义等偏狭的心理观，并首次引进了社会文化的因素。这是社会文化学派对心理学的极大贡献。但它本身也犯了一个错误，即从一个极端跳向了另一个极端。人的心理现象是一个具有多属性、多层面的复杂系统。只从一个角度或侧面来理解人的心理，必然是错误的和片面的，必然不能客观地说明和解释人的心理现象。之前的学派都是持其一端，要么是遗传决定论，要么是环境决定论，要么是心理决定论。而社会文化学派也仅持其一端，认为人的心理是社会文化决定的，实质上就是社会文化决定论。所以，社会文化学派也并没能够全面地看待人的心理现象，而是采取了社会文化主义的偏狭心理观。

第二，忽视了人的自主性和能动性。由于社会文化学派采取了社会文化决定论的心理观，所以，它把人及人的心理看成是社会文化的产物，文化是决定者，人成了被决定者。这在本质上又与遗传决定论、环境决定论落到了同一个水平上，将人放在了同样一个被动的境地。人的自主性和能动性在社会文化学派这里又一次被否定了。

第三，未能提出有效的社会改革理论。社会文化学派认为社会文化是决定人格及精神疾病的重要原因，但其代表人物又都没有提出有效的社会改革理论以从根本上解决人的精神问题。例如霍妮一方面指出了现存社会的文化矛盾，另一方面又只关心个人如何去适应这种文化，而没有提出社会改革的要求。弗洛姆虽然提出了较为完整的社会改革论，但其理论是建立在纯粹心理学基础上的，所以又不可避免地带有乌托邦色彩。

思考题

1. 精神分析社会文化学派有哪些特点？
2. 霍妮的神经症文化观的含义是什么？
3. 霍妮关于神经症人格有哪些分类？
4. 沙利文的人际关系的含义是什么？
5. 沙利文认为精神分裂症形成的原因是什么？
6. 初级制度怎样塑造了基本人格结构？基本人格结构又是怎样创造了次级制度？
7. 为了解决存在的矛盾，人类发展出了哪些心理性需要？
8. 弗洛姆所区分的性格类型包括哪些？
9. 在弗洛姆看来，社会性格和社会潜意识是怎样沟通经济基础和上层建筑的？
10. 社会文化学派有何贡献和局限？

参考文献

[1] 王国芳.潜意识的意义——精神分析心理学（上）.济南：山东教育出版社，2009.

[2] 车文博，郭本禹.弗洛伊德主义新论.上海：上海教育出版社，2018.

[3] 葛鲁嘉，陈若莉.文化困境与内心挣扎——霍妮的文化心理病理学.武汉：湖北教育出版社，1999.

[4] 郭永玉.孤立无援的现代人——弗洛姆的人本精神分析.武汉：湖北教育出版社，1999.

[5] 弗洛姆.生命之爱.王大鹏，译.北京：国际文化出版社，2001.

[6] 霍妮.神经症与人的成长.方红，译.北京：中国人民大学出版社，2018.

[7] 霍妮.我们时代的神经症人格.郭本禹，方红，译.北京：中国人民大学出版社，2013.

[8] 郭本禹.心理学通史·第4卷·外国心理学流派（上）.济南：山东教育出版社，2000.

[9] 高觉敷.西方心理学的新发展.北京：人民教育出版社，1987.

[10] 沙利文.精神病学的人际关系理论.方红，郭本禹，译.北京：中国人民大学出版社，2013.

[11] Fine R.A history of psychoanalysis.New York: Columbia University Press，1979.

[12] Kardiner A.，Linton R.，Bois C.A.D.，Withers C.The psychological frontiers of society.New York：Columbia University Press，1945.

[13] Leahey T.H.A history of psychology: Main currents of psychological thoughts.6th ed.Upper Saddle River，NJ: Prentice-Hall，2004.

笔记

第十四章 格式塔心理学

格式塔心理学（Gestalt psychology）又译完形心理学，1912 年诞生于德国。它最初以反对冯特的元素主义作为出发点，继而强调经验和行为的整体性，认为整体不等于且大于部分之和，主张从整体的动力结构观来研究心理现象。格式塔心理学最初的三位代表人物是韦特海默、苛勒和考夫卡，后来受到格式塔心理学影响的勒温转向团体动力学，可以视作是对格式塔心理学的一种继承和发展。

第一节　格式塔心理学概述

一、格式塔心理学产生的背景

（一）社会背景

19 世纪上半叶，德国仍处于分裂状态，与德国的这种分裂状况相适应的是思想上的四分五裂。1871 年德国统一后，德国的资本主义经济发展迅速，到 20 世纪初，一跃成为欧洲乃至世界强国，在这种社会历史条件下，德国整个社会的意识形态便是强调统一，强调积极的主观能动。"德国在成为欧洲领导的帝国主义国家的同时，也变成侵略的帝国主义国家，它急切要求重新瓜分世界。德国帝国主义的这种性质既是迟来的、但也是迅速发展的资本主义的结果。当德国变成一个资本主义强国时，殖民地的瓜分已接近完成，因此帝国主义德国只能在侵略的基础上，通过掠夺殖民地才能成为一个与其经济势力相适应的殖民王国。于是在德国出现了一个特别'饥饿'、贪婪、侵略、肆无忌惮而强烈要求重新瓜分殖民地和势力范围的帝国主义。"当时的德国政治、经济、文化、科学等领域也都受这种意识形态的影响，倾向于整体的研究。

从文化上看，当时的德国文化强烈抵制英法传统哲学的联想主义、原子主义和机械主义，年轻的德国学者寄希望于整体和超越，并将此发展视为摆脱德国文化危机的出路。在这一过程中，心理学自然也不能例外。可以说，在 20 世纪初心理学的重心由欧洲开始移向美国的背景下，格式塔心理学却仍能在欧洲的德国萌芽、发展，这在很大程度上应归因于当时德国的社会历史背景条件。

（二）哲学基础

格式塔心理学的产生主要受到康德的先验论、胡塞尔的现象学的影响。

1. **康德的先验论**　康德认为，存在的客观世界可以分为"现象"和"物自体"两个世界，两者之间有着不可逾越的鸿沟，人们只能认识"现象"，但不能认识"物自体"。同时，人们要想认识现象，必须借助于人的先验范畴。在康德看来，空间、时间、因果性等范畴都不是来自于经验，而是以一种先验的形式天赋地存在于心理之中的，它们是可以通过直觉的方式认识到的。他认为这些先验的范畴是经验成为可能的先天条件，它们先于并独立于一切经验。他还指出，人的经验是一种整体的现象，不能分析为简单的各种元素，心理对材料的知觉是在赋予材料一定形式的基础之上并以组织的方式来进行。康德的这些思想为格式塔心理学家所接受，也成为格式塔心理学理论建构和发展的主要依据。

2. 胡塞尔的现象学 对于心理学来说，现象学（参见第十五章）取向特别强调由个体知觉到的经验，它强烈反对任何形式的分析，因为分析会把心理事件分解成各个元素或把事件还原为其他的解释水平。胡塞尔把现象学应用到心理学问题上，呼吁一种意识的纯粹科学；他提倡对经历、体验到的心理活动采取详细而复杂的描述。胡塞尔提出了一种观察方法，详细阐述了现象在意识中可能出现的模式的所有水平。然而，胡塞尔的方法不是分析性的，并与还原相反。胡塞尔和格式塔心理学家对心理学的内容持有不同的观点，然而在寻求不同的意义时，他们却都怀疑控制的实验室方法的分析性特质，试图寻找另外一种承认心理内在组织和活动的心理学阐述。胡塞尔的现象学和格式塔运动都是 20 世纪初德国相同理智力量的产物，"现象学改变了格式塔学者对待心理意识及心理学本身的态度，鼓舞着他们去反抗冯特的传统，去探讨心理学研究的新的途径。"

（三）科学背景

19 世纪末 20 世纪初，科学界一股强大的新思潮直接影响了格式塔学派的创立者。特别是以法拉第（M.Faraday）和麦克斯韦尔（C.Maxwell）为代表的场的观念的形成以及"场论"（field theory）的进一步发展和完善，对格式塔心理学家产生了较大的影响。新物理学中的场动力概念可以用磁场来演示：把小铁屑散布在一张纸上，在纸的下方放一块磁铁，小铁屑就会分布成规则的图形。苛勒曾跟随著名的理论物理学家马克斯·普朗克（Max Planck）学习，物理科学功底深厚。普朗克对场论有过重大贡献，他的科学态度，包括对严格经验主义的批评都影响着苛勒。普朗克主张，科学的进步是建立在创造性的理论基础上，科学对其自身测量的迷恋将阻碍科学的进步，他重视的是测量结果背后的事物本质与具体过程。苛勒与其老师一样，也非常反对过分强调测量。他严厉批评用智力的测验来给智力下操作性定义，这也说明了其立场。苛勒在《静止状态中的物理格式塔》（1920）一书中采用了场论，认为脑也是具有场的特性的物理系统。考夫卡则别出心裁地创造了一些新的名词：行为场、环境场、物理场、心理场、心物场等。他认为，要保证心理学的科学性质，理应将场的概念引入到心理学中来。他说："我们能否把场的概念引入心理学中去，意指它是一种决定实际行为的应变和应力的系统呢？如果我们可以这样做的话，我们便拥有了针对我们全部解释的一个一般的和科学的类别。"

爱因斯坦（Einstein）也影响了格式塔心理学。这种影响可能来自爱因斯坦与韦特海默亲密的友谊。他们曾就科学与创造的本质这类话题促膝长谈。爱因斯坦曾寻求韦特海默和另一个朋友马克思·鲍恩（Max Born）的帮助，让他介入学生会与柏林大学行政机构之间的争论。爱因斯坦在物理学领域的研究所产生的广泛的学术意义，无疑影响到韦特海默。实际上，与其他的心理学体系相比，格式塔心理学对观察者的参照背景或所谓的参照系的重要性更为敏感。这些理念直接来自爱因斯坦关于运动物体的电动力学著作。

（四）心理学背景

1. 马赫的影响 格式塔心理学家受到恩斯特·马赫（Ernst Mach, 1838—1961 年）关于感觉著作的影响。尽管马赫的经验主义与格式塔心理学家有很大差异，但他的《感觉的分析》（1886）一书却是格式塔理论灵感的源泉。马赫认为空间感和时间感是两种基本的形质，时间感的例子是一段曲调，它与其本身所包含的几个元素不同。元素或单个的音符都可以变化，不过从一个音符键转到另一个，整个曲调旋律却没变。换句话说，曲调不仅仅是许多不同的或独立的元素的结合，而且本身具有清晰的统一性的模式。同样，视觉或空间形质感觉独立于其元素而具有统一性。三角形无论其空间方向如何转换，它的形状仍保持不变。

笔记

因此三角形作为一种空间形质与其构成元素即线条是不同的。诚如波林所言："……马赫应为格式塔心理学的另一位当之无愧的前辈，因为他相信空间感觉和时间感觉的存在。"

2. 斯顿夫的影响　格式塔心理学的四位主要代表人物都曾是斯顿夫的学生，他在柏林大学退休后，由苛勒接替该大学的心理学研究所主任之职。正是斯顿夫把现象学思想引进心理学实验室，为他的学生建立实验现象学和格式塔学派提供了理论基础，从而直接推动了后来的格式塔心理学的产生，所以，"他是布伦塔诺与格式塔学派之间的重要纽带"，被誉为"格式塔心理学之父"。波林也指出："新的格式塔学派的中心被认为是在斯顿夫的实验室。"

3. 形质学派的影响　形质学派（参见第九章）是格式塔心理学的直接前驱。布伦塔诺的弟子厄棱费尔同意马赫的观点，并在《论形质》（1890）中发展了马赫的形质概念。厄棱费尔的"form-quality"（形质）一词德文为"Gestaltqulita"，有人将之直接译为"Gestalt quality"（音译为格式塔质）。从该词的字面意义上，我们就可以看出格式塔学派与形质学派的直接关系。从这个意义上，可以说是厄棱费尔第一次提出了"Gestalt"（格式塔）一词。

厄棱费尔认为，有些经验的"质"（这里的"质"类似于性质）不能用传统的各种感觉的结合来解释，同时这种"质"也不是马赫所谓的独立的物体的存在形式，他把这种"质"命名为格式塔质，又称形质，同时认为形质的形成是由于意动。形质是在经验中直接给予的，即使元素发生变化，它依然不变。他认为，空间和时间的形式是一种新性质，而不是感觉基素的集合。例如，一个正方形可为四条直线所组成。直线是正方形知觉的基本感觉，可称为基素；合起来，便可说组成一个基体。但是，正方形可不附着于这些元素的任何基素之内。厄棱费尔认为形质是一种新的性质或新的元素。他还区别出两种形质，即时间的形质和非时间的形质。

格式塔心理学与形质学派的相同点在于：首先，两派理论都强调经验的整体性及整体对部分的决定作用；其次是两者都侧重于对知觉问题的研究。厄棱费尔的"形质"具有"格式塔"的整体性和整体性质不随基素的变化而变化的特性。但是厄棱费尔认为形质附属于基素，虽可不随基素而变异，但不能有独立的存在。格式塔心理学不同意形质学派的这一理论。然而，不论有什么具体的不同，从研究的侧重点和研究的主导思想方法上看，格式塔心理学与形质学派有着内在的渊源关系。

二、格式塔心理学的代表人物

（一）马克斯·韦特海默

马克斯·韦特海默（Max Wertheimer，1880—1943 年）出生于布拉格，高中毕业后考入布拉格的查尔斯大学，最初学习法律，又广泛地遨游于其他领域，如哲学、音乐、生理学以及心理学。他在柏林跟随斯顿夫学习了几年之后来到符茨堡，跟随屈尔佩，并在那里于 1904 年获得博士学位。韦特海默背离感觉主义而走向现象学，也许是由于受了屈尔佩的影响。他获得学位之后的五年，是在布拉格、维也纳和柏林三处度过的。韦特海默的学术生涯始于法兰克福的一个研究所（后来的法兰克福大学）。从 1916 到 1926 年，他在柏林心理学研究所工作，1929 年返回法兰克福任专职教授。由于纳粹运动的爆发，导致学术自由的丧失，德国大批最显赫的和最能干的科学家以及其他学者都移居国外。53 岁的韦特海默和妻子安妮以及三个孩子也移民到了美国。韦特海默从 1933 年在纽约市立社会研究新学院任教授，直至 1943 年去世。他在美国的 10 年硕果累累，发表了一系列论文，把格式塔观点扩展到真理的意义、伦理、民主与自由等领域。可以看出韦特海默所提出的格式塔理论已不仅仅是一种心理学体系，它对诸如哲学、科学和教育等学术领域具有一种世界观的含义（图 14-1）。

韦特海默在格式塔心理学的三个领袖中著作最少，但影响很大，主要有格式塔心理学诞生的宣言书《视见运动的实验研究》（1912）和其遗著《创造性思维》（1945）。1988 年 10 月，德国心理学会授予已故的韦特海默冯特奖章。著名心理学史家迈克尔·韦特海默（Michael Wertheimer）代表其父接受了这枚德国心理学会授予的最高荣誉奖章。获此殊荣意味着，韦特海默的实验探索、理论贡献以及他对仁爱与人性的持续关注得到了社会承认。这份在他辞世之后所授予的表彰，正是韦特海默研究的心理学体系的持续影响受到认可的诸多标志之一。

图 14-1　马克斯·韦特海默

（二）沃尔夫冈·苛勒

沃尔夫冈·苛勒（Wolfgang Köhler，1887—1967 年）出生于爱沙尼亚的里弗（Reval），他先后求学于杜平根大学、波恩大学、柏林大学。1909 年在斯顿夫的指导下获得柏林大学的博士学位，并担任法兰克福研究所的心理学助理，不久任职于法兰克福大学。1913 年他应普鲁士科学院的邀请到西班牙的附属地特纳里夫岛的类人猿基地进行黑猩猩的研究，由于第一次世界大战的爆发，他在岛上一共待了 7 年。这一段时间成就了其一生辉煌。在实验的基础上他提出了著名的顿悟学习理论（insight learning theory），完成了格式塔心理学经典著作之一《人猿的智慧》，对后来的学习心理学产生了重要影响。1920 年，苛勒回到德国，任哥廷根大学教授；1922—1935 年，任柏林大学哲学教授和心理学研究所主任，在此度过了他最具创造性的时期。但到了 1933 年，纳粹政府掌权，促进科学创新的良好气氛遭到了破坏。希特勒当权立即策动变革，完全破坏了整个德国的大学体制。从 1934 至 1935 年，苛勒到哈佛讲学，并最终离开了德国，加入了斯瓦斯摩学院的教员行列，在那里工作直至退休（图 14-2）。

苛勒的著作少于考夫卡而多于韦特海默，但措词慎重，表达精确，文体优美。他比韦特海默更适应美国，成为格式塔心理学的发言人。1929 年，他出版了《格式塔心理学》这一经典著作并发起对行为主义的抨击，此后还出版了《价值在事实世界中的位置》（1938）、《心理学中的动力学》（1940）等著作。1957 年，苛勒被美国心理学会授予杰出科学贡献奖，1958 年被选为美国心理学会主席，这是与他的创造性研究生涯相称的嘉奖。

图 14-2　沃尔夫冈·苛勒

（三）库尔特·考夫卡

库尔特·考夫卡（Kurt Koffka，1886—1941 年）出生于德国柏林。家人希望他将来追随父亲的足迹，进入法律界。但他和韦特海默一样，兴趣广泛，喜欢理论。1903 年进入柏林大学学习哲学，后来转向心理学。1903—1908 年，除了在爱丁堡学习一年之外，考夫卡一直在柏林大学学习。1908 年在斯顿夫的指导下获得哲学博士学位。之后，他在冯·克里斯（Von Kries）的生理学实验室待了一学期，随后又到符茨堡大学跟随屈尔佩工作了一段时间。从 1910 年开始，考夫卡与韦特海默、苛勒一起共事了三个学期。1911—1924 年，考夫卡在吉森大学任教。第一次世界大战期间，他在精神病诊所工作，帮助治疗脑损伤和失语症患者。1924 年，考夫卡在康奈尔大学、威斯康星大学做访问教授，并于 1927 年获得史密斯学院的教授职位，在那里工作直至去世（图 14-3）。

1922 年，考夫卡在《心理学公报》上发表的《知觉：格式塔理论引论》一文，把格式塔心理学介绍给了广大的美国读者。另外，考夫卡还出版了一本儿童心理学著作《心之成长》

（1921），该书在美国和德国都广受欢迎。然而，他的主要目标——撰写关于格式塔运动的权威著作并没有因为他的《格式塔心理学原理》(1935)而实现。在该书出版之后，考夫卡开始逐渐关注更广泛的问题，如艺术、音乐、文学、社会、伦理等。1939年，他兴致勃勃地到牛津大学做了一年访问学者，同时在纳菲尔德研究所(Nuffield Institute)研究脑损伤患者，在军医院研究头部受伤者，并协助对患者实施测验以发现其在判断和理解上的缺陷。这些测验沿用至今。在这期间，考夫卡还在牛津大学做了题为《格式塔心理学与神经学》的一系列演讲。在一位神经学同事的要求下，考夫卡开始将这些讲稿和一些有价值的个案资料整理成书，暂取名为《人类行为与脑损伤者行为的矫正》。遗憾的是，考夫卡最终没能完成这部著作。

图 14-3　库尔特·考夫卡

（四）勒温

库尔特·勒温(Kurt Lewin, 1890—1947年)出生于普鲁士。他在柏林上完中学后入弗赖堡大学计划学医，但很快就放弃了这种想法。他在慕尼黑大学上了一学期，于1910年回到柏林大学，并在斯顿夫的指导下学习心理学，1914年获得柏林大学哲学博士学位。1921年开始在柏林大学工作，1926年任哲学和心理学教授。在柏林大学，他和格式塔心理学两位奠基人韦特海默和苛勒相识。1932—1933年，勒温在斯坦福大学作心理学访问教授；1933—1935年在康奈尔大学任教；1935—1945年，他在衣阿华大学的儿童福利研究站担任儿童心理学教授，对儿童社会化进行了创新性的研究，并于1939—1940年先后在加利福尼亚大学和哈佛大学作心理学访问教授；1945年担任麻省理工学院心理学教授和团体动力学研究中心主任，直至1947年突然去世（图14-4）。

1917年，勒温发表了两篇重要的论文。一是《意志过程受阻时的心理活动与联想的根本法则》，在这篇论文中，勒温通过其对意志的研究而提出了心理紧张系统的概念；二是《战场景象》，通过其亲身参加一战的体验和思考，提出了"生活空间"的概念。勒温的主要著作有：《人格动力论》(1935)、《拓扑心理学原理》(1936)、《心理动力的动力表述和测量》(1938)；勒温去世后，学生将他的社会心理学论文编辑成《解决社会冲突》(1948)和《社会科学中的场论》(1951)出版。

图 14-4　库尔特·勒温

勒温是一位杰出的格式塔心理学家，他说："幸运的是，在柏林期间我接受了马克思·韦特海默的指导，并和沃尔夫冈·苛勒合作了10多年。我不必强调这些杰出人物对我的恩情，格式塔理论的基本观念，是我在意志、情感和人格领域进行研究的基础。"波林虽不认为勒温是一位典型的格式塔心理学家，但他在评价他对于格式塔心理学发展所做的贡献时也说："勒温也可能是时代精神的代言人，把动机心理学从清规戒律中解放出来，使伽利略的观点战胜了亚里士多德的观点，使格式塔心理学压倒了冯特的分析心理学。"勒温对现代心理学，特别是社会心理学，在理论与实践上都作出了巨大贡献。托尔曼曾将勒温与弗洛伊德相提并论。为了纪念他，从1948年开始，美国社会问题心理学研究会设立了库尔特·勒温纪念奖，一直持续到现在，堪称当代社会心理学领域的最高奖项。

三、格式塔心理学的发展

格式塔心理学于 1912 年正式诞生，到 1920 年已经完全确立了其在德国的主导地位，至 20 世纪 30 年代中期，已经在美国成为一个比较有影响的学派。格式塔心理学理论也被广泛应用到了发展心理、学校教育、社会心理等领域。

格式塔心理学在美国的发展大致可分为三个时期。第一个时期是传播与初步接纳期（1912—1930 年）。其实，在纳粹上台之前，格式塔心理学的思想就已经开始向美国传播了。例如，美国心理学家兰菲尔德（H.S.Langfeld）于 1904—1909 年曾在柏林大学做过研究，与考夫卡是好朋友，1912 年，他把自己的学生托尔曼送到考夫卡那里学习；20 世纪 20 年代初，奥尔波特（G.Allport）也在德国留学一年，对格式塔学派和勒温的研究方法很感兴趣，在美国发表过介绍格式塔心理学的文章；康奈尔大学的奥格登（R.M.Ogden）是屈尔佩的学生，1909 年夏天结识了考夫卡。奥格登是格式塔心理学在美国的第一位也是最重要的一位支持者。他为格式塔心理学的传播做了大量有益的工作。例如，1922 年，他邀请考夫卡撰写《知觉：格式塔理论引论》一文并在《心理学公报》发表；1924 年，他将考夫卡的《心之成长》翻译为英文出版；更值得一提的是，他先后成功地将考夫卡、苛勒、勒温引荐到美国的大学，极大地促进了格式塔心理学的广泛传播。另外，1925 年，苛勒的《人猿的智慧》英文版问世；1929 年，苛勒用英语著作的《格式塔心理学》出版，同年，他在耶鲁大学召开的第九届国际心理学大会上的发言受到了广泛关注。格式塔心理学家的演讲及其著作的出版，再加上许多人对行为主义极端观点的不满，使格式塔思想和格式塔心理学家逐渐被美国接受。第二个时期是迁移时期（1930—1945 年）。自 1933 年纳粹上台之后，格式塔心理学的主要代表人物先后被迫移居美国。到 1935 年，韦特海默、苛勒、考夫卡、勒温已经全部在美国大学任职。他们继续发展和传播格式塔理论，格式塔心理学也成为美国心理学中比较活跃的一支力量。第三个时期是融合期（1945 年之后）。在行为主义占主导的背景下，格式塔心理学在美国的被接纳可谓时间漫长并且范围有限，其发展历程不乏艰辛，许多观点没有得到应有的重视，甚至被误解。由于缺少大批的研究生，以及几位主要领导人物的过早辞世，在美国没能出现新一代格式塔心理学家。但是，格式塔心理学的确也吸引了一些志同道合者，他们尝试将格式塔理论运用到新的研究领域，产生了新颖而重要的研究，可以说格式塔思想已经"被溶化于心理学本身之中，从而功成身亡了。"

自 20 世纪 50 年代以来，由于具备了较为适宜的政治和文化氛围，格式塔心理学在其家乡德国出现了复苏的趋势，德国心理学界也对格式塔心理学的三位代表人物重新给予了很高的评价，并出现了以梅茨格（Wolfgang Metzger）为代表的新一代格式塔心理学家。格式塔心理学经铁钦纳的学生、日本心理学家高木（Takagi Teiji）介绍到日本之后，也对许多日本心理学家产生了很大影响。他们热衷于知觉研究，并使该领域的研究成为当今日本心理学的特色。意大利格式塔心理学经过了三代心理学家的努力，也逐渐形成了自己的研究特色和传统。

第二节　格式塔心理学的主要理论

一、心理学的对象论

以冯特为代表的内容心理学认为，心理学的研究对象是人的直接经验。格式塔心理学在研究对象上并不反对内容心理学的观点。但为了使自己的心理学与内容心理学有所区别，他们在实际应用过程中，尽量不使用"意识"一词，而是把心理学的研究对象分为直接经

245

验和行为环境，其中包括了意识的成分。所谓直接经验（immediate experience），苛勒认为就是主体当时感受到或体验到的一切，即主体对现象的认识过程中所把握到的经验。这种主体把握到的经验是一个有意义的整体，它和外界的直接客观刺激并不完全一致。格式塔心理学家认为外界的客观刺激只具有几何属性或物理属性，这些属性只有以整体的方式被人感受到以后才成为直接经验，因此直接经验具有超几何、超物理的性质。所以，格式塔心理学的直接经验既包括客观世界，也包括主体的主观世界。

格式塔心理学的另一个研究对象是行为。考夫卡同意托尔曼对行为的描述，指出克分子行为（molar behavior）发生在环境中，而分子行为（molecular behavior）发生在有机体内部，并主张用克分子行为代替分子行为。考夫卡把实际的行为分为两类：一类是表面行为（apparent behavior），如别人所见到的我的行为、我所见到的别人的行为；另一类是现象的或经验的行为（phenomenal or experimental behavior），如"我自己行为环境中的我的行为"和"某人自己行为环境中的他的行为"。显然，第二类行为是格式塔研究的主要对象。

考夫卡进一步考察了克分子行为发生的环境，他把环境分为两种——地理环境（geographical environments）即真实存在的客观环境和行为环境（behavioral environments）即个体意识到的环境，并认为人的行为主要受行为环境的影响和制约。为此，考夫卡还引用了一个德国传说中的例子来说明其观点："在一个冬日的傍晚，于风雪交加之中，有一男子骑马来到一家客栈。他在铺天盖地的大雪中奔驰了数小时，大雪覆盖了一切道路和路标，由于找到这样一个安身之地而使他格外高兴。店主诧异地到门口迎接这位陌生人，并问客从何来。男子直指客栈外面的方向，店主用一种惊恐的语调说：'你是否知道你已经骑马穿过了康斯坦斯湖？'闻及此事，男子当即倒毙在店主脚下。"

总之，格式塔心理学将经验与行为同时纳入自己的研究视野之内。这种更为全面的对象观，更有可能把人看作一个整体，在很大程度上克服了以往研究只见木不见林的做法。

二、心理学的方法论

由于格式塔心理学所强调的直接经验是一种自然而然的现象，只能通过观察来发现，因此它强调运用自然的观察法（naturalistic observation）。虽然格式塔心理学家不反对内省法，但强调内省不能用作分析，而只能用作观察，且不能破坏自然经验，苛勒将这种方法称为直接观察法。他们认为分析的内省法最大的错误在于用元素肢解了人的心理，也即苛勒所谓的用人为的方法破坏了自然的经验，从而使心理学陷入困境。不管是观察还是内省，格式塔心理学家都强调要从整体上去把握研究对象，这是格式塔心理学对后世心理学研究方法的最大贡献。

除了运用整体观察法之外，格式塔心理学还运用了实验法（experimental method）。他们所运用的实验法主要是实验现象学（experimental phenomenology），考夫卡声称："实际上，实验也好，观察也好，都应该联手前进。对于一种现象（phenomenon）的理想描述，其本身可以排除若干理论，并表明一些明确的特征，也即一个真正的理论必须具有的特征。我们把这种观察称作'现象学'（phenomenology），……现象学意指尽可能对直接经验作朴素的和完整的描述。"

现象学方法（phenomenological method）要求对在特定时间内主体所观察到的经验材料不加任何粉饰，力求如实而详尽地进行描述。这种方法并不用以确定实在的事物和过程，而是用来研究经验，它主要表现出以下特点：首先，实验现象学是一种以归纳为主要手段的实验，它主要通过对现象加以直观描述，进而发现其意义结构。其次，实验现象学不追求变量间的因果关系，而在于建构现象场并发现现象场的意义。第三，它主要以文字描述而不是以数量关系来反映实验，只从整体上对直接经验做质的分析。第四，现象学实验中主试必须悬置自己的先知先见而主要作为一个现象场的创立者，他只对经验进行朴素而如实的描述，不作任何推论或解释。第五，在实验过程中，主试并不严格操控被试者或实验对象，实验对象本身在一定程度上是一个真正意义上的实验者，甚至可以说是一个真切的现象学家，实验对象本身在实验中不仅具有工具的意义，同时也具有生活的意义。格式塔心理学家是运用现象学方法的先驱，他们在现象学方法指导下，以新的观点来看待和使用内省法和实验法，从而使得他们的方法独具特色。

三、同型论

同型论（isomorphism）是格式塔心理学在心身问题上的观点，是对调节知觉过程的潜在大脑活动的解释，或许也是格式塔理论中最脆弱、最难以理解的部分。isomorphic（同型）这一术语，源于希腊语 *iso*（相似的）和 *morphic*（形状）。同型论表征被界定为知觉和生理水平之间的平行过程。波林曾指出："三个主要的格式塔心理学家都支持同型论——此说主张知觉场在其次序关系上与作为基础的兴奋的脑场相符合，虽然不必有完全符合的形式。"

韦特海默从似动现象的研究出发，认为大脑活动是有结构的整体过程。由于似动与真动在经验上是同一的，那么实现似动与真动的皮层过程必然也是类似的。他曾说道："我们发现许多过程，从其动力形式看，不管它们的元素材料的特性如何变化，都是完全相同的。当一个人胆怯、害怕或精神饱满、高兴或悲伤时，时常表示出他的身体过程的进程和这些心理过程所进行的进程是完全相同的格式塔。"

继韦特海默提出同型论之后，苛勒也系统阐述并扩展了该理论。在《静态的物理格式塔》一书中，苛勒阐明了物理格式塔如何在化学、电学、生物学中产生作用，并声称这些作用也能在脑的机能中表现出来；他认为皮层的活动类似于场，就像电磁力的活动方式一样，神经活动场可以通过大脑对感觉冲动做出反应的电动机械过程建立起来。在《格式塔心理学》中，苛勒用若干特定原理详尽论述了同型论。考夫卡在《格式塔心理学原理》中，也旗帜鲜明地赞同韦特海默和苛勒的主张，并论述了心物同型论的优点。

尽管格式塔心理学关于身心关系的同型论不乏独到的见解，但带有浓厚的思辨色彩，在本质上是唯心主义二元论，不过是身心平行论的翻版而已。

四、知觉论

格式塔心理学的许多术语和证实格式塔原理的例子都来自于关于感觉和知觉过程的研究。

（一）似动现象

1910 年夏季，韦特海默在度假旅途中忽然萌发了进行似动实验的念头。他和妻子在法兰克福下了火车，并买了一个玩具动景器，在旅馆中着手设计各种不同的图形，通过不连续的位移产生运动，观察产生最适宜的运动的必要条件。不久，法兰克福大学的教授舒曼（Schumann）为韦特海默提供了地方，并允许他使用其新设计的速示器。随后，韦特海默遇到了苛勒和考夫卡，他们二人都成为韦特海默的被试者。

韦特海默采用了多种图形作刺激材料，例如，在黑色背景上依次呈现的两条白线（如图 14-5，a 为水平线，b 为斜线）。当两次呈现的时间间隔 $t = 60\text{ms}$ 时，呈现客体会引起最佳运动印象；当 $t = 30\text{ms}$ 时，则引起静止客体的同时出现；当 $t = 200\text{ms}$ 时，则会有静止客体的先后出现。原先静止的两条线，在一定条件下被知觉为单线移动的现象，这就是似动现象（apparent movement phenomenon），韦特海默把这一错觉命名为"phi 现象"。

1912 年，由韦特海默撰写的《视见运动的实验研究》发表在《心理学期刊》上，文中初次提出了格式塔心理学的基本观点。韦

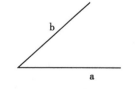

图 14-5　似动现象的实验
刺激之一

特海默的发现标志着格式塔心理学正式诞生。该研究的主要意义是，phi 现象不能像冯特的体系所预测的那样，被还原为呈现给被试者的刺激元素。对运动的主观体验是观察者和刺激之间动态互动的结果。

（二）知觉组织原则

在韦特海默研究了似动现象之后，格式塔心理学家就开始了其他知觉现象的研究。1923 年，韦特海默发表了一篇论文，提出了格式塔心理学的知觉组织原则（principles of perceptual organization）。他宣称，我们对物体的知觉同对似动现象的知觉是一样的，都是作为统一的整体，而不是一束个别的感觉。他发现，许多智力和感觉领域都有格式塔原则。知觉组织原则可以简化对信息的加工过程，其中几条最重要的格式塔原则如下：

1. **图形与背景**（figure and ground） 丹麦心理学家艾德加·鲁宾（Edgar Rubin）早在 1913 年就开始其视觉的图形-背景现象的研究。他认为知觉有两个成分即图形和背景。图形通常处于注意的中心，具有比较清晰的轮廓，看起来像一个物体，并被看成一个整体；视野的其余部分则为背景，往往处于注意的边缘，缺乏细节，看起来比图形离得远些。他还发现，图形-背景关系有时可以互相转换，如图 14-6 所示。格式塔心理学家并不完全赞同鲁宾对图形-背景现象的解释及对其表面特征的某些论述。但鲁宾的这一发现却一直被认为是一种组织原则。

2. **接近原则**（principle of proximity） 在空间或时间上彼此邻近或接近的对象会被知觉为一体。在图 14-7 中的 A，我们会看到三组圆圈，每组三个，而不是一个大的集合体即九个圆圈。

3. **相似原则**（principle of similarity） 在形状、大小、颜色等方面相似的部分容易被知觉为一个整体。如图 14-7 中的 B，圆圈和黑点被知觉为独立的整体。

图 14-6　图形与背景

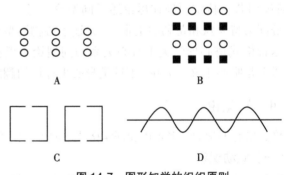

图 14-7　图形知觉的组织原则

4. **闭合原则**（principle of closure） 对不完满的图形或残缺的图形，我们的知觉有一种使其完满或弥补缺口的倾向。例如图 14-7 中的 C，即使两个正方形是不完整的，我们仍然倾向于将其知觉为正方形。

5. **连续原则**（principle of continuity） 如图 14-7 中的 D，我们看到的是一条直线与一条曲线多次相交，而不会把它看成是多条不连续的弧形与一条直线构成。

韦特海默把这些组织原则称为图形优化趋势定律（law of pragnanz），又称完形趋向。根据这个定律，知觉组织在当时条件下尽可能地趋向完美。因此，我们会以一种有秩序的、连贯的、经济的方式观察世界。虽然格式塔心理学家主要关注经验中的理解的重要性，但并没有否认学习、联想、动机对知觉的影响。正如考夫卡所说："格式塔学说不只是一种知觉的学说，它甚至也不只是一种心理学的理论。然而它却起源于一种对知觉的研究，而且在已进行的实验工作中，比较成功的部分，就是由对知觉进行的研究所提供的。因此，通过考

笔记

察有关知觉的事实，也许能对这个理论作出最好的介绍。"

五、学习理论

格式塔心理学家对行为主义提出了许多批评，尤其是对桑代克的联结主义、巴甫洛夫的条件反射论和华生的刺激-反应心理学。格式塔心理学家的批评主要集中在两点：强调盲目或机械联结的学习理论和人为的方法论。格式塔心理学对学习问题的探讨是最具创造性和挑战性的研究。

（一）顿悟学习（insight learning）

格式塔文献中关于学习问题最著名的要数苛勒的经典著作《人猿的智慧》。这是苛勒在特纳里夫岛对黑猩猩进行研究时的成果，出版于 1917 年。苛勒研究的目的在于揭示猿类是否和人一样具有智慧活动，进而探讨智慧活动的本质。苛勒认为："经验已告诉我们，当人或动物借助其本身自然而然地采取直接无碍的道路，用以达到他们的目的，我们不能说这种行为是智慧的。当环境阻碍了直接的通路，而人或动物为了适应这种情境，另辟一条迂回的道路时，我们才能说这是'智慧'的行为。"为此，他们的实验情境都采取同样的设计，即将动物置于一种情境之中，尽可能使其对该情境一览无余，在动物直接达到目标的道路上设置障碍，但它可以另辟一条迂回的道路。这样，研究者通过观察动物是否能够采取可能的"迂回"途径来解决问题，或其解决问题的可能性究竟达到何种水平，来判断它是否具有智慧行为。

苛勒的实验用具也非常简单，如起阻碍作用的笼子、香蕉、供动物获取香蕉的竹竿或箱子等。例如，在一项实验中，把香蕉放在笼子外黑猩猩恰好够不到的地方，如果把竹竿放在笼子前面靠近香蕉的地方，竹竿和香蕉就被知觉为同一情境的组成部分，黑猩猩很快就会用竹竿够到香蕉。但是，如果把竹竿放在笼子后面，竹竿和香蕉就不太容易被知觉为同一情境的成分。在这种条件下，黑猩猩就必须重新建构知觉的整体情境，才能解决问题。在另外一项实验中，研究者也是把香蕉放在笼子外黑猩猩拿不到的地方，并在笼子里放了几根竹竿，但这些竹竿都太短，不足以够到香蕉。要解决这个问题，必须在两根竹竿之间发现一种关系，把两根竹竿接起来，即将一根竹竿的末端插进另一根的前端。结果，有一个叫苏丹的黑猩猩解决了这个问题。

通过对类似情境的观察，苛勒相信，类人猿具有和人类相似的智慧行为，这种行为的明显特征是在对整个情境概览之后而产生的。这种行为是作为一个整体的连续过程，是与情境结构相适应的。在苛勒看来，猩猩解决问题不是一个盲目尝试的过程，而是对问题产生了顿悟。他把从一开始就考虑到情境结构的行为称为顿悟（insight），他说："只有那些一开始就考虑到情境形势的，以及在一个单一、连续而明确的过程中进行的行为，我们才能明确地视为智慧的行为。因此，我们就有如下的顿悟标准：参照场的整个设计而出现的完全的解决。"

在格式塔心理学家看来，学习这种智慧活动需要理解、领会并发现情境中各部分之间的关系。顿悟学习的特点可以归纳如下：①问题解决前有一个困惑或沉寂的时期，表现为迟疑不决，有长时间停顿；②从问题解决前到问题解决之间的过渡不是一个渐变的过程，而是一个突发的质变过程；③在问题解决阶段，行为操作是一个完整的、连续的顺畅过程，很少有错误行为；④由顿悟获得的问题解决方法能在记忆中保持较长时间；⑤由顿悟而领会的学习原则很容易迁移到新的问题情境，有利于解决新问题。

格式塔学派的顿悟说（insight theory）与桑代克的试误说（trial-and-error theory）针锋相对。根据实验结果，苛勒坚决反对桑代克的试误说，他认为动物的问题解决不是盲目的尝试错误的过程，他说："当猩猩进入实验的情境时，它的特征的确不是去做几个碰巧的动作，这些碰巧的动作,在其他情况下,却引起了非真正意义的解决。我们很少看到猩猩去做和情境偶然有关的事情(当然,如果它的兴趣已从目的物转到其他事物的时候,也有例外)。在它的努力指向于目的物的情况下,它的行为的各种可加辨别的阶段(在同样的情境中人类也是如此),都完全趋向于求得解决。没有一个阶段可被视为偶然凑合的部分的产物,最后取得成功的绝大部分的解决都是这样。"而在桑代克看来,学习过程不存在智慧活动,动物正是通过无数次盲目的尝试错误,才学会了正确的动作并巩固下来。

格式塔学派从三个方面对试误说进行了批判。第一,桑代克设计的实验情境过于复杂,超出了动物可理解的范围。当动物被置于狭小的、难以辨明其各部分之间关系的情境中时,它不可能概览情境的整体,发现利于其解决问题的格式塔,因而必然会盲目地乱冲乱撞、尝试错误。所以,是桑代克的迷笼迫使动物做出低级的试误反应。第二,他们质疑桑代克的练习律和效果律。桑代克认为,学习的效果取决于练习的次数以及动作带来结果的满意与否。格式塔心理学家指出,如果多次练习能使动作巩固,那么最终保留下来的应该是那些盲目尝试的错误动作,而非最后出现的那个成功动作;每一次成功的动作不可能完全相同,既然成功的动作前后各异,如何能够证明第一次成功动作的效果可以影响下一次动作呢?第三,桑代克把学习看作是一种渐进的量变过程也不符合实验中的现象。格式塔心理学家认为,虽然动物在解决问题时会有停顿、迟疑不定的时候,但一旦开始解决问题,其动作目的明确而连贯,所费时间较短,是一个飞跃的质变过程。

其实,经后期心理学家对问题解决过程的一系列研究发现,尝试-错误说与顿悟说并非截然对立。一般的问题解决过程都包含了尝试错误与顿悟两个阶段。顿悟往往以尝试错误为基础,它与问题解决者的先前经验有关。美国心理学家哈洛的实验就证明了这一点。近几年,心理学家开始探索顿悟的大脑机制,2003年我国心理学者罗劲与其合作者发表了第一项有关人类顿悟过程的脑成像的研究,为顿悟学习提供了新的实证依据。

(二)学习迁移(learning transfer)

格式塔心理学家认为,经顿悟学习而获得的方法既能长久保持,又利于迁移到新的情境,解决新问题。他们指出,过去的经验能够影响后来的学习进程,在一种情境中发现或理解的动力关系模式可以用于另一种情境,而这种影响或迁移是通过记忆痕迹实现的。考夫卡曾说过:"迁移这个名词含有这样的意思,心理学家把一种痕迹影响一个类似的过程视作'正常情况',从而使迁移这个名称用来意指下述一些情况,即一种操作通过其痕迹对不同操作施加影响。"格式塔心理学家认为,通过顿悟而解决问题的方法能在大脑中留下痕迹,当遇到新的情境时,记忆痕迹会影响个体的心理活动,使之选择类似的方法来解决问题。

格式塔心理学家在迁移问题上与桑代克也存在分歧。桑代克在迁移问题上持有的是共同要素说,即主张迁移的条件是两种情境中存在共同要素。而格式塔心理学家认为,可实现迁移的两种情境之间虽然存在着共性,但这种共同的东西不是完全相同的零散要素,而是一种关系或格式塔。换句话说,迁移不是某个共同因素的迁移,而是整体结构、关系或格式塔的迁移。

为此,苛勒做了一个实验来验证格式塔的关系迁移说(relationship transfer theory)。他将两张深浅不同的灰色纸放在动物面前,b颜色浅一些,c颜色深一些,并不断变换两张纸的位置。同时,使动物在b处可得到食物,而从c处得不到食物。如此反复训练,使动物能够一直准确地选择b为止。然后,用另一对刺激a和b来代替b和c,a又比b的颜色浅一些。根据共同要素说,动物应该继续选择两对刺激中都有的b。格式塔心理学家则预测,由于动物在b和c的刺激对中学会了对颜色较浅的刺激作出肯定反应,因而在a和b刺激对中,它将会对a作出肯定反应。他们用家禽、猩猩、三岁的幼儿来做被试者,结果在绝大多数实验中,他们都选择了a。该实验有力地证明了格式塔的迁移学说,即迁移并非是共同的特殊因素的迁移,而是关系、结构、格式塔的迁移。

六、创造性思维学说

格式塔心理学家中对创造性思维(creative thinking)关注最多并进行过系统研究的要数韦特海默,他的遗著《创造性思维》出版于1945年。在这本书中,他把学习的格式塔原理用于探讨人的创造思维。他认为,思维是依据整体的作用完成的,创造思维也是在把握问题整体的基础上产生的。学习者把问题情境看作一个整体,教师也必须把情境作为一个整体呈现出来,这样才有利于学生创造性思维的发展。

韦特海默在个人经验、实验和对杰出问题解决者的访谈的基础上,得出了有关创造性思维的结论。他在《创造性思维》一书中引用了许多经典的创造性问题解决的例子,来论述传统思维观问题的症结所在。他的例子涉及了数学家高斯小时候解决 $1 + 2 + 3 + \cdots\cdots +$ $99 + 100$ 这个问题的思维过程,以及物理学家爱因斯坦在建立相对论时的复杂思维过程。韦特海默认为,要创造性地解决问题,不能为既有的习惯所束缚和蒙蔽,不能像奴隶般重复所学过的东西,脑子不要太机械化、太片面、过于注重琐碎的细节,而是"要自由地、没有成见地观察全局,设法发现问题与情境怎样相互联系;设法深入、发现并找出问题的形式与任务之间内在联系;在最好的情况下,接触到情境的根源……"可见,他主张把问题的细节放在整体情境的关系中来加以考虑,决不能忽视整体;问题解决的过程应该是从整体到部分,而不是从部分到整体,即问题整体必须支配部分。他在不同年龄阶段和各种难度水平的问题上都发现了支持自己观点的证据。例如,在课堂教学情境中,如果教师能把字词和数字的练习安排和组织成有意义的整体,则学生就更容易表现出顿悟,抓住问题的关键,找到答案。韦特海默证明,一旦理解了答案的基本原理,那么这个原理就可以被迁移或应用到其他情境。

韦特海默认为,传统的思维本质观忽略了思维过程中许多重要的特点,他进而质疑传统教育实践,对源自于联想主义学习方法的机械练习和背诵学习提出了挑战。他认为重复在某些情况下是有用的,比如背诵姓名、日期这样一些事实,通过重复可以加强联想;但他坚持称重复不会带来理解和创造思维,只能导致机械操作,例如只靠机械方法而不用顿悟方法的学生不能解决变式问题。他指出,教师在教学中首要的任务是帮助学生概览问题情境,让他们明白如何去解决,为什么这样解决问题,争取在理解、领会问题的前提下产生顿悟。

七、心理发展与人格理论

格式塔心理学家发现,极端的经验论和先天论观点都贬低了对发展的研究,经验论者和先天论者不是试图去理解心理成长问题,而是去寻找符合自己理论的东西。考夫卡在其著作《心之成长》中提出,格式塔原理可以广泛应用于儿童心理的发展。他认为,缺乏完善的发展心理学和比较心理学,正常的成人心理学就是不完善的。

考夫卡区分了外部观点(the view from without)和内部观点(the view from within)。内部观点是描述性的概念,例如,我知道我牙疼;如果某人牙疼,我不会无动于衷,而是能够切身感受到他的痛苦。考夫卡说,如果某人哭泣,我们断定他痛苦;如果他们笑,就是高兴;如果他们生龙活虎,可以确信他们健康而精力充沛。当我们说某人活泼或兴奋时,我们所用的是行为概念,但这些概念也是可以用来指基本经验的机能。机能概念假定,可观察的行为与经验之间有着密切的联系。我们在研究婴儿和幼儿时使用机能概念,就可以确定如果一个孩子微笑或轻声说话,那么他的行为会与其轻松愉悦的经验相一致。

考夫卡主张心理发展(mental development)包括四个方面,一为运动方面的发展,二为感觉方面的发展,三为感觉运动的发展,四为观念的发展。他相信,许多早期的学习是感觉运动学习。他引用西方的一句谚语——"被烧伤过的儿童会避开火焰"来证明自己的观点。考夫卡认为,缩回被烧伤的手是一种条件反射,但儿童习得的不是缩手的动作,而是在将来避开火焰。也就是说,即使是感觉运动学习,儿童习得的也不仅仅是联结,而是联系火与痛的完形,是对未来有适应意义的结构性的结果。如果没有注意到火与痛的联系,儿童就没有学会躲避,疼痛的经验必然会重复。

考夫卡认为,除了感觉运动学习,还有很多学习来自于自然环境中的模仿。在他看来,知觉和运动系统紧密关联,这使得两个物体之间可以自然地发生构型的再认和转换。他主张不必去解释模仿或其目的,它只是随事物的自然发生而发生。通常模仿的对象是复杂的完形,因而他所说的模仿不是单纯的观察学习,而是辨别相关关系的能力。

在考夫卡的发展图式中,最高级的学习类型是概念学习(concept learning),即运用语言的学习。考夫卡指出,儿童掌握概念即事物名称的时期是其发展的关键期。儿童在其早期经验中认为,名称是事物本身的一种属性。经过命名阶段,儿童进入另一个时期,他们经常会创造性地使用一些词语,对语言的运用具有很大的灵活性。

格式塔心理学家把人格看作一个动力的整体。考夫卡认为人格问题的研究非常重要,如果没有人格问题,心理学便是不完整的。他引用了阿恩海姆(Rudolf Arnheim)在柏林大学所作的一项关于相貌特征的实验,证明人格是一种格式塔。在他看来,自我有着丰富的、复杂的亚系统,所有不同的亚系统相互交流,起支配作用的相对程度不同。要考查人格,就必须调查自我亚系统的表面 - 中心定位(surface-centre localization),或者是它们与"自己"(self)的联结,而这就是"自我"(ego)的核心。此外,还必须调查整个自我的"敞开"(openness)或"闭合"(closedness),调查自我与环境场尤其是社会场的关系。

考夫卡认为,行为场(behavior field)有两极,即自我(人格)和环境。他用紧张这一概念来说明动机和需要,认为目标一经达到,紧张就得以解除。场内的力处于不平衡状态时就会产生紧张。这种紧张既可在自我和环境之间形成,也可能在自我(人格)内部或环境中形成,从而导致不平衡。可见,格式塔心理学的人格理论与精神分析的动力学具有一定的联系,这种观点后来在勒温那里得到了进一步发展。

第三节　格式塔心理学的简要评价

一、格式塔心理学的贡献

第一,提出了具有重要方法论意义的整体观。格式塔心理学作为一场德国运动,直接挑战了铁钦纳的结构主义,整体观是其最基本的原则和理论前提。格式塔心理学是典型的反还原论。在研究方法上,格式塔心理学反对元素分析,他们声称,"把整体分解为部分不仅是人为的,而且是无意义的。这样做,在科学上是无结果的,不能揭示心理的任何东西。"相反,他们主张运用现象学的方法,对直接经验进行朴素而丰富的描写。格式塔心理学虽然不反对内容心理学将直接经验作为研究对象,但认为行为应该是心理学研究的中心,这也超越了内容心理学的观点。格式塔心理学家强调整体,重视部分之间的相互作用,在他们的努力下,整体大于部分之和的观点早已被广泛接受并深入人心,这极大地动摇了传统内容心理学的观点,对反对机械主义和还原论,确立心理学的整体观具有科学方法论的意义。

第二,革新了知觉领域的研究。知觉是格式塔心理学研究的起点和重点,也是其最富有成果的研究领域。韦特海默在 1912 年指出,人们是采用直接而统一的方式把事物知觉为统一的整体而非一群个别的感觉,由此提出了格式塔心理学的基本观点和原理。格式塔心理学家通过实验揭示出知觉的一些基本特征,如知觉的恒常性、知觉的整体性、知觉的组织性等,并总结了图形与背景、接近、相似、闭合、连续等知觉组织原则。虽然这些原则并非都是全新的,但格式塔心理学家将之组织起来,并进行分析,对知觉领域的拓展和革新起到了重要的推动作用。正如鲍尔和希尔加德所说:"格式塔心理学以知觉研究开端,并在这一领域取得了最大的成功。它演示了背景和组织对现象上知觉到的过程的作用,这些演示如此令人信服,以至只有极少数顽固的反对者才会贬低这一成就。"格式塔心理学在知觉领域富有创意的研究促使知觉心理学由感觉心理学的附庸变为一个独立的分支,也扩大了格式塔原理在艺术心理学领域的应用。韦特海默的学生阿恩海姆与其老师一样,也发现格式塔理论的原理不仅存在于严格的实验室条件下,也存在于自然界之中。阿恩海姆的最大成就是运用格式塔理论研究艺术心理学,包括对建筑、音乐、电影、无线电、诗歌、雕刻的整体研究。此外,现代艺术设计学也运用了格式塔的组织原则。

第三,创立了独具特色的学习理论。格式塔心理学家将知觉的组织原则用于学习和记忆等问题的研究。他们从全新的视角研究了动物的问题解决、顿悟、创造性思维、记忆、遗忘、学习迁移等课题,为心理学思考学习过程开辟了一个更为广阔的领域。提出了与桑代克和华生的联结说相对立的顿悟说,从而使动物和人类成为有智慧的学习者。顿悟说也由此成为颇具特色和建设性的学习理论。格式塔心理学家强调对问题情境的整体把握,认为由顿悟而获得的问题解决方法既能长久保存,又利于促进学习迁移。顿悟说作为西方重要的学习理论之一,弥补了联结主义的不足,拓宽了行为主义的基础,为孕育更加完整的学习过程观点起了重要的作用。特别是韦特海默的《创造性思维》一书就促进问题解决的潜在策略,提出了一个令人耳目一新的观点。到了20世纪70年代,格式塔心理学关于学习的观点逐渐得到了学术界的认同。

二、格式塔心理学的局限

第一,具有主观唯心主义色彩。格式塔心理学的哲学基础是康德的先验论和胡塞尔的现象学。它在吸收了上述二人主要观点的基础上,在阐述主客观世界的划分、知觉组织原则、同型论等问题时,都带有明显的主观唯心主义倾向和鲜明的先验论色彩。例如,格式塔心理学认为同型论就是,心理历程和生理历程在结构的形式方面完全等同,即经验与基本的大脑过程的结构具有一致性。这一带有浓厚思辨色彩的心身关系理论是彻底的唯心主义二元论。

第二,心理学的术语和理论观点不甚明确。格式塔心理学家试图引用物理学中的场论来解释心理现象及其机制问题,提出了许多新的术语,或者是未加分析而直接采用了一些物理学概念,因而,有些术语和观点不甚清晰明朗,深奥难懂。如新行为主义者赫尔所言:"诸如弥合原则、完满原则、顿悟之类的概念,不是过于含糊,就是过于笼统,是不能从这些概念推演出任何有意义的东西的。"这种看法不无道理。

第三,对其他学派的批评有失公允。格式塔心理学对元素主义、联结主义、行为主义提出了尖锐的批评,其中,有的切中要害,有的则过于武断,似乎格式塔心理学不太关注其他学派的可取之处。而且格式塔心理学对其他学派的许多批评仅止于指出缺陷所在,并没有提出更好的改进措施;或者说,在指责其他学派的同时,它自身并没有做得更好。

第四,实验研究不够严谨。由于采用了现象学的方法,格式塔心理学多运用自然观察法来进行研究,其实验设计和实施过程人为因素较多,缺乏严格控制,因而,他人难以重复验证。与新行为主义者的研究相比,格式塔心理学的许多实验只能算比较初级的、带有尝试性的。在实验的科学性上难免遭到质疑。

三、格式塔心理学的影响

20世纪20年代初，格式塔心理学已经成为德国心理学中的一支主要力量，其最大的活动中心是苛勒在柏林大学领导的心理学研究所。当时，"许多国家的研究生都到研究所来；格式塔心理学家创办了《心理学研究》杂志，并进行许多方向的研究。"在此期间，格式塔心理学也影响了包括美国、意大利、日本在内的其他国家的心理学家。在将格式塔心理学传播到美国的过程中，兰菲尔德、托尔曼、奥格登、奥尔波特起到了重要作用，当然，他们的思想也深受格式塔心理学的影响。不幸的是，希特勒上台之后，德国已不再被视为科学思想的沃土，格式塔运动也面临着一场艰巨的战斗。格式塔心理学家团体被分裂为孤立的个体，他们被迫来到已经被行为主义占领的异国他乡，天各一方。

虽然历尽坎坷和艰辛，格式塔心理学的理论和研究并没有从此销声匿迹，而是以其顽强的生命散发着持续而有力的影响。格式塔心理学的影响主要表现在以下几个方面。

第一，格式塔心理学激发了思维、记忆、教育、人格、社会、临床等许多分支领域的研究。例如，德国心理学家邓克尔（Karl Duncker）进行了一系列关于问题解决的实验研究，提出了功能固着（functional fixedness）的现象，在思维研究领域产生了深远的影响；韦特海默的学生卡托纳（George Katona）撰写了一部关于记忆和教育的著作《组织和记忆》（1940），将格式塔理论运用于教育心理学；韦特海默的另一位学生斯特恩（C.Stern）也借鉴格式塔思想，将之运用到基础数学教育领域；阿西（S.Ash）的研究也带有格式塔风格，他的有关团体压力和判断线段长度的标志性研究已成为社会心理学的经典研究；格式塔理论也直接影响了戈尔德斯坦（K.Goldstein）的机体论人格理论，以及他对大脑损伤和失语症的研究；韦特海默对精神病理学也很感兴趣，他曾指导学生舒尔特（H.Schulte）用格式塔理论研究偏执狂，形成了韦特海默—舒尔特理论。另外，尽管格式塔疗法与格式塔心理学没有直接的联系，但格式塔模型却为临床心理学家提供了丰富的素材。

第二，格式塔心理学的研究成果强有力地激励了其他心理学体系，迫使他们重新审视和修改自己的观点。格式塔心理学的魅力影响了许多行为主义者，并对心理学的行为主义模式在美国的扩展起到了重要作用，托尔曼就是其中最著名的一位。格式塔心理学开创了整体论研究传统，主张从整体上研究心理与行为，以及它的现象学方法论，都影响了人本主义心理学。格式塔心理学也推动了现代认知心理学的产生，特别是其关于思维和问题解决的研究，受到了认知心理学家纽厄尔和西蒙的赞赏。在这个意义上可以说，格式塔心理学家是认知心理学的先驱。亨利（M.Henle）也曾呼吁人们关注格式塔概念与诸如背景论、自上而下加工和主观组织概念之间的相似性。尽管格式塔运动没有保持一个独立的身份，但它为心理学的重新阐述作出了巨大的贡献。可以说，它在一定程度上影响了心理学的发展方向。

第四节　拓扑心理学：格式塔心理学的发展

一、行为公式

勒温的心理学可以说是对传统心理学的修正，传统心理学强调特质、遗传素质、学习或其他内心事件。勒温认为传统心理学家严重忽视了感情、动机和社会力量的作用。与极端的个人主义方法论相反，勒温的场论（field theory）强调的是人与环境的相互依赖。他也认为行为是心理学的研究对象，但他所说的行为是与心理事件并提的。他最有特征的行为公式（behavior formula）是$B=f(PE)$，其中B代表行为；P代表人，E代表环境。该公式表明，行为是人和环境的函数,即行为是由个体和环境两个因素共同决定。

勒温的行为观既否定了行为主义的 S-R 公式,也不同于考夫卡的"双重环境"理论。考夫卡认为,决定个体行为的是行为环境而不是地理环境。勒温所说的环境指的是心理环境(mental environment),与考夫卡的行为环境不同。行为环境是指个体当时意识到的环境,而心理环境则是指对人的心理事件发生实际影响的环境。心理环境既包括被个体看到的或了解到的环境,也包括没有被意识到但却对行为产生影响的事实。

二、心理场

心理场(psychological field)或心理生活空间(mental life space)或生活空间(life space)是勒温拓扑心理学(topological psychology)中的一个关键概念,指的是特定时间内影响个体生活的所有心理事实。勒温认为,生活空间中存在三类影响人类行为的可能事实:①准物理事实(the quasi-physical facts),是指在一定程度上影响个体此刻状态的那些事实,例如在物理学家看来,不同个性的个体面对的环境是一样的,但其心理环境则可能根本不同;甚至对同一个体来说,在不同的条件下,物理学上相同的环境,在心理上可能不同。②准社会事实(the quasi-social facts),指影响个体的社会事实,它与社会学意义上的客观的社会事实不同。例如,母亲用警察来吓唬不听话的孩子,孩子由于害怕警察而听从母亲,就描述和解释孩子的行为来说,我们不是在讨论警察对于孩子实际的法律的或社会的权威,而是在讨论孩子心目中的警察的权威。③准概念事实(the quasi-conceptual facts),是指与数学域的客观结构有所不同的心理域的结构。勒温强调,准物理的、准社会的、准概念的事实并非相互截然分开,而是始终处于统一的心理生活空间中,这三组事实仅代表可以大致区分的类别。

生活空间涉及特定时刻经验的延伸。儿童的生活空间在时间上和空间上是有限的,他们通常只追求具体的、可见的目标。但随着成长,其空间会拓展。勒温认为教育的目的就是拓展生活空间,这样我们就能追求一个又一个目标。生活空间的另一个重要特点是动态性。例如在特定时刻,生活空间可能由一小群人、一个物理背景、一些食物和愉快的谈话组成。在此过程中,一个可能传达重要信息的电话,就会改变注意的焦点与生活空间。

三、动机理论

勒温的动机理论涉及对需要、紧张系统、冲突等行为动力系统的研究。勒温认为,需要也是行为的动力,它可引起寻求需要满足的活动。他将需要分为两种:一种是指客观的生理需要;另一种是准需要,指在心理环境中实际影响心理事件的需要,如写好了信要投到邮筒。勒温所说的需要一般是指后一种。

勒温认为需要的满足与张力或紧张的消失相关。勒温假定,需求的产生会打破个体原有的心理平衡,从而产生紧张系统。如果需要一旦得到满足,紧张状态就会消除,心理状态则重新恢复平衡。这一观点得到了勒温的学生蔡戈尼克(B.Zeigarnik)的验证。她给三组被试者布置一系列任务,第一组允许完成,第二组中途阻止然后再让完成,第三组不让完成,要求被试者回忆他们做的各种任务。由于紧张的持续与中断的任务相联系,所以勒温预测,未完成的任务比完成的任务更容易回忆,实验结果支持了勒温的预测。这就是著名的蔡戈尼克效应(Zeigarnik effect)。对蔡戈尼克效应的解释是,未完成任务所引起的紧张可能会使被试者保持或复述与任务有关的材料,完成的任务则会使被试者放松而去关注其他事物。根据蔡戈尼克效应,有效地学习一个单元之后最有效的方法是,留一个引起强烈兴趣的问题,意味着某件事还没有完成或某个问题还没有解决。一个好的问题应该能形成紧张系统,让学习者长时间关注任务,若没有这个问题则只有短时间的关注。

勒温把生活空间对象的正面和负面特性称为效价(valence)。正效价(positive valence)

指的是对象中吸引人的、符合需要的特性。一般来说，对象能满足需求就具有正效价，而对象使人厌恶或惧怕就具有负效价（negative valence）。效价随需要的动力而变化。因此，食物对饥饿的儿童具有很高的正效价，而吃饱之后，有趣的玩具对他具有更高的效价。勒温对正负效价的研究，为心理学史上的冲突研究做出了创造性贡献。日常生活中，我们遇到的往往是复杂的情况，需要做出权衡和选择。勒温和他的学生研究了冲突（conflict）的常见类型。①趋近-趋近冲突（approach-approach conflict）。我们可能会遇到两个具有可比性的正效价对象。尽管在这种情况下也会犹豫不决，但这种类型的冲突还比较容易解决。②趋近-回避冲突（approach-avoidance conflict）。一个对象同时具有正效价和负效价，或者是具有正效价但此时个体在身体和心理方面存在障碍而无法获得。这类冲突解决的动力性很复杂，它最终取决于对正负效价的相对权衡和个体自身的能力。勒温发现，个体可能尝试采用迂回的方法接近这种目标，或者当冲突太急剧时个体可能放弃它而去寻求另一个目标。③回避-回避冲突（avoidance-avoidance conflict）。我们遇到两个都是负效价的对象。例如，儿童要完成一项他很不喜欢的任务，并且如果完成不了会遭到惩罚。这是最严重的一种冲突，特别是如果无法逃避惩罚，而这项任务又是非常令人反感的，则更是如此。勒温提出的这些冲突类型很快为主流心理学文献所接受，他对冲突的独创性研究激发了大量关于冲突情境的研究，尤其是对复杂的真实生活情境中具有多种正负效价的多个对象的研究。

四、人格组织

勒温认为，从拓扑学的角度看，个体本身也是由许多不同的小区域而组成的复杂区域。如图 14-8 所示，个体可以被描述为一个连属的区域，以一条封闭的曲线与环境分开。个体作为一个整体区域可分为两个功能不同的子区域，即内部个体区域（the inner-personal region）和运动知觉区域（the motor and perceptual region），个体区域之外是环境。运动知觉区域是处于内部个体区域和外部环境之间的界域（zone）。内部个体区域的需要、愿望、信念等状态的实现必须借助于运动知觉区域；环境的变化对内部个体区域的影响也必须通过运动知觉区域才能实现。

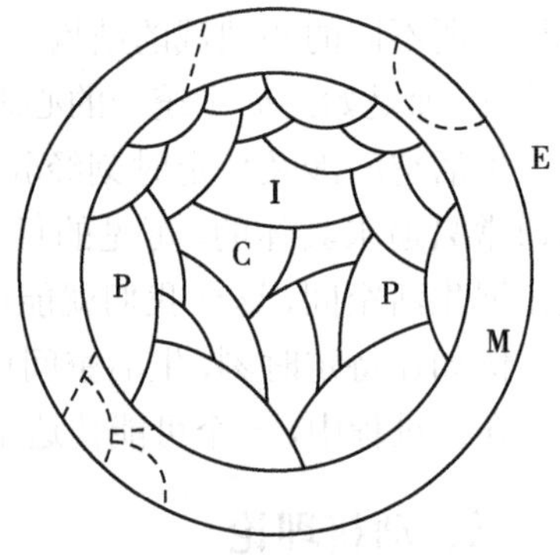

图 14-8　人格组织图

M 表示运动知觉区域；I 表示内部个体区域；P 表示 I 的边缘区域；C 表示 I 的中心区域；E 表示外部环境

运动知觉区域从理论上又可分为边缘区域（peripheral region）和中心区域（central region），但作为一个整体，它在技能上是高度统一的，即在特定时刻只能同内部个体区域的一个或一组相对统一的区域相联系。如果运动知觉系统同时受几种需要的支配，行为就会出现障碍。内部个体区域也可以分为边缘层（peripheral strata）和中心层（central strata）。中心层较边缘层离环境更远，并且中心层与环境间界域的力量要强于边缘层与环境间界域的力量，因而中心层更难以表现于外。运动知觉区域和内部个体区域之间的界线并不是固定不变的，它取决于个体当时的状态和情境属性。

五、团体动力学

在后期研究中，勒温主要致力于团体动力学（group dynamics）的研究。他将拓扑心理学的概念和原理用于研究团体的生活空间，把团体作为一个有机整体，考察团体的行为和心理对个体的影响，以及个体对团体的影响。在勒温看来，团体行为和个体行为一样，也受到团体生活空间的调节。团体生活空间由团体中所有的个体及其环境构成。团体的结构特性由其成员之间的相互关系决定，而不是由单个成员本身的性质所决定。

勒温认为，团体是一个具有内在动力的整体，因而一般来说，要改变个体首先要设法改变团体，团体的价值观和行为准则的改变，会对其中的个体产生压力，促使其行为向与团体一致的方向改变。例如，勒温第二次世界大战期间所做的改变居民饮食习惯的研究就证明了这一观点。勒温的团体动力学研究还包括著名的团体气氛（group atmosphere）与领导方式（leadership style）的研究，经过实验，他们得出结论认为民主型的领导方式下的团体气氛优于专制型领导方式。

勒温的研究兴趣拓展到包括企业的工作团体、教育团体、临时的兴趣团体等各种团体上。他还对社区行为项目感兴趣，把心理学理论放到日常生活中去检验。这一兴趣的代表性研究是由勒温鼓励并在他去世后由他的学生所作的混合居住项目的实验研究。勒温的团体动力学改变了心理学只研究个体，忽视群体心理的倾向；而且，他在团体动力学的研究中采用了实验法，促进了实验社会心理学的产生。

六、拓扑心理学的简要评价

勒温以其丰富的创造力为20世纪心理学尤其是社会心理学的发展作出了巨大的贡献。勒温的贡献主要表现在以下方面。

第一，勒温的心理学理论既突破了传统心理学的框架，又吸收了各派心理学的所长，体现出难能可贵的整合特征。他的理论突破了以往心理学家以静止的观点探讨意识与行为的做法，吸收了弗洛伊德的动力学理论，并借用了物理学和数学中的场、向量、拓扑等术语，来说明个体和团体的心理与行为规律，开创了行为动力学（behavior dynamics）的研究模式。勒温吸收了行为主义客观实证的方法，突破了传统心理学的理论思辨、内省的研究方式，采用实验法来研究个体的需要、紧张、冲突等问题，开创了实验的社会心理学方向。勒温突破了传统心理学只注重研究个体心理与行为的倾向，将各类团体也纳入其研究视野，创立了团体动力学研究中心，在心理学的研究对象上体现出整合特征。勒温的体系当然也从格式塔心理学中获取了思想来源和灵感，勒温由此也成为广义上的格式塔心理学家。他在发扬格式塔传统的同时，也摒弃了行为主义只研究外显行为的简单化倾向，把具有认知色彩的"心理生活空间""紧张系统""冲突"等概念融入其理论体系，为日后认知心理学的发展起到了推波助澜的作用。另外，勒温自身是理论家与实践家、思辨者与实验者的统一体。勒温既重视对理论的探讨，又不失对现实问题探究的兴趣；他的理论中既不乏理论的思辨，也不乏贴近现实社会生活的实验。"勒温为心理学尤其是社会心理学提供了理论与应用、研究与实践相结合的范例。"

因而可以说，勒温的理论体现了精神分析的动力学特征、行为主义的实证特征、格式塔心理学的整体特征和认知特征，实现了对传统心理学的创造性综合。

第二，勒温的心理学思想预示了心理学的发展趋势和方向。前已述及，勒温的研究为实验的社会心理学、认知心理学的发展奠定了重要的基础。此外，勒温的理论中也蕴涵了生态心理学（ecological psychology）的萌芽，他是最早提出与生态心理学有关的概念和思想的心理学家。并且，几位主要的生态心理学家如巴克（R.G.Barker）、布朗芬布伦纳（U.Bronfenbrenner）、吉布森（J.J.Gibson）都承认自己受到了勒温的影响。

的确，我们不应该低估勒温对心理学的贡献和影响。许多著名的心理学家包括奥尔波特（G.Allport）、托尔曼（E.C.Tolman）、海德（F.Heider）、费斯廷格（L.Festinger）都高度赞扬了勒温研究的创造性和经久不衰的影响力。为了表达对他的敬意，美国心理学会社会问题心理学研究会设立了每年一度的库尔特·勒温纪念奖（Kurt Lewin Memorial Award）。在心理学史上，勒温堪称继往开来式的人物，他和格式塔心理学的其他创立者一样，也应该被列入伟大的心理学家之列。

当然,勒温的心理学体系也存在一些不足之处,主要表现在以下四个方面。第一,勒温混淆了客观世界和主观世界的界限。例如,他的生活空间、心理环境有时是纯粹的心理世界,有时又是客观的物理世界。第二,勒温用物理学的场、动力、向量等术语类比和描述心理现象,而忽视了对心理的实质性解释。第三,勒温忽视了个体的先前经验和发展历史,没有从个体发展的纵向维度考察个体的心理和行为规律。第四,勒温的理论仍带有较浓厚的思辨色彩,定义不够明确,缺乏精确性和统一性,有些假设的结构无法证明。

思考题

1. 简述格式塔心理学的产生背景。
2. 简述格式塔心理学的发展。
3. 何为同型论?
4. 什么是似动现象?简述它在格式塔学派形成中的重要性。
5. 格式塔心理学家对知觉研究的贡献是什么?
6. 格式塔心理学家是怎样解释学习的?
7. 格式塔心理学如何解释创造性思维的?
8. 格式塔心理学如何看待心理发展的?
9. 格式塔心理学如何看待人格的?
10. 简述格式塔心理学的贡献和局限。
11. 描述勒温所研究的三类冲突,并举例说明。
12. 什么是蔡戈尼克效应?叙述用于证明这一效应的研究。
13. 简述勒温的人格观点。
14. 概述格式塔心理学对当代心理学的影响。

参考文献

[1] 王鹏,潘光花,高峰强.经验的完形——格式塔心理学.济南:山东教育出版社,2009.

[2] 韦特海默.创造性思维.林宗基,译.北京:教育科学出版社,1987.

[3] 考夫卡.格式塔心理学原理.黎炜,译.杭州:浙江教育出版社,1997.

[4] 苛勒.人猿的智慧.陈汝懋,译.杭州:浙江教育出版社,2003.

[5] 勒温.拓扑心理学原理.高觉敷,译.北京:商务印书馆,2003.

[6] 易芳.生态心理学.台北:扬智文化,2004.

[7] 波林.实验心理学史.高觉敷,译.北京:商务印书馆,1981.

[8] 卢卡奇.理性的毁灭.王玖兴,译.济南:山东人民出版社,1988.

[9] 罗劲,张秀玲.从困境到超越:顿悟的脑机制研究.心理科学进展,2006,14(4):484-489.

[10] 郭本禹.意大利格式塔心理学源流考.南京师大学报(社会科学版),2005,(6):97-102.

[11] 舒尔茨.现代心理学史.沈德灿,译.北京:人民教育出版社,1981.

[12] Harrower-Erickson M.R.Kurt Koffka:1886—1941.The American Journal of Psychology,1942,55(2):278-281.

[13] Henle M.Rediscovering Gestalt psychology.In:S.Koch,D.E.Leary.A century of psychology as science. New York:McGraw-Hill,1985:100-120.

[14] Henle M.Robert M.Ogden and Gestalt psychology in America.Journal of History of the Behavioral Sciences,1984,20:9-19.

[15] Henle M.The influence of Gestalt psychology in America.Annals of the New York Academy of Sciences,

1977，291（1）：3-12.

［16］Lewin K.A dynamic theory of personality.New York：Mcgraw-Hill Book Company，Inc.，1935.

［17］Luo J.，Niki K.Function of hippocampus in "insight" of problem solving.Hippocampus，2003，13（3）：316-323.

［18］Sokal M.M.The Gestalt psychologists in behaviorist America.The American Historical Review，1984，89（5）：1240-1263.

［19］Thorne B.M.，Henlyey T.B.Connections in the history and system of psychology.New York：Houghton Mifflin Company，1997.

第十五章　现象学心理学

　　现象学心理学（phenomenological psychology）是产生于 20 世纪上半叶的一种心理学取向，它上承人文科学心理学的最初形态——意动心理学，并受到现象学哲学的直接影响。它与存在心理学、人本主义心理学共同组成西方心理学的"第三大势力"。现象学心理学是心理学研究的一种共同取向，而非一个严格流派。它在共同坚持现象学理念和方法方面是一致的，都从如实呈现的经验出发，坚持意向性观点，对经验加以描述或解释，但在具体观点上又各不相同。现象学心理学与心理学的现象学不同，前者是指一种心理学取向，后者则是指现象学在心理学中的应用。从地域上看，现象学心理学可分为欧洲现象学心理学与美国现象学心理学。

第一节　现象学心理学概述

一、现象学心理学产生的背景

（一）现象学哲学

　　现象学和实证主义（参见第四章）一起，构成了现代心理学的两大哲学方法论基础。现象学（phenomenology）是现代西方哲学中的一种重要运动，该运动是 20 世纪初由德国哲学家胡塞尔（E.Husserl）创立的。胡塞尔在借鉴其老师布伦塔诺的意动心理学思想后提出了现象学哲学。其目的是试图通过对人的内在纯粹意识进行研究，最终建立一门凌驾于各门科学之上的严格科学的哲学。从词源上看，phenomenology 由"phenomenon"（现象）和 logos（逻各斯）组成。"现象"是指"就其自身显示自身者"。这意味着，现象背后并不存在本质，现象即本质。因此，现象学从显现出的现象出发，描述其本质，而无需像实证哲学一样，从现象背后去寻找本质。胡塞尔认为，实证哲学家坚持自然主义的主张，将自然物视作最根本的存在，心理不过是具有时空特征的自然物，由此将心理自然化。而现象学则提供了另一条途径，使得我们直接面对呈现给自身的意识经验。因而"面向实事本身"（back to things themselves）成为现象学的核心精神。

　　现象学哲学对现象学心理学产生了最为重要的影响。具体来说，这种影响表现为研究方法和意识观方面。在研究方法上，胡塞尔提出了悬置、本质还原和先验还原等步骤。悬置（bracketing）也称"加括弧"，是指将我们所有先在的观点搁置起来，存而不论，以直接面对呈现出的现象。本质还原（eidetic reduction）是指从个别对象出发，通过想象变更等技术达到本质。先验还原（transcendental reduction）是通向先验现象学的道路，但对心理学的影响较小。悬置和本质还原等方法经过改造，最终落实到现象学心理学的研究实践中。

　　在意识观点上，胡塞尔发展了布伦塔诺的思想，认为意识具有意向性本质。意识并非

笔记

独立的存在，而是能够超越自身与对象相关联。胡塞尔由此反对笛卡儿的二元论观点。他认为，笛卡儿人为地划分出意识与物质两类不同的实体，坚持二者间存在着一条鸿沟，其实这条鸿沟并不存在。意识的意向性具有 noesis-noema（意向作用 - 意向相关项）的结构。Noesis（意向作用）起到构造的作用。当我看一本书时，书的各个侧面已经过构造而给予我，显现为一本书。Noema（意向相关项）则呈现为带有背景的核心。我看到的书肯定是在书桌上或在手中等背景下的书。因此意识始终是与世界直接关联的。

另外，胡塞尔还通过生活世界等观点影响了现象学心理学。胡塞尔在晚年指出，生活世界是我们生活于其中，直接体验到的世界。它是自然科学所构造出的科学世界的基础。这个观点经过现象学哲学家梅洛 – 庞蒂等的阐发，对现象学心理学产生了重要影响。

1925 年夏季学期，胡塞尔还专门做了题为"现象学心理学"的讲座，对现象学心理学也具有重要的意义。在这个讲座中，他批判了当时心理学中的自然主义，指出心理学需要返回前科学世界即生活世界（life world），通过想象变更和先验还原等获得经验的本质。不过，他所讨论的并非心理学领域的内容，而主要是为心理学奠基所需的现象学工作。

现象学对心理学的影响是广泛的，除了对现象学心理学产生了直接的影响之外，还对格式塔心理学（参见第十四章）、存在心理学（参见第十六章）和人本主义心理学（参见第十七章）产生了重要的影响。

（二）早期人文科学心理学

在早期人文科学心理学（human science psychology）中，影响现象学心理学的主要有意动心理学、狄尔泰的文化心理学和詹姆斯的人文心理学思想等。

意动心理学（参见第九章）是现象学心理学最重要的心理学背景。布伦塔诺提出了意动心理学，与冯特的内容心理学相对，开创了人文科学心理学的先河，为现象学心理学的人文科学主张奠定了基础。在研究对象上，布伦塔诺提出意识具有意向性本质，这成为现象学心理学的核心主题。在研究方法上，布伦塔诺提出内部知觉的观点，以确保得到原本的心理现象，为现象学心理学奠定了方法论基础。在布伦塔诺之后，斯顿夫在音乐心理学领域进行了实验现象学的研究，成为现象学心理学的实验现象学研究取向的先驱。符茨堡学派也对现象学心理学产生了重要影响。现象学心理学的代表人物米肖特早年师从屈尔佩，逐渐发展起实验现象学。

狄尔泰（Wilhelm Dilthey, 1833—1911 年）（参见第十七章）的文化心理学（cultural psychology）对现象学心理学产生了直接的重要影响。范登伯格（van den Berg）甚至认为，现象学心理学始于 1894 年狄尔泰的主张。在这一年，狄尔泰与艾宾浩斯进行了描述（或理解）心理学（descriptive or understanding psychology）与说明（或解释）心理学（explanatory psychology）的论辩。狄尔泰认为，描述（或理解）心理学以我们所体验着的结构关系为出发点，无需任何先在的假设。解释（或说明）心理学借鉴自然科学的观点，将心理分解为元素加以解释，歪曲了心理的本来面目。狄尔泰进一步指出："我们解释自然，但我们理解心理生活"。他由此倡导一门人文科学的心理学，成为现象学心理学的重要先驱。

现象学心理学的代表人物林斯霍滕（J.J.Linschoten，1925—1964 年）通过专门研究，得出了詹姆斯也是现象学心理学的重要先驱这一结论。詹姆斯（参见第三章）的心理学思想是开放的体系，他对现象学心理学的影响主要体现在他的人文心理学思想方面。首先，他反对当时心理学中元素论的做法，将之称作"心理学家的谬误"。其次，他研究了大量为当时心理学所忽略的主题，如意识流、自我、情绪、宗教经验等，而这些恰恰是现象学心理学的关注所在。最后，他在研究这些主题时所采用的方法是一种直接经验的描述方法，这与现象学心理学的研究方法具有相当的一致性。

笔记

二、现象学心理学的发展

现象学心理学是一种较为复杂的心理学取向。从地域上看,可分为欧洲现象学心理学和美国现象学心理学。前者有现象学心理学的哥本哈根学派、法兰西学派、荷兰学派等,后者有美国本土学者的努力,也有欧洲移民学者的努力。迪尤肯大学是美国现象学心理学的重镇。

(一)欧洲现象学心理学

在心理学诞生前,歌德(J.W.V.Goethe,1749—1832年)、普金耶(J.E.Purkinje,1781—1869年)和海林(E.Hering,1834—1918年)等进行了先驱性的研究工作。在心理学诞生后,现象学心理学可追溯至20世纪初哥廷根大学的实验现象学研究。尽管缪勒主持哥廷根大学的心理学实验室,与冯特持相近观点,但他的学生戴维·卡茨(D.Katz,1884—1953年)、鲁宾(E.Rubin,1886—1951年)、雷韦斯(G.Révész,1878—1955年)和扬施(E.R.Jaensch,1883—1940年)等却接受了当时在哥廷根大学的胡塞尔的现象学思想,使哥廷根成为实验现象学的重要阵营。卡茨在颜色、触觉、味觉、饥饿与食欲等领域进行了大量研究。鲁宾的图形与背景研究尤为著名,在回到丹麦哥本哈根大学后,他与后继者弗洛姆(F.From,1914—1998年)和拉斯马森(E.T.Rasmussen,1900—1994年)等人形成了现象学心理学的哥本哈根学派(the Copenhagen school),该学派在1920至1960年间在丹麦心理学界处于主导地位(图15-1)。

法兰西学派(the French connection)的代表人物是莫里斯·梅洛-庞蒂(M.Merleau-Ponty,1908—1961年)和让·保罗·萨特(J-P Satre,1905—1980年),他们在其思想发展的早期进行了现象学心理学的工作。梅洛-庞蒂研究了行为和知觉等,萨特研究了想象和情绪等,对现象学心理学的发展作出了突出贡献(图15-2、图15-3)。

图 15-1　戴维·卡茨　　　　　　　图 15-2　莫里斯·梅洛-庞蒂

20世纪40年代起,现象学心理学在荷兰取得了较大进展。尤为突出的是乌特列支大学的弗雷德里克·伯伊滕蒂克(F.J.J.Buytendijk,1887—1974年)、范伦内普(D.J.van Lennep)、林斯霍滕等。他们在情绪、运动、心理测验等领域取得了突出的贡献,形成了现象学心理学的荷兰学派(the Dutch school),并对美国现象学心理学产生了重要影响(图15-4)。

另一位重要的现象学心理学家是比利时鲁汶大学的米肖特(A.Michotte,1881—1965年),他是屈尔佩的学生,于20世纪30年代末转向实验现象学,并在鲁汶大学形成了自己的研究团体。他最为著名的研究是因果知觉实验研究,他的思想在今天依然有着重要的意义(图15-5)。

(二)美国现象学心理学

美国现象学心理学发展较晚。1924年,扬(P.T.Young)曾发表《现象学观点》,提倡现象

笔记

图 15-3　让·保罗·萨特　　　图 15-4　弗雷德里克·伯伊滕蒂克　　　图 15-5　阿尔伯特·米肖特

学取向的心理学，但由于被学界忽视，没有产生影响。直到 1941 年，斯尼格（D.Snygg，1904—1967 年）发表论文《心理学的现象学体系之需要》，美国现象学心理学才开始起步。斯尼格与库姆斯（A.Combs，1912—1999 年）合作，出版《个体行为：心理学新的参照框架》（1949）等著作，对推动美国现象学心理学起到了重要作用。另一位现象学心理学家迈克劳德（R.B.Macleod，1907—1972 年），在这一时期做了大量工作，被称作"美国的现象学先生"。1958 年，罗洛·梅等主编《存在：精神病学与心理学中的一种新维度》，介绍了欧洲心理学中的现象学和存在主义观点。1963 年，在里斯大学召开了题为"行为主义与现象学"的会议，会后出版了沃恩（T.W.Wann）主编的《行为主义与现象学：现代心理学的对立基础》（1964）一书，继续推动美国现象学心理学的发展。

　　除了美国本土学者的努力外，欧洲移民学者也起到重要作用。例如，德国移民斯特劳斯（E.Strauss，1891—1975 年）自 20 世纪 60 年代起在肯塔基州的莱克星顿举办了多次"纯粹与应用现象学"会议。荷兰移民范卡姆（A.van Kaam，1920—2007 年）起到了更重要的作用，他在宾夕法尼亚州匹茨堡的迪尤肯大学（Duquesne university）协助创建了心理系，并于 1962 年开设存在 - 现象学心理学课程，培养研究生。他研究了感到被真正理解的经验，发展出经验的心理现象学方法（图 15-6）。

　　迪尤肯大学自 20 世纪 60 年代起，成为"新世界现象学心理学的重镇"。乔治（A.Giorgi，1937—）在范卡姆的基础上，将迪尤肯大学的现象学心理学发扬光大，他主编《迪尤肯现象学心理学研究》（4 卷，1971—1983 年），创办《现象学心理学杂志》（1970—），并任主编长达 25 年。他出版的《作为人文科学的心理学》（1970），被视作现象学心理学的范例文本，标志着作为一种运动的人文科学心理学的形成。他提出经验的现象学心理学的研究方法，成为心理学中质性研究方法的重要组成部分。在乔治和诸多同事的努力下，迪尤肯大学成为世界现象学心理学的中心。到 20 世纪 90 年代后期，迪尤肯大学的毕业生和同行已经就职于美国和加拿大的近 50 所高等院校，波及加拿大、欧洲、澳大利亚、南非、日本等国家和地区。可以说，现象学心理学正逐渐成为当代心理学的重要组成部分（图 15-7）。

三、现象学心理学的理论形态

　　现象学心理学在历史发展过程中，主要表现出四种较为典型的理论形态。第一种是思辨的现象学心理学（speculative phenomenological psychology），以梅洛 – 庞蒂和萨特为代表。前者的代表作有《行为的结构》（1942）和《知觉现象学》（1945）等，后者的代表作有《想象》

263

图 15-6 阿德里安·范卡姆

图 15-7 阿米地奥·乔治

（1936）、《情绪理论纲要》（1939）和《影像论》（1940）等。需要提出的是，斯特劳斯的《感觉的原初世界：感觉经验的辩护》（1935）也是这种形态的重要著作。思辨的现象学心理学主要盛行于哲学心理学领域，采用思辨的研究方式，来考察心理的本质。

第二种是实验的现象学心理学（experimental phenomenological psychology），以卡茨和米肖特等为代表，前者的代表作有《触觉世界》（1925）和《颜色世界》（1930）等，后者的代表作有《因果知觉》（1946）等。实验的现象学心理学延续了欧洲早期的实验现象学传统，主要盛行于实验心理学领域，采用实验的研究方式，来发现心理的本质结构。

第三种是经验的现象学心理学（empirical phenomenological psychology），以乔治等为代表。他的代表作有《作为人文科学的心理学》（1970）和《心理学中的描述现象学方法》（2009）等。经验的现象学心理学在当前现象学心理学中占据着主导地位，主要受到胡塞尔的现象学的影响，通过访谈等方式，来获得心理的本质结构。

第四种是解释的现象学心理学（hermeneutical phenomenological psychology），在当前尚处于发展中。较为突出的实践者有荷兰学派的一些成员如林斯霍滕等，美国现象学心理学中的冯埃卡茨伯格（R.von Eckartsberg, 1933—1993 年）等。解释的现象学心理学主要受到迦达默尔（H.G.Gadamer）等人的解释学的影响，通过对文本的解读，打开新的意义世界。

需要指出的是，现象学心理学经常与存在心理学联系在一起，被称为存在 - 现象学心理学。事实上，二者具有不同的重心和主题，前者关注经验的如实呈现，以发掘经验的意义；后者则关注人的存在，通过研究本真、焦虑和意义等主题以理解人的现实存在。

第二节　现象学心理学的主要理论

一、心理学的科学观：人文科学观

现象学心理学认为，心理学应该成为一门人文科学（human science），这最突出地反映在乔治的代表作《作为人文科学的心理学》一书中。他指出："通过'人文科学'这个术语，我要传达的是，心理学有责任研究人之为人（man as a person）的全部范围的行为和经验，它以这样一种方式进行：达到科学的目的，但不应主要以自然科学的标准完成这些目的。"在现象学心理学看来，当心理学脱离哲学的怀抱宣布成为一门科学时，自然科学心理学选择了将自然科学作为模板。由此，主流心理学接受了自然科学的自然主义主张。自然主义表现出

笔记

意识自然化的特征。它认为,自然是遵从因果规律的具体时空中的存在,一切存在的东西,都属于物理自然的统一联系,心理也不例外。自然科学心理学因此存在将意识自然化的问题。由于将意识等同于自然物,自然科学心理学(natural science psychology)在研究中便存在着还原论的谬误。例如,构造主义将心理还原为感觉、意象和情感等类似化学元素的组合。自然科学心理学还因此忽略了诸多心理现象,使研究范围变得狭窄。例如行为主义将研究对象限定在可观察到的行为的范围内,而排斥意识。

现象学心理学在批判自然科学观的同时,提倡人文科学的观点。这首先意味着现象学心理学要忠实于心理现象的原本性。现象学心理学秉承现象学的"面向实事本身"的精神,从所给予的经验出发,悬置任何假设进行研究。现象学心理学尤其反对任何形式的还原论。在具体研究中,研究者以被试者的原始材料为出发点,进行忠实于事实的分析。其次,现象学心理学关注意义。现象学心理学接受现象学的观点,坚持心理的意向性本质,这意味着心理始终与对象相关联。人的经验始终包含着与对象的意义关联。我所看到的这个杯子并非纯粹的物理组成,它是我心爱的东西,它对我具有特殊的意义。人在表述自己眼中的世界时,并不完全遵循客观的物理规律。西姆斯(E.Simms)在研究儿童的绘画时,发现儿童可能将手指画在头上,所画的房子的两侧都是可见的。她由此指出,世界"是充满意义的向量,而不是建立在概念思维的元素之上的……活在躯体中的儿童并不把躯体经验为一个对象,而是以一种有意义的方式与情境交织在一起。"正是在这种意义上,现象学心理学研究"人之为人"的全部范围的经验和行为。它不再局限于低级心理过程和行为,而将与人的经验相关的无限内容包括在研究主题之内。它不仅仅关注实验情境下的心理与行为,而且将日常生活中的种种经验纳入研究范围中。最后,现象学心理学力图成为一种人文科学。这里的科学不再局限于自然科学的观点。乔治提出了一种广义的科学观点。他认为,可以将科学视作产生知识的机构。科学的知识具有三个方面的特征:在方法方面,理智地深入问题,研究过程可以表述清楚,可由他人进行,研究结果可以交流;在系统方面,知识各方面间的关系具有逻辑上的条理性;在批判方面,知识要经受研究者及研究团体的挑战。

需要注意的是,现象学心理学尽管对自然科学心理学提出反对意见,倡导人文科学的观点,但并不与自然科学心理学的观点截然对立。现象学心理学并不主张替代其他心理学流派或取向。它力图促进两条路线的对话,从而深化心理学的实践。例如,米肖特在实验情境下进行现象学研究,所得出的因果知觉观点已得到越来越多自然科学心理学取向的心理学家的认可。斯皮内利(E.Spinelli)认为,现象学心理学自身具有开放性,处于与其他流派或取向交流的前卫地位,由此能够推动心理学的整合。

二、心理学的对象论

(一)生活世界

现象学心理学是从现象学哲学那里接受"生活世界"(德文为 lebenswelt,英文为 lifeworld)这个概念的。胡塞尔将生活世界与科学世界并列,并指出生活世界是科学世界的基础:"关于客观的 - 科学的世界的知识是'奠立'在生活世界的自明性之上的。生活世界对于从事科学研究的人来说,或对于研究集体来说,是作为'基础'而预先给定的。"生活世界是我们身处其中的世界,是直接给予我们的世界。而科学世界则是在生活世界基础上,经过构造而产生的世界。胡塞尔举例说,爱因斯坦检验迈克尔逊的实验,他可以利用迈克尔逊的人、仪器和研究所的房间等,但他最直接的出发点,却是处于前科学世界的人的直接经验。

从生活世界与科学世界的关系上,可以更深入地理解自然科学和自然科学心理学。自然科学将世界视作物理的、遵循因果规律的存在,恰恰忽略了奠基性的生活世界。梅洛 -

庞蒂指出："重返事物本身，就是重返认识始终在谈论的在认识之前的这个世界，关于世界的一切科学规定都是抽象的、符号的、相互依存的，就像地理学关于我们已经知道什么是树林、草原或小河的景象的规定。"自然科学心理学接受了自然科学的观点，将自然科学的世界作为第一性的存在，以此来审视心理现象，而忽略了直接经验到的一切。例如，操作主义以客观的物理操作过程来界定心理现象，无视人在进行"物理操作"时所直接经验到的一切。

现象学心理学接受了现象学哲学的观点，将生活世界作为出发点。这就意味着，现象学心理学反对对人的经验世界作任何的抽象和剥离。与自然科学心理学的观点相反，现象学心理学将从生活世界出发进行研究。乔治说："更准确地说，生活世界对心理学的这种（人文科学）取向的意义在于，心理学必须根据现象如何显现或者它们如何被经验到，而非根据它们应该如何显现的某种观点来解释现象。"

因此，表现在研究对象上，现象学心理学重点关注个体丰富的经验世界。在迪尤肯大学历届学位论文的研究主题上，可以看到孤独、内疚、自欺、受挫、不耐烦、失望、绝望、厌世、愤怒、妒忌、诅咒、怨恨、欺侮、白日梦、放松、信任、同情、亲密、友谊、道德、勇气、宽恕、忏悔、吐露心事、饮酒、游戏、家等生活经验。在荷兰学派的研究中，可以看到入睡、开车、生病、住旅馆、儿童的第一次微笑等生活经验。不仅如此，现象学心理学也关注自然科学心理学研究的主题，如知觉、记忆、思维、决策、学习和心理评估等。但与自然科学心理学不同的是，现象学从直接所经验到的内容出发。例如，米肖特在研究因果知觉时，关注被试者的如实报告，如对象 A 启动了对象 B，而非反应时等物理和生理特征。可以说，生活世界为现象学心理学打开了一扇通向真实经验世界的大门。

（二）意向性（intentionality）

intentionality 来源于拉丁语 intentio 或者 intendere，意指"伸展""延伸"等。它起源于中世纪的经院哲学，尤其是托马斯·阿奎那的观点。布伦塔诺将这个概念纳入心理学，视作心理现象的本质。胡塞尔作了更深层次的分析。他指出，意识能够超越自身指向与对象相关联。如前所述，意识具有意向作用 - 意向相关项的结构，由此表明意识具有构造作用，对象具有处于背景之中的特征。

现象学心理学以现象学哲学的意向性观点为奠基。这首先意味着心理具有意向性的本质。心理始终是关于某物的心理。当然这里的某物可以是实际存在的，也可以是非实际存在的。我害怕，可以害怕蛇，也可以害怕鬼，但总是在害怕着什么。伯伊滕蒂克说："没有任何事物的调停或干涉，无偏见地返回'物自身'，也就是如认识所直接给予我们的一样，对其自身加以审查，这揭示了所有行为的意向性或意动 - 特征（act-character）。"但是否所有的心理现象都具有意向性本质呢？伯伊滕蒂克区分出情感和情绪，前者具有与对象的直接关联，而后者没有。但是，前者是一种意动，后者并非如此。并且，后者只有在前者中才有可能，通过前者与对象相关联。这可推及全部心理现象。

其次，意向性意味着心理并非与对象相分离的自然物，而是始终与对象相关联。自然科学心理学在坚持自然主义主张时，已经暗含了笛卡儿的二元论观点，即将心与物视作相互独立的实体。由于心理与对象的分离，自然科学心理学易将心理视作自然物，由此体现出还原论。这在内容心理学和构造主义那里可以明显地反映出来。不仅如此，自然科学心理学在联系心理与物理时，易将心理的产生视作物理的结果，使得心理处于被决定的地位，由此体现出决定论。在行为主义那里，人的行为由外界刺激引起，受外界环境的决定。现象学心理学认为，在心理与对象的关联中，对象已经过意识的构造而显现出来，与心理有着独特的意义关联。因此二者无法分割，心理无法还原为自然现象，它与对象间也不存在被动的因果关系。正如瓦尔（R.Valle）所指出的："意识始终是对并非意识本身的某物的'意识到'。这种界定或描述意向性的特定方式直接意味着一种深刻的、内隐的相互关联，一种感知者和所感知到的之间的相互关联，正是这种相互关联描述了这种观点中的意识。正是这种不可分性使得我们通过训练有素的反思来阐明意义。对于我们来说，这意义此前在我们经验到它的情境中是内隐的和未表述的。"

再次，意向性意味着心理与对象的关联是一种意义关联。在自然科学心理学那里，心理与对象间存在因果关联：心理由刺激引起。但在现象学心理学这里，心理与对象间的关联是一种意义关联。具体说来，对象对于心理而言始终是有意义的。例如在乔治的记忆研究中，被试者回忆起为参加舞会打扮时请母亲帮助，遭到拒绝，随后被试者回忆起因为衣服脏了，母亲拒绝继续送她去上幼儿园。无疑，被试者的两次回忆与其对象间均有着密切的意义关联。不仅如此，对象对心理的意义具有特殊性，可能因情境等的变化而变化。正如看到半杯水，有时会认为仅剩下这么多水，有时则可能认为还有这么多水一样。

最后，意向性意味着现象学心理学研究要关注意义。自然科学心理学分离出心理与对象，通过对二者间关联的多次考察，在积累事实的基础上验证预先假设的因果结论。卡尔森（G.Karlsson）指出："对作为意向性的意识的分析意味着放弃心理学研究中的通常设计，即寻求经验的因果规律的研究，因为因果规律预设了逻辑上相互独立的实体间的关联。"与自然科学心理学关注事实不同，现象学心理学关注意义。在卡尔森的决策研究中，被试者要在居家与上学之间作出决策。现象学心理学研究关注的并非居家和上学本身，而是它们对于被试者的意义。

三、心理学的方法学：质性研究取向

现象学心理学在研究方法上采取了质性研究取向（qualitative research approach）。它所面临的情境是主流的自然科学心理学过于重视量的研究取向。在自然科学心理学的研究中，心理被视作自然物，可以像化学成分一样加以分解，由此像自然科学研究一样加以量化。尤为突出的是，自然科学心理学过于重视量化，否认心理具有质性结构。现象学心理学针对自然科学心理学过于量化的倾向提出批评，认为也可以进行质性研究。乔治援引测量研究学者米歇尔（J.Michell）的话说："在人的生活中，存在着诸多无法定量的事物。这并不糟糕。如果无法定量，可以根据它们自身的'范畴'进行研究，这样的研究同测量一样科学。量的结构仅是诸多方法中（重要）的一种，它在整体的科学中并不享有特权。"现象学心理学并不反对量的研究取向，它仅对过于重视量的研究取向提出批评。卡茨曾对心理学过于依赖统计提出告诫："对心理学而言，统计是绝对必要的，但它将始终是一门辅助学科。"

现象学心理学提倡质性研究，发掘经验的丰富意义。它在实践中沿两个维度，形成了四种具体的研究取向：思辨的与实验的，经验的与解释的。

思辨的现象学心理学研究取向多盛行于哲学心理学领域。代表性研究有萨特的情绪和想象研究、梅洛-庞蒂的行为和知觉研究、斯特劳斯的感觉研究等。研究者主要采用思辨的方式，对心理进行本质的审查。研究者自身在经验层次上进行反思，所关注的始终是具体情境中的人，落实在研究对象上，是有意义的实在心理事件。关于具体的研究过程，施皮格伯格（H.Spiegelberg）的总结最为典型：理解特殊现象；理解一般本质；理解诸本质之间的关系；观察显现的方式；观察现象在意识中的构成；悬搁存在的信念；解释现象的意义。

与思辨取向相比，实验的现象学心理学研究取向多盛行于实验心理学领域。代表性研究有卡茨的颜色和触觉研究、米肖特的因果知觉研究等。需要指出的是，格式塔学派也进行实验现象学研究，但因其持格式塔观点而不能归入实验的现象学心理学研究取向。另外，现象学心理学的实验研究与自然科学心理学的内省实验研究有着截然的区别。前者在研究中并不作先在的假设，通过实验来发现心理的不同模式；后者则采取了预先的假设，即将

笔记

267

心理划分为元素,通过实验来验证已有的假设。例如,在色觉上,内省实验研究将从色调、明度和饱和度入手进行研究;卡茨则从颜色的呈现出发,不采取任何先在假设,区分出表面色、容量色和膜状色等有意义的呈现模式。在具体研究中,研究者尽可能丰富地呈现刺激,以使被试者获得现象的各种模式。接下来,研究者通过被试者的如实报告,对该经验进行质性分析,得出经验的结构,由此获得经验的本质。因此,实验的现象学心理学研究反对各种还原和预先假设,将对象限定在所给予的各种经验中,通过对被试者如实报告的经验进行质性分析,最终获得心理的本质。

经验的现象学心理学研究取向在现象学心理学研究中占据主流地位,代表性研究有范卡姆的感到被真正理解的经验研究、乔治的学习经验研究、科尔莱泽(P.Collaizzi)的学习经验研究、W·F·费希尔(W.F.Fischer)的焦虑经验研究等。尽管存在一些差异,研究者都赞同更多地受到胡塞尔观点的影响,通过对经验的结构分析,发现心理的本质。胡塞尔致力于将现象学发展成为一门本质的科学,在具体研究中,强调研究者通过悬置先在的观点,获得原初的经验,并通过现象学还原,获得经验的本质结构。与胡塞尔不同的是,经验的现象学心理学研究取向认识到需要将胡塞尔的思辨研究加以改进,以适应心理学的研究。研究者不再采用思辨的方式,而是通过访谈等方式获得他人描述经验的原始材料。在现象学还原中,研究者不再采用先验还原,搁置世界存在与否的问题;而仅坚持本质还原,承认在世界之中,仅搁置对象存在与否的问题。具体说来,可以将这种取向的研究过程区分如下:首先,研究者悬置自己的先在观点,澄清自己所要研究的现象,通过访谈等获得关于该现象的原始描述材料。其次,研究者将访谈材料分成意义单元。研究者在熟悉原始材料的基础上,持本质还原的态度,通过不断阅读,获得原始材料中的不同主题。这些主题并非研究者先在的设计,而是在研究者与材料熟悉的过程中自行呈现的。再次,在本质还原态度中,将情境结构转化为普遍结构。研究者将原始材料中的主题加以聚合,形成了关于该现象的情境结构。情境结构是以日常语言来表述的,需要转化为心理学的科学语言。研究者进一步反思原始材料,并结合他人的研究,得到普遍结构。最后,形成研究结果,并进行交流。研究者将普遍结构描述出来,首先与经验的描述者交流,并根据后者的意见进行修正。最后形成文本,同其他研究者进行交流。

解释的现象学心理学研究取向起步较晚,尚未形成较为固定的研究程序。代表性研究有林斯霍滕的入睡经验研究和冯埃卡茨伯格的经验活动研究等。解释的研究取向更多地受到海德格尔、迦达默尔和利科(P.Ricoeur)等人的解释学的影响。与胡塞尔关注意识不同,海德格尔关注存在。存在本身是无法显现的,只能通过存在者显现出来,因为存在始终是存在者的存在。并且在诸存在者中,只有人这种独特的存在,即此在(dasein)才能彰显存在。此在的独特性在于它能够理解存在。因此,研究就不再是胡塞尔所认为的通过意识的描述抵达本质,而是通过此在的理解来彰显存在。迦达默尔系统地发展了海德格尔的观点。他尤其强调,理解是此在与人类的历史产品即文本的对话过程。这样,研究便是研究者通过理解文本产生新的意义的过程。解释的研究取向在解释学哲学基础上,形成了自身独有的特征。在研究对象上,它将文本视作研究对象。文本用于指所有人类活动及活动的产物,包括经验过程、文学作品、艺术品、仪式、制度和神话等。在文本的研究上,蒂特尔曼(P.Titelman)指出具有如下特征:首先,研究中存在着独立的文本;其次,文本一旦形成,就独立于作者,在与解读者的对话中产生新的意义;再次,文本在理解中展现自身内在有关联的意义;最后,文本是开放的,对文本的理解是无穷尽的过程。在具体研究过程中,研究者充分意识到自己的先见并带着先见深入到文本中去。随着研究的深入,研究者将不断产生新的总体理解,而这些总体理解又将是新的理解的组成部分,这是一个无限产生新的意义的过程。

四、主要研究领域

现象学心理学关注人的经验世界，取得了丰富的研究成果。以下结合现象学心理学的代表性研究，从知觉、思维和情绪几个方面进行阐述。

（一）因果知觉

在知觉研究领域，实验现象学心理学代表人物米肖特的因果知觉研究最为突出。在具体研究中，首先进行实验的设置。在白色背景的屏幕上投射出两个除颜色外全部相同的矩形 A 和 B。二者处于同一水平线，相隔一定距离。接下来，实验者操纵刺激的变化。左边矩形 A 以一定速度向右边静止的矩形 B 运动，A 在接触 B 时突然停止，然后 B 开始运动。随后请被试者详细报告自己所观察到的情况。结果发现，在一定条件下，被试报告说 A 推动了 B。米肖特将这种知觉现象称作启动效应（launching effect）。在另一种设置下，实验者让 A 在接触 B 后，二者一起运动。结果发现，被试者会报告说 A 带动了 B。米肖特将这种知觉现象称作带动效应（entraining effect）。

在两种效应中，被试者都知觉到对象之间的因果关系。这表明，因果性可以直接知觉到，并不需要认知的解释，因此因果知觉是原初经验。按照自然科学心理学的观点，知觉是感觉的结合，感觉则是对外界刺激的单个属性的反映。在没有过去经验的参与下，不可能产生因果性。米肖特的研究对此提出了质疑。自然科学的观点采取了心理与世界相互分离的假定，事实上，因果知觉本身就是心理与世界的直接关联，是心理的意向性本质的体现。因此，因果知觉研究以富于操作性和精确性的实验方式确证了现象学心理学的观点，并进一步揭示了我们身处其中的生活世界的丰富性。

（二）思维

在思维领域的研究中，安斯图斯的研究较有代表性。他在与信息加工心理学的观点相对比的基础上进行现象学心理学研究。在 1982 年完成的博士学位论文中，安斯图斯以现象学心理学方法研究了下国际象棋时的思维。他以下国际象棋过程中的杰出棋手为被试对象，请他们以出声思维的方式报告自己的经验过程。安斯图斯随后对录音的材料进行经验取向的分析。结果发现，棋手的思维过程与信息加工心理学的观点存在较大差异。

在信息加工心理学看来，人的思维如同计算机一样，是操作符号的信息加工过程。安斯图斯则得出研究结论说："下国际象棋时所例证的思维是这样的过程：发现并明确形势中实际出现的特定的潜在可能性。"具体说来，在思维的前瞻性（look ahead）上，信息加工心理学认为是它一种线性的、逐步推进的过程。安斯图斯则发现，棋手对于游戏的整体流动有着潜在的感受，下棋是在这种整体把握的指引下完成的。例如棋手可能不移动王后，他觉得此后应对对方攻击时需要它。在目的性上，信息加工心理学提倡使用普遍的启发式策略。安斯图斯发现，棋手将策略视作提示者而非信息加工心理学的严格规则。在认知水平上，安斯图斯发现，棋手具有内隐的觉知，例如棋手认识到某一步是有意义的，却难以明确表述其意义。这对信息加工心理学提出了质疑，因为后者假定思维是形式的、外显的系统。与此一致，在对手风格上，研究发现，棋手在感受上经历了动态的变化过程。棋手最初感觉对方仅是一个对手，随后会将自己置于对方角度考虑，最后则清晰地意识到对手的风格。这在信息加工心理学中却无法反映出来。总之，在现象学心理学看来，思维远不止符号的操作，而是在生活世界中进行的一种情境化的动态的心理过程。

（三）焦虑

情绪是现象学心理学重点研究的领域。在思辨取向那里，萨特和伯伊滕蒂克都对其进行了深入的分析。在经验取向那里，情绪更是研究的主要领域。下面以 W·F·费希尔的焦虑经验研究为例,来展示现象学心理学的情绪观点。W·F·费希尔是迪尤肯阵营中的主要代表人物,他在系统总结前人焦虑观点的基础上,对焦虑进行了长期的探索。他的著作《焦虑理论》初版于 1970 年,再版于 1988 年。在他看来,自然科学心理学的研究采用"物"的语言描述,例如将焦虑视作恐惧的一种形式,对焦虑进行间接的研究;采用心身二元论的观点,将环境视作原因,将身体反应视作结果;仅对焦虑作量的研究,忽略质的方面。他将自己的立场表述如下:"事实上,我力图所了解的,就是焦虑(being anxious)的真正本质或意义是什么,如同人实际在其中生活和体验一样。"

在具体研究中,W·F·费希尔通过对访谈材料的分析区分出焦虑的本质要素。首先,存在着情境性的事件,构成了个体焦虑所指向的核心。例如对于忧心考试成绩而焦虑的学生来说,考试就是关注的核心。其次,焦虑与人的同一性有关。同一性是对人的世界的整体描述。当学生担心考试无法通过时,自己的世界就会受到质疑,同一性出现问题。再次,在焦虑者的世界中,存在着必须(must)。在焦虑者的眼中,考试不是可过可不过的,而是必须要通过的。最后,焦虑者面对着能力问题。考试通过与否与自己的能力是密切关联的。因此,可以总结说,焦虑经验指"处于被迫去实现的情形中的经验,对于所实现的内容来说,我的能力已一直被理解为不确定的。"W·F·费希尔同时还区分出两种不同视角中的焦虑经验:焦虑经验活动(anxiety experiencing)和处于焦虑中的某人(someone-being-anxious)。在前者中,主体与世界是不可分的,在后者中,主体被独立出来,他受到作用,产生情感状态。这两种经验的区分再一次表明了自然科学心理学与现象学心理学之间的不同立场。

五、心理治疗

现象学心理学对心理治疗的关注主要集中于两个方面:对"面向实事本身"的强调和对心理治疗实践的研究。在现象学心理学看来,心理治疗实践者首先要持"面向实事本身"的态度,理解来访者的经验,而不应采取各种先在的解释。传统心理治疗的不足之处就在于没有对来访者的经验世界做更多的如实考察。史密斯(D.L.Smith)形象地指出:"当我们还未知晓该现象是什么时,传统已赶去用假设填充了无知的空白。"当然,现象学心理学并不反对现存的各种心理治疗理论,而是强调对来访者经验的理解应处于首要的地位。例如在诊断上,现象学心理学尊重各种诊断标准,但反对以诊断标准为核心,对来访者的症状作各种先在的判断。在治疗师应用诊断标准来判断来访者的类型时,重要的不在于发现来访者属于哪种类型,而在于通过症状来理解该类型对于来访者的意义。但如何理解来访者的经验呢?现象学心理学倡导通过描述来完成。所谓描述是在忠实于事实本身的原则下,对来访者所呈现出的经验世界进行丰富而详尽的展现。只有在展现来访者经验内容的基础上,才能够揭示来访者的充满意义的世界。一次在他人看来微不足道的考试,在来访者看来却可能决定着自己的未来。在详尽描述的基础上,治疗师发现来访者经验中的意义结构,进一步获得来访者经验的本质,从而更深入地理解来访者的经验。

治疗师可以进一步分析来访者的经验结构,获得关于该经验的本质,从而完成对该经验的现象学心理学研究。这是现象学心理学对心理治疗实践的关注。但现象学心理学的关注并不仅限于来访者的经验。C·T·费希尔(C.T.Fischer)等考察了迪尤肯大学心理系 1973 年至 1993 年的研究生学位论文后发现,这些论文研究涉及各种心理治疗中来访者的经验、治疗师在治疗过程中的经验、治疗中来访者的经验片段及其顿悟和转变等诸多领域。例如在治疗师经验的研究中,涉及治疗设置、治疗师与来访者的参与类型、表述方式、问题解决等诸多方面。可以说,现象学心理学的心理治疗研究极大地推动了心理治疗的实践。

需要注意的是,尽管许多现象学心理学家从事心理治疗实践,但并未给出心理治疗的系统阐释。史密斯在探讨了现象学心理治疗后指出:"最终,基于纯粹经验分析的一致意见也许是不可能的。在治疗分歧的根基上,有着关于人的存在的冲突的概念。"这或许可以解释,为什么一些心理治疗实践者赞同存在现象学心理治疗的理念。他们使用现象学心理学的观点描述人的经验世界,而在对人的理解上,则持存在心理学的观点。

第三节　现象学心理学的简要评价

一、现象学心理学的贡献

第一,坚持最为坚实的人文科学心理学。现象学心理学最为彻底地贯彻了作为人文科学心理学的哲学基础的现象学主张。现象学心理学接受了现象学对自然主义的批判,这使得它在对心理的理解上更为深入。例如在考察自然科学心理学的不足时,格式塔心理学和人本主义心理学多针对元素论和还原论等进行批判。现象学心理学却能深入问题的实质,指出元素论与还原论均是自然主义的体现。在批判自然主义的基础上,现象学心理学从生活世界出发,坚持意识的意向性本质观点,提倡质性研究取向。通过这一切,现象学心理学贯彻了现象学的主张。在这种意义上,现象学心理学最彻底地实现了人文科学心理学的人文性,成为最为坚实的人文科学心理学

第二,将现象学方法落实到具体的实践层面,发展出思辨和实验、经验和解释四种研究方法取向。思辨研究取向采用思辨的方式,对心理进行本质的审查;实验研究取向将研究置于实验情境下,实现了研究的操作性与精确性;经验与解释研究取向采用可行的程序,发掘个体丰富的生活经验。与现象学心理学相比,人本主义心理学在方法论上虽然坚持现象学原则,但却难以落实到具体的实践层面,为此备受批评。因此,现象学心理学有力地推进了人文科学心理学的研究实践。弗洛伊德的精神分析常因本能论受到批评。人本主义心理学家马斯洛和罗杰斯在强调个体经验重要性的同时,却假定个体内部存在类似本能性的动力来推动个体经验的发展变化。格式塔心理学尽管使用现象学方法,却持同型论的观点,存在着生理还原的倾向,因此难以确保意识的原本性。而现象学心理学则通过在理论观点和研究实践上落实现象学,确保了意识的原本性。

第三,提出了面向生活的心理学。现象学心理学赋予生活原本的地位。与自然科学路线相比,现象学心理学最彻底地贯彻了现象学的主张,尤其是胡塞尔关于生活世界的观点。胡塞尔从区分生活世界与科学世界出发,赋予生活世界更原本的地位。现象学心理学接受了这个观点,将生活视作研究的根基和背景。自然科学心理学在对待生活上,更侧重科学世界的首要性,忽略生活经验的重要性。在这种意义上,现象学心理学与生活具有更直接的关联,从而将生活提升到新的高度。自然科学心理学在生活的基础上进行研究,从生活中抽取规律,然后反过来应用于生活。在现象学心理学看来,这种做法强调科学世界的重要性,而忽视了科学世界所基于的生活世界。现象学心理学以生活为研究对象,关注经验在生活中的种种体现。例如在对知觉的研究上,构造心理学会将知觉看作感觉的集合,对外界刺激的被动反映。米肖特则将知觉置于人的生活世界背景下,由此发现了因果知觉中的启动效应和带动效应。在具体研究中,经验的现象学心理学在忠实于实事的基础上揭示生活的内涵和意义。尤其在解释的研究取向中,研究本身已经成为生活实践的组成部分。

二、现象学心理学的局限

第一,缺乏整合性的统一理论体系。现象学心理学接受了现象学的观点,秉承"面向实事本身"的原则,在具体研究中,发展出四种理论形态。思辨的现象学心理学主要盛行于哲

学心理学领域,采用思辨的研究方式,对心理进行本质的审查。实验的现象学心理学,主要盛行于实验心理学领域,采用实验的研究方式,来考察心理的本质结构。经验的现象学心理学,采用访谈等方式,强调获得心理的本质结构。解释的现象学心理学,通过对文本的理解,强调产生新的意义。需要注意的是,四种形态在研究领域上存在较大的差异。思辨的现象学心理学关注基础心理过程,实验的现象学心理学主要关注感知觉领域,经验的现象学心理学主要关注情绪等领域,解释的现象学心理学主要关注文本的解读。尽管它们都坚持心理的意向性本质,但在关于心理的具体观点上,也存在一定的差异。因此,难以从现象学心理学中提出更具有包容性的体系,将各种形态有机地整合在一起。

第二,推广难度大。首先,尽管现象学心理学取得了较大进展,但仍难以融入主流心理学中。欧洲的现象学心理学如米肖特的实验现象学,难以进入美国的主流心理学中。美国的现象学心理学也处于边缘地位,在职业和培养学生方面都面临较大的困难。其次,现象学心理学由于与现象学哲学的密切关联,易采用较难把握的概念和观点,也为自身发展增加了难度。1996年,乔治获得美国心理学会人本主义心理学分会颁发的夏洛特·彪勒奖(Charlotte Buhler Award),他在领奖的讲演时举例说,自己曾询问斯特劳斯其追随者少的原因,斯特劳斯回答说在于现象学的难度。乔治由此表达了对现象学心理学发展的忧虑。2006年,乔治通过考察当前的六篇博士论文,揭示了学术界在理解与使用现象学方法上存在的较多误解。所有这一切表明,现象学心理学的推广与发展依然任重而道远。

思考题

1. 现象学哲学对现象学心理学产生了哪些影响?
2. 总结现象学心理学的理论形态。
3. 现象学心理学持怎样的人文科学观?
4. 什么是生活世界?它在现象学心理学那里有什么含义?
5. 什么是意向性?它在现象学心理学那里有什么含义?
6. 简述现象学心理学的研究取向。
7. 现象学心理学是怎样看心理过程的?举例说明。
8. 总结现象学心理学的贡献与局限。

参考文献

[1] 崔光辉.现象的沉思——现象学心理学.济南:山东教育出版社,2009.

[2] 郭本禹,崔光辉,陈巍.经验的描述——意动心理学.济南:山东教育出版社,2010.

[3] 梅洛-庞蒂.知觉现象学.姜志辉,译.北京:商务印书馆,2001.

[4] 施皮格伯格.现象学运动.王炳文,张金言,译.北京:商务印书馆,1995.

[5] 史密斯.当代心理学体系.郭本禹,译.西安:陕西师范大学出版社,2005.

[6] DeRobertis E.M.Phenomenological psychology.London: University Press of America, Inc., 1996.

[7] Giorgi A.Psychology as a human science: A phenomenological approach.New York: Harper & Row, 1970.

[8] Harrington A.In defence of Verstehen and Erklären: Wilhelm Dilthey's Ideas Concerning a Descriptive and Analytical Psychology.Theory & Psychology, 2000, 10(4): 435-451.

[9] Linschoten H.On the way toward a phenomenological psychology.Pittsburgh: Duquesne University Press, 1968.

[10] Misiak H., Sexton V.S.Phenomcnological, existential, and humanistic psychologies.New York: Grune & Stratton, Inc.1973.

[11] Spiegelberg H.Phenomenology in psychology and psychiatry: A historical introduction.Evanston:

笔记

Northwestern University Press，1972.

［12］ Spinelli E.The interpreted world: an introduction to phenomenological psychology.London：Sage
Publications，2005.

［13］ Thinès G.，Costall A.，Butterworth G.，et al.Michotte's experimental phenomenology of perception.
Pittsburgh: Lawrence Erlabaum Associates，Inc，1991.

［14］ Valle R.，Halling S.Existential-phenomenological perspectives in psychology: Exploring the breadth of
human experience.New York：Plenum Press，1989.

第十六章　存在心理学

存在心理学（existential psychology）与现象学心理学和人本主义心理学一样，也是西方心理学的"第三大势力"组成部分。存在心理学是心理学研究的一种共同取向，而非一个严格学派。存在心理学受到存在主义哲学和精神分析心理学的影响，采用现象学方法来理解人的全部的现实存在。它们在共同坚持心理学的存在主义观点和现象学方法方面是一致的，但在核心主题上又各有不同的侧重。存在心理学最初兴起于欧洲，后来主要发展于美国和英国。

第一节　存在心理学概述

一、存在心理学产生的背景

（一）社会背景

20 世纪上半叶的西方社会为存在心理学的产生和发展提供了现实的土壤。首先，资本主义取得高速的发展，使人的劳动和生存方式发生了巨大的变化。人在劳动中成为机器运作的一部分。人身处于庞大的社会机构中，逐渐发现自己只是社会渺小的一部分。生活并非理性的、自由的、有条不紊的，而是充满了大量的不自主和偶然。其次，欧洲刚刚经历了第一次世界大战，战争给人们带来了巨大的影响和创伤。人们在重建家园的同时，更需要重建受到战争冲击的价值体系和治疗战争带来的心理创伤。最后，战争的阴影尚未退去，西方又经历了经济大萧条。各个行业出现严重的衰退，大量中产阶级破产，无数工人失业，整个社会弥漫着悲观的气氛。与维多利亚时代突出的性禁忌问题不同，此时突出的是人的生活中的荒谬、空虚、孤独、焦虑、无意义等诸多问题。弗兰克尔（V.Frankl）用"存在虚空"（existential vaccum）来描述人的生存困境，罗洛·梅则用空虚感来描述人们存在的主要问题。人不知道自己想要什么，更无法明确自身的感受。他盲目地在社会上忙碌着，遗忘了自身。正是在这样的社会背景下，心理学家逐渐开始关注人的存在、生活和意义等主题，提出了存在心理学。

（二）哲学背景

存在心理学的哲学背景主要是胡塞尔的现象学（phenomenology）和存在主义（existentialism）。胡塞尔反对自然主义，得到了存在心理学家们的认同。他提出"面向实事本身"的口号，为存在心理学直接面对经验世界提供了一条可行途径。他的现象学方法成为存在心理学的方法论。存在主义是存在心理学的哲学根基，它反对对人做还原和机械的解释，力图通过存在的发掘来揭示人的真正面目。存在主义是一种关注存在的哲学运动，它的现代系统表述首推丹麦哲学家克尔凯郭尔（S.Kierkegarrd）。他以人的存在为核心，在追问人如何成为独特的个体中，探讨了各种经验，如内在冲突、自我丧失、心身问题等，对存在心理学产生了重要影响。

德国哲学家海德格尔（M.Heidegger）是存在主义中最重要的成员。他首创"Daseinanalytik"（此在分析，又译存在分析）术语，对人的存在进行了哲学层次上的卓越分析。海德格尔从区分存在与存在者入手：存在只能通过存在者而存在。在诸种存在者中，只有人的存在即此在（dasein）可以使存在显现出来。此在最根本的特点在于存在于世界中，始终是敞开的。此在在世界中的展开是从被抛进世界开始的，有着诸种先在条件。此在最终要走向死亡。人可以在面向死亡中保持自身的敞开，也可以逃避死亡，消散在他人中，成为中性的人（dasman）。海德格尔的思想尤其对宾斯万格和鲍斯等早期存在心理学家产生了决定性的影响。

法国哲学家萨特（J.P.Satre）是存在主义的另一位重要成员。他发现意识的存在始终超越自身，将混沌一片的存在本身虚无化。他举例说，看到一棵树，意识就如一场朝向树的风，在它后面什么也没有。由此推及人的存在。首先，"存在先于本质"，人始终在不断地生成变化，没有既定的本质。其次，人的存在是绝对自由的，不受任何条件的决定。但与自由相并列，是承担选择后果的责任。最后，人在自由中，有着相伴随的体验，即烦恼。人也可能逃避自由，进而自欺。萨特曾经指出："只有一种学派是和我们出自同一原始自明性的，这就是弗洛伊德学派。"他提出了"存在精神分析"（existential psychoanalysis），以代替弗洛伊德的"经验精神分析"（empirical psychoanalysis）。

德国哲学家和精神病学家雅斯贝尔斯（K.Jaspers）也是一位重要的存在主义者。他于1913年出版了《普通精神病理学》一书，在书中，他提出"主观心理学"的观点，反对当时精神病学中流行的"客观心理学"。客观心理学采用自然科学模式，如通过大脑器质性病变来解释心理疾病，将心理疾病视作伴随生理病变的副现象。主观心理学则采用现象学方法，来描述精神病患者的体验；它还采用理解的方法，来理解患者自身。通过这项工作，雅斯贝尔斯成为存在心理学的一位重要先驱。

（三）心理学背景

存在心理学的心理学根基是精神分析心理学。它的代表人物最初都曾学习或研究过精神分析，无论是其早期的代表人物宾斯万格、鲍斯、弗兰克尔，还是后来的主张者莱因、罗洛·梅、布根塔尔等人，都莫不如此。他们都从精神分析出发，借助存在主义哲学，对传统精神分析学说进行改造。从思想关联上看，存在心理学家与精神分析学家的交汇点在于他们都探讨了人的生存困境。弗洛伊德通过对患者的分析，阐述了人的内心世界的痛苦与挣扎。在他的人格结构观点中，自我承受着伊底与超我的双重压迫，由此彰显了人处于本能与文明之间的生存困境。可以说，精神分析为存在心理学展现了一幅处于挣扎中的人的图景。不仅如此，在精神分析所展现的图景中，非理性因素起着重要的作用。尽管弗洛伊德在研究与治疗实践中持理性观点，但却揭示了非理性因素的重要作用。这给存在心理学提供了重要的资源，使得存在心理学能够更深入地探究情感、欲望等心理世界。

不过，存在心理学在接受精神分析的观点上是持保留态度的。存在心理学倡导从人的存在出发，与精神分析从潜意识和性本能出发不同。存在心理学反对弗洛伊德的泛性论和决定论倾向，提倡在对精神分析进行改造的基础上，发展存在心理学。例如鲍斯将其理论称作"纯化的精神分析"（purified psychoanalysis），以表明对精神分析的改造和发展。

二、存在心理学的发展及其代表人物

存在心理学在20世纪30、40年代兴起于欧洲，并在50、60年代发展于美国和英国。相应地，存在心理学分为早期和后期两个阶段。

笔记

（一）早期存在心理学：欧洲

早期的存在心理学处于欧洲，主要代表人物是瑞士的宾斯万格、鲍斯和奥地利的弗兰克尔等人。前两人都改造了弗洛伊德的精神分析，并将海德格尔哲学意义上的"Daseinanalytik"（此在分析或存在分析）落实到心理学意义上的 Daseinanalyse（存在分析），创立了最初的存在心理学。弗兰克尔提出的意义治疗学属于存在心理学。此外，法国的明克夫斯基（E.Minkowsik，1885—1972 年）、德国的冯盖布萨特尔（von Gebsattel，1883—1974年）和斯特劳斯（E.Straus，1891—1975 年）等人也具有存在心理学倾向。

1. **宾斯万格**　路德维格·宾斯万格（Ludwig Binswanger，1881—1966 年）是早期存在心理学最重要的代表。他出身于瑞士的医学世家，早年受到布洛伊勒（E.Bleuler）和荣格的影响。1912 年，他结识弗洛伊德，并与其保持终生的友谊。他逐渐吸收了胡塞尔、海德格尔和马丁·布伯（M.Buber）等人的思想。他受到海德格尔前期著作《存在与时间》（1927）的影响最大，力图将该书中的"此在分析"落实到心理学层次上。他将人的存在视作心理学研究的核心。人的存在最根本的性质是在世存在，人始终存在于世界之中。宾斯万格对人所存在的世界以及人的存在模式进行了细致的研究。另外，在世存在这种性质决定了人要在被抛弃的基础上通过自我设计等来发展自身，实现存在的全部可能性，达到超世存在（being-beyond-the-world）。宾斯万格的具体研究包括爱、躁狂症和忧郁症等（图 16-1）。他的代表作有《人类存在的基本形式与认识》（1942）和《在世存在》（1963）等。

图 16-1　路德维格·宾斯万格

2. **鲍斯**　梅达德·鲍斯（Medard Boss，1903—1990 年）是另一位重要的早期存在心理学代表人物。鲍斯早年也受到弗洛伊德和荣格的影响，并在接受治疗技术的基础上，对精神分析理论进行改造。与宾斯万格不同，鲍斯更多地受到海德格尔后期观点的影响。1959 年起，他主持佐林克研讨会（Zollikon Seminar），由海德格尔任主讲，长达 10 年之久。鲍斯将人的存在即此在视作存在的澄明（德语为 lichtung，英语为 lighting）。Dasein（此在）的原意是 sein（在）da（那里），为存在提供显现的场域。人的存在在对此在的彰显中展开自身，同时也理解了存在的意义。鲍斯由此出发分析了人的存在的具体形式，研究了性反常、梦和心身疾病等（图 16-2）。鲍斯著述颇丰，主要代表作有《梦的分析》（1953）、《精神分析与存在分析》（1957）、《医学和心理学的存在主义基础》（1977）等。

3. **弗兰克尔**　维克多·弗兰克尔（Viktor E.Frankl，1905—1997 年）以其所开创的意义治疗成为存在心理学的重要代表。早在十几岁时，他就对弗洛伊德的理论产生了兴趣，后来接受阿德勒的个体心理学理论。在临床实践中，他逐渐吸收了存在主义和存在心理学思想。第二次世界大战期间，弗兰克尔曾被囚禁于纳粹集中营。他在反思集中营经历的基础上，提出意义治疗学（logotherapy），形成了"维也纳第三心理治疗学派"。Logotherapy（意义治疗学）取自希腊语 logos（意义），沿着意志自由、意义的意志和生活的意义三方面展开。人具有意志的自由，能够在意义的意志的推动下，通过反思来寻求生活的意义，达到对自我的超越（图 16-3）。弗兰克尔的主要著作有《追寻生命的意

图 16-2　梅达德·鲍斯

义》(1946)、《医生与心灵》(1946)、《心理治疗与存在主义》(1967)、《意义的意志》(1967)、《对意义的无声呼唤》(1978)和《无意义生活之痛苦》(1985)等。

（二）后期存在心理学：美国和英国

20世纪50年代起，存在心理学被引入美国。它在美国的首次系统阐述是沃尔夫（W.Wolff，1904—1957年）的《价值与人格：一种危机的存在心理学》(1950)。四年后，欧洲移民学者索恩曼（U.Sonnemann）出版了《存在与治疗》(1954)一书。该书首次在美国讨论了欧洲的存在心理治疗。不过，该书未能受到人们的广泛关注。四年后，由罗洛·梅等主编的《存在：心理学与精神病学中的一种新维度》(1958)则是一个里程碑。这部著作翻译了欧洲存在心理学文献，并进行概述，成为存在心理学的经典著作。1959年，在美国心理学会的年会上举办了关于存在心理学的研讨会，参会论文由罗洛·梅主编，以《存在心理学》(1961)为题

图16-3　维克多·弗兰克尔

出版。1960年起，美国陆续创办了几种存在心理学杂志，如《存在精神病学》(1960，后更名为《存在主义杂志》)、《存在心理学与精神病学评论》(1961)、《存在分析者》(1964，为纽约存在分析研究所的通讯)、《存在精神病学》(1964)等，这些刊物成为存在心理学最重要的阵地。美国本土存在心理学在产生与发展中，与人本主义心理学、现象学心理学共同构成了美国的"第三势力"心理学。在美国存在心理学中，罗洛·梅是领军人物，在他之后，有布根塔尔（James Bugental）、施奈德（K.J.Schneider）和雅洛姆（I.D.Yalom，又译亚隆或亚龙）等人。英国的存在心理学主要代表是莱因，在他之后是范多伊曾·史密斯（E.van Deurzen-Smith）等人为代表的"英国学派"。

1. **罗洛·梅**　罗洛·梅（Rollo May，1909—1994年）享有"美国存在心理学之父"的盛誉，同时是人本主义心理学的重要代表。他早年曾参加阿德勒的暑期研讨班，受到个体心理学的影响。在就读纽约联合神学院期间，他受到存在哲学家蒂里希（P.Tillich）的重要影响。此外，他还受到精神分析社会文化学派中的弗洛姆、沙利文等人的影响。1949年，他在结合患肺结核体验的基础上，完成了题为《焦虑的意义》的学位论文，获得哥伦比亚大学授予的第一个临床心理学博士学位。此后，他开始引进欧洲的存在心理学并逐渐发展起自己的思想。他在《人寻找自己》(1953)中，分析了现代人的生存困境。在《存在：心理学与精神病学中的一种新维度》(1958)和《心理学与人类困境》(1967)等著作中，逐渐形成了存在的本体论学说与存在心理治疗观，并提出建立一门关于人的科学。他陆续出版了《爱与意志》(1969)、《权力与纯真》(1972)、《创造的勇气》(1975)、《自由与命运》(1981)、《神话的呼唤》(1991)等著作，将存在心理学拓展到爱、意志、权利、创造、梦、命运、神话等诸多主题。在1994年与施奈德合著的《存在心理学》中，他对存在心理学作了全面的总结(图16-4)。

2. **布根塔尔**　詹姆斯·布根塔尔（James Bugental，1915—2008年)(图16-5)在美国存在心理学中的地位仅次于罗洛·梅。他在人本主义心理学运动中起到了重要作用。他发表的《人本主义心理学：一种新的突破》(1963)，推动了美国主流心理学对第三势力心

图16-4　罗洛·梅

笔记

理学的认可。他主编的《人本主义心理学的挑战》(1967)一书，是"第三势力"心理学的重要历史文献。布根塔尔受到罗杰斯和凯利(G.Kelly)等人的影响，但受罗洛·梅的影响最大。他于1965年出版《寻求本真：心理治疗的存在-分析取向》一书，围绕人的存在，系统提出了自己的观点。在他看来，人的存在是被给予的，需要通过觉知和焦虑等发展和超越自身，最终达到本真的存在状态。他的著作还有《寻求存在同一性》(1976)和《心理治疗与过程：存在-人本主义取向的要义》(1978)等(图16-5)。

3.**莱因** 罗纳德·莱因(Ronald D.Laing,1927—1989年)是英国最重要的存在心理学家。他受到精神分析的影响，将弗洛伊德称作"迄今为止最伟大的精神病学家"。但他更受到海德格尔和萨特等的存在主义以及宾斯万格等的存在心理学的影响。莱因从人的存在出发，认为精神病患者的问题在于在世存在的方式。患者与周围世界之间以及自身之间出现分裂，他只能体验到各种分裂了的人，由此出现精神分裂。在此基础上，莱因考察了精神病患者的内部自身世界，探讨了自我的分裂；他还考察了精神病患者的外部关系世界，最终提出了反精神病学主张，推动了反精神病学运动(图16-6)。莱因的代表作有《分裂的自我》(1960)、《自我与他人》(1961)、《生活的真谛》(1976)、《经验的声音》(1982)等。

图16-5 詹姆斯·布根塔尔

图16-6 罗纳德·莱因

第二节 存在心理学的主要理论

一、心理学的科学观：人文科学观

在心理学的科学观上，存在心理学坚持人文科学(human science)的观点。罗洛·梅指出："很长时间以来我持有这样的信念：如果心理学这个领域要接受'人的科学'的话，它的主题应纳入全部的人类经验。"存在心理学的这种观点是针对自然科学心理学提出的。自然科学心理学接受了笛卡儿的二元论，将世界划分为主观和客观两个方面。它借鉴自然科学的方法，以客观的视角研究人，导致还原论和机械论等倾向。所谓还原论是指将人还原为自然之物。例如，在心理物理学那里，存在着将人还原为物理属性组合的倾向。所谓机械论是指将人视作遵循因果规律的存在。例如按照行为主义的观点，人看到石头，石头仅是人接触到的一个引起他作出反应的刺激。但人看到这块石头，内心浮起久远的往事，也许会悲伤，也许会欢笑。这是自然科学心理学难以揭示的。存在心理学由此提出批评，认为自然科学路线忽视了人的内心世界，无法反映出人的整体面目。宾斯万格甚至将这种笛卡儿遗产称作心理学的"癌症"。

与自然科学心理学相比，存在心理学借鉴存在主义哲学的观点，以人的存在为核心。这就意味着，首先，人与世界是不可分的整体。人始终处于与世界的关联之中，正如鲍斯指出："人始终且一开始就处于一种或另一种关于某物或某人的方式中实现着其存在。"存在心理学以在世存在来表明人的存在的这种本质。人始终处于世界之中，而不是客观成分如刺激与反应的总和。这就排除了对人和世界作任何先在划分的企图，同时避开了二元论以及自然科学路线的不足。其次，人的存在始终是现实的、个别的和变化的。人存在于世界之中，始终与具体的人或物打交道。不仅如此，人的存在始终在生成变化之中，在过去的基础上，朝向未来发展。在人的变化中，展现出自己丰富的经验而不同于他人。最后，人在世界中并非被动地承受一切，而是通过自己的选择并承担由此带来的责任，来发展自己，实现自己的可能性。这与自然科学路线形成了鲜明的对照。罗洛·梅描述了存在心理学视野中的人，可以作为对存在心理学的总结："我们所提出的一门关于人的科学的纲要将面对这样的人：符号制造者(指人能够使用语言，洞察本质)、推理者(reasoner)、能够参与到自己群体中并拥有自由和伦理行动自由的历史的哺乳动物。"

存在心理学反对自然科学路线的二元论，坚持人文科学观，但并不截然排斥自然科学。正如米西亚克(H.Misiak)和塞克斯顿(V.S.Sexton)指出的："存在心理学力图补充心理学，而非替换或压制已有的其他心理学取向。"

二、心理学的对象论：存在分析观

（一）存在的本质：在世存在

存在心理学在人的存在上，坚持在世存在(being-in-the-world)的观点。人是存在于世界之中的，人与世界密不可分，共同构成一个整体，在生成变化中展现自己的丰富面目。不过，对在世存在的理解方面，每位存在心理学家则有着不同的侧重。

在宾斯万格和鲍斯看来，人的存在的这种本质是心理学的一个前提。它不仅决定了心理学所研究的是整体的人，而且是具体的在世界之中展开的人。具体说来，首先，人的存在的展开有着自身的限制。他们借用存在主义的观点，以被抛(being thrown)来形象地表明人的存在的限制。当人出生时，其性别、经济地位、社会角色和文化背景已经固定下来。所有这一切给人的存在设置了限度。但同时，被抛也为人的存在提供了现实基础，人的发展正是在此基础上展开的。其次，人的存在并非被动地承受世界，而是始终处于不断的变化中。人的存在可以有无限多的可能形式，朝向哪一种方式发展，取决于人的自主选择。宾斯万格将此称作世界设计(world-design)或世界观(world-outlook)。人通过自主选择，朝向未来的可能性发展，达到超世存在。这里的超世意味着实现可能性，而非进入天国。鲍斯也赞同自由选择的作用，他同时还强调觉知的重要性。人的存在在彰显存在时，能够理解并觉知存在的意义，由此进一步推动个体的自由选择。因此，在个体的存在上，存在心理学主张未来指向。

罗洛·梅详细分析了人的存在，提出系统的存在的本体论。他指出，人的存在具有如下六种基本特征：①自我核心，指人以其独特的自我为核心，不同于他人。神经症事实上是为了保持自己的独特性所采取的一种逃避。②自我肯定，指人保持自我核心的勇气。人需要主动地肯定自我，通过选择来实现自我。③参与，指在保持自我核心的基础上参与到世界中去。④觉知，指人与世界接触时所具有的直接的感受。个人通过它发现外在的威胁。⑤自我意识，指人特有的觉知。人能够反观自己和所处的世界，由此可以超越自我，拥有抽象观念，规划和发展自我。⑥焦虑，指人的存在面临威胁时所产生的痛苦的情绪体验。前四种特征是所有生物共有的，后两种特征是人类所独有的。

布根塔尔从人的被抛出发，对人的存在进行了分析。不过他赋予觉知更重要的地位，在他看来，觉知（awareness）指的就是人的主观存在，是人的存在的首要条件。他以人的存在的被给予性（existential givens）来替代被抛。人的存在的被给予性事实上是觉知到的被给予性，包括如下四个方面：①有限性。人所觉知到的世界是他所处世界的有限的一部分。由此，一方面，人可以将未觉知到的内容转化为觉知内容，另一方面，未觉知的世界包容了人觉知的世界，并对其产生影响。②行动潜力。人具有行动的潜力，可以通过行动来改变自己的主观世界，扩展自己的觉知。③选择性。人的行动具有意向性，指向特定目标、赋予价值、创造并体认意义。这种意向性是通过选择实现的。与选择相伴随的是选择的先天自由和需要承担的责任。④疏离性和关联性。疏离性指两个主体的存在不可能完全相同，关联性指两个主体可以进行交流。

莱因通过区分正常人和精神分裂性个体来分析人的在世存在。他引入了存在性不安（ontological insecurity）和存在性安全感概念，在他看来，所谓的精神分裂性个体也就是存在性不安的个体，他们的经验整体经由两种方式分裂为二：其一，他与周围世界的关系出现了分裂；其二，他与自身的关系出现了分裂。他没有能力把自己与他人"一道"加以体验，也没有能力把自己"置身于"环境中加以体验。相反，他在绝望的孤独中体验自己，并且他所体验的自己并非是一个完整的人，而是以不同方式"分裂"了的人。因此，要将精神分裂性个体的特殊经验置于其在世存在的前后关系之中来理解。莱因指出："如果不理解精神分裂性患者疯狂言行的存在性关系，就无法理解这些言行本身。"相反，具有存在性安全感的个体在这个世界上是真实的，活生生的，他能够感觉到完整的自我身份和统一性；具有时间上的连续性；具有内在的一致性、实在性、真实性以及内在的价值；具有空间上的扩张性。具有存在性安全感的人可能也会被各种各样的问题所困扰，但是不管怎样，他始终觉得自己是真实的，有血有肉的，完整的。具有存在性安全感的人，可以进入世界、与他人相处。世界与他人在其经验中也同样真实、生动、完整和连续。他对自己和他人的现实性和统一性具有根本稳定的感觉，他也会带着这种感觉遭遇到生活中一切事件。

（二）存在的方式

在坚持在世存在观点的基础上，存在心理学家们进一步考察了人的存在方式。他们尤其从海德格尔那里汲取资源，讨论了人所处的不同世界。海德格尔区分出三种世界：周围世界，指环境世界；共同世界，指人际世界；自我世界，指人与自我关系的世界。

宾斯万格在此基础上，提出了人处于周围世界、共同世界和自我世界三种世界的观点。周围世界（德文为 Umwelt，英文为 world around）指自然世界或物质的世界。共同世界（德文为 Mitwelt，英文为 with world）指人与人相互交往的人际世界。自我世界（德文为 Eigenwelt，英文为 own world）指个人主观体验的世界。这三种世界相互关联，共同构成人的存在世界。自然科学心理学路线的不足之处就在于，它只强调了周围世界，而忽略了其他两个世界。宾斯万格分析了患者埃伦·韦斯特（Ellen West）所处的不同世界。在周围世界中，韦斯特曾有 9 个月的时间拒绝食用牛奶，而饮用清汤。但宾斯万格不同意以反射等术语进行解释，他将此视作朝向世界的行为：患者对抗世界。在共同世界中，韦斯特对抗那些反对自己怪癖的人。在自我世界中，韦斯特感到自己在承受着一种难以理解的压力。宾斯万格尤其重视共同世界。他考察了人在共同世界中的存在，区分出四种方式：①双重方式（dual mode），大致等同于亲密关系，例如母子关系、兄弟姊妹关系等。②复数方式（plural mode），大致相当于人际间的正式关系、竞争和斗争等。③单数方式（singular mode）指人与自己的关系，如心理疾病中的自恋、自我惩罚等。④匿名方式（anonymous mode），指人将自己隐匿于大众之中，以逃避责任，例如士兵寻找借口屠杀平民等。

罗洛·梅在宾斯万格的基础上，提出人的在世存在具有三种方式：①人与环境的关系方式,指人的自然世界或物质世界,包括生物性的需要、驱力和本能等。人和动物都拥有这种关系方式,目的在于维持生物性的生存并获得满足。②人与人的关系方式,指人的人际世界,包括种族、性别等。人与环境的关系方式目的在于适应,而人与人的关系方式的目的在于真正地与他人交往。在交往中,双方增进了解,并相互影响。因此,人在这种关系方式中不仅仅适应社会,而且会更主动地参与到社会的发展中去。③人与自我的关系方式,指人的自我世界,包括自我觉知和自我关联等。它是人真正看待世界并把握世界的意义的基础,它告诉人,对象对自己来说具有怎样的意义。人可以同时处于三种关系方式中。如人在进晚餐时与他人在一起,并且感到身心愉悦。

三、心理学的方法学:现象学方法

存在心理学在方法的使用上具有开放性。它主要使用现象学方法,但并不将现象学方法(phenomenological method)视为通向目标的唯一途径而排斥其他方法。存在心理学家在使用现象学方法上,存在两种倾向。第一种倾向是在"面向实事本身"的口号下,对经验进行详细的描述。雅斯贝尔斯是这一倾向的代表。在他看来,现象学的主要任务在于将心理现象"置于我们之前、划定边界、描述并加以整理"。例如他描述了精神分裂患者的知觉经验:患者感受到自己好似透过一层纱来看世界,通过一堵墙来听别人的话。由此反映出患者在知觉上与感知到的世界相疏离。第二种倾向是使用现象学方法来发现经验的本质结构。例如明克夫斯基在分析精神分裂症抑郁患者时,区分了心理学与现象学两种研究层次。在心理学层次进行的是以流行的症状术语进行描述,在现象学层次进行的是对病理现象本身的更深层次理解。他发现,患者的时间经验是单调的、一成不变的。在患者的经验中,昨天和今天没有什么区别,仅仅是又过了一天。此外,患者的未来是受阻的;患者认为自己注定要受到惩罚。

在分析经验的本质结构时,存在心理学受到鲍斯关于人的存在特征的观点的影响,往往使用如下四种范畴作为参考框架。①时间性(temporality)。存在心理学关注经验到的时间,而非物理时间。物理时间是一个同质的连续体,沿单一维度向过去和未来均匀地延伸。经验到的时间是有限的,且具有一定速度。例如在抑郁症患者的经验中,时间近乎停止;在躁狂症患者的经验中,时间流逝得非常快。时间性本身蕴涵有过去、现在、未来关联在一起的结构。过去指人对往事的经验,如患者在对往事的回忆上极度模糊。当前主要指对当下经验的把握。一般人可在此基础上将过去和将来联系起来,但一些患者却可能无法联系起来,他们可能沉醉于现在,甚至将现在视作永恒状态。将来指人的存在的开放性。一般人除看到死亡外,还可看到无穷尽的希望,但在抑郁症患者身上,将来是空虚的。时间经验不仅反映出人的存在形态,更与生活的意义密切关联。埃林伯格(H.F.Ellenberger)说:"时间经验的变异必然导致生活意义的变异。"②空间性(spatiality)。存在心理学关注经验到的空间,而非物理空间。物理的空间是无限均匀展开的连续体,经验到的空间是有限的,其中存在的是有意义的事物。空间性具有多种形式,其中一种是定向空间。定向空间以身体为中心,沿着与存在意义关联的程度展开。另一种空间形式是协调空间,沿着与情绪一致的程度展开。在这种空间中,人感受到空虚或者充实,扩张或者收缩等。③因果性(causality)。在常人的因果经验中,可以感受到决定关系、或然性和意向。在一些精神疾病患者那里,这些因果经验可能会有不同的体现。在抑郁症患者身上,决定关系处于突出地位,患者强烈地感受到自己遭受着阴沉世界的压迫,无力反抗;在躁狂症患者身上,或然性处于突出地位,患者感受到完全偶然的世界,事物之间没有任何关联;在妄想狂患者身上,意向则处于突出地位,任何偶然的事物在患者的眼中都有着确定的指向性。④实体性(substance)。存在心理学关注经验到的各种物理特质,如颜色、亮度、温度等。在抑郁症患者的眼中,世界是黑暗的；在躁狂症患者的眼中，世界则是玫瑰红色的。此外，存在心理学还关注水、火、土和空气等象征元素在人的世界中的分布和相对显著性。例如在宾斯万格对埃伦·韦斯特案例描述中，韦斯特起初在空气世界与坟墓世界的矛盾中挣扎，后又逐渐脱离土地，向往天空的世界等。

存在心理学使用现象学方法探讨人的经验，与现象学心理学存在着差异。首先，存在心理学通过揭示经验世界来展示人的现实存在，而现象学心理学则主要揭示经验世界的丰富性。其次，存在心理学使用现象学方法时，易结合人的存在进行分析，现象学心理学则不存在这种情况。最后，在研究实践中，与存在心理学相比，现象学心理学在对现象学方法的落实上更加严格。

四、存在的主题

在存在的主题上，不同存在心理学家的关注点具有较大的差异，以下选取讨论较多的本真、焦虑和意义进行阐述。当然，即使在这些主题上，存在心理学家也各有侧重。

1. **本真** 本真（authenticity）主要是宾斯万格、鲍斯和布根塔尔等人提出的核心存在主题之一。从词源上看，authenticity（本真）源于希腊语 authentikos 和 authentes。authentikos 指自己、做事情的人，authentes 指真正的和真实的等。本真与非本真（inauthenticity）相对，是人的存在在生成变化中表现出的两种形态。

在宾斯万格和鲍斯看来，本真的生存意味着人朝向未来的可能性发展，并逐渐实现可能性。本真的生存是指向未来的。人不应在被抛的基础上重复过去，而应在未来的设计中度过现在。死亡是未来中最突出的事件。人需要直面死亡，视作未来必然的事实，由此更好地设计并实现自己的未来。这样的未来对他是开放的，有着无限的可能性。对于与之相反的非本真状态，宾斯万格作了这样的描述："此在不再将自身拓展到未来，不再处于自身之前；相反，此在在狭窄的圈中转身进入被抛中，处于无意义之中，这意味着没有未来，没有成果，重复自身。"具体说来，本真的生存表现在三个方面：成熟的世界设计、自由选择和独立承担责任。成熟的世界设计意味着人能够时刻保持未来的可能性。与之相反，患者的世界设计使得自己的世界变得狭窄和单一。自由选择意味着人在接受被抛的基础上，能够作出抉择，以保持未来的可能性。在这种意义上，宾斯万格将人的存在称作"生成存在"（being-able-to-be）。在选择的基础上，人将独立承担起责任，直面自己的未来。

布根塔尔将本真视作人的理想的存在方式。他说："通过本真，我指的是真正的存在和对存在的觉知。本真是个体在他的如下生活中的体现：在当前情境下，他处于充分的觉知中。本真难以用言辞表述，但在我们自身或他人中易从经验上感知到。"他区分出本真存在的四种维度：信念、献身、创造和爱。信念是本真存在展开的基础，它是对自身的肯定，是在人找到自身存在的根基后，直面命运与死亡的焦虑时作出的反应。在确立信念后，关键的是行动，行动与否，直接影响到觉知的内容。个体由于确立信念，要为自身负责，由此产生焦虑和内疚。在面对焦虑和内疚时，人投身于活动中，推进自身同一性的发展，这便是献身。例如艺术家投身于艺术创作中。在投身于活动的过程中，人从无意义的世界开辟出意义，以直面关于无意义的焦虑，这便是创造。最后，在爱中个体肯定并超越自我，融入到人类生命的存在中。

需要指出的是，在本真主题上，能够体现出存在心理学与人本主义心理学的差异。杜普洛克（du Plock）指出："人本主义者们认为，[本真] 与自我肯定的存在有关——忠于真实的自我。存在治疗家们认为，本真与对生命的开放并忠于生命有关——接受生命的限度和边界，通过个人自身的透明尽可能完整地使生命展现开来。"在此基础上，人本主义心理学强调实现潜能，存在心理学则强调作出选择。两种理论由此朝着不同方向发展。

2. **焦虑** 焦虑(anxiety)是大多数存在心理学家提出的另一核心存在主题。在海德格尔那里,焦虑是此在本真的展开方式,是人对自身有限性的一种认识和体验。因此,焦虑处于人的存在的本体层次。

罗洛·梅提出了系统的焦虑观点,形成了焦虑的本体论。在他看来,个体所持的对作为人格的存在的最根本的一些价值受到威胁,自身安全受到威胁,由此引起的担忧便是焦虑。焦虑与恐惧和价值有着密切的关系。恐惧是对自身一部分受到威胁时的反应,当然恐惧存在特定对象,而焦虑没有。价值受到威胁,由此产生焦虑。罗洛·梅进一步区分出两种焦虑:正常焦虑(normal anxiety)和神经症焦虑(neurotic anxiety)。正常焦虑是人成长的一部分。当人意识到生老病死不可避免时,就会产生焦虑。此时重要的是直面焦虑和背后的威胁,从而更好地过当下的生活。神经症焦虑是对客观威胁作出的不适当的反应。人使用防御机制应对焦虑,并在内心冲突中出现退行。为了建设性地应对焦虑,罗洛·梅建议使用以下几种方法:自尊,感受到自己能够胜任;将整个自我投身于训练和发展技能上;在极端的情境中,相信领导者能够胜任;最后是个人的宗教信仰。罗洛·梅由此出发,对现代人的精神困境作了出色的分析。他指出,由于丧失价值观、空虚与孤独,现代人面临不可避免的焦虑。

布根塔尔进一步发展了罗洛·梅的焦虑理论。在他看来,焦虑是人对未来不确定性的一种体认。他与罗洛·梅一样,区分出两种焦虑:存在的焦虑(existential anxiety)和神经症焦虑。存在的焦虑指人在直面生存困境并承担责任时所产生的焦虑,神经症的焦虑则是由于人逃避生存困境和责任等,使得人处于非本真存在的情况而产生的。两种焦虑各存在四种形式,与人的存在的四个方面相一致。存在的焦虑在有限性方面体现为命运与死亡,在行动潜力方面体现为罪疚与惩罚,在选择性方面体现为空虚与无意义,在疏离性与关联性方面体现为孤独与分离。神经症焦虑在四个方面依次体现为:卑微感、责备感、荒谬感和疏远感。焦虑由此成为本真与非本真的分化点。

莱因也从存在出发,探讨了焦虑问题。在他看来,焦虑产生于存在性不安。正常人具有存在性安全感,具有现实性和统一性,稳定地感受生活中的一切。与此相反,具有存在性不安感的人感受到世界的模糊、不安全甚至危险,同时感受不到自身的一致性。在这种情况下,他可能退回到自我之中,面临非存在性焦虑。莱因区分出三种非存在性焦虑:吞没(engulfment)、内爆(implosion)和僵化(petrification)。个人畏惧与他人或自己联系会丧失自身,产生的焦虑是吞没。个人畏惧现实填充内心虚空会造成丧失,产生的焦虑是内爆。个人畏惧被非人化或物化产生的焦虑是僵化。焦虑会进一步导致自我与身体的分离乃至自我的分裂,使人遁入虚假自我(false self)中,忙于维护真实自我(real self)的幻想,最终走向自我的崩溃。

3. **意义** 意义(meaning)也是大多数存在心理学家提出的核心存在主题之一。人的存在与意义具有直接的关联。正是通过意义,存在才在此在那里得以彰显。尼德尔曼(J.Needleman)指出:"对于萨特,正如对于宾斯万格一样,正是原初的、先在的意义基质为将要出现的诸存在提供了框架和可能性,提供了诸存在的可接近性。"具体来说,在宾斯万格看来,人的存在的生成与变化过程是意义赋予的过程。这样,人的存在与所处的世界之间充满了意义关联。俗语"一草一木总关情"便形象地表明了这一点。在抑郁症患者那里,人的存在与世界的意义关联得到降低,患者的世界变得狭窄,退缩到狭小的空间中。鲍斯也赞同人的存在与意义的直接关联,不过他认为,人的存在的生成与变化过程是意义展现的过程,意义并非存在的赋予,而是在人的存在变化中展现出来的。

弗兰克尔将意义提升到更为重要的位置,他创立的意义疗法致力于存在的意义和意义的寻求。在他看来,意义问题是意义疗法最核心的问题,他从对意义的寻求切入进行阐述。

他对弗洛伊德的追求快乐的意志和阿德勒的追求权力的意志提出疑问，认为人最根本的动力是追求意义的意志，如果缺乏意义的意志，就会产生存在挫折和存在神经症。他进一步提出发现意义的三条路径。第一种途径是创造一件工作或做一件实事。例如画家为了绘画本身创作出一幅艺术品。这里需要注意的是，活动本身就是目的，而不应被视为达到其他目的的手段。第二种途径是体验一些价值如真、善、美，或通过爱体验一个人。通过爱，人能够看到被爱者的本质和特征，并能够使被爱者实现潜在的可能性。第三种途径是经受苦难。在受难中，人更能够激发人的潜力，觉知生活与存在的意义。

五、心理治疗

心理治疗是存在心理学最突出的领域。所有的存在心理学家都将心理治疗作为自己的阵地，在临床实践中发展起自己的观点。尽管有着各自的侧重点，存在心理学家都强调促进患者面对自己的生存困境并作出改变，而非消除症状。在治疗实践上，他们都关注态度和原则的落实来理解患者，而无意于特定技术的使用。在治疗技术上，应是技术服从于理解，而非理解服从于技术。

（一）宾斯万格和鲍斯的存在分析疗法

在宾斯万格和鲍斯看来，心理治疗的目的在于使患者朝向本真的存在发展。前已述及，本真的存在表现为三个方面：成熟的世界观，自由选择，独立承担责任。在这三个方面，重要的是患者的世界观的变化，患者在此基础上可以作出选择并承担责任。患者世界观的变化主要依赖于患者的自我理解。因此，心理治疗的一个重要环节是促进患者的自我理解。当患者觉知并把握了自己的生存境况时，才可能采取新的世界设计，付诸行动。在心理治疗中，治疗师与患者的关系非常重要。治疗师要与患者展开真正的交往。鲍斯说："被分析者 - 分析师的关系，如其他任何关系一样，植根于一个人和另一个人的原初的共在（being-with）之中，这种共在是此在原初的世界展现的一部分。"只有在这种关系中，治疗师才能真正把握患者的存在状况；也只有在这种关系中，患者才能够真正地在治疗师的推动下理解自己的存在和世界观。

宾斯万格和鲍斯都曾接受过精神分析的训练。他们在治疗中都较多地使用精神分析的治疗方法。例如，他们可能采取与古典精神分析相似的咨询步骤，甚至会使用自由联想、解释和躺椅等技术。但是，他们从存在出发，采用了完全不同于精神分析的观点。这突出表现在对移情和阻抗等问题的解释上。宾斯万格和鲍斯承认移情和阻抗等现象的存在，但采取不同于弗洛伊德的解释。弗洛伊德认为，移情是患者将对早期对象的情感转移到治疗师身上。例如治疗师替代了父亲的角色，患者将早期对父亲的情感转移到治疗师身上。宾斯万格和鲍斯则认为，患者的这种情感是真实的，他将这种情感指向治疗师，但这里并未发生任何转移。事实上是患者在继续使用此前的世界设计与外界交往。鲍斯对此作了一个比喻：儿童幼时在玩蜡烛时，眼睑被烧导致永久性的闭合，此后儿童将以同样的方式看待所有蜡烛。所谓阻抗，在他们看来，事实上是患者不愿承担变化的责任或接受新的可能。

（二）罗洛·梅的存在心理疗法

在罗洛·梅看来，心理治疗的核心在于患者重新发现并体验自己的存在。他说，"治疗的目的在于患者体验到自己的存在为真实的。治疗的意图在于他能够尽可能充分地觉知到自己的存在，包括逐渐觉知自己的潜能，并在此基础上逐渐能够采取行动"。因此，在治疗中，治疗师力图促进患者对自己存在的可能性的觉知，以及采取行动的能力。

罗洛·梅将心理治疗的基本原则归纳为四点：①理解原则，指治疗师理解患者的世界，只有在此基础上，才能够使用技术；②体验原则，指治疗师要促进患者对自己存在的体验，

笔记

这是治疗的关键；③在场原则，治疗师应排除先见，进入到与患者间的关系场中；④行动原则，指促进患者在选择的基础上，投身于现实行动中。

在《爱与意志》中，罗洛·梅结合意向性，将心理治疗分为三个阶段：①愿望阶段，发生在觉知层面，治疗师帮助患者，使他们产生愿望和愿望的能力，以获得情感上的活力和真诚；②意志阶段，发生在自我意识层面，治疗师促进患者在觉知基础上产生自我意识的意向，例如在觉知层面体验到湛蓝的天空，现在则意识到自己是生活于这样的世界的人；③决心与责任感阶段，治疗师促进患者从前两个层面中创造出行动模式和生存模式，从而承担责任，走向自我实现、整合和成熟。

（三）莱因的心理疗法

在莱因看来，心理治疗的核心在于患者重返自己的真实自我。患者为了躲避外界的威胁，寻求存在性安全感，会发展出虚假自我，将真实自我封闭起来。因此，在治疗中，治疗师需要促进患者对自己虚假自我的体认和把握。只有在逐渐摆脱僵硬的虚假自我的基础上，才能够向真实自我迈进。在这种意义上，治疗的任务在于"对患者自由的呼唤"。治疗师由此出发，鼓励患者依照自己的真实感受做事情，逐步发展起与他人关联的能力和自我表达的能力。

莱因尤其关注患者存在的家庭和社会背景。他认为，患者正是在家庭和社会的压迫下，逐渐发展起虚假自我，走向精神分裂。从人的存在的角度看，精神分裂患者只是处于存在性的危机中，他更需要支持性的环境来发展自己。莱因由此开展了金利斯会所（Kingsley hall）等团体治疗的实践。金利斯会所原是伦敦东区的浸礼会教堂。莱因于1965年起让一些精神病患者与医生和护士在这里共同生活，患者在这里可以拥有高度的自由，他处于接纳性的人际环境中。莱因希望通过提供支持性的环境，促进患者向真实自我迈进。该实践取得了较好的效果，但却因其他因素于1970年关闭。

（四）弗兰克尔的意义疗法

在弗兰克尔看来，心理治疗的核心在于发现生活的意义。每个人都有寻求意义的意志。因此，意义治疗强调患者在治疗过程中的主动性。在具体实践中，弗兰克尔发展出三种方法：去反思、矛盾意向和态度改变法。①去反思（de-reflection）指将注意力转向积极方面，从而确立新的生活目标，发现新的意义。去反思尤其针对过度反思（hyper-reflection）的情况。后者指对自己的问题和情绪体验思考得越多，情况越糟糕。例如患者希望正常呼吸，但越注意自己的呼吸，呼吸就愈发紊乱。治疗师将鼓励患者将注意力转向问题以外的事情，如与他人认真交谈，呼吸反而正常了。去反思在治疗失眠和性功能障碍等方面取得了突出的效果。②矛盾意向（paradoxical intention）指向纠缠自己的观念和行为方面努力，以摆脱纠缠的过程。患者可能因过于担忧等导致行为失调。例如在预期焦虑中，患者越担心自己会焦虑，焦虑状况就越发严重。治疗师在实践中鼓励患者朝向自己担忧的方向去做。弗兰克尔曾举例说，一位严重口吃的患者，生命中唯一的一次没有口吃是在公交车上，他没有买票，希望通过口吃逃过售票员的检查，但结果他讲话却非常流利。③态度改变（attitude change method）指通过改变患者的生活态度，来使患者发现生活意义。治疗师在实践中鼓励患者以乐观的生活态度取代悲观的生活态度，以发现生活目标，确立生活的意义。

第三节　存在心理学的简要评价

一、存在心理学的贡献

第一，扩大了人文科学心理学的范围。存在心理学受到人文科学心理学的哲学基础即现象学哲学与存在主义哲学的重要影响,反对还原论和机械论,以人的存在为核心,通过存在心理治疗等开展心理学的实践,成为人文科学心理学路线的组成部分。无论是早期的宾斯万格、鲍斯和弗兰克尔等欧洲存在心理学家,还是后期的罗洛·梅、布根塔尔和莱因等美国和英国的存在心理学家,他们都探讨了人的本真、焦虑、意义、勇气、爱和意志等诸多主题,获得了丰富的研究成果,研究领域涉及发展心理学、人格心理学、心理病理学和心理治疗学等,极大地丰富了人文科学心理学的内容,扩大了人文科学心理学的范围。

第二,丰富了对人的理解。自然科学心理学路线接受了二元论,存在还原论和机械论倾向,难以反映出人的整体面目。存在心理学以人的存在为核心,强调人的在世存在的本质,避开了二元论。存在心理学倡导以整体的人为研究对象,关注意义,重视人的自由选择,在具体研究中探讨了存在方式和本真、焦虑和意义等主题,丰富了对人的理解。

第三,深入生活实践。存在心理学以人的存在为核心,研究涉及生活的各个方面,例如命运、勇气、神话、恐惧、梦、身体等。通过研究,存在心理学揭示了生活的蕴涵,向人展示了自身的存在奥秘,这对于提升人的觉知、推进人的内心反省和人的行动、增进人的健康具有重要的意义。不仅如此,存在心理学家还参与了社会实践的变革。例如莱因在存在研究的基础上,提出反精神病学研究,推动了20世纪著名的反精神病学运动。

二、存在心理学的局限

第一,理论体系缺乏统一性。存在心理学受到存在主义哲学的影响,而存在主义哲学内部具有较大的差异。即使就海德格尔来说,他的前期思想与后期思想也存在较大不同,这直接导致宾斯万格和鲍斯的各自主张。存在心理学自产生之日起,一直就存在较多的分歧。存在心理学家各有自己的侧重点。宾斯万格和鲍斯等侧重对人的存在的分析,莱因侧重人的存在的社会因素,弗兰克尔则侧重意义意志等。因此,存在心理学的理论体系难以统一。

第二,术语和观点的表述缺乏清晰性和明确性。存在心理学所使用的术语较为晦涩,表述不清,甚至存在生造概念的情况。如宾斯万格所提出的"超世存在"和"生成存在"等。早在1960年,施米德(F.Schmidl)就曾指出,欧洲存在心理学存在"模糊的语言"和"夸大的主张"的问题。不幸的是,美国存在心理学也未能幸免。对于"自我意识",罗格·梅曾先后使用存在感(sense of being)、自我存在的经验(experiencing one's being)、自我存在(self existence)等名称。这给后人的理解和把握带来较大难度,并影响了自身观点的发展与推广。

思考题

1. 存在主义哲学对存在心理学产生了哪些影响?
2. 存在心理学是怎样在精神分析的基础上发展起来的?
3. 存在心理学是怎样理解人的存在的本质的?
4. 在存在心理学看来,人的存在有哪些方式?
5. 存在心理学是怎样使用现象学方法进行研究的?
6. 解释存在心理学的以下主题:本真,焦虑和意义。
7. 总结存在心理学的心理治疗观。
8. 总结存在心理学的贡献与局限。

参考文献

[1] 王小章,郭本禹.潜意识的诠释.北京:中国社会科学出版社,1998.

[2] 弗兰克尔.追寻意义意志.司群英,郭本禹,译.北京:中国人民大学出版社,2015.

[3] 孙平,郭本禹.从精神分析到存在分析:鲍斯研究.福州:福建教育出版社,2011.

［4］任其平．主体的存在之在：宾斯万格研究．福州：福建教育出版社，2009.

［5］王蕾，郭本禹．存在精神病学：莱因研究．福州：福建教育出版社，2009.

［6］罗洛·梅．人的自我寻求．郭本禹，方红，译．北京：中国人民大学出版社，2008.

［7］罗洛·梅．存在：精神病学和心理学的新方向．郭本禹，译．北京：中国人民大学出版社，2012.

［8］Binswanger L.Being-in-the-world.New York：Basic Books，Inc.，1963.

［9］Boss M.Psychoanalysis and Daseinsanalysis.L.B.Lefebre，trans.New York：Basic Books，Inc.，Publishers，1963.

［10］Heery M.A humanistic perspective on bereavement.In：K.J.Schneider，J.F.T.Bugental，J.F.Pierson.The handbook of humanistic psychology.London：Sage Publications，2001.

［11］May R.Psychology and the human dilemma.New York：W.W.Norton &Company，Inc.1967.

［12］Misiak H.，Sexton V.S.Phenomenological，existential，and humanistic psychologies.New York：Grune & Stratton，Inc.1973.

［13］Schmidl F.Psychoanalysis and existential analysis.Psychoanalytic Quarterly，1960，29：344-354.

［14］Spiegelberg H.Phenomenology in psychology and psychiatry：A historical introduction.Evanston：Northwestern University Press，1972.

笔记

287

第十七章　人本主义心理学

20 世纪 50、60 年代,美国心理学界出现了一股以研究人的本性、潜能、价值、经验等为主要内容的新思潮,被称为人本主义心理学(humanistic psychology)。这股思潮是在反对行为主义和精神分析的背景下形成和壮大的,其基本理念和基本观点与前两者形成了鲜明的对比。因此,人本主义心理学自称为心理学的第三势力(the third force)。它不是一个思想完全统一、组织十分严密的学派,而是一个由许多观点相近的心理学家和学派组成的松散联盟。马斯洛、罗杰斯等是其主要代表人物。

第一节　人本主义心理学概述

一、人本主义心理学的背景

(一)社会背景

人本主义心理学最早产生于 20 世纪 50 年代的美国,是美国当时社会历史条件的产物。首先,第二次世界大战之后,美国的经济发展异常迅速,物质生活空前富足。但在同时,美国民众的精神生活却没有得到相应的提高,而出现了严重的精神危机和道德滑坡,引发了一系列的社会问题。暴力、吸毒、精神疾病、犯罪、种族歧视等日益增多,人性异化现象越来越严重。其次,战争阴云仍未散尽,越南战争仍在进行,国际军备竞赛日益激烈,特别是核战争对人们的心理产生了很大的压力,美国民众处于对战争的无尽恐惧和担忧中。再次,美国出现了一种在青年中掀起的反主流文化运动。这个运动表现为反对传统的价值观、重视自我展现、强调个人体验、坚持人的独特性和非理性等。其实质是宣扬个人主义,把个人的欲望看作是核心价值。上述表现说明单凭经济的繁荣和科技的进步并不能解决人类精神生活和价值追求的问题,必须引起全社会对人的尊严及其内在价值的重视,以促使人性的完满实现。传统的行为主义及精神分析等心理学都不能解决这一社会问题,而以探索人的内心生活为己任的人本主义心理学正是适应这一时代的要求应运而生。

(二)哲学背景

人本主义心理学以浪漫主义哲学和存在主义哲学为理论前提,以现象学为方法论基础。浪漫主义(romanticism)是出现在 18 世纪晚期到 19 世纪中期的哲学运动。相比经验主义和理性主义哲学家强调人性中的理性成分,浪漫主义哲学家更强调人性中的非理性的情感、直觉和本能等成分。他们认为美好的生活就是根据一个人的内在本性诚实地生活。人的本性是善的,而社会环境却可能是恶的。浪漫主义哲学之父卢梭(J.Rousseau,1712—1778 年)坚信唯一能够有效指导人行为的是他的真实情感。人性天生善良合群,如果给予他们自由,他们将变得快乐、完美、具有社会意识;如果给予他们自由,他们将会做那些最有利于其自身及他人的事情。如果人们表现出自我毁灭或反社会的行为,那是因为他们的自然冲动被社会力量干扰所致。卢梭的思想在人本主义心理学思想中得到了充分的体现。

存在主义（existentialism）哲学（参见第十六章）对人本主义心理学产生了直接的影响。奥尔波特认为，存在主义对美国心理学有三点影响：一是存在主义以自由、选择和责任为主题，极大地冲击了美国传统心理学坚持以绝对确定的因果规律来解释心理现象的极端决定论倾向；二是存在主义对人和先验世界、人和自我的关系所做的全面分析，冲击了孤立研究人类的行为并将其与动物联系起来的行为主义心理学；三是存在主义对主体性（或主观性）、个人体验、情感等的研究冲击了美国心理学家所信奉的客观性。

现象学（phenomenology）（参见第十五章）对人本主义心理学的影响主要表现在以下两方面：第一，人本主义心理学家把现象学看作是一种研究主体的直接经验和内省报告的方法。他们认为心理学研究要以主观实在为对象，把人的心理活动和内部体验作为自然呈现的现象看待，重在现象或直接经验的审视和描述，而不是因果分析和实证说明。马斯洛、罗杰斯和奥尔波特等都将现象学当作研究方法。第二，人本主义心理学也非常重视现象学的核心主题"意向性"（intentionality）问题。

此外，古代东方的哲学思想对人本主义心理学也产生了一定影响，尤其是中国道家的哲学思想。大多数人本主义心理学家都把老子道法自然的自然主义人生观视为人本主义心理学思想的真谛。

（三）科学背景

人本主义心理学的科学背景主要有生物学、生态学和机能整体学。达尔文的生物进化论使生物科学产生了质的变化，这种观点看到了人与生物界的连续性，为理解人性的形成提供了全新的视角。马斯洛认为归属和爱的需要、自尊的需要以及自我实现的需要都具有似本能的性质，人类的这些潜能和价值是在进化过程中获得的生物自然禀赋。罗杰斯也强调人类成长过程的生物学基础。生态学是研究生物与其环境之间相互关系的科学。它强调生态系统要保持平衡的思想使得人本主义心理学也强调人与自然环境要保持协调一致，以维护人的心理活动的生态平衡。机体整体学强调有机体是一个多层次结构的统一整体，主张对人类有机体的研究必须把人看作是完整的系统，这种整体主义思想对人本主义心理学产生了重大影响。这体现在人本主义心理学家在探讨人的内在潜能的层次结构和功能时，把人的内在潜能和本性整合起来，把人的社会性和生物性整合起来，建立一种真正以人为本的心理学。总之，生物学、生态学和机体整体学的综合影响，使得人本主义心理学家看到了建立一种自然主义的价值观体系的可能，即要从人类自身本性中挖掘其潜能和价值，而不必依赖人类之外的超自然力量。

（四）心理学背景

人本主义心理学是 20 世纪中叶发展起来的一种心理学思潮，它的产生受到了行为主义、精神分析、整体心理学（holistic psychology）和格式塔心理学的影响。作为西方主流心理学的行为主义为人本主义的发展提供了反面教材。行为主义坚持方法中心论，将可观察到的行为作为心理学的唯一研究对象，极大地缩小了心理学的研究范围，并且坚持 S-R 的机械观，认为人仅仅是对刺激做出反应的空的有机体。相反，人本主义认为人是积极主动的、有创造性的、有自制力的，是生命的推动者、选择者与核心，所以心理学应该更多地研究整体的人。人本主义正是在对行为主义的强烈批判中应运而生的。人本主义对精神分析采取了扬弃的态度，继承了其合理的成分，而抛弃了其错误的部分。它一方面肯定了精神分析潜意识理论的合理之处，赞同人的心理活动是由人的内在动机驱使的，并在其自我概念的研究基础上做了进一步的发展；另一方面强烈反对精神分析的潜意识性本能决定论、人性邪恶论和悲观主义的观点，而认为人能自我决定、自我选择，持有人性本善的乐观主义态度。整体心理学泛指心理学研究的一种方法论观点和理论取向，它包括德国、美国的人格

笔记

心理学、戈尔德斯坦的机体论心理学和格式塔心理学。它们的共同之处是认为人的心理现象是对事物整体的反映，而非单纯决定于个别刺激物的总合。这种整体论的观点被人本主义心理学当作了自己的一个研究原则。另外，它们的很多概念也被人本主义心理学家创造性地借鉴，如戈尔德斯坦首创的"自我实现"一词后来成了人本主义心理学的标志性概念。

二、人本主义心理学简史

人本主义心理学作为一股新的研究思潮，经历了一个逐渐壮大的过程，这个过程可分为萌芽、兴起、形成和发展等阶段。①人本主义心理学的萌芽。20世纪40年代，马斯洛作为一位行为主义取向的实验心理学家对行为主义的研究定向日益不满，并开始探讨一些"不合传统"的主题。这是马斯洛背叛行为主义心理学的开端，也是美国人本主义心理学的萌芽。②人本主义心理学的兴起（20世纪50年代）。1954年，马斯洛出版《动机有人格》。该书是马斯洛人本主义心理学的奠基之作。1956年4月，马斯洛等人发起并创办人本主义研究会组织，第一次讨论了人类价值的研究范围。1958年，马斯洛在萨蒂奇（Anthony J.Sutich，1907—1976年）的建议和帮助下创办《人本主义心理学杂志》内刊。1959年，马斯洛把两年前在研讨会上的讲演、发言稿编成《人类价值的新知识》一书出版。③人本主义心理学的形成（20世纪60年代）。1963年夏，美国人本主义心理学会（American Association of Humanistic Psychology，AAHP）正式建立。该会是在马斯洛和萨蒂奇的组织下、在奥尔波特的资助下，于美国费城召开的。布根塔尔（James Bugental，1915—2008年）被选为第一任主席，会上宣布了人本主义心理学的四项基本原则。美国人本主义心理学会的建立标志着人本主义心理学的正式诞生。1969年，美国人本主义心理学会改名为人本主义心理学会（Association of Humanistic Psychology，AHP），成为一个国际性组织。④人本主义心理学的发展（20世纪70年代至今）。1971年，美国心理学会正式接纳美国人本主义心理学会为该会的第32分会。至此，经过10年的努力，人本主义心理学终于获得美国心理学界的正式承认。这说明人本主义心理学在美国主流的心理学中赢得了一个"很小但却是官方的一席之地"。20世纪70年代左右，从美国人本主义心理学中又分化出来一个新学派，即超个人心理学（参见第十八章）。它是以追求人生意义及超越自我为主旨的心理学，是人本主义心理学的一个新发展和新取向。

三、人本主义心理学的先驱人物和代表人物

（一）先驱人物

人本主义心理学的先驱人物包括德国整体论心理学家狄尔泰、斯特恩（Stern.W，1871—1938年）、斯普兰格（E.Spranger，1882—1963年），格式塔心理学家韦特海默，以及机体论心理学家戈尔德斯坦，和美国的人格心理学家奥尔波特、墨里（H.Murray，1893—1988年）和凯利（G.Kelly，1905—1967年）等。在此我们主要介绍狄尔泰、戈尔德斯坦和奥尔波特三位代表人物的思想。

1. 狄尔泰 威廉·狄尔泰（Wilhelm Dilthey，1833—1911年）是德国人本主义生命哲学的奠基人，是与冯特同时代的心理学家。狄尔泰在哲学上倾向于现象学，与人本主义的哲学观是一致的。他认为心理学是人类一切活动的基础科学，只有先研究心理学才能理解人类各项活动的意义。他曾与艾宾浩斯（H.Ebbinghaus，1850—1909年）进行过论战，反对艾宾浩斯用原子物理学机械模仿和说明人的心理。他将这种自然科学模式的心理学称为解释心理学或说明心理学。相反，他认为人类心理的研究应该是能理解的、可描述的和能分析的。主张心理学应把人视为一个统一的整体，建立一门以理解为基础的心理学，即理解心理学（understanding psychology）或描述心理学（descriptive psychology）。理解心理学是以人

文科学或社会科学定向的心理学，它以整个人或整个人格为研究对象，着重对人的内在主观体验进行理解，通过主观内省及体验到的内在关系来描述并理解精神生活。这种研究风格对人本主义心理学家产生了影响。

2. 戈尔德斯坦 库尔特·戈尔德斯坦（Kurt Goldstein，1878—1965年）是德裔美国心理学家、神经病学家和精神病学家。青年时他在德国吸收了格式塔心理学的某些观点，秉承了现象学和存在主义的传统。他通过对脑损伤患者的研究，提出了机体论心理学（organismic psychology）思想，包括机体整体观和机体动力观。机体整体观认为有机体是一个统一的整体，是作为一个整体来活动的，其中身和心也是一个紧密结合的整体，当心或身的某一部分发生变化时，总会或多或少地影响整个有机体。因此，我们必须努力发现那些使整个有机体发挥作用的规律，从而理解各不同部位所起的作用。机体动力观主张从有机体内外两个方面来寻找有机体行为的原因。戈尔德斯坦反对多驱力观，主张有机体只受一种驱力推动，也就是自我实现的倾向。在他看来，正常机体的目的不是维持现状，而是倾向不断前进和发展，在于尽量实现自身能力和人格。个体的一切行为都是在内部自我实现的潜在力量推动下朝向某一目标的。戈尔德斯坦的自我实现思想对人本主义心理学家产生了巨大影响，成了他们理论体系的核心概念。

3. 奥尔波特 戈尔顿·奥尔波特（Gordon Allport，1897—1967年）是一位具有浓厚人本主义思想的美国人格心理学家。奥尔波特深受德国整体论心理学思想的影响，这使他形成了关于人格结构及其组织的人本主义观点。奥尔波特作为人本主义心理学的主要先驱者，首先明确规定以人为本的人本主义定向，认为人是心理学研究的出发点，心理学必须以健康人的整体性、独特性和统合性作为人本主义心理学的研究对象。他认为健康人的动机是主动的、不受约束的、未来定向的，并在机能上是自主的。其次，奥尔波特极力推崇人的尊严和价值，强调心理学要研究人的长远目标和价值观念，发展自尊心和自重感。另外，奥尔波特还为人本主义的自我论奠定了基础。他指出了自我的重要性，认为自我是个体人格的一致性、动机、记忆连续性的基础。一般说来，奥尔波特和人本主义心理学家的大多数观点一致，他的研究促进了人本主义心理学的发展，成为当代颇为流行的一种人格理论。此外，奥尔波特还参与了发起和资助人本主义心理学的组织建设。

（二）代表人物

1. 马斯洛 亚伯拉罕·马斯洛（Abraham Maslow，1908—1970年）出生于美国纽约市的一个从俄国移民来的犹太人家庭中。1926年，马斯洛遵照其父亲的建议进入纽约市立大学学习法律。由于对法律缺乏兴趣而退学，之后进入康奈尔大学跟随铁钦纳选修了心理学导论课程，但铁钦纳的构造心理学又使他失望了。1928年，马斯洛又进入威斯康星大学学习，在此首先接触的还是铁钦纳的心理学，遂对这种心理学更加反感。但由于华生的行为主义能够科学地理解人和提高人，从而引起了他的兴趣。在著名心理学家哈洛（Harlow.F，1905—1981年）的指导下，马斯洛研究了恒河猴的社会行为与性行为的支配作用，并于1934年获得博士学位。随后到哥伦比亚大学给桑代克担任了18个月的研究助理，并进行了关于猴子和人类的控制行为与性行为的研究。1937年，马斯洛转到纽约布鲁克林学院任教直到1951年。在这里马斯洛有幸邂逅了著名心理学家韦特海默、霍妮、阿德勒、弗罗姆、戈尔德斯坦及人类学家本尼迪克特（R.Benedict，1887—1948年）等。与这些人的交往奠定了马斯洛人本主义心理学的学术基础。1951年，受到布兰迪斯大学的邀请担任了新建的心理学系主任。在此，马斯洛成为人本主义心理学的领袖。1967年，他当选为美国心理学会主席。1969年，马斯洛受加利福尼亚州洛林慈善基金会的邀请担任常驻研究员。次年，在家里的庭院中慢跑时死于心脏病，享年62岁（图17-1）。他的主要著作有：《动机与人格》（1954）、《存在心理学探索》（1962）、《宗教、价值观和高峰体验》（1964）、《科学心理学》（1966）、

笔记

《人性能达的境界》(1971)等。

2. **罗杰斯** 卡尔·罗杰斯(Karl Rogers,1902—1987年)出生于美国伊利诺伊州芝加哥市近郊的一个中产阶级家庭中。受家庭的影响,罗杰斯最初打算从事农业,遂考取了威斯康星大学农学院。1922年,他作为全美12个大学生代表之一参加了在中国北京召开的"世界学生基督教联合会",在北京生活半年之久。1924年,从威斯康星大学毕业后进入纽约联合神学院学习,同时选修了相邻的哥伦比亚大学的教育学和心理学课程。两年后,正式转入哥伦比亚大学主攻心理学,并于1928年获得临床心理学硕士学位,之后到了位于纽约罗切斯特的社会儿童研究中心防止儿童虐待协会工作直到1940年。罗杰斯一边工作一边学习,于1931年以关于儿童人格适应的测验为题获得博士学位。正是在罗彻斯特的12年儿童工作经历,使他发展出了非指导的或以人为中心的心理治疗方法。1940年,受聘为俄亥俄州立大学的教授。1945年,受聘为芝加哥大学心理学教授兼心理咨询中心主任。1957年,罗杰斯回到威斯康星大学,接受了心理学教授和精神病学教授的职位。由于对这所大学的教育制度和考试制度的极度不满,于1963年辞去了这里的工作。随后来到位于加利福尼亚州拉霍亚的西部行为科学研究所工作,并在这里开始对交朋友小组和敏感性训练感兴趣。1968年,他和75个同事辞去研究所的工作又在拉霍亚成立了人类研究中心。1946年罗杰斯当选为美国心理学会主席。1956年获得第一届美国心理学会杰出科学贡献奖,1972年获得美国心理学会的杰出专业贡献奖,成为美国心理学会历史上第一个获得两项奖的人(图17-2)。罗杰斯的主要著作有:《咨询与心理治疗》(1942)、《来访者中心疗法》(1951)、《论人的成长》(1961)、《学习的自由》(1969)、《罗杰斯论会心团体》(1970)、《一种存在方式》(1980)等。

图 17-1 亚伯拉罕·马斯洛

图 17-2 卡尔·罗杰斯

第二节 人本主义心理学的主要理论

一、人本主义心理学的基本主张

(一)人文科学观

自冯特和布伦塔诺以来,心理学一直沿着科学主义和人文主义两条路线发展着。自然科学心理学建立了一套价值中立的、经验性的研究规则,采取了自然科学的科学观和研究方法,把目光仅仅局限于符合自然科学标准的那些问题上,而将人类时刻面对着的内在经验,如尊严、价值、爱情、勇气、幽默等主题都排除出心理学的研究范围。他们坚持价值中立的立场,认为观察者在对心理现象进行研究时应该不带任何感情,而是要通过客观可靠的测量程序来积累事实。这种去人性化的心理学研究取向遭到了人本主义心理学家的强烈反对,他们认为,心理学应该是关注人的人文科学,而不是关注物的自然科学。人本主义心理学作为人文主义取向的心理学强调要对人的经验,特别是对那些能体现人类真正本性的特殊领域进行研究,强调问题中心,反对方法中心。他们还认为心理学不是价值中立的,而是牵涉了人的价值的科学,心理学知识体现了人的主观性,并且只对那些主观上想接受它的人具有意义。

(二)心理学的对象论

在研究对象上,人本主义心理学家的观点尽管不完全相同,但都是按照如下逻辑展开的。健康人是其研究的个体,内在意识经验是研究的切入点,本性、潜能和价值等是研究的主题和终极目标。概括地说,就是要通过对健康人的内在意识经验的研究,来揭示和开发人类所具有的本性、潜能和价值等。

1. **以健康人(healthy people)为研究对象**　在人本主义心理学出现之前的心理学派,不是研究意识的结构或意识的机能,就是研究动物的行为或病态人的潜意识,而唯独没有以完整健康的人为研究对象的。例如行为主义是以刺激 - 反应模式去研究动物的行为,并以这样研究出来的结果推论人的行为。这种研究夸大了人和动物之间的相似性,将人降低为动物,而忽视了人之为人的独特性。精神分析是以精神病和神经症患者的潜意识为研究对象,然后用这样的研究结果来解释所有人的心理,因此认为所有人都是程度不同的精神病患者。人本主义心理学家极力反对这些研究思路。他们认为人既不是较大的白鼠、猴子或鸽子,也不是天生就是精神病患者,而是具有人之为人的主动性、自主性特征,是具有健康潜能的有机体;因此,明确提出要以健康人的心理和人格作为研究对象。他们认为,研究动物或精神病患者是有价值的,但对于客观准确地认识人作为人的本质特征是不够的。我们应该去研究能够代表人类全体的精神健全的人,甚至去研究人类的精英,因为只有他们才是人类可能发展成的最终样式,通过对他们的研究所得来的结果才可能用来解释全人类的心理。

2. **以人的内在意识经验(inner conscious experience)为研究领域**　在心理学史上,行为主义坚持完全客观化的自然科学的研究模式,认为人的内部意识经验具有强烈主观性,是无法进行客观研究的,因而将意识完全抛弃了。而构造主义、机能主义、格式塔心理学等虽然将意识作为了心理学的研究对象,但他们要么忽视了意识的整体性,要么忽视了意识的意义性和情感性,要么将意识放在了从属的地位。总之,它们都没有将意识经验看作是人所直接面对的最现实的意义存在,没有将其看作是人独有的精神现象。而人本主义心理学对意识作了全新的理解,看到了意识经验的整体性、情感性和意义性。他们认为意识经验能向心理学家提供重要的信息,能深入到人的内心深处,了解那些对人类来说最有价值的、关于人的内在本性的信息和此时此刻的内在体验。意识是直接呈现出来的不可分割的整体,是人的内在本性、潜能表现的信号,是存在于人的过去、现在、未来中并与社会生活有着紧密联系的现象。布根塔尔(1963)在人本主义四项基本原则的第一项中就提出:心理学"要集中注意经验着的个人,因而在研究人的时候,把体验作为主要对象。体验本身及其对个人的意义居于首位,而理论解释和外显行为均在其次。"

3. **以人的本性(nature)、潜能(potentiality)、价值(value)等为研究主题**　行为主义和精神分析对人类机能的理解只提供了部分的、有限的观点。它们采用生物还原和机械还原的方式将人自然呈现出来的本来样子消解了,而将其还原为潜意识、性本能、肌肉、腺体等的活动。这种思路使"人"从心理学的视野中消失了。人本主义心理学家对此提出了挑战,他们一改这种狭隘的研究思路，而把关注点放在了人的特有主题上，如爱、依恋、创造性、自主、愉快、勇气、幽默、独立、人格成长、自我超越、同一性、责任心等，这些主题才是真正对人性、潜能及价值的反映和体现。这种研究取向，试图以一种积极态度详细说明独特的人究竟是什么，为我们描绘一幅关于人类本性中内在的全部能量的图画，最终我们将会获得一个完整而健康的人的形象。这种研究修正和克服了精神分析和行为主义对人性所做的悲观描述，恢复了对被遗忘多年的主题的研究，将心理学引导到了本来应有的方向上。心理学对健康人或人的意识经验的研究，最终目的就是为研究人的本性、潜能和价值服务的。

（三）心理学的方法论

1. 问题中心的（problem-centered）方法论原则　传统的主流心理学，大多采取的是方法中心论。特别是行为主义，更是典型的方法至上主义，将方法中心论推向了极端。方法中心论即强调问题必须适合于方法，不适合方法的问题便不予考虑。人本主义心理学家反对这种先有方法后有问题的逻辑，而是采取了相反的顺序，即先有问题后有方法，也就是问题中心论。他们认为，科学是追求真理的事业。对科学来说，最重要的是解决富有意义和价值的问题。衡量科学与否的标准在于是否有效地解决了问题。方法必须适合于问题，为解决问题而服务。对于有意义的问题，即使找不到现存的有效方法，也不应放弃研究。总之，问题中心论就是用已有的问题去寻找合适的方法，用问题裁决方法。只有坚持问题中心论，才能使有意义和有价值的问题成为心理学的合法研究对象，才能明确研究方法的性质和选择有效的研究方法，才能弘扬心理学的人学性质，最终将克服心理学中的机械论和非人化的倾向，使心理学健康发展。

2. 折中融合的方法论原则　在坚持问题中心论原则的前提下，人本主义心理学还采取了折中主义（eclecticism）的态度。由于心理学的研究对象是现实社会中的人，人类本性中的许多方面往往是主观体验到的。所以行为主义的实验方法在研究人的主观方面是有局限性的。只有同时考虑主观因素和客观因素，才能更好地了解人性。鉴于此，马斯洛提出了将客观实验范式（objective-experimental paradigms）和主观经验范式（subjective-experiential paradigms）两种心理学结合起来的构想，奥尔波特提出了系统折中主义的主张。他们都认为应把实证主义心理学和现象学、存在主义心理学结合起来，把客观的、实验的、量化的行为研究同主观的、经验的、现象学的意识研究结合起来。他们认为只要有利于问题解决的方法都可被采纳和吸收进来，心理学不应该是封闭的，而应该是开放的，心理学的方法应具有包容性和多元性。自然科学方法和社会科学方法、西方研究方法和东方研究方法、实验法和内省法、纵向研究和横向研究、整体分析和个体特征研究、质化研究和量化研究等都要结合起来。同时，他们也反对把各种方法等量齐观，同等对待，而强调整体观和系统论，各种方法要互相补充、配合使用。

3. 具体研究方法　在上述方法论原则的指导下，人本主义心理学家马斯洛和罗杰斯采用了如下的具体方法。①整体分析法（holistic-analysis method），这是马斯洛提出来的一种研究人格的方法。马斯洛是在借鉴了格式塔心理学家及机体论者戈尔德斯坦等人的整体论思想，同时对还原论和原子论进行批判之后提出了这种方法。整体分析法，就是要强调人格的整体性，主张在现实情景中对人格发挥功能作用的动态过程进行全方位的整体分析。他认为有机体是一个统一的整体，一个系统，每个部分都是与其他部分紧密相关的，人类的经验和人的主观世界是作为一个整体发挥作用的，人的自我实现的倾向也是更加趋向人的完整化的，因此，在研究人的心理活动时必须采取整体分析的方法。传统的心理学企图将驱动力、冲动、本能等隔离出来分别对其进行研究，而马斯洛发现这种做法都不如整体方法有效。马斯洛曾假设了两种研究人胃的方法，一种是将人的胃从体内解剖出来放在手术台上研究，另一种是直接对活人体内的胃进行研究。整体分析法就类似于第二种方法。②现象学方法（phenomenological method），这是罗杰斯提倡的一种研究自我的方法。现象学方法就是一种研究主体的直接经验和内省本性报告的方法，简单地说，就是对人的意识体验进行直接描述的方法。这种方法不试图解释心理事实的因果关系，不在于对体验进行认知和探究，而是在于对其描述、理解、领悟。传统的科学心理学完全关注人的外部行为，在方法上片面强调客观实验法而极力排斥主观观察法，这种研究忽略了具有个人意义的主观体验，其结果就是把人类放在了与老鼠及鸽子同样的境地。而现象学方法可以深入个人的现象场或私人世界，理解人的主观经验，增强人与人的体验，为理解人类自身提供重要的资料。罗杰斯把现象学方法概括为如下三个步骤：第一，对自身内部的参考框架进行观察，取得主观知识；第二，用他人的观察来核对主观知识，取得客观知识；第三，设身处地地理解他人，取得人际知识。这种方法后来在70年代得到了极大的发展（参见第十五章和十六章）。

二、马斯洛自我实现心理学的主要理论

（一）需要论

马斯洛首先提出了独具特色的动机理论，即需要层次论（hierarchical theory of needs）。这个理论是马斯洛整个理论体系的逻辑起点和出发点。

1. **需要层次**　马斯洛重新界定了需要的性质。他批评了弗洛伊德精神分析的本能决定论和华生行为主义的反本能论。这两者的共同错误都在于用非此即彼的两分法而不是从程度的角度来看待本能问题。前者完全肯定了本能的存在，后者完全否定了本能的存在。而马斯洛认为，人类是有本能的，但这种本能是残存的或是不完全的本能。它们在某种程度上是遗传决定的，但其表现却是后天的。马斯洛称这样的本能为似本能（instinctoid）。这样，需要作为人类生来具有的一种属性，其性质就是似本能的。

马斯洛区分出了五种似本能需要：生理需要、安全需要、归属和爱的需要、自尊的需要和自我实现的需要。前四种合称为基本需要或缺失需要（deficiency need），自我实现称为高级需要或成长需要（growth need）。这五种需要按照出现的先后顺序可排列为从高到低的五个层次（图17-3）。这就是马斯洛的需要层次理论。①生理需要（physiological need）：包括饥饿、口渴、性、睡眠等。这类需要与维持个体生存和种族发展有关，是人类各种需要中最基本、最原始、最需要优先满足的一种需要。如果这类需要长期得不到满足，它就会全面支配这个人的行为，使其围绕着需要的满足而行动。例如一个长期饥肠辘辘的人，其注意力就会全部集中于与食物有关的问题上，而不再考虑诸如买房、晋升等其他活动。②安全需要（safety need）：如果生理需要得到相对的满足，安全需要就会显露出来并开始支配人的行为。这种需要包括对能带来稳定、组织、秩序、预见性、安全感以及远离恐惧、焦虑、混乱等的需要。直到安全需要基本满足之前，人的行为总是指向与安全有关的问题上。处于这个层次上的人，会有一种持续不断的焦虑感。这种感觉不消失，他就无暇顾及其他。③爱和归属的需要（love and belongingness need）：如果生理和安全需要得到基本满足后，爱和归属的需要就会支配一个人的行为。爱和归属的需要体现在对家庭、伴侣、朋友、团体等的渴望和认同上，并希望被所看重的人和团体接纳。处于这个层次上的人，会千方百计地寻求与别人或团体建立这种相属的关系。现代人格心理学家从进化论的角度证明了这种需要具有很强的适应价值，是人类生存繁衍的基本保证。④自尊的需要（self-esteem need）：当前述三种需要得到基本满足后，自尊的需要就开始支配一个人的行为。自尊需要分为两类：一是建立在对自己能力、独立和成就感到满意基础上的自尊，这种自尊可带来胜任、自信、自强、自足等感情；二是建立在别人对自己的关心、承认、赏识、赞许等基础上的自尊，这种自尊可带来威信、认可和地位等感情。如果自尊需要得到满足，我们就会觉得自己有价值、有能力、有成就，否则就会引起软弱感和无能感。⑤自我实现的需要（self-actualization need）：如

295

果上述基本需要都获得充分满足，个体就开始进入需要层次的最高点，开始受自我实现的需要驱动，去充分发挥他的全部潜能。

2. 需要层次之间的关系　基本需要（basic need）具有如下一些特征：缺少它引起疾病；有了它免于疾病；恢复它治愈疾病；在自由选择的情况下，丧失的人会寻求它；对于满足了的人来说，它处于不活跃或不起作用的状态中。基本需要是高级需要（advanced need）的前提和基础，只有低层的基本需要得到充分的满足，较高级的需要才能出现。例如只有生理需要基本得到满足时，安全需要才出现，依次类推，直到自我实现的需要。但这里有两点需要注意：第一，各种需要出现的先后顺序并不是这么刻板、机械，而是有很多例外，如有些人的某一种需要即使获得了适当的满足，仍固着于这一需要的追求，而不进入下一需要层次；有些具有创造性天赋的人尽管基本需要没有满足，但仍然保持着创造能力；有些病态人格的人由于在生命的早期就已经遭遇了爱的缺乏，而永久性地丧失了爱的能力；有些人即使存在某种需要，但也不能按照其需要和意愿行动；有些具有远大理想的人为了坚持真理宁可牺牲自己的一切。第二，一种需要满足后才出现下一级需要，这种满足是相对而言的，并不是绝对百分之百的满足。也就是说各种需要的消失和出现不是突然的、跳跃的过程，而是一种连续的、重叠式的推进。马斯洛打了个比方："假定优势需要 A 满足了 10%，那么，需要 B 也许还不会出现。然而，当需要 A 得到 25% 的满足时，需要 B 可能显露出 5%；当需要 A 满足了 75% 时，需要 B 也许显露出 50% 等。"

3. 低层需要和高层需要的差异　在对需要层次做了初步的说明后，马斯洛又对基本需要和高级需要进行了比较研究，认为两者有如下几点不同：①在生物进化进程中，低级需要出现得早，高级需要出现得迟。如人和类人猿都有生理需要，但只有人才有自我实现的需要。②在个体发育过程中，低级需要出现得早，高级需要出现得迟。如个体一出生就有生理需要，爱和归属的需要出现得较迟一些，而自我实现的需要则直到中老年才可能出现。③低级需要比高级需要对人的生存更为重要。如人们对食物和安全的需要比对自尊的需要更急需、更迫切。与食物和安全相比，自尊是一种非必需的奢侈品。④高级需要比低级需要更能获得积极而持久的主观感受。如生理和安全需要的满足比爱的满足带来的感受较少幸福和狂热，并且持续时间较短。⑤高级需要相对低级需要的满足要求更多的条件。如爱和归属的需要必须在生理需要满足之后才可能得到满足。⑥低级需要比高级需要更躯体化、部位化。如渴、性等生理需要具有很明确的躯体感，而爱、自尊等则较少躯体感。前者也比后者在满足对象上更具体。

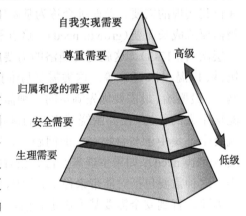

图 17-3　马斯洛的需要层次图

（二）自我实现论

1. 自我实现的含义　马斯洛认为，自我实现（self-actualization）就是一个人力求变成他应该变成的样子，即将我们潜在的能力、天资、素质等全部发挥出来。假定在我们每个人内部都先天地存在着一个应该成为的理想状态，并且我们在现实上真正地达到了这个理想状态，就说我们已经自我实现了。也就是"一个人能够成为什么，他就必须成为什么，他必须忠实于他自己的本性。"具体来说，自我实现就是一个人不断实现其潜能、智能和天资，完成其天职或天数、命运、禀性，更充分地认识、承认了其内在的天性，个人内部不断趋向统一、整合或协同动作的过程。例如对于作曲家、画家或诗人来说，作曲、绘画、写诗就是在实现他们的潜能，就是在完成其天职，就是承认了自己的天性，其内部就是在趋向统一、整合或协同。自我实现这个术语既可作为名词,也可作为动词。如果作为名词,就是指我们已经达到了这种理想状态;如果作为动词,就是指我们正处在到达这个理想状态的过程中。自我实现有两个标准:一是从正面来说,自我实现就是将自己的先天禀赋、潜能最大限度地显现和发挥出来,以"成为你自己";二是从负面来说,自我实现就是极少出现不健康、神经病和能力缺陷。

2. 自我实现者的特征　马斯洛经过对大学生、熟悉的人以及历史知名人物的广泛调查和分析,发现自我实现者具有如下15种人格特征:①能准确全面地认知世界。自我实现者能对周围世界做出客观的认识和判断,而不会因为自己的主观需要、欲望或防御等对世界做出歪曲、残缺、带有偏见的认识和判断。②对自己、他人及整个世界表现出更大程度的认可。他们能认可自己、他人的缺点,认为这是人性本来具有的,而不会对此感到担心和内疚。他们也不会对排尿、排便、月经、怀孕、性爱、变老等生理机能感到羞愧。③表现出自发性和自然性。自我实现者坦率、自然,能够表达自己的真实感情。他们感到什么,就说什么和做什么。他们不矫揉造作,不落常规,能按照自己的本性行动,而不会做出违背自己感情和思想的强迫性行为。④以问题为中心,而不是以自我为中心。自我实现者很少花时间进行自我反省,而将更多的时间用在了工作上。他们全力以赴地将自己的一切献身于工作和事业上,他们为了工作而生活,将工作看作是对自己潜能的实现和挑战,工作就是享受。⑤有独处的需要。自我实现者具有强烈的独处和独立的需要。他们能够自己拿主意,做决断,按照自己的意愿行事。为了使自己的思维及创造不受外界的干扰,他们不愿应酬和交往。他们往往沉默寡言,平静安详。⑥独立于文化环境。自我实现者是受自身规则的指引,而不是受制于社会规则。他们对社会规则既不反感,也不会无批判地接受,而是倾向于超脱社会规则。他们较少按照社会规则行动,而更多地是根据自己的内在感受和体验来行动。⑦能以持续新奇的眼光欣赏事物。自我实现者对于生活经验永不厌倦,对于同一种事物或同一种活动在重复进行时,总能感到趣味无穷,产生新的体验。⑧经常有高峰体验。比起普通人来,自我实现者能够经常进入到高峰体验状态中。在其中,个体能与自然产生融合,思维较平常灵活、敏捷,想象力丰富。⑨关心、认同人类。自我实现者有很强的社会责任感,对所有的人都有强烈而深刻的认同感和慈爱心。他们具有一种"天下兴亡,匹夫有责"的强烈意向,对全人类都表现出怜悯、同情和真切之爱。⑩具有很强的自主性。自我实现者具有自主性,在行为上不受外在或他人定向,而由内在或自我定向。他们能够自我指引、自我管理、自我负责。⑪具有民主的性格。自我实现者具有民主的价值观和性格特点。在他人面前,他们显得很谦逊,随时准备听取他人的意见,并能虚心向任何有见识的人学习。他们不会根据出身、种族、性别、家庭、年龄、声望和权力等对他人做出判断。⑫仅与少数人建立深厚的友谊。自我实现者对他人具有爱心、认同和良好的人际关系,但仅与少数具有相同价值观的人建立深厚的友谊关系。⑬具有强烈的道德感。自我实现者具有非常明确的是非观、善恶观。他们有明确的内在伦理道德标准,并能在任何场合坚定不移地遵守这些规则。⑭具有富含哲理和善意的幽默感。自我实现者的幽默是富含哲理的,善意的。他们不会开他人的玩笑去伤害或贬低他人。⑮富有创造性。马斯洛认为,创造性是自我实现者必然具备的一些人格特征,如大胆、勇敢、自由、自发性、明晰、整合、自我认可等。创造性可以体现在生活的方方面面,甚至家庭妇女和木匠的工作也需要创造性。

尽管自我实现者是我们追求的理想人格,但马斯洛也认为,自我实现者也不是尽善尽美的人,也不是完人。除了上述积极特征外,自我实现者也可能具有如下一些缺点:他们往往有挥霍、憨直和粗心的习惯;他们可能会烦躁不安、固执己见和苦恼烦闷;他们也会表现出虚荣、自夸,以及对亲人的偏爱;他们也会发脾气;他们有时会表现得冷酷无情和铁石心肠;他们的行为和语言也会让人捉摸不定。

3. **自我实现的途径**　指出了自我实现的方向之后，马斯洛在 1967 年还为我们指出了通向自我实现的八条途径：①无我地体验生活，全身心地献身于事业。我们要充分、活跃、无我地体验生活，要全神贯注、忘怀一切地做某一件事。要彻底忘记自己，真正做到无我的境界。②做出成长的选择，而不是退缩的选择。面对生活中的每一个选择时，都要选择成长、前进等有利于发展的方向，而避免选择退缩、安逸等不利于发展的方向。例如，在早晨起床时要做出较早而迅速的选择，而不是做出拖延甚至睡懒觉的选择。③承认自我的存在，让自我显现出来。我们要时刻注意"倾听自己内在的冲动的呼唤"，让自己已有的天性、潜能自发地显现出来，并成为我们行动的根据，而不是倾听父母、老师等权威和传统的声音。④要诚实，不要隐瞒。在有怀疑时要诚实地说出来而不要隐瞒。不要弄虚作假，装模作样，而是要勇于承担责任。承担一次责任就是向自我实现迈了一步。⑤从小处做起，倾听自己的兴趣和爱好。我们在生活中的每件小事上都要做出成长的选择，要敢于坚持自己的爱好和兴趣，要敢于与众不同，不要怕这怕那，顾虑重重。⑥要经历勤奋的、付出精力的准备阶段。前述的步骤都是要求我们根据自己的天性做出行动的选择，但一旦选择好了，我们就要经历勤奋、付出精力的准备阶段，因为自我实现正是存在于不懈的努力的过程中。⑦应设置条件让高峰体验尽可能出现。高峰体验是自我实现的短暂时刻，我们人生中这样的时刻越多，那么就越能认识自己、发现自己、实现自己，这样就越来越接近自我实现了。⑧要识别自己的防御心理，并有勇气放弃这种防御。防御心理是使自己远离内在本性、妨碍内在本性显露的心理机制。它是一种退缩的而不是成长的选择。所以，我们要学会识别并放弃这种心理。

（三）高峰体验论

1. **高峰体验的含义**　高峰体验（peak experience）是指人在进入自我实现状态时所感受到的一种豁达与极乐的瞬时心理体验。这种体验"既可能是瞬间产生的、压倒一切的敬畏情绪，也可能是转眼即逝的极度强烈的幸福感，甚至是欣喜若狂、如醉如痴、欢乐至极的感受……最重要的一点也许是，他们都声称在这类体验中感到自己窥见了终极真理、事物的本质和生活的奥秘，仿佛遮掩知识的帷幕一下子给拉开了……突然步入了天堂，实现了奇迹，达到了尽善尽美。"在这种经历中，人们忽略了时空概念，体验到了庄重、敬畏等强烈的情绪。通过这种体验，个体超越了自我，感知到了事件和客体的本真。马斯洛将这种神秘的主观体验称之为高峰体验。高峰体验在生活中的很多场合都可能出现，如欣赏优美的音乐、美丽的图画以及漂亮的人，孕妇顺利地生产，在森林、海滩中与大自然交融，参加篮球、足球、游泳等体育比赛，和爱侣做爱，文学创作或科学研究等。另外，霍夫曼在 1998 年的一项研究表明，高峰体验既会发生在成人身上，也会发生在儿童身上。高峰体验与自我实现具有密切的关系，它既是自我实现的特征，也是自我实现的途径。首先，高峰体验是一个人达到自我实现时经常出现的一种身心高度协调的状态。在这种状态中，一个人能够更真实地成为他自己，更完全地实现他的潜能，更接近于他的存在状态，更充分地具有人性。其次，高峰体验是迈向自我实现的必经之路，它不仅是我们可以窥见自我实现状态真谛的窗口，又是引导我们趋向自我实现的指针。只要我们能够不断地出现高峰体验，也就证明了我们正朝着自我实现的目标迈进。

2. **缺失性认知与存在性认知**　从上述对高峰体验的分析中可以看出，它由两个心理成分构成：一个是情绪体验成分，一个是认知成分。高峰体验时的认知在特性和水平上不同于通常情况下的认知。为此，马斯洛提出了两种认知：缺失性认知和存在性认知。缺失性认知（deficiency cognition）是指当一个人处于自我实现之前的任一个需要水平上时，其认知就必然要受这种需要所控制和指引，认知作为一个工具和手段仅仅是为满足需要服务的。一个人认知什么或不认知什么，其实是其基本需要的一种反映和投射，而不是他自己的任意选择。此时的认知就像是探照灯,总是把光投到与需要有关的地方,而不会投到与需要无关的地方上。这种认知是一种具有功利性的利己认知。而存在性认知(being cognition)是指当一个人处于高峰体验或自我实现状态时,其基本需要完全得到了满足,此时他的认知就不再是为需要服务的工具和手段,因此也就排除了个人偏好,能够真实全面地透视和把握客观世界的本质和各种客观特性。此时的认知完全超脱了一切功利的束缚而达到了自由自在的、独立的水平。一个人认知什么或不认知什么只是根据有利于对认知对象的准确把握这个标准决定的,而不再受利己的因素所控制。

(四)价值论

在心理学中,价值观(values)指人生的理想和意义。它为人生提供理想、信念和价值导向。相对于精神分析的内化价值观和行为主义的外塑价值观来说,马斯洛提出了自然主义的价值观(naturalistic values)。马斯洛认为,人不仅是自然的一部分,而且自然也是人的一部分。人之所以能在自然中发生、生长和存在,说明人和自然必然在某种程度上是同型的或者是相似的。也就是说,人和自然不可能完全不同或完全矛盾,否则,人就不会存在。人与自然的同型性决定了人的本性在本质上是属于自然的。他认为人性中的需要或潜能具有似本能的特征。而潜能就是一种价值,潜能的实现就是价值的实现。因此,引导人类行动的最高价值必然也存在于人性之中,我们应该从人的自然本性中去发现人的价值,而不必从人自身之外的传统或权威中去寻找。按照这种思路得到的价值将是科学的伦理学、自然的价值体系、最终决定好与坏、对与错的最高法庭。这就是马斯洛自然主义价值观的基本出发点。马斯洛自然主义内在价值观有如下几个主要观点:①人的潜能是价值的内在自然基础。潜能就是价值,潜能的实现就是价值的实现。潜能要发挥,价值要实现,这是人的成长的自然倾向。②人的本性是善的,至少是中性的。恶是人的基本需要没有得到满足而引起的。③高级需要比低级需要具有更大的价值。高级需要的出现依赖于低级需要的满足,但只有高级需要才能产生令人满意的主观效果。但高级需要满足所产生的高级价值仍属于生物生活。④创造性潜能的发挥是人生价值追求的最高目标,这一目标的实现称为自我实现。⑤健康人有自发追求潜能价值实现的内在倾向,并有以此为依据的自我评价能力。⑥人的潜能、价值与社会环境是内因和外因的关系。潜能是人发展的主导因素,环境是限制或促进潜能及价值实现的外部条件。⑦人的潜能和价值与社会的价值在本质上一致。人的需要层次越高,其自私行为越少。当达到自我实现层次,充分实现全部潜能或人性全部价值时,才能在社会中充分发挥作用,其行为就总是有利于社会的。因此,理想社会的主要职能就在于促进人潜能的发挥。

马斯洛认为,内在价值作为人类的理想存在状态和人性所能达到的最高境界,与自我实现者的存在状态是一致的。马斯洛将这种价值概括:真、善、美、完整、二歧超越、活跃、独特、完善、必然、完成、公道、秩序、纯真、丰富、轻松自如、兴致勃勃、自我满足。如果以这些价值的实现看作是人类理想的存在状态,并以此为标准,如果没有达到或被剥夺了存在价值,则人就会处于病态,马斯洛将这种病态称为超越性病态。并且与 15 种价值对应,也有 15 种病态。所以马斯洛也将这些价值看作是心理治疗的最高目标。

三、罗杰斯自我心理学的主要理论

(一)自我论

1. **自我的概念** 自我(ego)是罗杰斯心理学体系的一个核心概念。他认为,自我的产生起始于经验。经验是指包绕着有机体而发生的一切事件,这种对有机体发展起作用的经验也可称为有机体经验。如果其中某些经验被主体通过符号化的方式意识到了,那这部分经验就构成了主体的现象经验,也可称现象场(phenomenal field)。现象场构成了每个人的主观现实世界。各人的现象场不同，与其说一个人生活在客观环境里，不如说他生活在自己所能感受到的主观经验世界之中。每个人都以独特的方式知觉世界，其思想、行为、感情等均直接决定于这个主观世界或现象实在。自我就是由现象经验变异而来的，是现象场的产物和升华。自我所面对的现实就是其个人的现象场。因此，从起源上看，自我是经验的产物，是从环境中分化出来的产物。但自我一旦形成，它就成了经验的同化机制，决定着个体怎样接受外界经验的影响以及根据这种影响做出什么样的反应。罗杰斯对自我、现实自我和理想自我作了区分。自我是个人对自己独特的知觉、看法、态度、价值观的总合，如我知觉到自己是什么样的人，我的能力大小，我的相貌如何等。现实自我（actual self）是指真实存在中的自我，即个人目前的真实状况。理想自我（ideal self）指期望中的自我，如我希望将来成为什么样的人，即个人向往的自我形象。这三者是种属关系，即自我是总概念，而现实自我和理想自我是自我的两种不同表现。罗杰斯之所以对现实自我和理想自我作了区分，是为了便于对个体的现象场进行测量和诊断，认为两者的一致性程度可作为个体心理和谐程度的标志。两者的相关程度越高，其心理越是和谐和健康，反之，则越不和谐，越不健康。

2. **自我实现倾向**　自我实现倾向（self-actualization tendency）是罗杰斯自我心理学的动机理论，是根据其心理咨询和心理治疗的经验提出来的。他认为，我们每个人天生就有一种内在的动机，即自我实现倾向。他发现来访者身上有一种增强的倾向，一种不断朝向自我实现的力。这是一种主动的力量，它驱使着个体不断地增强和发展自己，使其潜能充分而完满地表现出来。这是一种有选择、有方向的，同时也是善的、好的力量，它是建设性的，而不是破坏性的力量。他认为，有机体及人类身上都有这样一种促动力，使个体变得越来越自主、发展、成熟。实现倾向在生理上表现为追求能满足基本生存需要或能使机体更健康的食物、水以及空气等，在心理上表现为使机体的潜能充分地发挥，使生活更有价值。罗杰斯还引证了一些实验来证明这个概念，如白鼠更喜欢充满较多刺激的环境，同样，人也倾向于寻找更多新的经验，而避免枯燥、单调的环境。实验还发现，当人们处在失重并且隔离的潜水艇中时，很快就会产生不愉快的感觉。这些实验以及他的临床经验都表明，每个人内部都有一种使其不断成长、寻求新的变化的经验的倾向。由于实现倾向是罗杰斯所设想的有机体唯一发展的动力，所以他的这个动机理论可称为一元动力论（monistic dynamism）。

3. **自我的发展**　如果个人是根据自我实现倾向来选择、决定自己的行为，那我们就会健康发展。但实际情况为什么不是这样的呢？为了解答这个问题，罗杰斯提出了另外一个概念——对积极关注的需要。罗杰斯自己也承认不能证明这种需要是先天遗传的还是后天习得的，但他认为这个问题不重要，重要的是它对个体发展的作用。所谓积极关注的需要（need of positive regard）就是个体在婴幼儿时期对爱的需要，如温暖、爱抚、喜欢、认可、赞许等。如果父母及周围人对儿童这种需要的满足提出了附加条件，即只有儿童的反应和行为符合成人的标准，才能获得积极关注，这种关注就是条件性积极关注（conditioned positive regard）；如果父母及周围人对儿童这种需要的满足不提出任何附加条件，即不管儿童的行为是好是坏、是否符合成人的标准，都能得到周围人的积极关注，这种关注就是无条件积极关注（unconditional positive regard）。当儿童将获得条件性关注的条件内化为自我结构的一部分时，就会形成社会自我。社会自我以"良心"和"超我"的形式指导着儿童的行为，代表着父母、教师及其他权威的行为标准。在无条件积极关注的情况中，自我没有附加社会的行为标准，它代表的是来自于有机体实现倾向中的标准，这就是真正自我。

4. **理想人格**　罗杰斯认为，呈现于我们现象场中的行为标准有两种：一种是真正自我（real self），它代表着有机体内在的实现倾向；另一种是社会自我（social self），它代表着外界社会中的父母、教师、传统及各种权威等。如果我们不是根据有机体评价过程而是根据社会自我对经验做出判断、选择，在这种情况下，人不再忠实于自己的内心情感，而是受到别人强加的道德、信仰、传统、习俗等所驱使，因而他就背离了实现倾向，最终会导致心理失调甚至疾病。相反，如果我们是根据真正自我对经验做出自己的判断、选择，并做出行为，那我们就是与实现倾向保持了一致，这就是在按照有机体评价过程生活。这样的人受他真实的内心情感所驱使，而不是受别人强加的道德、信仰、传统、价值或习俗所驱使。这种途径不仅可使我们的心理达到健康，而且更有利于我们潜能的发挥并趋向于理想人格。所以，罗杰斯将理想人格称为机能充分发挥者（fully functioning person）。机能充分发挥者具有以下特征：①对经验保持开放，机能充分发挥者没有必要防御某种经验；这样，他们很少歪曲对事件的认识。他们能够充分地意识到自己的特征，并且在改变这些特征上也具有更大的灵活性。机能充分发挥者通常比其他人更显得情绪化，能够体验到更广泛的情绪，并且体验得也更深刻。②存在的生活方式，机能充分发挥者完全投入地活在当下的每一刻，他们并不过多地关注过去和未来。他们对生活有着广泛的兴趣，并且生活的每一方面都被体验为是新鲜的和丰富的。存在的生活方式是健康人格的核心。③信任自己的有机体，罗杰斯将机能充分发挥者描述为这样一种人，即他们通常之所以以某种方式来行动，是由于他们是感觉到这种方式是正确的，而不是从理智上来看是正确的。这样，由于机能充分发挥者对自己最内部的感受保持开放和接触，所以他们常常更富于直觉。这种对自己"内脏反应"的信任可以导致自发的有时甚至是冲动的行为，但并不损害他人的利益。④自由感，机能充分发挥者在对发生在自己身上的事情进行选择时，能够体验到一种个人的自由感。他们认为自己有能力决定自己的未来，自己的生活也是受自己支配的，而不是受偶然事件支配的。⑤创造性。机能充分发挥的人具有高度的创造性。这可从他们逐渐增强的适应变化的能力以及在变化剧烈的环境中生存的能力得到证明。

（二）心理治疗观

罗杰斯将自己的心理治疗方法称为来访者中心治疗（client-centered therapy），后来他又称作以人为中心的疗法（person-centered therapy），这是其自我理论在心理咨询和治疗中的具体应用。

1. **特点**　来访者中心疗法具有五个特点：①相信人具有完善机能和自我实现倾向。这种倾向是来访者中心疗法之所以能够成功的根本前提。只要心理医生帮助创造一个充满关怀和信任的环境，来访者就会开始在实现倾向的推动下使其被扭曲的自我得到自然的恢复，更好地适应现实生活。②重视来访者的主观现象世界。来访者的主观经验世界或现象场是其直接的现实存在，我们只有进入他的现象场中才能正确地理解他的各种病态情绪和情感。③来访者主导治疗过程。只有来访者本人能够完全彻底地了解自己的经验世界，包括治疗者在内的任何人永远不可能像来访者自己那样好地了解来访者，来访者是自己问题的知情者，其问题最终要来访者自己去解决，而治疗者是一个帮助者和促进者。④咨访双方是朋友和伙伴的关系。这种疗法不把来访者看作患者，治疗者也不是为来访者支招的专家。咨访双方是平等的参与者，他们是朋友和伙伴式的双向互动关系，而不是治疗者和被治疗者的被动单向关系。⑤尊重、宽容、理解、鼓励。这种方法强调通过尊重、关怀、支持式的倾听来引导来访者发现其内在的真实情感，这样的方法才能使来访者成为独立的人，以使其自我理解、自我指导、自我治疗。

2. **目标**　一般来说，心理治疗都是以解决来访者或患者的问题为目标，但罗杰斯把人格成长作为自己治疗的目标。他认为，心理治疗是帮助来访者放弃有价值的条件，再次按照有机体评价过程生活，最终促进来访者的人格成长。具体来说就是要发展积极的生活方式、减少人格冲突、增强人格整合，提高对生活方式的满意感，最终成为一个机能充分发挥者。研究表明，如果正确应用来访者中心疗法，来访者的人格和行为则会发生如下的变化：

笔记

①越来越少用防御机制，能够接纳各种不同的经验，愿意公开自己的内心体验，对人际更加信任，更具安全感；②其现实自我与理想自我、社会自我和真实自我渐趋一致，越来越多地根据有机体过程来评价经验，而开始抵抗或放弃外界的评价标准；③由于知道评价的根据在于自己的内在感情，所以变得越来越独立、自信，更加坦诚、率真；④来访者的情绪生活和心理上的自我形象更加协调，知觉更实在，体验更积极，变得更具适应性和创造性；⑤心理适应能力逐渐提高，行为更加自治和成熟，能妥善处理生活中的各种个人问题，人际关系更加融洽。

3. **条件**　来访者中心疗法非常重视来访者与治疗者之间良好关系的建立，认为双方的关系是有效治疗的根本条件。为此，治疗者必须做到如下六点：①来访者和治疗者要有心理上的交流，即一方能对另一方的现象场产生影响。②来访者处于一种不协调的状态，感到紧张、焦虑、脆弱等，同时也愿意承认这种感受并能主动寻求帮助。③治疗者在这个关系中是协调一致的。治疗者必须保持协调一致的真诚态度，表里如一，言行一致，不造作，不虚假。治疗者只有以自己的本来面目出现，特别是敢于把自己的情感和行为毫无保留地暴露在来访者面前，才能建立融洽的关系，使来访者产生信任感进而表露完整的自我。④治疗者要给予来访者无条件的积极关注。治疗者对来访者要表示真诚和深切的关心，尊重和接纳，要鼓励来访者说出全部的思想和感受，不管其内容是积极的还是消极的，都要全部接受，而不对这些思想和感受作任何的判断和评价。⑤治疗者要对来访者的现象场进行同理心的理解并给予及时的反馈。具有同理心的治疗者能够准确地感觉到来访者的内心世界，如对来访者的焦虑、快乐、愤怒等情绪都能感觉到并能准确地与来访者交流。这将使来访者对治疗者产生信任并愿意接受治疗者的治疗。⑥来访者必须知觉到治疗者的无条件积极关注以及共情（empathy）的理解。

在这六个条件中，罗杰斯特别重视其中的③、④、⑤条，这是良好治疗的最重要的条件。这三者不仅对于心理治疗有促进作用，而且对任何人际关系的改善都有促进作用，如父母与子女的关系、教师与学生的关系、领导与下属的关系以及管理者与职员的关系等。

（三）教育观

从20世纪60年代开始，罗杰斯将来访者中心的治疗方法扩展到了教育、企业管理以及政治等领域中，其中尤以对教育的影响为甚。在《学习的自由》（1969）一书中，罗杰斯在对美国现行教育制度进行全面批判的基础上提出了全新的人本主义教育思想，即以学生为中心的非指导性教学（nondirective education）。

1. **教育目标**　20世纪60年代，世界的发展已变得非常迅速，传统教育已不适应这种要求。传统教育注重培养能够接受知识、个性顺从的人。罗杰斯认为教育的目标应作相应的调整，即教育要促进学生的全面发展，将其培养成能够适应变化、知道如何学习的具有独立个性的人。他认为，只有学会如何学习和学会如何适应变化的人，只有认识到没有任何可靠知识并且只有寻求知识的过程的人，才是可靠的人和有教养的人。当代世界中，变化是唯一可以作为确立教育目标的依据，而这种变化是取决于过程而不是取决于静止的知识。根据这个标准培养出来的学生具有创造性、建设性和独立性的特征。

2. **教学模式**　在教学模式上，罗杰斯批判传统的以教师为中心的模式，认为传统教学只重视智育，把教师看作是知识的拥有者，其任务只是单纯向学生灌输知识，学生只能接受和服从。学校实行强制管理，师生关系不平等，缺乏民主和信任，学生处于惧怕和怀疑的状态中。罗杰斯以来访者中心的治疗模式为参照，提出了以学生为中心的人本主义教学模式。基本要点如下：①教师首先要以真诚、关怀、理解的态度对待学生的情感和兴趣，使学生产生一种信任感和自由感，释放学生的创造精神，形成一种良好的自发学习的氛围；②学习的决策是师生共同参与的过程，让学生从一开始就进入到这个过程中来，使学生自己独立地制订学习计划和方案,并对自己选择的后果承担责任;③整个学习集体的中心任务是在促进学习过程的不断发展上面,学习内容退居第二位;④课程安排是无结构的,主要是自由讨论,使学生能形成和表达他们自己的看法和感受;⑤教师是一个非强制的知识资源,在学生提问时向其提供有价值的评论和参考资料,并鼓励学生把个人的知识和经验纳入这种学习资源之中;⑥自律是学习达到目的的必备条件,学生把自律看作是他们自己的责任,自律代替外加纪律;⑦学习评估要让学生自己来完成,同时学生要提供能表明个人学业进展的证据,其他学生和教师对他们的自我评估给予积极的反馈,使自我评价保持客观;⑧在这种促进成长的氛围中,学习会更加深入,进度更快,而且在学生的生活和行为中普遍产生影响,使学生的情感和理智、身心和人格都能得到持续、良性的发展。

3. **学习观** 传统的教育只是重视对知识的学习,而忽视和否认了与学习活动相联系的任何感情,而感情恰恰是我们身心中最重要的部分。传统的这种重智轻情甚至知、情分离的教育是一种消极教育。鉴于此,罗杰斯提倡一种有意义的学习或自我主动的学习,这种学习强调学生的需要、愿望、兴趣与学习材料的关系,这是一种知情结合的人本主义学习观。其主要特征如下:①投入性,学生整个人完全投入到学习中,心智的、情感的和躯体的几个方面在学习中都得到了重视和发展;②主动性,教学方向由学生来决定,教学评价完全由学生自己进行,培养了学生的独立性、创造性和自我依赖性;③情感性,由于教学是以学生为中心的,教学与学生的整个身心都是息息相关的,因此能触动学生的情感甚至整个心灵。

4. **师生关系** 罗杰斯非常强调师生关系在教学中的重要性。他认为,教师的教学技能、课程计划,教师所用的电教设备、程序教学、讲授和演示以及图书资料等都不是促进教学的关键因素,虽然这些因素在某些时候是一种重要的教学资源,但他更看重的是教师和学生的关系,尤其是教师对教学和学生的态度。罗杰斯对师生关系的强调已经到了无以复加的程度。在传统师生关系中,教师是领导、知识的拥有者,而学生是被领导者、无知无识者,教师处于主动,学生处于被动。罗杰斯反对这种不平等的师生关系,而提倡本真、融洽、平等的师生关系。教师在感情和思想上要与学生产生共鸣,能进行深层的同理心的交流。他认为,传统的"教师"这个称呼意味着居高临下地向学生灌输知识,不利于建立人本主义的师生关系,而应该改称为"促进者(facilitator)",这意味着师生关系是一种朋友关系,有利于创造一种融洽的学习氛围。他认为,一个理想的教师应该具备四种特质:①充分信任学生能够发展自己的潜能;②教师要以真诚的态度对待学生,做到表里如一;③尊重学生的个人经验,重视他们的感情和意见;④善于洞察学生的内心世界,给学生以无条件的积极关注。

罗杰斯的心理学理论具有广泛的应用价值,除了治疗和教育两个领域之外,它还被应用到家庭、婚姻、宗教、医学、法律、民族与文化的关系、政治、组织发展等领域中。

第三节 人本主义心理学的简要评价

一、人本主义心理学的贡献

第一,首次将人的本性与价值作为心理学的研究对象。冯特在建立科学心理学之时,就将心理学看作是一门自然科学。从那时起,西方主流心理学就一直被这种自然科学观垄断着。正如物理、化学等其他自然科学将其研究对象看作是一个被等待去研究的物一样,心理学也将其研究对象——人,看作是一个被等待去研究的物。这是一种将人物化的研究模式,它忽视了人的独特性,如人的自主性、主体性、能动性、社会性等。作为西方心理学第一势力和第二势力的行为主义和精神分析更集中地体现了这种将人物化的研究思路。它们把人看作是饥饿的白鼠或者是精神病患者,而没有看到人是一个有着无限潜能的并且能自

笔记

我指导的个体。人本主义心理学一改这种物化的传统研究模式，第一次将心理学看作是一门人学，把人的本性、潜能、价值、创造力和自我实现作为心理学的首要研究对象。这在使心理学走上研究人或人性的科学道路上做出了历史性的贡献，是心理学史上的一个创举。彪勒认为，人本主义心理学家不仅提出了一种积极的人的模式，并且也认为生活是主观进行的。仅此，就足以证明人本主义心理学是革命性的，它是西方心理学史上的一场重大的突破，是人类关于自身知识的一个新纪元。

第二，提出主客观两种研究范式相结合的新方法论。自冯特以来的主流心理学在研究方法上坚持的是方法中心论，即根据研究方法决定和取舍研究对象。另外，它们以自然科学的模式来建构其理论，导致心理学陷入了还原论、元素论、机械论、决定论的境地。人本主义心理学对传统心理学本末倒置的方法论、二岐式思维和实验主义进行了批判，提出对象中心论的原则。在这个原则的指导下，人本主义心理学家在研究方法上持一种比较开明的态度，即只要有利于对人的主观经验进行研究的方法都可采纳。马斯洛认为，自然科学的心理学在对人进行研究时采取的是客观的实验范式，它远离了人的价值和意愿，这是一种"非关切性客观"。而人类的主观经验方面在某种程度上比物理学家所研究的抽象世界更为真实、客观。因此，从某种意义上来说，对人的主观领域进行研究也是一种客观性研究，马斯洛称为是"关切性的客观"。这就是心理学研究中的主观经验范式。马斯洛认为，关切性客观和非关切性客观并不矛盾，而是具有互补的性质，所以应将主观经验范式和客观实验范式结合起来进行。

第三，强调人本主义心理学在实践中的应用。人本主义心理学在管理、教育及心理治疗中具有重要的应用价值。马斯洛的需要层次论对西方的管理科学和管理心理学产生了革命性的影响。传统西方管理科学假设人是经济人，认为人完全是为了追求物质利益最大化而行动的。马斯洛做出了自我实现人的假设，认为人完全是为了追求自我实现，为了追求超越性需要。这样，传统管理科学都是把人当作物和机器来看待，而马斯洛把人当作真正的人来管理。马斯洛自称自己的管理理论既不是什么新的管理诀窍，也不是什么"鬼把戏"或肤浅的控制技术，而是对人性的革命性理解。罗杰斯的以人为中心理论构成了人本主义教育观的核心和基础。他提出了以学生为中心的教育观，强调尊重学生，发挥学生的主观能动性，着眼于学生独立性、创造性的发展和人格的自我实现。罗杰斯的教育观是第二次世界大战以来最有影响的三大教育学说之一。另外，在关于教学模式的分类中，罗杰斯的"非指导性教学"也被排在个人模式的第一位。可见，罗杰斯的教育观对教育的影响是巨大的。人本主义心理治疗观是当代西方心理治疗的三大流派之一。人本主义的心理治疗既反对行为主义机械决定论的治疗观，也不同意精神分析生物还原论的治疗观，而是将健康人作为研究对象，提出了人本主义的自我实现的治疗观。他们认为真正的心理健康就是趋向、追求和达到自我实现，而干扰、阻挠或者改变自我实现的进程就是病态。所以，心理治疗的本质就是帮助人回到自我实现的轨道上来。人本主义的心理治疗方法有很多种，而罗杰斯的来访者中心疗法使用最广、影响最大。此外，还有交朋友小组、现实治疗法、真实治疗法等。

二、人本主义心理学的缺陷

第一，具有自然主义的烙印。人本主义心理学认为人的本性是由在自然演化过程中逐渐形成的人类所特有的似本能决定的，并认为人的整个心理系统完全建基于人的自然因素上。人本主义心理学的核心理论，如动机论、价值论、人格论等都是以人的生物因素为基础的，都是对人性自然因素的研究。人本主义心理学的自然主义的人性观遵循着如下的逻辑，似本能→人性→心理生活→人类社会文化生活。这说明，人类的各种心理需要以及社会生活在本质上都是其生物性似本能的反应。这种人性观的根本缺陷就在于不是从宏观的社会物质生产关系中去研究人性，而是从封闭的主体内在世界中去寻找人性的根源，忽视了社会环境和社会实践在形成和发展现实人性中的决定性意义。按照马克思主义的观点，人的本性是由人的社会性和自然性这两个基本成分构成的，两者缺一不可。而社会性又是人性形成的最终原因，也就是人是各种社会关系的总和。因此，人本主义的人性观是残缺不全、缺乏现实意义的抽象人性观。

第二，渗透着个人本位主义精神。人本主义心理学从存在主义哲学出发，崇尚自我，强调个人的自由、选择和责任，而忽视社会发展、社会现实对个人自我实现的决定意义。人本主义心理学的自我实现论把个人价值的实现置于社会价值实现的对立面，即过分强调自我而忽视了社会方面。但是，自我实现并不单纯决定于个人的努力，还被诸如受教育程度、职业、经济等许多社会条件所制约。如果忽视了这些外部条件，个人的自我实现努力就会流于空想或误入歧途。个人实现与社会发展是相辅相成、缺一不可的。个人实现是社会发展的因素和条件，而社会发展是个人实现的目的和归宿。个人的自我实现只有通过追求理想社会目标的实现，依靠各种社会条件的支持，个人的价值和自我潜能才能得到充分的表现和发挥；而社会的发展也只有依靠个人努力和自我实现，社会的目标才能得到真正的实现。而人本主义的根本缺陷就是割裂了这两者的依存关系，片面强调自我实现中个人的力量而忽视社会的作用，片面强调实现理想的自我而忽视实现理想的社会，反映了其个人本位主义精神。

第三，缺乏实证性的支持。虽然人本主义提出了将客观的实验范式和主观的经验范式结合起来的方法论原则，但在实际研究中，大多偏重于现象学的描述和经验性的分析，停留于横向研究而缺乏纵向研究的检验，样本较小而实验较少，信度和效度都不能保证，有力的实验支持显然不足。由于人本主义的研究对象具有意动性，较之于认知过程更难进行实验的控制和分析，这是导致人本主义心理学更重视主观体验、整体分析和现象学方法而忽视和缺乏实验研究的客观原因。马斯洛自己也承认，他的需要层次理论很难获得精确的实证支持。他说："如果说这种理论从临床的、社会的、人学的角度来看颇为成功，但从实验室和实验的角度来看则不甚成功，那是一点不错的……在大多数人看来，它具有一种直接的、亲身的、主观的可信性。然而，它却仍然缺乏实验的检验和证实。我尚未想出适当的办法在实验中对它进行检验。"另外，人本主义心理学所使用的研究方法也缺乏科学的严谨，被试者缺乏客观标准，甚至一些概念也缺乏一致性和明确的意义。例如马斯洛在对自我实现者的研究中就具有这种缺陷。

三、对超个人心理学和积极心理学的影响

首先，对超个人心理学的影响。超个人心理学（transpersonal psychology）是从人本主义心理学中演化出来的新学派，它既是人本主义向前延伸的结果，也是对人本主义心理学的超越。马斯洛的自我实现心理学认为人的最高目的是个人潜能的实现，这种实现仅仅局限于个体范围内。而到了 60 年代，马斯洛以及萨蒂奇都越来越不满这种狭隘的实现观，而意识到应该将自我与个人以外的世界和意义联系起来，这种领域属于超越的领域或超出自我关怀的精神生活领域。马斯洛在其后期著作中曾多次提出超越性动机的概念，反映了他开始关注个人的超越性发展倾向。这也就是马斯洛所说的高级的自我实现，比起个人狭隘的自我实现来说，这种高级的自我实现可为我们提供比我们更大的东西作为我们敬畏和献身的对象。按照这个逻辑，人本主义心理学自然地就发展成了超个人心理学。马斯洛曾说："我认为人本主义的、第三种力量的心理学是过渡性的，是'更高级的'第四心理学，即超越个人的、超越人的、以宇宙为中心的，而不是以人的需要和兴趣为中心的，超出人性、同一性、自我实现的那种心理学的准备阶段。"

笔记

其次,对积极心理学的影响。人本主义心理学是以健康人为研究对象,以人的内在潜能、本性、尊严、价值等为主题的心理学。这极大地冲击了传统主流心理学的动物学化、病态人格化的缺陷,揭示了传统心理学元素主义、还原主义、机械主义的错误所在。人本主义心理学的出现平衡了传统心理学对人性片面的、消极的认识,促使心理学家开始转向了对人性积极方面的关注。在人本主义心理学的这种影响下,近年来出现了一种名为积极心理学(positive psychology)的研究取向。积极心理学是由塞利格曼和齐克森特米哈伊(M.Seligman & M.Csikszentmihalyi)提出的一种旨在帮助所有人的心理学。这种心理学是关于积极主观经验、积极个体特质,以及试图改善每一个人生活质量的一门新兴心理学,也是一门试图增强人类力量,发扬人类优点的科学。他们认为,人类的优点包括勇气、人性、感激、忠诚、慷慨、利他、同情、希望、乐观、社会责任、礼貌、宽恕以及自我控制等。

思考题

1. 试述人本主义心理学诞生的历史背景。
2. 人本主义心理学的基本主张包括哪些方面?其含义是什么?
3. 简述马斯洛的需要层次理论。
4. 什么是自我实现?什么是高峰体验?两者有何关系?
5. 自我实现者有什么特征?我们怎样就能接近自我实现?
6. 简述机能充分发挥者的特征。
7. 简述罗杰斯的来访者中心治疗方法。
8. 简述罗杰斯的人本主义教育思想。
9. 人本主义心理学有哪些优点和缺点?

参考文献

[1] 车文博.人本主义心理学.杭州:浙江教育出版社,2003.

[2] 杨韶刚.人性的彰显——人本主义心理学.济南:山东教育出版社,2009.

[3] 孟娟.走向人文科学心理学:人本心理学研究方案之研究.成都:电子科技大学出版社,2009.

[4] 彭运石.走向生命的巅峰:马斯洛的人本心理学.武汉:湖北教育出版社,1999.

[5] 江光荣.人性的迷失与复归:罗杰斯的人本心理学.武汉:湖北教育出版社,1999.

[6] 彭运石.人性的消解与重构——西方心理学方法论研究.长沙:湖南教育出版社,2008.

[7] 马斯洛.动机与人格.许金声等,译.北京:华夏出版社,1987.

[8] 马斯洛.存在心理学探索.李文湉,译.昆明:云南人民出版社,1987.

[9] 马斯洛.人性能达的境界.林方,译.昆明:云南人民出版社,1987.

[10] 罗杰斯.个人形成论.杨广学,译.北京:中国人民大学出版社,2004.

[11] 罗杰斯.当事人中心治疗.李孟潮,译.北京:中国人民大学出版社,2013.

[12] 彪勒.人本主义心理学导论.陈宝铠,译.北京:华夏出版社,1990.

[13] 龚浩然.心理学通史·第5卷·外国心理学流派(下).济南:山东教育出版社,2000.

[14] 里赫曼.人格理论.高峰强,译.西安:陕西师范大学出版社,2005.

[15] Petri H.L., Govern J.M.动机心理学.第五版.郭本禹等,译.西安:陕西师范大学出版社,2005.

笔记

第十八章　超个人心理学

超个人心理学（transpersonal psychology）是在 20 世纪 60 年代末从美国人本主义心理学中分化出来的一个学派。这个学派是人本主义心理学创始人马斯洛和萨蒂奇等人在对人本主义心理学进行自我扬弃的基础上提出来的，它超越了人本主义以个人的自我实现为目标的狭隘认识，迈向了研究人类心灵与潜能的终极价值和真我完满实现的目标。因此，超个人心理学也被称为心理学的第四势力（the fourth force）。

第一节　超个人心理学概述

一、超个人心理学产生的历史背景

（一）社会背景

20 世纪 50 年代以来，以美国为代表的西方国家在科学技术以及经济上都经历了飞速的发展，这首先导致了美国社会结构发生了巨大变化，人们的物质生活条件得到了极大的改善，闲暇时间也越来越多，这些变化为超个人心理学的产生奠定了物质基础；其次，整个世界在第二次世界大战之后进入了东西方冷战对峙中，美国国内也掀起了反对越南战争的浪潮，爆发了黑人民权运动，同时在遥远的欧洲大陆也爆发了学生运动和工人运动。这都说明全世界当时处于动荡不安的状态中。再次，美国民众也开始表现出了对物质主义的不满，工作上的竞争和压力在逐渐加大，青年人中的反主流文化运动风起云涌。上述事实表明，单靠经济发展、科技的进步甚至民主政治都不能完全解决人类精神生活和价值追求的问题。刚刚诞生的人本主义心理学不仅没有解决这个问题，反而在某种程度上将美国文化推向了自恋主义或自恋狂文化。在这种时代背景下，迫切要求人类重新界定自我，要放弃自恋主义，而将个体的我或小我看作是世界或宇宙这个大我的一部分。这样，以探究大我为己任的超个人心理学便应运而生了。

（二）思想背景

超个人心理学在思想上有两大源头，分别是西方文化传统和东方精神传统。在 2000 多年前的古希腊学者普罗泰戈拉（Protagoras，公元前 481—前 411 年）、德谟克利特（Democritus，公元前 460—前 370 年）、柏拉图（Plato，公元前 427—前 347 年）、亚里士多德（Aristotle，公元前 384—前 322 年）等人关于人性及其潜能的思想中，就存在着某些超个人心理学思想的原型。上述思想家的共同点是都强调人、人的经验、人类的先天潜能等是人类行为的根据。例如普罗泰戈拉认为，人是评价一切事物的尺度，是他自己经验的最好评判者。人应该努力成为人而不是神，人应该满足自己的需要而不是世界的需要。亚里士多德认为，每种事物中都蕴含着成为其本身的潜能，橡树子具有长成橡树的潜能，儿童具有长成成人的潜能。亚里士多德的这种潜能可以实现的思想对超个人心理学家也是非常宝贵的启发。根

307

植于西方文化传统的超个人心理学继承并发展了这些早期哲学家的超个人心理学思想。

东方精神传统主要指东方宗教哲学，认为世界是一个有机的整体，而不是由一些部件组成的机器；人是宇宙整体的有机组成部分，而不是宇宙、自然或命运的征服者；宇宙、人生的真理要通过直觉的领悟来获得，而不是靠理智的分析和推理；获得领悟的途径是各种形式的精修技术，如打坐、沉思等。这些思想对超个人心理学产生了巨大影响。

（三）科学背景

20世纪初，物理学中发生了一场革命，即以量子力学和相对论为内容的新物理学对以牛顿、笛卡儿的机械论为基础的经典物理学的革命，前者提出了一套全新的哲学构想以及新的世界观和方法论。这种新的哲学对传统自然科学中的客观性、决定论、还原论提出了质疑，认为世界是一个统一的有机整体。相对论揭示了物质存在形式的时间和空间的统一性，量子理论认为宇宙是由各种物质构成的复杂的关系网。在这种新世界观看来，整个宇宙在本质上是一个不可分割的量子间的相互关联。另外，这种新物理学的开创者们，如海森堡（W.Heisenberg，1901—1976年）、奥本海默（J.Oppenheimer，1904—1967年）等都认为他们的新世界观与东方玄学及西方神秘主义之间存在着惊人的相通之处。心理学家莱莎恩（L.Leshan）1975年通过实验也发现，现代物理学家和神秘学家的话语和言论具有极大的相似性。所以，正像神秘主义对超个人心理学产生的影响一样，新物理学所提出的新世界观也为超个人心理学的产生提供了有利的发展氛围和条件。

另外，现代生物科学的飞速发展，为药物和生物反馈技术（biofeedback）在超个人心理学的研究和实践中的应用奠定了基础。

二、超个人心理学的先驱人物和代表人物

（一）先驱人物

美国机能心理学家詹姆士（参见第三章）和瑞士的分析心理学家荣格（参见第十章）两人的研究中蕴含着丰富的超个人心理学思想，他们是超个人心理学的先驱人物。

1. **詹姆士** 詹姆士对超自然体验和宗教经验有过专门的研究，为超个人心理学的研究做了最早的尝试。1884年，詹姆士参与创建了美国心灵研究会，开始对各种超自然的心理现象进行研究。他认为心灵感应、同死者交往、超人洞察力等心灵现象的存在是具有一定合理性的。后来，他在《宗教经验种种》（1902）中对各种宗教经验进行了专门的论述。他将宗教经验划分为健康精神的宗教和变态精神的宗教两种类型，前者认为世界是个乐园，而后者认为世界充满了邪恶和痛苦。詹姆士认为后者包含着善和恶，所以比前者的观点更为全面。另外，从词源上来说，"超个人"（transpersonal）这个术语也是最早出现在詹姆士的著作中。在《心理学原理》中，詹姆士提出"下意识过程"的术语，后来在《宗教经验种种》中提到了"超个人"心理现象。1905年，詹姆士在哈佛大学的一篇演讲提纲中也提到了"超个人"这个词。

2. **荣格** 1917年，荣格在《无意识结构》中交替使用了"超个人潜意识"（transpersonal unconscious）和"集体潜意识"（collective unconsciousness）两个概念。超个人潜意识或集体潜意识指的是通过遗传积淀下来的人类种族经验，表现为人类行为的先天倾向和可能性。如果我们为儿童提供尽可能丰富的环境刺激，那么这些超个人的先天倾向就会得以实现。正是因为这种超个人潜意识的存在，不同文化和不同时代的人类行为就具有了相似性。荣格把超个人潜意识的内容称为原型（archetype）。由于原型是世代遗传得来的具有普遍性的行为模式，所以原型也就是人类共同的潜能，是一种超越不同个体和时代的内在倾向。原型永远不会被意识到，但可通过诸如梦、精神病等一些特殊的个人体验在潜意识中被人们所认识。荣格认为，人类具有将意识和潜意识之间联系起来的"超越功能"。通过这种功能，

人类可把个体的心理发展过程和更久远的人类整体的诸多方面联系起来。荣格的上述思想为超个人心理学奠定了最初的基础。

（二）代表人物

超个人心理学是在马斯洛（参见第十七章）、萨蒂奇和格罗夫等人策划和组织下形成的，其中，萨蒂奇主要是学派的组织者，而马斯洛、格罗夫、维尔伯等人更多地致力于理论的建构。

1. 萨蒂奇　安东尼·萨蒂奇（J.Anthony Sutich, 1907—1976 年）出生于美国。在 12 岁那一年，萨蒂奇在一次棒球比赛中受伤，导致风湿性关节炎，到 18 岁时全身严重瘫痪，学校教育从此中断。在以后 50 年的生涯中，他被限制在轮椅上。在长达 13 年的住院期间，萨蒂奇经常与护理人员讨论生活中的问题并向他们提出建议和忠告。他通过悬挂起来的一个装置进行阅读，和一个高过头顶的镜子与他的客人和来访者进行交流。在这种艰苦的阅读和思考中，萨蒂奇于 1938 年自学成为一个盲人社区组织的咨询师。1941 年，他自己开业并成为专职的咨询师。1949 年，萨蒂奇开始与马斯洛接触，他们很快成为亲密的朋友，并建立了终身的友谊。1958 年，萨蒂奇与马斯洛合作创办了《人本主义心理学杂志》，1961 年该杂志成为正式发行的期刊。同年，他们还成立了人本主义心理学会。1966 年，萨蒂奇又对神秘主义和东方哲学产生浓厚兴趣。这促使他与马斯洛等人一起创建超个人心理学，并于 1968 年创办了《超个人心理学杂志》。1969 年，他还与一些同仁共同创建了超个人研究所。1974 年，他开始着手以自己的学术经历和思想为线索写一篇关于人本主义和超个人心理学的博士学位论文。1976 年，他完成了博士论文，并于当年 4 月 9 日获得旧金山人本主义心理学研究所颁发的心理学博士学位，但不幸的是，他第二天就在家中安详地离开了人世（图 18-1）。

2. 格罗夫　斯坦尼斯拉夫·格罗夫（Stanislav Grof, 1930—）生于前捷克斯洛伐克的首都布拉格市。他在位于布拉格市的查尔斯大学接受了系统的精神医学教育，并于 1956 年获得医学博士学位。此后，他开始尝试使用致幻剂来治疗精神病，并因此而成名。1965 年，他又获得捷克斯洛伐克国家科学院的医学哲学博士学位，随后担任了布拉格精神病学院院长职务。1967 年，格拉夫移居美国，正值马斯洛和萨蒂奇筹划创建超个人心理学的时期，并积极加入到筹建工作中，成为超个人心理学的主要代表人物。格罗夫担任了国际超个人心理学会第一任主席的职务，并与妻子合作在加利福尼亚州建立了超个人研究机构（图 18-2）。

格罗夫的主要著作有：《人类意识领域：从 LSD 研究进行的观察》（1976）、《超越大脑：心理治疗中的出生、死亡和超越》（1985）、《自我发现的冒险：心理治疗与内心探索意识维度和新观点》（1988）、《急寻自我》（1990）等。

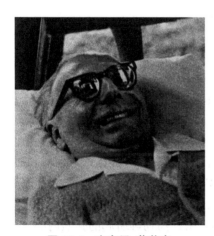

图 18-1　安东尼·萨蒂奇

图 18-2　斯坦尼斯拉夫·格罗夫

3. 维尔伯 肯·维尔伯(Ken Wilber, 1949—)生于美国中部的俄克拉荷马市。1967 年，他进入杜克大学主修医学，希望将来能成为一名治病救人的医生。但两年后他就对医学失去了兴趣，并从杜克大学退学，回到他父母的居住地内布拉斯加。之后，他便转向对东方哲学和宗教的研究，阅读了大量关于泛神论、神秘主义、佛教和印度教等方面的著述以及老子的《道德经》，这使他对东方文化有了更深刻的理解。随后他又阅读了很多西方哲学家和心理学家的著作，这使他开始产生把东西方文化联系起来进行研究的强烈愿望。不久，他又申请到内布拉斯加大学读书，这次选修的是物理学和化学。但在课余时间里他每天大约要花费 5～7 个小时阅读他所感兴趣的东西方神秘主义的文献。1973 年，在他 23 岁时写出了他的第一本书《意识谱》。但是，这本书直到 1977 年才得以正式出版，并且立刻引起了人们的广泛关注和超乎寻常的评论。这本书为他从事超个人心理学研究奠定了初步的基础，也成为超个人心理学的经典之作，他个人也因此而成为超个人心理学的重要代表人物。两年后，他将其改写成一本比较通俗的书《无界：关于个人成长的东西方观点》(1979)。此后，他一边继续从事意识的修炼，一边埋头著书，在随后的 10 年时间里他几乎每年出版一本书。1985年，威尔伯患上了一种酶缺乏症，他的健康状况受到很大影响，但还能进行沉思修炼和写作。目前他居住在美国科罗拉多市的石头城，仍然潜心于超个人心理学的研究和著述（图 18-3）。他的主要著作还有：《生命本源的计划》(1980)、《走出伊甸园》(1981)、《超越死亡》(1991)、《性、生态学和精神性》(1995)、《精神之眼》(1997)、《整合心理学：意识、精神、心理学、治疗》(2000)等。

图 18-3 肯·维尔伯

第二节 超个人心理学的理论体系

一、心理学的对象论

超个人心理学家拉乔依和夏皮罗(Lajoie & Shapiro)1992 年在对 40 种关于超个人心理学的定义进行概括、总结后，提出了他们自己的定义，即"超个人心理学是关于人性最高潜能的研究，它承认、理解和实现人的精神、合一的意识以及意识的超越状态。"据此，超个人心理学的研究对象包括两方面。

（一）意识状态和超越经验

与构造主义、机能主义等传统心理学将意识作为研究对象一样，超个人心理学也将意识作为自己的研究对象。不同的是，传统心理学派认为人只有低级、常态的意识并只研究这些常态下的意识，而超个人心理学认为人不仅有常态的意识，而且还有超出常态的意识，即超越了自我界限和时空界限的超越性意识(transcendent consciousness)。超个人心理学不仅要研究常态、现实水平上的意识，而且强调要研究超越性意识。一般来说，超越性意识状态更多地出现在超出正常健康状态的人或杰出人物身上，所以超个人心理学也往往以超出正常健康状态的人为研究样本。另外，超越性意识状态也可通过意识训练或药物等条件在普通人身上引发出来。超越性经验(transcendent experience)也叫超个人经验，是个体在超越性意识状态中的感受和体验。例如在沉思、瑜伽、精神药物等引起的强烈内心体验中，有许多种超个人体验。超个人体验的种类很多，但所有的超个人经验都具有如下六种特征：①惊奇：超个人经验往往在人措手不及时出现，使人感到惊奇。惊奇能改变个体，能影响个

笔记

体生命中的每一层面。惊奇是一种非常奇妙的感受，能使人见识到崇高、庄严而有力的新现实，并使我们充满了敬畏与着迷。②确实：超个人的经验能给人带来一种充实、确定、安全、可靠的感受，感到世界的秩序是受到来自统一"智慧"法则的管理。这是与自我密切相关的一种感受，在这种感受中，个体不会感到内疚、犹疑或焦虑，而是会觉得活着是理所当然的和美好的，并且好似融化于无边无际的生命中。③知识：超个人的经验包含着对宇宙人生的知识。这种知识是完整而且不可分割的，是直接的，而不是语言解释或逻辑推论的结果。这种知识在解释宇宙人生的基本问题上，往往意指事物的本质。这种知识通常在始料未及的时刻来到，这种知识是深奥的。④合一：超个人的经验使人感到和谐与统一。人与自然、与他人以及自我内部之间不再是对立与分裂的。繁多会使人感到沉重和无所适从，而合一会给人带来欢乐。与世界融为一体，意味着不再把人类视为独立存在的实体，而是与世界的其余部分融为一体。⑤普遍性：普遍性意味着与一个属于所有生命的现实接触，因而使人变得更有生气，使人拥有一股力量。普遍性超越了个人世界中的矛盾纠葛和不确定性，人会有如释重负之感。意识到普遍性，会使人对自己的看法产生重大的改变，能使我们看清事物的本质，超越个人有限的和扭曲的观点。普遍性把人的生命与宇宙中其他一切相联系起来，使人的生命充满了意义。⑥社会关系：就像花的香味或太阳的光辉一样，超个人经验具有很强的感染力。它能通过个人的言行，以微妙的非语言的方式传递给他人，感染他人。感受着超个人经验的人，可以给那些接近他的人带来强烈而深刻的良好影响。相反，与一个有创意、有爱心、性情安详的人接触，也会使我们自己觉得更有创意、更有爱心，也更安详。这就是超个人经验所具有的社会影响力。

（二）最高潜能和终极价值

如果说意识状态和超越经验是超个人心理学的直接研究对象，那么寻找、发掘最高潜能和终极价值则是研究超越性意识状态和超越经验的最终研究目的。超个人心理学最终是要探究人类心灵中所蕴含的最高潜能（the highest potential）和终极价值（ultimate value）。意识状态和超越经验是表露和显现最高潜能和终极价值的一个窗口，研究前者最终目的是发现后者。萨蒂奇在为超个人心理学所下的定义中指出了什么是最高潜能和终极价值："这种新出现的超个人心理学特别关注对成长、个体和种族的元需要、终极价值、合一意识、高峰体验、存在价值、入迷、神秘体验、敬畏、存在、自我实现、本质、天赐之福、惊奇、终极意义、自我超越、精神、唯一性、宇宙意识、个体与种系的协同一致、神奇的相通、日常生活的神圣化、超越现象、宇宙的自我幽默和嬉戏、最大限度的感知能力的发挥、反应与表达，以及一些有关的观念、经验和行为。"这些现象过去常被各种宗教和神秘主义根据各自的教义进行解释。超个人心理学家认为，这些价值系统应该是心理学的研究主题，它们对于人类的存在来说是非常重要的。它超越了个人自我，而达到了使个人、群体与社会目标相一致的境界，这对于全面发展、毫无私欲的人类存在是一种推动。

二、心理学的方法论

超个人心理学遵循三个研究原则。首先是对象中心的研究原则（object-centered research principle）。超个人心理学秉承了人本主义心理学的对象中心论的研究原则。在研究对象的选取上，超个人心理学采取了开放的态度，它愿意研究一切经验，研究各种罕见的现象。超个人心理学家认为，罕见的现象可能恰恰是人性极致的显现。研究这些现象，不仅有助于加深对人性的理解，也有助于增进大多数人的成长。在对象与方法的关系上，对象是第一位的，而方法是第二位的。方法是为对象服务的，方法的取舍决定于对象。不管是定量研究还是定性研究，客观的测量数据研究还是主观的自我报告，只要有助于解决超

笔记

个人的心理现象,都可以采用。人的超越性精神活动是宇宙间最为广阔丰富的领域,超个人心理学必须采取多元化的研究取向。

其次是多学科的研究原则(multi-disciplinary research principle)。超个人心理学要采取多学科的研究原则。超个人体验是人类最高级别、最复杂的心理现象,它在本质上是多层次、多维度的,具有生理、心理、社会和精神的属性。所以,超个人心理学的研究必须吸取生物学、人类学、社会学、文学和神学等多学科领域的研究成果。艺术家、作家、诗人等人文科学学者,甚至神经化学家、统计学家等自然科学家都可以以各自的思维方式和研究方法,对超个人心理学作出同样重要的贡献。每一个学科都可能提供不同的有关人的心灵的观点和方法。另外,超个人心理学并不在乎某一学科提出的观点是全对还是全错,而在于它在何种程度上是正确的,以及它能否帮助超个人的心理治疗减轻人的痛苦。

第三是跨文化的研究原则(cross-cultural research principle)。超个人心理学要采取跨文化的研究原则。这首先是因为超个人体验、超越性的意识状态具有全人类的普遍性,是不分民族、种族而存在于人类的所有文化中。另外,不同的民族具有完全不同的思维方式和生活方式,创造了不同的文明,促进了人类潜能不同方面的发展。所以,超个人心理学的研究必须要超越文化,要超越民族。超个人心理学反对现代心理学和精神医学中普遍存在的西方优越论的倾向。它坚持认为各民族的文化是平等的,并试图整合不同文化在有关增进对人性的理解,提升人的精神品质,解决各种病痛等各方面的知识和智慧。这突出地体现在它站在西方现代心理学的基础上,积极地借鉴和吸收了世界上各种精神传统中有用的养分,尤其是对东方传统心理学更是采取了开放的态度。

三、意识理论

正如行为主义和精神分析分别将强化论和潜意识论作为自己的理论基础一样,超个人心理学是将意识论作为了自己的理论基础。超个人心理学围绕如下几个问题展开了自己的意识研究:人的意识有哪些维度?意识是个人的还是宇宙的?什么方法可以扩展人的意识?人类存在多少种意识状态?不同的意识状态之间是如何转换的?怎样进行意识训练?

(一)转换的意识状态

超个人心理学家认为,人类的意识状态可分为正常清醒条件下的意识状态和转换的意识状态(altered states of consciousness,ASCs)。正常清醒条件下的意识状态是一种防御性的、压缩的意识状态,是较低层次、分化的意识状态;而转换的意识状态则是一种扩展的、理想的意识状态,是高级的、超越自我的意识状态。塔尔特(Tart)1975年认为,转换的意识状态是个体"明显地感觉到其心理功能的模式发生了质的变化,就是说,他感觉到的不只是一种量的转换,而是其心理活动的质已有所不同。"美国超个人心理学家克瑞普纳(Krippner)1972年区分了20种不同的意识状态(states of consciousness,SOC),其中前19种属于转换的意识状态:①做梦状态:出现快速眼动,脑电波上没有慢波。②睡眠状态:不出现快速眼动,脑电波上出现高振幅慢波。③入睡状态:睡眠周期刚开始时出现清晰的意象。④朦胧状态:在睡眠周期结束时出现意象。⑤过度警觉状态:是一种注意力高度集中、警觉程度提高的状态,通常在生命受到威胁或受到药物的激发时出现。⑥困倦状态:心理活动减弱,类似于重度抑郁或因低血糖和疲劳引起的状态。⑦狂欢状态:出现强烈的积极或快乐的情绪和情感,可在狂欢仪式或活动中出现。⑧癔症状态:特点是表现出强烈消极性、破坏性的情绪,如在暴力、恐惧或愤怒中。⑨分裂状态:特点是人格的主要成分处于分裂状态,如在精神病、多重人格或其他分裂状态中。⑩倒退状态:这是一种与年龄明显不相符的意识状态,如在催眠状态中受催眠师的指引所出现的年龄倒退状态。⑪沉思状态：特点是知觉模式得到改变和扩展，感知觉能力提高，有一种统一感和自我超越感，有强烈的情感体验，无时间感。这种状态通常是通过某些修炼技术引起的，神秘体验就是沉思状态的主要内容。⑫ 恍惚状态：处于这种状态的人非常容易受暗示，警觉和关注某一刺激，例如在催眠状态中。⑬ 遐想状态：一种清醒时的沉思幻想状态。⑭ 白日梦状态：一种清醒时的梦想状态。⑮ 内部扫描：一种对头脑中出现的信息进行连续搜索的状态。⑯ 木僵状态：由酒精或药物等引起的状态，特点是接受外来刺激的能力极大降低。⑰ 昏迷状态：完全不能接受外来刺激的状态。⑱ 储存记忆状态：一般指恍惚状态的一个方面，特点是过去的某种经历生动地重现或被回忆起来。⑲ 扩展的意识状态：这是一种由致幻剂引起的知觉模式变化状态，一般不受主体控制。这种状态有时类似于沉思状态中的内部活动。⑳ 正常觉醒的意识状态。

虽然超个人心理学区分出了不同的意识状态，但仅对睡眠、做梦、催眠、精神病状态、致幻或扩大意识状态、沉思或神秘状态等几种状态进行了研究，而其他绝大多数状态都没有进行深入细致的研究。超个人心理学认为可以通过各种专门的修炼技术和方法人为地引发这些意识状态，使个体产生强烈的超越体验，最终可改善个人的身心健康。

（二）维尔伯的意识谱

维尔伯 1973 年提出了著名的意识谱理论（consciousness-spectrum hypothesis）。他认为，根据人们对"我是谁"这个问题的不同回答，人的意识可分成心灵层、存在层、自我层、阴影层四种不同的水平，这些不同水平的意识共同构成了一个意识谱。对"我是谁"的不同回答反映了自我意识所处层次的高低和范围的大小。层次越高，自我意识的范围越大；层次越低，自我意识的范围越小。①心灵层（mind）：这是最高的意识层次，也是最真实的意识状态。在这一层，人的内在意识与宇宙的终极实在达到了合一和融为一体，所以这是最完满、包容度最大的意识状态。此时自我与宇宙是一体的，我就是宇宙，宇宙就是我，不存在我与非我的界限，这就是所谓天人合一的境界。②存在层（existential）：这一层次的意识范围开始缩小，并且有了自我与非我的区分，即将自己的心身有机体看作是自我，而将有机体之外的所有其他事物都看作是非我。处于这一水平上的人，其理性思维开始活动，自我感、意志等开始出现，同时仍能与自己的有机体融为一体，认为自己是一个身心统一的有机体。③自我层（ego）：在这一层次，人的身心有机体被分成生理躯体以及与生理躯体相脱离的精神，并将生理躯体从自我中排除出去。这一层次的意识范围进一步缩小，仅与自我意象相认同。此时，肉体与意识成了对立物，肉体成了自我的奴仆。④影像层（shadow）：这是意识范围最狭小的层次。此时人只和自我意识的某些部分相认同，或与相应的角色相认同，而自我意识的其他部分则被当作不合适的影像被排除在自我之外。

维尔伯认为，心灵层处于意识谱的最高层次，是人本来应该到达的意识层，是人存在的本真状态。而其他三个层次都是由人的主客二分思维方式所造成的虚幻的意识层，是不完满的意识层。同时，尽管各个层次之间存在着差异和界限，但它们也可以在一定条件下发生转换。超个人心理学就是力图克服这种主客二分所造成的意识割裂状态，使意识的不同部分之间、身与心之间、身心有机体与环境之间成为一个统一体，进而达到本体意识统一的最高境界。图 18-4 图示了维尔伯的意识谱理论。

（三）阿萨鸠里的精神综合理论

阿萨鸠里（Roberto Assagioli，1888—1974 年）是意大利精神医学家，也是超个人心理学的早期代表人物。他曾是弗洛伊德的信徒，后来提出了与弗洛伊德精神分析理论相反的精神综合理论（psychosynthesis）。这个理论的基础就是由七个不同意识层构成的意识谱。阿萨鸠里用蛋形图（图 18-5）形象地表达出了这个意识谱之间的关系。①低层潜意识（under-unconsciousness）：这是人类与动物共同具有的层次，其中蕴含着大量的动物本能，如冲动、

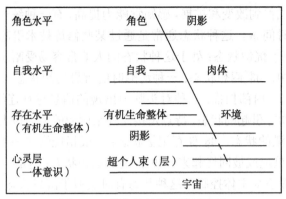

图 18-4　维尔伯的意识谱层次图

驱力、生理机械反应等,大致与弗洛伊德的潜意识层相对应。这个层次代表着人的动物性。②中层潜意识(moderate-unconsciousness):这一层的内容在觉醒状态下很难表现出来,但通过反省就很容易被引入意识层。这个层次大致与弗洛伊德的前意识相对应。③高层潜意识(higher-unconsciousness):指直觉、灵感、远大抱负、高峰体验、灵性等,这是构成人的人格、能力和创造性活动的最高层次。这个层次是弗洛伊德所没有发现的。④意识界(field of consciousness):指人所直接意识到的东西,如知觉、感受、念头、欲望、意向、记忆、思维等。意识界的内容变化不定,其范围可大可小。这一层与弗洛伊德的意识相对应。⑤意识中心自我(conscious centre self):这是纯粹意识的中枢,比意识内容更先天、更高级,是意识内容的管理者和统帅,也是自我认同和自我感的最高中心。⑥高层自我(higher-self):这个层次处于蛋形图的最顶点,代表着超越性的意识层。它是超越了我所有一切的主宰,超越了我们复杂多元性的一体核心,超越了意识内容的纯粹意识中枢。高层自我与意识中心自我并不是两个不同的自我,而是真我的两种不同程度的表现而已(用虚线将两者连接起来表达它们之间的这种同一关系)。意识中心自我代表一般日常生活中的自我,而高层自我代表圆满实现的超越性自我。⑦集体潜意识(collective unconsciousness):指个体自我所扎根于其中的宇宙性大我。自我不可能与群体脱离,他必然属于宇宙大我,是宇宙大我的一部分。

四、超个人心理治疗理论

超个人心理学主要是在临床治疗实践中发展起来的,所以心理治疗理论是超个人心理学的主要内容。超个人心理治疗(transpersonal psychotherapy)的目标是弥补主客分裂的意识水平,引发超越自我的意识状态和超个人体验,达到超过正常水平的健康状态,激发内在潜能,促进人的成长,实现丰满的人性。

(一)心理治疗的一般观点

超个人心理学家沃菡(Vaughan)1986 年提出了三个基本概念,对超个人心理治疗的理论和实践进行了阐述。①环境(context),超个人心理治疗的目的是要通过改变人的意识状态来体验人性的真谛,而意识状态的改变需要良好的心理环境,所以创设环境对超个人心理治疗来说是非常重要的一步。治疗医生在创设环境上负有主要的责任。医生的信念、价值观和意向,以及医生的意识状态和诱导方法等都是很重要的因素。另外,医生必须具有超个人体验,并坚信这种体验对治疗关系是有好处的。超个人治疗

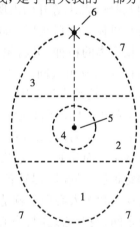

图 18-5　阿萨鸠里的蛋形图

(说明:虚线表示相邻两个区域的内容能够相互渗透,并且每个区域既可扩大也可缩小。1 代表低层潜意识;2 代表中层潜意识;3 代表高层潜意识;4 代表意识界;5 代表意识中心自我;6 代表高层自我;7 代表集体潜意识。)

不是直接解决问题，而是通过意识状态的改变来间接地使问题自身得到解决。也就是说，意识状态改变了，问题就自然解决了。所以，医生还必须善于诱导患者扩大自己的意识状态。逆反诱导是较常用的方法。例如专断的人要给予较多的顺从，而顺从的人则要鼓励其独立思考；过于独立的人应该接受别人的帮助，而过于依赖的人则要勇于承担责任。逆反诱导的方法可以帮助患者打破习以为常的意识幻觉，使意识得到扩展。意识扩展了，问题也就迎刃而解了。②内容（content），指人在高级意识状态中体验到的所有超个人体验。超个人体验是解决心理问题的手段和基础，心理问题正是在超个人体验中得到解决的。所以，医生要帮助患者对他本人的超个人体验进行领悟，以解决自己的问题。③过程（process），指超个人心理治疗所要经历的如下几个阶段。第一是认同（identification），该阶段的任务就是将个人的自我感向外扩展，将原本是非我的内容也包括进自我中。自我感扩展会导致自尊和自信的提高，责任感增强，由依赖他人转向自我独立和自我决定。第二是解除认同（disidentification），指个人要超越对物质的、角色的、肉体的等原来属于自我的内容的追求，要让这些需要隐退为无意识的活动。并且要让患者认识到这些追求已经变得没有价值了，不应该再成为生活的意义和目的，所以要解除对它们的认同，并且要发展到与超个人的自性相认同的水平上。第三是自性超越（self-transcendence），指人解除对自性的认同，而转向与宇宙的认同，这样人就成为更广大存在的一部分，与世界万物达到了合一。此时，个人的所有经验都变得不再重要了，都成了纯粹的、不变的超个人觉知的一部分了。因此，自性超越的实质是人的自我认同向宇宙认同的转化，是天人合一的新世界观、人生观和价值观的产物。

（二）心理治疗的主要理论模型

超个人心理学有多种不同的心理治疗模型，如格罗夫的全回归模型、沃西本（Washburn）的新荣格理论、阿里（H.Ali）的钻石理论、精神分析的超个人理论、存在主义的超个人理论和身体中心理论等。在此我们仅对格罗夫的全回归模型和身体中心理论进行简要的介绍。

1. **格罗夫的全回归模型（holotropic model）** 格罗夫以使用致幻剂进行心理治疗而闻名于世，在治疗实践中，他提出了意识地图理论。随后，他创造了全回归呼吸训练的心理治疗方法。这种方法的主要目的在于通过改变人的意识状态来解决人的心理问题，进而达到精神成长和自我的超越。他的意识地图理论包括三个相互联系的部分。第一部分是感官障碍和个人潜意识领域，指感官欲望受到压抑而进入潜意识，这种压抑状态可以通过使用致幻剂来解除。第二个领域是基本围产期的经验。即在四个出生阶段中所感受到的经验：子宫内的安静状态、出生前的发作过程、向产道的移动、出生。格罗夫认为与四个出生阶段相对应，也有四种心理组织或情结，即浓缩的经验（condensed experience，COEX）系统。第三个领域是超个人领域。在这个领域，个人可能会经验到各种传统的精神状态和主题，如宇宙之心、宇宙体验、宇宙空间、灵魂经验等。

格罗夫提出了与这三个领域相对应的三个治疗阶段。格罗夫本来是惯于运用致幻剂来治疗心理问题，但致幻剂受到了美国法律的限制。因此，他提出了一种替代方法——即全回归呼吸训练法。这种方法的特点是在做深呼吸的同时播放高声音乐。这种方法是既可以适用于一个人，也可以适用于几百人。在治疗时，让所有接受治疗者进入同一间房子里并分成若干小组，每个小组又被分成若干对。每对中的其中一人躺下，被指导做简单的深呼吸，而另一个人坐在那人旁边，必要时给予前者帮助。格罗夫认为，氧气能增加一个人的能量，与致幻剂的效果相似，这种增加了的能量可以激活需要治疗的那部分心灵组织。在随后的大约2h内，播放很大声音的音乐，开始是刺激性的，接着是流动活泼的，最后以非常缓慢从容的音乐结束。在这期间，如果需要的话，坐在旁边的人或在场的专业人员要给做呼吸训练的人提供帮助。在下一阶段,做呼吸训练者与旁边的坐者掉换位置。在结束阶段,格罗夫鼓励大家在纸上画出他们体验到的曼荼罗①,并帮助他们分析和整合,同时也要腾出时间让成员在小组内交流经验。

2. **身体中心的超个人学派**　身体中心的超个人学派(body-centered transpersonal school)是许多治疗学派的总称。身体学派的思想起源于赖希(Reich W,1897—1957年),赖希认为身体是使一个人的情绪生活获得解放的关键。因为情绪植根于身体,对身体的觉察将会唤醒个人的感觉和情绪能量。更好的身体-情绪觉察会导致更好的存在,因为随着身体的觉察和情绪的扩张,整个自我的觉察也随之发生。身体中心学派都相信,深深地进入身体意识(bodily consciousness)就是进入更广阔的精神意识(spiritual consciousness)的途径。身体中心疗法有如下三种主要策略:①身体操练(physical exercise):由于感情根植于人的身体,所以感情的压抑是一种身心现象,而不仅仅是一种心理过程。儿童最初应付痛苦的策略是屏住呼吸和绷紧肌肉,这至少可以得到暂时的缓解。若干年后,这些肌肉收缩的方式就变成慢性的、习惯性的和潜意识的。结果就导致成年人的感情麻木以及脆弱的精神心理。身体操练治疗的目标就是解除习惯性的肌肉紧张,通过身体操练,根深蒂固的肌肉收缩就会得到放松,个人的感觉能力和生命能量得到恢复,自我感得以增长。②呼吸操练(breathing exercise):在身体疗法中,呼吸操练是一个焦点。呼吸被视为连接意识与潜意识的关键,所以,主动而自然地关注呼吸是重要的。当一个人屏住呼吸时表示他的感情处于向内控制的状态。长时间的深呼吸练习是增加一个人内在能量的一种途径。身体学派和许多精神传统都注重运用调理呼吸方式和呼吸觉知两种方式来调节情感。③感官觉察(sensory awareness)和心灵丰沛(mindfulness):感官觉察就是打开人的官能,以使人走向更具活力和精神性的意识。心灵丰沛是从佛教的静修实践中借用来的一种身体治疗原则,目的是使当事人对其身体经验给予更多的关注。心智是精神发展的一个障碍,而跳出心智限制的一个途径就是进入身体。聚焦就是通过对身体感知的觉察以获得情绪生活的方法。对感官经验的聚焦是回到此时此地并以身体为基础的第一步,身体是进入生命意识的入口。随着聚焦的深入,个体感知的净化程度和敏感程度逐步提高,开始进入超个人境界,而感受到超个人体验。

(三)心理治疗的方法和技术

1. **沉思**　沉思(meditation)也称静坐、入静等,是超个人心理学用来进行意识训练的一种方法,其目的是改变意识状态,以进入高级意识状态和最高本体认同状态。超个人心理学家根据印度瑜伽发展出了适合西方人特点的超觉沉思。超觉沉思要经过如下三个连续阶段:第一步,调整姿势:基本姿势是静坐。首先弯曲左腿,将脚尖的一半插入右大腿的下边,然后再弯曲右腿,将脚压到左腿下边。面向正前方,两眼微闭,下颌稍微内收。两肩自然下垂,两手轻放于大腿上,手指并拢。第二步,调整呼吸:即调息。开始是自然呼吸,然后慢慢转入深呼吸。先尽量慢慢鼓肚子,深深地吸一大口气,接着再慢慢憋肚子,把气缓慢地吐出来。经长期练习后,呼吸次数可减少。开始1min 10多次,以后可减到7~8次,最少可减到5~6次。在呼吸时为了注意力高度集中,可同时默数呼吸次数。第三步,默念真言:即默念具有真理性的词句。此时要停止默默数呼吸,并且呼吸也要变得更浅、更轻。抬起双手并在体前正中处搭在一起,手心朝上,右手在下,左手在上,拇指抬高,右手拇指指尖顶在左手拇指指肚上。所选择的真言要真实,能够代表人们的愿望和信念,并且经过努力能够

---

① 曼荼罗是梵文 Mandala 的音译,意译为“坛”、“坛场”。在宗教实践领域和心理学中,它指示着那种圆形的意象,它们被临摹,被描述,被模仿,被用舞蹈表现出来。

笔记

成功。

沉思能够产生很多积极的效果。首先,沉思可使身心得到放松,化解消极情绪,减轻焦虑,增强认知能力;其次,沉思可增强自信心和自尊心,促进自我实现,改善人际关系,提高学习和工作效率;再次,沉思可改善高血压、冠心病、溃疡等身心疾病;最后,沉思能够改变意识状态,产生超个人体验,达到豁然开朗和心灵丰满的境界。

2. **致幻剂**　20世纪60年代,在美国年轻人中非常流行服用致幻剂。当时正值超个人心理学创立之时,几乎所有的超个人心理学家都受到了致幻剂的影响。致幻剂(psychedelics)是一类常被超个人心理学家用来进行心理治疗的化学药剂,如麦角酸二乙基酰胺(lysergicacid diethylamide,LSD)和苯环啶(phencyclidine,PCP)。致幻剂的英文单词是由希腊文心灵(Psyche)和显现(delos)两个词合成,意思是"心灵显现"。超个人心理学家之所以使用致幻剂,就是因为致幻剂能够使"心灵和灵魂显现",能够引发意识的转换状态和超个人体验。超个人心理学家格罗夫对致幻剂进行了最为全面的研究,发现致幻剂带来的经验能从根本上改变人的世界观,使人的精神兴趣和可能性得以活跃和更新。在心理治疗中使用致幻剂,被试者能够超越心理动力水平,进入超越自我的意识状态。常用的致幻剂有两类:一类是真正的致幻剂,包括LSD、仙人球毒碱和墨西哥致幻蕈素;另一类致幻剂包括亚甲基二氧甲基苯丙胺(3,4-methylenedioxymethamphetamine,MDMA)和亚甲二氧基苯丙胺(3,4 — -methylenedioxy amphetamine,MDA),有时称它们为感情增强者。不同的致幻剂能产生不同的效果,所以具有不同的治疗意义。在心理治疗中使用致幻剂要遵循一定的原则和程序。超个人心理治疗有五种致幻剂的使用模型,分别为低剂量治疗、高剂量治理、程序治疗、萨满治疗和自我治疗。但是,服用致幻剂也会产生一些不良后果,如上瘾、伤害青少年的身体健康,因此引起了很大的争议。目前,致幻剂的使用受到了法律的限制。

第三节　超个人心理学的简要评价

一、超个人心理学的贡献

第一,扩大了心理学的研究范围。从构造主义到人本主义心理学在内的传统心理学仅将自己的研究对象局限于现实水平上的心理和行为,仅研究个体或自我界限内的心理和行为。超个人心理学突破了传统心理学这种狭小的研究范围,首次将超时空的意识状态、超理性的和高级的精神活动等纳入自己的研究范围中,大大扩展了心理学的研究对象。传统心理学一直把这些现象看作是非科学的、宗教的神秘现象而拒绝研究。而超个人心理学受到东方精神传统的启发,看到了这类超越性精神活动的真实性和现实性,认为它们在本质上也是人类所具有的一种潜能。对这种超越性的人类潜能进行研究是心理学应有的主题。超个人心理学这种研究对象上的扩展,不仅提高了人生的理想定向和终极价值,而且进一步提升了心理学研究对象的层次。从某种程度上来说,这又是心理学研究对象上的一次革命。

第二,开启东西方心理学交流与融合的先河。超个人心理学是在传统西方科学心理学的基础上发展起来的,但它对诞生于其中的西方心理学进行了批判,认为西方心理学具有夜郎自大和唯我独尊的心态,对其他文化采取虚无主义的立场。超个人心理学一反这种西方中心论的立场,开始主动地向世界上各种精神传统寻求有价值的思想和方法。其中,他们对东方悠久的文化传统更是情有独钟,倡导学习东方优秀的文化,把心理学的研究重心转向人类的普遍经验,真正建构出融合东西方精华的超文化或世界性的心理学来。超个人心理学从东方心理学中找到了一种更具包容性的人性模式和根本不同的世界观、人生观和价值观,另外还发现了东方心理学中的相当深奥的意识谱以及各种调整情绪、放松身心、集

笔记

中心力、锻炼意志、启迪心灵、诱导高峰体验和超个人体验的各种方法。这些东方心理学的智慧构成了超个人心理学重要的思想来源。

第三，促进了心理学的实际应用。在心理学的应用方面，超个人心理学做出了独特的贡献。它首先在心理治疗领域中进行了广泛的研究，在吸收东西方各种文化传统中宝贵的治疗思想和技术的基础上，提出了各种不同的治疗模型和治疗方案，在实践上收到了良好的效果。在组织管理思想上，超个人心理学的先驱人物马斯洛在他的五层次需要理论基础上，又增加了第六层需要，即超越性需要或超个人需要。这就是马斯洛著名的Z理论。Z理论使美国企业管理者放弃了原来以个人为中心的狭隘管理观，而在员工中倡导团体意识，并强调社会长远利益。在教育上，超个人心理学把自己的理论和治疗技术也应用于课堂教学中。沃尔什花费数年的时间对学生进行超个人的体验训练，结果大多数学生从这种训练中收到了积极效果，他们的学习和生活都发生了改变。甚至有些学生认为这是他们一生中所经历的最为重要的教育体验。这些实际应用证明了超个人心理学具有积极的社会意义和价值。

二、超个人心理学的缺陷

第一，缺乏系统性。超个人心理学没有一个科学的世界观和正确的哲学方法论作基础，所以在对所谓超越个体、超越人类的意识状态和体验进行解释时，很难指出其科学内涵和具体内容，而往往流于模糊的、思辨的论述。另外，超个人心理学的研究主题不是以人们的社会生活为基础，忽视了心理赖以存在的社会基础，这样的研究结果势必很少具有普遍性。没有哲学基础和社会现实基础的研究，就没有整合研究内容的前提和框架。因此，超个人心理学至今尚未形成严密的科学理论体系或统一的理论框架，有些问题还处于争论和待定之中。

第二，难以进行科学验证。超个人心理学在试图把它的研究与传统科学实证结合起来方面做了不少努力。但超个人心理学的许多思想和概念都十分含糊不清，缺乏明确的定义。对某些关键概念，如意识、超越等，人们还无法进行有经验根据的分析。迄今为止，超个人心理学仅在沉思训练和意识转换状态两个方面取得了一些有影响的研究成果，但在诸如健康的人等问题上还缺乏明确的科学实验证据。沃尔什和沃菡在1984年认为，超个人心理学"有一个明显不适当的实证经验的基础，这和其他大多数学派同样糟糕，但是如果超个人心理学确实是对东方智慧和西方科学的一种有效综合，那么其工作者必须尽其所能地保证他们的工作确实属于认真的科学研究。另外，超个人心理学模式尚未与其他心理学和心理疗法广泛地结合起来。"

第三，具有神秘主义倾向。超个人心理学的研究对象在一般人看来是难于理解的，超出了一般人的日常生活经验，并且这些经验也难于用语言描述和说明，往往使人产生一种神秘感。例如转换的意识状态并不是我们每个人都能够随便体验到的，而且其主观效果也具有神秘莫测的特征。此外，它的所有研究主题都具有晦涩、难懂、神秘的特点，例如宇宙觉知、内在协同、精神通道、生死体认、濒死经验、超越感知、最高人际知遇、宇宙自我幽默与嬉戏等。超个人心理学的神秘主义迹象还表现在它把神与自然、人、灵魂相等同，或者说把自然、人、灵魂神化，用类似神学的语言来表述和解释超个人或超自我的精神境界。因此，尽管超个人心理学反对把它等同于宗教，但由于其研究倾向中充满着宗教气息，这也容易让人感到是神秘的。因为上述种种缺陷，超个人心理学至今还没有被美国心理学会接纳为正式会员。

思考题

1. 什么因素促成了超个人心理学的诞生？
2. 试述超个人心理学的研究对象。

3. 简述超个人心理学的研究原则。

4. 什么是转换的意识状态？它与通常的意识状态有什么区别？

5. 简述威尔伯和阿萨鸠里的意识理论。

6. 超个人心理治疗的基本观点是什么？

7. 阐述格罗夫和身体中心的超个人心理治疗模型。

8. 超个人心理治疗为什么要使用沉思或致幻剂这类方法？

9. 你认为超个人心理学有什么优缺点？

参考文献

［1］杨韶刚.超个人心理学.上海：上海教育出版社，2006.

［2］郭永玉.精神追求——超个人心理学及其治疗理论研究.武汉：华中师范大学出版社，2002.

［3］车文博.人本主义心理学.杭州：浙江教育出版社，2003.

［4］龚浩然.心理学通史·第五卷·外国心理学流派（下）.济南：山东教育出版社，2000.

［5］Krippner S.The plateau experience：A.H.Maslow and others.Journal of Transpersonal Psychology，1972，4（2）：107-120.

［6］Lajoie D.H.，Shapiro S.I. Definitions of transpersonal psychology：The first twenty-three years.Journal of Transpersonal Psychology，1992，24（1）：79-98.

［7］Sutich A.J.Transpersonal psychology：History and definition.In：S.Boorstein.Transpersonal psychotherapy. Palo Alto，CA：Science and Behavior Books，1980.8-11.

［8］Vaughan F.Beyond ego：Transpersonal dimensions in psychology.Los Angeles：Tarcher，1980.

笔记

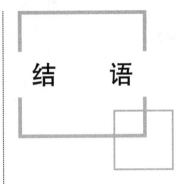

结　语

第一节　西方心理学演变的内在逻辑

从公元前 6 世纪到公元 21 世纪初，西方心理学已有 2600 多年的历史。在这漫长的历史长河中，西方心理学的发展和演进不是杂乱无章的，而是有其内在思想逻辑线索的。西方心理学的发展是围绕着心理学的研究对象和研究方法两大基本理论问题，反映着科学主义（即自然科学心理学）与人文主义（即人文科学心理学）的对立和论争而展开的。心理学中的这两种主义亦被称为"两种科学""两种文化""两条路线""两种背道而驰的倾向"，是指心理学研究中的两种不同的价值取向。科学主义与人文主义的对立在古代是以古希腊罗马的原子论心理学思想与柏拉图理念论和亚里士多德的生机论心理学思想的对立为胚胎形式，在近代则以英法两国经验论心理学思想与荷德两国唯理论心理学思想的对立为表现形式。在科学心理学诞生后，冯特的内容心理学与布伦塔诺的意动心理学是西方心理学史上科学主义与人文主义的第一次对立。随后的构造心理学、机能心理学、行为主义心理学、皮亚杰学派、认知心理学等代表了自然科学心理学的发展道路，而精神分析心理学、格式塔心理学、现象学心理学、存在心理学、人本主义心理学和超个人心理学等则代表了人文科学心理学的发展道路。自然科学心理学与人文科学心理学在心理学的科学观、对象论、人性观、方法学以及具体理论特征等方面都存在着两极对立的倾向。

一、科学观上的对立

科学观（view of science）是指心理学家对于心理学学科的总体理解与把握，它决定着心理学家对心理学其他方面的设计与操作。科学主义心理学与人文主义心理学在科学观上表现为自然科学观与人文科学观的差异。

科学主义心理学自冯特起，就以物理学、生理学和化学等自然科学为模板，来反对旧的思辨的形而上学心理学，将心理学打造为自然科学的分支。它遵从 17 世纪以来流行于物理学等学科中的数学和机械观点，将世界视作遵循物理规律的自然物的世界，力图通过客观的实验研究，来发现自然物的成分以及运转规律。铁钦纳将冯特的构造心理学观点推向极致，认为心理学类似形态学，它通过"活体解剖"的工作，来发现心理的元素及其结合规律。行为主义者华生明确宣称："心理学是自然科学的一个分支，它将人的活动及产物作为主题。"他将研究对象限定在可以观察的行为范围内，同时将心理现象排除在心理学的大门外。认知心理学虽然实现了心理的复归，但仍然将可客观操作的信息作为研究对象，来发现其中的运转规律。科学主义通过采用自然科学模式，极大地推动了心理学的发展，但同时也存在过于强调自然科学观点，忽视了心理的原本面貌的不足。心理学史家科克对此批评说："物理学的语言成了心理学的理想术语。科学的脸面远比真知灼见更具魅力。心理学史成了对自然科学的模仿史。"

与科学主义心理学不同，人文主义心理学重视人的世界的整体性与独特性。它将世界视作有意义的世界，力图在忠于心理现象原本面目的前提下，通过描述和理解，来阐发其中所蕴含的意义与价值。人文主义心理学自布伦塔诺起，就致力于建立一门人文科学的心理学。狄尔泰通过区分描述心理学（descriptive psychology）与说明心理学（explanatory psychology），明确提出人文科学的心理学观点。格式塔心理学提出"整体大于部分之和"的口号，来强调心理现象的整体性特性。精神分析心理学力图通过理解，来考察人的内心之中的种种潜意识现象。"第三势力心理学"则明确自己的人文科学立场，坚持面向事实本身的原则，通过研究人的存在、潜能、意义、价值等主题，来彰显心理现象的整体性与独特性，揭示其中的意义源泉。人文主义心理学采用人文科学模式，丰富了心理学的主题和领域，推进了心理学的发展。

二、对象观上的对立

对象观（view of the object）是指心理学家在研究对象上的主张与阐释，它对于心理学的研究主题和领域等具有重要的指导意义。科学主义心理学与人文主义心理学在对象观上表现为人性观和心理观两个具体层面上的分歧。科学主义心理学主要研究人的自然属性，人文主义心理学主要研究人的社会属性。

人性观（view of human nature）是指对人的本性的理解。科学主义心理学在人性观上坚持自然科学立场，表现出自然化倾向。它把人从各种背景中隔离出来，视其为纯粹物理世界中的自然存在。冯特在创立科学主义心理学时，就将人和物等同，通过考察心理的元素及其结合规律，把人降为自然的化合物。行为主义将人和动物等同，通过考察刺激 - 反应的联结来推断人的适应行为，把人降为大白鼠。认知心理学将人视作物理符号系统，通过计算机模拟来推导人的内部心理过程，把人降为机器。科学主义心理学的人性观有利于心理学掌握人的机制和规律，但忽视了人自身的独特性以及与世界的意义关联。而人文主义心理学在人性观上坚持人文科学立场，强调人在世界中的独特地位，提倡从社会的、历史的、文化的和精神的视角去理解人，从而把人置于心理学研究的核心地位。格式塔心理学重视具体情境中的人。精神分析侧重从人的生活史角度，考察人的内心世界。存在心理学则从在世界之中存在的人出发，来展现具体情境中人的丰富面貌。人文主义心理学拓展了心理学对人性的丰富性的理解。

心理观（view of the mind）是指对心理学研究对象的观点。科学主义心理学将研究对象视作具有物理特征的自然物。它尤其强调研究对象的可观察性，那些不能观察或无法实验证实的经验都被排斥在心理学研究对象之外。例如铁钦纳认为，"人的所有知识都来自于经验，没有其他的知识来源"，科学就意味着精细地描述所能观察的东西。铁钦纳接受了马赫的实证主义，认为在科学中没有对不可观察的事件进行推测的地位。在严格地坚持自然模式的努力中，铁钦纳的构造心理学倾向于忽略难以适合其方法论框架的心理过程和活动。由于铁钦纳的方法局限于内省，所以他所研究的心理学范围是有限的。设想一下，我们怎么能要求一个婴儿或非人类被试对象，如一只猫或一只狗去内省呢？同样，我们怎么能要求一个有心理障碍的个体去内省呢？铁钦纳的心理学仅仅局限于对正常成年人意识经验的研究。行为主义心理学有时也被称为"肌跳心理学"，新行为主义心理学家托尔曼认为，"通过对老鼠在迷津中某一选择点上行为的决定因素进行不断的实验和理论分析，可以从本质上研究心理学中一切重要的东西。"信息加工论认知心理学从信息的输入与输出来推论人的内在认知加工的规律。科学主义心理学在研究心理现象中容易得出心理的一般规律，但容易忽视心理现象的原本面目，且将大量心理现象排除在研究领域之外。而人文主义心理学重视对心理体验的解释，强调心理学研究对象的主观性、意义性、整体性以及与情境的独

笔记

特关联。布伦塔诺通过提出心理的意向性本质，强调了心理现象与对象的独特联系。精神分析强调过去经验的独特意义，由此来发掘潜意识的世界。现象学心理学力求从人所体验到的生活世界出发，来考察心理的本质。人本主义心理学关注人的内在体验，研究心理的独特方面，如选择性、创造性、价值观和自我实现等。

三、方法学上的对立

从方法学上看，科学主义心理学与人文主义心理学无论在哲学方法论上还是在具体研究方法上存在较大的分歧。科学主义心理学以实证主义哲学为基础，使用自然科学研究方法，具体表现为实验室研究、量化研究和共同规律研究；人文主义心理学以现象学哲学为基础，使用自人文社会科学研究方法，具体表现为现场研究、质化研究和特殊规律研究。

（一）实证主义与现象学（positivism versus phenomenology）

在哲学方法论上，科学主义心理学与人文主义心理学首先体现在方法论的哲学基础的差异。科学主义心理学以实证主义为方法论的哲学基础。实证主义坚持客观立场，强调研究对象的可观察性，提倡通过经验的验证，来发现心理现象的规律和机制。实证主义哲学包括孔德的实证主义、马赫和阿芬那留斯的经验实证主义以及维也纳学派的逻辑实证主义三代，它们分别为华生的行为主义、铁钦纳的构造主义以及新行为主义奠定基础。实证主义为科学主义心理学提倡实验法、将心理现象还原为更基本的组成加以研究提供了坚实基础，但也造成心理学忽视心理现象的原本面目、忽略了许多重要的心理现象。人文主义心理学以现象学为方法论的哲学基础。现象学从生活世界出发，强调忠实于心理现象本身，提倡通过经验的描述和理解，来获得心理现象的本质和意义。现象学包括胡塞尔现象学、存在主义和解释学三代，它们分别为格式塔心理学、人本主义心理学、现象学心理学、存在心理学和精神分析奠定了哲学方法论基础。现象学为人文主义心理学提倡质化研究、考察人的生活经验提供了坚实基础，并丰富了心理学的方法组成。

（二）实验室研究与现场研究（laboratory research versus field research）

科学主义心理学强调严格控制的实验室研究，而人文主义心理学注重日常生活的现场研究。科学主义心理学深受自然科学观和实证主义哲学的影响，信奉实验方法，主张通过精巧的实验设计、严格的变量控制来研究心理现象。例如冯特把生理学和心理物理学的实验方法引入心理学，并把传统的内省法改造为实验性内省，对感知觉、联想、记忆和思维等进行了大量实验研究。行为主义更是笃信客观实验法，认为只有利用精密仪器和严格实验程序的研究才是科学的心理学研究。信息加工认知心理学也主要是在实验室内进行研究，经常运用反应时实验、眼动实验和计算机模拟等方法，并在使用中特别强调实验变量及其控制。与之相对，在人文科学和现象学 - 解释学哲学的影响下，人文主义心理学认为心理学研究应当走出实验室，走进日常生活情境，采用访谈和自然观察等现场研究方法。弗洛伊德的精神分析学派采用自由联想法研究人的潜意识，对日常生活中的梦、口误、笔误、遗忘和疏忽等现象进行分析，使得心理学研究不再拘围于严格控制的实验室情境，而走进人的日常生活，在自然状态下揭示人的心理特点和本质。格式塔学派主张采用自然观察法来研究人的直接经验。

（三）量化研究与质化研究（quantitative research versus qualitative research）

科学主义心理学侧重量化研究，而人文主义心理学突出质化研究。科学主义心理学关注研究的精确性，强调定量分析。例如铁钦纳认为："心理学家的首要目的……就是确定意识元素的性质和数量。他对意识经验开始逐步地细分、再细分，直到无法再分解。那时，他就找到了意识元素。"心理学家接下来的任务就是"精确地安排意识元素，就像化学家对基本物质进行分类一样"行为主义通过数量分析来确定刺激与反应或环境与行为之间的关系，这在赫尔的逻辑行为主义和斯金纳的操作行为主义身上表现得尤为突出。例如斯金纳指出，科学研究"不能只限于观察，还得进一步研究函数关系。我们还得建立规律，借助于规律来预测行为，要做到这一点，就必须求出一些变量，即以行为为其函数的变量。"认知心理学用反应时作为感知觉、记忆、思维和语言等多种心理现象的主要指标，任何复杂的心理活动在认知心理学研究中都可以转化为反应时或测验分数。人文主义心理学不绝对排斥量的方法，但对科学主义心理学过于量化的倾向进行了批评，大力倡导现象学方法等质化研究。布伦塔诺开创了把现象学方法运用于心理学研究的先河，以内部知觉法来研究意识的活动。精神分析对潜意识现象和梦的分析意在揭示其潜在意义。格式塔学派将现象学作为方法论的哲学基础，提出了实验现象学方法。这种方法不重在通过数量分析追求变量之间的因果关系，而是突出通过文字描述来建构现象场并发现其意义。人本主义心理学和现象学心理学也积极提倡现象学方法，力主对心理事实进行解释和领悟，发掘经验的意义。

（四）共同规律研究与特殊规律研究（nomothetic research versus idiographic research）

科学主义心理学坚持通则论，而人文主义心理学主张个案论。科学主义心理学坚信客观的普适性原则，认为通过观察到的经验就能归纳出适合于所有人的、一般性的、普遍的通则，并以此对心理与行为进行统一性解释。例如行为主义者认为，心理学可以发现人类行为的一般规律，并据此对人类的行为进行预测和控制。华生指出，心理学"在某种程度上成为探索人类生活的基础……为所有的人理解他们自己行为的首要原则做准备……应该使所有的人渴望重新安排自己的生活。"斯金纳更是基于通则论，认为运用操作强化的一般原理就能进行社会控制，建立理想的社会。人文主义心理学主张普适性的心理学通则并无太大意义，心理学研究不应离开特定的个体和具体的情境，而应重在发现适合个体的特殊规律。精神分析的各个学派大多从临床案例或个案观察出发进行研究，所得出的理论仅适用于某一年龄阶段或某一类心理现象。人本主义心理学采取折中融合的方法论原则，马斯洛和奥尔伯特等人坚持在共同规律研究之外，一定要运用特殊规律研究法对个案进行深入研究。后现代心理学否认普适性真理的存在，认为心理学应由对抽象的、普遍的客观知识的追求转向对社会有用的、局部的知识的追求。

四、理论观上的对立

（一）客观论与主观论（objectivism versus subjectivism）

科学主义心理学将实证主义哲学的实证性原则贯彻到心理学中，追求客观化的倾向，强调以客观量化方法研究可观察到的对象。例如机能主义心理学把人的心理整体视为一种机体有效适应生活条件的活动过程，使心理学的研究重心转移到有机体与客观环境的适应的关系中，进行比较开放、客观的研究。行为主义学派则是客观心理学的典型代表。华生反对把心理封闭在主体之中，主张以客观可观察的行为作为心理学的研究对象，以严格的客观法代替主观内省法。斯金纳把自己的新行为主义体系定性为："从科学的角度看，这个体系是实证主义的。它的任务以描述为限，不企图提出解释，它的一切概念都由直接观察的结果来给以定义，不涉及身体部位或生理的特点。"现代认知心理学虽然是作为行为主义的反动而出现的，但是在信奉客观主义方面两者是一致的，强调在严格控制的实验条件下，使用精密仪器观察自变量与因变量之间的关系。总之，科学主义心理学遵循的是客观实验范式，这种范式的哲学基础是实证主义。德国现象学家胡塞尔抨击了实证主义的态度，认为人类是本体论的存在，研究人性不应该完全模仿自然科学的实验范式，而应遵循主观经验范式，这样才能建立一种在研究中符合人的独特存在的科学。布伦塔诺的意动心理学就是以主体内在的意动为研究对象、以反省为研究方法而开启了现代西方人文心理学的取向。

笔记

格式塔心理学派主张采用自然观察、拓扑学分析等方法研究主体的直接经验，反对进行人为的抽象和元素分析。人本主义心理学则突出了人的主体性和主观性在心理学中的地位，倡导以整体分析法、现象学方法研究人性、价值、创造性和自我实现等高级心理过程。

（二）方法中心论与问题中心论（method centricism versus problem centricism）

科学主义心理学坚持认为，要想使心理学真正成为一门实证科学，就必须采用曾经使自然科学获得巨大成功的研究方法和研究范式，从而走上了"以方法为中心"的道路。马斯洛指出："方法中心就是认为科学的本质在于它的仪器、技术、程序、设备以及方法，而并非它的疑难、问题、功能或者目的。"方法中心的观点在行为主义学派那里表现得最为突出。华生宣称，行为主义的目的在于方法论的革命，并以研究意识和心理缺乏科学的方法为理由而将其赶出了心理学。现代认知心理学尽管不像行为主义那样走极端，但它也存在方法中心的倾向，强调以实验法、观察法和计算机模拟法研究人脑内部的信息加工过程。人文主义心理学则反对以方法为中心的倾向，主张以问题为中心，根据研究问题选择方法，既可采用实验法等定量分析的方法，也可采用个案、自陈、描述等定性的方法。例如精神分析心理学为了研究潜意识心理，抛弃了实验室研究，而使用自由联想、梦的分析、日常生活分析等方法。人本主义心理学家马斯洛也明确指出，方法和手段是为目的服务的，其意义为问题所规定，心理学应以对个人或社会有意义的问题，如潜能、价值和自我实现为中心，方法顺应问题。

（三）元素论与整体论（elementalism versus holism）

科学主义心理学继承了联想主义心理学的传统，采用元素论来研究心理现象，认为确定心理现象的构成元素及其复合体形成规律是科学主义心理学的首要任务。冯特最早在现代心理学中提倡元素分析，他认为一切心理现象都是由心理元素构成的，对心理元素的分析是心理学家首要回答的问题。铁钦纳也坚持这种观点，并且分析得更为精细，提出意识是由感觉、表象和感情三种元素构成的。华生否定人的内部心理活动，将人的一切行为都归结为刺激 - 反应，进而还原到肌肉收缩和腺体分泌等生理活动，这是典型的还原论和元素论的做法。符号加工论认知心理学是在反对行为主义心理学的基础上，对早期实验心理学研究传统的回归，希望通过把人分析为机器来获得成功，在实验室中进行严格的实验模拟研究，虽然研究结果较为具体精确，但并不能轻易地在较为自然的条件下重复出现，这是因为心理实验不同于物理实验，这是典型的机械论和元素论的研究思路。科学主义心理学的元素论做法贬低了人性，没有研究完整的人。正如安斯托斯所言："心理学在整个 20 世纪的大多数时光是致力于非人性的研究，那些关在笼子里的、饥饿的、发生变异了的白鼠成了主要对象。在过去 20 年发生了一种转变，认知主义取代了行为主义，成为心理学的主要范式，于是，白鼠出去了，计算机模型进来了。但是唯一不变的仍然是心理学中真正人的边缘状态。"人文科学心理学不赞成对人的心理进行静态的元素论的还原主义的分析，而主张用多元的动态的和整体的观点研究社会活动中的人。坚持研究意识经验的完形的格式塔心理学是整体心理学的主要代表。格式塔心理学苛勒指出："我们所需要的是那些可用以了解我们的直接经验的概念，至于感觉之类的分子，我们凭自己的观察没有发现这些分子。"人本主义心理学在研究对象、研究方法和研究范式等方面也反对将人的心理和行为肢解为统计数字或数学公式的定量分析，强调将人作为一个整体来把握，如奥尔波特主张对人格进行整体的研究，马斯洛主张用整体分析法研究人的心理。

（四）决定论与自由意志论（determinism versus libertarianism）

科学主义心理学把人的心理现象看作是自然现象，认为人的心理与行为都遵循因果决定论。决定论的观点认为，所有的心理事件都是有原因的，都是由某种先行的因素决定的，因而我们可以依据先前的心理事件来解释心理活动。自然科学心理学的创始人冯特指出，作为自然科学家，"我们必须把每一种行为中的变化都追溯到一种唯一可观察到的同一种东西，即运动。"在后来的心理学发展中，行为主义在这方面的表现最为典型。行为主义强调行为分析的目的就是发现行为的原因，从各种各样的环境刺激中确定反应的决定因素，以便为预测和控制行为服务。尽管新行为主义中也包含着中介变量和行为目的的概念，但这些概念不是从行为的刺激反应中进行操作化或外化，就是对于基本神经特点的表达，与自由选择的意图和追求无关。与此相反，人文主义心理学强调人的自由意志和自由选择，认为人可以独立自主地做出决定，不受外在环境的干扰。人文科学心理学的创始人布伦塔诺声称，人的心理现象具有意向性的特点，心理学应研究意向性的活动。存在心理学和人本主义心理学都坚持人具有自由意志和能够进行自由选择。如罗洛·梅指出：一个人若没有自由，他身上起作用的，就只有达尔文的决定原则了；心理治疗的目的是使人重新获得自由。弗兰克尔也指出，意志自由属于经验的直接性，即便是身体被囚禁了，人的精神也是自由的，意志自由给人的生命开辟了新体验。正是由于人的心理具有自由选择和意向性的特点，人文主义心理学才采用了一些主观的方法来研究人的心理现象及其意义。

（五）机械论与生机论（mechanicalism versus vitalism）

科学主义心理学固守"人是机器"的模型，主张研究物的范式同样适用于研究人的心理，并以机械论的观点解释一切心理事件和心理现象。行为主义创立者华生认为，心理学的任务就是帮助和指导人这架机器能更快地适应新的环境、更好地运作下去。他公开宣称："我们要把一个人之各方面的行为，完完全全地合拢起来，并把这样一个人看作一个复杂而又活动着的有机的机械。"现代认知心理学同样将人设想为机器，把人脑比作计算机，用计算机的信息加工过程来模拟说明人对外部世界的认知过程。与此相反，人文主义心理学则坚持生机论的观点，强调心理现象的有机性，重视人类意识的积极性和主动性，认为对于心理与意识的机械分析无助于对其本质的分析。例如格式塔学派强调整体、模式、组织作用和结构等在研究知觉过程及高级心理过程中的作用，注重人们对感觉信息输入的组织和解释的主动性。人本主义心理学肯定了价值、目的和意义等在人的心理活动和行为反应中的作用，认为个体的需要具有多种层次，人具有自主选择成长的倾向，在适宜的成长条件下会积极努力实现自己的潜能和价值，从而为心理学重新关注活生生的人和丰富多彩的人生扫清了道路。

（六）价值中立论与价值负荷论（value neutrality theory versus value load theory）

在自然科学的研究中，许多人都信奉价值中立论，主张科学只研究事实、知识，回答是不是的问题，不研究价值、意义，不回答该不该的问题。科学主义心理学以自然科学为模板，必定会受到价值中立说的影响。科学主义心理学取向遵循客观的实验范式，由于客观主义把可证实的经验事实性作为科学的标准，并把这种事实的普适性作为真理的标准，造成了心理学研究与人的价值的分裂，最终导致心理学陷入无人性和无价值科学的局面。例如铁钦纳主张对人的心理进行纯粹客观的研究，并通过这种研究找到不受任何文化影响的一般的心理机制。华生的行为主义则把人的行为看成是客观的自然现象，并可以对其进行严格的实验研究和价值中立的理论描述。现代认知心理学家遵循了行为主义追求实证性和价值中立的研究方式，它试图通过计算机模拟，来揭示人脑的信息加工过程的事实与规律以及人的认知结构，而不太考虑社会、文化和历史等因素的影响与制约。人文主义心理学取向反对价值中立说和无关说，认为价值观既是人性的基础和重要组成部分，又是心理学研究的重要任务，主张心理学是一门价值科学。例如马斯洛就十分赞赏英国哲学家波兰尼的观点，认为科学是不可还原为物的，科学是人创造的整体系统，是人类主体的能动活动，就必然渗透着人的价值和特定社会的文化价值观。人本主义心理学家反对把心理学变成无价值的客观主义科学，强调对人的经验，特别是人的需要、价值、尊严和自我实现等能体现人类真正本性的特殊领域进行研究。马斯洛曾指出："科学过去不是，现在不是，并且也不可能是绝对客观的，科学不可能完全独立于人类的价值。"

总之，西方心理学发展的历史是科学主义心理学与人文主义心理学各自相对独立发展，其间表现出长期冲突和纷争的局面，这两种范式都能并且确实产生了富有价值的研究成果。两者之间的张力和斗争在促进心理学长足发展的同时，也使心理学陷入了分歧的困境，尽管当代心理学出现了科学主义心理学与人文主义心理学相互融合的很多迹象，但两者的分野在未来相当长的时间内仍会继续存在。这两种向度的心理学最终走向统合是心理学未来发展的必然趋势，但这种统合之路漫长而艰巨，绝非简单地将两种主义叠加或消解另一种主义。历史已经表明，企图将两种主义合二为一的做法是不成功的。例如二重心理学对内容心理学和意动心理学的调和，正像波林所指出的，只是一种"懒汉的做法"。中国科学院研究生院孟建伟教授在谈到科学文化时说道："科学文化大致可以概括为两个层面，即形而上和形而下两个层面。科学的精神、理念、理想和价值观属于科学文化的形而上层面，是科学文化之'魂'；而技术的、实证的、数学的或逻辑的东西属于科学文化的形而下层面，是科学文化之'体'。正是形而上和形而下两个层面的有机统一，才构成活生生的科学文化。"这种观点同样适用于心理学文化和心理学研究，科学主义心理学的研究是心理学文化之"体"，人文主义心理学研究是心理学文化之"魂"。因此，我们只有在新的心理学观——科学人文主义心理学观的统摄下，也就是要在承认相互区别的基础上，改变二歧式思维模式，从整体论方法论出发，坚持相互包容而不是相互对立，才能使两种主义在相互协调、取长补短的过程中，走向一种包容多样的一体，统一为渗透着科学化的人文科学心理学和人文化的自然科学心理学。这就要求我们心理学工作者在心理学的学科性质、研究对象、研究方法上树立"大心理学观"，使得科学化的人文心理学和人文化的科学心理学统一为一个有机整体。正如李醒民教授所言："科学文化和人文文化是人类进步的双翼或双轮——哪一翼太弱了也无法顺利起飞，哪一轮太小了亦不能平稳行驶……必须使科学文化与人文文化比翼齐飞，必须使科学精神与人文精神并驾齐驱。不用说，解决的办法既不是削高就低，也不是揠苗助长，而是使二者珠联璧合、相得益彰……只有这样，科学文化和人文文化才能在和谐的气氛中相互尊重，相互学习，逐步走向科学的人文主义（新人文主义）和人文的科学主义（新科学主义），从而实现两种文化的汇流和整合。"

第二节　当前心理学的热点与争论

心理学的发展过程，也是心理学家对之不断的反思过程。当前心理学的热点和争论问题，是心理学家反思的产物。进一步考察这些热点和争论，能够加深我们对当前心理学发展动态和趋势的理解与把握。

一、心理学作为一门科学

（一）心理学的科学性

心理学是一门科学吗？自 1879 年诞生以来，心理学一直面临着这样的考问。早在 1892 年，美国心理学之父詹姆斯就指出："心理学不过是一串原始的事实；一点有关看法的闲谈和争吵；仅仅是描述水平上的分类和概括；一种强烈的偏见……这不是科学，它仅仅是成为一门科学的期望。"40 多年后，心理学史学家海德布雷德也指出："心理学还没有赢得它统一大业的伟大胜利。它有着知觉上引人注目的地方，有着一些线索，但它还没有获得既令人信服又似乎真实的综合和洞察。"进入 21 世纪，心理学史学家赫根汉说："我们看到，在詹姆斯对心理学做出评论之后的 100 年内，在海德布雷德对心理学做出评论之后的 50 多年

笔记

里，情况没有发生明显变化。多数人都一致认为，心理学仍然是不同事实、理论、假设、方法，以及目标的集合。"

因此，心理学自身的同一性受到质疑。1967年，心理学史学家华生总结了心理学中18对对立的主题，如意识的心理说对潜意识的心理说等。可见，心理学并没有达到科学自身的同一性要求。华生在考察中，借鉴了科学哲学家库恩的范式论观点。库恩认为，科学的发展是范式之间的转换，如物理学从牛顿的经典力学转换为爱因斯坦的相对论。所谓范式，是大多数科学家共同接受的一组假说、理论、准则和方法的总和。它决定着科学家怎样观察和研究世界。华生通过他的研究得出心理学还缺乏统一范式的结论。

但心理学将来会产生库恩所谓的范式吗？换句话说，心理学将来会成为库恩所谓的具有统一范式的科学吗？答案是否定的。心理学史学家黎黑（2004）和古德温（2005）等都认为，库恩的范式论并不能够完全适用于心理学。原因在于，心理学是一门复杂的学科，它所研究的人具有自然属性，同时也具有社会属性。因此，在心理学中，难以出现类似于物理学的统一的范式。而且即使心理学达到了自身的同一性，也还存在着它究竟是一门自然科学还是一门人文（社会）科学之分。事实上也是如此，国际科学理事会（international council for science，ICSU）直到1982年才终于接受国际心理科学联合会（international union of psychological science，IUPsyS）作为其会员学会；而国际心理科学联合会早在1952年就是国际社会科学理事会（the international social science council，ISSC）的创始会员之一。在心理学的不同甚至对立的理论和观点背后，有着不同的研究取向，它们表现为心理学中的两种文化。

（二）心理学的两种文化

美国心理学史学家墨菲在1929年初版的《近代心理学的历史导引》一书的附录中，收入德国心理学家克吕维尔（H.Klüver）的两篇文章，一篇为《现代德国自然科学的心理学》，另一篇为《现代德国人文科学的心理学》。这两篇文章借用了德国著名二重心理学家麦塞尔的划分方法，将当时德国的心理学家分为两组：一组为实验的心理学家，如冯特、艾宾浩斯、G.E.缪勒等人，另一组是纯粹的心理学家，如布伦塔诺、斯顿夫、麦农、厄棱费尔等。麦塞尔把自己和屈尔佩等人放在介于"实验"心理学者和"纯粹"心理学者之间的位置上。当前心理学中的两种文化观点受到英国作家斯诺（C.P.Snow）的影响较大。1959年，他在剑桥大学的里德（Rede）讲座上指出，西方知识分子已逐渐分裂为自然科学和人文科学两大集团。1984年，金布尔（G.Kimble）研究表明，心理学中的确存在着自然科学文化与人文科学文化的分歧，例如美国心理学会实验心理学分会明显地倾向于自然科学价值观，心理治疗分会和人本主义分会明显地倾向于人文科学价值观。二者在五个维度上存在对立倾向：①在学术价值观上存在科学与人文的对立；②在知识的基本来源上存在观察与直觉的对立；③在发现的适当情境上存在实验室研究与现场研究和个案史研究的对立；④在规律的普遍性上存在一般规律与特殊规律的对立；⑤在分析的适当水平上存在元素论与整体论的对立。金布尔由此得出结论说，心理学中存在自然科学与人文科学两种文化。

我们认为，心理学中的两种文化是心理学两种不同路线的具体体现或另一种说法。在西方心理学流派中，自然科学文化体现在内容心理学、构造心理学、机能心理学、行为主义和认知心理学等学派之中；人文科学文化则体现在意动心理学、格式塔心理学、精神分析心理学、现象学心理学、存在心理学和人本主义心理学等学派之中。

（三）心理学的分裂与统合（split and unity）

心理学的分裂最初表现在学派林立上，更表现在科学主义研究取向与人文主义研究取向的不同上。除此之外，还表现在其他几个方面。①心理学与其他学科分支相互交叉，使得自身的领地逐渐被其他学科蚕食。1987年，斯彭斯（J.T.Spence）曾作出这样的描述："在我极为痛苦的噩梦中,我预见到我们所知的心理学机构遭到破坏。人类实验心理学家逃到新兴的认知科学领域;生理心理学家兴冲冲地去了生物学与神经科学系;工业与组织心理学家被商学院所攫夺;心理病理学家在医学院找到自己的归宿……只有人格-社会心理学家和一些发展心理学家无处可去。"②在心理学内部,学派之间的隔阂逐渐弱化,开始出现诸多围绕具体问题而提出的微观理论模型。这加剧了心理学的离散。1991年,斯塔茨(A.W.Staats)抱怨说,心理学出现"巨大而逐渐增加的差异——诸多没有关联的方法、结果、问题、理论语言、分裂的问题和哲学取向"。③心理学存在诸多的学术组织,使得研究者之间难以沟通。例如美国心理学会包括56个分会,大多数分会只关注某一具体的领域。如成瘾行为研究(第50分会)、男子与男子气(第51分会)等。研究者只围绕具体问题进行研究,这使得学者之间的沟通与交流变得更加困难。

在如何看待心理学分裂的问题上,出现了两种截然不同的立场。一种立场承认心理学中的分裂,并提出统合的策略。例如,威尔逊(E.O.Wilson)以社会生物学统合心理学,斯塔茨以心理行为主义统合心理学,金布尔以机能行为主义统合心理学等。另一种立场反对统合,主张心理学本身就是分裂的。例如科克(S.Koch)认为,心理学不可能成为统合的科学,分裂将长期存在。他甚至提出用"心理学研究"(psychological studies)来取代心理学(psychology)。

从西方心理学的历史进程来看,分裂与统合一直是并存的。学派与学派之间存在着分裂,但每个学派都力图从自身出发,研究心理学的所有问题或所有领域,企图用自己的观点来建立统一和整合的心理学。例如行为主义心理学家华生在他的最后一本心理学著作《行为主义》中,除了讨论了心理学的对象、方法等基本问题外,还讨论了本能与环境的关系、感觉、情绪、思维与语言、习惯、心理病理学与心理治疗、人格、教育等广泛问题,他甚至提出了把儿童"放在行为主义的自由国度中教养,那么宇宙就要改变"。格式塔心理学最初从研究知觉开始,逐渐研究心身关系(同型论)、学习与迁移、创造性思维、心理发展、人格等问题,而格式塔心理学的发展者勒温更是将研究问题扩展到紧张与需要、动机与冲突、团体动力学(社会心理学)等广泛领域。弗洛伊德的精神分析最初是一种探讨心理病理学领域问题的心理治疗理论,后来发展为一种探讨正常人心理的心理学理论,最后发展为探讨社会与文明问题,成为无所不包的弗洛伊德主义。因此,我们认为心理学史学家武德沃斯的观点在今天依然是合理的:"每一学派都是好的,尽管没有足够好的学派。没有哪一个学派能够概览未来的心理学……对于学派的消极主张,我们予以忽略,同时,我们要接受它们对作为整体的心理学的积极的贡献。"

二、心理学与社会

当前心理学界不仅关注心理学的学科内部问题,更对心理学的社会问题给予重视。杰克逊(J.H.Jackson)说:"心理学从未成为一个远离更大的社会政治、职业背景并与这些无关的群体。"

(一)基础心理学与应用心理学

基础心理学与应用心理学之争是当今心理学争论的热点之一。从心理学史上看,这种争论最初表现为内容心理学与意动心理学的对立。冯特强调心理学是一门纯科学,布伦塔诺则强调心理学的应用性。此后表现在构造心理学与机能心理学的对立上,铁钦纳坚持纯粹科学的立场,机能心理学家则坚持将心理学应用到社会生活中去。随着铁钦纳的去世,美国心理学开始普遍重视应用问题。当1945年美国心理学会获得广泛认可时,美国心理学会的目标已从最初的"推进作为科学的心理学"变成了"推进作为科学的心理学、作为职业的心理学和作为增进人类福利的途径的心理学"。美国心理学会宗旨的变化最能体现基础心理学与应用心理学之间的张力。最初的美国心理学会由基础心理学家控制，应用心理学家们感到不满，于是，后者在 1917 年建立了美国临床心理学会（AACP），以独立于美国心理学会（the American psychological association，APA）。美国心理学会则因此建立临床心理学分会，消解了二者之间的对立。1938 年，应用心理学家再次独立出去，建立了美国应用心理学会（AAAP）。1944 年，两个学会又合并为美国心理学会，基础与应用之争暂时得到平息。第二次世界大战推动了心理学的应用。战时士兵的选拔，尤其是战后士兵心理创伤的治疗给心理学带来了极大的发展空间。应用心理学家们逐渐占据了主导地位，成为美国心理学会的主导力量。在 1988 年，以著名心理学家班杜拉为首的一群科学心理学家从美国心理学会中分离出去，建立了美国心理学协会（Association for psychological science，APS）。该协会强调心理学的基础研究和理论研究。当前该学会的成员已达 35 000 人，而美国心理学会的成员已接近 118 000 人。

基础心理学与应用心理学之间的争论，通常体现在临床心理学家的培训问题上。临床心理学家最初接受的培训模式是博尔德模式（Boulder model）。这种模式在 1949 年美国心理学会关于临床心理学教育的博尔德会议上通过。它将临床心理学家视作科学家—从业者，认为临床心理学家要像其他心理学家一样，接受研究方法方面的科学训练。临床心理学家最终获得心理学的哲学博士学位。临床心理学家们逐渐对这种模式产生不满。他们开始提出获得心理学博士的培训程序，降低科学的培训。最终，1968 年伊利诺斯大学授予了第一个心理学博士学位，1969 年加利福尼亚职业心理学院（california school of professional psychology，CSPP）成立。这是第一所授予心理学博士学位的独立单位。到 2000 年，授予心理学博士学位的机构已达到 50 多家，已被授予心理学博士学位的人数有 9 000 人左右。

但是，在对待心理学博士学位和独立的职业心理学院上，仍然存在不同的观点。一些心理学家呼吁将科学训练与临床培训相结合，以消除基础心理学与应用心理学之间的对立。我们认为，这是难以实现的，从金布尔的研究可以看出，基础与应用心理学的对立事实上是科学与人文两种不同文化的对立，因此二者之间存在一时难以消除的差异。

（二）心理学的社会问题

我们知道，西方心理学主流曾一度是西方尤其是美国中产阶层白人、男性的心理学，心理学的研究者、被试者和研究结果都反映了中产阶层白人男性的心理学。这种心理学带来了许多社会问题。其中如何对待女性心理学家和少数民族心理学家是心理学要处理的两个重要的社会问题。

1. **女性心理学家问题**　在心理学的社会问题中，女性心理学家受到较多的关注。20 世纪 70 年代后，美国心理学界开始关注早期女性心理学家如卡尔金斯（M.W.Calkins）、莱德 - 富兰克林（C.Ladd-Franklin）和沃什伯恩（M.F.Washburn）等。这些女性心理学家曾经受到过不公正的待遇。她们处于心理学机构的边缘。不仅如此，她们还被排斥在心理学组织的大门之外。铁钦纳在康奈尔大学创建实验者（experimentalist）俱乐部，明确规定女性不得入内。铁钦纳去世后，该组织改为实验心理学家协会，开始接纳女性，但到 1958 年前，只接受了沃什伯恩等极少的女性。今天，实验心理学家协会约有 200 名成员，女性成员只有 30 名，且都是在 90 年代后选入的。在女性心理学家中，E·吉布森（E.Gibson）是极少的幸运者。她曾在康奈尔大学任无薪教职长达 16 年，最终于 1992 年获得美国总统颁发给科学家的最高奖励——国家科学奖。

20 世纪 60、70 年代，随着女性主义运动和有关维护女性权益的法律的推行，女性心理学家的生存状况逐渐好转。1973 年，美国心理学会新增第 35 分会——女性心理学分会，致力于改善女性的生活和女性研究。20 世纪 80 年代中期，美国大学心理学系中的女性教师占到五分之一，10 年后，这个数字变成三分之一。今天，美国大学中的女性心理学大学生是

329

男性的两倍，女性心理学博士候选人占到 68%。1998 年，登马克（F.L.Denmark）调查了世界范围内的 80 位女性心理学家。结果发现，在大多数国家中，女性在主要的心理学组织中的比例为 50%，甚至更多。明顿（H.L.Minton）更乐观地认为，在 20 世纪与 21 世纪之交，美国心理学正经历着性别理想的转变，逐渐产生"新男性"和"新女性"。

但是，当前女性心理学家的情况仍然没有得到完全的改观。在登马克的调查中发现，两性间依然存在差异，职位越高，女性越少。日本尤为突出，正教授和管理职位几乎全是男性。被调查者报告了职业上的多种障碍，如性骚扰、角色冲突、经济问题、缺少家庭支持等。因此，女性心理学家问题依然需要足够的重视和行动。

2. 少数民族心理学家问题 与女性问题相比，美国心理学中的少数民族问题更为严峻。1991 年，少数民族获得学位所占比例依次为学士中 14%、硕士 11%，博士 9%。20 世纪 30 年代，一位年轻的非裔美国心理学家曾这样说："那些将心理学视作终生事业的黑人在为一个并不存在的领域作准备。"20 世纪 60 年代，美国约翰逊政府推行教育，使得少数民族人员得到就业机会。但里根政府由于紧缩政府开支，致使大批少数民族人员失业。今天，情况依然没有得到较大改观。杰克逊说："学会或协会仅在书上给予少数民族平等待遇。少数民族得到了容忍，但并未被接受。"

在心理学史上，萨姆纳（F.C.Sumner）是一位杰出的少数民族心理学家。他在霍尔那里取得了第一个非裔美国人的心理学哲学博士学位。他在经历工作上的波折后，任霍华德大学心理学系系主任达 26 年。在他的努力下，霍华德大学成为培育非裔美国心理学家的中心。到 1972 年，已有 300 名非裔美国人从美国的学院和大学获得了哲学博士学位，30 060 人从霍华德大学获得学士和硕士学位。霍华德大学因此享有美国"黑人哈佛"的声誉。另一位杰出的少数民族心理学家 K.B. 克拉克（K.B.Clark）就毕业于霍华德大学。他和妻子 M.P. 克拉克（M.P.Clark）对偏见、歧视、种族隔离对儿童发展的影响进行了开创性的研究。1947 年，他们进行了最著名的"黑人儿童的种族认同和倾向性"研究。结果发现，黑人儿童更倾向于认同白人。在他们的研究的影响下，1954 年最高法院废除了黑人和白人分开接受教育的法案。K.B. 克拉克后来（1970—1971 年）成为唯一一任美国心理学会主席的非裔美国人。

在少数民族心理学家问题上，美国心理学会进行了一些工作。1950 年，它决定每年年会在非性别歧视的城市举行。1972 年，美国心理学会的心理学的社会与伦理责任委员会成立，后发展成为伦理种族事务委员会。1974 年设立了少数民族研究基金项目。1987 年，美国心理学会设立第 45 分会即少数民族问题心理学研究分会。但是，少数民族心理学家的发展依然有很长的路要走。

三、心理学与世界

随着世界经济的全球化，网络信息技术的飞速发展，科学文化交流的不断增加，心理学也日益走向全球化。但心理学的全球化与其本土化是并存的。对这两个问题的讨论可以使我们了解心理学在世界范围内的发展状况。

（一）心理学的全球化

心理学的全球化（the globalization of psychology）是指心理学在世界范围内的影响和发展过程。自诞生之日起，心理学的全球化就已经存在。冯特的学生来自德国、美国、英国、意大利、瑞士、丹麦、俄国、格鲁吉亚、日本和中国等国家。他们从世界各地来到德国这个心理学诞生的故乡学习，然后将心理学传播到世界各地。进入 20 世纪后，心理学的中心逐渐从德国转到美国，美国成为心理学发展的故乡。美国心理学开始在世界范围内产生越来越大的影响。穆加达姆（F.M.Moghaddam）分析了当代世界的心理学并指出，心理学处于三个世界之中。美国的心理学处于第一世界，其他发达国家的心理学处于第二世界，发展中国家的心理学处于第三世界。美国拥有最庞大的心理学家队伍和研究资源,如先进的研究技术和仪器等,它是心理学知识的主要生产地。发达国家稍次,发展中国家则处于落后地位。因此,在心理学知识的传播中,美国心理学输出知识,且几乎不受其他两个世界的影响。发达国家的心理学受到第一世界心理学的影响,但在一些领域可以与之相抗衡。发展中国家则输入知识,受到前两个世界的心理学的影响。

美国心理学知识的输出促进了其他两个世界尤其是第三世界心理学的发展。但是,美国心理学在输出知识时,没有经受批判性的检验。我们知道,心理学的知识在一定程度上与社会文化背景相关联。因此,美国心理学的知识在普遍性上存在限度。穆加达姆(F.M.Moghaddam)以社会心理学的危机为例说明了这一问题。在 20 世纪 70、80 年代,社会心理学领域出现危机。其中一个重要因素在于欧洲社会心理学的挑战。美国社会心理学强调实验室研究,具有强烈的个体主义倾向。欧洲心理学家强调个体行为的社会脉络,重视理论的建设,对美国心理学提出了挑战。

穆加达姆因此提出不同世界的心理学家要进行合作的建议。2006 年心理学国际进展杰出贡献奖获得者科尔(M.Cole)在反思自身经验的基础上,也提出心理学的国际合作问题。他尤其强调,要重新考察资源不平等国家间的跨文化合作。他援引日本心理学家东洋(Hiroshi Azuma)的话说:"如果一个团体为工作付款,研究最终除了材料是从两种文化中收集的外,在实践的各阶段都变成单一文化,除非有关人员极度地仔细和敏感。"他因此提出在平等的合作者之间进行研究。2006 年,利万特(R.F.Levant)在美国心理学会主席致辞中,也发出要进行国际合作的呼吁。

除了世界领域的合作外,第三世界的心理学的自身发展尤为重要。我们现在来看第三世界心理学的本土化问题。

(二)心理学的本土化

心理学的本土化(the localization of psychology)是将外来的心理学知识吸收到自身心理学发展中的过程。心理学的本土化与全球化共存。在冯特的心理学思想从德国传播到世界各地的同时,世界各地的心理学家也在各自国家心理学的基础上改造冯特的心理学。心理学的本土化是建立自己国家心理学的必要环节。只有在借鉴和吸收已有心理学知识的基础上,才能够更好地发展自己的心理学研究。

心理学的本土化需要心理学家消化外来的心理学知识,并在此基础上形成自身的特色。在这一点上,意大利的格式塔心理学可以为我们提供较好的范例。意大利的格式塔心理学最初来自形质学派的贝努西(V.Benussi,1878—1927 年),他于 1917 年返回意大利,培养出了学生穆萨蒂(C.Musatti,1897—1989 年)。穆萨蒂是第一代格式塔心理学家,他在接受贝努西的观点后,又接受了韦特海默等人的格式塔心理学观点。形质学派与格式塔心理学的分歧在于前者认为知觉需要经过创造的过程,而后者则认为是直接的过程。穆萨蒂意识到了这个分歧,将解决的任务交给了第二代格式塔心理学家梅泰利(F.Metelli,1907—1987 年)和考尼饶(Gaetano Kanizsa,1913—1993 年)。考尼饶在重新考察意向性的基础上,区分出了两类意动:看(seeing)与思(thinking)。在看中,心理侧重直接地把握对象,而在思中,则需要创造的过程,由此解决了分歧。在他们的努力下,意大利第三代格式塔心理学家群星辈出,形成了帕多瓦大学的里亚斯特学派。到 20 世纪 90 年代,意大利格式塔心理学依然在全球化的背景下进行自己的研究,并丰富了世界范围的心理学。

意大利格式塔心理学的发展对建设我国心理学具有重要的借鉴意义。我国的心理学属于第三世界的心理学。我国心理学的本土化有着较长的历史,但由于受到政治和社会因素的影响,发展缓慢。改革开放后,心理学全面复苏,我国心理学的本土化在近几十年取得了较大的进展。我国台湾和香港等地区在吸收外来心理学方面已取得了一定的成绩。我们相

笔记

信，在吸收国外心理学的基础上，我国心理学一定会取得较大的发展，形成自身的特色，丰富世界心理学。

思考题

1. 西方心理学演变的内在逻辑是什么？
2. 自然科学心理学与人文科学心理学的对立表现在哪些方面？
3. 当前心理学的热点与争论有哪些？
4. 心理学是一门科学吗？请给出你的回答。
5. 什么是心理学中的两种文化？其表现形式有哪些？
6. 怎样看待心理学的分裂与统合问题？
7. 怎样看待基础心理学与应用心理学关系问题？
8. 怎样看待女性心理学家对心理学发展的贡献及其在心理学中的地位问题？
9. 怎样看少数民族心理学家对心理学发展的贡献及其在心理学中的地位问题？
10. 怎样看待心理学的全球化与本土化问题？

参考文献

[1] 郭本禹，崔光辉，陈巍.经验的描述——意动心理学.济南：山东教育出版社，2010.

[2] 彭运石.人性的消解与重构——西方心理学方法论研究.长沙：湖南教育出版社，2008.

[3] 郭本禹.意大利格式塔心理学源流考.南京师大学报（社会科学版），2005，(6)：97-102.

[4] 詹姆斯.实用主义.陈羽纶，孙瑞禾，译.北京：商务印书馆，1979.

[5] 赫根汉.心理学史导论.郭本禹，译.上海：华东师范大学出版社，2004.

[6] 墨菲，柯瓦奇.近代心理学历史导引.林方，王景和，译.北京：商务印书馆，1980.

[7] Jackson J.H.Trials, tribulations, and triumphs of minorities in psychology: Reflections at century's end. Professional Psychology: Research and Practice, 1992, 23（2）：80-86.

[8] Kimble G.Psychology's two cultures.American Psychologist, 1984, 39（8）：833-839.

[9] Koch S."Psychology" or "The Psychological Studies"? American Psychologist, 1993, 48（8）：902-904.

[10] Cole M.Internationalism in psychology: We need it now more than ever.American Psychologist, 2006, 61：904-917.

[11] Levant R.F.Making psychology a household word.American Psychologist, 2006, 61（5）：383-395.

[12] Rice C.E.Scenarios: The scientist——practitioner split and the future psychology.American Psychologist, 1997, 52（11）：1173-1181.

[13] Staats A.W.Unified positivism and unification psychology: Fad or new field? American Psychologist, 1991, 46（9）：899-912.

笔记

中英文名词对照索引

C

K

S

W

X

Z